U0203557

测土配方施肥理论与实践

——河南十年回顾

（上册）

主　编　雒魁虎
副主编　王志勇　郑　义

黄河水利出版社

图书在版编目(CIP)数据

测土配方施肥理论与实践:河南十年回顾. 上册/雒魁虎主编. —郑州:黄河水利出版社,2009.4

ISBN 978-7-80734-582-4

Ⅰ. 测… Ⅱ. 雒… Ⅲ. ①土壤肥力-测定法-河南省 ②施肥-配方-河南省 Ⅳ. S158.2 S147.2

中国版本图书馆 CIP 数据核字(2009)第 033511 号

组稿编辑:雷元静 电话:0371-66024764

出 版 社:黄河水利出版社

地址:河南省郑州市顺河路黄委会综合楼 14 层 邮政编码:450003

发行单位:黄河水利出版社

发行部电话:0371-66026940、66020550、66028024、66022620(传真)

E-mail:hhslcbs@126.com

承印单位:河南省瑞光印务股份有限公司

开本:787 mm×1 092 mm 1/16

印张:34.75

字数:845 千字 印数:1—1 000

版次:2009 年 4 月第 1 版 印次:2009 年 4 月第 1 次印刷

定价:106.00 元

主　　编：雒魁虎

副 主 编：王志勇　郑　义

编辑人员：（按姓氏笔画排序）

于郑宏　马　林　马振海　王　敏　王小琳
王怀阳　田　雨　白丽娟　刘　戈　刘中平
刘玉堂　闫军营　乔　勇　孙笑梅　李必强
李继明　李艳梅　李雅兵　张兆国　张桂兰
张　霞　张玉霞　陈新颖　武金果　易玉林
孟　晶　赵武英　荆建军　袁国锋　徐俊恒
徐高力　高　原　栾桂云　葛树春　褚小军
慕　兰　管泽民　谭　梅　冀富国

序

肥料是庄稼的粮食,也是重要的农业生产资料。我国化肥年施用总量达5 000多万 t(折纯),是世界上最大的化肥消费国。化肥的大量施用,一方面为促进粮食增产、农业增效、农民增收做出了极其重要的贡献;但另一方面,由于科学施肥水平整体不高,部分地区盲目施肥现象严重,不仅增加了农业生产成本,降低了生产效益,而且造成肥料资源的巨大浪费,导致农产品品质下降、土壤肥力衰退与环境污染,直接影响到农业可持续发展和农产品质量安全。

为解决上述问题,河南省在20世纪90年代开展的配方施肥、平衡配套施肥基础上,于1998年提出在全省组建测配站、推广配方肥,全面探索"测、配、产、供、施"一条龙服务模式。经过八年努力,到2005年全省已建测配站150多个,在实施区初步实现了测土、配方、配肥、供肥和施肥技术指导一条龙连锁服务,推动了全省测土配方施肥技术推广工作开展,促进了肥料施用结构调整,收到了良好的经济、社会效益和生态效益。八年累计配制推广配方肥60多万 t,在小麦、玉米、棉花、蔬菜等多种作物上推广测土配方施肥技术1 500多万亩次,增产粮食6亿 kg,节约肥料30万 t(实物量),实现节本增效9亿元以上,直接受益农户已达300万户,较好地解决了测土配方施肥技术推广"最后一公里"断层问题,使测土配方施肥技术真正实现了落地入户,深受推广区广大群众的欢迎,同时也引起了各级领导重视和媒体关注,中央及省级35家新闻媒体先后从不同侧面进行了80多次报道。

2005年,农业部为贯彻中央一号文件精神,在全国范围内组织开展了测土配方施肥春、秋季行动。同时,在国家财政支持下,启动实施了测土配方施肥补贴项目。我省作为农业大省,历来受到国家高度重视,从2005年开始,连续四年补贴资金数、实施项目县数都是全国最多的省份,累计投入资金1.834亿元,实施项目县增加到110个(含1个国有农场),基本覆盖了全省95%以上的农业县(市、区)。其中,2005年度新建18个县,补贴资金1 800万元;2006年度新建27个县,续建18个县,投入资金3 600万元;2007年度新建37个县,续建45个县,投入资金6 050万元;2008年度新建28个县,续建64个县,巩固完善18个县,投入资金6 890万元。测土配方施肥补贴项目的启动实施,为我省测土配方施肥技术推广注入了新的活力,在全省上下共同努力下,测土配方施肥技术得到了大面积推广应用,2005~2007年度82个项目县三年累计推广8 554万亩,覆盖28 426个行政村,受益农户达962万户。

1998~2008年,十年弹指一挥间,为在更大范围内推广测土配方施肥技术,让更多的农民朋友享用到测土配方施肥技术服务,同时系统总结我省测土配方施肥实践与经验,河南省土壤肥料站组织全省土肥系统近百人共同编撰了这本《测土配方施肥理论与实践——河南十年回顾》,分上、下两册出版。上册主要以2005年以前我省组建测配站、推广配方肥探索为主,侧重于配方肥的配制与推广,既有理论和实用技术规范,又有实践和实际运作经验;下册以2005年农业部启动实施测土配方施肥补贴项目为主,系统总结我省项目实施取得的成就、开展的主要工作、取得的主要经验、涌现的先进典型等。希望通过本书的出版发行,对我省今后测土配方施肥工作起到指导和推动作用,为构建科学施肥长效机制、建设现代农业、创建资源节约型和环境友好型社会做出应有的贡献。

河南省农业厅厅长

2008年11月

前　言

测土配方施肥是国际上普遍采用的一种科学施肥方法,包括“测土、配方、配肥、供肥和施肥指导”五个环节。河南省在20世纪90年代开展的配方施肥、平衡配套施肥基础上,于1998年提出在全省组建测配站、推广配方肥,全面探索“测、配、产、供、施”一条龙服务模式,经过八年努力,在实施区初步实现了测土、配方、配肥、供肥和施肥技术指导一条龙连锁服务,收到了良好的经济、社会效益和生态效益,也积累了大量实践经验。2005年,农业部在全国范围内组织开展了测土配方施肥春、秋季行动。同时,在国家财政支持下,启动实施了测土配方施肥补贴项目。我省作为农业大省,历来受到国家高度重视,连续四年补贴资金数、实施项目县数都是全国最多的省份,累计投入资金1.834亿元,实施项目县增加到110个(含1个国有农场),基本覆盖了全省95%以上的农业县(市、区)。测土配方施肥补贴项目的启动实施,为我省测土配方施肥技术推广注入了新的活力,测土配方施肥技术得到了大面积推广应用。

为在更大范围内推广测土配方施肥技术,让更多的农民朋友享用到测土配方施肥技术服务,同时系统总结我省测土配方施肥实践与经验,河南省土壤肥料站组织全省土肥系统近百人共同编撰了这本《测土配方施肥理论与实践——河南十年回顾》一书,分上、下两册出版。上册主要以2005年以前我省“组建测配站、推广配方肥”探索为主,共分7篇,侧重于配方肥的配制与推广,既有理论和实用技术规范,又有实践和实际运作经验。下册以2005年农业部启动实施测土配方施肥补贴项目为主,系统总结我省项目实施取得的成就、开展的主要工作、取得的主要经验、涌现的先进典型等。

上册各篇内容简介如下:

综合篇:主要收录1998年到2005年上半年全省组建测配站、推广配方肥工作综述,化肥应用历程回顾,配方肥推广应用前景展望等综合性文稿及指导性文稿。

理论篇:主要收录测土配方施肥基本原理、取土化验、配方制定、工艺流程及生产配制方法、产品质量检测、化验室质量控制等基本理论文稿。

技术篇:主要收录各测配站在配方肥实际配制中摸索出的适用技术、实践经验,是新建测配站的良师益友。

实践篇:主要收录全省测土配方施肥典型经验及各市(县、区)在配方肥推广实践中的具体做法与措施等。

网络篇:主要收录全省测土配方施肥技术服务六大网络有关情况及各地在

基层推广网络建设上的具体措施、做法、经验等。

动态篇:主要收录1998年到2005年上半年站办《土肥协作网信息》、报刊杂志刊载的有关配方肥配制推广文稿,以反映省土肥站,各省辖市、县(市、区)土肥站、测配站配制推广配方肥工作动态为主,全面展示我省组建测配站、推广配方肥的动态进程。

管理篇:主要选录自1998年组建测配站以来,省、市及各测配站出台的有关管理办法、规定等,具有很强的可操作性。分三部分:

(一)层次管理。主要收录省、市两级在连锁测配站管理上的有关规定、办法。

(二)测配站管理。主要收录各测配站管理办法,包括人事、工资、质量、仓储及股份制等。

(三)配方师管理。主要收录我省有关配方肥配方师的管理办法及历次获得高、中级配方师的人员名单。

本书由于时间跨度较大,文中内容难免有疏漏和不当之处,恳请有识之士和广大同仁批评指正。

编　者

2009年1月

目　录

综合篇

综合篇主要收录1998年到2005年上半年全省组建测配站、推广配方肥工作综述，化肥应用历程回顾，配方肥推广应用前景展望等综合性文稿及指导性文稿。

河南省组建测配站推广配方肥情况综述

（1998～2005年）

王志勇　刘中平　易玉林

（河南省土壤肥料站·2005年9月）

在20世纪90年代末的中原大地上，河南省土肥系统解放思想、转变观念，围绕测土配方施肥技术推广开始了大胆的改革与创新，进行了艰苦的探索与实践，战胜了无数困难与挫折，付出了大量心血与汗水，经过长达八年（本书资料截至2005年8月）的艰苦努力与奋斗，终于走出了一条“测、配、产、供、施”一条龙服务的路子，在土肥事业的发展中写下了光辉的一页。

河南是一个农业大省，现有耕地1.02亿亩（1亩＝0.067 hm^2，全书同），农业人口近7 000万，是全国小麦、玉米、棉花、芝麻、花生、大豆、烟叶以及各种暖温带林果和土特产的主要产区之一，在全国农产品生产中占有重要位置。河南又是肥料使用大省，每年化肥实物使用量在1 500万t左右。由于施肥结构不合理，方法不科学，化肥利用率只有30%左右。1996年6月，江泽民同志来河南视察时对科学使用化肥，努力提高肥料利用率做出了重要指示：“我国化肥利用率只有30%左右，远远低于发达国家，如果不改变这种高耗低能的生产方式，在资源投入方面，将难以为继。在这个问题上，我们应有战略眼光和紧迫感。”为了落实江泽民同志的重要指示，河南省土肥系统广大职工开始了认真的反思，总结经验教训，分析形势，理清思路，进行了思想观念转变的三次大讨论。于1998年7月，提出了“围绕农业增效、农民增收，以测土配方施肥技术为主导，以化验室为依托，以组建测配站为龙头，以推广配方肥为载体，以建立乡、村级推广网络为基础，开展‘测土、配方、配肥、供肥、指导农民科学施肥’技物结合连锁配送一条龙服务”的模式。按照这个模式，在全省上下的共同努力下，测配站从无到有，配方肥推广由少到多，一年一大步，呈现出跳跃式发展态势。截至2005年8月底，全省已组建测配站152个，年配制推广能力达20万t。八年来，累计推广配方肥60多万t，推广面积1 500多万亩次，服务农户300多万户，增产粮食6亿kg，节约肥料30万t，实现节本增效9亿元以上，测土配方施肥实施区肥料施用结构明显改善，肥料利用率提高了8～10个百分点。测土配方施肥技术在实践中表现出了强大的生命力和优越性，受到了农民的普遍欢迎和赞扬。

一、组建测配站、推广配方肥发展背景

（一）组建测配站、推广配方肥是推广测土配方施肥技术的有效途径

从20世纪80年代末开始，我省根据农业部的统一部署，先后在全省开展了优化配方施肥、平衡施肥等技术推广，但真正落到实处的却很少，究其原因，主要是缺乏必要的手段和内动力。随着市场经济的发展，特别是随着农村劳动力的转移，务农人员以老弱妇幼为主，文化程度普遍偏低，同时还存在一个地方很难购齐所需的各种肥料的问题，特别在“三秋”等

农忙季节,农活集中,时间较短,肥料供应紧张,让农民自己来按配方进行施肥,很难得到真正的落实,传统的技术推广方法已越来越不适应,技术到位率很低,推广效果不明显,和农民的需求还有一段距离。如何解决"距离"问题,成为土肥技术推广部门经常思考的重大课题。1998年7月,省土肥站在认真分析上述原因的基础上,通过组织全省土肥系统分析形势,理清思路,并借鉴国际上的通行做法和兄弟省市的经验,提出了充分发挥自身优势,在全省县乡开展"组建测配站、推广配方肥"试点的做法。经过八年多的探索与实践,已在全省初步建立了以化验室为依托,以测土化验为先导,以科学配方为核心,以测配站为龙头,以配方肥为载体,以乡村推广连锁服务网络为基础的推广新体制,在实施区较好地解决了测土配方施肥技术推广"最后一公里"断层问题。我省的实践表明,"组建测配站、推广配方肥"无疑是推广测土配方施肥技术的一个最有效途径。

(二)组建测配站、推广配方肥是农业发展进入新阶段的客观要求

十一届三中全会以来,河南省农业生产大体经历了三个发展阶段:一是单纯追求产量阶段。自十一届三中全会到20世纪80年代初期,化学肥料主要是氮肥得到大面积推广施用。二是"一优双高"开发阶段。自20世纪80年代中期到20世纪末,粮食生产实现了由单纯追求产量向优质、高产、高效的过渡,单质磷肥和含磷复混(合)肥料开始大面积推广应用。三是优质、高产、高效、生态、安全阶段。进入21世纪以后,农业开始以市场为导向进行结构调整,农作物种植要求实现区域化、多样化、优质化、专业化、高效化、规模化和无害化,这些新变化对土肥工作提出的要求更是多方面的,第一要降低肥料投入成本,提高肥料利用率;第二要尽快改变肥料投入结构,使之趋于合理;第三要增强肥料使用的针对性,减少盲目性;第四要减少污染,不断培肥地力。要做到这些,最现实、最科学、最有效的办法就是实行测土配方施肥。我省正是根据上述要求,开始组建测配站,推广配方肥,变"配方施肥"为"施配方肥"的,通过配方肥料这一物质载体,把测土配方施肥技术真正推广应用到生产实践上,推广到农民群众中,送到农民群众手上。

(三)组建测配站、推广配方肥是改变目前施肥现状的迫切需要

在肥料生产和使用上,长期以来存在三种不合理现象,经过近些年努力,虽有所改善,但仍未能从根本上得到解决。一是肥料施用结构上的不合理。以2000年为例,全省肥料氮、磷、钾施用结构为1:0.41:0.19,合理的比例应该是1:0.5:0.58,磷、钾肥明显不足,特别是钾素缺额较多。二是肥料生产结构上的不合理。单质肥料数量较大,特别是氮肥的生产量相对过剩,复合肥生产企业少且规模小。三是肥料施用方法上的不合理。长期以来,在肥料施用上一直存在着重化肥、轻有机肥,重当前、轻长远,重用地、轻养地的"三重三轻"现象。肥料结构不合理,施用方法不科学,不仅直接导致了农业生产上的一系列不良后果,如产量、品质(瓜不甜、菜无味)、抗逆力(倒伏、病虫害发生严重)下降,土壤团粒结构遭到破坏,土壤板结,地越种越差;而且导致了化肥利用率和农业投入产出比下降,造成土体(水、气)污染和资源浪费等。全省每年化肥施用总量为1 500万t左右(实物量),总费用达150多亿元,占农民农业生产总投资的近一半,而化肥利用率仅为30%左右,发达国家一般在60%左右,仅此一项每年的损失就达数十亿元。氮肥每年损失在200万t以上,相当于10个年产20万t的中型化肥厂的生产量。因此,通过组建测配站、推广配方肥,改变目前这种高耗低效的施肥方式和施肥结构尤为必要。

(四)组建测配站、推广配方肥是农民在市场经济条件下的热切期盼

农民的用肥倾向和用肥习惯随着社会经济的发展在不断变化着。在20世纪70年代以前,化学肥料还没有大面积推广施用时,主要施用农家肥。到1978年我省化肥使用量仅占总投肥量的48.1%,1990年上升到67%,1998年达到70%。化学肥料刚开始大面积推广施用时,遭到了大部分农民的抵制,质疑这些白面面(指粉状碳酸氢氨)能当肥料用?其实农民非常看中事实,一旦看到了效果,很快就可以接受。随着市场经济的发展和农民科学种田水平的提高,特别是进入21世纪以后,农民的用肥倾向和过去相比发生了很大的变化,用肥习惯的改变也和过去大不相同。过去推广一种新的肥料,让农民自觉接受它,要靠广大农业技术人员做大量细致的宣传工作,进行苦口婆心的劝说。现在不同了,反而是农民在推动技术部门。2004年6月9日,湖北省枝江市农民曾祥华曾向前来视察农业工作的温家宝总理提出"能否测测土,好配方施肥"的迫切愿望。这个例子说明农民群众对测土配方施肥的渴望。与此同时,随着市场经济的发展,农民不仅盼望测土施肥,更盼望通过一种简单方便的载体来实现测土配方施肥,其施肥用肥习惯正在向高效化、高质化、复合化、简便化甚至智能化的方向发展,形势逼迫我们必须看到农民用肥上的这种变化,绝不能再用老眼光来看待农民的用肥习惯。就目前来看,"组建测配站、推广配方肥"无疑是最大限度地满足农民在用肥上的新需求的一个最有效的途径,它通过配方肥料这个载体,把多项平衡施肥技术集合在一起,兼具复合肥的特点,但较之复合肥具有更大的灵活性和针对性,同时具有简便化、高效化、高质化的优点,它实际上是测土配方施肥技术的集成品。近几年的实践证明,"组建测配站、推广配方肥"迎合了农民的用肥倾向,完全符合农民的用肥意向,受到了广大农民群众的热烈欢迎。

(五)组建测配站、推广配方肥是未来一个时期农业用肥的发展方向

1.从国外化肥施用角度看

1840年德国化学家李比希发表的"化学在农业和植物生理学上的应用"论文中,提出植物吸收矿物质为营养的论断并为实践所证实至今,世界化学肥料的施用已有160多年的历史,并经历了由单质到复合化的过程,目前正在向高浓度、复合化、专用化方向发展。在施用技术方面,自1843年英国科学家在洛桑试验站布置长期肥效定位试验开始,各国科技工作者在确定科学合理的施肥数量、施肥品种和施肥时期方面开展了大量的研究工作,提出了许多科学施肥技术与方法。从宏观来看,世界科学施肥发展大概经历了三个发展阶段:一是1843年至20世纪中叶,以产量为目标的科学施肥时期;二是20世纪中叶至80年代,以产量和品质为目标的科学施肥时期;三是20世纪90年代至今,以产量、品质和生态为目标的科学施肥时期。进入21世纪以后,世界各国对肥料施用存在正负两方面作用逐步达成广泛共识:肥料既是作物高产优质的物质基础,同时也是环境污染因子,不合理施肥不仅影响农产品品质,而且污染环境。目前,美国配方施肥技术覆盖面积在80%以上,40%的玉米采用土壤或植株测试推荐施肥技术,精准施肥也已经从试验研究走向普及应用,有23%的农场采用了精准施肥技术。英国农业部出版了推荐施肥技术手册,进行分区和分类指导。日本在开展四次耕地调查和大量试验的基础上,建立了全国的作物施肥指标体系,制定了作物施肥指导手册,并研究开发了配方施肥专家系统。

2.从国内化肥施用现状看

积造施用农家肥、土杂肥,改良土壤、培肥地力是我国传统农业的精华。1901年氮肥从日本输入我国台湾地区,开创了我国施用化肥的新纪元。新中国成立以后,党和国家高度重视科学施肥工作,1950 年中央人民政府就专门召开全国土壤肥料工作会议,商讨土肥工作大计。特别是 1979 年全国第二次土壤普查以后,对氮、磷、钾及中微量元素肥料的协同效应进行了系统研究,总结配方施肥技术规范和工作方法,提出了"测、配、产、供、施"一条龙的施肥技术服务模式,初步建立了全国测土配方施肥技术体系。在此基础上,组织开展了缺素补素、配方施肥和平衡施肥技术示范推广。化肥及科学施肥技术的推广应用对促进我国农产品供求关系由严重短缺到供求基本平衡、丰年有余的历史性转变做出了重大贡献。但由于受农村千家万户小规模生产的限制和旧的工作机制不适应形势发展需要的影响,这些先进实用的施肥技术一直停留在小面积、小范围试验示范层面,按照传统习惯施肥甚至盲目施肥的现象仍十分普遍。

3. 从兄弟省的做法看

配方肥的配制与推广,周边兄弟省比我省起步要早。我国最早开始以工厂形式进行配方肥生产的是始建于广东省东江的散混肥厂。该厂 1988 年 1 月投产,由中国农资公司与广东省农资公司联营,全套设备由加拿大政府和加拿大钾肥公司赠送,每小时生产能力为 30 t,年生产能力可达 4 万 t。江西省于 20 世纪 90 年代初在南昌附近的莲塘镇建立了两座配方肥料厂。由土肥(农业技术推广)部门建立配肥站较早的是江苏省,他们在 20 世纪 90 年代初,结合"围绕服务办实体,办好实体促服务",在全国最先开始组建测配站,到 1998 年我省开始起步时,江苏省的各类复混肥企业已进入雨后春笋般的迅猛发展阶段。此外,起步较早的还有辽宁、吉林、河北、山东、江西、湖北等省。特别是从 2005 年农业部开展的测土配方施肥春季行动和全国农技推广服务中心 5 月 25 日在我省召开的全国测土配方施肥现场观摩暨工作交流会可以看出,测土配方施肥受到了各级的高度重视,并把其作为促进农业增效、农民增收和农业可持续发展的重要措施来对待。

总之,受国际施肥趋势和国内其他省做法启示,从实践来看,组建测配站,通过取土化验,科学确定配方,有针对性地配制推广配方肥,与国际普遍推广应用的施肥方法相接轨,代表了我省未来一个时期农业施肥用肥的发展方向。

(六)组建测配站、推广配方肥是各方面条件成熟的催生结果

我省组建测配站、推广配方肥,大力开展测土配方施肥技术推广,之所以能在较短的时间内得到快速发展,是因为一方面技术对路,找到了技术推广的最佳结合点,符合新阶段农业发展的需要和未来农业用肥的发展方向;另一方面,客观条件的具备也为其进一步发展提供了实现的可能。

1. 环境条件发展成熟

肥料是重要的农业生产资料,在我国,肥料经营大体经历了三个重要阶段,即计划经济条件下的农资公司一家专营阶段、计划经济向市场经济过渡时期的"一主两辅"阶段和市场经济条件下的完全放开阶段(肥料批发除外)。在计划经济条件下,作为农业技术推广部门,要推广配方施肥技术,也只能够停留在技术推广技术上,即使想"组建测配站、推广配方肥",也是不可能、不允许的;在"一主两辅"时代,农业"三站"作为农资经营的一个辅助渠道,虽然获得了一定的农资经营权,但数量非常有限,且必须从农资公司进货,只能用于相关的技术推广项目,不可能面对广大农民群众和在农业生产上大面积推广施用;随着市场经济的发展,1998 年国务院国发[1998]39 号文件《关于深化化肥流通体制改革的通知》出台后,才使“组建测配站、推广配方肥”成为现实。国务院文件指出，要建立“适应社会主义市场经济要求、在国家宏观调控下主要由市场配置资源的化肥流通体制”，“农业‘三站’经营的化肥可以从各级农资公司进货，也可以直接从化肥生产企业进货；可以将化肥供应到技术服务项目，也可以直接销售给农民。”与此同时，农业部适时发出通知，要求各地广泛开展统测、统配、统供，全面推广平衡配套施肥技术。这一切为“组建测配站、推广配方肥”铺平了道路。我省自1998年9月提出在全省县乡“组建测配站、推广配方肥”后，即表现出了强大的生命力，八年来一直呈梯级态势发展。目前，随着测土配方施肥春季行动在全国的开展，组建测配站、推广配方肥更面临着难得的发展机遇。

2. 技术发展成熟

20世纪80年代，在农业部的统一部署下，配方施肥在我省实际上已开始试点推广，到1998年已推广10多年，虽然在面积、规模上没有大的突破，但各地却积累了不少经验，特别是测土技术、化验技术、配方确定技术等已具备一定基础。全省120多个化验室经过连续几年的改造完善，有2/3以上可以正常运转，完全可以承担全省测土配方施肥的测土化验任务。配方肥配方师队伍经过培训考试已组建起来，目前全省拥有高级配方师125个，中级配方师282个。

3. 原料市场发展成熟

配方肥对配肥原料有严格的要求，1998年开始起步时，国内只有海南一家大颗粒尿素生产厂家，因此所有测配站在配肥时只有选用小颗粒尿素和粉状钾肥等做原料，在肥料总含量及肥效上虽然没有任何问题，但由于小氮肥厂质量不稳定，特别是含水量不稳定，非常容易发生潮解、分层等现象，同时外观也不好看。国内大颗粒尿素行业的发展和大颗粒钾肥的大量进口，为配方肥提供了极好的原料，可以说，是大颗粒尿素和大颗粒钾肥拉动了我省的配方肥事业发展。目前我省绝大多数测配站在配肥原料的选择上，不仅选用优质大颗粒尿素和大颗粒钾肥，而且还诞生了高含氨基酸的造粒商品有机肥，进一步拓宽了配方肥的配制范围。

4. 设备发展成熟

配方肥配制工艺简单，配制方法灵活，投资不多，最原始的仅靠人工掺混就可以了。在起步阶段，配方肥配制的简便工艺帮了很大的忙。但随之很快便暴露出了其局限性和工艺上的落后性，规模上不去、档次太低、掺混不均匀等问题非常突出，要求必须尽快解决配制工艺问题。与此同时，国内一些敏锐的机械制造企业也看到了配方肥配制工艺落后问题，一些配肥站也感到了仅仅依靠人工掺混是不行的。很快，机械制造行业研制的掺混设备、测配站自身研制的掺混设备纷纷出现，不少测配站很快得到了武装。配制设备的出现、发展、成熟，无疑又为配方肥事业插上了快速发展的翅膀。

5. 网络体系发展成熟

多年来土肥系统形成的推广体系、测土体系、化验体系等，在配方肥配制推广中发挥了重要作用。通过近年来建站推肥的带动，各服务网络得到了进一步的充实和完善，全省已初步形成了以“三大体系为支撑，六大网络为基础”的连锁服务框架，同时还形成了以省土肥测配中心为龙头的松散型连锁配肥管理体系，为配方肥事业的进一步发展提供了体系上的支撑。

二、组建测配站、推广配方肥发展阶段

我省组建测配站、推广配方肥,从1998年9月提出构想,到2005年,大致可划分三个发展阶段。

(一)起步阶段(1998~1999年)

起步阶段从省土肥站1998年9月提出“组建测配站、推广配方肥”这一全新工作,到1999年年底。这一阶段以宣传发动,解放思想,更新观念,统一认识,办好试点,建立领导组织,制定发展规划为工作重点,1998年首批16个试点站取得成功,至1999年年底建站达到46个,累计推广配方肥3万多t,应用面积75万亩,节本增效4 500万元。土肥部门对利用自身优势,开展“测、配、产、供、施”一体化服务,在全省上下基本形成共识,列入各地土肥工作目标,“配方肥”这一技物结合的肥料新产品,初步得到了群众认可,不少地方出现了供不应求的局面。与此同时,经过一年多的探索,全省测配站初步形成了“统一品牌、统一包装、统一质量标准”三统一的连锁运作模式。

(二)快速发展阶段(2000~2002年)

2000~2002年三年间,全省连锁测配站建设和配方肥推广进入快速发展阶段。在测配站发展上,从1999年的46个站,至2002年年底达到118个,比第一阶段增加72个,覆盖17个省辖市,81个县(市、区);在配制推广量上也取得了突破性进展,总量达到24万t,是第一阶段总量的8倍,其中2002年的总量相当于前四年累计推广量的总和,累计应用面积600万亩,节本增效3.6亿元;在管理上,省中心与各测配站之间进一步完善了松散式连锁管理模式,保证了全省配方肥配制推广有组织、有领导、有秩序地进行;在运作机制上,各测配站打破了计划经济吃大锅饭的僵化模式,结合自身实际,实行责、权、利结合,初步建立起了富有活力的运作机制,形成了“要你干”为“我要干”的局面;在网络发展上,各测配站开始注重推广服务网点建设,通过改造、充实、联网、新建、合并、完善,全省建立乡、村级推广网点4 000多个,增强了配方肥推广能力;在项目扶持上,全省有19个测配站得到了国家项目经费支持,配备了先进的仪器设备,增添了发展后劲。

这一阶段重点围绕促进加快建站,努力提高配肥推广能力,先后组织了全省70余个测配站和18个市土肥站160余人参加的技术培训;召开了配方肥推广座谈会,对自1998年9月提出组建测配站以来各地在实践中积累和创造的经验进行了认真总结,分析了存在的问题,提出了在新的形势下加快发展的新路子、新措施、新办法;开展晋档升级活动,实行了层次管理;针对全省配方肥配制没有统一标准问题,组织有关专家起草了河南省地方标准,并通过省质量技术监督局于2001年发布实施,为全省配方肥配制推广提供了法规依据;实施土肥网络战略,推广了滑县、商丘、太康、原阳等测配站建立推广网络的经验。

(三)成熟发展阶段(2003~2005年)

从2003年开始,全省连锁站逐步进入稳步发展阶段,无论发展规模、配肥推广能力,还是运作管理、网络建设等都逐步进入稳定成熟阶段。在测配站发展上,全省连锁站达到了151个,比第二阶段增加33个,覆盖18个省辖市90个县(市、区);在配肥推广量上,全省总量每年稳定在20万t以上,应用面积500万亩以上;在规模、档次上,年配肥推广量稳定在1 000 t以上的测配站52个,比第一阶段增加28个,突破5 000 t的测配站11个,30%的测配站配肥实现了机械化,配肥能力明显提高;在运作管理上,大部分测配站实行了目标责任制、

承包制、合伙制或股份制，按市场经济规律运作，按现代企业管理；在网络建设上，各测配站都采取多种有效措施，建立了覆盖面大、相对稳定、富有活力的推广服务网络，依靠网络把配方肥推广到千家万户，到2004年年底全省推广服务网络达到10 200个；在技术宣传上，力度进一步加大，特别是在利用广播电视网等现代新闻媒体方面力度明显增加；在推广机制创新上，全省初步建立了以化验室为依托、以测土化验为先导、以科学配方为核心、以测配站为龙头、以配方肥为载体、以乡村农化服务网络为基础的推广新体制；在推广应用范围上，以粮食作物为主，向经济作物扩展；在经济实力上，大部分测配站走上了自我积累、自我完善、自我发展、自我壮大的路子，推广实力明显增强。

这期间主要围绕加强测配站规范化管理，促进上规模、上档次、加快推广等重点开展了五方面工作。一是制定了连锁测配站管理办法，以此促进连锁站上规模、上档次和规范有序健康发展；二是2003年7月在滑县召开了平衡施肥物化集成技术推广促进会，要求全省上下一致将过去的“BB肥”统一改称为“配方肥料”，并把配方肥料作为物化集成技术进行宣传；三是修订了配方肥地方标准，针对2001年省质量技术监督局发布的配方肥地方标准在实施中存在的配方依据、验证配方合理性、适用区域、适用作物不明确等问题，提出了修订意见，修订后的标准省质量技术监督局于2003年8月18日发布，以此来进一步规范我省配方肥料配制推广；四是加大了配方肥推广奖励力度，在原晋档升级奖励政策不变的基础上，对年配制推广配方肥超过5 000 t以上的连锁站站长实行特别奖励，并按省辖市耕地面积和配方肥推广量，对省辖市进行特别奖励，以此进一步调动市、县两个层面的配方肥推广积极性，加大推广力度；五是对测配站进一步加强了管理，2005年年初省土肥站对近几年全省测配站发展情况进行了认真分析总结，针对存在的手段落后、设施简陋、规模较小、服务网点覆盖面不大、配方肥针对性不强、违背连锁协议管理等方面的问题，出台了《关于加强测配站建设与管理的若干补充规定(试行)》，进一步巩固完善已形成的上下一体的连锁管理机制，促进我省测土配方施肥工作健康快速发展。

三、“组建测配站、推广配方肥”主要成效

(一)取得了显著的经济、社会、生态效益

八年来，在小麦、玉米、花生、水稻、红薯、棉花、蔬菜等多种作物上，河南省累计推广测土配方施肥面积1 500多万亩次，据783个配方肥与习惯施肥对比点调查统计，粮食作物施用配方肥一般亩增产8%～15%，亩增收40～60元，经济作物亩增产10%～20%，增收50～100元，每亩节约肥料投资10～15元，全省累计实现节本增效9亿元以上。同时优化了投肥结构，实现了平衡施肥，肥料利用率明显提高，避免和减轻了因施肥不科学带来的浪费和环境污染，保护了生态环境，促进了农业可持续发展。

(二)实现了三个带动

一是带动了全省土肥系统技术服务手段的改善和能力的增强。全省125个化验室由1998年能够运转的50个增加到现在的110个，测试体系网络覆盖率达到90%，八年来添置大中型仪器设备600多台(套)，测试水平和测试能力有明显提高，通过省计量认证的市、县化验室由原来的2个增加到17个，全省土肥系统每年为农民测土化验20多万项次，受到了广大农民的欢迎；与此同时，大多数土肥站改善了办公条件，不少地方购置了微机，配备了流动服务车，全省土肥系统整体服务能力明显增强。二是带动了土肥基础工作的开展。八年

来，为了监控土壤肥力的变化和提高配方的针对性，在全省16个省辖市的6个耕作土类上建立了74个部、省级土壤肥力监测点，地、县级监测点1 745个，每年取土测试，发布肥力变化信息；在优质小麦、玉米等作物上，组织肥料效应试验、微肥配比试验、配方肥试验300余个，设立示范点1 200余个。三是带动了基层推广服务网络建设。目前，在全省近1/4的村建立了推广配送网络，从根本上改变了全省土肥系统“线断、网破”的被动局面，有力地推动了测土配肥技术的推广。

（三）锻炼和壮大了土肥队伍

八年来，在组建测配站，开展“测、配、产、供、施”农化连锁服务中，经过技术培训、经验交流、实践探索，全省培养出了一批懂技术、能吃苦、善管理、敢创新、会推广的骨干队伍，带动了全省土肥队伍发展壮大，由1998年的1 112人增加到2005年的1 563人，其中配方师队伍由1998年的182人发展到2005年的407人。同时，土肥部门依托测配站，打破系统、行业、体制界限，广泛吸纳热爱土肥技术推广的农技、农业、农资人员，个体经营者、农广校学员、基层干部、农民技术员等加入农化服务队伍，目前全省达到10 000多人，通过这支庞大的基层农化服务队伍，把测土配方施肥物化技术送到千家万户，八年累计服务农户300多万户，有效解决了乡、村技术推广断层问题。

（四）产生了良好的社会影响

通过几年来的反复宣传，以点带面，示范引导，效果展示，全省以“沃力、高科、科配”为主要品牌的配方肥料，以其配比合理、针对性强、肥效好、施用方便、易辨真伪等优点，被广大农民认知和接受，不少农民购肥时把配方肥作为首选对象。在配方肥推广过程中，也受到了各级政府领导、农业局的肯定和支持，90多个市县把推广配方肥作为新阶段农业增效、农民增收的一项重要举措，从政策、项目、资金、人员等方面给予扶持。人民日报、农民日报、河南日报、河南科技报、中央电视台、河南电视台等35家新闻媒体对我省组建测配站、推广配方肥、开展“测、配、产、供、施”一条龙服务所取得的成绩、做法和经验从不同侧面进行了80多次报道。

（五）探索出了有效的推广工作模式

全省建立了“以测土配肥技术为主导、以化验室为依托、以测配站为龙头、以配方肥为载体、以基层农化服务网络为基础的实行技物结合”的推广模式；整体上形成了“三农协作、上下一体、统分结合、连锁配送”的工作模式；省级层面对测配站实行协议约束，形成了“三统一，三服务”的管理模式，市级层面形成了受省级委托对辖区测配站实行“配方审定、质量抽检、划分推广区域”的监管模式；测配站作为独立的服务实体，形成了“技物结合、市场化运作、网络化服务”的模式。

四、“组建测配站、推广配方肥”主要经验

“组建测配站、推广配方肥”在我省已走过八个年头。测配站的建立及良好运作，在实施区真正实现了测土、配方、配肥、供肥和施肥技术指导一条龙连锁服务，有力地推动了全省测土配方施肥技术推广工作开展，加快了肥料施用结构调整，收到了良好的经济、社会效益和生态效益。

（一）大胆探索，勇于创新

如前所述，1998年建站配肥之前，我省土肥系统同全国一样，陷入了空前困境，如何摆

脱困境,全面开创土肥工作新局面,省土肥站号召全系统要唱好"三首歌":第一首是《国歌》,要认识到已经到了"最危险的时候",增强危机感、紧迫感;第二首是《国际歌》,"不靠神仙皇帝,全靠我们自己",增强自力更生精神和使命感;第三首是《西游记》主题歌,"敢问路在何方,路在脚下",树立从我做起、从现在做起的精神。通过唱好"三首歌",全系统坚定了信念,增强了信心,在最困难的时候找到了结合点,勇敢地踏出了建站配肥第一步。

信心有了,从何入手呢? 1998 年对土肥系统来讲,组建测配站,推广配方肥,发展农化网络,走"测、配、产、供、施"连锁服务的路子,不仅是一项全新的工作,同时还面临着资金、技术、工艺、人才、市场、原料、环境、管理等一系列困难。为此,重点抓了以下三件事。

1. 转变观念

要实现工作上的突破,思想上首先必须取得突破。组织全系统认真学习邓小平理论,进一步转变思想,在全系统开展了"六破六立"思想转变大讨论,即"破除'等靠要'观念,树立自力更生思想;破除部门观念,树立系统思想;破除单一技术服务观念,树立两个服务一起抓思想;破除畏难情绪,树立勇于开拓思想;破除小打小闹观念,树立创大业干大事思想;破除怨天尤人情绪,树立'有为才有位'思想"。接着,又进一步提出要"破除安于现状、封闭保守、不思进取、无所作为等旧的思想观念,树立改革开放、积极进取、市场取向、平等竞争、效益第一、敢为人先的新的思想观念"。通过讨论,大家充分认识到了肩负的职责与重任,认识到了面临的挑战和严峻的形势,进一步增强了信心和决心。

2. 统一认识

先后 6 次在全系统组织骨干队伍、全站职工、市县土肥站长分析形势,清理思路,研究配方肥配制特点及推广形势。同时先后 4 次组织骨干队伍到山东诸城(2 次)、江西民星和陕西省土肥站考察、学习,增加感性认识。同时引导全系统按照"改革和发展"的思路,挖掘优势,积极寻求推广测土配方施肥技术的最佳切入点,使大家的思想统一到"充分发挥土肥系统职能、体系、手段、技术四大优势,依托化验室,组建测配站,推广配方肥,发展农化服务网络,走连锁服务的路子"上来。

3. 创造性开展工作

1998 年 9 月,在全省土肥物化服务协作会议上,经过与会人员充分讨论,会议最后提出"用 2 ~3 年时间,在全省县、乡两级组建 30 ~50 个土肥测配站"。会议之后,各地对此反映十分强烈,原来计划当年在全省先建 4 个示范站,取得经验后,再滚动发展。结果有 22 个单位申请,最后筛选确定了 16 个作为首批建站试点单位。

为打好建站配肥第一仗,16 个建站试点单位与省土肥站一起,积极探索,创造性开展工作,从选址、集资入手,逐步摸索,跌倒了爬起来继续干,遇到技术难题共同攻关,历尽千辛万苦,克服重重困难,终于取得了初战的胜利。如配肥初期遇到的潮解问题,个别测配站为此付出了惨痛的代价,遭受了严重的损失。再如资金问题,是测配站发展的主要制约瓶颈,各测配站为打破瓶颈,筹措资金,想方设法,求亲告友,不仅筹措到了资金,还创造了不少好的资金筹措模式。

(二)依靠领导,推动发展

1998 年建站当年,在各地的共同努力下,首战告捷,但大部分县仍在观望、犹豫,有些甚至表现出很没有信心。为此,省土肥站认真分析了形势,从初战的胜利看到了推广配方肥的内在吸引力和驱动力,相信通过深入的宣传发动,充分揭示"组建测配站、推广配方肥"的意义,采取强力推动措施,就一定能把大家的积极性调动起来。同时还认识到,“组建测配站、推广配方肥”仅靠土肥技术部门是不够的,必须得到各级农业部门,特别是县级政府和农业部门的大力支持。实践证明,凡县级支持力度大的,发展就快;反之就慢,甚至不进反退。因此,从筹建之初,为加强对该项工作的领导和技术指导,省农业厅党组明确由分管业务的副厅长、总农艺师、计财处处长、土肥站站长等为主组成指导组,负责测配站的发展方向和总体协调。各市县土肥站相应成立了由领导、专家和技术人员组成的专业班子。同时联合省农科院土肥所、河南农业大学农学院成立了“河南省土肥测配中心”。省土肥站自1999年开始,每年都把“组建测配站、推广配方肥”作为指导性目标下达各省辖市土肥站,并请各级农业局、农技中心拿出精兵强将具体抓此项工作,在项目安排、资金扶持上给予倾斜,以此加快建站推肥工作的开展。利用省农业厅和省土肥站召开会议、下发文件,以及市县农业局局长、土肥站站长汇报工作和下基层之机,进行了形式多样、长期不懈的宣传发动。仅1998~2000年三年间,先后召开各种动员会议30多次,直接宣传领导650多人次,不仅使省、市、县的各级领导认识到了“组建测配站、推广配方肥”,发展基层服务网络的必要性,征得了他们的支持和扶植,而且还使广大基层单位认识到了“组建测配站、推广配方肥”在服务农业、服务农民、发展壮大自身方面的巨大作用,极大地调动了基层单位的积极性,变一开始靠行政手段干预的“要你干”为自觉自愿的“我要干”,连续几年建站高潮不减。

(三)注重宣传,营造环境

在建站推肥的八年里,我省各级始终把宣传放在重要位置。省土肥站先后投入数万元印制了测土配方施肥宣传手册,邀请省著名豫剧表演艺术家录制了配方肥宣传短剧,与报社合作组织了测土配方施肥有奖知识竞赛,同时利用站办简报多次刊登各地组建测配站、推广配方肥动态、经验、做法,在《河南土壤肥料信息网》开辟测土配方施肥专栏,形成了全方位的宣传态势,以使全社会都认识配方肥,了解配方肥,支持配方肥,关心配方肥。各基层测配站更是高度重视宣传工作,如商丘市沃力测配站自2000年以来年投入的宣传费用高达十几万元,同时还在电视台开辟专家讲座,编演群众喜闻乐见的相声、小品等进行宣传。新乡市土肥站组织全市农业专家,逐村向群众面对面进行宣传。每年春、秋季节,各级都要举办各类技术宣传培训班。据不完全统计,全省各级年培训都在2万人次以上。

在加强宣传,营造大气候的同时,还十分注重协调各方面的关系,努力为基层测配站创造一个宽松的发展环境。从技术部门角度来看,组建测配站、推广配方肥是将测土配方施肥技术进行物化后,以配方肥为物质载体进行的技术推广活动,应属于农业技术推广范畴,但在实际运作中,由于涉及到肥料有偿供应,不可避免地要受到质量技术监督、工商、税务等部门的管理。因此,省土肥站一方面积极协调,向各有关部门多渠道通报建站配肥的好处和必要性,征得有关部门的理解与支持;另一方面与省质量技术监督局联合,组织专人先后起草和修订了河南省地方标准《配方肥料》、《肥料标签标识》,由省质量技术监督局发布实施,为建站配肥征得法律支持;再一方面,基层测配站在配肥推广中如遇到难题,省土肥站积极派出有关同志前往帮助协调解决。

(四)打破束缚,形成合力

1.允许多种经济成分共存

组建测配站之初,建站对象限定在土肥(农技)系统内部进行。通过2年多的运行,取得了很大成效,但与全省测土配方施肥需求相比,杯水车薪,微不足道。为尽快把测土配方施肥技术推广开来,让更多的农民群众享受到这一技术的好处,自2000年开始,在组建测配站上打破体制束缚,大胆进行机制体制创新,按照"自愿申请、土肥优先、多元并进、择优扶持"的原则,允许个体、集体、农资、供销等进入测土配方施肥领域,联合或单独建站,以形成和壮大建站配肥合力。目前,在全省组建的151个连锁测配站中,土肥系统单独建站的62个,与外系统、外部门联合建站的23个,农业局建站的4个,农技部门建站的27个,还有化工、农资、个体等筹建的35个。经济成分包括公有制、集体所有制、股份制、民营、个体等。

2. 建立松散连锁服务机制

为加强管理,省测配中心与市县连锁测配站通过加盟连锁协议来约束维系平等合作伙伴关系,不是上下级指导关系。按照责权利一致的原则,省测配中心着眼于规模效益,将利益的大头(95%以上)留给连锁测配站,测配站同时又将利益大头让给农化网点。在管理上,全省逐步形成了以服务为中心、以利益为纽带的松散式连锁服务机制。具体表现为"三个统一、三个服务和一个推荐"。

"三个统一":一是统一品牌。所有连锁测配站都必须使用由省测配中心统一注册的商标。目前已注册了14个商标。土肥系统组建的测配站统一使用"沃力"牌商标,其他商标为外系统使用。二是统一包装。所有包装均由省测配中心统一定制、统一提供,各测配站每年配方肥的配制推广量以订购的袋子数量为准。三是统一质量标准。省测配中心组织专家起草《配方肥料》地方标准,省质量技术监督局颁布施行。

"三个服务":一是技术服务。首先是为市县测配站审定配方,几年来,省中心专家组共为基层测配站审定配方835个;其次提供咨询服务,先后为基层测配站提供有关原料选择、掺混工艺等技术咨询1 000余次;再次,进行技术培训,先后举办技术骨干培训班、研讨班18次,累计培训1 950人次,同时通过培训、考试、评审,建立了中高级配方师队伍,保证每站有1~2名配方师。二是物料服务。在基层连锁站自愿的原则下,由省土肥集团公司供应配方肥原料,同时按协议由省中心提供配方肥增效剂和包装袋。四年累计为连锁站供应原料5.5万t,增效剂630 t,包装袋600万条。三是环境服务。根据河南省人大1994年通过的《关于〈中华人民共和国农业技术推广法〉实施办法》的有关规定为连锁测配站办理推广许可证,简化手续,减轻了连锁测配站的负担。同时还帮助、协调处理连锁测配站与属地技术监督、工商、税务等管理部门的关系,为其创造比较宽松的发展环境。

"一个推荐",就是对于领导重视、积极性高、发展态势好的测配站优先推荐农业项目,以调动他们的积极性。

(五)植根基层,建立网络

基层推广服务网络是进行连锁服务的基础。从组建测配站开始,省土肥站就把建立基层推广服务网络作为一项重要的内容来抓。在加入WTO前夕的2000年,进一步明确提出在全省土肥系统实施网络战略。通过配方肥在推广过程中的利益拉动,植根基层,在全省乡村建立了较为完善的推广服务网络,主要职能是将技术物化后的配方肥送到千家万户,彻底解决了测土配方施肥技术推广"最后一公里"落地问题;为推广基础服务网络建设经验,多次召开基层农化服务网络经验交流会、研讨会,先后总结、推广了18个市县建立网络的经验,大大加快了全省基础推广服务网络的建设。同时还制定了《河南省土肥网络战略实行方案》,明确了网络发展的指导思想、主要目标、基本原则和主要措施,并将指导性目标任务分解到各省辖市。在市县建立基层农化服务网络的基础上,近两年,省站投入数十万元用于网络建设的奖励和管理手段的提高。目前,全省已形成了省、市、县、乡连锁一体、统而不死、活而不乱、运作灵活的六大网络体系。

(六)抓点带面,搞好示范

榜样的力量是无穷的。为尽快打开配方肥推广应用局面,各测配站都十分重视抓点带面工作,通过试验、示范,用群众看得见、摸得着的样板,来带动配方肥的推广。同时通过试验示范和肥效调查,不断校正配方参数,使之更具有科学性、针对性。全省每年安排各类试验300多个,同时安排各类示范田200多块3万多亩。

(七)双重管理,晋档升级

在组建测配站、推广配方肥过程中,为加快其发展步伐,对其实行省市两级层次管理,同时引入了竞争机制,通过开展晋档升级活动和竞标包干措施,有效地调动了省、市、县三个层次的积极性,促进了建站配肥事业快速发展。

1.省市实行双重层次管理

建站数超过所辖县半数以上,配制推广量站均达到500 t的省辖市,经省中心批准可成立测配分中心。分中心为省测配中心派出机构,受省测配中心委托,协助省测配中心开展工作,目前18个省辖市都已成立了市级分中心,有效加强了对县级连锁站的管理。

2.基层连锁站开展晋档升级活动

省测配中心于1999年制定了连锁站晋档升级实施办法,明确了档次级别、定级条件及晋档升级奖励标准。按测配站年加工1 000 t为一个级别和配肥设备、设施、技术人员、网点覆盖、示范点等相应8个方面为条件划分5个档次。每年年底通过自荐、推荐、省测配中心综合考核,确定档次级别。凡经认定晋档升级的测配站,按实际配制量对测配站站长进行奖励。在此基础上,从特级和由三级升为四级的站中,优选5名站长进行特别奖励。同时,对档次高的测配站优先推荐项目。晋档升级活动调动了连锁测配站的积极性和规范化管理,2001年有43个测配站晋档,2002年晋档升级达53个,2003年晋档升级达78个,2004年晋档升级达82个。

试论提高化肥利用效率的技术途径

王志勇

(河南省土壤肥料站·2003年6月)

1996年,江泽民同志来河南视察农业和农村工作时指出:“我国化肥利用率只有30%左右,远远低于发达国家水平,如果不改变这种高耗低能的生产方式,在资源投入方面,将难以为继。”就河南省来讲,每年流失的化肥在200万t左右(实物),相当于10个中型氮肥厂的生产量。化肥是农业生产投资中最大的物质投入,约占全部生产性投入的50%。提高化肥利用率在促进农民增收、农业增效方面有十分重要的作用。本文试从技术角度探讨提高化肥利用率的途径。

一、我国化肥使用中存在的问题

（一）化肥利用率低

目前我国化肥的当季利用率，氮肥为 30% ~50%，磷肥为 15% ~20%，钾肥为 35% ~50%。其中，由于氮肥使用量最大，氮素的损失尤为严重。据资料统计，我国每年施用氮肥约2 000万 t（折纯），以平均损失 45%计算，损失达 900 万 t，相当于尿素1 900多万 t，折合人民币 280 多亿元（李庆逵，1997）。

（二）氮、磷、钾比例结构不合理，土壤养分失衡

目前我国投入氮、磷、钾比例为 1:0.31:0.11，与国外平均水平 1:0.45:0.36 也有较大差距（邢文英，1999），从农田养分的收支平衡状况看，土壤的氮、磷由亏趋于平衡，钾素因投入不足，仍然严重亏缺，每年亏缺量达 450 万 t，耕地缺钾面积呈逐年扩大的趋势。同时，部分耕地缺乏硫、锌、硼、锰、钼等微量元素。据全国农业技术推广服务中心对 12 个省区调查，与 10 年前相比，土壤磷素有明显上升，缺钾、缺微量元素的面积有所扩大，补施钾肥及微量元素有明显的增产效果（邢文英，1999）。

（三）有机肥料没有得以很好的利用

有机肥料在我国农业发展中起到了不可磨灭的作用，有效地促进了区域土壤培肥、农田生态系统良性循环与物质转化。但是，随着化肥施用比例的不断提高，对有机肥料的施用越来越少。尤其是近 10 多年的农业生产普遍存在着严重的重化肥轻有机肥的状况。以河南省开封市为例，1950 ~1998 年有机氮素养分呈逐年下降的趋势，无机氮与有机氮的比例 1950 ~1965 年为 1:50，1966 ~1970 年为 1:15.8，1971 ~1980 年为 1:2.86，1981 ~1983 年为 1:1.04，到 1985 年以后仅为 1:（0.5 ~0.76）（李相军等，1991），目前仅有 1:（0.3 ~0.5），局部地区有机肥料投入的有机氮素养分几乎没有。再加上我国耕作制度茬口紧，秸秆机械还田还不普遍，许多地方存在严重的焚烧农作物秸秆现象。同时，随着饲养业产业化的发展，畜禽粪肥处理成了大问题，处理不好将造成环境公害。

（四）高产地区化肥施用量过大，产生不良后果

过多施用氮肥，不但造成生产成本加大，而且极易造成报酬率递减、土壤板结、地下水污染等农业生态环境问题。如苏南地区，每亩使用纯氮高达 40 ~50 kg。由于化肥使用量过大，作物前期疯长，农民不得不采用化学控制手段，如施用缩节胺、矮壮素等，后期又易倒伏、发生病虫害，不仅造成农业生产成本上升，而且还污染环境。

（五）社会化服务程度低

为了提高科学施肥水平，我国进行了 14 年的全国性土壤普查，但是这些成果大多存在实验室里。农业技术推广部门推广配方施肥技术，给农民测试土壤，开出肥料使用配方，但常常是有方少药。农业技术推广与肥料供应相脱节，农民能按照农业部门的配方合理使用化肥的不足 30%，科技成果转化率低。在北美洲，农民从田间取土到肥料供应，只需 3 天就可以完成，社会化服务程度很高。我国相对产业化、社会化程度较低，科技成果转化太慢。

二、提高化肥利用率技术途径探讨

（一）有机无机相结合

大量的田间试验、定位试验和农业生产表明，有机无机肥料配合施用增产增效效果最

好。"九五"期间农业部组织实施的"沃土工程",调动了农民增施有机肥料的积极性。同时,通过采用秸秆生物覆盖技术、秸秆快速腐熟生物发酵技术及农作物秸秆粉碎还田技术等,促进了农田土壤有机物质的投入量,提高了土壤肥力和肥料的综合利用效率。

(二)大力发展复合肥料

目前我国复合肥料用量占化肥用量的20%左右,与其他国家的差距仍然较大。今后应探索新型的运行机制,实施土壤测试、肥料配方、复合肥料生产、肥料供应、施肥新技术推广等一条龙的社会化服务体系,建立不同特色的配肥站,提供不同土壤不同作物生产方式的专用肥料,并将配方施肥技术加载到复合肥料生产上,不断解决农民肥料使用中配比不合理及买不到适宜配方肥料的问题。从而使肥料生产、供应与农业技术推广有机地结合在一起,建立新型的农业技术社会化服务运行机制,以农业的产业化方式推进肥料的科学使用,实现肥料利用效率不断提高和农业生产高效持续发展。

(三)大力推广平衡施肥技术

针对我国不同地区不同作物生产对土壤与肥料养分的需求状况,采取"补钾补微量元素工程",重点解决养分投入不平衡的问题。如在长江以南及北方高产地区,因地制宜地实施"补钾工程",以解决土壤缺钾限制作物产量的影响;在微量元素锌缺乏的华北石灰性土壤地区,实施"补锌工程"以解决玉米白苗问题;针对土壤缺素状况,在油菜、棉花等经济作物上使用硼肥、锌肥,从而不断提高农作物产量和单位土地的产出效益,提高肥料的利用效率,促进区域农业的高效持续发展。

(四)建立肥料施用技术综合管理信息系统

利用信息技术,对土壤测试、田间试验结果建立全国不同农业生态类型区的科学施肥动态管理信息系统,建立健全不同农业生态类型区土壤肥力长期定位观测网络,以定期指导农民合理使用肥料,将科学施肥与不同区域的"精确农业、高效农业"有机结合在一起,提高肥料利用效率和产出效益。同时,为各级有关部门制定肥料的生产、供应计划提供科学依据。

(五)加大科学施肥技术科普传授工程

科学施肥技术是一个系统工程,牵涉到农业生产、化肥品种、生产管理、农民对科学技术的接受程度等许多方面,在解决肥料生产、供应、施用技术等问题的同时,更重要的是要将这些技术真正地投入农业生产第一线。因此,科学施肥技术的传授与普及在提高肥料利用效率中也同样重要。科学施肥技术的传授在大力举办各种形式培训班的同时,要抓好科技示范户的培养和科技样板田建设,充分利用好广播、电视、报纸、墙报等宣传工具,大力宣传配方施肥技术,提高科学施肥的普及程度,促进社会化技术服务体系的不断发展与完善。

配方肥料的发展现状与前景

王小琳　马振海　栾桂云

(河南省土壤肥料站·2005年9月)

农业的可持续发展,必须有肥料的可持续发展作保障。随着高效无公害农业的兴起,人们对安全食品的认识和需求,以及种植结构的多元化和土壤、气候、地理条件的差异性,对肥料的质量和品种提出了更新更高的要求。配方肥料的出现和迅速发展,是实现平衡施肥的技术载体,是科学施肥提高到一个新水平的标志,是肥料生产和使用的基本方向,是提高化肥利用率,增加作物产量,改善农产品品质,减少环境污染,保护生态环境,增加经济效益的有效途径,也是我国现代化农业持续发展的基本要求之一。

一、配方肥料的含义及分类

(一)配方肥料的含义

配方肥料是近几年来为适应我国农村经济、农村市场变化和农化服务而发展起的一种新型肥料。2000年农业部发布的《肥料登记管理办法》中第三十五条明确规定了"配方肥料"的含义,"配方肥料是指利用测土配方技术,根据不同作物的营养需要、土壤养分含量及供肥特点,以各种单质化肥为原料,有针对性地添加适量中、微量元素或特定有机肥料,采用掺混或造粒工艺加工而成的,具有很强的针对性和地域性的专用肥料",其产品可散装或袋装进入市场。它强调了以测土为前提进行配方和有很强的针对性、地域性两个特点,是以肥料为载体的一种高科技产品,它是平衡施肥物化集成技术的物质表现形态,与市售的复混肥(BB肥)有着本质的区别。

(二)配方肥料的分类

1. 按肥料的物理性状

配方肥料按物理性状可分为粒状配方肥料和粉状配方肥料两大类。

粒状配方肥料:将粉状或料浆状或深融状肥料经粒化工艺制成颗粒状单质原料,再经机械掺混搅拌而成;欧美多数国家及地区大多生产这类肥料,我国也多以生产粒状肥料为主;粒状肥料又可分为柱状和圆球状。

粉状配方肥料:将成粉基础肥料按配方要求,以机械掺混或分层配比而成。除此之外,用于就地加工、就地施用的配方肥料,也有将粉状单质与粒状单质的基础肥料按一定比例配制而成。

2. 按肥料营养元素

按营养元素可将配方肥料分为二元配方肥料和三元配方肥料,即在氮、磷、钾三元素中含有任意其中两种的叫二元配方肥料,全部含有氮、磷、钾三元素的叫三元配方肥料。

3. 按肥料化学成分

按化学成分可将配方肥料分为无机配方肥料和有机无机配方肥料。

4. 按肥料养分含量

配方肥料按肥料的有效成分一般可分为高浓度、中浓度、低浓度三个品位。例如,河南省DB41/T 275—2003地方标准,将配方肥料分为AAA级配方肥料、AA级配方肥料和A级配方肥料三大类。三元配方肥料一般养分总量≥50(~55)%的为AAA级配方肥料、养分总量≥40(~45)%的为AA级配方肥料、养分总量≥30(~35)%的为A级配方肥料;二元配方肥料养分总量≥40%的为AA级配方肥料、养分总量≥30%的为A级配方肥料。

二、配方肥料的作用特点

(一)配方肥料养分含量全面、配比合理,有利于提高作物产量,改善农产品品质

配方肥料含有N、P、K三要素,同时还根据作物的需求和土壤养分状况,适量添加中、微

量元素及有机质,营养养分配比科学、全面,一次施用可同时满足作物对多种养分的需要,施用效果明显。

据全国各地及河南省土壤肥料站的大量配方肥料试验,各种作物增施专用配方肥料与通用等养分复合肥料的肥效比较结果:小麦配方肥料增产9% ~13%,玉米配方肥料增产13.5%,棉花配方肥料增产3% ~5%,蔬菜配方肥料增产6% ~40%,果树配方肥料增产8% ~38%,烟草配方肥料增产2% ~5%。同时,施用配方肥料能改善农产品品质,提高商品率和营养价值。如西瓜施用配方肥料甜度提高1~3度、苹果施用配方肥料着色好、小麦施用配方肥料蛋白质含量高等,综合效益可提高15% ~30%。

(二)配方肥料配方灵活、针对性强,有利于平衡养分供给,提高养分利用率

配方肥料的营养组分可依据不同作物在不同生育时期对养分需求、土壤肥力和产量水平等条件的不同而灵活变更配方,能够充分发挥养分的协同效应,减少施肥的盲目性,真正体现平衡施肥原则,较好地促进平衡施肥技术的推广,最大限度地协调土壤养分供给,从而提高化肥利用率,避免了一般通用型复合肥因固定N、P、K配比而容易造成某种养分的不足或过剩。

(三)配方肥料工艺简单、投资少、能耗小、生产成本低,有利于实现农业节本增效,促进农民增收、农业增效

配方肥料工艺简单、设备少,仅需要计量、输送、混合、包装等设备即可配制,且规模大小灵活,配制受产品批量及装置规模的影响也较小,应变能力较强。配方肥料的配制投资小,能耗低,操作过程简单、运输及服务半径小,节约劳动用工,降低流通成本;同时在价格选择上,又能将不同价格的肥料以其最小成本原理通过最优配方搭配,达到价格最低、肥效最佳的目的。因此保证了配方肥料产品具有较低的配制及使用成本,按现行成本价格估算,每亩可降低直接成本20~30元,有利于实现节本增效,促进农民增收、农业增效。

(四)配方肥料直观性强、防伪性好,有利于农民识别接受

配方肥料是由基础肥料直接掺混而成的,特别是粒状配方肥料,其产品的形状、颜色直观好看,不易掺假,从而提高了防伪性和直观性。加上配方肥料针对性强,肥效高,且通过土肥技术部门直接面向农户,易于广大农民识别接受。

(五)配方肥料最大限度地减少了生产和施肥对环境的污染,有利于农业生态环境保护和促进农业向生态安全方面发展

配方肥料生产过程中无需原料破碎,不会产生粉尘、噪声等污染,生产环境好,且不会造成养分在加工过程中的损失。通用型肥料容易形成某种养分过剩而滞留于土壤中,其中钾对环境的影响很小;氮对大气和地下水产生污染;氮和磷还会引起水体富营养化。而配方肥料是因土因时因作物因产量进行配制的,肥料中的养分最大限度地被作物吸收利用,一方面极大地提高了肥料利用率,使进入土壤的肥料总量得以控制,减少残留;另一方面,高浓度配方肥料的应用减少了单位面积的农田土壤上承载的伴随养分而入的其他杂物量,控制了环境中因施肥而引起的污染量,从而减少进入大气、水体的污染。

三、配方肥料的生产使用现状及问题

(一)国外配方肥料的生产历史与现状

配方肥料的生产和使用始于一些工业发达的国家。20世纪中叶,粉状掺合肥料在美国广泛施用,但粉状掺合肥料容易吸湿结块,并引起养分部分损失,物理性状差,施用不便,尤其不适宜机械施肥而未能充分发展。后来,磷铵技术的成功为粒状配方肥料的兴起打下了坚实的基础。1920 年,美国氰铵公司用热法磷酸与氨制造磷酸铵的技术取得成功;1933 年,加拿大也形成初具规模的磷酸铵厂;20 世纪 60 年代初,美国 TVA 和英国 SAI 分别用湿法磷酸生产磷二铵与磷一铵,其中磷一铵可代替过磷酸钙制造高浓度团粒型配方肥料,磷二铵则可作为生产高浓度散装配方肥料的基础物料。

20 世纪 50 年代,配方肥料在美国混合肥料的施用中产生并逐渐发展起来,并迅速在全世界得到推广,且在各国肥料消费中所占的比例越来越大。60 年代美国配方肥料产量为 100 万 t;80 年代初约有 5 000 座配肥装置,配制量为 1 923 万 t,占美国肥料销售总量的 42%,占美国复合肥总量的 61%;90 年代,配肥装置已增加到 8 000 余座,配制总量约占美国复合肥总量的 70%,约占世界消耗总量的 40%。马来西亚 1983 年配方肥料用量已达全部化肥总量的 70%。巴西 1986 年的肥料分配中配方肥料占 70%、复合肥料占 10%、单一养分肥料占 20%。日本现在施肥总量的 80% 是配方肥料。

配方肥料在美国、加拿大、日本以及东南亚国家广泛施用,各种专用配方肥料产品上千种,每座配方肥料配肥厂服务半径 50 km 左右;目前,美国每个县都建有农化服务中心和配肥站,他们把肥料生产、销售与农化服务三个环节联系在一起,形成一套完整的肥料生产服务体系,很受农户欢迎。印度全国有 300 多间土壤化验室,一年可分析 400 多万个土壤样本,配方施肥面积已占全国耕地的 1/2。1994 年世界化肥产量按实物计为 3.3 亿 t,其中:单质肥 1.78 亿 t,占 54%;配方肥料 5 000 万 t,占 15%,占复混肥总量的 70%;N、P、K 造粒复合肥 4 600 万 t,占 14%;二元肥(磷铵类)3 100 万 t,占 9%;单一(液氨、氨水)或多组分流体(清夜或悬浮)肥料 2 500 万 t,占 8%。配方肥料正逐渐成为肥料市场的主打品种之一。

(二)我国配方肥料的发展历史与问题

1.我国配方肥料的发展历史与现状

我国配方肥料起步于配方施肥技术的示范推广应用。1981 ~ 1983 年间,原农牧渔业部在全国范围内开展第三次化肥肥效试验,验证氮、磷和氮、磷、钾协同效应。并在全国第二次土壤普查基础上,针对南方缺 N、P、K,北方缺 N、P 的土壤养分状况,提出在全国组织示范推广配方施肥技术。1985 年 6 月,农业部在山东沂水县召开全国配方施肥技术研讨会,对全国各地配方施肥方法和经验进行了系统总结,并在此基础上制定了《配方施肥技术工作要点》,将全国各地推广的配方施肥方法归纳为三大类六种方法。“八五”期间全国完成配方施肥面积累计达 33 亿亩次,平均每年 6.6 亿亩次,每年增产粮食 65 亿 kg。“九五”期间,农业部提出要大力推广平衡(配方)施肥技术,“测、配、产、供、施”一条龙服务。2000 年全国共推广平衡施肥面积约 8 亿亩次,重点推广面积 8 000 万亩次。在农业部门大力推广配方施肥技术的同时,1987 年加拿大政府赠送设备,并在广州经济开发区建立了第一座掺混肥工厂——广东中加混合肥料厂,该厂 1988 年 1 月 7 日正式投产,年产能力 30 万 t,配方由广东省农科院土壤肥料研究所提供。20 世纪 90 年代以后,在农业部门特别是土肥系统的努力下,平衡施肥面积有了大幅度提高,但由于多种原因限制,特别是农民掌握技术慢,配方不准,选肥较难,真正意义上的平衡施肥技术推广步伐不快。为加快科技成果转化,提高平衡施肥技术到位率,土肥部门在总结多年配方施肥的基础上,提出了“组建测配部、配制配方肥”,使平衡施肥技术通过配方肥料这一物质载体,达到真正意义上的平衡施肥。具体内容是以土壤养分测试为基础,依土壤肥力、产量水平配方,按配方配制配方肥料,直接供应农户,指导农民用肥。就河南省来讲,近几年来,通过全省土肥系统的努力,配方肥料配制推广工作发展很快。1998 年,全省建立测配站 16 个,配制配方肥料 1 万 t,到 2003 年,全省已建测配站 130 多个,覆盖全省 18 个省辖市的近 100 个县,配制配方肥料 55 万 t,推广面积 800 余万亩,服务农户 150 多万户,实现节本增效近 10 亿元。实践证明,配方肥料的配制推广,简化了施肥环节,实现了变配方施肥为施"配方肥",平衡施肥技术得到物化,更重要的是解决了靠国家投资难以解决的科技推广瓶颈问题,加快了科技成果的转化。

近年来,配方肥料的配制和施用在我国正呈现蓬勃发展势头。配方肥料的施用范围已由粮食作物拓展到经济作物、油料作物、果树、蔬菜、花卉等,各地配制单位与河南省农业厅、河南省农科院、河南农业大学广泛合作,开展农化服务,先后研制开发出数十种专用配方肥料的品种。目前广东、天津、江西、湖北、河南、山东、河北、陕西、山西、辽宁等省份都有配方肥料专用装置,配方肥料技术日臻成熟,并呈现多渠道发展趋势。多种品牌的中、高浓度配方肥料已与复混肥形成抗衡之势。我国配方肥料的配制生产和施用进入了一个全新的发展时期。配方肥料的开发与推广工作同时也受到国家科技部、农业部和化工部的高度重视,先后被列为"六五"、"七五"国家科技攻关项目和"八五"、"九五"期间国家十大重点推广的农业技术之一。

2. 我国配方肥料生产存在的问题

配方肥料在我国只有十多年历史,目前虽已发展到一定的规模,但与发达国家相比仍存在较大的差距,存在的主要问题如下:

(1)我国配方肥料发展区域不平衡,布局不合理,规模小。我国配方肥料的生产厂家主要集中在广东、河南、天津、江西、江苏、湖南、湖北、四川、陕西、河北、辽宁等省,绝大多数省份还是空白。就河南而言,全省 18 个省辖市建立了 130 个测配站,但年配制推广量达到 5 000 t以上的仅有 9 个省辖市,2003 年全省配方肥料的配制推广量仅有 15.5 万 t,仅占河南省化肥使用总量的 1% 左右。且从分布看,这些测配站多分布在豫东、豫南及豫北地区。

(2)基础原料的不相配性问题较为突出。由单质肥料通过物理掺混成的配方肥料,必须考虑肥料的物理、化学、农艺和有效性,才能保证产品的质量。根据肥料化学性质及吸湿的相配性,一些肥料不能简单地相互混合,例如,过磷酸钙在配制配方肥料时,需进行氨化及其他预处理,才能有效防止与尿素混合后发生不良反应;一些单质肥料临界相对湿度过低,只能随配随用,不能长期贮存,否则会引起吸湿潮解及养分损失。而且基础原料大多为粉状,颗粒状少且粒径不均,不利于配方肥料配制。例如氮素以丸粒尿素和细晶状的碳酸氢铵、氯化铵为主。国产尿素粒度普遍偏小,粒径大于 1.65 mm(10 目)的不超过 50%,大颗粒尿素近年来有所发展,但总量不足。直接使用这些粒径不均的原料配制配方肥料既影响外观,又容易产生物理分层,导致养分分离。

(3)配制及质量监控力度不大。我国的配方肥料还在起步阶段,配制技术比较落后,国家还没有制定出统一的配制检验标准,存在着配制设备落后、规模小、机械化程度低、工艺技术不完善、原料不符合配方肥料标准等问题,同时由于配方肥料质量监测管理体系不健全,容易给不法厂商造成可乘之机,不仅坑农害农,还阻碍了配方肥料的推广使用。

(4)配方肥料农化服务水平较低。在美国、加拿大、澳大利亚等国,农化服务工作大大促进了配方肥料的发展,而在我国因长期未进行大规模的土壤养分普查,难以准确制定施肥决策。目前全国县级化验室约60%不能正常运转,测土施肥难以实现。农业部配方肥料、专用肥的研制开发缺乏政府支持,生产能力不足需求的10%。添加微量元素等技术不完善,不能满足农业生产的发展和农民的要求。发展系统化、科学化、定量化农化服务的困难很多,这在很大程度上制约了配方肥料的发展。

四、配方肥料的发展趋势及前景展望

(一)我国配方肥料的发展趋势

随着科学施肥技术的普及推广和我国肥料流通体制及农业推广体制的改革,配方肥料的发展将进入快速发展的轨道。其配制工艺程序化、设备自动化、管理规模化、服务系列化以及高浓度、多元复合化、高专用化、高控释化和多功能化将成为发展的必然趋势。下面主要从配方肥料配方设计的发展来阐述其发展趋势。

1.配方肥料的高浓度、多元复合化

配方肥料的高浓度、多元复合化,就是提高肥料中养分的含量,采取多种养分配制成多元复合(混)肥料,以适应现代农业生产的需求。在氮、磷、钾肥比例协调发展的同时,逐步提高高浓度化配方肥料的比重,并适量添加中微量元素,实现配方肥料的高浓度、多元复合。由于高浓度复合化配方肥料具有大量节省包装、贮存、运输费用,降低流通成本及劳动强度,增产和改善品质等优点,将逐步取代低浓度肥料产品而受到更多用户的欢迎。目前世界各国都重视发展高浓度复合肥料的生产,配方肥料的养分总量多在40%以上,最高养分总量可达65%。根据我国的施肥现状,肥料的总养分并不是越高越好,总养分过高容易导致施肥不均匀或缺乏中微量元素而影响肥效。因此,根据不同作物的需求,配方肥料的总养分以40%~45%、微量元素以0.2%为宜。

2.配方肥料的专用化

从通用型向专用型方向发展是当前配方肥料的一个重要趋势。因为专用配方肥料的丰产性、针对性和配方灵活性,决定了农民对其的接受程度。

由于各种作物需要的营养元素及比例有所不同,所以肥料的养分配比要适合某种作物生长的特殊需要,只有这样才能获得作物优质高产。例如,根据烟草的生长特点,在配制烟草专用肥料时,虽然氮、磷、钾营养元素是必不可少的,但烟草是忌氯的作物,钾元素只能用硫酸钾,否则对烟草的质量有严重的影响。一般作物氮、磷、钾的比例是1:0.5:0.5,而烟草则不同,比例是1:0.5:2。而水稻是喜氯作物,一般水稻专用肥,不仅氯化钾可用,氯化铵也可以用(限量使用),此外还需要硅、镁、锌等元素。甜菜作物除需要氮、磷、钾等大量元素外,中量元素镁也是不可缺少的;苹果除必要的营养元素外,硼元素是必不可少的,否则果肉板涩,口感较差。所以在配方肥料配制过程中,必须根据作物对营养的特殊要求进行配制。

3.配方肥料的控释长效化

人们对肥料的肥效要求稳而长,也就是肥料施入土壤后,其养分的释放规律要与作物生长期间的需肥规律相协调,并趋于一致,以减少肥料的淋溶及对生态环境的污染,以求取得少投入多产出的效果。同时,肥料的长效化,实现一次性施底肥,即可保证作物全生育期的养分需要,不需再追施化肥,这样可取得省工、省时、增产10%以上等效果。

世界各国如美国、日本、加拿大、德国、意大利等从20世纪30~60年代起,致力于尿素的长效缓释问题研究,主要是添加各种聚合物包裹剂以控制氮肥的释放速度,从而达到肥料

的长效化。国内一些院校从70年代开始进行长效肥料的开发研究工作,取得了很多有效的成果。如长效碳酸氢铵、长效尿素以及氮肥长效增效剂等产品,就是我国肥料长效化的典型实例。由于配加了铵稳定剂、脲酶抑制剂和硝化抑制剂,合理调整了碳酸氢铵、尿素在施入土壤后的释放速度,减少了氨态氮和硝态氮的挥发损失,增加了土壤中铵态氮的贮存,减少了硝态氮的淋溶损失以及氧化亚氮(N_2O)的排放量从而提高了氮的利用率达10个百分点以上,而且使碳酸氢铵、尿素的肥效期从原来的35~40天和50~60天,提高到90~120天,满足了作物当季生长对氮元素营养的需要。它不仅取得了作物增产增收的效果,还减少地下水中亚硝酸盐的含量及大气中氧化亚氮的排放量,从而减轻了对生态环境的污染。

4. 配方肥料的多功能化

人们普遍意识到肥料不仅要有使作物增产的作用,还要有改善作物品质、提高产量和防病虫害的功能,以及培肥地力、改良土壤,兼有节省工时和费用等多种功能和作用。因此在提高肥效、药效的前提下,混配出"一肥多能"的产品即多功能配方肥料,就是把施肥与土壤改良、除草、防治病虫害及施用生长调节剂等相结合,集化肥、有机肥、农药、除草剂等于一体,这样可大大节省田间作业用工和成本,实现集约化生产。中国科学院南京土壤研究所广泛进行了含除草剂、杀虫剂等配方肥料施用的研究,在水稻、小麦、棉花、油菜和西瓜等作物上取得了良好的效果。近几年来,河南农业大学使用"花生乐",将花生施肥与防治病虫害结合起来增产效果颇佳。江苏省无锡、常州推广使用水稻除草型专用肥,水稻施基肥和除草剂一次完成,效果很好。

(二)我国配方肥料的前景展望

1. 前景展望

经过几年来配方肥料在全国的推广应用实践,充分证明了配方肥料是确保农业增产增收、提高肥料利用率、减少浪费、减轻环境污染、提高农产品品质的一种新型肥料品种,能够产生巨大的经济、社会效益和生态效益,代表了今后肥料发展的方向,推广应用前景十分广阔。

(1)配方肥料对提高土壤肥力和肥料利用率的潜力巨大。回顾化肥使用历史,我国化肥投肥结构在化肥施用的不同阶段变化较大。1965年前N、P_2O_5、K_2O比例为1∶0.05∶0;1978年N、P_2O_5、K_2O比例为1∶0.13∶0.033;1990年N、P_2O_5、K_2O比例为1∶0.38∶0.14;1999年N、P_2O_5、K_2O比例为1∶0.41∶0.16,这与目前发达国家N、P_2O_5、K_2O比例1∶0.59∶0.48相比,还有一定的差距,大部分地区仍存在着严重缺钾的状况。同时由于不重视中、微量元素肥料的施用,作物带走的中、微量元素数量逐年增加,我国耕地土壤中、微量元素缺乏问题已相当普遍。根据第二次全国土壤普查结果,我国土壤缺锌面积7.29亿亩,缺硼面积4.92亿亩,缺钼面积6.68亿亩,缺锰面积3.04亿亩。配方肥料的兴起和发展,对提高科学施肥水平,合理调整氮、磷、钾肥比例,矫治微量、中量元素的缺乏,提高土壤肥力有很大潜力。

根据肥料应用的"木桶"理论,由于配方肥料能够根据不同土壤、不同作物配制适宜的多种养分配比肥料品种,并能改善某些化肥品种不良的理化性质,能一次施用多种养分的肥料,以充分发挥养分间的交互效应,取得高产高效的效果。据试验资料,施用配方肥料比单施每亩可节约化肥成本10~20元,增产10%~30%,化肥利用率提高10个百分点左右。全国目前化肥年产量(折纯)达2 938万t,按化肥利用率提高10%计算,则一年可节约出能够被作物直接利用的有效纯养分290多万t,相当于10个30万t中等磷铵厂一年提供的化肥量,可见配方肥料的多元配合是提高肥料利用率的积极措施,能给社会带来巨大的经济效益,而且也从另一方面说明了提高肥料利用率的潜力也是巨大的。

(2)配方肥料的施用是改善农产品品质的有效途径之一。随着人民生活水平的提高和加入WTO,对农产品品质的要求也愈来愈高。农产品质量安全已成为我国农业迫切需要解决的重大问题。农产品的品质受作物本身的遗传特性、养分供应、土壤性质、气候环境和管理措施的影响,其中作物养分的均衡供应对改善作物品质有极为重要的作用,肥料中氮、磷、钾及微量元素的合理配比及正确施用可提高作物中蛋白质、糖类及其他营养成分的含量,从而大大提高农产品的品质。传统的施肥方式和肥料产品已经不再适应农业生产的需要,而配方肥料的开发和施用顺应了农产品由数量型向质量型转变的需求,逐渐成为提高农产品品质的有效途径之一。绿色食品、无公害农产品的兴起,也必将带动配方肥料及环境友好肥料等相关行业的迅速发展。

(3)配方肥料的市场前景巨大。随着农民科学种田水平的提高和市场经济的发展,农民在用肥倾向上正向着高效化、高质化、复合化、简便化甚至智能化的方向发展,推广和发展平衡施肥物化集成技术或配方肥料能够最大限度地满足农民在用肥上的新需求。同时随着现代化农业的发展,肥料由单质到多元,由低浓度到高浓度,由粉末状到颗粒状的方向发展,配方肥料比较好地综合了上述几个方面,代表了肥料发展的趋势,有助于农业向高产、优质、低耗、高效方向发展。从农民的施肥趋势看,随着粮食和经济作物产量的提高,同时由于科研与土肥技术部门介入配制和直接供肥,配方肥料施用技术将越来越受到农民的欢迎。以河南省配方肥料的生产发展为例,全省现有耕地1.2亿亩,全年种植面积达1.9亿亩次,由于农业结构调整促进了肥料高投入农田种植面积的扩大,经济作物近年来已发展到3 000万亩,每年化肥施用量在1 500万t左右。截至2003年,全省各地配方肥料配制量15.5万t、推广面积400多万亩,分别占全省化肥用量和农作物种植面积的1%和2%左右。因此,从总量上来看,配制推广量与全省化肥总需求量、与全省农作物种植面积相比,发展空间、发展潜力很大。

2.主要对策

我国配方肥料的发展在现行化肥经营体制已变的情况下,要结合我国的基本情况,吸收国外可借鉴的先进经验,着力解决我国配方肥料基础原料的物理性状,扩大配制量;增加品种,提高浓度,专用与多功能相结合;加强质量监测,降低成本,加速推广,使我国配方肥料走向良性发展的轨道,逐步提高配方肥料在我国施肥总量中的比重。

参考文献

[1] 慕成功,郑义.农作物配方施肥[M].北京:中国农业科技出版社,1995.
[2] 杨建堂.配方肥的生产原理与施用技术[M].北京:中国农业科技出版社,1998.
[3] 钱志红,石称华.掺混肥料的生产与发展[J].磷肥与复肥,1999(6).
[4] 王好斌.我国发展掺混肥料技术的探讨[J].磷肥与复肥,1999(2).

河南省化肥施用历史回顾与发展趋势

郑 义 孙笑梅 赵武英

（河南省土壤肥料站 · 2005 年 8 月）

化肥是重要的农业生产资料。化肥的施用，给农业生产带来了巨大的变革，打破了几个世纪以来农业封闭式的低循环，极大地推动了农业生产的发展，农作物单位面积产量大幅度提高，促进了社会主义经济建设的稳步发展。当前，人类面临着人口—资源—环境—粮食的尖锐矛盾，随着人口增长，矛盾将愈加突出。要在有限的耕地上生产更多优质高产的农产品，稳步增加化肥用量，科学施用化肥，发展高效、环保、多功能肥料，是提高单位面积产量，改善作物品质，维持和培肥地力，确保农业可持续发展的必由之路。

一、化肥使用情况

（一）化肥用量不断增加

我省从 20 世纪 20 年代开始化肥的试验示范。新中国成立后，化肥工业的发展加快了化肥的施用步伐。1953 年，全省化肥用量不到 0.5 万 t（折纯量，下同），1965 年为 4.42 万 t，到 1978 年增至 52.5 万 t，比新中国成立初期增加 154.4 倍。十一届三中全会以来，一靠政策，二靠科学，极大地调动了农民的投肥积极性，化肥用量大幅度上升，到 1992 年，全省化肥总用量突破 200 万 t，达到 251.1 万 t，比 1978 年增长 4.8 倍。近十年，随着农业结构的调整，经济作物比重的加大，化肥用量每年平均以 20 万 t 的速度增长，到 2002 年化肥总用量突破 400 万 t，到达 468.8 万 t（见图 1、表 1），平均每公顷耕地施用化肥 645 kg，高于全国平均水平。总量在全国排行第一，单位面积占有量仅次于福建、江苏、广东，全省人均占有量已达 48.8 kg。

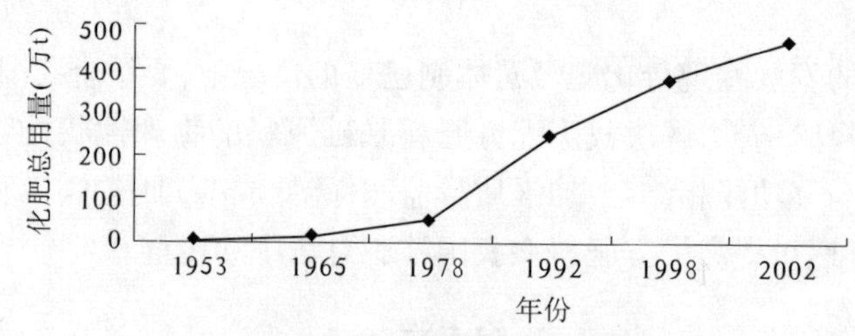

图 1 河南省 1953～2002 年化肥用量变化

表 1 化肥在农田肥料投入中的份额 （单位：kg/hm²（折纯量））

年份	养分投入总量	有机肥提供养分量	化肥提供养分量	化肥占投肥的百分比（%）
1965 年前	91.5	83.0	8.5	9.0
1978	161.8	84.0	77.8	48.1
1990	544.2	179.6	364.6	67.0
1998	800.1	240.0	560.1	70.0

(二)施肥结构发生重大改变

河南省施肥结构出现四个阶段性变化。第一阶段是1965年以前,以有机肥为主的投肥阶段,在这一阶段,有机肥提供的养分占90%以上,化肥处于试验中;第二阶段是1965~1978年在施用有机肥的基础上,示范、推广氮肥,试验磷肥的阶段,有机肥提供的养分占51.9%;第三阶段是1978~1992年,在施用有机肥、氮化肥基础上,在普及了磷肥施用,化肥在投肥结构中占67%,其中氮化肥占80%,钾肥几乎全靠有机肥提供;第四阶段是1992年以来,在普及氮、磷肥基础上,示范、推广锌、硼、钾实行平衡施肥阶段,化肥用量不断增加,肥料结构发生重大变化,由长期以来依靠有机肥供给作物所需N、P、K养分,逐步转化为N、P养分主要靠化肥提供。有机肥提供养分由60年代中期的90%,下降到1998年的30%。农田投入的化肥中,氮、磷、钾肥比例在不同阶段变化也较大。第一阶段,N、P_2O_5、K_2O比例为1:0.05:0;第二阶段为1:0.13:0.033;第三阶段为1:0.45:0.155;第四阶段发展到1:0.5:0.24(见表2)。

表2 肥料施用结构的阶段性变化 (单位:万t(折纯量))

年份	化肥总施用量	N	P_2O_5	K_2O	N:P_2O_5:K_2O
1965	6.56	6.24	0.33	—	1:0.05:0
1979	73.7	63.42	8.1	2.14	1:0.13:0.033
1992	222.44	133.4	60.5	20.7	1:0.45:0.155
1998	382.8	220.6	109.9	52.3	1:0.5:0.24

(三)化肥品种不断优化

随着化肥用量的快速增长,质量也不断得到提高,品种不断优化。化肥施用的品种中,尿素、磷铵、高浓度三元复合肥、钾肥等用量呈上升趋势,全省化肥养分平均含量由1992年的20%提高到2000年的29%。肥料复混化程度逐步加大,1980年,全省复混肥用量仅7.4万t,到2000年达到83万t,2002年上升到98.7万t,复混肥提供的养分占施用总养分的比例由10%提高到20.8%。1998~2003年在豫东、豫北、豫南、豫西的主要粮食产区设置的45个土壤耕地地力与农田投肥连续定位监测点监测结果也表明,农田投入的化肥结构发生明显的变化。在投肥品种中,单元素肥料的比重下降,由1998年的88%下降到2002年的78%。复混肥占总用量的比例由1998年的12%上升到2002年的22%。并开始施用钾肥,用量呈上升趋势,2002年的钾肥用量每公顷K_2O 26.4 kg。

二、化肥肥效与演变

(一)氮肥

农作物对氮肥的需要量大,土壤供应不足,氮肥自开始施用以来,肥效一直比较明显。20世纪60年代以前化肥用量小,作物产量低,施用氮肥增产尤为显著,1 kg N增产小麦或玉米10~15 kg。进入80年代以来,增加了氮肥用量,同时配合施用磷肥,施氮增产效果显著。2000~2002年省土肥站在豫北高产区、豫西、豫南中产区设置53个肥料效应试验点,

1 kg氮素增产 9 ~ 14 kg 小麦,高肥区增产效果低于中低肥区。

氮肥肥效的变化与施氮量关系密切,随着施氮量的增加,单位养分增产量下降,出现报酬递减。根据 2001 ~ 2002 年 34 个强筋小麦施肥试验点资料,在施用氮素、磷素各 90 kg/hm^2 的基础上,配合施用 N 90 kg/hm^2,1 kg N 增产 12.9 kg 小麦;配施 180 kg N,1 kg N 增产小麦 9.12 kg;配施 270 kg N,1 kg N 增产小麦下降到 6 kg。

(二)磷、钾肥

磷肥肥效与土壤磷素含量水平关系密切。据报导,磷肥肥效在 20 世纪 60 年代初基本没有增产效果。87 个试验点,增产达到 10% 以上的仅占 20%。70 年代末 80 年代初,随着氮化肥的大量施用,在缺磷的土壤上,施磷显效,1 kg P_2O_5 增产约 15 kg 粮食。第二次土壤普查查明土壤有效磷在 10 mg/kg 下的占 60%,施磷效果被肯定。玉米在潮土、褐土上的施磷试验结果表明,增产率为 11% ~24%,1 kg P_2O_5 增产玉米 8 ~ 12 kg。省土肥站 1986 ~ 1989 年在全省设置的小麦施磷试验结果表明,在施用 N 肥条件下,1 kg P_2O_5 增产小麦 7 ~ 20 kg。土壤供磷量愈低,单位养分增产愈显著。2000 ~ 2002 年省土肥站在全省设置的多个小麦磷肥肥效试验表明:缺磷的土壤磷肥肥效仍然很显著,中等磷肥力的土壤上,配合施用氮、钾肥,磷肥肥效显著。

钾肥肥效,经历了 20 世纪 60 年代前的无效,70 ~ 80 年代初的低效,90 年代以后显效的过程。1980 ~ 1983 年,全省化肥网 172 个小麦试验,施钾肥有增产作用的 6 个,占 3.5%。1988 ~ 1990 年全省 72 个试验,小麦增产明显的 33 个,占 45%,1990 ~ 1993 年 15 个试验,小麦增产 12 个,占 80%。玉米 8 个试点增产几率 100%,平均增产率 12%,增幅 4.1% ~ 51.3%,舞阳潮土增产最为显著,增产 51.3%。1 kg K_2O 增产玉米 2.2 ~ 18.8 kg,平均 6.5 kg。大豆施钾,在砂姜黑土和黄棕壤上试验,平均增产大豆 25.6%,1 kg K_2O 增大豆 5.9 kg。开封试区施钾试验,平均增产 11.7%。省土肥站 1989 ~ 1991 年在豫南稻区设置的 41 个水稻试验,增产几率 75%,增产 13.4%,增幅 3% ~25%。1 kg K_2O 增产稻谷 3 ~ 5.7 kg。

(三)微量元素和新型肥料的施用效果

锌、硼、钼、铁、锰、铜是作物必需的 6 种微量营养元素肥料。1982 ~ 2002 年以来,河南省农业厅、河南省农科院及河南农业大学分别在玉米、水稻、大豆、小麦、棉花、油菜、花生、苹果、西瓜、大蒜、叶菜类、茄果类等作物上,设置了正规田间肥效试验点。结果表明,微量元素肥料的肥效与土壤含量状况、作物的敏感程度等关系密切。在缺乏微量元素的土壤上,敏感性强的作物上针对性施用微肥效果显著,一般增产 8% ~20%。

随着化肥工业的发展和新技术的应用,以缓释肥、配方肥、商品有机肥、复配叶面肥为代表的新型肥料新品种应运而生。1997 ~ 2002 年以来,河南省按照农业部肥料鉴定试验的行业标准,在全省开展了各类新型肥料的肥效试验。450 多个肥料试验表明,郑州工业大学的"乐喜施"缓释肥料不但养分能缓慢释放,肥料利用率也高。农业部门配制的配方肥料针对性强、配方合理、商品性好、施用方便、肥效高,与习惯施肥相比,增产可达 8% ~20%,经济作物增产更为显著,深受农民欢迎。商品有机肥料培肥土壤,提供养分,与空白田相比,增产 5% ~10%。各种复配叶面肥,在作物生长周期连续喷洒 3 次,与同期喷等量清水相比,90% 以上试验有增产效果,增产率在 5% ~16%。

(四)平衡施肥技术应用效果

平衡施肥建立在测土化验、田间试验、数理统计和施肥推荐之上,科学性、针对性比较强,反馈效果良好。1986 年以来,省土肥站在全省开展了 1 000 余个 N、P + K 或 Zn 试验数据统计,建立了河南省五大类型区域 N、P 施肥效益函数方程(通式为:$y = b0 + Nb1 + Pb2 + NPb3 + P2b4 + N2b5$)。将推荐施肥量在大田反馈跟踪校验,设无肥区、习惯施肥区、推荐区 3 种处理,642 个统计点,配方区比习惯施肥区增产 6.7% ~26.7%,不同产量水平增产途径不同。高产区节肥增产,中产区调肥增产,低产区增肥增产。据全省多年多个试验示范点统计,实行平衡施肥,粮食作物一般增产 10% ~15%,经济作物增产 10% ~20%,化肥利用率提高 3% ~5%,同时还能培肥土壤,改善品质,减少污染。

三、发展趋势

党的"十六"大报告提出了全面建设小康社会的宏伟目标,对农业生产提出了更高的要求。农产品不但数量要丰富,质量也要满足人们对农产品的需求,增强农产品的国际竞争力。化肥施用不仅要提高单位面积的产量、改善品质、保护环境,而且必须实现节本增效、农民增收。因此,化肥工业的发展和肥料的施用必须随着时代的发展而发展,时代的变化而变化。

(一)化肥总量稳中有增

河南是人口大省,人均耕地面积仅 0.7 hm^2,不及全国平均水平的 1/4。到 2010 年人口将达到 10 400 万,人均占有耕地将更少。要保证全省人均 400 kg/a 以上的粮食安全,2010 年需新增粮食 32 亿 t,需新增化肥 32 万 t。如果加上饲料和工业用粮的消耗,农产品的需求量更大。随着时间的推移,人口、资源、粮食、环境间的矛盾愈来愈尖锐,要在有限的耕地上生产更多的农产品,化肥在农业生产中的地位愈来愈突出。特别是在当前和今后一个时期,随着我国加入 WTO 和农业结构的战略性调整,优质专用小麦、蔬菜、经济作物的大面积种植,畜牧业的快速发展,进一步了拓宽用肥领域,加大了对化肥的需求。目前,河南省粮、经比由 1995 年的 72.6∶27.4 调整到 2001 年的 67.2∶32.8。作物不同,对肥料的需求不同。如蔬菜生长周期短,多次采收,产量高,对肥料的需求量大于粮食作物。同时,蔬菜、水果等对钾、钙养分需求量大;同一作物,因加工专用性的差异,对肥料需求各异。据河南省土肥站 2000 ~2003 年对优质专用小麦的试验研究,在相同产量条件下,用于加工面包的强筋小麦的施氮量高于普通小麦对氮素的需求,这些对化肥从数量和品种上都提出了新要求。近年来,我省化肥用量每年以 5% 的速度递增,不论以总量还是播种面积计算,在全国均属中上水平。综上所述,我省未来化肥用量的发展,将放慢增长速度,达到稳中有增。

我省农田化肥投入区域间悬殊很大,单位面积化肥施用量 8 个市高于全省平均数,10 个市低于全省平均数,最高与最低之间相差一倍。省土肥站长期地力监测也证明了这一点,高产高肥区高投入、低产低肥区低投入。化肥区域间的投入非平衡性,导致化肥资源得不到合理利用与调配,高施肥区出现报酬递减,投肥不足的地区,化肥的增产作用和生产潜力得不到充分发挥。因此,在稳步增加化肥投入总量的同时,要改变化肥投向,合理组配化肥资源。氮肥在高肥区控氮、中肥区稳氮、低肥区增氮,实行测土施肥。磷、钾肥主要用在缺乏磷、钾的土壤、敏感的作物和具有市场竞争力的农产品上。

(二)努力调整化肥结构

对淮阳、商水、新郑等 37 个县(市)16 049 个点的耕层土壤农化样分析测定结果表明,农田平均有机质含量 1.17%(变异系数 22.3%),呈上升趋势;碱解氮 61.0 mg/kg(变异系数30.1%),上升10.9 mg/kg;速效磷13.9 mg/kg(变异系数31.2%),上升5.1 mg/kg;速效钾103.9 mg/kg(变异系数30.4%)、下降25.6 mg/kg。从区域分布上看,有机质从东自西递增,速效钾自北向南、自西向东渐减。从农田养分收支平衡来看,2002年省部级监测点表明,氮在土壤中有盈余、磷投入产出基本平衡、钾素严重亏缺。农田养分的这种收支状况与养分变化趋势相一致。据统计,全省耕地2002年氮化肥的平均用量272 kg/hm^2。在一些高产区、菜地偏施氮肥的现象仍然存在。据豫北107户农户调查,小麦6 750 kg/hm^2 的高产麦田,氮素一季投入量已达225 kg/hm^2,全年超过375 kg/hm^2。磷肥经过第二次土壤普查以来的连年施用,磷已开始在土壤中积累,但还不能满足优质高产对磷的要求。农作物对钾素的需求与氮基本相同,一些蔬菜、瓜果等作物对钾肥需求量大于氮素。钾又是品质元素,结构调整加大了对钾的需求。由于土壤年亏缺量大,加之有机肥投入数量不足,化学钾肥用量甚少,长期下去,土壤肥力将会下降,引起新的不平衡。因此针对土壤养分供应状况和施肥上存在的问题,在今后几年内,化肥的农田投入,要调整化肥结构,稳定磷肥用量,努力增加钾肥用量,力争使氮、磷、钾比例调整到合理施肥的水平。与此同时,加大高浓度、专用肥料的生产与施用。当前,我省肥料投入中,单元素肥料是肥料的主体,占79%。在单元素化肥中,碳铵和低品位的磷肥占相当份额,应逐步增加高浓度化肥的比重,使化肥养分平均含量接近或达到国外40%的水平。复混、专用肥料这几年发展加快,已占养分总量的20.8%,但国外发达国家一般都在60%以上,我省差距还较大,需要加快发展步伐。

(三)发展高效、环保、多功能肥料新品种

可持续农业要求"高产、高效、优质、环保"。当前我省年施肥量已达468万t,施用的氮肥品种同全国一样,以尿素和碳铵为主,按照当前我省重底肥,轻追肥的传统习惯,氮素养分的释放与作物吸收难以同步,不能被作物吸收的养分或被土壤固定或淋失或挥发,近年来,在对控释、缓释肥的研究中发现,控释、缓释氮肥其可溶性氮逐步释放出来,不但有利于作物的吸收,而且减少了氮肥的淋失,如用硫包尿素(SCU),使淋洗到60 cm深处的硝态氮减少了53%(转引自Engelsetad,1985),我省田间试验亦表明:涂层尿素、长效碳铵、包裹型复混等肥料在等养分条件下分别较普通尿素或碳铵或普通复混肥具有提高肥效、减少施肥次数的作用,生产上值得大面积推广。但目前的限制因素是生产成本较高,农民接受有一定的难度,也未形成产业与规模,今后应在降低生产成本和大面积示范上做文章。以低含量品种为主的复混肥,其生产要克服目前低浓度、通用型的局面,加大力度发展高浓度、专用化的复合肥。以单元、多元肥料为原料,根据作物需肥特点与土壤供肥特性配制的配方肥,在我省推广已近6年,它以配方灵活、针对性强,肥效高的特点,得到了认可与接受,已成为我省确保农业增产增收、提高肥料利用率、减少浪费、减轻环境污染、提高农产品品质的一种新型肥料品种,预计它在肥料施用中所占的份额将进一步加大。随着农业种植结构的调整,我省蔬菜种植面积迅速上升,目前,已达130多万 hm^2,建立无公害生产基地400余个。在国内无公害蔬菜生产大的背景下以及我省部分城市蔬菜市场准入制度的实行,各地将无公害蔬菜的生产,作为发展经济,增加菜农收入的重点来抓,为无害化商品有机肥料的开发应用提供了广阔的前景。因此,开发应用精制有机肥、生物有机肥、有机无机复合肥,将是未来蔬菜、瓜果施肥工作中的一个重点。叶面施肥与土壤施肥相比,具有吸收快、基本无污染的特点,根据农作物的需肥特性,结合我省微量元素锌、硼、钼、锰比较缺乏的现状,市场需要满足作物生长,同时兼顾防治病虫功能的高效、环保型肥料。

参考文献

[1] 林葆. 化肥与无公害农业[M]. 北京:中国农业出版社,2004.
[2] 鲁如坤,等. 土壤—植物营养学原理和施肥[M]. 北京:化学工业出版社,1998.
[3] 河南省农业厅. 河南省农村经济统计资料汇编 1994~1988.
[4] 河南省农村社会经济调查队. 2003 河南农村统计年鉴[M]. 北京:中国统计出版社,2003.
[5] 冯元琦. 中国化肥生产百年回眸[M]. 北京:中国农业科技出版社,2002.
[6] 慕成功,郑义. 农作物配方施肥[M]. 北京:中国农业科技出版社,1998.
[7] 河南省 1998~2003 年耕地土壤地力监测报告.

都是化肥惹的祸?

胡心洁[1] 刘中平[2] 王婷婷[1]

(1. 河南日报;2. 河南省土壤肥料站·2003 年 3 月)

眼下,正是春播季节,农民朋友心里拿不准了:城里人喜欢无公害产品,现在提倡农产品无公害生产,还能不能施化肥?

这个季节,大量的反季节水果、蔬菜开始上市,城市市民抱怨,水果不甜了,黄瓜没有黄瓜味,是不是农民施化肥多了?

都是化肥惹的祸?

省土壤肥料站有关专家为化肥鸣不平:无公害生产并不是不能施化肥,而是要注意施肥的均衡;水果不甜了,黄瓜没有黄瓜味,不是化肥用多了,而是施肥的不均衡。

专家这样比喻:化肥是农作物的营养,再优良的种子、再现代的农业技术,如果营养不良,也长不出好的农产品。

化肥对人类的农业生产的确功不可没。

20 世纪初化肥进入我国,今天已走过了它的百年历史,大量化肥的使用,已成为 20 世纪农业最大的成就之一。当前人类面临着人口—资源—环境—粮食的尖锐矛盾,随着人口增长,矛盾愈加突出。有关专家指出,要在有限的耕地上生产更多优质高效的农产品,增施化肥科学施肥是提高单位面积产量、改善作物品质,确保农业可持续发展的必由之路。

具体到我省,河南是人口大省,到 2010 年人口将达到 10 400 万,2030 年达到 12 076 万,如果加上饲料和工业粮食的消耗,粮食的需求量更大。在当前有限耕地的条件下,要提高粮食的产量和品质,能人为控制和易于调节的只有肥料。

毋庸置疑,化肥这一作物的"营养",多了少了都不好。多了会营养过剩,不但造成浪费,还会造成污染;少了会使作物营养不良,影响其发育成长。

"营养"的多少不好把握。有关专家尖锐指出,几十年来,我国耕地已患上了严重的"营养不良"。最明显的问题是耕地用养失调,质量明显下降。多年来由于耕地产出大幅度提高,投入不足,重用地轻养地,土壤的生产能力持续下降。其次是施肥比例严重失调,化肥投入效益明显下降。掠夺式的耕作,施肥大面积的立体环境污染,频繁地调整土地,"三农"政策不能始终如一,各项建设占用了肥沃的耕地,不堪重负的耕地危机最终凸现。肥料资源的严重浪费给环境尤其是耕地、水源、空气造成了立体污染,地下水及河流湖泊的营养富化,蔬菜等农产品的硝酸盐含量超标,直接危害人类健康。

河南是一个农业大省,全省耕地面积1.2亿亩,同时又是一个用肥大省,年使用化肥量1 400万t以上,农民每年用于化肥的投入超过120亿元,占整个农业生产资料投入的50%以上。长期以来,由于技物分离、施肥方法不科学等原因,造成我省肥料施用的结构很不合理,不仅造成资源的极大浪费,而且造成农作物抗逆能力和品质下降,污染加重。尽快改变肥料施用结构、提高肥料利用率已成为当务之急,成为摆在全省土壤肥料工作者面前的重大课题。

同时,河南农产品的商品率已达70%以上,是农产品输出大省。但由于营养品质和加工品质不高,效益受很大影响。全省年小麦积压量250万t左右,但同时还需大量进口优质小麦。据试验,增施氮肥用量,可提高小麦蛋白质含量;增施钾肥,能提高小麦单重和西瓜、水果甜度。科学施肥对提高商品性、改善品质有重要作用,能够加快河南农产品由数量型农业向质量型、效益型农业转变,提高市场竞争率和占有率。

如何破解这一难题?专家来支招:问题很简单,平衡施肥。

如何平衡施肥?他们说,施用"BB肥"。

什么是"BB肥"?"BB肥"有这么大的能耐?

"BB肥"是根据耕地养分含量、作物需肥规律,有针对性地配制出的一种掺混肥料。首先对土壤进行肥力测试,再根据测试结果进行配方,土壤缺哪一种"营养"就配上哪一种"营养",从而使土壤既不因"营养不良"而贫血,又不因"营养过剩"而造成浪费和污染。

目前我省已初步形成了以测土配方体系、加工配肥体系和供肥施肥体系"三大体系"为支撑的土壤肥料技术产业化连锁服务框架。通过"三大体系"的有机结合,在全省部分农区实现了测土、配方、产肥、供肥和指导农民施肥一条龙连锁服务,推动了平衡施肥技术的推广,加快了肥料结构的调整,收到了良好的经济、社会效益和生态效益。截至目前,全省已组建测配站120个,覆盖全省17个省辖市85个县(市、区),配制推广"BB肥"30万t,推广面积750万亩,服务农户150万户,实现节本增效近亿元。

(本文原载于2003年3月3日《河南日报》)

我省肥料施用结构亟须调整

李迎春

(河南日报·2001年1月)

前几天,记者家里来了一位信阳的农民。聊起种地,这位农民显得有些激动:"现在种地真是太不划算了,粮食价格低不说,成本也越来越高,光化肥就比过去多用一倍,可不知咋回事儿,产量就是不见长!"

这样的怨言,记者已经听得太多太多。这些农民并没有想到,正是由于他们"慷慨"施与,他们赖以生存的土地,才变得越来越“吝啬”。因为,严重的营养失衡,早已让土地不堪重负。

一般来说,要保持土壤良好的耕性,有机肥施用量应占用肥总量的40%左右,化肥中氮、磷、钾的比例大致为1.0∶0.59∶0.48。但长期以来,由于种种原因,我省许多地方的农民已经养成了重无机肥、轻有机肥的用肥习惯。曾几何时,购买化肥成为每个备播季节大多数农户的“必修课”,全家出动积造农家肥的场面则淡淡地留在了他们的记忆中。

土壤急切需要的肥料,不给;土壤已经吃饱的肥料,硬喂。这种缺乏科学与理性的施用方式,导致我省土壤养分的严重失衡。来自土肥系统的一份材料说,目前,我省用肥总量中,有机肥仅占25%左右,耕地有机质含量平均不到1%,与全国水平1.8%相差近一倍;化肥中氮、磷、钾的比例为1.0∶0.4∶0.19,耕地钾素含量迅速下降,全省有50%的耕地速效钾含量低于临界值,30%以上的耕地严重缺钾;土壤中微量元素的缺乏也十分明显。

与之相伴的是,肥料利用率的低下和肥料投入效益的下降。目前,我省肥料利用率只有30%~40%,仅氮肥每年就要损失200万t以上;每千克化肥增产粮食20世纪50年代为15 kg,70年代为9 kg,90年代下降到7 kg。更为严重的是,肥料施用结构不合理,还造成农作物抗逆能力下降,病虫害加重,农产品品质下降,以及地下水、饮用水硝酸盐污染严重和水体富营养化的加重。

为改变这种状况,我省也采取了许多办法,但收效甚微。比如,“九五”以来,我省先后实施了“沃土计划”、“补钾计划”、“增微工程”、“平衡配套施肥工程”等,共积造有机肥16.5亿m^3,补钾1.5亿亩次,增微2.5亿亩次,配方施肥2.9亿亩次。这一成绩虽然来之不易,但就我省用肥总量来看,这对我省用肥结构的改变几乎难以产生大的影响。

对此,土肥系统深感无奈:由于经费所限,我省有1/3的土肥化验基础设施和设备已不能正常运转;1/3的土肥站基本无法开展工作;信息的采集、汇总和发布,以及土肥实用技术的推广受到严重制约。至于有效引导、组织农民改善土壤结构、培肥地力,土肥系统更是显得力不从心。

调整施肥结构,让我们的大地母亲再度丰腴起来,记者这一呼唤,相信也是所有关注我省农业的有识之士的共同愿望。

我们期待着各级有关部门的实际行动。

(本文原载于2001年1月25日《河南日报》)

加快配方肥推广的对策与措施

刘中平

(河南省土壤肥料站·2003年7月)

“组建测配站、推广配方肥”在我省已进行五年多,尽管取得了很大成绩,但在配方肥推广量上一直没有大的突破。眼下麦播备肥高潮即将来临,为做好今年的配方肥推广工作,笔者试从对策与措施上与各测配站进行商榷。

一、以质量求生存,以诚信谋发展,努力扩大配方肥推广覆盖面

市场经济就是竞争经济。要立于不败之地,必须诚信为先。因此,市场经济从一定意义上讲,又是诚信经济。从我省配方肥料五年多来的配制推广实践看,推广量及施用面积都呈逐年跳跃式递增发展态势,这一方面是选择的技术方向对路;另一方面是突出了服务性,使配方肥料与广大农民群众更加贴近;还有更为重要的一点是各测配站狠抓产品质量、讲求诚信的结果。不少测配站在配方肥料配制推广中履行了一系列重质量、讲诚信的措施,如配制前的测土化验、配制中的严把质量关、推广时的专家逐村技术培训与宣讲、施用后的跟踪调查以及使用信誉卡、服务证等。这些措施的施行,无疑为配方肥料在我省的快速推广起到了极为重要的作用。但不能盲目乐观,应该清醒地看到,随着我国加入 WTO 和全球化经济时代的到来,特别是配方肥料为越来越多的人、越来越多的单位和部门所认识,竞争必然会越来越激烈。因此,应该进一步强化质量意识,更加讲求诚信。只有这样,才能立于不败之地,决不能萝卜快了不洗泥,干那种自毁长城、自砸牌子的傻事。

配方肥料的质量主要包括两个方面:一是养分含量符合标准;二是养分配比科学、针对性强。各测配站在配方肥配制过程中,务必严把配方、选料、混合、计量、质检关,每个环节都要严格管理。在配方上,条件好、实力强的测配站,要增加土样测定数量,扩大测土范围,缩小配肥单元,进一步提高配方针对性、合理性、科学性;实力较弱的测配站,要针对推广区域土壤肥力情况、作物产量水平,粗线条进行分区域配方;在原料选购上,各测配站要注意粒径的相配性,最好选择 2 ~ 4 mm 粒径的原料,如果相差过大,混合后很容易发生分层,影响肥效;在混合工艺上,目前不少测配站还采取原始作坊式配制,很难混合均匀,直接影响施用效果,有条件的要尽快上设备。

二、多渠道筹措资金,千方百计努力打破瓶颈制约,为配方肥配制推广上规模上档次奠定基础

多年以来,资金问题一直是困扰测配站进一步发展的最大难题,是限制测配站上规模上档次的瓶颈。只有千方百计打破这个瓶颈,测配站才能走出小打小闹、手工作坊式的困境。因此,必须开动脑筋,在筹措资金上狠下工夫。根据这些年一些单位的经验,各地可借鉴下列办法筹措资金:一是“借”,向资金实力雄厚的单位或个人短期拆借资金;二是“贷”,向银行申请短期抵押贷款;三是“集”,动员内部职工或农业系统广大干部职工集资,并适当分红;四是“入股”,大胆引入股份制;五是“合伙”或“联营”,与企业和实力雄厚的个体经营者联合;六是“垫付”,与一些大型肥料企业洽谈,提前供应一些原料做垫底肥或滚动肥;七是“预售”,向终端用户,也就是向农民收取一定比例的预售款;八是“加快周转”,小批量购进原料、配制出的配方肥迅速推广到农户;九是“收取风险抵押金”,向各推广网点收取一定数量的风险抵押金;十是“争取领导支持”,借项目资金带动发展。

三、进一步加强推广服务网络建设,不断提高运作水平,努力将服务向前延伸

近几年,我省配方肥配制推广实践充分说明,建立富有活力、覆盖面广、管理规范的配制推广网络,是测配站生存的基础、发展的前提。因此,各地应进一步加强配制推广网络建设,不断提高网络运作水平,同时努力将服务向前延伸,不断提高网络覆盖面、网点密度和服务

能力。一是要加强网点的技术培训和管理力度。基层网点处在农化服务的第一线,技术水平、规范操作程度对农化服务质量的影响很大。从很多县的经验看,对基层网点必须定期开会、交流信息、培训技术、明确要求,不断提高网络运作水平。二是不断增加新的网点。各地在巩固老网点的同时,要不断建立新网点,扩大覆盖面。三是把网络逐步向自然村延伸和覆盖,实行肥料、种子、农药等农资综合连锁配送制,由测配站统一进货,统一价格,通过村级网点直供到农户,并提供相配套的技术服务,减少中间环节,降低配制推广成本,让利于民。

四、及早动手做好原料准备,多方开辟进货渠道,确保秋种备肥高峰配肥所需

现在,我省已处在秋播用肥高峰的前沿,距真正用肥高峰9月中下旬仅有一个多月的时间,正是原料准备的关键阶段。因此,要及早动手,认真做好配肥原料的准备工作。一是想方设法广辟进货渠道,拓宽原料采购空间。二是及早做好原材料的购进准备,包括资金、仓储等,目前钾肥、磷酸一铵的价格已跌到低谷,尿素价格下调的余地也不是太大,正是储备原料的黄金季节。按往年惯例,进入8月份肥料价格就会反弹,而且一路攀升至国庆节。今年因"非典"影响,价格反弹可能还会较往年更猛一些。因此,应密切关注肥料价格走势,把握最佳时机购进原料。

五、加大配方肥推广宣传力度,形成全方位的宣传攻势,牢固占领农村阵地

从我省历年来的农技推广情况来看,每一项成熟的技术、成熟的产品,能够让广大农民群众自觉接受并普及开来,都离不开深入持久的宣传。从现代市场经济角度来讲,每个新的产品从研制开发到形成规模生产、占领市场,也同样离不开宣传。我省测土配方施肥技术及其物质载体,从诞生到现在仅仅5年多时间,为什么在这么短的时间内能够从无到有、由小到大,无论推广总量还是推广面积都一直呈直线上升态势呢?从这几年各测配站的实践经验看,都离不开技术推广与宣传。

其一,各测配站要充分利用自身技术队伍优势,抓住麦播备肥前的有利时机,广泛开展技术培训和技术宣传。组织或邀请省市县专家一个村一个村地去讲课、去宣传,通过讲课让群众充分了解和接受测土配方施肥技术,通过逐村宣传,牢固占领农村这块阵地。这样的做法可称之为打"阵地战"。

其二,各测配站要充分利用农村有线广播电视网快捷、有效、覆盖率高的传播特点,加大投入,在黄金时段连续滚动播出和宣传,让测土配方施肥技术深入人心。这样的做法可称之为打"攻坚战"。

其三,各测配站要充分利用农村众多的墙面、街道和路口,聘请广告公司不厌其烦地进行墙体广告及条幅宣传,让人们自觉不自觉地在抬眼举目之间,看到的全是配方肥宣传内容。通过高密度、多重复的悬挂与宣传,占领广阔天地的角角落落,像防"非典"那样不留死角,不留空白。这样的做法可称之为打"常规战"。

其四,各测配站要充分利用单位自有送货车、推广网点及推广人员,通过唱戏、演小品快板、编顺口溜等群众喜闻乐见的形式,走一处宣传一处,走一路宣传一路,充分利用每一个时段和每一个机会加强宣传。这样的做法可称之为打"运动战"。

其五,各测配站在进行广告宣传时,一定要注重公益性与经营性相结合,并要突出公益性,使技术与配方肥料更加深入人心。这样的做法可称之为打"心理战"。

六、加强对上宣传和汇报，争取各级领导对配方肥配制推广工作的认同与支持，努力创造一个宽松发展的内部环境

配方肥的配制推广能否加快发展的关键在于各级领导对这项工作重视和支持的力度。商丘市之所以在推广测土配方施肥技术中始终能起到领头羊的作用（2000 年配制推广量 5 300 t，2001 年配制推广量 12 000 t，2002 年配制推广量 31 000 t，今年上半年又率先突破 10 000 t），主要是商丘市农业局的领导对这项工作给予了高度重视和支持。漯河、许昌、平顶山、焦作这几个省辖市，前几年发展较慢，近两年奋起直追，配制推广量呈跳跃式递增，在很大程度上得益于这些市农业局领导对这项工作的理解和重视。滑县、内黄、太康、原阳等县不仅农业行政主管部门对这项工作非常重视和支持，县委、县政府、人大、政协都非常支持这项工作。各地要利用各种形式向领导宣传，引起领导的关注和重视。

七、多方协调各部门之间的关系，着力营造良好的外部发展环境，为测土配方施肥技术推广打造更加广阔的发展空间

事业发展越快，对外部环境的要求就越高。现在，一方面是事业越做越大，有不少地方已经在当地产生了相当大的影响；另一方面随着新的肥料国标出台，对肥料生产、销售的要求越来越严格；再加上一些地方经济紧张，行政待遇条件较差，少数人害“红眼病”，这就给发展带来了很多困难和麻烦。现在比较突出的是新建的一些测配站，由于这些测配站的领导同志对有关政策、法规、标准了解较少，在受到一些行政执法部门检查时，缺乏说服力，经常被弄得束手无策。因此，对外部环境一是要高度重视，积极主动地解决好每一个问题。二是要加强学习，利用有关的法律、法规和标准来保护自己。三是积极主动地向管理和执法部门汇报工作，沟通信息，培养感情，加快磨合，逐步建立比较宽松的外部发展环境，为快速发展奠定坚实的基础。

把测土配方施肥这件事做好

《农民日报》评论员

（农民日报·2005 年 4 月）

春耕大忙之际，测土配方施肥集中行动将在全国范围内全面铺开，农业系统的广大干部职工和农技推广人员，将分赴农业生产第一线，开展以测土配方施肥技术、肥料合理使用方法为主要内容的技术培训，提高农民科学施肥意识，降低农业生产成本，保护农业生态环境，提高农产品质量安全水平，促进粮食增产和农民增收。这是当前农业系统的首要工作，是农业部今年为农民办的 15 件实事之一，是农业系统贯彻落实科学发展观，保持共产党员先进性的具体体现，意义重大，必须做好。

在经历了去年的好年景以后，今年我国农业生产和农民增收面临着一些新的形势和新的问题。其一，长达数月的旱情已经令南北各地水情告急，全国耕地受旱面积 1.79 亿亩，其中作物受旱 3 556 万亩，水田缺水和旱地缺墒 1.44 亿亩。严重的旱情给各地安排春耕生产

带来了极大的困难,将影响今年的夏粮生产。其二,一些地方农资价格上涨,致使农民在投入上成本有所增加,进一步挤压了农民的增收空间。其三,一些地方的农民反映,由于春耕时施用化肥不当,增加了成本,影响了产量,急需技术支持。因此,要想实现粮食稳定增产和农民持续增收,必须用新的思路,新的方法,来解决当前农业生产面临的突出问题。

做好测土配方施肥这件事,是解决当前农业生产和农民增收问题的重要手段之一。目前,我国每年化肥施用量达 4 400 万 t,这为我国农业增产,特别是粮食的稳定增产和农民增收做出了重大贡献。但是,长期以来,在农业生产过程中,普遍存在着重化肥轻有机肥、重氮磷肥轻钾肥、重大量元素轻中微量元素肥料的现象。同时,由于施肥技术和方法不当,不仅造成肥料利用率低下、土壤养分失衡、农业生产成本增加,更带来了严重的面源污染。实践证明,通过实施测土配方施肥,既可以帮助农民解决盲目施肥、过量施肥的问题,又可以促进粮食增产、农业增效、农民增收,还可以降低生产成本,减少农业环境污染,保证食品安全,一举多得,利国利民。

党中央、国务院对指导农民科学施肥工作非常重视,把推广测土配方施肥技术作为重要内容写入了今年的中央一号文件,温家宝总理、回良玉副总理也多次批示,要求农业行政管理部门抓好这项工作。因此,各级农业部门要对这件事高度重视,充分认识,把推广好测土配方施肥技术同粮食增产、农业增效、农民增收高度统一起来,同保护农业资源和生态环境、实现可持续发展高度统一起来,同保障供给、维护粮食安全高度统一起来,同急农民所急、为"三农"服务、保持共产党员先进性高度统一起来,一定要做好。不但要把技术送给农民,更要教会农民。让农民掌握科学施肥技术,转变传统施肥观念,提高科学种田素质,为今年农业实现稳定增产和农民持续增收打下坚实的基础。

(本文原载于 2005 年 4 月 9 日《农民日报》)

农业部关于进一步加强平衡施肥技术推广工作的通知

农业部文件农农发[2000]1 号

各省、自治区、直辖市农业(农牧渔业、农林、农牧)厅(局):

平衡施肥技术是提高农业生产效益、改善农产品品质、保持和提高土壤肥力、保证农业可持续发展的重要措施。温家宝副总理指出:"大力推广科学施肥技术,指导农民科学、经济、合理施肥,既可以节约开支,降低成本,提高耕地产出率,又有利于改良土壤,保护地力和环境,是发展高产、优质、高效农业,增加农民收入的一条重要途径,应当作为农业科技革命的一项重要措施来抓。"为贯彻国务院领导的指示精神,适应我国农业和农村经济结构战略性调整,推进农业科技进步,我部决定,在 2000 年进一步加强平衡施肥技术的示范推广工作,现将有关事项通知如下。

一、统一思想,充分认识推广平衡施肥技术的重大意义

推广平衡施肥技术对农业和农村经济发展具有重要作用,一是有利于提高产量和改善

品质;二是有利于优化化肥资源配置,提高肥料利用率、降低生产成本,提高经济效益;三是可以避免和减轻因施肥不科学带来的环境污染;四是有利于保障农业的可持续发展。目前仍有不少地方施肥不讲科学,以致浪费资源、污染环境。针对这些情况,必须大力推广平衡施肥技术。

二、建立试点,大力推广平衡施肥技术

(1)建立一批平衡施肥技术重点示范区。大力宣传和推广平衡施肥技术,办好平衡施肥样板田和示范区。我部计划在全国建立100个平衡施肥技术重点示范推广县(市),每个重点县(市)优选10个村作为重点示范推广村,开展"测土—配方—生产—供肥—施肥技术指导"综合服务。重点县(市)的综合服务覆盖率达到50%以上,重点村综合服务覆盖率在90%以上。

(2)开展耕地土壤养分调查。近20年来,我国的耕地养分已经发生了明显的变化,过去的耕地养分数据已不能反映目前土壤肥力的状况,很难准确指导科学施肥,因此有必要开展耕地养分调查。首先对平衡施肥"百县千村"示范区进行耕地养分调查试点,在取得经验后开展更大范围的调查工作。

(3)开展综合技术物资配套服务,推进技物结合。认真贯彻落实《国务院关于深化化肥流通体制改革的通知》精神,总结经验,因地制宜地做好平衡施肥技术物化和服务工作。要加强专用肥的管理,努力提高肥料的科技含量,利用配肥站(厂),适时适地提供农业生产需要的肥料品种,同时搞好产品的售后服务,为农民提供施肥技术指导。

三、加强领导,确保各项措施到位

各级农业部门要高度重视,加强领导,将推广平衡施肥技术作为种植业结构调整、农业科技革命、节本增效、农民增收、农业可持续发展的一项重要措施来抓。要积极争取地方政府的支持,有领导、有计划、有步骤地开展工作;要抓好有关措施的落实,做到"科技到村、技术人员到户、配方肥到田";要保证技术推广所需经费和物资,确保平衡施肥技术推广工作取得明显成效。

二〇〇〇年一月二十一日

河南省1999~2003年
组建土肥测配示范站、推广配方肥工作方案

河南省土壤肥料站

(1999年3月)

一、组建土肥测配示范站、推广配方肥的意义

平衡施肥是国际上广泛推广应用的一种科学施肥技术。但由于我省推广体系不健全,

农民科技素质较低等方面的原因,平衡施肥技术尚未大面积推开。近几年化肥使用量大幅度增加,但投肥报酬率却呈递减趋势。1998 年,全省化肥施用量(实物)已达 1 400 多万 t,较 80 年代中期增长了 127%,而粮食仅增长 29%,化肥利用率只有 35% 左右,全省每年损失化肥约 200 万 t,这不仅增加了生产成本,浪费了资源,而且造成了环境污染,每年的直接损失达 10 多亿元。尽快改变这种高耗低效的用肥局面,已到了刻不容缓的时候。除其他措施外,推广平衡施肥技术,组建土肥测配示范站,生产配方肥是一条最有效的途径。

配方肥是目前发达国家施用最广泛的肥料品种。它具有养分齐全,配比合理,物理性状好,肥效高稳;配方灵活,针对性强,使用方便;生产投资少,周期短,见效快,效益高的特点,有着非常广阔的市场前景。1998 年全省组建的 16 个测配示范站在麦播期间生产配方肥近 3 000 t,供不应求,深受农民欢迎。农业系统在推广施肥技术上具有职能、技术、网络和手段优势,但由于以往重技术、轻物化,在推广上收效不大。当前,在市场经济条件下,农业系统应充分发挥自身优势,以测土化验为依据,以工厂化生产为手段,以混配肥为载体,把物化技术送到千家万户,不仅可从根本上解决农民科技素质低、施肥盲目的状况,还可以带动物化服务和产业化的发展,使农技推广系统自我发展壮大。可以说,组建土肥测配站、推广配方肥是当前农业系统在市场经济条件下,推动农业向高产优质高效发展,同时激活壮大自身的最好选择。

二、组建土肥测配示范站的指导思想、目标与重点

(一)指导思想

以技术为依托,以市场为导向,通过向农民提供取土、化验、配方、生产、供肥和技术指导全程系列化服务,改“配方施肥”为“施配方肥”,将科学施肥技术物化到专用肥料(配方肥)产品中,重点解决土地分散经营条件下科学施肥技术难以到位的问题,提高农民施肥水平,从而达到提高化肥利用率,壮大土肥队伍经济实力的目的,促进农业的两个根本转变。

(二)主要目标

(1)测配示范站建设。通过分期建设,到 2003 年建成 80~100 个县级测配肥示范站,形成年生产各种作物专用配方肥 70 万~100 万 t。1999 年达到 50~70 家,生产能力达到 5 万~10 万 t,争取达到 12 万 t。

(2)技术培训和示范。到 2003 年在 100 个县培训农民和技术人员 10 万人,建立 1 000 个平衡配套施肥示范村(行政村),辐射 10 000 个村。1999 年,培训人数达到 2 万人,建立 400 个示范村,辐射 3 000 个村。

(3)提高施肥效益,优化施肥结构。到 2003 年,化肥利用率示范村提高 15~20 个百分点,辐射村提高 10~15 个百分点。示范区施肥结构 $N:P_2O_5:K_2O$ 逐步调整到 1:0.5:0.25。

(4)专家咨询系统和信息系统建设。拓展专家智慧,建立专家平衡配套施肥咨询系统和施肥信息系统,逐步缩小操作单元,提高施肥精度。

(三)工作重点

(1)在硬件上以测配示范站建设和化验室改造为重点。通过测土,配制生产适合不同土壤的各种作物高效配方肥。

(2)在应用上以区域主产作物为重点,如小麦、玉米、棉花、水稻和花生。

(3)在体系建设上以组建测配示范县为重点,以村为基础建立平衡施肥合作体系,为农

民提供测土、配肥、生产、供应、施肥指导一条龙服务。

(4)在系统上以农业系统为主,带动社会其他行业和组织开展测土配肥,如化肥生产厂家、供销系统等。

三、采取的主要措施

(1)加强宣传,使县、乡农技中心(站)和农民充分认识组建土肥测配站的重要性。1999年省站以县为重点进一步深入基层,逐县宣传发动。首先,要让县级农业行政领导充分认识建立土肥测配站生产推广配方肥的重要意义,增强筹建测配站的信心、决心和自觉性,鼓励基层土肥部门和农业部门采取自建、联办、股份合作等各种形式建站。其次,要通过各种宣传媒体,广泛宣传配方肥的优越性,提高农民使用的自觉性。

(2)成立组织,加强领导。拟由省土肥站、厅计财处、农业综合开发办三家单位联合成立河南省土肥测配中心,"中心"领导由主管厅长担任。"中心"主要职能是制订发展规划、指导建站、宣传培训、项目实施、科研攻关,提供物料、技术、政策环境服务等。"中心"下设办公室、专家咨询组、物料供应组、技术宣传组。办公室挂靠省土肥站。

(3)统一要求,搞好服务,建立激励机制。省测配中心对各示范站实行"三个统一",搞好"三个服务"和"一个推荐"。凡与"中心"签订建站协议的单位,均作为"中心"的连锁示范站,示范站具有法人资格,自主经营、自负盈亏。"中心"对示范站实行"三个统一",即统一使用由省中心设计并已注册的"沃力"商标,统一包装形式(由"中心"统一印制提供包装袋),统一质量标准(省土肥站制定并备案的企业标准);搞好"三个服务":一是技术服务,由专家咨询组负责审定配方、培训技术人员,解决配肥、施用过程中的技术问题等;二是物料服务,由"中心"物料供应组协调组织供应质优价廉配肥原料;三是环境服务,"中心"对各县只与一个单位签订建站协议,不再设立分站,同时疏通有关政策,加强市场打假,为基层配肥站提供一个良好的外部发展环境。"中心"对年生产量在1 000 t以上的配肥站单位,优先进行"沃土工程"及相关项目的推荐。

(4)划分区域,明确职责,建立利益机制。省站将组建测配示范站、推广配方肥作为21世纪土肥工作的大事,提上议事日程,把全省18个市(地)划分为8个区域,8个科(室、中心)分片包干负责。"中心"负责全省配肥站全面组织和协调工作;科室对分管的区域,加强指导,搞好具体服务;省土肥集团公司加强与大型化肥企业及有实力的农资公司联合,分区域建立代储点,按照"中心"和科室提供的需肥计划,保证配肥原料供应。在具体的运作中,引进利益机制,充分调动全站人员的积极性,确保各项服务到位。

(5)推行配方资格证及配方肥登记制度,保证配方肥质量。省站对基层配方人员要进行培训考核,发放资格证,持证上岗,保证配方的科学性和技术服务质量。各地测配站生产配方肥的配方须经中心专家组审定后,方可推广应用。

(6)抓好示范,努力扩大配方肥推广面积。省中心拟在郑州郊区建立一个大型(年产2万t)的测配示范站,以对全省各基层站起示范和引导作用。同时要求每个测配站在全县范围内建立示范村10~15个,每村建立示范户10~15户。也可设立示范方、示范样板田,同时要安排田间正规对比试验及建立地块档案,搞好跟踪服务。通过示范向农民展示实际施用效果,以点带面,逐步扩大推广面积。

河南省农业厅关于印发《关于进一步加强平衡施肥技术推广工作的意见》的通知

河南省农业厅文件豫农文[生]字[2000]8号

各市、地、县(区)农业局:

为了大力推广平衡施肥技术,根据农业部农农发[2000]1号文件精神,我厅制定了《关于进一步加强平衡施肥技术推广工作的意见》。现印发你们,请结合实际,加强领导,狠抓落实,努力提高科学施肥水平,促进农业可持续发展。

二〇〇〇年五月八日

关于进一步加强平衡施肥技术推广工作的意见

河南省农业厅

(2000年5月)

为了大力推广平衡施肥技术,促进农业增效、农民增收,根据农业部《关于进一步加强平衡施肥技术推广工作的通知》(农农发[2000]1号)精神,现就进一步加强我省平衡施肥技术推广工作提出如下意见。

一、充分认识推广平衡施肥技术的重大意义

目前,我省农业进入了一个新的发展阶段,农业先进技术的推广应用取得了明显进步。但是,在肥料生产和使用上,仍存在着生产结构失调,施用结构不合理,导致肥料利用率低,资源浪费严重,全省每年仅氮素化肥一项的损失约为200万t,直接经济损失达10多亿元。中央领导对推广平衡施肥技术十分重视,温家宝副总理指出:“大力推广科学施肥技术,指导农民科学、经济、合理施肥,既可以节约开支,降低成本,提高耕地产出率,又有利于改良土壤,保护地力和环境,是发展高产、优质、高效农业,增加农民收入的一条重要途径,应当作为农业科技革命的一项重要任务来抓。”因此,必须充分认识推广平衡施肥技术对当前农业发展新时期在农业和农村经济发展中的重要作用,它不仅能优化化肥资源配置,提高肥料利用率,提高经济效益,实现节本增效,而且可以避免和减轻因施肥不科学带来的环境污染。对保护生态环境、提高土壤肥力、保证农业可持续发展具有重要意义。

二、强化平衡施肥技术基础建设,搞好试点,开展统测统配综合服务

(1)完善化验测试体系。土壤测试是开展统测统配最基本的手段,化验室设备的测试

能力、人员的技术及质量管理水平高低直接影响平衡施肥技术推广工作的有效开展。各市(地)、县领导要大力支持土肥化验室工作,对基础条件好的要积极争取计量认证;对设施落后不能正常开展工作的要从综合开发、世界银行贷款、旱地农业项目和各种基地项目款中拿出一部分资金,充实完善化验室建设,添置监测设备,同时要加强对技术人员的培训。经过完善提高,逐步实现市(地)级化验室具有土壤、植株、微量元素和农产品品质测试能力,县级化验室达到常规化验能力,乡级能开展土壤养分速测工作,为平衡配套施肥提供分析测试服务,提高数据的准确性、科学性。

(2)开展耕地养分调查。各级农业部门要积极向当地政府领导汇报,宣传耕地养分调查的重要性,并多方争取资金,组织力量,因地制宜,选定调查项目。在春、秋播前认真组织好养分调查,并及时将化验结果上报政府领导和公布于广大群众,为领导决策、指导农民开展平衡施肥提供可靠的依据。

(3)建立平衡施肥技术示范基点。建立平衡施肥技术示范基点是大力宣传和推广平衡施肥技术的有效途径。各地要按照农业部关于切实抓好全国“百县千村”平衡施肥工程通知要求,层层抓好示范点。省土肥站重点抓好遂平等五县部级示范县的试验示范工作,同时分区域、分作物在平舆、内黄、太康、唐河、夏邑、延津、罗山、宝丰、尉氏、鄢陵建立10个省级示范县。各地也要建立相应的以乡村为主的示范基点。各市(地)要抓好5个重点示范乡,每个县要优选5个村作为重点示范推广村,并从经费和项目上给予支持。各级示范基点要开展“测土—配方—生产—供肥—施肥技术指导”综合服务。重点县(市)综合服务覆盖率达到50%以上,重点示范乡综合服务覆盖率达到70%以上,重点村达到90%以上。要在办基点的过程中,出经验、出成果、出效益。

(4)巩固和加强测配站建设。组建县、乡土肥测配站,实行“统测统配”,直接向农民提供物化的技术产品(BB肥),这是近两年各级土肥部门积极探索出的推广平衡配套施肥技术的有效形式。今年要在去年已建站46个基础上,力争达到70个,年生产BB肥能力达到10万t。对各地已建成的测配站要加强内部管理,巩固完善推广网络;对拟建的站,要多方筹措资金,尽快建成投产;对利用国债资金的14个旱作农业项目县和农业部5个旱作农业示范县及利用世界银行二期贷款的8个配肥站项目单位,要充分利用资金优势,按合同要求,上规模、上档次,力争年底通过验收,加快推广。

三、加强领导,引导平衡施肥技术推广向产业化方向发展

各级农业行政主管单位,要切实加强对平衡施肥工作的领导,积极支持土肥部门发挥职能、体系、技术、手段四大优势,面对市场,打破系统、行业、体制界限,全面加强同肥料生产企业、经销商的合作,与生产企业、经销商共同组成产业化大军,以产业化方式加快平衡施肥技术推广。在推进产业化过程中,一是土肥技术部门要发挥肥料试验网络、测试服务网络、信息网络的作用,及时为企业提供科学合理的产品配方;二是要积极引导生产企业调整肥料生产结构,按照科学配方生产符合当地作物需要的各种专用肥;三是要依靠经销商和土肥技术推广网络把专用肥供应到千家万户;四是为使农民尽快接受作物专用肥,并掌握科学的施肥方法,要广泛开展技术培训、咨询、宣传、示范点、现场会等多种形式的技术服务工作。

河南省土肥站2001～2004年度工作方案中有关测土配方施肥内容节选

于郑宏

（河南省土壤肥料站·2005年4月）

我省为加大测土配方施肥技术推广力度，每年在制订站年度工作方案时，都要专门列出测土配方施肥内容，明确目标、任务和采取的措施，并严格按方案组织实施。现将2001～2004年年度工作方案中有关内容摘录如下。

一、2001年

（一）目标

（1）新建测配站10个，运作总数达到80个。

（2）配方肥生产量达到6万t，争取10万t，推广面积达到300万亩。

（3）一级站达到25个，二级站15个，三级及以上站5个。

（二）主要工作

（1）开展测配站晋档升级活动，实行层次管理。认真实施省测配中心制定的《连锁测配站晋档升级暨实行层次管理的办法》，对晋档升级的测配站站长进行奖励，对档次较高的测配站优先推荐项目，对县级测配站实行省、市双重管理。

（2）争取项目带动。结合“沃土工程”、第三次土壤普查、旱作农业以及其他农业项目的实施，争取资金投入，加快建站步伐，改进设备，提高生产能力和水平。

（3）深化改革，建立富有活力的运转机制。指导测配站根据实际实行目标责任制、承包制或股份制，按现代企业的要求管理测配站，在销售推广上按市场经济规律运作。

（4）实施名牌战略，强化名牌意识。指导测配站在产品、原料、配方、质量、价格、宣传、服务和科技含量上狠下工夫，对于随意降低“沃力”牌配方肥质量的做法要严肃处理，并坚决打击冒牌产品。

（5）在整顿提高的基础上积极发展新的测配站。对已签协议超过半年未生产的单位要取消协议，另外寻求新的合作单位；对生产量过小的测配站要查明原因，制订计划加快发展；对尚未建立测配站的县要加强宣传发动，促使其尽快建站；对外系统积极要求建站的单位要经过认真考察筛选，在不影响本系统发展的基础上可以吸收为连锁测配站。

（6）加强交流和培训。将测配站建设和推广配方肥的先进典型组成巡回报告团，到配方肥生产推广比较缓慢的市县进行经验交流；同时对配方肥生产的主要技术骨干进行培训。

二、2002年

（一）目标

（1）新建测配站10个，总数100个，运作达到85个以上。

（2）配方肥生产量8万t，争取10万t，推广面积达到250万亩。

(3)晋级站达到50个,其中一级站25个,二级站18个,三级站5个,四级及以上站3个。

(二)主要工作

(1)继续开展测配站晋档升级活动,实行层次管理。认真实施省测配中心制定的《连锁测配站晋档升级暨实行层次管理的办法》,确定当年晋档升级的测配站,对晋档升级的测配站站长进行奖励,并对档次较高的测配站优先推荐项目,对县级测配站实行省、市双重管理。在上年成立6个测配分中心的基础上,再成立4~5个测配分中心,使70%以上的县级测配站实行双重管理。

(2)引入竞争机制,实行竞标承包。对各测配站通过竞标,由站属各单位进行目标承包。

(3)争取项目带动。结合"沃土工程"、旱作农业、全国耕地质量调查等项目的实施,争取资金投入,加快建站步伐,改进设备,提高生产能力和水平。

(4)深化改革,建立富有活力的运转机制。指导测配站根据实际实行股份制、目标责任制和风险抵押制,按现代企业的要求管理测配站,在销售推广上按市场经济规律运作。

(5)实施名牌战略,强化名牌意识。指导测配站在产品、原料、配方、质量、价格、宣传、服务和科技含量上狠下工夫,对于随意降低"沃力"牌配方肥质量的做法要严肃处理,并坚决打击冒牌产品。

(6)在整顿提高的基础上积极发展新的测配站。对已签协议超过半年未生产的单位要取消协议,另外寻求新的合作单位;对生产量过小的测配站要查明原因,制订计划加快发展;对尚未建立测配站的县要加强宣传发动,促使其尽快建站;对外系统积极要求建站的单位要经过认真考察筛选,在不影响本系统发展的基础上可以吸收为连锁测配站。

(7)加强交流和培训。将测配站建设和推广配方肥的先进典型组成巡回报告团,到配方肥生产推广比较缓慢的市县进行经验交流;同时对配方肥生产的主要技术骨干进行培训。

(8)制订组建测配站、推广配方肥管理办法。认真处理在组建测配站、推广配方肥过程中出现的各种矛盾和热点难点问题,理顺各种关系,使组建测配站、推广配方肥工作逐渐走向正规。

三、2003年

(一)目标

(1)新建测配站20个,总数达到140个,运作120个。

(2)配制配方肥15万t,争取30万t,推广面积达到500万~1 000万亩。

(3)晋级站达到70个,其中一级站15个,二级站25个,三级站13个,四级站10个,五级站5个,特级站2个。

(4)包装袋供应100%,原料供应20%,增效包供应500 t以上。

(二)主要工作

(1)修改完善配方肥竞包办法,继续做好竞包工作,进一步调动科室(公司)参与测配站工作的积极性。

(2)充分发挥市级分中心的作用。通过协议明确分中心的责、权、利关系,进一步调动分中心的积极性。

(3)继续搞好测配站晋档升级活动。严格标准,对真正符合条件的测配站进行晋档升级,促使上规模、上档次、上水平;对超过 5 000 t 的测配站站长进行特别奖励。

(4)制定下发实施《河南省连锁测配站管理办法》。针对近几年测配站发展中存在的问题,制定一个适应市场经济、操作性强的管理办法,促使测配站规范有序发展。

(5)加强与省技术监督局协商沟通,针对生产许可证、肥料标识问题,争取从上层解决,为连锁站创造一个宽松的发展环境。

(6)进一步抓好宣传发动工作。要深入到各市、县,积极争取主管农业的领导和农业局(中心)领导的支持,利用各种媒体加大宣传力度,上半年争取出版下发《配方肥在河南实践与探索》一书;拟制作科普性质的平衡施肥技术宣传带,在配方肥生产高峰期通过省电视台进行配方肥品牌广告宣传。

(7)有计划地发展区域中心站,组织实力强的测配站向未建站的县(市)推广配方肥。

(8)解放思想,突出重点,加快新的测配站建设。要打破系统所有制界限,积极发展外系统,特别是大型复肥厂生产配方肥;要把发展重点放在尚未建站的县,对新建测配站站长嘉奖(300~500 元),对发展的科室提成增加 5 个百分点。

(9)加强技术培训,改进技术手段,不断提高配方肥的科技含量。对测配站技术人员进行培训,提高配肥技术水平;与中国农科院土肥所合作,建立县级计算机指导施肥专家服务系统,通过试点,带动全局。

(10)充分发挥省测配中心的枢纽作用,协调科室与集团公司紧密结合,科室与测配站紧密合作,最大限度保证测配站原料供应,努力扩大配方肥原料供应量。把各连锁站组织起来,改变购买原料单兵作战的现状,形成集团化、规模化统一进货,降低配方肥生产成本。

(11)努力为测配站搞好服务。一是做好配肥技术及有关政策咨询、现场技术指导、配肥手续等方面服务;二是保质及时供应配方肥包装袋,力争送货上门达到 70%;三是继续做好配肥设备推荐服务工作,抓紧研制推广配方肥简易包装设备。

四、2004 年

(一)目标

(1)新建测配站 20 个,总数达到 140 个,运作 120 个。

(2)配制配方肥 18 万 t,争取 20 万 t,推广面积达到 500 万~800 万亩。

(3)晋级站达到 70 个,其中一级站 15 个,二级站 25 个,三级站 13 个,四级站 10 个,五级站 5 个,特级站 2 个。

(4)包装袋供应 100%,原料供应 20%,增效包供应 500 t 以上。

(二)主要工作

(1)进一步修改完善平衡施肥物化集成技术推广竞包办法,确保物化集成技术推广健康稳定发展,既脚踏实地,又与时俱进,进一步调动科室(公司)和每一位同志参与平衡施肥物化集成技术推广的积极性。

(2)加强各测配站管理。严格执行《河南省连锁测配站管理办法》,以市级分中心为主,对地域上有交叉的测配站划分配制推广范围,制定共同遵守的运作规则,将测配站纳入有序管理,避免无序竞争。

(3)继续搞好测配站晋档升级活动。严格标准,对真正符合条件的测配站进行晋档升级,促其上规模、上档次、上水平;对配制推广量达 5 000 t 以上的测配站站长实行重奖。具体如下:5 000 t 以上奖笔记本电脑 1 台;10 000 t 以上奖新马泰旅游 1 人次;20 000 万 t 以上奖微型面包车 1 辆。同时,对落后测配站实行淘汰制,上半年制定出台详细的淘汰办法,推动测配站向更高层次发展。

(4)进一步抓好宣传发动工作。深入各市、县积极争取主管农业的领导和农业局(中心)领导的支持,利用各种媒体加大宣传力度。

(5)有计划地发展区域中心站,组织实力强的测配站向未建站的县(市)扩展。

(6)解放思想,突出重点,加快新的测配站建设。要打破系统所有制界限,积极发展外系统,特别是大型复肥厂建站;要把发展重点放在尚未建站的县,对新建测配站站长嘉奖(300 ~ 500 元),对发展的科室提成增加 5 个百分点。同时搞好新建测配站的发展规划,避免盲目重复建站,严把建站审核关,新建测配站必须具备相应的实力,即建站当年配制推广量必须达到 1 000 t 以上。

(7)加强技术培训,改进技术手段,不断提高配方肥的科技含量。对测配站技术人员进行培训,提高配肥技术水平;与中国农科院土肥所合作,建立县级计算机指导施肥专家服务系统,通过试点,带动全局。

(8)充分发挥省测配中心的枢纽作用,协调科室与集团公司紧密结合,科室与测配站紧密合作,最大限度保证测配站原料供应,把各连锁站组织起来,改变购买原料单兵作战的现状,形成集团化、规模化统一进货,降低配制成本。

(9)努力为测配站搞好服务。一是做好配肥技术及有关政策咨询、现场技术指导、配肥手续等方面服务;二是保质及时供应配方肥包装袋,力争送货上门达到 70%;三是继续做好配肥设备推荐服务工作,抓紧研制推广配方肥简易包装设备。

(10)充分发挥肥料协会的作用,加强协调,理顺关系,促进肥料资源的优化组合、配置,动员行业力量为农业、农民、企业服务。

焦作市农业局关于进一步加强测土配方施肥技术推广工作的意见

焦作市农业局文件焦农字[2003]77 号

测土配方施肥技术是近代农业科技发展的重要成果。它根据作物的需肥规律、土壤供肥性能及测土化验结果,于产前提出氮、磷、钾及其他营养元素的适宜用量、比例及相应的施用技术,实现了由定性到定量的转变,是获得农业优质、高产、高效、生态、安全的可靠保证。为进一步加强我市测土配方施肥技术的推广工作,促进农业增效和农民增收,特提出如下意见。

一、推广测土配方施肥的目的和意义

测土配方施肥作为农业科技发展的精确定量技术,在我市农业生产中具有不可替代的基础性作用,它可以促进优质小麦提高蛋白质含量,改善玉米品质,增加棉纤维长度,提高西瓜含糖量,使苹果、葡萄等瓜果更加甘甜味美,番茄、黄瓜等蔬菜更加营养可口。推广测土配方施肥技术后,小麦平均亩增产 43 kg,玉米 56 kg,棉花 17 kg,大豆 27 kg。在增产的同时,平均亩成本降低了18元,节本增收效果显著。测土配方施肥技术能将化肥投入量与地力控制在最佳水平,从而提高化肥利用率,确保土壤及地下水源不受污染,农产品亚硝酸盐含量不超标。对保护生态环境、减少化肥资源浪费、协调土壤肥力、实现可持续发展具有重要意义。

但是,由于推广力度较小,推广形式单一、手段落后,我市一些地方还存在传统施肥的弊端,主要表现在以下方面:

(1)肥料投入结构不合理。只施氮肥或只施磷铵,有的农户只施低含量廉价复混肥,不能满足作物高产优质的需要。

(2)不能因地因时施肥。如稻区和习惯浇蒙头水的麦田,基肥施用量过大,致使氮肥径流或渗流流失,降低了肥料利用率,造成地下水污染;在洪积扇上中部和砂性土区秸秆还田的地块,氮素施用量低,秸秆分解腐熟与麦苗争肥矛盾突出,冬前小麦难以形成壮苗;一些砂性土区底肥施量过少,难以形成高产苗情;肥料投入成本偏高,种植效益下降。

(3)盲目施肥影响农产品产量和质量。一些农户种植西瓜、葡萄,在中后期大量施用氯化钾,使产品酸涩,口味极差,只能大幅降价销售;一些农户种植花生、大豆,为了高产大量施用氮素化肥,结果反而降低了产量。

上述农业生产中存在的问题,其根本原因是农民不了解作物的需肥特性与土壤的供肥性能以及施肥效应,而这些正是测土配方施肥所要解决的关键问题。因此,要实现农业增效、农民增收,加快种植业结构调整步伐,就必须大力推广测土配方施肥技术。

二、指导思想与目标任务

以实现农业优质、高产、高效、生态、安全为目标,以测土化验为基础,搞好宣传培训,强化试验示范,抓好体系建设,扩大服务网络,加快测土配方施肥物化集成技术(配方肥)推广步伐,实行“测、配、产、供、施”一条龙服务,为促进农民增收、农业增效做出新贡献。

2003年测土配方施肥物化集成技术施用面积达到20万亩,配制配方肥1万t。今后力争用5年左右的时间使全市配方肥推广面积达到100万亩次。其中,小麦50万亩,玉米30万亩,水稻2万亩,大豆2万亩,花生2万亩,蔬菜10万亩,其他作物4万亩。建立科技示范户300户,示范田5万亩,年推广配方肥5万t,化验土样5 000个,发放配方肥卡6万份。

三、主要措施

(1)加大测土配方施肥的宣传培训力度。各级农业部门要从实践“三个代表”的高度去做好宣传培训工作,聘请专家和科技人员对农户培训科学施肥技术。要抓好科技示范户,带动、引导广大农户接受测土配方施肥技术。要充分利用农村众多的墙面、街道、路口,宣传测土配方施肥技术,要利用报纸、广播、电视等新闻媒体举办技术讲座,宣传报道示范方与示范户典型。

(2)建立测土配方施肥示范基地。通过示范,以点带面,加快测土配方施肥技术的推广步伐。每个县市区要抓好一个重点示范乡镇,每个乡镇要抓好一个重点示范村,每个村要有3~10个示范户。重点示范村与示范户要全部实行测土化验,施用专用配方肥料。

(3)完善化验测试体系建设。各县市区要大力支持化肥化验室建设工作,购置必要的设备仪器,强化技术人员业务培训,改善工作条件,提高土样测试能力与工作效率,以适应大面积技术推广所承担的繁重任务。市土肥站化验室要在2~3年内建成全市的土壤肥料测试中心,具备土壤、肥料、植株、微量元素、土壤污染监测等化验能力,并完成计量认证工作。

县级化验室要达到常规化验能力,充实化验人员,更新仪器设备,建立正常工作机制。乡级农技部门要拥有速测设备,设专人负责,提供土壤速测服务,配合县级化验室,扩大土壤测试覆盖面,充分保障测土施肥工作的实际需要。

(4)搞好测配站建设与管理。目前,我市有五家测配站,今年配制推广量可达到10 000 t。各县市区都要积极搞好测配站的建设与管理工作。一是要注意发挥现有测配站的生产潜力,逐步扩大市场份额。二是未建站的县区要尽快上马,实现一县一站的工作目标。三是要加强协调管理,按照配方肥的典型特征,配制专用肥料,协调销售价格。四是要严把质量关,各级土肥部门要加大检测力度,监管肥料质量,确保测土配方施肥物化集成技术的科学性、严谨性和公益性,决不允许坑农害农事件发生。

(5)加快技术创新,拓宽服务领域。各级农业技术推广部门要加强协作、资源共享,在大宗农作物推广测土配方施肥技术的同时,加快名、优、特、新农产品的施肥技术研究,探索施肥配方,尽快建立完整的科学施肥管理体系,促进优质产品向优质产业升级,提升我市农业生产的整体水平。

四、加强领导

各级农业行政主管部门,要切实加强领导,促进测土配方施肥技术推广工作的顺利开展。一是主管领导要亲自挂帅,做好部门协调,制定激励政策,搞好宣传报道,争取政府支持,创造技术推广的有利环境。二是要建立正常的投入机制,多方筹措资金,确保测试体系建设、取土化验、资料印发、技术示范等各项工作的正常开展。三是将测土配方施肥技术推广工作纳入年度目标考核,建立正常的检查落实制度,并制定相应的奖惩办法。四是各级土肥部门要充分发挥作用,成为测土配方施肥技术推广的中坚力量,引导物化集成技术向产业化发展,在搞好公益性服务的同时,加强自身建设,做大、做强土肥工作。

二〇〇三年六月三十日

辉县市人民政府关于加强配方施肥工作的意见

辉县市人民政府文件辉政文[2000]46号

随着农村改革的深化和科学技术的发展,我市的科学施肥水平不断提高。但由于多种因素的制约,特别是土壤测试手段落后、市场上供应的复配肥料的养分与我市不同区域土壤养分需要不同,因而造成在化肥使用上盲目加大用量和土壤养分比例失调。据统计,1995~1999年5年间,我市每年投入化肥总量增长127%,而粮食仅增加了29%。目前化肥的利用率仅为35%左右,我市每年损失化肥约0.5万t,这不仅增加了农业生产成本,浪费资源,而且污染环境,造成土壤酸化、板结。加强配方施肥工作,尽快改变这种高耗低效的用肥局面,已刻不容缓。组建配肥站,推广配方肥是一条有效的途径。

配方肥是目前发达国家施用最广的肥料品种,它具有养分齐全、配比合理、物理性状好、施肥效率高、配方灵活、针对性强、使用方便等特点,我省已在20多个县建立试点,我市也已试用两年,深受农民欢迎。为尽快改变我市化肥施用的被动局面,提高化肥的利用率,降低农业生产的成本,特制定配方施肥工作的意见。

一、指导思想

坚持以科技为先导，通过向农民提供“取土、化验、配方、配制、供肥、技术指导”全程系列化服务，将科学施肥先进技术物化到专用配方肥料产品中，重点解决土地分散经营条件下科学施肥技术难以到位的问题，提高全市农民的施肥水平，最大限度地提高化肥的利用率，降低生产成本，实现农业生产的高产、高效、低耗。

二、主要目标

2000年辉县市测土配肥站投入运营，负责全市的测土配方、配方肥配制和供应，保证满足生产所需并搞好技术服务。全市今年要完成10万亩的配方肥推广任务，每个乡镇要继续搞好2个以上示范村和若干个示范户，搞好对比试验，培植典型，积累经验，取得科学依据，力争2002年全市普及配方施肥。

三、主要措施

（一）加强宣传

对配方肥我市群众目前认识不足，要采取多种形式，通过电视、报纸、广播等新闻媒体，大张旗鼓地宣传平衡配方施肥的重要意义，提高广大群众的科学施肥意识，增强农民群众施用配方肥的自觉性。

（二）搞好示范

科技示范是推广农业新技术的重要环节，市、乡两级农技部门要搞好示范村、示范户的落实工作，建立示范档案，实行跟踪服务，认真总结经验，用看得见、摸得着的事实，带动群众，提高群众认识。要把这项工作同我市正在开展的“百村示范工程”结合起来，优先在这些村进行示范，通过示范，以点带面，积极稳妥逐步扩大施用面积。

（三）建好测土配肥站

土壤养分测定是制定合理施肥配方的前提，市农业局土壤肥料监测中心要对全市的土壤进行普遍测定，掌握全市土壤养分状况，然后有针对性地制定配方。农业局要组建好测土配肥站，为全市提供“测土、配方、配制、供应、技术指导”全程服务。

（四）严格把好质量关

配方肥推广成败的关键在于质量，辉县市配肥站要采取质量保险、发信誉卡、设监督电话、跟踪服务等形式，取信于民。要严格把握进料、配制等环节，建立严格的质量管理制度，让农民真正用上放心肥。

（五）加强领导

配方施肥工作事关农民增收、农村稳定的大局，各级领导要高度重视，切实加强对这项工作的领导。市政府今年向各乡（镇）分配了一定的配方肥推广任务，各乡（镇）要广泛宣传，动员群众，确保在群众自愿的基础上完成配方肥推广任务。农业、工商、技术监督等部门要通力合作，依照有关法律、法规，全面检查全市的肥料市场，对生产、经营未经登记、假冒、伪劣肥料产品的要依法严惩，净化市场，维护群众利益，确保全市配方施肥工作稳定、持续、健康开展。

附:2000年各乡（镇）示范推广配方肥任务表（略）

二〇〇〇年五月二十日

商城县人民政府办公室关于推广10万亩“双低”油菜测土配方施肥新技术的意见

商城县人民政府办公室文件商政办[2002]36号

油菜是适宜我县种植的主要优势作物。继2001年我县10万亩“双低”油菜开发取得成功之后，县委、县政府决定今年秋播把“双低”油菜种植面积扩大到20万亩。为适应优质油菜标准化生产的需要，改进传统的施肥方式，实现良种良法配套，以提高油菜产量、品质和种植效益，保护农业生态环境，促进农业持续快速健康发展，大力示范推广测土配方施肥新技术已成为推动我县油菜产业化发展的最佳选择。为此，特提出如下推广意见。

一、认识推广油菜测土配方施肥新技术的必要性和紧迫性

配方肥是当前国内国际广泛推广应用的一种高浓度散料掺和肥，是根据当地土壤养分化验测定数据及近年来当地土壤、肥料的试验结果和各种农作物的需肥量、需肥规律为依据，由专家提供配方，本着“缺啥补啥”的原则，就近配制的专用混合肥料。在生产中它具有养分全、针对性强、成本低、省时省力、肥效高稳等优点，是一种高科技生态肥料。据农业技术部门试验示范测定，施用配方肥比大田常规施肥肥效提高5%~10%，产量提高8%~15%，生产综合效益可提高15%~20%。用配方肥代替传统的施肥方式是未来农业发展的必然趋势。

在传统的施肥过程中，很多农民都是靠增加化肥使用量来提高作物产量的，造成盲目施肥、过量施肥，偏施氮、磷肥，轻施钾、微肥。由于化肥施用量大幅度增加，而增产效率却不断下降，不仅增加了生产成本，浪费了资源，而且造成了对土壤、水质等环境资源的污染，直接或间接地破坏了农业生态良性循环，造成土壤养分比例失调，土壤板结，农作物生长受阻，导致农产品质量下降。对于油菜来说，由于其生育期长、株体高大、枝叶繁茂、需肥量大、耐肥性强，在其一生中不仅需要大量的氮、磷、钾营养元素，还必需适量的钙、硼、硫、镁、锌等中微量元素。如果还习惯于过去那种施用单一元素化肥的做法，就难以满足“双低”油菜生育周期的需要，势必造成“双低”油菜所需的营养元素或多或少，直接影响“双低”油菜产量的提高和品质的稳定。为了改变当前农业生产中这种高耗、低效、不科学的用肥局面，将土壤施肥进行量化，推动传统农业向“数字农业”、“精准农业”转变，将科学施肥的先进技术成果以配方肥为载体推广到广大农民中去，已到了刻不容缓的地步。

2002年，河南省土肥站批准商城县成立配方肥测配站，委托商城县配方肥测配站负责商城区域内“沃力牌”配方肥的配制供应工作。通过在我县水稻等作物上进行的多方位试验、示范结果看，配方肥效果好，深受农民欢迎。因此，在我县范围内大面积推广油菜测土配施配方肥新技术已具备了成熟的条件。

二、严格测土,科学配方,确保生产用肥安全

测土配方施肥技术是一项较复杂的技术工程,其基础是测土化验,关键是合理配方。在配制过程中通过向农民提供取土、化验、配方、配制、供肥和技术指导全程系列化服务,由传统的“配方施肥”上升为“施配方肥”,将科学施肥技术物化到专用肥料载体上,重点解决土地分散经营条件下科学施肥技术难以到位的问题,使农业科技“傻瓜化”、“大众化”。根据上级业务部门安排,结合我县生产实际,计划今年对全县“双低”油菜推广测土配方施肥新技术 10 万亩。为确保生产用肥安全,必须狠抓以测土、配方为主的技术服务。

一是按 2 000 亩耕地取一个土样,化验分析土壤有机质氮、磷、钾、硼等有效养分含量,进行针对性配肥。化验土样 100 个。二是建立土壤肥力定位监测点。全县建立监测点 30 个,对土壤肥力及生态环境进行监测,确保农业生产安全。三是建立测土配肥综合服务网点,力争一个行政村建一个点,全县计划建 300 个点,指导农民应用测土配方施肥新技术,并为农民解决生产中存在的技术问题。四是对土壤肥力监测点和综合服务网点,进行建档立制,合同管理,责任到人,目标考核,在示范推广测土配肥工作中最大限度地发挥作用。

三、多措并举,形成合力,推动油菜示范推广配方肥新技术的落实

我县推广油菜测土配方施肥新技术示范处于起步阶段,由于其涉及面广,时间紧,任务重,技术性强,有一定的工作难度,需要从各方面加大力度,提供保障。

(一)组织保障

县成立以农业局、科委、财政局、物价局为成员单位的领导组,负责领导组织协调工作,领导组下设技术组、后勤组,负责技术和物质保障供应工作。示范推广乡镇也要成立相应的组织,切实转变观念,加大宣传力度,加强舆论引导,实行“订单”推广,力争在 9 月 1 日前,把示范推广面积分解到村、组、户直至田块,以确保示范推广工作的落实。

(二)技术保障

县农业局及有关技术部门要抓好技术宣传、培训、测土化验、配方肥的配方研究及配制指导等服务工作,做好相关的试验、示范及产量效益分析、经验总结,每年年底写出技术报告上报县政府及有关业务部门,作为下年度继续推广的依据。

(三)物资保障

各有关部门要从服务农业产业结构调整的大局出发,以支持农业增产、农民增收为己任,对测土配方施肥工作给予大力支持。农业部门负责筹措资金及配方肥原料成品肥料的购销工作,保证以最低价格直接供应到农民手中。

(四)质量保障

根据河南省土肥站制定的“配方肥”统一质量标准、统一包装彩袋、统一商标(沃力牌)、统一技术服务的网络体系要求,确保配方肥的质量符合同类产品的质量标准,除定点测土化验外,同时对各乡镇送来的土壤样品实行免费化验测定,并为其配制专用配方肥。

附:2002 年度“双低”油菜推广应用配方肥指导任务表(略)

二〇〇二年八月十六日

太康县测土配方施肥示范田建设实施方案

太康县农业局测土配方施肥示范田建设办公室

（2003 年 6 月 12 日）

为提高我县农业施肥水平，普及测土配方施肥技术，增强农业发展后劲，实现农业生产优质、节本、高产、高效，根据省、市农业工作会议精神和上级业务部门要求，特制定本方案。

一、指导思想

以服务农村、农业、农民为宗旨，搞好土壤化验，建立测土配方施肥示范田，摸清土壤养分年季变化趋势和规律，开展“测、配、产、供、施”等系列化全程服务，建立健全科学合理的施肥体系，充分发挥测土配方施肥技术在农业增产增收中的作用。

二、工作目标

(1)建立相对稳定的测土配方施肥体系。

(2)摸清年季土壤养分变化趋势规律，制定科学施肥方案。

(3)示范田真正起到示范带动作用。

(4)全县农民施肥水平显著提高，施肥结构趋于科学合理。

(5)完成测土配方施肥示范田建设面积 6 万亩，辐射带动 18 万亩，占全县耕地面积的 10%。

(6)带动种子、农药等相应生产资料的示范和推广。

三、实施步骤

该项工作计划三年完成，即从 2003 年 5 月开始至 2006 年 5 月结束。

（一）2003 年 5 月～2003 年 6 月

招聘监测员，建立示范田。按照土壤监测员的条件要求，面向社会公开招聘土壤监测员，建立测土配方施肥示范田。全县共招聘乡级监测员 22 名（城关镇除外），达到每乡（镇）一名；招聘村级监测员 400 名，达到每村一名，占全县 766 个行政村的 52.2%。结合我县现有化验能力，在 400 个行政村当中，建立示范田 6 万亩（每个行政村 30 户，平均每户 5 亩）。

（二）2003 年 6 月～2003 年 7 月

制定实施方案，整理档案资料。按上级业务部门要求，结合太康实际，制定该项工作实施方案。同时对招聘的乡、村级监测员和示范田基本情况进行整理归档，专人管理。

（三）2003 年 7 月～2003 年 11 月

组织技术培训，根据农时不定期发放简报和技术资料，专家巡回田间技术指导，进行取样、化验、配方及物资供应。一是对乡、村级监测员分期分批培训，培训以测土配方施肥技术为主要内容。二是结合关键生产环节，印发技术资料，通过土壤监测员及时送到所有示范户手中。三是由监测员负责所在村的取土、送样及对该村示范户的管理。四是由专家组按照测土情况和示范田种植作物制定配方、指导科学施肥。五是引进、示范、推广新品种、新产品,发展订单农业,搞好产前、产中、产后服务。

(四)2003年12月

年度小结。总结全年工作,制定下年度工作计划,找出存在问题,完善实施方案。

(五)2004年1月~2006年5月

按方案要求开展工作,充实调整人员,巩固示范田建设,扩大辐射面积;完成年度小结和整个工作总结,圆满完成预定的各项工作目标。

四、实施措施

(一)加强领导,建立组织

建立由局领导牵头,局各业务站参加的领导小组,聘请省、市专家担任技术顾问,由县土肥专业技术人员组成技术组,负责工作协调、技术培训和宣传指导,确保组织严密、技术成功。

(二)突出重点,全面启动

以配方肥为载体,实行技物结合,开方卖药,开展农业生产全程服务,包括种子、农药供应、订单农业等,逐步拉长服务链条,扩大服务范围,增强服务本领,改善服务手段。

(三)深入实际,搞好宣传

以技术组人员为主,配备专用车辆,长期深入到各村各点,宣传指导示范田建设和测土配方施肥技术,彻底解决技术棚架,让农民得到实惠,树立农技人员在群众心目中的形象,做到服务周到,产品过硬,农民信赖。同时,与县电视台联合,创办《农业科技面对面》专题栏目,每日一次,黄金时段播出,并不定期印发简报和资料,扩大服务面。

(四)效益带动,利益驱动

在示范田取土、化验、配方、配肥、供肥以及种子、农药提供等环节上,规范操作,慎重而行,保证示范田在品质、产量、效益上的示范性,至少让示范户在示范田建设中节省5%以上的投资,获得10%以上的增效,靠示范田建设去带动农民自觉接受新技术和新产品,对乡村级监测员,根据各自工作情况,给予100~3 000元现金奖励,充分调动其工作积极性。

理 论 篇

理论篇主要收录测土配方施肥基本原理、取土化验、配方制定、工艺流程及生产配制方法、产品质量检测、化验室质量控制等基本理论文稿。

配方肥料依据的基本原理

慕 兰

（河南省土壤肥料站·2003年5月）

我国土壤施肥的研究历史悠久，早在战国时期人们就知“多粪肥田”的道理，到西汉时，《氾胜之书》就明确提出要“务粪泽”，后魏贾思勰在《齐民要术》中也提出要施用多种有机质肥，培肥地力。西方学者在文艺复兴之后也对植物营养作了很多研究，19世纪30年代，法国学者布森高提出，氮素短缺最易使土壤贫瘠，要想恢复土壤肥力，必须施入含有等量氮素的厩肥。同时期的德国土壤学者施普林盖尔也指出了归还矿物质于土壤的必要性。

随着科学技术的不断进步，人们对合理施肥的认识日益深化，在总结古今中外劳动人民生产实践和许多学者试验研究的基础上，逐渐揭示并集成了一系列有关植物营养与合理施肥方面的规律性东西。诸如养分归还学说、最小养分律、报酬递减律以及因子综合作用律等，这些学说、定律和规律，能够正确反映施肥实践中客观存在的事实，所以至今仍然是指导施肥的基本原理，也是配方肥料配制所依据的基本原理。

一、养分归还学说

（一）养分归还学说的基本内容

养分归还学说是由德国化学家、现代农业化学的倡导者李比希(J. V. Liebig)于1840年提出的。他在《化学在农业和生理上的应用》的报告中系统阐述了植物矿质营养理论，并以此为基础，提出了养分归还学说。他认为，植物以各种不同方式不断从土壤中吸取它生长所必需的矿质养分，每次收获时，必然要从土壤中带走一定的养分，这样土壤中的养分将越来越少，从而变得越来越贫瘠。采用轮作倒茬只能减缓土壤中养分耗竭，相对更加协调地利用土壤中现有的养分，但不能彻底解决土壤养分贫竭的问题。为克服这一问题而保持土地肥沃，就必须把植物从土壤中带走的矿质养分和氮素以施肥的方式全部归还给土壤，否则土壤养分将随着植物的不断种植和收获而逐渐耗竭殆尽，直至寸草不生。该学说的核心是从物质循环的角度出发，通过人为的施肥活动，使土壤系统中养分的损耗与补偿保持平衡。马克思曾对李比希的养分归还学说给予了高度评价。

李比希的矿质营养理论和养分归还学说，归纳起来有四个核心内容：

(1)一切植物的原始养分只能是矿物质，而不是其他任何物质。

(2)由于植物不断从土壤中吸收矿质养分并把它们带走，土壤中这种养分将越来越少，直至缺乏这些养分。

(3)采用轮作倒茬只能起到减轻与延缓土壤养分不断匮乏和枯竭的作用，使土壤养分的利用更加协调。

(4)完全避免土壤养分的损耗是不可能的，要维持土壤中原有矿质营养水平，就必须以矿质肥料的形式补充植物从土壤中带走的矿质营养，使土壤中的营养物质的损耗和归还之间达到一定的平衡。

农业生产实践中土壤钾素肥力的演变能够充分证明李比希养分归还学说的上述内涵。据林葆、范钦桢等人的研究,我国土壤钾素肥力的演变经历了一个由不缺乏到缺乏,由南方缺乏到北方缺乏,由经济作物缺乏到禾谷类、果树、蔬菜等作物都缺乏,由高产田缺乏到中产田也缺乏的过程,而引起这一结果的原因在于连年种植作物而不施用钾肥。河南省土壤钾素肥力变化也为养分归还学说提供了佐证。根据新中国成立以来河南省的统计资料推算,河南省20世纪五六十年代每年农作物从土壤中携带走的钾(K_2O)为40万t,七八十年代每年为75万t,随着产量及复种指数的增加,进入90年代,每年携带走的钾(K_2O)为125万t,呈大幅度增长趋势。而我省五六十年代基本不施钾肥,靠有机肥补充钾素,七八十年代钾肥使用量约为6万t,90年代钾肥的使用量约为20万t,土壤钾素入不敷出,钾素出现亏缺。另据河南省土肥站1996~1997年对全省18个市61个县269个乡的1 407个耕层土壤钾素调查,全省土壤速效钾含量平均为101.3 mg/kg,比1986年的133 mg/kg下降了31.7 mg/kg,平均每年以2.9 mg/kg的速度在下降。缺钾面积已由80年代初的30%左右上升到51.2%,如不采取有效措施补施钾肥,土壤钾库将不断耗竭。90年代末,农业部在全国组织实施“补钾工程”,河南省土肥站在这方面做了大量的试验示范与推广工作,经过几年的努力,河南省耕地土壤钾素逐步得到了补偿,钾肥力在一些地区有所回升。例如:1998年全省监测点土壤速效钾含量平均为110.6 mg/kg,2002年为119 mg/kg,土壤速效钾含量在稳步回升。另安阳市1985~2001年对土壤速效钾的监测结果也表明,1985年土壤普查时速效钾含量平均为148 mg/kg,1995年为129 mg/kg,2001年为127 mg/kg,土壤速效钾含量1995年之前,以每年2 mg/kg的速度递减,1995年以后,随着“补钾工程”在全市的实施,钾素含量下降的趋势基本得到了控制。

李比希的养分归还学说,就其实质而言,强调的是为了增产必须以施肥方式补充植物从土壤中取走的养分,这个观点给农业生产开拓了增加物资投入的广阔前景。

(二)养分归还学说在施肥中的应用

李比希的养分归还学说,多年来在农业生产上发挥着重要作用,它不仅促进了农业的发展,而且也促进了化肥工业的发展。但作为施肥的基本原理,还存在着片面的部分。如在生物循环中,作物取走的所有养分并非统统归还土壤,该归还什么养分,应依作物特性和土壤中该养分的供给水平而定。全部归还肯定是不经济和不必要的。如果在土壤中已经积累了丰富的养分,一段时间内可以少归还或不归还。

由于多数作物经过生物循环,主要受损失的养分是氮和磷,因此除豆科作物外,一般作物养分归还的重点是氮。根据中科院植物研究所资料,各养分元素以根茬方式归还土壤的程度,大体可分为低度、中度和高度3个等级(见表1)。其中,氮、磷、钾属于归还程度低的元素,要重点补充。豆科作物因有根瘤菌固氮,故对氮素归还的要求不如禾谷类作物迫切。属于中度归还的是钙、镁、硫、硅等养分,随土壤和作物种类不同,施肥也有所差异。例如,在华北石灰性土壤上,含有较多的碳酸盐和硅酸盐,即使种植喜钙的豆科作物也不必考虑归还钙质,种植需硅较多的禾本科作物也不必考虑归还硅酸。而在华南缺钙的酸性土壤上,则必须施用石灰。对于铁、锰这类元素,由于一般作物地上部分摄取的远比根茬残留在土壤中的要少得多,因此对于粮食作物一般不必直接施用铁、锰养分。因此,在生产实践中一般主张归还与作物产量和品质关系密切的、作物需要量较大而土壤中有效含量又低的养分,并根据生产需要,逐渐扩大归还数量和种类。

表1 不同作物的元素归还比例

归还程度	归还比例(%)	需要归还的营养元素	补充要求
低度归还	<10	氮、磷、钾	重点补充
中度归还	10~30	钙、镁、硫、硅	依土壤和作物而定
高度归还	>30	铁、铝、锰	不必要归还

注:供试作物有大麦、小麦、玉米、高粱和花生5种;归还比例是指以根茬方式残留于土壤的养分占吸收总量的百分数。

李比希是第一个试图用化学测试手段探索土壤养分的科学家。目前,测土施肥在世界各经济发达国家已成为一项常规的农业技术措施,在我国也正日益受到各级领导和农业科技工作者的重视,河南省也正在大力推进和广泛宣传这方面的工作,并已取得显著成绩。

二、最小养分律

(一)最小养分律的基本内容

最小养分律是李比希在成功制造出一些化肥之后,为了保证有效施用这些肥料,在试验的基础上提出来的。1843年他在《化学在农业和生理上的应用》第3版中提出了最小养分律,其中心内容是:植物为了生长发育,需要吸收各种养分,但是决定和限制作物产量的却是土壤中那个相对含量最小的养分。也就是说,植物产量受土壤中相对含量最小的养分的控制,产量的高低随这种养分的多少而增减变化。

最小养分律可用装水木桶来形象地解释。以木板表示作物生长所需要的多种养分,木板的长短表示某种养分的相对供应量,最大盛水量表示产量。很显然,盛水量决定于最短木板的高度。要增加盛水量,必须首先增加最短木板的高度(见图1)。

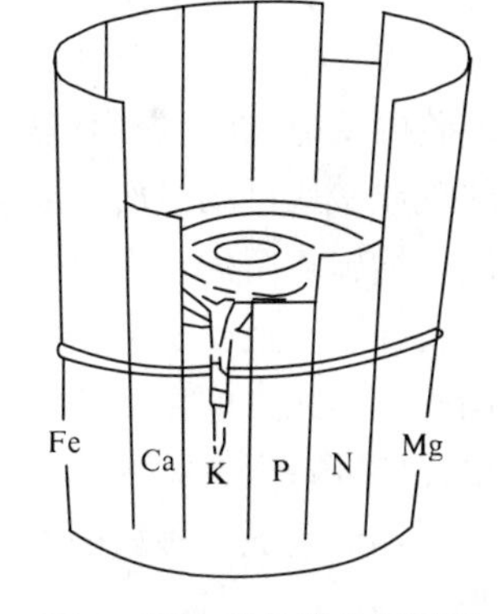

图1 最小养分律木桶图解

从最小养分律的内容看,应把握好以下几点:

(1)最小养分是指按作物对养分的需要,土壤中相对含量最少的那种养分,而不是土壤中绝对含量最小的养分。

(2)最小养分是限制作物产量的关键养分,要提高作物产量必须首先补充这种养分,如果增加的是最小养分以外的其他养分,不但难以提高产量,而且会造成浪费,降低经济效益,甚至对环境产生不良影响。

(3)最小养分因作物种类、产量水平、土壤肥力状况和施肥状况而变化。当一种最小养分得到补充可以满足作物需要时,这种养分就不再是最小养分了,而另一种养分就会成为新的最小养分。

(4)最小养分可能是大量元素,也可能是微量元素。

(5)作物产量受多种因素的限制,特别是品种的遗传特性及光合局限性,不会因最小养分的解除而无限地增加产量。

从我国土壤养分的变化情况来看。20世纪50年代我国农田土壤普遍缺氮,氮是当时限制产量提高的最小养分,对于一般土壤和作物来说,增施氮肥的增产效果非常显著。到了

60年代,随着生产水平的提高和化学氮肥施用水平的增加,增施氮肥并不能显著提高产量,在施用氮肥的基础上增施磷肥,作物产量就大幅度增加,因此磷成为限制作物产量提高的新的最小养分。进入70年代,随着农业生产的进一步发展和复种指数的相应加大,作物丰产对养分的需要量越来越多。我国南方红壤上单施氮、磷肥料往往并不能显著提高作物产量,而在此基础上配合施用适量钾肥,就能保持作物持续增产,钾就转化为最小养分。到了80年代末,北方地区原来不缺钾的田块配施钾肥也出现了明显的增产效果。这说明在新的条件下土壤缺钾成了新的最小养分,制约着作物产量的进一步提高。中国农科院土肥所等单位经过1 350多个田间试验示范和197个盆栽试验,发现在东北和华北地区缺钾已成为作物高产的限制因子。河南省肥力监测点近5年来的监测结果也表明,土壤钾素收支矛盾日益突出,平均每年钾素亏缺8.8 kg/亩。当氮、磷、钾养分满足作物高产需要后,某些微量元素先后成为限制作物产量提高的新的最小养分,如南方红壤上甘蓝型油菜花而不实症和东北地区大面积春麦不稔症的发生都是由于土壤缺硼,也就是硼成为最小养分引起的;华北滨海盐土上水稻缩苗症的发生则是由于土壤缺锌,即锌成为最小养分造成的。

(二)最小养分律在施肥中的应用

最小养分律指出了作物生育过程中施肥应该解决的主要矛盾,使农业生产中可因地制宜地选择肥料种类,同时可以较好地满足作物对养分的需要,较为充分地利用养分,从而收到增产、节肥和提高肥料经济效益的实际效果。故最小养分律是作物配方施肥的主要原理之一。

最小养分律是正确选择肥料种类的基本原理,利用最小养分律原理指导作物施肥,可以使施肥工作更加科学化。若忽视这条规律,会使土壤与植物养分失去平衡,造成物质上和经济上的极大损失。河南省开封市在第二次土壤普查前农田普遍缺磷,由于当时不了解土壤中缺磷的状况,在生产中仍然以施用氮肥为主,出现了作物产量不高、施氮经济效益明显下降的现象。通过第二次土壤普查,查清了磷是限制作物产量提高的最小养分,推行了在施氮基础上增施磷肥的技术措施,作物产量随之提高,而且还提高了氮肥的利用率。

实际生产上土壤中往往不只缺乏一种养分,有时也很难断定哪一种养分最为缺乏,这时协调各营养元素的比例关系,使之互相促进就显得十分重要。如我国北方地区一些农田既缺氮,又缺磷;南方地区一些农田既缺氮,又缺钾,或氮、磷、钾俱缺。这时就要根据土壤中多种养分丰缺情况和种植的某种作物碉到高产、优质的要求,均衡供应多种养分,这就是平衡施肥。

三、报酬递减律与米采利希学说

农业生产上投入与产出过程中客观存在报酬递减的问题,报酬递减律和米采利希学说均反映了这一现象。

(一)报酬递减律的基本内容

报酬递减律首先是由欧洲经济学家杜尔格(A. R. J. Turgot)和安德森(J. R. Anderson)在18世纪后期作为一项经济法则同时提出来的。其基本内容为:"土地生产物的增加同费用对比起来,在其尚未达到最大限界的数额以前,土地生产物的增加总是随费用增加而增加的,但若是超过这个最大限界,就会发生相反的现象,不断地减少下去"。由于它正确反映了在技术条件不变的前提下,投入与产出的关系,因而在工农业生产中得到了广泛的应用。

后来一些学者把报酬递减律移植到农业上来，在对肥料和作物产量的大量研究中，不约而同地得出了肥料报酬递减律。即在技术和其他投入量不变的情况下，作物的产出品增加量随着一种肥料投入量的不断增加，依次表现为递增、递减的变化。

(二)米采利希学说

在20世纪初，德国农业化学家米采利希(Mitscherlich)在前人工作的基础上，深入研究了施肥量与产量之间的关系，从而发现在其他技术相对稳定的前提下，随着施肥量的增加，所获得的增产量具有递减的趋势，得出了与报酬递减率相吻合的结论。用文字表达为：只增加某种养分单位量 dx 时，产量增加量 dy 与该种养分供应充分时达到的最高产量 A 和现有产量 y 之差成正比。数学式表示为：

$$dy/dx = C(A - y) \quad (1)$$

或转换为指数式

$$y = A(1 - e^{-cx}) \quad (2)$$

式中：y 为由一定量肥料 x 所得的产量；A 为由足量肥料所获得的最高产量或称极限产量；x 为肥料用量；e 为自然对数；C 为常数(或称效应系数)。

米采利希的试验结果充分证明了施肥量和产量之间的关系符合报酬递减律，是报酬递减律在施肥实践中的反映。米采利希首次用严格的数学方程式表达了作物产量与养分供应量之间的关系，并作为计算施肥量的依据，开创了由经验施肥到定量施肥的新纪元，它使有限的肥料发挥了最大的增产效益，因此米氏学说的提出是世界农业化学发展史上的一件大事。米氏方程揭示了一定条件下作物产量与施肥量之间的数量关系，在施肥实践上有着重要的意义。

但米氏学说是有前提的，它只反映在其他技术条件相对稳定情况下，某一限制因子投入(施肥)和产出(产量)的关系。如果限制因子的施用超过最适数量时就变成毒害因素，不仅不能使作物增加产量，而且还会使产量降低，这一点已被国内外许多田间试验所证实。因此，在施肥实践中，要避免盲目性，提高利用率，发挥肥料的最大经济效益。

(三)施肥上报酬递减的实例

肥料报酬递减律为国内外的科学试验所证实，根据河南省土肥站孙笑梅等人2002年在河南延津潮土上所做的优质小麦高优503产量与氮肥用量试验(结果见表2)，在施磷、钾肥基础上，每亩施氮0、4、8、12、16、20、24 kg，从表2可以看出，随着氮肥的用量不断增加，小麦产量、边际产量(每千克氮肥获得的小麦产品增量)先是递增，继而递减(见图2、图3)，与肥料报酬递减律相吻合。因此，在施肥实践中，一方面要承认在一定条件下报酬递减律确实在起作用，方能避免施肥的盲目性，提高肥料的经济效益，通过合理施肥达到增产、增收的目的；另一方面不能消极地对待它，片面地以减少化肥用量来降低生产成本。相反，应研究新的技术措施，促进生产条件的改善，在逐步提高施肥水平的情况下，确定最经济合理的肥料用量，力争提高肥料的经济效益，促进农业生产的持续发展。

表2 优质小麦产量与氮肥用量的关系 (单位：kg/亩)

氮肥量 x	0	4	8	12	16	20	24
小麦产量 y	216.3	251.6	302.6	334.8	341.5	327.9	311.1
边际产量 dy/dx		8.83	10.79	9.88	7.83	5.58	3.95

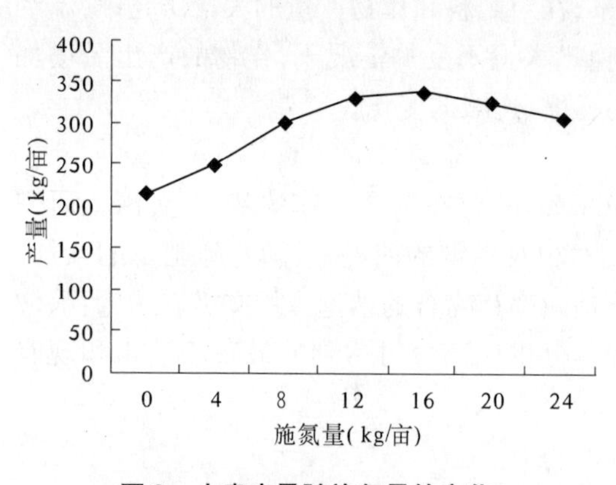

图2 小麦产量随施氮量的变化

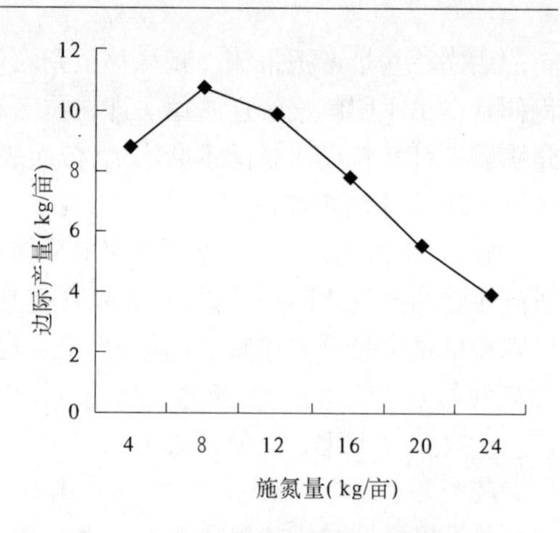

图3 小麦边际产量随施氮量的变化

在利用肥料报酬递减律指导施肥时,必须注意要在技术不变和包括另外肥料投入在内的其他资源投入保持在某个水平的前提下,如果技术进步了,并由此使其他资源投入改变了投入水平,且形成了新的协调关系,肥料的报酬必然提高。在农业生产过程中肥料报酬也将随着科学技术的不断进步及各种资源投入的不断增加而随之增加。但这种增加与报酬递减律并不矛盾,在生产实践中既要努力推动科学技术的进步,提高肥料报酬水平,又要充分利用报酬递减律指导施肥。因此,对某一作物品种的肥料投入量应有一定的限度,不能为了盲目追求产量而过量增大施肥量。否则不仅造成生产成本增大,肥料资源浪费,还会导致作物产量和品质下降,甚至造成环境污染。只有确定最经济合理的肥料用量,才能实现肥料的最佳投入产出效果。

四、因子综合作用律

(一)因子综合作用律的基本内容

农作物生长发育是受综合因子影响的,如水分、养分、空气、温度、光照等,缺少某一种因子作物就不能完成生活周期,因而,施肥不是一个孤立的行为,而是农业生产中的一个环节,是影响作物增产的重要因子之一。可用函数式来表达作物产量与环境因子的关系:

$$y = f(N, W, T, G, L)$$

式中:y 为农作物产量;f 为函数的符号;N 为养分;W 为水分;T 为温度;G 为空气;L 为光照。

此式可解释为农作物产量是养分、水分、温度、空气和光照的函数,要使肥料发挥其增产潜力,必须考虑到其他四个主要因子。如果其中一个因子供应不足、过量或与其他因子关系不协调,就会使作物不能健壮生长发育而降低产量,这就是因子综合作用律,可表述为:作物生长发育的好坏和产量的高低取决于全部生活因素的适当配合和综合作用,如果其中任何一个因素与其他因素失去平衡,就会阻碍植物正常生长,最后将在产品上表现出来。

(二)因子综合作用律在施肥中的应用

因子综合作用律对指导施肥具有重要的意义。在进行施肥决策时,要同时考虑到其他生产因子,确保它们不制约肥效的发挥。即施肥不能只注意养分的种类及其数量,还要考虑影响作物生育和发挥肥效的其他因素,只有充分利用各生产因素之间的综合作用,才能做到用最少的肥料,获取最大的经济效益。例如,水分是作物正常生长发育所必需的生活条件之一,土壤水分状况直接决定着根系的活力、养分吸收能力,也决定着养分在土壤中的移动性和可吸收性。只有在土壤含水量适宜时,施肥效果才最好。在无灌溉条件的旱作农业区,水分就是限制因子,在一定范围内,肥料的增产效应和肥料的利用率则随水分的增加而提高。又如,在肥力较低的土壤上,养分就是限制因子;在阴坡地种植作物,光照又会成为限制因子。总之,五大因子应保持一定的均衡性方能使肥料发挥应有的增产效果。为了充分发挥肥料的增产作用,提高肥料的经济效益,不仅要重视各种养分之间的配合施用,而且要使施肥措施与环境因子和其他农业技术措施密切配合。

五、基本原理在配方肥料配制推广中的应用

按照基本原理,利用测土配方技术,根据不同作物的营养需要、土壤养分含量、供肥特点和近几年来的不同作物的大田肥效试验结果,以各种单质化肥或高浓度二元、三元复合肥为原料,有针对性地添加适量中、微量元素或特定有机肥料,采用掺混或造粒工艺研制出适合各地农作物生长的肥料就是配方肥料。配方肥料也是目前推广的平衡施肥技术的最有效载体。配方肥料针对性强,技术含量高,使用简单,融技术、物资、产品为一体,可实现真正意义上的"测、配、产、供、施"一条龙农化服务,可有效地解决多年来科学施肥技术推广中存在的技术棚架问题。同时配制推广配方肥料还是一项综合性技术体系。它虽能确定不同养分的施肥总量,但要想充分发挥肥料的最大增产效益,还必须与选用良种、肥水管理、耕作制度、气候变化等影响肥效的诸因素相结合,形成一套完整的配方肥料施用技术体系,才能保证肥效的充分发挥。

总之,施肥是一项理论性和技术性很强的农业措施。施肥合理,就能充分发挥其增产、增质、培肥地力的作用;若不合理,不仅经济效益低,还会对土壤环境及农产品品质带来不良影响。

参考文献

[1] 陈伦寿,李仁岗.农田施肥原理与实践[M].北京:中国农业出版社,1984.
[2] 慕成功,郑义.农作物配方施肥[M].北京:中国农业科技出版社,1995.
[3] 谭金芳,介晓磊,等.钾肥施用原理与实践[M].北京:中国农业科技出版社,1996.
[4] 杨建堂,等.配方肥的生产原理与施用技术[M].北京:中国农业科技出版社,1998.
[5] 河南省农业科学院土壤肥料研究所.主要农作物配方施肥[M].郑州:河南科学技术出版社,1991.
[6] 金耀青,张中原.配方施肥方法及其应用[M].沈阳:辽宁科学技术出版社,1993.
[7] 农业部农业局.配方施肥[M].北京:中国农业出版社,1989.
[8] 高祥照,申眺,郑义,等.肥料实用手册[M].北京:中国农业出版社,2002.
[9] 何念祖,孟赐福.植物营养原理[M].上海:上海科学技术出版社,1987.
[10] 河南农业大学.土壤肥料学[M].郑州:河南科学技术出版社,1985.
[11] 杨先芬.瓜菜施肥技术手册[M].北京:中国农业出版社,2001.
[12] 劳秀荣,张漱茗.保护地蔬菜施肥新技术[M].北京:中国农业出版社,1999.
[13] 谭金芳.作物施肥原理与技术[M].北京:中国农业大学出版社,2003.
[14] 鲁如坤,等.土壤-植物营养学原理和施肥[M].北京:化学工业出版社,1998.
[15] 季书勤,五绍中,杨胜利.专用优质小麦与栽培技术[M].北京:气象出版社,2000.

配方肥料配制技术、工艺和产品质量检测

王怀阳

（河南省土壤肥料站·2003 年 5 月）

配方肥料质量的优劣与原料的选择、配比合理性、配制工艺等关系密切。为了配制优质的配方肥料，现将其配制的关键技术、工艺、质量检测分述如下。

一、配方肥料配制技术

（一）配方肥料原料的选择

1.原料选择的基本原则

配方肥料原料的选择，直接影响到配方肥料的质量，因此选择原料时应从物理、化学相配性出发，遵循以下三个基本原则。

（1）原料化学相配性。不同基础肥料混合后，不产生不良化学反应的原料是比较理想的原料。如尿素与磷铵，尿素与进口氯化钾、硫酸钾等。有些基础肥料混合后，发生化学反应，生成了新的物质，改变了故有的化学性质，这类肥料不应选作原料。如尿素与重钙（或过磷酸钙）混合时，重钙（过磷酸钙）中的主要成分磷酸一钙水合物与尿素反应生成加合物，具有很大的溶解度，并释放出水分，使物料变湿。

$$Ca(H_2PO_4)_2 \cdot H_2O + 4CO(NH_2)_2 = Ca(H_2PO_4)_2 \cdot 4CO(NH_2)_2 + H_2O$$

又如，磷酸二铵与重钙（或过磷酸钙）混合时发生反应，会导致水溶性磷的下降和结块，使商品性和有效性变差。在选择原料时，应遵循化学相配性，避免此类现象发生。

（2）原料吸湿相配性。不同基础原料混合后不增加物料的湿度，能保持一定的干燥度的基础原料是配制配方肥料的首选原料。如硝铵和尿素混合物，30℃的临界相对湿度仅为18.1%，在任何地区和任何季节都会潮解，选择原料的时候可作为参考，但最好应先进行小批量试验验证。物料间存在化学不可混性，如果不慎混合，会发生混合料产生热量、湿度增加、放出气体或者结块等现象。此外，两种物料的混合料通常比这两种物料中任何单一物料的临界相对湿度都要低。肥料及其混合物的临界相对湿度见表 1。

表 1　30 ℃时部分肥料及其混合物的临界相对湿度

	尿素	磷酸一铵	磷酸二铵	氯化钾	硫酸钾
尿素	—	66.2	62.0	60.3	71.5
磷酸一铵		—	78.0	72.8	87.8
磷酸二铵			—	70.0	77.0
氯化钾				—	—
硫酸钾					—

(3)原料粒径相配性。基础肥料粒径相配性是影响配方肥商品性和肥效的重要因素。当物理性质不同的化肥颗粒掺混在一起,在贮运过程中,物理性质相似的颗粒趋于聚集在一起,这样会破坏混合的均一性,不均匀的掺混肥不仅影响肥效,而且不能得到合适的样品和准确的分析结果,也就谈不上配方施肥和平衡施肥。

在贮运过程中,引起颗粒分离的形式主要有:振动分离、流动分离和抛洒分离,所有的分离过程都与颗粒的质量及其所受到的阻力有关。普通肥料的密度范围($1.27\sim2.12\ mg/cm^3$)相差不到2倍,而颗粒直径从16目(1.19 mm)到6目(3.35 mm)时,颗粒质量相差20多倍。由此可见,粒度对掺合性能的影响是显著的。研究表明,混合颗粒不仅在最大粒度和最小粒度范围必须相近,而且粒度分布也必须相似。美国规定的颗粒肥料的粒度范围为1.19~3.35 mm(16~6目)。美国用于配方肥料的一些常用基础肥料,其颗粒大小和物理性质见表2、表3。其他绝大多数国家则选择稍大一些的颗粒,如2~4 mm(相当于9~5目)。

表2 某些基础肥料的粒度

物料	品级	美国标准筛网(目)累计百分数(%)					颗粒形状
		6	8	12	16	20	
磷酸二铵	18-46-0	<1	36	86	99	100	较圆
氯化钾							
颗粒	0-0-60	6	37	78	95	98	块状
粗粒	0-0-60	—	6	31	73	94	块状
重过磷酸钙(粒状)	0-46-0	1	21	80	97	100	较圆
尿素							
小球粒状	46-0-0	1	6	68	97	100	特别圆
颗粒 A	46-0-0	1	88	100	100	100	较圆
颗粒 B	46-0-0	0	30	85	98	100	较圆

表3 美国用于掺混的基础肥料

物 料	典型规格 $N-P_2O_5-K_2O$	使用此物料的工厂所占比率(%)
尿素	46-0-0	66
硫酸铵	21-0-0	22
磷酸二铵(DAP)	18-46-0	95
磷酸一铵(MAP)	11-52-0	11
重过磷酸钙 (TSP)	0-46-0	78
过磷酸钙(TSP)	0-20-0	4
氯化钾	0-0-60	94

由表3可知,美国主要使用磷酸二铵、氯化钾、重钙与尿素配制配方肥料。

国外的配方肥料多以散装的形式贮存和运输,并以机械施肥为主。因此,对粒度、密度的要求较为严格。然而,中国农业科学院土壤肥料研究所研究表明,配方肥料在装卸、施肥过程中的分离,其总养分虽有差异,但变幅很小,主要是养分比例的变化。图1是以尿素、磷酸二铵和氯化钾作为组分的配方肥料,倒出后肥堆中各部位养分含量的分布情况。

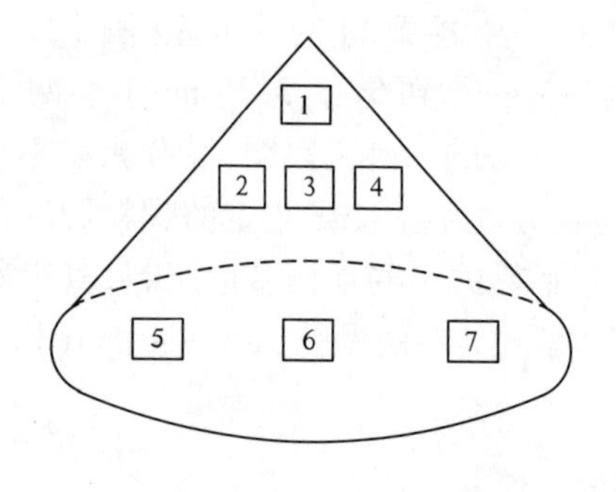

(a) 取样点的位置

1	13.7-13.3-20.5	47.5
2	12.3-14.1-21.1	47.5
3	13.5-12.7-20.8	47.0
4	14.3-14.3-19.3	47.9
5	7.7-12.2-26.0	45.9
6	17.4-12.3-17.8	47.5
7	8.3-12.1-25.8	46.2

(b) 分析所得各点的养分含量

理论养分比例($N-P_2O_5-K_2O$:13-13-21)

图1 配方肥料在装卸过程中的养分分离

从图1可知,不同取样点的配方肥料有效养分含量有一定差异,不同位置所取样品对养分评价有直接影响,其影响主要来自于基础肥料的粒径相配性。相配性越好,这种差异越小。中国农业科学院土壤肥料研究所采用田间模拟方法试验结果表明,养分差异在5.2%,养分相对误差在17.5%以内时,产量差异达5%显著水平的仅占27.9%。这表明施用配方肥料养分分离对肥效影响不显著。配方肥料养分分离后的变化不会影响肥料施用效果。

2. 原料选择注意事项

(1)必须按照国家有关标准进行选择。

(2)养分配比和基础品种选用时,要按基肥和追肥相结合、工业配方和农业配方相结合的原则进行。

(3)基础原料品种选择时应考虑其化学相配性,掺混过程养分的均一性和稳定性,并有利于配制过程的控制,有利于产品品质的保证。

(二)配方肥料关键配制技术

1. 科学配比

配方肥料质量的优劣,首先取决于配方的科学性。根据作物施肥原理,在测土的基础上,结合近几年来的肥料试验,拟定不同作物的科学配方,使其具有较强针对性、科学性,达到增产节肥之目的。

2. 水分

基础肥料中的水分含量高低,直接影响配方肥料的商品性。按配方肥料配制质量标准的要求,高浓度配方肥料水分应控制在2%以下,中低浓度应分别控制在4%以下。因此,配制配方肥料对原料的水分含量要求较严。配制前应把好原料水分关,对高含水的原料可采取晾晒、脱水、阴干、烘干等方法降低含水量。在以尿素为氮源的配方肥料配制中,过磷酸钙若不氨化,则水分应控制在4.0%以下,经氨化的粒状过磷酸钙,水分应小于5.2%。

3. 温度和湿度

不同的温度及湿度对产品理化性质影响很大，这就要求配方肥料配制时尽量避开高湿和多雨季节。若在此季度进行配制，则配制时间要短，尽量减少各种原料与大气的接触时间，产品应及时密封包装，成品应放于阴凉通风处，避免阳光曝晒。

4. 粒度

在配制配方肥料的过程中应注意基础配料的粒径，若原料均为颗粒状，各自密度不一样，颗粒大小不一，既影响外观质量，又会使已混匀的各种颗粒在运输过程中产生分层，影响使用效果，所以各种原料粒度最好控制在 2 ~4 mm 内。

5. 肥料品种

不同系列、不同浓度的配方肥料，要求使用不同的氮肥品种，常用的氮肥有尿素和颗粒氯化铵，其氮的有效含量分别为 46%、23%；20℃时在水中的溶解度分别为 110 L 和 37 L。受诸多因素的影响，中、低浓度配方肥料以选用颗粒氯化铵辅之以尿素为好，氯化铵性质较稳定，其条件可以稍宽松些。高浓度配方肥料应以尿素为主，若磷肥用过磷酸钙则需氨化，尤其在高温高湿地区更应如此。河南省多年实践证明，磷源应优选磷铵类肥料，也可用颗粒普钙与钙镁磷肥，钾肥优选含水量低的氯化钾或硫酸钾。另外，根据氮肥施入土壤后易被淋溶、挥发，以及在包装袋中易溶化的特点，有条件的厂家可对其进行包膜。

6. 配方肥料配制计算

请参照配方肥料主要配制系列中表 4、表 5 和表 6 进行计算。

（三）配方肥料主要配制系列

配方肥料有高、中、低 3 个品位，所用的原料有尿素、氯化铵、碳酸氢铵、过磷酸钙、磷酸一铵、磷酸二铵、硝酸磷肥、氯化钾、硫酸钾等，其养分有 20%、25%、30%、40%、45%、48% 几种，就目前国内市场销售品种看，主要有以下几个系列。

1. 氯化铵 - 过磷酸钙 - 氯化钾系列

该系列是将粉状过磷酸钙、微量元素等原料加工成颗粒，然后与颗粒氯化铵、颗粒氯化钾按一定比例加工而成，也可将粉状氯化钾与磷肥混合加工成颗粒，再与颗粒氯化铵混配。前者由于使用颗粒氯化钾，原料成本略高于后者。因该系列使用的过磷酸钙含磷低，且颗粒氯化铵含氮量低，所以只能配制低浓度配方肥料，除水田外可广泛使用于各种作物。其优点是成本低、混配后物理性状好，由于原料含氯，不能施于忌氯作物上。

2. 尿素 - 过磷酸钙 - 氯化钾系列

该系列基本与上一系列相同，只是由于所用氮肥含氮量高达 46%，既可做低浓度配方肥料，又可做中浓度配方肥料。随着浓度的提高，所用磷肥的品位也相应提高，但其缺点在于不能长久贮存。

3. 氯化铵 - 氯化钾系列

颗粒氯化铵含氮为 26%，与颗粒氯化钾混配，可做成中、高浓度配方肥料，该系列用料品种少，成本低，混配后理化性状也较好，所以被许多厂家采用。但由于所用原料都是颗粒肥，微量元素、有机质等不易掺和入内。

4. 尿素 - 磷铵 - 氯化钾系列

该系列广泛用于生产高浓度配方肥料，所用磷铵为磷酸一铵或磷酸二铵，成品粒度好，耐贮存，广泛使用于大田作物和高产值的经济作物。

以上是我国现行的几个主要系列，有些厂家也把氯化钾改换成硫酸钾，配制成硫酸钾型配方肥，被使用在忌氯作物上。河南省配方肥配制实践证明：尿素（大颗粒）－磷酸二铵（磷酸一铵）－氯化钾（进口颗粒红钾）系列在物理、化学、生物有效性方面最好。而国产氯化钾与氮肥、磷肥一起配制则容易发生吸湿、结块等不良反应。

表4为国外配方肥的典型配方；表5为东北某化肥厂的典型配方；表7为河南省配方肥典型配方。

表4　国外配方肥的典型配方

掺混肥料规格	尿素(46－0－0)	磷酸二铵(18－46－0)	重钙(0－46－0)	氯化钾(0－0－60)	填料 粒状石灰石(0－0－0)
19－19－19	232.7	381.9	—	292.6	92.8
9－23－30	—	453.6	—	453.6	92.8
8－32－16	—	419.1	236.8	251.3	92.8
9－26－26	—	—	513.6	393.7	92.7

表5　东北某化肥厂配方肥的典型配方

序号	原料名称	不同产品类型原料配方量(kg)			
		12－12－12	15－15－15	17－17－17	8－32－16
1	尿　素(46－0－0)			205	
2	硫　铵(21－0－0)	225			
3	磷酸二铵(18－46－0)		333	376	458
4	重　钙(0－46－0)				247
5	氯化钙(0－0－60)	206	255	288	275
6	微肥粒(10－0－0)	282	168	111	

表6　河南省配方肥的典型配方

总养分(%)	配　方	适合地区	适合作物	每吨所示规格掺混所用原料(kg)			
				尿　素(46－0－0)	磷酸二铵(18－46－0)	氯化钾(0－0－60)	填充料(0－0－0)
40	18－7－15	豫北	玉米	333	153	250	264
40	15－9－16	豫北	小麦	250	196	267	287
40	15－10－15	豫北	玉米	242	218	250	290
45	20－15－10	豫中	小麦	167	326	167	340
30	24－0－6	豫中	玉米	522	—	100	378
25	13－5－7	豫中	棉花	239	109	117	535

（四）中量、微量元素及缓释剂的加入

为了提高配方肥料高科技含量，中量、微量元素及缓释剂也可加入配方肥料中。

1. 中量、微量元素的加入

适于掺混肥含中量元素的颗粒物质见表7，可造粒后直接引入中量元素。

表7 一些含有中量元素的颗粒物质

有效颗粒	N	P_2O_5	K_2O	CaO	MgO	S
过磷酸钙		20		28		13
重过磷酸钙	21～26	46		19		1
石膏($CaSO_4$)				32		18
无水钾镁矾			21		19	22
尿素硫酸铵	40					10
元素硫(S)						100
硫酸钾			50			17

为配制不同品级的复混肥,往往需必要的填料,配方肥也不例外。所不同的是配方肥的填料也以颗粒的形式出现,该颗粒亦应满足粒度范围和粒度分布的要求。填料颗粒可以是某种矿石(如白云石)直接破碎至合适颗粒,也可用粉状填料(如硅藻土或黏土)经造粒而得。

因微量元素含量非常少,往往又呈粉状,因此建议将微量元素加入到粉状填料中,辅以必要的黏结剂(如尿素溶液),经造粒形成的填料颗粒称之为"微肥颗粒"。在造粒过程中由于有作为黏结剂的氮肥加入,故微肥颗粒有一定的品级,应控制其含氮量不超过10%(即微肥颗粒的品级为10-0-0),否则不利于造粒和配方的调整。

在混合时加入磨得很细的微量元素和0.5%～3%的液体黏合剂,效果会更好。其结果是肥料颗粒的表面黏附着一层牢固的微量元素。图2所示为推荐的包裹程序。该方法存在的缺点有:①不易获得所需的微细粉末状的微量元素物料;②需要液体黏合剂、黏合剂的计量和供料设备;③因增加液体到掺混物中,存在结块的可能性。

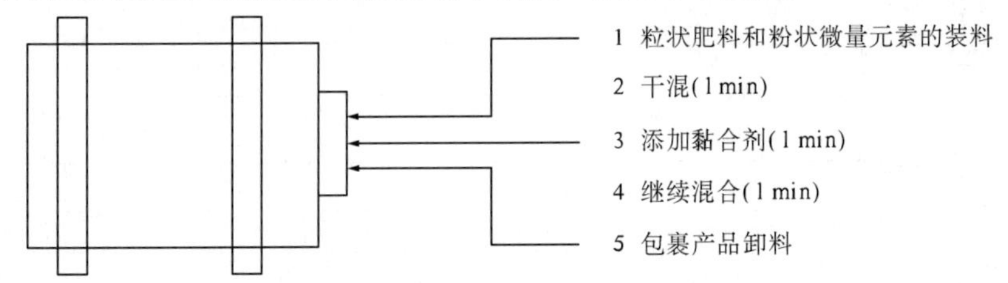

图2 用微量元素粉末包裹掺混肥料的操作程序

2. 采用缓释包裹尿素作为氮肥原料

某化肥厂家采用控制释放肥料技术将尿素包裹,然后再与其他原料进行掺混,这一方案具有三个方面的优点。首先,采用缓释剂包裹尿素,可降低尿素中氮的释放速度,提高氮的利用率。调整包裹尿素的释放期,可使氮素的释放特征更加接近作物的需肥特性,这将使配方肥的概念从横向掺混扩展至纵向掺混,符合一次全量施肥的发展方向;其次,尿素经包裹后,粒度有所增大,能与其他原料更好地匹配;再次,尿素采用缓释剂包裹后,可避免与其他原料直接接触,可扩大原料的选择范围。如可选择重钙作为磷源,由于重钙的单位养分价格要比磷酸一铵低8%～10%,使产品成本得以降低。

也可采用包裹型复混肥料作为配方肥的基础肥料。郑州大学工学院磷肥与复肥研究所经过多年努力,开发了以包裹肥料为代表的系列复混肥料技术。包裹型复混肥料具有粒度均匀、氮素适度缓效等优点,同时含有作物必需的钙、镁、硅等中、微量营养元素。

为解决我国钾肥进口以粉状为主、粒状钾肥较少的问题,可采用钾肥造粒技术,造粒过程中添加中、微量元素,同时适当降低钾肥浓度,便于总养分的控制。

二、配方肥料配制工艺

(一)配方肥料配制工艺流程

配方肥料的配制工艺比较简单,图3为配方肥料配制工艺的基本流程。

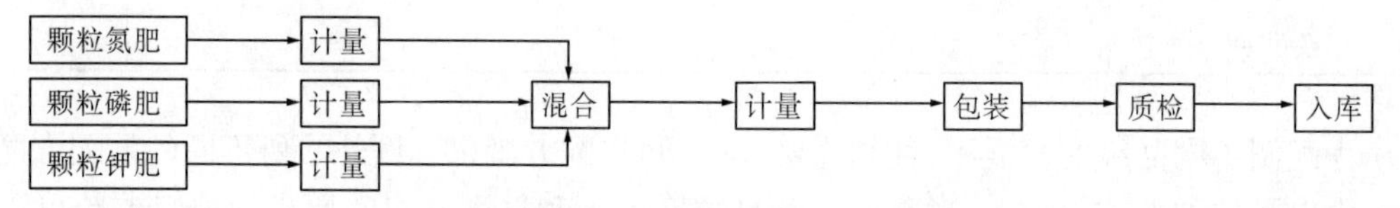

图3 配方肥料配制工艺的基本流程

(二)配方肥料配制的主要设备

配方肥料配制的核心设备为混合机。目前广泛采用不同规格的混合机,也可采用建筑用混凝土搅拌机,但在转速、防腐等方面要做适当调整与处理。工艺中的其他设备,与团粒法复合肥料相似(如输送设备、计量设备、包装设备等),根据工厂的具体情况决定,条件好的可配备电脑自动控制系统,实现自动化配制。

(三)配方肥配制实例

太康、内黄配方肥配制工艺流程见图4。

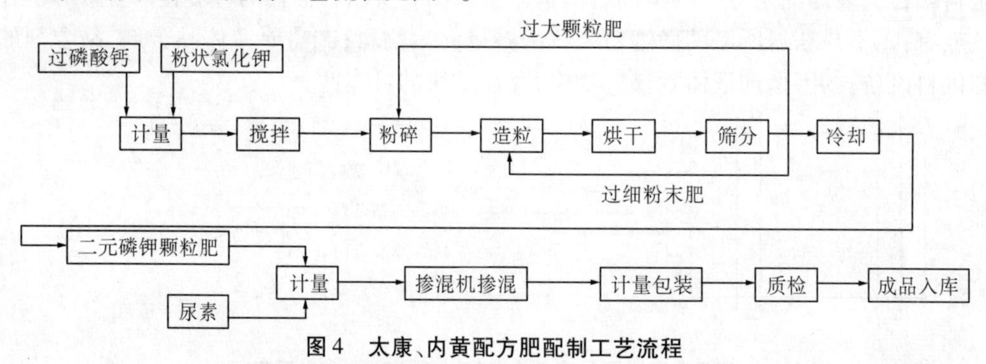

图4 太康、内黄配方肥配制工艺流程

在配方肥料的研制过程中需要解决两个关键问题:一是半成品的磷钾二元颗粒肥与尿素在粒径上相匹配,以避免运输途中的离析;二是含水量较高的磷钾二元颗粒肥应与颗粒尿素相隔离,以避免尿素吸水潮解。目前市场上提供的大颗粒尿素粒径一般为3~4 mm。因此,磷钾二元颗粒粒径也必须控制在3~4 mm。要达到这一标准,除对筛网有较高要求外,还需对过磷酸钙进行预处理。起初利用碳铵与过磷酸钙混合堆放进行氨化处理,经过一段时间的试验,虽能使过磷酸钙保持良好的塑性和造粒性,但占用场地大,且费工、费时,不能适应大批量生产的需要。后来选择钙镁磷肥处理过磷酸钙,钙镁磷肥是碱性肥料,与酸性过磷酸钙混合时会发生反应。钙镁磷肥过量会使过磷酸钙中的水溶性 P_2O_5 发生退化,过少则达不到预期目的。多次试验表明,过磷酸钙与钙镁磷肥的质量比以100:(7~8)为宜,这样不至于使过磷酸钙中水溶性 P_2O_5 退化,又可保持过磷酸钙的塑性,且易破碎,能达到

0.887 mm(50 目以上)的细度,生产控制粒度在 3 ~4 mm 范围的磷钾二元肥产量高,符合配方肥批量生产要求。

在研制过程中,为防止磷钾二元颗粒肥与尿素直接掺混后发生潮解,对尿素进行包裹。前后采用了两种方法:①用凹凸棒粉对尿素包裹,因凹凸棒粉无养分而增加了配方肥研制中的配方难度;②选择"腐殖酸包裹型尿素"与磷钾颗粒肥掺混研制配方肥。腐殖酸包裹型尿素(UHA)是用低级煤(如泥炭、褐煤、风化煤,其腐殖酸(Humic Acid)含量在 40% ~70%)与尿素反应包裹的,腐殖酸在尿素颗粒周围形成一层坚实的包膜,且在介面形成稳定的化学键,减缓尿素的释放,提高了肥效和利用率。腐殖酸尿素制造工艺流程是:

腐殖酸 + 尿素 + 介质→ 计量 → 包裹反应 → 烘干 → 过筛 → 成品包装

制造的包裹型尿素含氮 38%,含腐殖酸 5%。

三、配方肥料质量检测

(一)检测规则

检验中质量指标合格判断,采用极限数值的表示方法和判定方法中的修约值比较法。

配方肥应由生产厂质量监督部门进行检验,生产厂家应保证所有出厂的配方肥均符合本标准的要求。每批出厂的产品应附有质量证明书,其内容包括:生产厂厂名、产品名称、批号、产品净重(质量指标中应标明氮、磷、钾及加入的其他中量、微量元素成分及磷的基础肥料)、生产日期及标准号。

使用单位有权按标准规定的检验规则和检验方法对所收到的配方肥进行检验,核验其质量指标是否符合标准要求。

如果检验结果中有一项指标不符合标准要求,应重新自 2 倍量的包装袋中选取配方肥样品进行复检,重新检验结果,即使有一项指标不符合标准要求,则整批配方肥不能验收。

配方肥按批检验,以一天或两天的产量为一批,最大批量为 200 t。

当供需双方对产品质量发生异议需仲裁,应按《中华人民共和国产品质量法》有关规定仲裁。

(二)样品的采集与处理

1. 取样

配方肥袋装取样时,其取样袋数按表 8 进行确定,若超过 512 袋时,可按下式计算结果确定之:

$$取样袋数 = 3 \times 3\sqrt[3]{N}$$

式中:N 为每批配方肥总袋数。

按上述要求抽得样袋后,将抽出的样品袋置于平放位置,每袋从最长对角线插入取样器至袋 3/4 处,取出不少于 100 g 样品,每批抽取总样量最少不得少于 2 kg。

配方肥散装取样时,按 GB/T 6679 规定进行取样。

2. 样品缩分

将选取的样品迅速混匀,用缩分器或四分法将样品缩分至 1 kg,分装于两个洁净、干燥的 500 mL 磨口塞的广口瓶或聚乙烯瓶中,贴上标签,注明生产厂厂名、产品名称、批号、取样日期、取样人姓名,一瓶作产品质量分析,一瓶密封保存 2 个月,以备查用。

表8 配方肥取样袋数

总袋数	取样袋数	总袋数	取样袋数
1～10	全部袋数	182～216	18
11～49	11	217～254	19
50～64	12	255～296	20
65～81	13	297～343	21
82～101	14	344～394	22
102～125	15	395～450	23
126～151	16	451～512	24
152～181	17		

3.试样制备

取一瓶500 g缩分样品,经多次缩分后取出100 g样品,迅速研磨至全部通过0.50 mm孔径筛(如样品潮湿,可通过1.00 mm筛子),混合均匀,置于洁净、干燥瓶中,作成分分析。余下样品供粒度测定。

(三)配方肥的包装、标志、运输和贮存

配方肥用编织袋内衬聚乙烯薄膜袋包装,应按GB 8599规定进行。每袋净重(50±0.5)kg、(40±0.4)kg、(25±0.25)kg,平均每袋净重不得低于50.0、40.0、25.0 kg。

配方肥包装袋上应有下列标志:产品名称,商标,氮、磷、钾养分含量(专用肥料只标氮、磷、钾养分总量,若以氯化物为基础肥料制成的配方肥应注明含氯),净重,标准号,生产许可证号,生产厂厂名,厂址。

配方肥应贮存于阴凉干燥处,在运输过程中应防潮、防晒、防破裂。

(四)配方肥的物理性检测

配方肥的物理性检测主要指配方肥中的物理指标的检测,如水分、粒度等。以下主要介绍配方肥中水分和粒度的测定方法。水分的检测按GB/T 8576－1988标准执行。详细介绍如下。

1.卡尔·费休法(仲裁法)

1)方法原理

存在于试样中的游离水与已知水当量的卡尔·费休试剂进行定量反应。反应式如下:

$$H_2O + SO_2 + I_2 + 3C_5H_5N \rightarrow 2C_5H_5N \cdot HI + C_5H_5N \cdot SO_3$$

$$C_5H_5N \cdot SO_3 + CH_3OH \rightarrow C_5H_5NH \cdot OSO_2OCH_3$$

检验规定用二氧六环萃取肥料中的游离水,然后用卡尔·费休试剂滴定的方法,测定出配方肥中游离水含量。

配方肥成分复杂,往往影响对其水分的测定,在废料成分不含碳酸氢铵时,可直接用卡尔·费休法进行测定。

对于不含碳酸氢铵的配方肥,也可用真空干燥法或真空烘箱法进行测定。

2)测定步骤

于125 mL带盐水瓶橡皮塞的锥形瓶中,精确称取游离水含量不大于150 mg的实验室样品1.5~2.5 g(精确至0.000 1 g),盖上瓶塞。用注射器注入50.0 mL二氧六环(除仲裁必须使用外,一般情况下,可用无水乙醇或甲醇代替),摇动或振荡几分钟,静置15 min,再摆动或振荡几分钟,待试样稍为沉降后,取部分溶液于带盐水瓶橡皮塞的离心管中离心。

通过排泄嘴将滴定容器中残液放完,用注射器经瓶塞(如青霉素瓶塞)注5 mL甲醇于滴定容器中,甲醇用量须足以淹没电极,接通电源,打开电磁搅拌器,与标定卡尔·费休试剂一样,用卡尔·费休试剂滴定至电流计产生与标定时间同样的偏斜,并保持稳定1 min。

用注射器从离心管中取出10.0 mL二氧六环萃取液,经加料口注入滴定容器中,用卡尔·费休试剂滴定至终点,记录所消耗的卡尔·费休试剂的体积(V_2)。

用二氧六环作萃取剂时,应在3次滴定后将滴定容器中残液放完,加入甲醇,用卡尔·费休试剂滴定至同样终点,其后进行下一次滴定。以同样方法,测定1 000 mL二氧六环萃取液所消耗的卡尔·费休试剂的体积(V_3)。

3)结果计算

(1)卡尔·费休试剂的水当量T,以mg/mL表示,按下式计算:

$$T = m_1 \times 0.156\,6 \div V_1 \text{ 或 } T = m_2 \div V_1$$

式中:m_1为用二水酒石酸钠标定时加入的卡尔·费休试剂的质量,mg;m_2为用纯水标定时加入的卡尔·费休试剂的质量,mg;V_1为标定时消耗卡尔·费休试剂的体积,mL;0.156 6为二水酒石酸钠质量换算为水的质量系数。

(2)试样中游离水含量,以质量百分数(x)表示,按下式计算:

$$x = (V_2 - V_3) \times 5T \div 10m = (V_2 - V_3) \times T \div 2m$$

式中:V_2为滴定10.0 mL二氧六环萃取溶液所消耗的卡尔·费休试剂体积,mL;V_3为滴定1 000 mL二氧六环萃取溶液所消耗的卡尔·费休试剂体积,mL;T为卡尔·费休试剂的水当量,mg/mL;m为试样质量,g。

4)允许误差

(1)取平行测定结果的算术平均值作为测定结果。

(2)平行测定结果的绝对差值不大于下列规定:

水含量(%)	绝对差值(%)
≤2	0.30
>2	0.40

5)试剂与配制

在测定时,除另有说明外,均使用分析纯试剂、蒸馏水或相当纯度的水。

(1)甲醇。含水量≤0.05%,如试剂含水量超过0.05%,于500 mL甲醇中加入5A分子筛约50 g,塞上瓶塞,放置过夜,吸取上层清液使用。

(2)二氧六环。经脱水处理,方法同(1)。

(3)无水乙醇。经脱水处理,方法同(1)。

(4) 5A分子筛。直径3~5 mm颗粒,用做干燥剂。使用前,于500 ℃焙烧2 h并在内装分子筛的干燥器中冷却。使用过的分子筛可用水洗涤、烘干、焙烧后备用。

(5)无水亚硫酸钠。

(6)吡啶含水量≤0.05%,如试剂含水量超过0.05%,于每500 mL吡啶中加入在550 ℃焙烧2 h,并在干燥器中冷却的5A分子筛约50 g,塞上瓶塞,放置过夜,吸取上层清液使用。

(7)二水酒石酸钠或水。

(8)二氧化硫。钢瓶二氧化硫或浓硫酸分解饱和亚硫酸钠制得的二氧化硫,均需经脱水干燥处理。

(9)卡尔·费休试剂。置670 mL甲醇于干燥的1 L带塞的棕色玻璃瓶中,加碘约85 g,塞上瓶塞,振荡至碘全部溶解后,加入250 mL吡啶,盖紧瓶塞,再摇动至完全混合,用下述方法融解65 g二氧化硫于溶液中,冷却,以确保溶液温度不超过20 ℃。

注意:由于反应是放热的,因此必须从反应一开始就将棕色瓶冷却,并保持温度在0 ℃左右。例如浸入冰浴或固体二氧化碳(干冰)中。

通入二氧化硫时,用橡皮塞取代瓶塞。橡皮塞上装有温度计、进气玻璃管(离瓶底10 mm,管径约为6 mm)和通气毛细管。

将整个装置及冰浴置于台秤上,称量,称准至1 g,通入软管使二氧化硫钢瓶(或二氧化硫发生器出口)与填充干燥剂的干燥塔及进气玻璃管连接,缓缓打开进气开关。

调节二氧化硫流速,使其完全被吸收,进气管中液体无上升现象。

随着质量的增加,调节台称码以维持平衡,并使溶液温度不超过20 ℃,当质量增加到65 g时,立即关闭进气开关。

迅速拆去连接软管,再称量玻璃瓶和进气装置,溶解二氧化硫的质量应为60~70 g,稍许过量无妨碍。

盖紧瓶塞后,混合溶液放置暗处至少24 h后使用。

此试剂水当量为3.5~4.5 mg/mL,须逐日标定。

试剂宜贮存于棕色试剂瓶中,放于暗处,并防止大气中湿气影响。

(10)卡尔·费休试剂的标定。用注射器经青霉素塞注入25 mL甲醇于滴定容器中,甲醇用量须足以淹没电极,接通电源,打开电磁搅拌器,为了与存在于甲醇中的微量水反应,滴入卡尔·费休试剂直到电流计指针产生较大偏转,并保持稳定1 min。

在小玻璃管中,称取0.100~0.250 g二水酒石酸钠,精确至0.000 1 g,移去青霉素瓶塞,在几秒钟内迅速地将它加到滴定容器中,然后再称量小玻璃管,通过减差确定使用的二水酒石酸钠质量(mg)。

也可由滴瓶加入0.010 ~ 0.040 g(m_2)水进行标定,称量加到滴定容器前、后滴瓶的质量。或用微型注射器(10~50 μL),从加料口将水注入到滴定容器内。

用待标定的卡尔·费休试剂滴定加入的已知量水,到电流计指针达到同样偏斜度,并保持稳定1 min,记录消耗卡尔·费休试剂的体积(V_1)。

6)主要仪器

需要的主要仪器为卡尔·费休直接电量滴定仪。

2.真空烘箱法

1)测定原理

在一定温度下,试样在电热恒温真空干燥箱内减压干燥,失重表示为游离水分。本法不适于在干燥过程中能产生非水分的挥发性物质的配方肥。

2)测定步骤

于预先干燥并恒重的称量瓶中,称取肥料样品2 g,精确至0.000 1 g,置于(50±2)℃、真空度为480~530 mmHg的真空烘箱中干燥2 h±10 min(控制真空烘箱室内温度在规定的范围内是必要的),取出,在干燥器中冷却至室温后称重。

3)结果计算

游离水含量,以质量百分数(x)表示,按下式计算:

$$x = \frac{m - m_1}{m} \times 100\%$$

4)允许误差

(1)取平行测定结果的算术平均值为测定结果。

(2)平行测定结果的绝对差值:

水含量(%)	绝对差值(%)
≤2	0.30
>2	0.40

5)主要仪器

(1)真空烘箱(电热恒温真空干燥箱)。

(2)真空泵。

(3)带磨口塞称量瓶,直径 50 mm,高 30 mm。

3. 配方肥粒度的测定(筛分法)

1)方法提要

用一定规格的标准筛,将配方肥或原料试样按颗粒粒径大小分级、称重、计算百分率。

2)仪器

主要仪器为:一套由不锈钢制作的标准筛(GB 6003 R40/3 系列),孔径为 1.68 mm、2.00 mm、2.38 mm、3.35 mm、4.00 mm 的筛子,附盖和底;电动振筛机或手摇振筛机;电子台秤,感量 0.2 g,载量 500 ~ 1 000 g。

3)测定步骤

将筛子按孔径大小(球状为 3.35 mm、2.38 mm、2.00 mm、1.68 mm;不规则形状为 4.00 mm、3.35 mm、2.38 mm、2.00 mm)自上而下依次叠好,各接口不漏缝。称取经过缩分后的球状或不规则形状试样 200 ~ 500 g,分别置于 3.35 mm 或 4.00 mm 的顶层筛面上,盖上筛盖后,于振筛机上振荡 5 min,或用手摇振筛机振荡 5 min 以上。

试样中最大颗粒留在 3.35 mm 或 4.00 mm 孔径的筛面上(夹在筛孔中的试样为不通过此筛),最小的颗粒透过各层筛孔后落入底盘,前者为 +6 目、+5 目,后者粒径为 -12 目、-10 目;其他的试样将根据颗粒大小,分别滞留于 2.38 mm、2.00 mm、1.68 mm 孔径的筛面上。

通过称重法先称量出未通过 3.35 mm(球状试样)或 4.00 mm(不规则形状试样)和各自底盘中的试样,其相加的质量数为 m_1,以全试样质量为 m,粒度为 x,则分析结果的表述为:

$$x = \frac{m - m_1}{m} \times 100\%$$

4)分析结果表述

(1)粒度范围。粒度指粒径在规定上、下限范围内的颗粒占总试样量的百分率,即上式中的 x。对于一般掺混肥,x 即为粒度合格率,可作为质量标准。对于配方肥,除规定测量粒度的粒径上、下限的范围窄于一般掺混肥以外,还要计算各粒径的质量占试样总质量的百分率。

(2)粒度分布。将式中测出的各粒级(或各筛目)的质量,分别除以试样总质量(m),再乘以100%,即得各筛目的粒度分布百分率,或按大小顺序排列的累计百分率,将粒度分布的结果作图或作表格均可衡量某一原料或某一掺和肥料是否符合技术要求中的标准,是否可混,或出现“二次分离”问题,粒度分布的结果按下列项目分别登记:

球状	+6	−6 +8	−8 +10	−10 +12	−12
不规则形状	+5	−5 +6	−6 +8	−8 +10	+10

表9列有美国常见的物料粒度分布,作为案例可供参考。

表9 粒度分布

名 称	养分规格	粒度(泰勒筛系)(%)					颗粒形状
		+6	−6 −8	−10 −16	+8 +10	+16	
尿素(喷淋)	46−0−0	0	0	1	94	5	小丸粒
尿素(造粒)	46−0−0	0	30	55	13	2	圆润
磷酸二铵	18−46−0	0	42	57	1	0	圆润
重 钙	0−46−0	1	29	56	14	1	圆润
氯化钾(浮选粒化)	0−0−60	2	36	52	10	0	块状

注:除小丸粒尿素的粒径分布偏细外,其他4种物料的粒度分布较合理,用于掺混肥,不致造成二次分离。

(五)配方肥养分含量检测

配方肥料中有效养分的检测,分别按GB/T 8572—2001、GB/T 8673—1999、GB/T 8574—1988等标准执行。现分述如下。

1. 配方肥中的氮含量检测(蒸馏后滴定法)

1)方法原理

复混肥料的氮素形态有铵态氮、硝态氮、尿素态氮、氰铵态氮和有机态氮。测定时,首先要在酸性介质中还原硝酸盐为铵盐,在触媒作用下,用浓硫酸消化,将各种形态的氮转化为硫酸铵,再加碱蒸馏,使氨逸出,用过量硫酸溶液吸收,在甲基红或遮蔽甲基红指示剂作用下,用氢氧化钠标准溶液返滴定剩余酸,计算样品含氮量。

2)试剂和仪器

(1)金属铬粉:粉末≤0.25 mm,60目。

(2)硝酸铵:于100 ℃干燥至恒重后使用。

(3)氢氧化钠:称取400 g氢氧化钠,溶于1 L水中(因放热,放在凉水盆中)。

(4)消化触媒:将硫酸钾1 000 g和五水硫酸铜50 g混合,仔细研磨,存放于广口瓶中备用(K_2SO_4: $CuSO_4 \cdot 5H_2O$ = 20:1)。

(5)锌—硫酸亚铁还原剂:称50.08 g硫酸亚铁和10 g锌粉于瓷钵中,一起研磨,通过

0.25 mm(60 目)筛,混匀,存于棕色瓶中,该试剂易氧化,不宜久放,宜于一周内使用。

(6)氢氧化钠标准溶液:1、0.5、0.1 mol/L。

①配制:称取 100 g 氢氧化钠,溶于 100 mL 水中,摇匀,注入聚乙烯容器中,密闭放置至溶液清亮。用塑料管虹吸下述规定体积的上层清液,注入 1 L 无 CO_2 的水中,摇匀。

C(NaOH),mol/L	NaOH 饱和溶液,mL
1	52
0.5	26
0.1	5

②标定:称取下述规定量的于 105 ~ 110 ℃烘至恒重的基准邻苯二甲酸氢钾,称准至 0.000 1 g,溶于下述规定体积的无 CO_2 的水中,加 2 滴酚酞指示剂(10 g/L),用配好的 NaOH 溶液滴定至溶液呈粉红色,同时做空白试验。

C(NaOH),mol/L	基准邻苯二甲酸氢钾,g	无 CO_2 的水,mL
1	6	80
0.5	3	80
0.1	0.6	50

③计算:

$$C(\text{NaOH}) = \frac{m}{(V_1 - V_2) \times 0.204\ 2}$$

式中:V_1 为 NaOH 溶液用量,mL;V_2 为空白试验 NaOH 溶液用量,mL;m 为邻苯二甲酸氢钾质量,g;0.204 2 为与 1.00 mL NaOH 标准溶液[C(NaOH) = 1.000 mol/L]相当的以克表示的邻苯二甲酸氢钾的质量。

(7)盐酸/硫酸标准溶液:1、0.5、0.1 mol/L。

①配制:量取下述规定体积的 HCl($1/2H_2SO_4$),注入 1 L 水中,摇匀。

C(HCl)、($1/2H_2SO_4$),mol/L	HCl,mL	$1/2H_2SO_4$,mL
1	90	30
0.5	45	15
0.1	9	3

②标定:称取下述规定量的于 270 ~ 300 ℃灼烧至恒重的基准无水碳酸钠,精确至 0.000 1 g,溶于 50 mL 水中,加 10 滴溴甲酚绿—甲基红混合指示剂,用配好的标准溶液滴定至溶液由绿色变为暗红色,煮沸 2 min,冷却后继续滴定溶液再呈暗红色,同时做空白试验。

C(HCl)、($1/2H_2SO_4$),mol/L	基准无水碳酸钠,g
1	1.6
0.5	0.8
0.1	0.2

③计算:

$$C(\text{HCl})、(1/2H_2SO_4) = \frac{m}{(V_1 - V_2) \times 0.052\ 99}$$

式中:V_1 为 HCl 溶液用量,mL;V_2 为空白试验 HCl 溶液用量,mL;m 为无水碳酸钠质量,g;

0.052 99为与1.00 mL HCl 标准溶液[C(HCl) = 1.000 mol/L]相当的以克表示的无水碳酸钠的质量。

(8)甲基红—亚甲基蓝混合指示剂:1 份0.1%亚甲基蓝乙醇与2 份0.1%甲基红乙醇溶液(0.10 g 甲基红溶于95%乙醇,稀释至100 mL)混合。

(9)甲基红溶液:溶解0.1 g 甲基红于50 mL 乙醇中。

(10)蒸馏仪器装置:定氮仪。

3)步骤

(1)称样:依含氮量称样。

N > 20%　　0.5 g

N 10% ~20%　　1.0 g

N 5% ~10%　　1 ~2 g(精确至0.000 2 g)

(2)样品处理。

①还原(含硝酸态氮时,必须采用此步骤)。称样于烧瓶(三角瓶)中,加35 mL 水,静置10 min,时而缓慢摇动,以保证所有硝酸盐溶解。

加1.2 g 铬粉、7 mL 盐酸于烧瓶中,在室温下至少静置5 min,但不超过10 min。置于预先调节至通过7 ~7.5 min 沸腾试验(供热使250 mL 水从25℃加热至剧烈沸腾所需7 ~7.5 min)的加热装置上,加热4.5 min,冷却。

②水解(试样只含尿素和氰氨基化物形式的氮时,此步骤可代替消化)。将烧瓶置于通风橱内,加1.5 g 氧化铝(可省),小心加入25 mL 浓硫酸,于烧瓶颈插上梨形空心玻璃塞→加热→缓慢沸腾→7 ~7.5 min 沸腾→冒浓的硫酸白烟,至少保持15 min→冷却至室温→加250 mL 水(小心加),冷却。

③消化(试样含有机态氮,除完全以尿素和氰氨基化物形式存在外;或是测定未知组分肥料时,必须采用此步骤)。将烧瓶置于通风橱内,加22 g 消化触媒混合物和1.5 g 氧化铝(可省),小心加入30 mL 浓硫酸,并加0.5 g 防泡剂(可省),以减少泡沫,于烧瓶颈插上梨形空心玻璃塞,将其置于预先调节至通过7 ~7.5 min 沸腾试验的加热装置上。

如泡沫很多,减少供热强度至泡沫消失,继续加热至浓烟在烧瓶的圆球部分清晰,缓慢地转动烧瓶,继续消化60 min 或直到溶液透明,冷却至室温,加250 mL 水(小心加),冷却。

(3)蒸馏。

定量转移消化或水解或还原后的试样于圆底烧瓶中,加7 ~8 粒玻璃珠(防爆沸),加水至350 mL,根据试样预计含氮量,取表10 中一种硫酸标液的合适体积于接收器中。加4 ~5 滴混合指示剂,装上接收器,导管的末端应插入硫酸溶液中,如溶液少,可加水补充。

经碱液漏斗注入120 mL 氢氧化钠(400 g/L),若样品只经还原只需加20 mL 氢氧化钠(400 g/L)即可,在漏斗上部保留2 mL 左右碱液。加热,使烧瓶内容物沸腾,逐渐加大火力,使烧瓶内容物达到激烈沸腾,在蒸馏期间,烧瓶内容物应保持碱性。

至少收集150 mL 馏出液后,将接收器取下,而冷凝管的导管仍在接收器边上,用pH 试纸检验馏出液,若仍呈碱性,应继续蒸馏5 min,再检查,直至馏出液pH 值在7 以下,以保证氨全部蒸出,移去热源。

表10 硫酸标液体积

试样中预计含氮量(mg)	硫酸溶液浓度(mol/L)	硫酸溶液体积(mL)
0~30	0.10	25
30~50		40
50~65		50
65~80	0.20	35
80~100		40
100~125		50
125~170	0.50	25
170~200		30
200~235		35

从冷凝管上拆下防溅球管,用水冲洗冷凝管和扩大球泡的内部及导管的外部,收集冲洗液于接收器中。

(4)滴定:用0.5 mol/L NaOH 标准溶液返滴定过量硫酸至指示剂颜色呈现灰绿色。

(5)空白试验:在测定的同时,使用同样的操作步骤、同样的试剂,但不含试样,用0.10 mol/L硫酸标准溶液进行空白试验。

(6)核对试验:使用烘干的硝酸铵0.3~0.4 g经还原后,直接蒸馏,同时做空白试验计算硝酸铵回收率,以定期核对仪器的效率和方法的准确度。

(7)计算。

$$X(\mathrm{N})=\frac{[C_1V_1-C_2V_2-(C_3V_3-C_2V_4)]\times 0.01401}{m}\times 100\%$$

式中:$X(\mathrm{N})$为氮的质量百分数(%);C_1为测定时所用硫酸标准溶液的浓度,mol/L;C_2为测定时所用氢氧化钠标准溶液的浓度,mol/L;C_3为空白试验时所用硫酸标准溶液的浓度,mol/L;V_1为测定时所用硫酸标准溶液的体积,mL;V_2为测定时所用氢氧化钠标准溶液的体积,mL;V_3为空白试验时所用硫酸标准溶液的体积,mL;V_4为空白试验时所用氢氧化钠标准溶液的体积,mL;0.014 01为与1.00 mL硫酸溶液[$C(1/2H_2SO_4)=1.000$ mol/L]相当的氮的质量。

(8)允许差:在国际标准中,重复性r、再现性R分别小于0.36%、1.30%;平行测定结果的绝对差值小于等于0.30%;不同化验室结果的绝对差值小于等于0.50%。

4)注意事项

(1)含硝酸盐的复混肥,用锌—硫酸亚铁作还原剂可采用下列操作:称样1~2 g(精确至0.000 2 g)溶于水,转移至100 mL容量瓶中,定容,吸清液25~50 mL于烧瓶中,加6 g锌—硫酸亚铁,加30 mL 40%氢氧化钠溶液进行蒸馏,滴定不必单独进行还原。

(2)冷凝管尖端不能悬空,若所加标准酸不足以淹没管尖时,可补加水,以防氨的逸出。

(3)消化样用开氏瓶时,加酸量可减少到15~20 mL,蒸馏时加碱也相应减至80~100 mL。

(4)蒸馏过程中若发现接收瓶中的溶液颜色变蓝,表示加酸不足,应减少称样量,重做。

(5)因碱对玻璃有腐蚀性,配制浓碱时宜在聚乙烯容器中进行,氢氧化钠溶于水是放热反应,配碱溶液时,应将盛碱容器置于冷水盆内并搅拌,使其缓慢冷却,在碱溶液温度过高时,停止搅拌,会使碱在瓶底结块,这样会降低溶液浓度,结块很难再溶。

(6)吸收瓶壁内呈现露状水滴或瓶内有雾出现,即表示冷凝温度不够,应加大冷凝水排出量,以保证冷凝效果。

(7)因在强酸性溶液中对硝酸态氮进行还原,故加入铁粉后不能立即激烈振荡混合或加热,否则,会因反应激烈进行而引起氮的损失。

(8)每次使用定氮仪前,均须空蒸,以检查装置是否漏气,同时清洗管道。

(9)加碱量一般要求过量,以保证烧瓶内容物始终保持碱性。

(10)消煮过程中,如果泡沫过多,应将消煮温度降低,直至泡沫减少或消失。

2. 配方肥中有效磷及水溶性磷的测定方法(磷钼酸喹啉重量法)

1)方法原理

复混肥料中磷素来源较多,成分复杂,要求不同浸提剂浸提,然后用磷钼酸喹啉重量法进行测定,重量法为仲裁法,结果准确。有效磷包括水溶性磷和枸溶性磷,用水和碱性柠檬酸铵溶液依次浸提,但根据 GB 8573—1999,浸提液用 37.5 g/L 的 EDTA 溶液一次浸提有效。用水浸提为水溶性磷。

浸出液中的磷酸盐在酸性条件下与喹钼柠酮试剂作用生成黄色的沉淀,即$(C_9H_7N)_3 \cdot H_3\{P(Mo_3O_{10})\}$,或写做$(C_9H_7N)_3 \cdot H_3PO_4 \cdot 12MoO_3$(组成式),将沉淀过滤,洗涤后在 180 ℃烘干后称重,即可求得磷的含量。

2)试剂的配制

(1)硝酸:1+1(1 份硝酸+1 份水)。

(2)浸提剂(EDTA 溶液):称取 37.5 g EDTA 二钠盐溶于 1 000 mL 水。

(3)沉淀剂(喹钼柠酮试剂)

溶液 A:称取 70 g 钼酸钠二水合物于 250 mL 的烧杯中,用量筒加入 150 mL 水溶液。

溶液 B:量取 85 mL 硝酸加到 150 mL 水中,然后将 60 g 柠檬酸一水合物溶解于此溶液中即得。

溶液 C:将溶液 A 倒入溶液 B 中搅拌均匀。

溶液 D:在 100 mL 水中加 35 mL 硝酸后再加入 5 mL 喹啉。

喹钼柠酮试剂:在不断搅拌下将溶液 D 加入溶液 C 中,放置暗处 24 h,过滤。加 280 mL 丙酮,用水定容至 1 000 mL。贮存于塑料瓶中,置暗处备用。

3)操作步骤

(1)称样:样品 $P_2O_5 \geq 10\%$ 称 1~1.5 g;$P_2O_5 \geq 5\%$ 称 2~2.5 g(精确至 0.001 g),放置于 250 mL 容量瓶中。

(2)浸提:加浸提液 150 mL(60 ℃),恒温(60 ℃)振荡 1 h(频率最好大于 150 r/min)。

(3)定容:取出,冷却至室温,加水定容。

(4)过滤:干过滤(干滤纸、干烧杯)于 100 mL 烧杯中,弃去最初滤液。

(5)分取试液:用移液管准确吸取 25.00 mL 滤液于 500 mL 高型烧杯中,加入 10 mL 硝酸,加水至 100 mL。

(6)沉淀:将烧杯放于电炉上加热至微沸(有气泡产生)后,加入沉淀剂 35 mL,继续加热至沉淀分层(或放置于热水浴中至沉淀分层),冷却。

(7)抽滤:将沉淀转移至 4 号玻璃坩埚中(先倾泻上层清液,再将沉淀全部转移),用水循环真空泵抽滤,洗涤沉淀 3~4 次(每次约 20 mL)。

(8)烘干、恒重:将坩埚放于(180 ±2)℃烘箱,干燥约 45 min,取出放于干燥器中,冷却至室温,称至恒重。以上步骤同时做空白试验。

另:水溶性磷的测定,称取适量试样于 50 mL 瓷蒸发皿中,加水 20 mL;研磨洗涤,将清液倾于 250 mL 容量瓶中(预先加 5 mL 硝酸),洗 3 次,然后将沉渣全部转移至滤纸上,淋洗至 200 mL 左右,定容。其余操作同有效磷。

4)计算(按 P_2O_5 计)

$$X(P_2O_5) = (m_1 - m_2) \times 0.030\,27 \div m$$

式中:$X(P_2O_5)$为 P_2O_5 的质量百分数(%);m_1 为沉淀 + 坩埚质量,g;m_2 为坩埚重,g;m 为试样质量,g;0.030 27 为磷钼酸喹啉质量换算为 P_2O_5 质量的系数。

5)误差要求

取两次平行测定值的算术平均值为测定结果:

$P_2O_5 \geqslant 5\%$,两次平行测定值差$\leqslant 0.2\%$;

$P_2O_5 \geqslant 10\%$,两次平行测定值差$\leqslant 0.3\%$。

6)注意事项

(1)对于经过干燥处理的复混肥料,一部分正磷酸盐会脱水聚合,在提取液中形成偏磷酸盐、焦磷酸盐和聚磷酸盐,需将吸取的用于测定的那部分提取液在酸环境中煮沸几分钟,进行水解,使之转化为正磷酸盐。

(2)试样加水研磨,尽量倾出上层清液,以防溶于水的磷酸一钙$\{Ca(H_2PO_4)_2\}$水解为$\{CaHPO_4\}$。

(3)喹钼柠酮沉淀剂能腐蚀玻璃,受光后溶液呈蓝色,应避光贮存于聚乙烯瓶中。如已变为浅蓝色,可加入 KBO_3 至颜色消失为止。

(4)磷钼酸喹啉可在 HNO_3 或 HCL 溶液中进行沉淀(不宜在 H_2SO_4 溶液中沉淀,因为 Na_2Mo_4 在 H_2SO_4 溶液中加热时会产生白色沉淀而致使结果偏高),HNO_3 浓度一般控制在 2~3 mol/L为宜,酸度过低,不易沉淀完全,测定结果偏高;过高,则在煮沸时氧化消耗丙酮,沉淀的物理性亦较差。

(5)加入丙酮溶液,可改善磷钼酸喹啉沉淀的物理性状,使沉淀颗粒溶解疏松,不黏附杯壁,便于过滤和洗涤,并可消除 NH_4^+ 干扰,避免生成黄色沉淀。

(6)在沉淀过程中,柠檬酸作用有三:①防止 $NaMoO_4$ 煮沸时析出 MoO_3,使测定结果偏高;②消除 NH_4^+ 的干扰,防止生成$\{(C_9H_4N)_4H_4SiO_4 \cdot 12MoO_3\}$,因为柠檬酸与钼酸盐络合,降低了溶液中钼酸根离子的浓度,不会与硅酸生成沉淀,但柠檬酸亦不可太多,否则又会使磷沉淀不完全;③在柠檬酸溶液中,磷钼酸铵沉淀的溶解度比磷钼酸喹啉沉淀的溶解度大,故可进一步防止铵盐存在时的沉淀干扰。

(7)加入沉淀剂后,继续煮沸约 1 min,溶液不必搅拌,以防止沉淀物结块而不易洗涤。应微热防止爆沸,当含磷量较低时,以加热 2~3 min 为宜。

(8)钼酸喹啉沉淀的组成与烘干时的温度存在如下关系:低于 155 ℃时的特征沉淀为一水合的$\{(C_9H_9N)_3 \cdot H_3PO_4 \cdot 12MoO_3 \cdot H_2O\}$;155~370 ℃时沉淀为$\{(C_9H_7N_3)H_3PO_4 \cdot 12MoO_3\}$;高于 370 ℃时,沉淀会分解为 $P_2O_5 \cdot 24\ MoO_3$。

由于$\{(C_9H_7N_3)H_3PO_4 \cdot 12MoO_3\}$组成稳定,在 180 ℃即易烘干至恒重,故常以此为称量形式。

烘干时应将坩埚底部的水分擦干，以防骤热导致坩埚破裂。

(9)沉淀所用坩埚洗涤后应放于1∶1氨水中浸泡至黄色消失，自来水冲洗后，再用蒸馏水洗涤、抽滤。

3. 配方肥中钾的测定(四苯基合硼酸钾重量法)

1)原理

在弱碱性介质中，以四苯基合硼酸钠溶液沉淀试样溶液中的钾离子。如试样中含有氰氨基化物或有机物时，可先加溴水和活性炭处理。

为了防止铵离子和其他离子干扰，可预先加入适量的甲醛溶液及乙二胺四乙酸二钠盐(EDTA)，使铵离子与甲醛反应生成六甲基四胺，其他阳离子与乙二胺四乙酸二钠络合。

将沉淀过滤及干燥称重。

2)试剂

分析中，除另有说明均限用分析纯试剂、蒸馏水或相当纯度的水。

(1)四苯基合硼酸钠：15 g/L溶液，取15 g四苯基合硼酸钠溶解于约960 mL水中，加4 mL氢氧化钠溶液和100 g/L六水氯化镁溶液20 mL，搅拌15 min，静置后用滤纸过滤。该溶液贮存在棕色瓶中或塑料瓶中，一般不超过一个月期限。如发现浑浊，使用前应过滤。

(2)四苯硼酸钠洗涤液用10体积的水稀释1体积的四苯硼酸钠溶液。

(3)乙二胺四乙酸二钠盐(EDTA)：40 g/L溶液。

(4)氢氧化钠溶液：400 g/L。

(5)酚酞：5 g/L乙醇溶液，溶解0.5 g酚酞于95%(V/V)100 mL乙醇中。

3)仪器

(1)过滤坩埚：4号玻璃坩埚。

(2)干燥箱：温度可控制在(120±5)℃范围内。

(3)电子天平：精确至0.000 1 g。

4)试样溶液制备

称取含氧化钾约400 mg的试样2～5 g(精确至0.000 2 g)，置于250 mL锥形瓶中，加约150 mL水，加热煮沸30 min，冷却，定量转移到250 mL容量瓶中，用水稀释至刻度，混匀，用干燥滤纸过滤，弃去最初50 mL滤液。

5)分析步骤

吸取上述滤液25 mL，置于200 mL烧杯中，加EDTA溶液20 mL(含阳离子较多时可加40 mL)，加2～3滴酚酞溶液，滴加氢氧化钠溶液至红色出现时，再过量1 mL，若红色消失，用氢氧化钠溶液调至红色，在良好的通风柜内加热煮沸15 min，然后静置冷却或用流水冷却，若红色消失，再用氢氧化钠调至红色。

6)沉淀及过滤

在不断搅拌下，于试样溶液中逐滴加入四苯基合硼酸钠溶液，加入量为每含1 mg氧化钾加四苯基合硼酸钠溶液0.5 mL，并过量约7 mL，继续搅拌1 min，静置15 min以上，用倾滤法将沉淀过滤入120 ℃预先恒重的4号玻璃坩埚内，用洗涤溶液洗涤沉淀5～7次，每次用量约5 mL，最后用水洗涤2次，每次用量5 mL。

7)干燥

将盛有沉淀的坩埚置于(120±5)℃干燥箱中，干燥1.5 h，然后放在干燥器内冷却，称重。

8)空白试验

除不加试样外,测定步骤及试剂用量均与上述步骤相同。

9)结果计算

钾(以氧化钾计)的百分含量(X)按下式计算:

$$X = [(m_2 - m_1) - (m_4 - m_3)] \times 131.4 \div m_0$$

式中:m_0 为试样质量,g;m_1 为坩埚质量,g;m_2 为盛有沉淀的坩埚质量,g;m_3 为空白试验的坩埚质量,g;m_4 为空白试验过滤后的坩埚质量,g。

10)注意事项

坩埚洗涤时若沉淀不易洗去,可用丙酮进一步清洗。

11)精密度

取平行结果的算术平均值为测定结果。

4.配方肥中氯离子含量测定

配方肥肥料中氯离子含量的测定按 GB 15063—2001 标准执行,现分述如下。

1)方法提要

试样在微酸性溶液中,加入过量的硝酸银溶液,使氯离子转化成为氯化银沉淀,用邻苯二甲酸二丁酯包裹沉淀,以硫氰酸铵标准溶液滴定剩余的硝酸银。

2)试剂

(1)邻苯二甲酸二丁酯。

(2)硝酸溶液:1+1(1 份硝酸+1 份水)。

(3)硝酸银溶液[$c(AgNO_3) = 0.05$ mol/L]:称取 8.7 g 硝酸银,溶解于水中,稀释至 1 000 mL,储存于棕色瓶中。

(4)氯离子标准溶液(1 mg/mL):准确称取 1.648 7 g 经 270~300 ℃烘干至恒重的基准氯化钠于烧杯中,用水溶解后,移入 1 000 mL 量瓶中,稀释至刻度,混匀,储存于塑料瓶中。此溶液 1 mL 含 1mg 氯离子(Cl^-)。

(5)硫酸铁铵指示液(80 g/L):溶解 8.0 g 硫酸铁铵于 75 mL 水中,过滤,加几滴硫酸,使棕色消失,稀释至 100 mL;

(6)硫氰酸铵标准滴定溶液[$c(NH_4SCN) = 0.05$ mol/L]:称取 3.8 g 硫氰酸铵溶解于水中,稀释至 1 000 mL。

标定方法如下:准确吸取 25.0 mL 氯标准溶液于 250 mL 锥形瓶中,加入 5 mL 硝酸溶液和 25.0 mL 硝酸银溶液,摇动至沉淀分层,加入 5 mL 邻苯二甲酸二丁酯,摇动片刻。加入水,使溶液总体积约为 100 mL,加入 2 mL 硫酸铁铵指示液,用硫氰酸铵标准溶液滴定剩余的硝酸银,至出现浅橙红色或浅砖红色为止。同时进行空白试验。

硫氰酸铵标准滴定溶液的浓度 c(0.05 mol/L)按下式计算:

$$c = \frac{m_2}{0.035\,45 \times (V_0 - V_1)}$$

式中:V_0 为空白试验(25.0 mL 硝酸银溶液)所消耗硫氰酸铵标准滴定溶液的体积,mL;V_1 为滴定剩余的硝酸银所消耗硫氰酸铵标准滴定溶液的体积,mL;m_2 为所取氯离子标准溶液中氯离子的质量,g;0.035 45 为与 1.00 mL 硝酸银溶液[$c(AgNO_3) = 1.000$ mol/L]相当的以克表示的氯离子质量。

3)操作步骤

称取试样1~10 g(精确至0.001 g)(称样范围见表11)于250 mL烧杯中,加100 mL水,缓慢加热至沸,继续微沸10 min,冷却至室温,溶液转移到250 mL量瓶中,稀释至刻度,混匀。干过滤,弃去最初的部分滤液。

表11 称样范围

氯离子 X	$X<5\%$	$5\%\leqslant X\leqslant 25\%$	$X>25\%$
称样量(g)	10~5	5~1	1

准确吸取一定的滤液(含氯离子约25 mg)于250 mL锥形瓶中,加入5 mL硝酸溶液,加入25.0 mL硝酸银溶液,摇动至沉淀分层,加入5 mL邻苯二甲酸二丁酯,摇动片刻。加入水,使溶液总体积约为100 mL,加入2 mL硫酸铁铵指示液,用硫氰酸铵标准溶液滴定剩余的硝酸银,至出现浅橙红色或浅砖红色为止。同时进行空白试验。

4)分析结果的表述

氯离子的质量百分数 X(%)按下式计算:

$$X=\frac{(V_0-V_1)\cdot c\times 0.03545}{m_3\cdot D}\times 100\%$$

式中:V_0 为空白试验(25.0 mL硝酸银溶液)所消耗硫氰酸铵标准滴定溶液的体积,mL;V_1 为滴定试液时所消耗硫氰酸铵标准滴定溶液的体积,mL;c 为硫氰酸铵标准滴定溶液的浓度,mol/L;m_3 为试样的质量,g;D 为测定时吸取试液体积与试液的总体积之比;0.035 45为与1.00 mL硝酸银溶液[$c(AgNO_3)=1.000$ mol/L]相当的以克表示的氯离子质量。

取平行测定结果的算数平均值为测定结果。

5)允许误差

平行测定结果的绝对差值应符合表12要求。

表12 平行测定结果绝对差值

氯离子 X	$X<5\%$	$5\%\leqslant X\leqslant 25\%$	$X>25\%$
绝对差值(%)≤	0.20	0.30	0.40

不同实验室测定结果的绝对差值应符合表13要求。

表13 不同实验室测定结果绝对差值

氯离子 X	$X<5\%$	$5\%\leqslant X\leqslant 25\%$	$X>25\%$
绝对差值(%)≤	0.30	0.40	0.60

6)配方肥料中微量元素含量的测定

配方肥料中微量元素的测定按国家标准(GB/T 17420—1998《微量元素叶面肥料》)进行测定。方法从略。

配方肥料配方参数的确定与肥效田间鉴定试验

闫军营

（河南省土壤肥料站·2003年5月）

农作物需要的养分来自土壤和肥料两个方面，生产中需要不断地向土壤中施入作物所需要的各类肥料以培肥地力、提高作物产量。肥料施用量的确定可依照配方肥料配方设计的基本方法获得。确定了目标产量、作物需肥量、土壤供肥量、肥料利用率和肥料中有效养分含量等五大参数，即可应用养分平衡公式计算配肥量。

一、参数的确定

（一）目标产量

目标产量即计划产量或定产指标。目标产量是一个非常客观的重要参数，既不能以丰年为依据，又不能以歉年为基础，需要根据土壤肥力水平、作物特性、栽培技术等来确定，不能盲目追求高产。目标产量可采用以地定产法或平均单产法两种方法来确定。

1. 以地定产法

根据农田土壤肥力水平确定目标产量的方法为以地定产法。土壤肥力水平的高低是确定作物产量的基础，目标产量 y 在很大程度上取决于土壤肥力。特定气候、土壤、栽培等条件下，无肥区（空白区）农作物产量 x 是土壤基础供肥能力的反映。大量试验表明，无肥区产量与足肥区产量间存在极显著的相关关系。利用相关关系，建立以地定产公式，便可确定目标产量。

我国的以地定产公式是浙江省农业科学院土壤肥料研究所和杭州市农业局首先提出的。1983年，王竺美和周鸣铮发表了浙江省杭州、宁波等地区水稻以地定产公式，以后经生产实践检验，证明是科学的，并且达到了相当的准确程度。之后，全国各地纷纷建立了当地作物与土壤肥力的以地定产公式，并已在配方施肥中广为应用。

要建立一个地区农作物无肥区单产与目标产量之间的数学式，就要进行田间试验。最简单的试验方案是设置无肥和足肥两个处理，布点合理并要有足够的数量，一般不少于20个点，各点小区面积0.05亩或0.1亩，农作物生育期正常管理，成熟后单打单收计产。以足肥区单产为纵坐标，无肥区单产为横坐标，在坐标上作散点图，然后进行选模和统计运算，即可得到以地定产公式。另一种方法是根据配方施肥中肥料效应函数的常数项和最高产量进行统计计算。

以地定产公式的一般通式为：

$$y = \frac{100x}{a + bx}$$

式中：y 为目标产量，kg/亩；x 为无肥区产量，kg/亩。

我国各地建立的以地定产公式多以一般通式（指数式）为主，也有不少地区的农作物采用直线方程描述。直线回归方程的条件为:在一定的产量范围内 x 与 y 呈直线关系。河南省区域内几种作物的以地定产公式见表1。

表1　河南省区域内几种作物的以地定产公式

区域作物	以地定产公式
豫东潮土区小麦定产公式	$y=\frac{1\,000x}{66.7+1.3x}$　$n=39$　$r=0.5^{**}$
豫西褐土区小麦定产公式	$y=\frac{1\,000x}{166+0.9x}$　$n=14$　$r=0.99^{**}$
豫南稻麦轮作区小麦定产公式	$y=\frac{1\,000x}{93+15x}$　$n=20$　$r=0.97^{**}$
豫南水稻土区水稻定产公式	$y=\frac{10\,000x}{2\,690+5.99x}$　$n=57$　$r=0.99^{**}$
豫南水稻土区玉米定产公式	$y=495.2+0.572x$　$n=14$　$r=0.70^{**}$
豫南水稻土区油菜定产公式	$y=\frac{1\,000x}{45.4+3.99x}$　$n=18$　$r=0.66^{**}$

注:引自慕成功、郑义《农作物配方施肥》。表中 * * 表示差异极显著。

河南省土肥站2001年和2002年通过对潮土区强筋小麦试验结果进行分析,确定其定产公式为:

$$y=\frac{100x}{28.315+0.133\,4x}\quad(n=16, r=0.887\,3^{*})$$

以地定产公式的建立,为配方施肥确定目标产量提供了一个较为精确的算式,由经验性估产提高到计量水平。不仅可以通过无肥区农作物产量推算目标产量,还可以进行反向换算,用 y 值估算 x 值,为应用地力差减法配方施肥提供了可能。

应当指出,以地定产公式的建立是以农作物对土壤肥力依存率为理论基础的,也就是说土壤基础肥力决定目标产量,对土壤无障碍因子以及气候、雨量正常的广大地区具有普遍的指导意义。若土壤水分不能保证或有其他障碍因子存在,确定目标产量应另觅其他途径。

2. 平均单产法

一般以施肥区前3年平均单产和年递增率为基础确定目标产量的方法为平均单产法,其计算公式是:

目标产量=(1+年递增率)×前3年平均单产

为什么用前3年的平均单产?这是因为在我国连续3年中很少年年丰收或歉收。如果用前5年甚至前7年的平均单产就会比前3年平均单产偏低,其原因为农业生产不断发展,科学技术不断提高,优良品种不断更新,栽培技术不断变化,抗灾能力不断增强,作物产量也在不断提升,因此,用前5年或前7年的平均单产拟定目标产量就会偏低,缺乏积极意义。关于单产平均年递增率,可以用年代长一些的统计数字,根据1989年下达的"关于配方施肥的工作要点"中指出的,一般粮食作物的年递增率以10%~15%为宜。对于蔬菜作物,尤其是涉及园艺作物应该再高一些,蔬菜陆地栽培一般为20%,温室栽培为30%。

(二)作物需肥量

农作物生长需要吸收一定的养分量。通过对正常成熟的农作物全株养分的化学分析,测定各种作物 100 kg 经济产量所需养分量,即可获得农作物需肥量。

1.100 kg 经济产量所需吸收的养分量

100 kg 经济产量所需养分量,是指形成 100 kg 农产品时该作物必须吸收的养分量,这些养分包括地上部分吸收的养分量。根茬物质不计,一方面是因为根茬残留于土层中,参与养分循环,大多数学者认为根系部分所占整株的养分含量仅为 5% 左右,可以略去;另一方面是在采集根系样品时存在不少技术上的困难,特别是在田间条件下采集深根作物的全部根系是件很不容易的工作。常见作物平均 100 kg 经济产量吸收的养分量见表 2。

表 2 作物形成 100 kg 经济产量所吸收的养分量

作物	收获物	形成 100 kg 经济产量所吸收的养分量(kg)		
		氮(N)	磷(P_2O_5)	钾(K_2O)
水稻	籽粒	1.70~2.50	0.90~1.30	2.10~3.30
小麦	籽粒	3.00	1.00~1.50	2.00~4.00
高粱	籽粒	2.60	1.30	3.00
大麦	籽粒	2.70	0.90	2.20
荞麦	籽粒	3.30	1.00~1.60	4.30
玉米	籽粒	2.57~2.90	0.86~1.34	2.14~2.54
谷子	籽粒	4.70	1.20~1.60	2.40~5.70
甘薯	鲜块根	0.35	0.18	0.55
马铃薯	鲜块根	0.55	0.22	1.06
绿豆	豆粒	9.68	0.93	3.51
大豆	豆粒	6.00~7.20	1.35~1.80	1.80~2.50
豌豆	豆粒	3.09	0.86	2.86
花生	荚果	7.00	1.30	4.00
棉花	皮棉	13.80	4.80	14.40
油菜	籽粒	9.00~11.00	3.00~3.90	8.50~12.80
烟草	烟叶	4.10	1.0~1.6	4.80~6.40
芝麻	籽粒	9.00~10.00	2.50	10.00~11.00
甜菜	块根	0.50	0.15	0.60
甘蔗	茎	0.15~0.20	0.10~0.15	0.20~0.25
韭菜	全株	0.15~0.18	0.05~0.06	0.17~0.20
黄瓜	果实	0.28	0.09	0.39
架云豆	果实	0.81	0.23	0.68
茄子	果实	0.30~0.43	0.07~0.10	0.40~0.66
西红柿	果实	0.36	0.10	0.52
胡萝卜	肉质根	0.41	0.17	0.58

续表 2

作物	收获物	形成 100 kg 经济产量所吸收的养分量(kg)		
		氮(N)	磷(P_2O_5)	钾(K_2O)
萝卜	肉质根	0.40~0.50	0.12~0.20	0.40~0.60
卷心菜	叶球	0.41	0.05	0.38
洋葱	葱头	0.27	0.12	0.23
芹菜	全株	0.40	0.14	0.60
菠菜	全株	0.36	0.18	0.52
大葱	全株	0.30	0.12	0.40
辣椒	果实	0.34~0.36	0.05~0.08	0.13~0.16
大白菜	地上部	0.15	0.07	0.20
葡萄	果实	0.38	0.20~0.25	0.40~0.50
苹果	果实	0.55~0.70	0.30~0.37	0.60~0.72
西瓜	果实	0.18	0.04	0.20
梨	果实	0.47	0.23	0.48
枣	果实	1.50	1.00	1.30
柿子	果实	0.80	0.30	1.20
猕猴桃	果实	0.18	0.02	0.32
樱桃	果实	0.25	0.10	0.30~0.35

注:引自北京农业大学编写的《肥料手册》。

表 2 中每一种作物的养分量是根据许多资料汇总而成的平均值。事实上,由于作物品种不同、施肥与否、耕作栽培和环境条件的差异,同一作物所需养分量并不是恒定值,随环境的变化存在一定差异。

2. 作物需肥量

根据 100 kg 经济产量所需养分量即可计算作物目标产量所需的养分量(需肥量)。

$$作物目标产量所需养分量(kg)=\frac{目标产量(kg)}{100(kg)}\times 100\ kg\ 产量所需养分量(kg)$$

例如,计划亩产小麦 600 kg,则需 N:$\frac{600}{100}\times 3.0=18(kg)$,$P_2O_5$:$\frac{600}{100}\times 1.25=7.5(kg)$,$K_2O$:$\frac{600}{100}\times 3.0=18(kg)$。

(三)土壤供肥量

土壤供肥量可以通过测定基础产量、土壤有效养分校正系数两种方法估算。

1. 基础产量

一般认为不施养分条件下农作物所吸收的养分全部来自土壤,因此将不施养分区农作物产量所吸收的养分量作为土壤供肥量。

欲知某农田土壤的供肥量,经典的方法是在有代表性的土壤上设置肥料五项处理的田间试验，分别测出土壤供氮、供磷和供钾量。现以水稻三要素五项试验结果（见表3）为例说明。

表3 某水稻N、P、K三要素五项处理产量结果

处理	CK	PK	NK	NP	NPK
产量(kg/亩)	280	300	388	372	400

注：1. 引自金耀青、张中原《配方肥方法及其应用》。

2. 试验设计为区组随机排列。

表3结果表明，农田土壤养分丰缺是不平衡的。无肥区（CK）、无氮区（PK）、无磷区（NK）、无钾区（NP）和足肥区（NPK）的产量各不相同。从资料上判断，该农田土壤最缺氮，其次为钾、磷。另外，无肥区产量不能用来表达该块农田氮、磷、钾的供应量。为此，要知道土壤的供氮量，必须消除可能存在的最小因子磷或钾，故以PK区的产量推算土壤供氮量。同理，以NK区产量计算供磷量，以NP区产量计算供钾量，这是遵循李比希的最小养分率原则的做法。上述水稻田土壤供肥量应该是：

供N量 $=300\times2.1/100=6.3$（kg/亩）；供 P_2O_5 量 $=388\times1.25/100=4.85$（kg/亩）；供 K_2O 量 $=372\times3.13/100=11.64$（kg/亩）。

上式中2.1、1.25和3.13分别是100 kg水稻所需的N、P_2O_5、K_2O 的千克数。

许多试验表明，施用肥料后会引起激发效应，尤其是氮肥最为明显，肥料养分激活了土壤有机态养分，使其转化成农作物可利用的形态，施肥区农作物吸收的养分包括了激活的养分在内，来自土壤的养分就比不施肥区土壤供肥量大。用 ^{15}N 示踪证实，激活氮量为肥料中被吸收氮量的10%左右，由此使土壤供氮量不确切。不过现在还没有更好的方法来测知土壤真正的供肥量，因此将无养分区农作物产量吸收的养分量作为土壤供肥量仍有较大的实用性。

2. 土壤校正系数

土壤能提供的养分通常是通过测定土壤中含有多少速效养分（用mg/kg表示），然后计算出1亩耕地中含有多少养分的办法来确定的。以1亩耕层土壤15万kg计算，则1 mg/kg的养分，在1亩耕层土壤中所含的量为：

$$150\,000\ \text{kg}\times1\ \text{mg/kg}=0.15\ \text{kg}$$

这个0.15就被看做是一个常数，称为土壤养分的换算系数。

例如，测得一耕地中土壤速效钾含量为32 mg/kg，则此耕地中每亩含速效钾量为：$32\times0.15=4.8$（kg）。

土壤具有缓冲的性能，因此土壤的任何测得值，只代表养分的相对含量，而且测得的养分也不可能全部为作物所吸收利用。同时在作物生长过程中由于受某种影响，土壤有效养分呈现动态变化，作物实际吸收量可能小于测得值，又可能大于测得值，所以必须知道它实际有多少可被吸收。因此将肥料利用率的概念引入土壤有效养分方面来，将土壤有效养分测定值乘以一个系数，以表达土壤“真实”的供肥量。这个系数称为土壤养分的校正系数，以缺素区作物实际吸收养分量占土壤养分测定值的比重求得：

$$\text{校正系数(\%)}=\frac{\text{缺素区作物地上部分吸收该元素量(kg/亩)}}{\text{该元素土壤测定值(mg/kg)}\times0.15}$$

或 $$校正系数(\%)=\frac{缺素区亩产量(kg/亩)\times该元素单位养分吸收量}{该元素土壤测定值(mg/kg)\times0.15}$$

土壤有效养分校正系数的测定步骤一般分为如下五步：

(1)设置田间试验。土壤供肥量应表达不施肥料时土壤可供应的有效养分含量。由于土壤中养分的不平衡性，故不能用无肥区进行生物试验。田间试验处理应为PK、NK、NP三个处理。试验要有足够的点数，以保证结果有应用价值。供试作物必须统一，它应该是当地主要的种类和品种，生育期正常管理，成熟后准确计产，分别计算出无N、无P和无K区的土壤供应的N、P_2O_5和K_2O量。

(2)测定土壤有效养分。在设置田间试验的同时，采集无肥区土壤样本，测定土壤碱解氮、速效磷和速效钾。

(3)确定土壤有效养分系数。按照校正系数计算公式计算出每一块地的土壤有效养分校正系数。

(4)进行回归统计。进行回归统计的目的是了解土壤有效养分校正系数大小与土壤有效养分测定值之间的关系。以土壤有效养分校正系数(y)为纵坐标，土壤有效养分测定值(x)为横坐标，做出散点图，根据散点分布特征进行选模，以配置回归方程式。一般两者之间呈极显著负相关关系。

(5)编制土壤有效养分校正系数换算表。

河南省土肥站在20世纪80年代末，开展了多点大量配方施肥田间试验。经分土类统计计算，得到小麦在潮土、褐土、水稻土上的氮、磷、钾土壤养分的校正系数(见表4)。

表4 河南省潮土、褐土、水稻土土壤养分的校正系数

土类	校正系数			样本数
	碱解氮	速效磷	速效钾	
潮土	0.47	0.70	0.39	77
褐土	0.42	0.82	0.39	75
水稻土	0.43	0.58	0.70	36

注：引自河南省土壤肥料站编写的《河南区域施肥模型建立及在施肥决策中的应用》。

(四)肥料利用率

肥料利用率是指当季作物从所施肥料中吸收的养分占施入肥料养分总量的百分数。它是把作物所需营养元素换算成肥料实物量的重要参数，对肥料定量的准确性影响很大。肥料利用率因作物种类、施肥水平、土壤肥力、气候条件和农艺措施等不同而存在差异，且差异较大。肥料利用率在很大程度上取决于肥料用量、施用方法和施用时期，一般施肥量越多，肥料利用率越低。

目前，测定肥料利用率的方法有两种：

(1)同位素肥料示踪法。将有一定丰度的^{15}N化学氮肥或一定放射性强度的^{32}P化学磷肥或^{86}Rb化合物(代替钾肥)施入土壤，到成熟后分析测定农作物所吸收利用的^{15}N、^{32}P、

^{86}Rb量,就可计算出该肥料的利用率。由于示踪法排除了激发作用的干扰,其结果有很好的可靠性和真实性。

(2)田间差减法。利用施肥区农作物吸收的养分量减去不施肥区农作物吸收的养分量,其差值视为肥料供应的养分量,再被所用肥料养分量去除,其商数就是肥料利用率。由于示踪法测定肥料利用率需要昂贵的同位素肥料和精密仪器,尚不能广泛应用于生产现实,故现有肥料利用率大多用差减法测定。表达式如下:

$$\text{肥料利用率}(\%)=\frac{\text{施肥区农作物吸收养分量(kg/亩)}-\text{缺素区农作物吸收养分量(kg/亩)}}{\text{肥料施用量(kg/亩)}\times\text{肥料中养分含量}(\%)}\times100\%$$

肥料利用率计算过去一直沿用施肥区农作物吸收的养分量与无肥区农作物吸收养分量之差占投入肥料养分量的百分比,随着氮、磷、钾三大元素肥料平衡性施用,根据最小养分原理,此处选用在两种肥料平衡施肥的基础上计算某种肥料的利用率。

例如,某农田无氮肥区冬小麦亩产 300 kg,施用土粪 4 000 kg/亩(测得其含氮量为0.3%,利用率为21%),后再施尿素 20 kg(尿素氮含量为46%,冬小麦 100 kg 经济产量需氮量为3.0 kg),得 500 kg 产量,则尿素的氮利用率可按下式计算:

$$\text{尿素的氮利用率}(\%)=\frac{\frac{500}{100}\times3.0-\left(\frac{300}{100}\times3.0+4\,000\times0.3\%\times21\%\right)}{20\times46\%}\times100\%=37.8\%$$

田间差减法测定肥料利用率较为简单方便,一般农户亦可进行。选好地块和作物,设置无肥区和施肥区两个处理,每区 0.01 ~0.05 亩,重复 1 次,播种管理同一般大田(或菜地),成熟后计产,即可按照上述方法计算肥料利用率。

在旱作农业区,如果没有灌溉条件,土壤水分含量对肥料利用率的影响极大,试验研究证实,在田间持水量 60% 左右的土壤水分含量以内,肥料利用率随土壤水分减少而降低。天津市农业科学院土壤肥料研究所赵振达、张金盛(1979)以小麦施用硫酸铵进行试验,结果表明,潮土水分 12%、16%、20%、22% 和 24%,肥料利用率分别为 1.93%、25.9%、35.3%、35.9% 和 38.7%。看来,潮土上要发挥肥效,土壤水分至少要保持在 20% 以上。当然,一般旱田土壤并不是水分越多越好。特别是沙性土壤,水分过多会造成养分流失,反而会降低肥料利用率。在有灌溉条件的旱田地区,土壤水分是个可控因子,调节生育期间特别是追肥期间土壤的水分,对提高肥料利用率具有重大意义。

肥料利用率低是我国现行施肥方法弊端的主要表现形式,究其原因如下:①肥料原因。可控缓释肥料用量小,与发达国家复合肥使用占 80% 相比,我国复合肥使用仅占 10% 左右;有机肥投入逐渐减少。②技术原因。对施肥的经济效益和生态效益重视不够,施肥模型有待优化;作物需肥规律和肥料配方支持系统研究落后;土壤施肥类型区分不合理,使研究资料和参数没有足够的代表性;缺少对多年连作作物和整个轮作周期长期推荐施肥的动态研究和观测;缺少区域不同土壤和作物的施肥标准;土壤速效养分速测方法成本偏高。③体制原因。配方施肥在我国虽然可增产 8% ~15%,但推广面积仅为 10% ~30%,主要原因是没有形成以配方施肥为核心、以经济利益为驱动力的区域性生产—服务—施用产业化网络,即农化服务体系。

总之,在配方肥料参数中,肥料利用率是个最易变动的参数,变幅之大,可达几倍,尤其是水分效应,为诸影响因子之冠,因此要准确掌握肥料利用率。

河南省主要土壤、肥料、作物平均利用率见表 5、表 6、表 7。

表5 氮、磷、钾化肥在不同土壤上的利用率 (%)

土类	N利用率	P_2O_5 利用率	K_2O 利用率
潮土	37.4	17.2	17.7
褐土	28.7	17.3	25.6
水稻土	34.3	13.7	31.3

注：引自慕成功、郑义《农作物配方施肥》。

表6 基础肥料养分利用率 (%)

肥料名称	利用率	肥料名称	利用率	肥料名称	利用率	肥料名称	利用率
尿　素	50	碳　铵	50	氯化钾	60	棉籽饼	30
硫酸铵	50	过磷酸钙	25	土杂粪	15	菜籽饼	30
硝酸铵	50	钙镁磷	25	猪　粪	30	芝麻饼	30
氯化铵	50	硫酸钾	60	大豆饼	30	花生饼	30

注：引自《化工设计通讯》丁锐锋等《蔬菜专用配方肥料的设计技术》。

表7 小麦田不同地力氮利用率

地力分级	地力产量(kg/亩)	N利用率(%)
极低	<100	39.19
低	100~150	27.70
中	150~200	43.63
高	200~250	43.04

注：引自慕成功、郑义《农作物配方施肥》。

(五)有机肥料中有效养分含量的确定

当肥料需要养分总量确定后，需要分配化肥和有机肥料的用量，有以下几种方法。

1. 同效当量法

有机肥和无机肥的当季利用率不同。通过试验，计算出某种有机肥所含的养分相当于几个单位的化肥所含的养分的肥效，这个系数，就称为同效当量。例如，测定氮的有机、无机同效当量，在施用等量磷、钾(满足需要，一般可用氮肥用量的一半)的基础上，用等量的有机氮和无机氮两个处理，并以不施用氮肥为参照，得出产量后，用下列公式计算同效当量：

$$\text{同效当量}=\frac{\text{有机氮处理}-\text{无氮处理}}{\text{化学氮处理}-\text{无氮处理}}$$

例：有机、无机肥同样施用7.5 kg纯氮，并以磷、钾各3 kg为基肥，田间试验得出的产量如表8所示。

表8 有机和无机等氮产量

处理	施有机氮7.5 kg	施无机氮7.5 kg	不施氮
产量(kg)	265	325	104

$$同效当量=\frac{265-104}{325-104}=0.63$$

即1 kg有机氮相当于0.63 kg无机氮。现在举一个例子来说明怎样计算有机、无机肥的用量。有一块耕地审定需要施用8 kg氮素,但计划施1 000 kg厩肥,问还应施多少化肥?

解:查表9得知厩肥含氮率为0.5%,1 000 kg厩肥含氮量为:1 000×0.5% =5(kg)。

5 kg有机氮的肥效,相当于5 kg×0.63 =3.15 kg无机氮。

故无机氮的施用量为8 -3.15 =4.85(kg)。

2. 产量差减法

先通过试验,取得某一种有机肥料单位施用量能增产多少产量,然后从目标产量中减去有机肥能增产的部分,减去后的产量就是应施化肥才能得到的产量。

例:1 500 kg厩肥(含7.5 kg纯氮)可比不施氮肥的空白田增产104 kg,那么每100 kg厩肥可增产稻谷:

$$\frac{104}{15}=6.93(kg)$$

某农田,目标产量为325 kg,计划施用厩肥900 kg,计算化肥用量得到的产量。

解:100 kg厩肥可增产6.93 kg稻谷,则900 kg厩肥可增产稻谷9×6.93 =62.37 (kg)。计算得化肥用量的产量为:325 -62.37 =262.63(kg)。

3. 养分差减法

在掌握各种有机肥料利用率的情况下,可先计算有机肥料中的养分含量,同时计算出当季能利用多少,然后从需肥总量中减去有机肥能利用的部分,留下的就是无机肥应施的量。

$$无机肥施用量=\frac{总需肥量-有机肥用量\times养分含量\times该有机肥当季利用率}{化肥中养分含量\times化肥当季利用率}$$

例:总需肥量需要氮素8 kg,计划施用厩肥1 000 kg,厩肥当季利用率为25%,问应施尿素多少kg(尿素当季利用率按40%计)?

解:

$$应施尿素=\frac{8-1\,000\times0.5\%\times25\%}{0.46\times40\%}=\frac{6.75}{0.184}=37(kg)$$

有的可以根据化肥氮和有机氮的当季利用率相差1倍的概念(如尿素利用率平均40% ~50%,厩肥的平均利用率为20% ~25%),以23 kg有机氮折合1 kg无机氮来相互换算,在推广中较为方便,误差也不会很大。

表9　主要有机肥养分含量折算　(%)

肥料名称	风干基 - N	风干基 - P_2O_5	风干基 - K_2O	鲜基 - N	鲜基 - P_2O_5	鲜基 - K_2O
粪尿类※	4.689	1.837	3.628	0.605	0.401	0.495
人粪尿	9.973	3.256	3.367	0.643	0.243	0.225
人粪	6.357	2.839	1.786	1.159	0.598	0.366
人尿	24.591	3.686	7.012	0.526	0.087	0.164
猪粪	2.09	1.872	1.304	0.547	0.561	0.354
猪尿	12.126	3.487	12.868	0.166	0.05	0.189

续表 9

肥料名称	风干基－N	风干基－P_2O_5	风干基－K_2O	鲜基－N	鲜基－P_2O_5	鲜基－K_2O
猪粪尿	3.773	2.509	3.006	0.238	0.17	0.206
马粪	1.347	0.994	1.503	0.437	0.307	0.459
马粪尿	2.552	0.96	3.392	0.378	0.176	0.69
牛粪	1.56	0.875	1.082	0.383	0.218	0.278
牛尿	10.3	1.466	22.74	0.501	0.039	1.092
牛粪尿	2.462	1.29	3.48	0.351	0.188	0.507
羊粪	2.317	1.047	1.547	1.014	0.495	0.641
兔粪	2.115	1.546	2.061	0.874	0.68	0.787
鸡粪	2.137	2.014	1.838	1.032	0.946	0.864
鸭粪	1.642	1.803	1.517	0.714	0.834	0.659
鹅粪	1.599	1.395	1.989	0.536	0.493	0.623
蚕沙	2.331	0.692	2.282	1.184	0.353	1.174
堆沤肥类※	0.925	0.724	1.54	0.429	0.314	0.587
堆肥	0.636	0.495	1.263	0.347	0.254	0.481
沤肥	0.635	0.573	1.767	0.296	0.277	0.23
凼肥	0.386	0.426	2.418	0.23	0.225	0.93
猪圈粪	0.958	1.015	1.145	0.376	0.355	0.359
马厩肥	1.07	0.735	1.401	0.454	0.314	0.609
牛栏粪	1.299	0.745	2.193	0.5	0.3	0.868
羊圈粪	1.262	0.619	1.606	0.782	0.353	0.892
土粪	0.375	0.46	1.613	0.146	0.275	0.1
秸秆类※	1.051	0.323	1.786	0.347	0.105	0.649
水稻秸秆	0.826	0.273	2.058	0.302	0.101	0.799
小麦秸秆	0.617	0.163	1.225	0.314	0.092	0.787
大麦秸秆	0.509	0.174	1.528	0.157	0.087	0.658
玉米秸秆	0.869	0.305	1.34	0.298	0.099	0.463
大豆秸秆	1.633	0.389	1.272	0.577	0.144	0.443
油菜秸秆	0.816	0.321	2.238	0.266	0.089	0.731
花生秸秆	1.658	0.341	1.193	0.572	0.128	0.43
马铃薯藤	2.403	0.566	4.315	0.31	0.073	0.556

续表9

肥料名称	风干基-N	风干基-P_2O_5	风干基-K_2O	鲜基-N	鲜基-P_2O_5	鲜基-K_2O
红薯藤	2.131	0.586	3.314	0.35	0.103	0.583
烟草秆	1.295	0.346	1.995	0.368	0.087	0.546
胡豆秆	2.215	0.467	1.767	0.482	0.117	0.365
甘蔗茎叶	1.001	0.293	1.211	0.359	0.105	0.451
绿肥类※	2.417	0.628	2.51	0.524	0.131	0.523
紫云英	3.085	0.69	2.488	0.391	0.096	0.324
苕子	3.047	0.662	2.58	0.632	0.14	0.528
草木樨	1.375	0.33	1.366	0.26	0.082	0.53
豌豆	2.47	0.552	2.071	0.614	0.135	0.516
箭舌豌豆	1.846	0.428	1.548	0.652	0.16	0.576
蚕豆	2.392	0.619	1.71	0.473	0.11	0.368
萝卜菜	2.233	0.795	2.968	0.366	0.126	0.499
紫穗槐	2.706	0.616	1.532	0.903	0.206	0.551
三叶草	2.836	0.671	3.066	0.643	0.135	0.71
满江红	2.901	0.822	2.756	0.233	0.066	0.211
水花生	2.505	0.662	6.037	0.342	0.094	0.859
水葫芦	2.301	0.985	4.654	0.214	0.085	0.44
紫茎泽兰	1.541	0.568	2.791	0.39	0.144	0.7
蒿枝	2.522	0.722	3.666	0.644	0.215	0.975
黄荆	2.558	0.69	2.032	0.878	0.227	0.694
马桑	1.896	0.435	1.011	0.653	0.151	0.342
山青	2.334	0.614	2.239	0	0	0
茅草	0.749	0.25	0.91	0.385	0.124	0.459
松毛	0.924	0.215	0.54	0.407	0.096	0.235
杂肥类※	0.761	1.237	4.503	0.253	0.992	2.925
泥肥	0.239	0.566	1.952	0.183	0.234	1.844
肥土	0.555	0.325	1.727	0.207	0.227	1.007
饼肥类※	0.428	1.189	0.998	2.946	1.052	0.816
豆饼	6.684	1.008	1.429	4.838	1.194	1.612
菜籽饼	5.25	1.831	1.256	5.195	1.954	1.345

续表 9

肥料名称	风干基 - N	风干基 - P_2O_5	风干基 - K_2O	鲜基 - N	鲜基 - P_2O_5	鲜基 - K_2O
花生饼	6.915	1.253	1.159	4.123	0.841	0.965
芝麻饼	5.079	1.675	0.68	4.969	2.39	0.937
茶籽饼	2.926	1.118	1.465	1.225	0.458	1.018
棉籽饼	4.293	1.239	0.916	5.514	2.215	1.498
酒渣	2.867	0.756	0.422	0.714	0.206	0.125
木薯渣	0.475	0.124	0.298	0.106	0.025	0.061
农用废渣液※	0.882	0.797	1.368	0.317	0.396	0.95
城市垃圾	0.319	0.401	1.62	0.275	0.268	1.292
腐殖酸类※	0.956	0.529	1.33	0.438	0.241	0.734
褐煤	0.876	0.316	1.145	0.366	0.092	0.619
沼气发酵肥类※	6.231	2.674	5.368	0.283	0.259	0.164
沼渣	12.924	4.188	11.913	0.109	0.044	0.106
沼液	1.866	1.73	1.006	0.499	0.495	0.245

注:1. 引自农业部有机肥品质调汇总资料。

2. 标注"※"的粪尿类、堆沤肥类、秸秆类、绿肥类、杂肥类、饼肥类、农用废渣液、腐殖酸类、沼气发酵肥类为该类肥料综合平均养分。

二、配方肥料肥效田间鉴定试验

根据作物需肥特点与土壤供肥特性,按照地力分区(级)、目标产量法、田间试验法三大类基本方法配制的配方肥料,在验证其肥效时,应按以下技术要求进行。

(一)试验设计

1. 试验方案

(1)试验处理。根据《肥料效应鉴定田间试验技术规程》(NY/T 497—2002)采用三区对比法。

处理1:配方肥施肥区,根据供试作物定量施用。

处理2:习惯施肥区,指当地前3年的平均施肥量(主要指氮、磷、钾)、施肥品种和施肥方法。

处理3:空白区,不施任何肥料。

如有特殊要求,可在此基础上增加处理。

处理1、2之间比较可评价供试肥料的优劣;处理3可检查土壤自然生产力,计算肥料利用率。

(2)试验重复。试验重复次数不少于4次。

2. 试验方法

试验采取完全随机区组设计。小区面积20~50 m^2,密植作物小些,中耕作物大些。小区宽度,密植作物不小于 3 m,中耕作物不小于 4 m。果树类选择土壤肥力差异小的地块和树龄相同、株形和产量相对一致的单株成年果树进行试验,每个处理不少于 6 株。试验应选择具有代表性的土壤,试验点不少于 3 个。

(二)田间操作

1. 试验地选择和试验准备

(1)试验地选择。试验地应选择地块平坦、整齐,肥力中等、均匀,具有代表性的地块。坡地应选择坡度平缓,肥力差异较小的田块;试验地应避开道路、堆肥场等特殊地块。

(2)试验准备。整地,设置保护行,试验地区划;分析供试地土壤养分状况,包括有机质、全氮、有效磷、速效钾、pH 值等,其他项目根据试验要求检测。

2. 施肥措施

根据试验方案和供试肥料要求进行田间操作。

3. 田间管理与观察记载

(1)田间管理。除施肥、灌水措施外,其他各项农艺措施同一般大田,各小区单独均匀施肥;单独灌排水,避免串灌串排。各项农艺措施要求在同一天内完成。

(2)观察记载。田间记录观察内容包括试验布置、试验地基本情况、田间操作、生物学性状、试验结果等(见附表)。

4. 收获与计产

收获和计产应正确反映试验结果,包括每个小区单打、单收、单计产或取代表性样方测产;先收保护行植株;棉花、番茄、黄瓜、西瓜等分次收获的作物,应分次收获、计产,最后累加;室内考种样本应按要求采取,并系好标签,记录小区号、处理名称、取样日期、采样人等。

取样测产时,对小麦一般每区取 5 个样点,即 5 个样方,按五点取样法每样方取 2 ~ 3 m^2,若小区面积较小也可取 3 个样方,按对角线即可。如果发现土壤肥力有点片差异或作物发生倒伏,可按差异比例,灵活布点,好、中、差兼顾。对玉米、棉花等作物,由于株行较大,收获面积应不小于 20 ~ 30 m^2,视小区面积大小和植株变异情况可取 1 ~ 3 个样方测产。

(三)试验数据分析及肥效评价

1. 试验数据分析

多于两个处理的完全随机区组设计,采用方差分析,用 PLSD 法进行多重比较。一般按以下三个步骤进行。

(1)进行试验结果统计,如表 10 所示。

表 10 随机区组设计试验结果统计

处理	区组					平均	合计
	重复 a_1	重复 a_2	重复 a_3	…	重复 a_n		
处理 b_1	a_1b_1	a_2b_1	a_3b_1	…	a_nb_1	$\bar{b}_1$	T_{n1}
处理 b_2	a_1b_2	a_2b_2	a_3b_2	…	a_nb_2	$\bar{b}_2$	T_{n2}
处理 b_3	a_1b_3	a_2b_3	a_3b_3	…	a_nb_3	$\bar{b}_3$	T_{n3}
处理 b_m	a_1b_m	a_2b_m	a_3b_m	…	a_nb_m	$\bar{b}_4$	T_{nm}
平均	$\bar{a}_1$	$\bar{a}_2$	$\bar{a}_3$	…	$\bar{a}_n$	$\bar{x}$	
合计	T_{1m}	T_{2m}	T_{3m}	…	T_{nm}		T

(2)将上述结果进行方差分析,如表 11 所示。

总平方和

$$SS_T = (x_1^2 + x_2^2 + \cdots + x_n^2) - \frac{T^2}{m \times n}$$

总自由度

$$df_T = m \times n - 1$$

处理间平方和

$$SS_A = (T_{n1}^2 + T_{n2}^2 + \cdots + T_{nm}^2) - \frac{T^2}{m \times n}$$

处理间自由度

$$df_A = m - 1$$

区组间的平方和

$$SS_B = (T_{1m}^2 + T_{2m}^2 + \cdots + T_{nm}^2) - \frac{T^2}{m \times n}$$

区组间的自由度

$$df_B = n - 1$$

误差平方和

$$SS_e = SS_T - SS_A - SS_B$$

处理内(误差)自由度

$$df_e = df_T - df_A - df_B$$

处理(组间)方差

$$S_T^2 = SS_T / df_T$$

误差(组内)方差

$$S_e^2 = SS_e / df_e$$

$$F = S_T^2 / S_e^2$$

表 11　随机区组设计的方差分析

变因	平方和	自由度	均方	F 值	$F_{0.05}$	$F_{0.01}$
区组间	SS_B	df_B	S_B^2	S_B^2/S_e^2		
处理间	SS_A	df_A	S_A^2	S_A^2/S_e^2		
误差	SS_e	df_e	S_e^2			
总变异	SS_T	df_T				

当 $F \geqslant F_{0.01}$ 时,说明处理间产量差异达极显著水平,在 F 值右上方标 * *;当 $F_{0.01} > F > F_{0.05}$ 时,处理间产量差异达显著水平,在 F 值右上方标 *。

处理间差异不显著,说明各处理对作物产量的影响一致;处理间差异达显著、极显著水平,说明在所有处理中至少有一个处理有显著的增产效果,还需要进一步做各个样本互相成对比较的显著性检验。一般采用 PLSD 法进行多重比较,并用字母法表示差异显著性。

(3)多重比较。将各处理平均数按大小次序排列,在最大的平均数上标字母 a(a = 0.05)或 A(a = 0.01);将该平均数与以下平均数逐个比较,差异不显著标上字母 a 或 A,差异显著的平均数标以 b 或 B;再以标有 b 或 B 的最大平均数为标准,与其下方未标记的平均数相比,如此进行比较,直至最小的平均数标以字母为止(见表 12)。

$$PLSD_{0.05} = t_{0.05} \times \sqrt{\frac{2S_e^2}{n}}$$

$$PLSD_{0.01} = t_{0.01} \times \sqrt{\frac{2S_e^2}{n}}$$

表 12 多重比较

处理	平均产量	差异显著性	
		$PLSD_{0.05}$	$PLSD_{0.01}$
处理 1	$\bar{b}_1$		
处理 2	$\bar{b}_2$		
处理 3	$\bar{b}_3$		

2. 肥效评价

肥效评价主要比较处理 1 和处理 2 两个处理的差异。

(1)以提高产量为主要功效的配方肥料产品,符合下述指标的为有效配方肥料产品:一是田间试验增产 5% 以上的试验点不少于总试验点数的 2/3;二是差异达到显著水平的试验点不少于总试验点数的 2/3。

(2)以改善品质或改善环境为主要功效的肥料产品,可根据具体情况选择性地参照(1)的指标执行。

附 肥料效应鉴定田间试验观察记录表

Ⅰ. 试验布置

试验地点: 省 地 县 乡 村 地块

试验时间: 年 月 日至 年 月 日

试验方案设计:

试验处理:

Ⅱ. 重复次数

试验方法设计:

小区面积: 长 (m)×宽 (m)= m^2

小区排列:(采用图示)

Ⅲ. 试验地基本情况

①基本情况。

试验地基本情况

调查项目	配方施肥区(1)	习惯施肥区(2)	空白区(3)
试验地地形			
土壤类型			
土壤质地			
肥力等级			
前茬作物			
前茬作物产量			
代表面积(亩)			
氮施用量			
磷施用量			
钾施用量			
其他肥料品种施用量			
供试作物			
播种期和播种量			
施肥时间和数量			
灌溉时间和数量			
其他农事活动及灾害			
生物学性状			

②土壤养分。

试验地基础土样分析结果

分析项目	有机质(g/kg)	速效氮(mg/kg)	速效磷(mg/kg)	速效钾(mg/kg)	pH 值
测定值					

Ⅳ. 试验结果

①产量。

产量结果

试验处理	小区面积(m^2)	小区产量(kg)					折亩产(kg/亩)	增产率(%)
		重复 1	重复 2	重复 3	重复 4	平均值		
处理 1								
处理 2								
处理 3								

②品质。

③环境。

配方肥料配方设计依据

葛树春

（河南省土壤肥料站·2003年5月）

配方肥料能否发挥应有的效果，关键看其配方设计的科学性、针对性。一般来讲，在进行配方肥料配方设计时，要重点考虑作物的需肥规律、土壤的供肥状况、肥料的理化性状以及三者之间的关系。现就此内容综述如下。

一、作物的营养特性

施肥的主要目的是满足植物的营养需要，因此必须了解植物的营养特性。

（一）植物体的组成元素

植物体由水分和干物质组成，干物质又分为有机质和矿物质。经过煅烧发现，组成植物的营养元素又可分为两种：一种是煅烧时可全部挥发的元素，即C、H、O、N四种气态元素，也称为能量元素；另一种是煅烧时不挥发的元素，又称为灰分元素，包括P、K、Ca、Mg、S、Fe、Mn、Zn、Cu、Mo、B、Cl、Si、Na、Co、Se、Al等元素。现代分析技术研究表明，在植物体内可检测出70余种矿质元素，几乎自然界里存在的元素在植物体中都能找到。

植物体的元素组成及其含量因植物种类、品种以及土壤条件、栽培技术等环境条件的不同而不同。如豆科植物含有较多的钼和硫，禾谷类作物含有较多的硅，油菜和甜菜中含有较多的硼，甘薯、马铃薯中含有较多的钾，十字花科植物含有较多的硫，盐土上生长的植物含有较多的钠，酸性红壤上的植物含有较多的铝。

（二）植物必需的营养元素

由于受植物遗传性状的制约和环境因素的影响，各种植物体内组成元素的含量各不相同。即使是同一品种，只要生长环境不一样，其组成元素的种类和含量也不一样。植物体所含的这些元素并不都是它生长发育所必需的，而有些元素，虽然在植物体内含量可能极微，却是植物所不可缺少的，如果缺少这种元素，植物的新陈代谢活动就会受阻，这种元素就是植物必需的营养元素。

研究表明，植物生长发育必需的营养元素有17种，分别是：C、H、O、N、P、K、Ca、Mg、S、Fe、Mn、Zn、Cu、Mo、B、Cl、Ni。其中，C、H、O、N、P、K植物需要量较大，称为大量营养元素；Ca、Mg、S为中量营养元素；Fe、Mn、Zn、Cu、Mo、B、Cl、Ni植物需要量较小，称为微量营养元素。植物必需的营养元素在植物体内不管数量多少，都是同等重要的，任何一种必需营养元素的特殊功能不能被其他元素所代替，都必须保证供应，若供应不足都会对植物的生长发育造成不良影响，这就是营养元素的同等重要率和不可代替率。

植物体中还有一些元素限于目前的科学技术水平，虽然尚未证明对高等植物的普遍必要性，但它们对特定植物的生长发育有益，或为某些植物种类所必需，这些营养元素就叫有益营养元素，如Si、Na、Co、Al、Se、V等。

（三）植物对养分的吸收

植物在生长发育过程中需要从外界环境吸收各种营养物质，以满足生命活动的需要。植物对养分的吸收是指营养物质由外部介质进入植物体的过程，植物体的吸收部位可分为根部和叶面（包括部分茎表面）两部分，以根部吸收为主。一般矿质元素，基本上是由根吸收的；植物的地上部分也能吸收一部分的养分，如叶面喷施尿素、磷酸二氢钾溶液和Zn、B、Mo等微量元素，根外施肥在一定程度上只能作为补充养分的一种方式。

1.根部对养分的吸收

（1）根系吸收营养的部位。对一个根系来说营养的吸收主要在根尖，其范围大致离根尖10 cm，主要是根毛区，离地表20 cm左右的耕层中是根毛分布的主要区域。因此，施肥的深度在20 cm左右为最好。

（2）根系吸收养分的形态及来源。作物吸收的养分既有分子态的，也有离子态的，从大气中吸收的主要是分子态的，从土壤中吸收的主要是离子态的，也有少量的分子态。植物吸收的不同营养元素大致在离根尖10 cm的范围内。对整个根系来说，作物的活跃吸收区域内植物必需营养元素的可利用形态和来源也不完全相同（见表1）。

表1　高等植物必需营养元素的可利用形态及来源

大量、中量营养元素	化学符号	植物可利用的形态	来源	微量营养元素	化学符号	植物可利用的形态	来源
碳	C	CO	空气、土壤	铁	Fe	Fe^{3+}，Fe^{2+}	土壤
氧	O	O_2，H_2O	氧气、水	锰	Mn	Mn^{2+}	土壤
氢	H	H_2O	土壤、水	硼	B	$H_2BO_3^-$，$B_4O_7^{2-}$	土壤
氮	N	NO_3^-，NH_4^+	土壤、空气	锌	Zn	Zn^{2+}	土壤
钾	K	K^+	土壤	铜	Cu	Cu^{2+}	土壤
钙	Ca	Ca^{2+}	土壤	钼	Mo	MoO_4^{2-}	土壤
镁	Mg	Mg^{2+}	土壤	氯	Cl	Cl^-	土壤
磷	P	$H_2PO_4^-$，HPO_4^{2-}	土壤				
硫	S	SO_4^{2-}	土壤				

从表1可以看出，除C、H、O外，其他的13种必需的营养元素主要来自土壤，并以各种阴离子或阳离子形态被吸收。因此，配方肥料所用的基础肥料主要应是可溶性的无机盐。

（3）根系吸收养分的方式。植物对养分的吸收有两种方式，即主动吸收和被动吸收，这也是植物吸收养料的两个阶段。

被动吸收是指养料离子顺着电化学势由介质溶液进入细胞内的运动过程，植物吸收养料离子的被动方式有截获、质流和扩散三种。

截获是指根系在土壤里伸展过程中吸取直接接触到的土壤颗粒上的养分。这种吸收方式，土壤养分可不经过输送而直接被根吸收，但是由于根系在整个土体中所占的比例很小，只有不到3%，因此截获量很小，远远不能满足作物需要。

质流是由植物蒸腾作用引起的土壤养分随土壤水流迁移到根表的过程。质流量的大小与植物蒸腾速率和土壤溶液中养分的浓度有关,植物蒸腾作用越强,土壤中离子态养分越多,养分的质流量就越大。一般在土壤溶液中磷、钾和微量元素的浓度较低,质流对这些养分的供应就较少。

扩散是指在土壤溶液中当某种养分浓度出现差异时所引起的养分迁移到根表的过程。也就是养分由浓度高的地方向浓度低的地方迁移的过程。根系活力越大,浓度梯度越陡,扩散就越快。一般在土壤中吸附性较强而移动性较差的离子,如磷、钾、锌、铁等,植物对它们的吸收就以扩散为主。

以上三种过程在土壤中是同时存在的。总的来说,截获取决于根表与土壤黏粒接触面积的大小,质流取决于根表与其周围水势的大小,扩散取决于根表与其周围养分浓度梯度的高低,它们都与根系活力有密切关系。

主动吸收是指养料分子或离子有选择地逆浓度梯度或电化学势梯度进入细胞的过程。主动吸收需要能量。主动吸收的机理现在还不是很清楚,也只是有载体学说、离子泵学说等几个学说被人们普遍接受。不再详细介绍。

2. 叶部对养分的吸收

如前所述,作物除通过根系从土壤中吸取养分外,还能通过地上部分如茎、叶等吸收养分。生产上把肥料配成一定浓度的溶液喷洒在作物的地上部分,即根外追肥。根外追肥具有如下特点:一是养分利用率高,能直接使作物吸收养分,避免养分在土壤中固定;二是肥效快,茎、叶吸收运转养分的速度比根部快,能及时满足作物需要;三是作用直接,直接参与植物体内代谢,从而减缓根系衰老;四是施肥均匀;五是经济效益高。实践证明,栽培块根、块茎类作物采用磷、钾根外追肥,不仅能提高产量,且可改善品质。

由于根外追肥是一种用肥省、投资少、见效快的施肥技术,所以在改进施肥技术方面有很大意义,现已在生产上得到广泛应用。但是根外追肥不能完全代替根际施肥,只能作为特殊情况下的应急措施。

(四)植物的营养特点

1. 植物对养分种类的需求

植物虽然有17种必需的营养元素,但不同植物或同一植物在不同的生育期,所需要的养分不同,如块根、块茎植物需较多的钾,豆科作物根瘤菌可以固定大气中的氮素,故不需用氮或少施氮,但对磷、钾的需要量较大。有些植物还需特殊的养分,如水稻需要硅,豆科植物固氮时需钴。因此,配肥时不仅要满足作物对养分的一般需要,还要考虑有些作物对某些养分的特殊需要。

2. 植物对养分形态的要求

同种作物的需肥量因肥料品种不同而用量不同,不同的肥料形态,其肥效因植物种类不同或生育时期不同而有差异。主要体现在不同植物对氮素各种形态的选择上。大多数的旱地植物表现出喜硝特性,蔬菜一般也喜硝态氮,水稻在营养生长期喜氨态氮,到生殖生长期则喜硝态氮。

3. 不同植物吸收养分的数量和比例

作物生长过程中吸收养分的数量主要取决于作物种类和产量,作物产量和养分吸收又与作物品种密切相关。作物品种和产量不同,吸收的养分量有很大差异。如水稻,一般来说,粳稻比籼稻需要养分多,杂交水稻由于产量高,吸收养分的数量也就多。不同的植物对微量元素的需要差别更大,如油菜、花生、萝卜等需要的硼较多,而小麦、玉米等对硼的需要较少,小麦、豌豆、菠菜等对锰需要的较多,而大麦、水稻、马铃薯等对锰需要的较少。一般根系阳离子交换量大的作物,吸收土壤中阳离子总量也较多,反之则较少。单就同一作物来看,根的不同部位阳离子交换量差别也很大,一般根尖的阳离子交换量较高。作物在不同生长时期,吸收的养分量也不一样,一般在生长最旺盛时吸收的养分最多。

不同作物对养分吸收的比例也不相同,见表2、表3。

表2 大田作物对三要素的吸收比例

作物	收获物	$N:P_2O_5:K_2O$	作物	收获物	$N:P_2O_5:K_2O$
水稻	籽粒	1.68:1:2.00	马铃薯	块茎	2.20:1:5.30
冬小麦	籽粒	2.40:1:2.00	大豆	籽粒	1.30:1:2.22
春小麦	籽粒	3.00:1:2.50	花生	籽粒	1.31:1:2.92
大麦	籽粒	3.00:1:2.44	油菜	籽粒	2.72:1:1.72
玉米	籽粒	2.99:1:2.48	芝麻	籽粒	3.97:1:2.13
谷子	籽粒	2.00:1:1.40	烟叶	叶片	4.10:1:6.00
红薯	块根	1.98:1:3.05	甜菜	块茎	2.66:1:4.00

表3 蔬菜对三要素的吸收比例

蔬菜种类	$N:P_2O_5:K_2O$	蔬菜种类	$N:P_2O_5:K_2O$
结球甘蓝	3.02:1:2.25	黄瓜	2.1:1:2.67
大白菜	2.18:1:3.93	冬瓜	2.72:1:4.32
花椰菜	5.20:1:2.35	苦瓜	3.00:1:3.91
菠菜	2.88:1:6.15	西葫芦	2.46:1:1.84
芹菜	2.15:1:4.17	豇豆	1.60:1:3.46
茴香	2.34:1:1.44	菜豆	1.53:1:2.70
番茄	3.73:1:4.09	韭菜	4.34:1:3.68
茄子	3.45:1:4.78	洋葱	3.39:1:5.86
甜椒	4.85:1:6.04	大葱	2.88:1:1.66
萝卜	1.62:1:3.04	大蒜	3.78:1:1.34
胡萝卜	3.09:1:7.57	莲藕	2.72:1:2.05

因此,施肥必须根据不同作物对养分的需要量和比例进行,配方肥料的配制应更好地满足作物对养分比例的要求。

(五)植物的阶段营养理论

植物的一个生长发育周期中,除前期种子营养阶段和后期根部停止吸收养分外,其他阶段植物都要通过根系从土壤中吸收养分。但不同的生育阶段,吸收养分的种类、数量和比例是不同的,这就是植物的营养阶段性。作物吸收主要营养元素的共同规律是生长初期吸收的数量较少,随着生长期的推移,对营养物质的吸收逐渐增加,到成熟期又趋于减少。在作物的各个生长阶段中,有两个阶段对养分的反应比较敏感,在施肥上比较关键,这就是植物营养临界期和植物营养最大效率期。

植物营养临界期是指营养元素过多或过少或营养元素间不平衡对于植物生长发育会产生明显不良影响的时期,并且在这个时期造成的损失,即使以后补施肥料也很难纠正和弥补。

一般来说,植物营养临界期出现在生长初期,但对不同植物来说,不同养分临界期出现的时间不同。大多数作物磷的临界期在幼苗期,小粒种子更为明显。如棉花磷的临界期在出苗后10~20天,玉米在出苗后7天左右(三叶期),冬小麦在分蘖初期,油菜在苗期。幼苗期正是由种子营养转向土壤营养的转折时期,用少量速效性磷肥做种肥常常能收到极其明显的效果。作物氮的临界期则比磷稍后,通常在营养生长转向生殖生长的时期。如冬小麦在分蘖和幼穗分化期,玉米在幼穗分化期,水稻在三叶期和幼穗分化期,棉花在现蕾期,此时如缺氮则分蘖少,花数少,生长后期补施氮肥只能增加茎叶中氮素含量,对增加籽粒数和产量已不起太大作用。作物钾的临界期问题,目前研究资料较少,据日本资料,水稻的临界期在分蘖初期和幼穗形成期。

植物营养最大效率期是指植物需要养分的数量最大,吸收速度快,肥料的作用最大,增产效率最高的时期,它同植物临界期都是施肥的关键时期。植物营养最大效率期,一般出现在植物生长中期。此时植物生长旺盛,从外部形态看,生长迅速,对施肥的反应最明显。例如玉米氮素最大效率期在喇叭口至抽雄初期,小麦在拔节至抽穗期,油菜在花期,水稻在分蘖期,棉花氮磷均在花铃期。另外,各种营养元素的最大效率期也不一致,据报道,甘薯生长初期氮素营养效果较好,而在块根膨大时则磷、钾营养的效果较好。

根据营养阶段理论,施肥时应先满足营养临界期的需要,其次是最大效率期,但还须注意植物吸收养分的连续性。任何一种植物,除营养临界期和最大效率期外,在各个生育阶段中也要适当供给足够的养分。因此,配方肥料的配制和使用要满足作物不同生育期的要求。

二、土壤养分状况

在制定配方肥料配方时,首先考虑的是作物对养分的需要,然后就要考虑土壤的供肥状况,各地土壤养分状况差别较大,只有根据当地的土壤养分状况制定的配方才能更切合当地的实际,更具有针对性。

(一)我国土壤养分状况

我国耕地土壤养分各地差异很大,土壤有机质和全氮量普遍较低,并以华北平原和黄土高原为最低。氮素一般为0.4~3.5 g/kg,多数在0.5~1.0 g/kg,磷素一般为0.2~4.3 g/kg,多数在0.4~2.5 g/kg,华南地区的砖红壤是我国土壤平均含磷量最低的土壤,从南到北、从东到西呈逐渐增加的趋势;钾素全钾含量一般为0.1~50 g/kg,总的趋势是由南向北、由东向西,各种形态的钾素含量均逐渐上升,东南部缺钾较严重,西北地区较轻。

我国主要土类中微量元素含量差别也很大。硼一般为0~500 mg/kg,平均为64 mg/kg,全硼的分布趋势是由南向北、由东向西逐渐增加;锌一般为3~790 mg/kg,平均为100 mg/kg,我国北部的石灰性土壤缺锌比较严重;全钼含量0.1~6 mg/kg,平均1.7 mg/kg,缺钼土壤主要分布在我国的东部地区,包括南方红壤区的酸性土壤和北方的黄土、黄河冲积物发育的土壤;锰含量为10~9 478 mg/kg,平均为710 mg/kg,北方石灰性土壤有效锰的含量低,缺锰土壤较多,南方的酸性土壤锰过剩;土壤中的铁含量较高,全铁含量一般为10 000~100 000 mg/kg,但有效铁的含量未必较高,南方的酸性土壤铁的供应比较充足,北方的干旱、半干旱地区经常缺铁;我国土壤中铜的含量为3~300 mg/kg,平均为22 mg/kg,我国大部分地区土壤中铜的供应比较适中,比较而言沙土中含铜量较少。

(二)河南省土壤养分状况

河南省土壤全氮平均含量为0.88 g/kg,其中,小于0.75 g/kg的面积占全省土壤总面积将近一半,而含量大于1.5 g/kg的面积只占10%。在不同的土类中,棕壤的含氮量最高,平均为2.18 g/kg,最低的为沙土,仅为0.33 g/kg。

全磷的含量大多为0.5~2.0 g/kg,平均为1.18 g/kg,土壤全磷含量为中等水平。但从有效磷含量来看,大于45.8 mg/kg的面积仅占全省土壤总面积的2.94%,而小于11.5 mg/kg面积占62.73%。根据土壤有效磷丰缺指标标准来判断,全省土壤缺磷面积较大,不同土壤类型中,有效磷的含量紫色土和风沙土较低,不足10 mg/kg,其他的为10.99~13.28 mg/kg。

河南省钾素状况,根据1994~1997年全省12个省辖市16 820个点的耕层土壤农化样分析测定,耕层速效钾和第二次土壤普查时相比明显下降,豫东地区平均下降4.40 mg/kg,豫西丘陵山区下降4.2 mg/kg,豫南中低产区下降2.9 mg/kg,豫北高产区下降1.4 mg/kg,豫中平原区下降3.3 mg/kg,南阳盆地下降7.0 mg/kg。总体来说,全省土壤速效钾含量从南到北、从东到西呈递增趋势。

河南省土壤微量元素含量,不管是全量还是有效含量均低于全国平均水平(见表4),特别是有效态含量大多低于临界值,土壤中微量元素均比较缺乏,缺素症状比较明显,锌、铁、钼、锰、铜微量元素的分布呈南高北低的趋势,其中的锌、铁、钼呈西高东低趋势。在同一地区,铜、铁、锰含量水田高于旱地。从土壤类型上看,大体上是水稻土、黄棕壤、黄褐土较高;褐土、砂姜黑土、潮土次之,沙土最低。土壤中有效硼含量的分布规律是从南向北、从东向西逐渐增加,并以风沙土缺硼最严重。

表4 河南省耕层土壤微量元素含量 (单位:mg/kg)

元素	全量		有效含量	
	河南	全国	河南	全国
B	43.00	64.00	0.39	0.50
Zn	90.90	100.00	0.66	0.50
Mo	0.68	1.70	0.08	0.15
Mn	510.00	710.00	17.03	7.00
Fe			15.90	
Cu	18.50	22.00	1.21	0.20

注:表中数据为第二次土壤普查资料。

三、化学肥料的性质

配方肥料所用的基础原料可分为两类:无机原料和有机原料,本文重点对无机原料进行介绍。

(一)化学肥料的性质与质量控制

1.氮肥的主要品种、性质与质量控制

可用于配制配方肥料的氮肥品种主要有尿素、碳酸氢铵、硫酸铵、氯化铵和硝酸铵等。其性质如表5所示。

表5 氮肥主要品种的理化性质

品种	物理性质	化学性质	参考标准及质量控制指标
尿素	白色或浅色,颗粒状,吸湿性小,物理性状好,中性有机分子,含氮量高,是很好的配方肥原料	化学性质稳定,不易与碱性物质发生反应。不耐高温,温度超过135 ℃可发生化学反应	GB 2440—81 一级品:总氮含量≥46.0%,缩二尿含量≤1.0%,水分含量≤0.5%。 二级品:总氮含量≥46.0%,缩二尿含量≤1.8%,水分含量≤1.0%
碳酸氢铵	不稳定,易分解,氮含量低,做配方肥料原料时受很大限制	温度超过30 ℃,含水量超过5.0%,稳定性大大降低	GB 3559—83 干碳酸氢铵:氮含量≥17.5%,水分含量≤0.5%。 湿碳酸氢铵:一级品:氮含量≥17.1%,水分含量≤3.5%。二级品:氮含量≥16.8%,水分含量≤5.0%
硫酸铵	物理性状好,不易吸湿结块,氮含量较低,做配方肥料原料时受限制	化学性质较稳定,但遇碱易发生发应	GB 535—83 一级品:氮含量≥21.0%,水分含量≤0.5%,游离酸含量≤0.08%。 二级品:氮含量≥20.8%,水分含量≤1.0%,游离酸含量≤0.20%
氯化铵	干燥时物理性状好,含水量增加也会结块	化学性质稳定,遇碱性物质易分解	GB 2494—82 氮含量≥25.39%,水分含量≤1.0%,氯化钠含量≤2.5%。 ZBG 21008—90 干燥氯化铵:氮含量≥24.0%,水分含量≤1.5%,氯化钠含量≤1.9%。湿氯化铵:氮含量≥22.5%,水分含量≤8.0%,氯化钠含量≤1.8%
硝酸铵	结晶状和颗粒状,颗粒状物理性状好,颗粒破碎后和结晶状硝酸铵一样易吸湿结块,甚至潮解	遇碱性物质易分解,助燃、易爆	GB 2945—89 结晶状硝酸铵:氮含量≥34.5%,水分含量≤0.7%,酸度:甲基橙指示剂不显红色。 颗粒状硝酸铵:氮含量≥34.0%,水分含量≤1.5%,10%硝酸铵水溶液pH≥4.0

2. 磷肥的主要品种、性质与质量控制

可用于配制配方肥料的磷肥的主要品种有过磷酸钙、重过磷酸钙、钙镁磷肥、磷酸一铵和磷酸二铵、硝酸磷肥等。其性质及质量标准如表6所示。

表6　磷肥主要品种的理化性质

品种	物理性质	化学性质	质量控制主要指标及参考标准
过磷酸钙	易吸湿结块,结块后难粉碎,价格低,有效磷含量低,是配制配方肥料的主要原料,但不能作为高浓度配方肥料的原料	化学酸性肥料,具有一定腐蚀性	ZBG 21003—87 特级品:P_2O_5 含量≥20.0%,游离酸(P_2O_5计)含量≤3.5%,水分含量≤8.0%。 一级品:P_2O_5 含量≥18.0%,游离酸(P_2O_5计)含量≤5.0%,水分含量≤12.0%。 二、三、四级品:P_2O_5 含量分别≥16.0%、14.0%、12.0%,游离酸(P_2O_5 计)含量≤5.5%,水分含量≤14.0%
重过磷酸钙	和过磷酸钙相似,吸湿结块情况比过磷酸钙严重,有效磷含量较高,是配制中、高浓度配方肥料的原料	腐蚀性更强	P_2O_5 含量36%~48%
钙镁磷肥	属枸溶性磷,不吸湿,不结块,物理性状好,含磷量低	化学碱性肥料	ZBG 21004—87 特级品、一级品、二级品、三级品、四级品P_2O_5 含量分别≥20.0%、18.0%、16.0%、14.0%、12.0%;水分含量均≤0.5%
磷酸一铵 磷酸二铵	物理性状好,含磷量高,且主要是水溶性磷,颗粒状磷酸一铵、磷酸二铵是配制高浓度配方肥料的重要原料	化学性质比较稳定,磷酸一铵为化学酸性肥料,磷酸二铵为化学碱性肥料	GB 10205—88 磷酸一铵:有效磷(以P_2O_5计)含量优级品、一等品、合格品分别≥52%、49%、46%;水溶性磷(以P_2O_5计)含量分别≥47%、42%、40%;总氮(N)含量分别≥11%、11%、10%;水分含量分别≤1.0%、1.5%、2.0%。 磷酸二铵:有效磷(以P_2O_5计)含量优级品、一级品、合格品分别≥46%、42%、38%;水溶性磷(以P_2O_5计)含量分别≥42%、38%、32%;总氮(N)含量分别≥16%、15%、13%;总养分(有效磷+总氮)含量分别≥64%、57%、51%;水分含量分别≤1.5%、2.0%、2.5%
硝酸磷肥	颗粒状,颗粒破碎后吸湿性较强,氮、磷比例适中,是配制中、高浓度配方肥料的重要原料		GB 10510—89 优级品、一级品、合格品有效磷(以P_2O_5计)含量分别≥13.5%、12.0%、11.0%;总氮含量分别≥27.0%、26.0%、25.0%;水溶性磷占有效磷百分数分别≥70%、55%、40%;游离水含量分别≤0.6%、1.0%、1.2%

3. 钾肥的主要品种及性质

可用于配制配方肥料的钾肥的主要品种有氯化钾和硫酸钾。其性质如表7所示。

表7 钾肥主要品种的理化性质

品种	物理性状	化学性质	质量控制主要指标及参考标准
氯化钾	有颗粒、粉状，物理性状好，钾含量高，且为水溶性，是配制配方肥料的重要原料，但在忌氯作物和盐碱地区要慎用	化学性质稳定	GB 6549—89 一级品、二级品、三级品氯化钾含量分别≥96.0%、93.0%、90.0%；水分含量均≤2.0%
硫酸钾	物理性状好，是配制忌氯作物使用的配方肥料重要原料	化学性质稳定	ZGB 21006—89 优级品、一级品、合格品氧化钾含量分别≥50.0%、45.0%、33.0%；氯含量分别≤1.5%、2.5%；水分含量分别≤1.0%、3.0%、5.0%

4. 微量元素肥料

根据作物需要和土壤供肥状况，常用的微量元素肥料有硼肥、锌肥、锰肥、钼肥、铁肥、铜肥等。常用的微量元素肥料种类、成分及性质见表8。

表8 微量元素肥料的种类和性质

种类	品名	主要成分	微量元素(%)	主要性质
锌肥	硫酸锌	$ZnSO_4 \cdot 7H_2O$	23	无色或白色结晶、易溶于水，常用锌肥
		$ZnSO_4 \cdot H_2O$	35	
	氯化锌	$ZnCl_2$	48	白色结晶，溶于水，易潮解
	碳酸锌	$ZnCO_3$	52	白色粉末，不溶于水，溶于酸和氨水及碱金属氢氧化物
	硫化锌	ZnS	67	白色或灰黄色粉末，不溶于水，溶于酸，易吸潮
	氧化锌	ZnO	78	白色或淡黄色粉末，不溶于水，溶于酸和氨水及碱金属氢氧化物
锰肥	硫酸锰	$MnSO_4 \cdot 7H_2O$	24~28	易溶于水，淡粉红色结晶，常用锰肥
		$MnSO_4 \cdot 3H_2O$	26~28	
	氯化锰	$MnCl_2$	17	浅红色结晶，易溶于水，有吸水性，常用锰肥
	碳酸锰	$MnCO_3$	31	白色粉末，空气中渐变淡黄色，不溶于水
	氧化锰	MnO	41~68	黑色或绿色粉末，不溶于水
	螯合锰	Mn-EDTA	12	易溶于水
钼肥	钼酸铵	$(NH_4)_6Mo_7O_{24} \cdot 4H_2O$	54	无色微绿结晶，易溶于水，常用钼肥
	钼酸钠	$Na_2MoO_4 \cdot 2H_2O$	36	小板块状，有光泽，易溶于水
	三氧化钼	MoO_3	66	弱水溶性

续表 8

种类	品名	主要成分	微量元素(%)	主要性质
铜肥	硫酸铜	$CuSO_4 \cdot H_2O$	35	蓝色晶体状,溶于水
		$CuSO_4 \cdot 5H_2O$	25	蓝色晶体状,溶于水
	氧化铜	CuO	75	黑色或灰黑色粒状或粉末,溶于酸,不溶于水
	氧化亚铜	Cu_2O	89	红棕色结晶性粉末,不溶于水
铁肥	硫酸亚铁	$FeSO_4 \cdot 7H_2O$	19~20	易溶于水,浅蓝绿色细结晶,在空气中易被氧化,常用铁肥
	硫酸亚铁铵	$(NH_4)_2SO_4 \cdot FeSO_4 \cdot 6H_2O$	14	淡青色结晶,易溶于水,常用铁肥
	螯合铁	Fe-EDTA	12	易溶于水
硼肥	硼砂	$Na_2B_2O_7 \cdot 10H_2O$	11	易溶于 40 ℃的热水,常用硼肥
	硼酸	H_3BO_3	17	易溶于水,呈弱酸性,常用硼肥

四、配方肥料的配伍

配制配方肥料时,养分种类及含量确定后,首要问题就是原料选择,在选择原料时一个很重要的问题就是原料的配伍性质。肥料的配伍性质是指肥料混合后对物理性状的影响和肥料间的化学反应。配制配方肥料原料选择的原则是:混合后不发生养分损失和退化的化学反应,对肥料的物理性状也没有不良影响。

在混合时发生养分损失或退化的肥料属于“不可配混性”原料。肥料在混合时物理性状保持不变,有时还能得到改善,这种肥料属于“可配混性”原料。在混合时物理性质发生不利的变化,具有明显的溶解、成团和结块性,只能在施入土壤前随配随用,这些肥料属于“有限可配混性”原料。

影响复混肥料产品物理性状的主要原因在于吸湿性的变化,一般以临界相对湿度表示,即在一定温度下(一般是 30℃),肥料向空气中吸水或失水时的空气相对湿度。一般来说,由两种以上肥料组成混合物的临界相对湿度比单质肥料的临界相对湿度要低,即比较容易吸水,因而配方肥料选择肥料时,力求混合物的临界相对湿度尽可能高一些。

1. 氮、磷、钾三种肥料间的配伍

氮、磷、钾三种肥料混合时,发生养分退化和损失的化学反应主要发生在氮肥和磷肥之间,氮肥与钾肥、磷肥与钾肥之间很少发生化学反应。图 1 为几种常见肥料混配情况图,可供配制时参考。

常用原料肥料及混合物的临界相对湿度如图 2 所示。如 30℃时尿素的临界相对湿度为 75.2%,磷酸一铵的临界相对湿度为 91.6%,尿素和磷酸一铵按化学反应的比例混合后的临界相对湿度为 66.2%,但在混合肥料中两种盐通常不是按照化学反应计量比例混合的,则混合物中的临界相对湿度是由混合物中过量的盐来决定的。

肥料品种	硫酸铵	硝酸铵	氯化铵	尿素	过磷酸钙	钙镁磷肥	重过磷酸钙	氯化钾	硫酸钾	磷酸一铵	磷酸二铵
硫酸铵	—	△	○	○	○	△	○	○	○	○	○
硝酸铵	△	—	△	×	○	×	○	△	○	○	○
氯化铵	○	△	—	△	○	○	○	○	○	○	○
尿素	○	×	△	—	△	○	△	○	○	○	○
过磷酸钙	○	○	○	△	—	△	○	○	○	○	△
钙镁磷肥	△	×	○	○	△	—	△	○	○	○	○
重过磷酸钙	○	○	○	△	○	△	—	○	○	○	△
氯化钾	○	△	○	○	○	○	○	—	○	○	○
硫酸钾	○	○	○	○	○	○	○	○	—	○	○
磷酸一铵	○	○	○	○	○	○	○	○	○	—	○
磷酸二铵	○	○	○	○	△	○	△	○	○	○	—

○—可混配;△—有限混配;×—不可混配

图1 肥料混配图

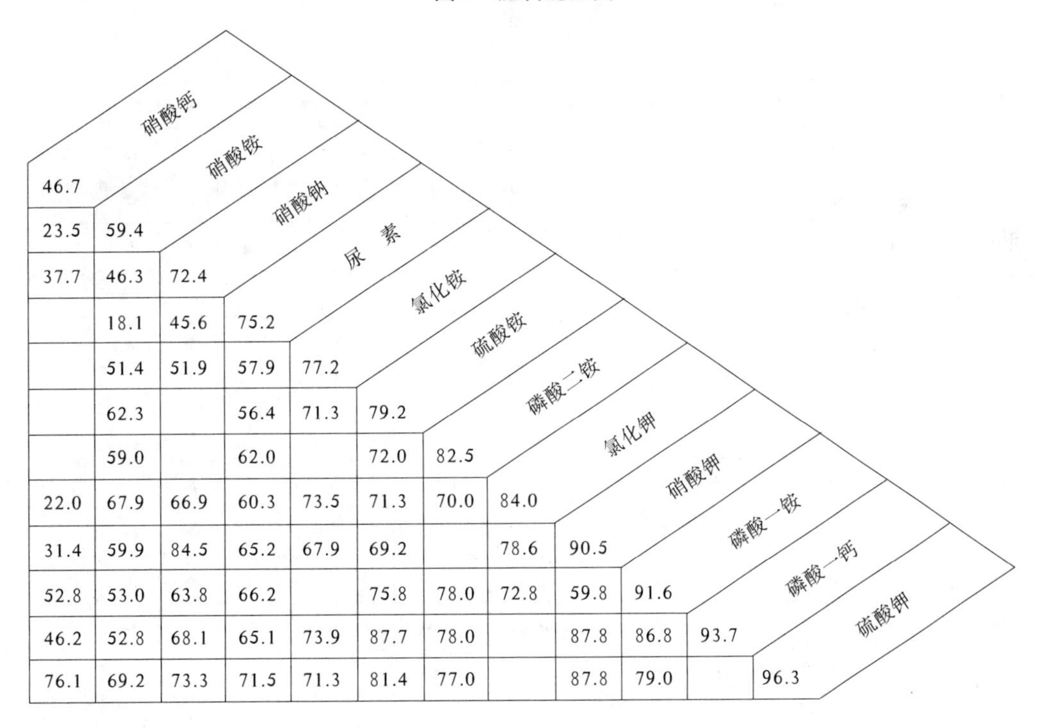

	硝酸钙	硝酸铵	硝酸钠	尿素	氯化铵	硫酸铵	磷酸二铵	氯化钾	硝酸钾	磷酸一铵	磷酸一钙	硫酸钾
硝酸钙	46.7											
硝酸铵	23.5	59.4										
硝酸钠	37.7	46.3	72.4									
尿素		18.1	45.6	75.2								
氯化铵		51.4	51.9	57.9	77.2							
硫酸铵		62.3		56.4	71.3	79.2						
磷酸二铵		59.0		62.0		72.0	82.5					
氯化钾	22.0	67.9	66.9	60.3	73.5	71.3	70.0	84.0				
硝酸钾	31.4	59.9	84.5	65.2	67.9	69.2		78.6	90.5			
磷酸一铵	52.8	53.0	63.8	66.2		75.8	78.0	72.8	59.8	91.6		
磷酸一钙	46.2	52.8	68.1	65.1	73.9	87.7	78.0		87.8	86.8	93.7	
硫酸钾	76.1	69.2	73.3	71.5	71.3	81.4	77.0		87.8	79.0		96.3

图2 30 ℃时常用原料肥料及混合物的临界相对湿度(%)

2. 氮、磷、钾三种肥料与其他肥料间的配伍

氮、磷、钾三种肥料与其他肥料间的配伍主要考虑各种营养元素之间的相互作用,各种营养元素之间的相互作用主要有两种,一种是拮抗作用,另一种是协同作用。拮抗作用是指

两种或两种以上元素联合的生理效应小于单独的生理效应之和；协同作用是指两种或两种以上元素联合的生理效应大于单独的生理效应之和。常量元素与微量元素之间的相互作用见表9，微量元素之间的相互作用见图3。

表9　植物中常量元素与微量元素之间的相互作用

常量元素	拮抗元素	协同元素
Ca	Al、B、Ba、Be、Cd、Co、Cr、Cs、Cu、F、Fe、Li、Mn、Ni、Pb、Sr、Zn	Cu、Mn、Zn
Mg	Al、Be、Ba、Cr、Mn、F、Zn 、Ni、Co、Cu、Fe	Al、Mn
P	Al、As、B、Be、Cd、Cr、Cu、F、Fe、Hg、Mo、Mn、Ni、Pb、Rb、Se、Si、Sr、Zn	Mo、Mn、Zn、Al、B、Cu、F、Fe
K	Al、B、Hg、Cd、Cr、F、Mo、Mn、Rb	
S	Al、Ba、Fe、Mo、Pb、Se	F、Fe
N	Be、F、Cu	B、Cu、Fe、Mo
Cl	Br、I	

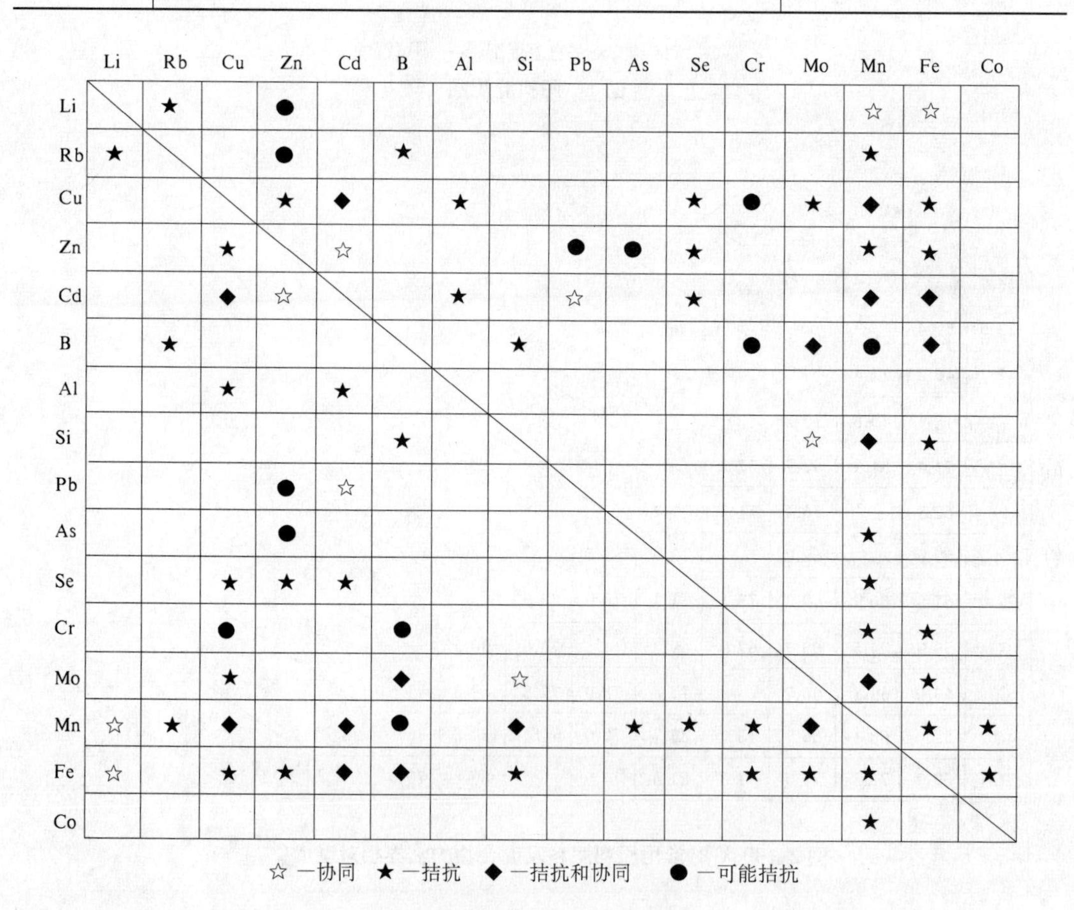

图3　微量元素之间的相互作用

参考文献

[1] 杨建堂,等.配方肥的生产原理与施用技术[M].北京:中国农业科技出版社,1998.

[2] 高祥照,等.肥料实用手册[M].北京:中国农业出版社,2002.

[3] 张真和,等.无公害蔬菜生产技术[M].北京:中国农业出版社,2002.

[4] 慕成功,等.农作物配方施肥[M].北京:中国农业科技出版社,1995.

[5] 杨先芬,等.瓜菜施肥技术手册[M].北京:中国农业出版社,2001.

[6] 劳秀荣,等.保护地蔬菜施肥新技术[M].北京:中国农业出版社,1999.

[7] 何念祖,等.植物营养原理[M].上海:上海科学技术出版社,1987.

[8] 江善襄,等.磷酸、磷肥和复混肥料[M].北京:化学工业出版社,1999.

[9] 鲁如坤,等.土壤—植物营养学原理与施肥[M].北京:化学工业出版社,1998.

配方肥料配方设计基本方法

孙笑梅

(河南省土壤肥料站·2003年5月)

配方肥是随着配方施肥技术推广与发展而产生的技术物化产物。作为配方施肥技术的载体,它的产生与应用,使田间施肥措施在目的上更有针对性,操作上更加简单明了。根据配方施肥技术的发展,目前在配方肥的配方设计上,一般可按照地力分级(区)法、目标产量法与田间试验法三种方法进行配方的设计。

一、地力分级(区)法

地力分级(区)法是按照土壤肥力的高低将区域内农田划分成若干等级,利用现有的田间试验结果,结合群众的实践经验,估算出各等级较为适宜的肥料配比与适宜用量。利用地力分级(区)法设计配方肥配方,主要有两个方面的工作:一是根据地力情况划分等级;二是针对不同等级地力进行配方。

(一)地力等级的划分

土壤肥力等级可以利用现有的土壤养分普查资料,也可以根据产量基础划分。在较大的区域内,可首先根据地形、地貌和土壤质地等条件对区域内农田进一步分区划片,然后将每一个分区的农田划分出若干等级,每一分区的一个地力等级作为一个配方区。

(二)因地力配方

施肥条件下,植物吸收的养分主要有两个来源,一是来自土壤养分,二是来自所施入的肥料。土壤养分对植物的贡献因作物种类、土壤肥力状况、肥料用量、施肥方法等而存在差异。研究表明,作物吸收的氮素在一般土壤条件下约有一半来自土壤,一半来自肥料,但在高肥力条件下,作物吸收土壤中的氮素可占总吸氮量的2/3。因此设计配方时要根据不同分区的特点,在现有土壤养分状况与作物吸收养分特点的基础上,结合当地群众的实践经验,制定出适合不同分区各地力等级适宜的肥料种类、配比、用量和实施方法。以河南小麦生产为例,为保证小麦稳产、高产,根据地理位置、地形地貌、土壤质地、气候特点等因素,将全省划分为豫北高产麦区、黄淮海平原中低产麦区、豫西旱作丘陵中低产麦区、淮南稻麦轮作中低产麦区、晚播麦区五大配方区,各配方区在此基础上划分出若干等级,针对各区的特点制定出相应的施肥配方。

地力分级(区)法是一个比较粗放的配方方法。配方区内,因土壤肥力、环境条件、产量水平的差异已较小,应用地力分级(区)法设计配方肥配方,技术方案基本上切合生产实际,方法简便,针对性较强。但因其较多地依赖于经验,与定量施肥存在一定的距离,仅适用于生产水平差异小、基础较差的地区。

二、目标产量法

目标产量法又称养分平衡法,是国内外配方施肥中最基本的也是最重要的方法。该方法以"养分归还学说"为理论依据,根据作物的计划产量需肥量与土壤供肥量之差估算计划产量的施肥量,通过施肥补足土壤供应不能满足农作物计划产量需要的那部分养分。目标产量法施肥量的计算公式为:

$$施肥量=\frac{目标产量所需养分总量-土壤供肥量}{肥料中养分含量\times肥料当季利用率}$$

目标产量法涉及目标产量、农作物需肥量、土壤供肥量、肥料利用率和肥料中有效养分含量等五大参数。其中确定土壤供肥量的方法较多,因计算土壤供肥量的方法不同,目标产量法形成了地力差减法和土壤有效养分校正系数法两种。

(一)地力差减法

地力差减法是根据作物目标产量与基础产量之差来计算施肥量的一种方法。其计算公式为:

$$施肥量=\frac{(目标产量-基础产量)\times单位经济产量养分吸收量}{肥料中养分含量\times肥料利用率}$$

上式表明,确定了单位经济产量养分吸收量、目标产量(目标产量的确定,是在前3年实际产量基础上,根据产量高低确定的)、基础产量、肥料中养分含量、肥料利用率五大参数,即可应用地力差减法确定施肥量。

例1:延津县2000~2002年优质强筋小麦高优503亩产量产分别为350 kg、360 kg、340 kg,缺氮区亩产量为199 kg,土壤速效氮含量为100.9 mg/kg,尿素中氮实际测定的利用率为34.4%,问2003年每亩地氮肥施用量是多少?

解:(1)确定目标产量:目标产量以前3年平均单产增加15%计。

$$目标产量=\frac{350+360+340}{3}+\frac{350+360+340}{3}\times15\%\approx400(kg/亩)$$

(2)缺氮区农作物产量:199 kg/亩。

(3)单位养分吸收量:查表可知100 kg冬小麦吸收氮、磷、钾分别为3.00 kg、1.25 kg、2.50 kg。

(4)尿素施用量:根据地力差减法首先计算尿素施用量。

$$尿素用量=\frac{(400-199)\div100\times3.00}{46\%\times34.4\%}=38.1(kg)$$

所以,2003 年每亩地尿素施用量为 38.1 kg。

磷、钾肥用量亦可以同样的办法获得。

大田农作物生产中,有机肥因养分含量少,利用率低,作物从有机肥中吸收的养分可忽略,底施有机肥的作用一般被认为是改善土壤结构、培肥土壤。故氮肥施用量未考虑有机肥中投入的氮量。

在实际应用中,地力差减法避免了每季测定土壤养分的麻烦,比较省事,但基础产量需要通过田间试验才能获得,比较困难,而且基础产量是地力基础的综合反映,不通过养分分析,难以确定土壤单元素养分的丰缺状况,因此就培肥地力而言,容易出现对最小养分补充不足的问题。特别是高肥力地块,作物所吸收的养分来自土壤的比例较大,需要由肥料供应的养分少,更易导致地力出现亏损,使土壤肥力下降。

(二)土壤有效养分校正系数法

土壤有效养分校正系数法是测土平衡施肥的一种方法。与地力差减法的不同点在于土壤供肥量是通过测定土壤有效养分含量来估算的。

其计算公式为:

$$\text{施肥量(kg/亩)}=\frac{\text{作物单位产量养分吸收量}\times\text{目标产量}-\text{土测值}\times 0.15\times\text{有效养分校正数}}{\text{肥料中养分含量}\times\text{肥料利用率}}$$

例 2:利用土壤有效养分校正系数法计算例 1 中尿素施用量。

解:(1)确定缺氮区农作物产量:199 kg/亩。

(2)确定土壤有效养分校正系数:

$$\text{土壤氮素校正系数(\%)}=\frac{\text{缺氮区农作物吸氮量(kg/亩)}\times\text{百千克产量养分吸收量(kg)}}{\text{土测值(mg/kg)}\times 0.15\times 100}\times 100\%$$

$$=\frac{199\times 3}{100.9\times 0.15\times 100}\times 100\%$$

$$=0.39$$

(3)单位养分吸收量:查表可知 100 kg 冬小麦吸收氮、磷、钾分别为 3.00 kg、1.25 kg、2.50 kg。

(4)计算尿素施用量:根据土壤有效养分校正系数法首先计算尿素施用量。

$$\text{尿素用量}=\frac{400\div 100\times 3.00-100.9\times 0.15\times 0.39}{46\%\times 34.4\%}=38.5\text{(kg)}$$

所以,2003 年在高优 503 每亩地尿素施用量为 38.5 kg。

磷、钾肥用量亦可以同样的办法获得。

上例中的土壤养分校正系数是通过田间试验与土壤基础养分测定实际求得的,具体工作中,若没有实测数据,可借用已有的资料,查得符合作物品种、土壤类型的土壤养分校正系数。河南省主要作物及土壤类型速效养分校正系数见表 1。

土壤养分校正系数法虽被国内外广泛采用,但在理论和实践上尚存在一些问题:一是土壤有效养分是对应于农作物相对产量的肥力指标,是个相对值,并不包含若干供肥量的意思;二是土壤有效养分"利用率"即土壤有效养分校正系数是概念模糊的经验参数;三是土壤有效养分校正系数不是恒值。

表1　土壤速效养分校正系数

作物	土类	校正系数		
		碱解氮(N)	速效磷(P_2O_5)	速效钾(K_2O)
小麦	潮土	0.47	0.70	0.39
小麦	褐土	0.45	1.47	0.22
小麦	水稻土	0.43	1.98	1.26
水稻	水稻土	0.35	1.98～2.9	0.48
玉米	褐土	0.58	1.09	0.31
玉米	潮土	0.48	0.68	0.51
玉米	砂姜黑土	0.60	0.51	0.35

注：引自慕成功、郑义《农作物配方施肥》。

三、田间试验法

为了准确地确定施肥量，在一定的气候和栽培技术条件下，选择有代表性的土壤，应用科学的试验设计，进行多年多点田间试验，以确定肥料的最佳用量和最优配比的方法称为田间试验法。根据研究手段和应用形式的不同，田间试验法又可分为肥料效应函数法、养分丰缺指标法、氮磷钾比例法。

(一)肥料效应函数法

不同肥料施用量对农作物产量产生影响，称为肥料效应。反映施肥量与产量间数量关系的数学函数即为肥料效应函数(或称肥料效应回归方程式)。通过对肥料效应函数方程式的分析，可以看出不同肥料的增产效应以及肥料配合施用的交互效应，并由此效应方程确定经济最佳施肥量、经济合理施肥量、养分经济最佳配比和最优投资方案。根据试验研究因素的多少，肥料效应函数法可分为单元肥料效应函数法与多元肥料效应函数法。

1. 肥料效应方程的选择和配制

反映肥料效应的回归方程式形式很多，归纳起来，从数学式上主要有直线方程式、指数(或对数)方程式和多项式等几类。

1)直线方程式

按照李比希最小养分律的观点，当土壤中的某一养分为最小因素，而其他养分含量相对丰富时，作物产量与该养分的施入量成比例增长，直至出现另一个最小因素时为止。保雷史(Boreach)用下式来表示李比希的观点：

$$y = b_0 + b_1 x$$

式中：y 为总产量，x 为养分施入量；b_0 为施肥前的产量水平；b_1 为系数值。

直线方程被用于在某一定范围内，某一土壤速效养分与产量的关系、低量氮磷钾类肥料在植株吸收方面的反映，以及一定施肥范围内的肥料效应等，但不能反映当施肥量递增时表现出的肥效递减现象，以及过量施肥，特别是过量施用氮肥时产生的总产量下降的现象。

2)指数(或对数)方程式

指数效应方程式是根据肥料效应的递减规律提出的，最早提出并为人们熟悉的是米采利希方程式,其余都可看做是米氏方程的修正式或同类式。

(1)米氏方程式。米采利希根据他所发现的肥料效应与报酬递减相吻合的现象,在数学家布尔的协助下得出了著名的米氏方程式:

$$y = A(1 - e^{C_1 x}) \tag{1}$$

或

$$y = A(1 - 10^{-Cx}) \tag{2}$$

将式(2)写成对数式:

$$\lg(A - y) = \lg A - Cx \tag{3}$$

式中:y 为该养分量为 x 时的实际产量;A 为增施某一养分可以达到的最高产量;C_1、C 为效应系数。

(2)米氏方程修正式。若土壤中有一定量的有效养分 b,将式(3)中的 x 改为$(x+b)$,则米氏方程式修改为:

$$\lg(A - y) = \lg A - C(x + b) \tag{4}$$

或

$$y = A[1 - 10^{-C(x+b)}] \tag{5}$$

式中:b 为土壤中含有相当于 b 量肥料的养分,化学测定的土壤速效养分量与 b 之间还需等乘一个系数,b 称为"效应量"。

(3)典型的指数方程式。式(1)、式(2)、式(3)中用的是养分供应量,式(4)、式(5)中的 x 虽用施肥量,但同时还需要土壤养分的供应量,为克服这一缺点,克劳斯和耶斯提出了一个修正式,并把它称为典型的指数方程式:

$$y = y_0 + d(1 - 10^{-Cx}) \tag{6}$$

式中:y 为总产量,y_0 为不施肥产量;d 为增加施肥量能达到的最高产量;x 为施肥量;C 为效应系数。式(6)更适用于田间。

(4)斯皮尔曼方程式。1928 年,斯皮尔曼发现递增等量施肥量而形成的连续增产量即平均边际产量表现为递减的几何级数,根据这个规律导出斯皮尔曼方程式:

$$y = A(1 - R^x)$$

式中:y 为总产量;x 为施肥量;A 为最高产量;R 为每增加一个单位养分(x_i)引起的增产量与前一个增施单位量养分(x_{i-1})所引起的增产量之比,即 x 的边际增产量下降的比率。

指数方程式存在一个共同的缺点,即肥料用量没有超过最高产量施肥量,它们不能反映总产量因施肥量增加而下降的那部分效应。

3)多项式

在肥料试验中,多项式可以直接用于施肥量与产量的关系上,对肥料反映的拟合往往优于米采利希等历史上被广泛应用的曲线,是现代用得最多的回归方程式,一般方程式为:

$$y = b_0 + b_1 x + b_2 x^2 + b_3 x^3 + \cdots$$

如果上式右侧只包括前两项,那就是直线回归;只包括前三项的称为二次曲线方程,依此类推,可分为三次、四次、……曲线方程。从曲线特征上看(见图 1),二次曲线仅有一个峰或谷,三次曲线则有一个峰和谷,以后方程的次数每增加一个,曲线就多一个峰或谷。

在选择和配置肥料效应方程时,可根据基本知识、方程的特征,以及运用效应方程式的经验、散点图进行分析判断,以确定适宜的方程式。但在反映施肥量与作物产量的关系时,一般只使用其二次多项式。这是因为:一是二次多项式足可以反映在大田生产条件下,作物产量先随施肥量增加而增加,达最高产量以后又随之下降的变化规律;二是二次以上的高次式过于繁杂并没有必要。

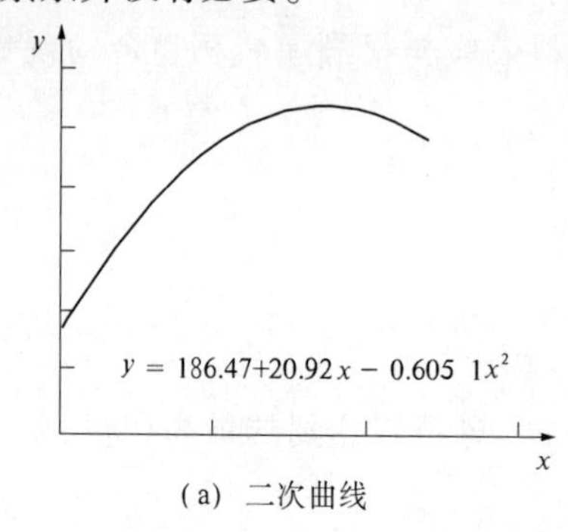

(a) 二次曲线

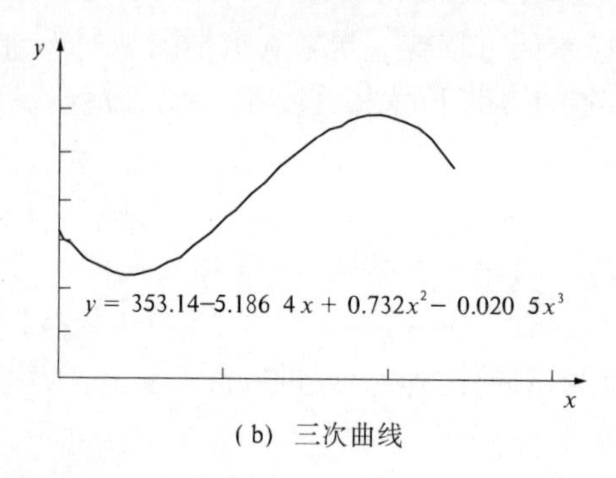

(b) 三次曲线

图1　多项式曲线

2. 利用肥料效应方程计算经济最佳施肥量

在单元肥料试验中,多以一元二次方程反映肥料效应,下面仅以一元二次肥料效应方程式为例确定经济合理施肥量。该方程式的通式为:

$$y = b_0 + b_1x + b_2x^2$$

式中:y 为作物产量;x 为施氮(磷)量;b_0 为不施肥时的产量;b_1 为确定开始阶段的产量增长趋势;b_2 为肥料效应的曲率程度及方向。

确立肥料效应函数方程,即可计算出经济施肥量,基本步骤为:

(1)确定 b_0、b_1、b_2 值。

b_0、b_1、b_2 可根据最小二乘法原理按下式求得:

$$\begin{cases} nb_0 + b_1\sum x + b_2\sum x^2 = \sum y \\ b_0\sum x + b_1\sum x^2 + b_2\sum x^3 = \sum xy \\ b_0\sum x^2 + b_1\sum x^3 + b_2\sum x^4 = \sum x^2y \end{cases} \tag{7}$$

式中:n 为成对观测组数。

(2)确定经济施肥量。

根据一元二次方程式即可计算出经济合理施肥量。

求一元二次式的一阶导数:

$$\frac{\mathrm{d}x}{\mathrm{d}y} = b_1 + 2b_2x$$

当 $b_1 + 2b_2x = 0$ 时,x 为最高产量施肥量;

当 $b_1 + 2b_2x = \frac{p_x}{p_y}$时,$x$ 为经济最佳施肥量。

式中:p_y 为肥料价格;p_x 为产品价格。

下面以强筋小麦试验为例,计算经济最佳施肥量。

例3:河南省2000~2002年在豫西旱作优质强筋小麦适生区、豫北优质强筋小麦适生区内分别选择当年主要栽培强筋麦品种小偃54、高优503安排氮、磷肥肥效试验。延津、温县、浚县、获嘉、平顶山五试验点供试土壤为潮土;偃师、陕县两试验点供试土壤为褐土。试验结果见表2、表3。

表2 不同氮肥用量小麦产量 （单位:kg/亩）

时间(年)	地点	$N_0P_6K_6$	$N_4P_6K_6$	$N_8P_6K_6$	$N_{12}P_6K_6$	$N_{16}P_6K_6$	$N_{20}P_6K_6$	$N_{24}P_6K_6$	F	高产施肥量
2001	延 津	199.0	250.3	295.0	356.4	382.7	368.1	330.1	321.95**	16
2001	温 县	502.0	484.0	495.3	542.0	512.0	476.0	518.0	0.39	
2001	浚 县	374.8	495.7	517.3	529.2	538.5	546.3	560.7	100.23**	24
2001	获 嘉	393.6	420.2	447.7	454.6	476.9	447.7	458.0	22.89**	12
2002	延 津	216.3	251.6	302.6	334.8	341.5	327.9	311.1	380.02**	12
2002	温 县	503.8	545.8	499.8	489.8	479.8	475.8	509.8	1.93	
2002	浚 县	328.3	433.9	477.0	496.9	497.0	498.0	479.3	132.23**	12
2001	偃 师	189.9	191.1	203.1	203.8	214.7	205.2	208.3	30.99**	16
2001	陕 县	65.5	70.3	82.2	94.1	116.7	99.6	94.1	50.3**	16
2001	平顶山	332.4	349.6	330.7	376.8	372.4	371.8	369.0	6.45**	12

注:各处理N、P、K分别指纯N、P_2O_5、K_2O,用量为kg/亩;P、K肥一次底施,N肥60%底施、40%于小麦拔节期或倒二叶露尖时追施,供试肥料品种必须保证一致,氮肥选用尿素、磷肥用重过磷酸钙、钾肥进口氯化钾;不施有机肥。

表3 不同磷肥 P_2O_5 用量小麦产量 （单位:kg/亩）

时间(年)	地点	$N_0P_0K_0$	$N_{12}P_0K_6$	$N_{12}P_2K_6$	$N_{12}P_4K_6$	$N_{12}P_6K_6$	$N_{12}P_8K_6$	$N_{12}P_{10}K_6$	F	高产施肥量
2001	延 津	195.6	277.4	324.5	360.6	380.1	389.6	386.4	402.41**	6
2001	温 县	468.0	458.0	470.0	468.0	538.0	480.0	444.0	1.95	
2001	浚 县	335.4	367.4	438.5	451.1	482.5	474.3	503.9	128.36**	10
2001	获 嘉	388.6	404.6	426.8	456.2	489.9	512.0	520.1	63.68**	8
2002	延 津	203.9	245.8	290.5	320	334.6	337.6	323.3	276.69**	6
2002	温 县	386.5	456.4	466.5	456.5	423.1	443.1	476.4	3.04*	0
2002	浚 县	329.8	455.8	483.6	493.0	512.0	483.9	483.7	31.75**	6
2001	偃 师	160.9	182.5	198.1	206.2	212.1	218.5	213.6	47.45**	6
2001	陕 县	53.7	60.0	66.7	61.8	74.1	63.6	67.4	2.98	
2001	平顶山	258.0	315.7	323.7	337.0	335.0	347.3	346.7	25.07**	6

注:同表2。

解:分析10个试验点产量结果,在一定的施肥量范围内多数试验点强筋小麦产量随着施肥量的增加而增加,但当施氮(磷)量达到一定数量时,产量达到最高,若再继续增加施肥量,产量表现为下降,因此宜用一元二次多项式 $y=b_0+b_1x+b_2x^2$ 进行配置。

(1)计算一级数据。见表4。

表4 强筋小麦产量与施肥量的关系

y	x	x^2	x^3	x^4	xy	x^2y	y^2
199.0	0	0	0	0	0	0	39 601
250.3	4	16	64	256	1 001.2	4 004.8	62 650.09
295.0	8	64	512	4 096	2 360	18 880	87 025
356.4	12	144	1 728	20 736	4 276.8	51 321.6	127 021
382.7	16	256	4 096	65 536	6 123.2	97 971.2	146 459.3
368.1	20	400	8 000	160 000	7 362	147 240	135 497.6
330.1	24	576	13 824	331 776	7 922.4	190 137.6	108 966
合 计 2 181.6	84	1 456	28 224	582 400	29 045.6	509 555.2	707 220

(2)将数据结果代入方程组(7)得

$$\begin{cases}7b_0+84b_1+1\ 456b_2=2\ 181.6\\84b_0+1\ 456b_1+28\ 224b_2=29\ 045.6\\1\ 456b_0+28\ 224b_1+582\ 400b_2=509\ 555.2\end{cases} \tag{8}$$

解方程(8)得:$b_0=186.47, b_1=20.92, b_2=-0.605\ 1$。

所以二次方程为:$y=-0.605\ 1x^2+20.92x+186.47$。

(3)相关系数检验。

计算回归平方和:

$$U=\sum(\hat{y}-\bar{y})^2=b_1\left(\sum xy-\frac{\sum x\cdot\sum y}{n}\right)+b_2\left(\sum x^2y-\frac{\sum x^2\cdot\sum y}{n}\right)$$

$$=20.92\times(29\ 045.6-\frac{84\times 2\ 181.6}{7})-0.605\ 1\times(509\ 555.2-\frac{1\ 456\times 2\ 181.6}{7})$$

$$=26\ 211.158$$

计算总平方和:

$$L_{yy}=\sum(y-\bar{y})^2=\sum y^2-\frac{(\sum y)^2}{n}=707\ 220-\frac{(2\ 181.6)^2}{7}=27\ 308.777$$

$$R^2=\frac{回归平方和}{总平方和}=\frac{26\ 211.158}{27\ 308.777}=0.959\ 8$$

当自由度 $df=n-k-1=7-2-1=4$ 时,$R^2_{(0.05)}=0.776\ 16$,$R^2_{(0.01)}=0.900\ 6$,$R^2>R^2_{(0.01)}$,说明肥料效应平方和的拟合性良好。

(4)计算最高产量、经济最佳施肥量。

最高产量施肥量= 17.3 kg;经济最佳施肥量=15.1 kg。

(5)以经济最佳施肥量为基础确定氮肥施用量。

其他各点计算方式同延津,各试验点肥料效应方程,最大、经济最佳施肥量分别见表5、表6、表7。

表5 强筋小麦氮肥施用数学模型 (单位:kg/亩)

时间(年)	地点	品种	肥料效应方程	R^2
2001	延 津	高优503	$y=186.47+20.92x-0.605\ 1x^2$	0.959 8**
2001	浚 县	高优503	$y=399.95+16.906x-0.451\ 4x^2$	0.885 7*
2001	获 嘉	高优503	$y=393.06+8.444\ 6x-0.248\ 7x^2$	0.903 7**
2002	延 津	高优503	$y=209.26+15.554x-0.471\ 2x^2$	0.978 9**
2002	浚 县	高优503	$y=342.26+20.944x-0.648\ 9x^2$	0.960 7**
2001	偃 师	小偃54	$y=187.5+2.233\ 9x-0.057\ 7x^2$	0.586 6
2001	陕 县	小偃54	$y=59.25+4.8x-0.135\ 3x^2$	0.794 6*
2001	平顶山	小偃54	$y=317.95+4.273\ 2x-0.080\ 4x^2$	0.680 6

从表5可以看出:除2001年平顶山和偃师试验点外,其他各点肥料效应方程的决定系数均达显著、极显著水平,说明方程的拟合性良好。

表6　氮肥最大、最佳用量　（单位：kg/亩）

时间（年）	地点	品种	最大施肥量	最佳施肥量	最大产量	最佳产量
2001	延　津	高优503	17.3	15.1	530.3	487.5
2001	浚　县	高优503	18.7	15.8	558.2	554.4
2001	获　嘉	高优503	17.0	11.8	464.7	458.1
2002	延　津	高优503	16.5	13.7	337.6	333.9
2002	浚　县	高优503	16.1	14.1	511.3	501.4
2001	陕　县	小偃54	17.7	8.1	101.8	98.0

注：纯N价格为2.6元/kg，小麦价格为1.0元/kg。

表7　强筋小麦磷肥施用数学模型　（单位：kg/亩）

时间（年）	地点	品种	数学模型	R^2	最大施肥量	经济施肥量
2001	延　津	高优503	$y = 400.42 + 16.834x - 0.4451x^2$	0.9878**	18.9	10.1
2001	温　县	高优503	$y = 413.76 + 66.543x - 6.0112x^2$	0.961**	5.5	5.3
2001	浚　县	高优503	$y = 376.98 + 24.711x - 1.2978x^2$	0.9290*	9.5	8.4
2001	获　嘉	高优503	$y = 277.52 + 26.832x - 1.5978x^2$	0.9997**	8.4	7.5
2002	延　津	高优503	$y = 245.95 + 25.665x - 1.7902x^2$	0.9997**	7.2	6.3
2002	温　县	高优503	$y = 467.97 - 10.587x + 1.0536x^2$	0.3805		
2002	浚　县	高优503	$y = 456.69 + 15.224x - 1.2946x^2$	0.8269*	5.9	4.7
2001	偃　师	小偃54	$y = 182.76 + 8.0595x - 0.4879x^2$	0.9865**	8.3	5.2
2001	陕　县	小偃54	$y = 57.061 + 8.4323x - 0.7165x^2$	0.479		
2001	平顶山	小偃54	$y = 313.81 + 14.7x - 0.8786x^2$	0.911	8.4	6.7

注：纯P_2O_5价格为3.0元/kg，小麦价格为1.0元/kg。

（二）养分丰缺指标法

作物生长发育所必需的营养元素主要来自土壤，产量越高，土壤需提供的养分就越多，土壤中营养物质的丰缺协调与否直接影响作物的生长发育和产量。由于土壤有效养分含量与作物吸收养分的数量之间良好的相关性，通过在大田设置正规田间试验，建立土壤养分与作物产量的相关关系，就可以将土壤养分测定值按一定的级别划分成养分丰缺等级。一般通行的方法是，当相对产量大于90%时，土壤养分含量“高”，施肥效果差；相对产量在70%～90%范围内的土壤，养分含量为“中”，施肥效果较好；在50%～70%范围内，土壤养分含量“低”；小于50%的土壤养分含量“极低”，肥效显著。当土壤养分的丰缺等级确定后，可根据肥效试验结果确定相应等级的施肥量，这种设计施肥配方的方法为养分丰缺指标法。

郑义、程道全等在河南省21个有代表性的县设置五区试验，建立了土壤养分与作物产量的相关关系，结合生产实际及土壤养分监测数据，制定出土壤养分等级（见表8）。同时，采用两因素三水平及单因素四水平肥料效应试验，建立氮、磷肥肥料效应方程，以不同类型麦区 b_0 值为依据，划分为小于 100 kg/亩、100 ~ 200 kg/亩、200 ~ 300 kg/亩、大于 300 kg/亩四个等级，合并同类方程。分别求出不同类型麦田的经济施肥量，作为确定氮肥用量的主要依据，磷、钾肥施用量则根据土壤有效磷与经济施磷量间存在的相关关系与试验结果获得。综合养分分级及不同地力水平下施肥配方设计，推荐施肥（见表 8）。

表 8　五大麦区平衡施肥推荐

分　区	产量（kg/亩）		土壤耕层养分含量				建议施肥量（kg/亩）			
	地力产量	目标产量	有机质（%）	碱解氮（mg/kg）	速效磷（mg/kg）	速效钾（mg/kg）	有机肥	N	P_2O_5	K_2O
黄淮海平原中低产麦区	<100	200 ~ 300	<0.8	<50	<8	>70	2 500	10 ~ 12	5 ~ 7	5 ~ 6
	100 ~ 200	250 ~ 330	0.8 ~ 1.1	50 ~ 70	8 ~ 23	<80	2 500 ~ 3 000	9 ~ 70	4 ~ 6	4 ~ 5
	200 ~ 250	>330	>1.1	>70	>23	<100	>3 000	7 ~ 9	3	4 ~ 5
豫北高产麦区	<150	<300	<0.8	<50	5 ~ 8	<80	3 000	11 ~ 13	6 ~ 7	3 ~ 4
	150 ~ 250	300 ~ 380	0.8 ~ 1.0	50 ~ 70	8 ~ 12	80 ~ 90	3 000 ~ 3 500	10 ~ 11	5 ~ 6	3 ~ 4
	250 ~ 320	380 ~ 420	>1.0	70 ~ 85	12 ~ 25	<100	3 500 ~ 4 000	9 ~ 10	3 ~ 5	4 ~ 5
	>320	>420		>85	>25	<120	>4 000	7 ~ 8	3 ~ 4	5 ~ 7
豫西丘陵旱地中低产麦区	<80	<200	<0.8	<40	<7	<80	2 500	10 ~ 11	5 ~ 6	3 ~ 4
	100 ~ 150	200 ~ 250	0.8 ~ 1.0	40 ~ 60	7 ~ 15	80 ~ 90	2 500 ~ 3 000	9 ~ 10	4 ~ 5	3 ~ 4
	150 ~ 200	250 ~ 290	1.0 ~ 11	60 ~ 70	15 ~ 20	<90	3 000 ~ 3 500	8 ~ 9	3 ~ 5	2 ~ 3
	>200	>290	>1.1	>70	>20	<100	>3 500	8	3	2 ~ 3
晚播中低产麦区	<100	<259	<0.8	>50	<8	<70	2 500	10 ~ 12	6	4 ~ 5
	100 ~ 200	200 ~ 300	0.8 ~ 0.9	50 ~ 60	8 ~ 15	70 ~ 90	2 500 ~ 3 000	9 ~ 10	5	4
	200 ~ 250	250 ~ 350	0.9 ~ 1.2	60 ~ 70	15 ~ 22	90 ~ 100	3 000 ~ 3 500	8 ~ 9	4	3 ~ 4
	>250	>350	>1.2	>80	>22	<110	>3 500	8	3	3 ~ 4
淮南稻麦轮作中低产区	<80	150 ~ 200	<1.0	<60	<10	<70	2 500	8	6	4 ~ 5
	80 ~ 130	150 ~ 250	1.0 ~ 1.3	60 ~ 80	10 ~ 25	<80	3 000	10	5	4 ~ 5
	<130	>250	>1.3	>80	>25	<90	3 500	10	4	4 ~ 5

注：1. 土壤有效锌含量 <0.5 mg/kg，每亩补施 0.5 ~ 1.0 kg $ZnSO_4$，或于中前期叶面喷洒 0.2% 的 $ZnSO_4$ 溶液 50 kg。
2. 引自郑义、程道全等著的《河南省小麦平衡施肥技术研究与应用》。

（三）氮磷钾比例法

农作物从种子到种子的一代间，需要吸收一定的养分量，以构成自身完整的组织。由于每一种作物其组织的化学结构比较稳定，而且养分的吸收具有选择性吸收的特性，在一定的产量水平下，每种作物单位产量养分吸收比例、吸收量可视为一个常数。鉴于氮肥在生产中的重要性，在配方肥配制实践中，人们通过田间试验主要研究了氮肥施用量的确定以及土壤养分丰缺状况。磷、钾肥用量可以根据农作物需肥比例、肥料利用率和土壤供肥水平确定。

已知氮肥施用量，以小麦利用养分的吸收比例为例设计配方肥配方。

例如：已知 N、P_2O_5、K_2O 的利用率一般分别为 40%、20% 和 60%，小麦施氮量经测定为每亩 12 kg。

(1)确定小麦吸收养分的比例。

有测试条件的地区可分析化验该小麦品种在固定区域内的养分吸收比例;无分析化验条件,可利用统计资料,查得养分吸收比例。

查表可知:小麦对 N、P_2O_5、K_2O 的吸收比例为 3.00 ∶1.25 ∶2.50。

(2)根据养分吸收比例与肥料利用率确定配方设计比例。

根据氮、磷、钾肥的利用率,小麦对环境中氮、磷、钾的吸收比例为(3.00 ÷40%)∶(1.25 ÷20%)∶(2.50 ÷60%)=7.50 ∶6.25∶4.17 =1∶0.83 ∶0.56。

(3)确定配方中肥料加入量。

磷肥(P_2O_5)施用量 =12 ×0.83 = 10.0(kg)

钾肥(K_2O)施用量 =12 ×0.56 = 6.7(kg)

在生产实践中磷、钾肥的施用可参照当地土壤养分供应情况略作调整。

参考文献

[1] 谭金芳.作物施肥原理与技术[M].北京:中国农业大学出版社,2003.

[2] 陶勤南.肥料试验与统计分析[M].北京:中国农业出版社,1997.

[3] 慕成功.郑义.农作物配方施肥[M].北京:中国农业科技出版社,1995.

[4] 陈伦寿,李仁岗.农田施肥原理与实践[M].北京:中国农业出版社,1984.

[5] 金耀青,张中原.配方施肥方法及其应用[M].沈阳:辽宁科学技术出版社,1993.

[6] 杨建堂,等.配方肥的生产原理与施用技术[M].北京:中国农业科技出版社,1998.

[7] 西北农学院,华南农学院.农业化学研究法[M].北京:中国农业出版社,1980.

[8] 范濂.农业试验统计方法[M].郑州:河南科学技术出版社,1983.

[9] 郑义,程道全,等.河南省小麦平衡施肥技术研究与应用[C]//国际平衡施肥研讨会论文集.北京:中国农业出版社.1998.

田间土壤样品采集和土壤养分测试技术

刘中平

(河南省土壤肥料站·2005 年 5 月)

测土配方施肥的核心是根据土壤养分测试结果、农作物的需肥规律和特点,结合肥料效应、田间试验,有针对性地、科学合理地确定氮、磷、钾和中、微量元素的适宜用量和比例,并加工成各种作物的专用配方肥,供应农户,并指导农民科学合理施用,从而有效地解决作物施肥与土壤供肥、作物需肥之间的矛盾,达到提高农产品产量、改善农产品品质、提高农产品市场竞争力、提高化肥利用率和使用效益的目的。在取样(土样)、测土、配方、配肥、供肥、施肥技术指导六个关键技术环节中,首先要加强对土壤营养状况的动态监测,掌握土壤养分动态变化情况,这是做好测土配方施肥技术推广的前提和基础。因此,田间土壤样品采集和土壤养分测试是开展测土配方施肥工作的第一步,样品采集是否合理,样品测试是否准确,直接关系到配方的确定和测土配方施肥的最终结果。

一、科学采集土样

土壤样品采集是进行测土配方施肥工作的第一步,其科学性和代表性直接关系到测土配方施肥技术的成败。只有采取科学和先进的土样采集方法,才能够真实地反映和代表土壤本身的肥力状况,才能够确保肥料配方的针对性和实用性。

(一)土壤样品采集

土壤样品采集应具有代表性,并根据不同分析项目采用相应的采样和处理方法。

1. 采样单元

采样前要详细了解采样地区的土壤类型、肥力等级和地形等因素,将测土配方施肥区域划分为若干个采样单元,每个采样单元的土壤应尽可能均匀一致。

平均每个单元为 100 ~ 200 亩(平原区、大田作物每 100 ~ 500 亩采一个混合样,丘陵区、大田园艺作物每 30 ~ 80 亩采一个混合样)。为便于田间示范追踪并考虑施肥分区需要,采样集中在位于每个采样单元相对中心位置的典型地块,面积为 1 ~ 10 亩。

2. 采样时间

在作物收获后或播种施肥前采集,一般在秋后;果园在果品采摘后第一次施肥前采集。进行氮肥追肥时,应在追肥前或作物生长的关键时期采集样品。

3. 采样周期

同一采样单元,无机氮及植株营养快速诊断每季或每年采集 1 次;土壤有效磷、速效钾等一般 2 ~ 3 年,中、微量元素一般 3 ~ 5 年采集 1 次。

4. 采样点定位

采样点参考县级土壤图,采用 GPS 定位,记录经纬度,精确到 0.1″。

5. 采样深度

采样深度一般为 0 ~ 20 cm,果园为 0 ~ 40 cm。土壤有机氮含量测定,采样深度应根据不同作物、不同生育期的主要根系分布深度来确定。

6. 采样点数量

每个样品采样点的多少,取决于采样单元的大小、土壤肥力的一致性等,一般 7 ~ 20 个点为宜。总之,要保证足够的采样点,使之能代表采样单元的土壤特性。

7. 采样路线

采样时应沿着一定的线路,按照随机、等量和多点混合的原则进行采样。一般采用 S 形布点采样,能够较好地克服耕作、施肥等所造成的误差。在地形变化小、地力较均匀、采样单元面积较小的情况下,也可采用梅花形布点取样。采样时要避开路边、田埂、沟边、肥堆等特殊部位。

8. 采样方法

每个采样点的取土深度及采样量要均匀一致,土样上层与下层比例要相同。取样器应垂直于地面入土,深度相同。用取土铲取样先铲出一个耕层断面,再平行于断面取土。测定微量元素的样品必须用不锈钢取土器采样。

9. 样品量

混和土样以取土 1 kg 左右为宜(用于推荐施肥 0.5 kg,用于试验 2 kg),可用四分法将多余的土壤弃去。方法是将采集的土壤样品放在盘子里或塑料布上,弄碎、混匀,铺成四方形,画对角线将土样分成4份,把对角的2份分别合并成1份,保留1份。如果所得的样品依然很多,可再用四分法处理,直到满足所需数量为止。

10. 样品标记

采集的样品放入统一的样品袋,用铅笔写好标签,内外各1张。采样标签样式见表1。

表1 土壤采样标签格式

统一编码:(和农户调查表编号一致)	邮编:
采样时间: 年 月 日 时 分 采样地点: 省 县 乡(镇) 村 地块 农户名	
地块在村的(中部、东部、南部、西部、北部、东南、西南、东北、西北)	
采样深度:①0～20 cm ②其他______ cm 该土样由______点混合(7～20)	
经度: 度 分 秒 纬度: 度 分 秒	
采样人:	联系电话:

(二)采样工具

常用的采样工具有3种类型:小土铲、管形土钻和普通土钻。

1. 小土铲

在切割的土面上根据采土深度用土铲采取上下一致的薄片。这种土铲在任何情况下都可运用,但比较费工,多点混合采样,往往嫌其费工而不采用。

2. 管形土钻

下部为圆柱形开口钢管,上部为柄架,根据工作需要可用不同管径的管形土钻。将土钻钻入土中,在一定土层深度,取出一均匀土柱。管形土钻取土速度快,又少混杂,特别适用于大面积多点混合样品的采取。但它不太适用于沙性土壤,或干硬的黏重土壤。

3. 普通土钻

普通土钻使用起来也比较方便,但它一般只适用于湿润的土壤,不适用于很干的土壤,同样也不适用于沙土。另外普通土钻取土容易混杂。

用普通土钻采取的土样,分析结果往往比其他工具采取的土样要低,特别是有机质、有效养分等的分析结果较为明显。这是因为用普通土钻取样,容易损失一部分表层土样。由于表层土往往较干,容易掉落,而表层土的有效养分、有机质的含量较高。

不同取土工具带来的差异主要是由于上下土体不一致。这也说明采样时应注意采土深度,并使上下土体保持一致。

(三)采集土样时应注意的问题

1. 要有充分的代表性

必须经过详细的调查了解,按照不同的地形部位、土壤类型、作物栽培轮作情况、肥力水平,划出采样区,确定采样点,使所采的土样能准确反映土壤实际性状。

2. 要有明确的目的

必须采集混合样本,多点混合,以充分反映土壤的养分状况。

3. 其他

采土数量在采土深度内要上下均匀等量。采土之前必须将工具清洗干净,并将取样点表面的植物残体或其他杂物全部去掉。不能在靠近路边、地头、沟边、局部特殊地形及堆放过肥料的地方采样。

此外,测土是在一定范围内选择一些有代表性的地块测定其养分含量,给出作物施肥方案,其他类似的地块参照进行,不可能也没有必要测定每个农家地块的土壤养分。

(四)土壤样品的制备与保存

1. 新鲜样品的制备与保存

某些土壤成分如低价铁、铵态氮、硝态氮等在风干过程中会发生显著变化,必须用新鲜样品进行分析。为了能真实反映土壤在田间自然状态下的某些理化性状,新鲜样品要及时送回室内进行处理和分析。可先用粗玻璃棒或塑料棒将样品弄碎混匀后迅速称样测定。新鲜样品一般不宜贮存,如需要暂贮存时,可将新鲜样品装入塑料袋,扎紧袋口,放在冰箱冷藏室或进行速冻保存。

2. 风干样品的制备和保存

从野外采回的土壤样品要及时放在样品盘上,摊成薄薄的一层,置于干净整洁的室内通风处风干,严禁曝晒,并注意防止酸、碱等气体及灰尘的污染。风干过程中要经常翻动土样,并将大土块捏碎以加速干燥,同时剔除土壤以外的侵入体。

风干后的土样按照不同的分析要求研磨过筛,充分混匀后,装入样品瓶中备用。瓶内外各粘贴标签一张,写明编号、采样地点、土壤名称、采样深度、样品粒径、采样日期、采样人及制样时间、制样人等项目。制备好的样品要妥为贮存,避免日晒、高温、潮湿和酸碱等气体的污染。全部分析工作结束,分析数据核实无误后,试样一般还要保存 3 个月至 1 年,以备查询。少数有价值需要长期保存的样品,须保存于广口瓶中,用蜡封好瓶口。

(1)一般化学分析试样。将风干后的样品平铺在制样板上,用木棍或塑料棍碾压,并将植物残体、石块等侵入体和新生体剔除干净,细小已断的植物须根,可用静电吸除的方法清除。压碎的土样要全部通过 2 mm 孔径筛。未过筛的土粒必须重新碾压过筛,直至全部样品通过 2 mm 孔径筛为止。通过 2 mm 孔径筛的土样可供 pH 值、盐分、交换性能及有效养分等项目的测定。

将通过 2 mm 孔径筛的土样用四分法取出一部分继续研磨,使之全部通过 0. 25 mm 孔径筛,供有机质、全氮、碳酸钙等项目的测定。

(2)微量元素分析试样。用于微量元素分析的土样,其处理方法同一般化学分析样品,但在采样、风干、研磨、过筛、运输、贮存等诸环节都要特别注意,不要接触金属器具以防止污染。如采样、制样使用木、竹或塑料工具,过筛使用尼龙筛等。通过 2 mm 孔径尼龙筛的样品可用于测定土壤中有效态微量元素。从通过 2 mm 孔径尼龙筛的试样中用四分法或多点取样法取出一部分样品用玛瑙研钵进一步磨细,使之全部通过 0. 149 mm 孔径尼龙筛,用于测定土壤全量微量元素。处理好的样品应放在塑料瓶中保存备用。

(3)颗粒分析试样。将风干土样反复碾碎,使之全部通过 2 mm 孔径筛。留在筛上的碎石称量后保存,同时将过筛的土样称量,以计算石砾质量百分数,然后将土样混匀后盛于广口瓶内,作为颗粒分析及其他物理性质测定之用。在土壤中若有铁锰结核、石灰结核、铁屑或半风化样,不能用木棍碾碎,应细心拣出称量保存。

二、土壤养分的分析测试技术

（一）土壤养分的常规化验分析

土壤养分的常规化验按《土壤分析技术规范》，主要分析测试土壤速效氮、磷、钾、pH值，按10%抽样测试土壤有机质、微量元素等土壤养分。原则上同一区片一般可2~3年取样调查测试一次。

土样测试前做好清选、登记等工作，保证土样不丢失、不串号、不霉变。

（1）全氮的测定：半微量开氏法。

（2）水解氮的测定：碱解扩散法。

（3）铵态氮的测定：扩散法或者10% NaCl 浸提—蒸馏法。

（4）硝态氮的测定：酚二磺酸比色法。

（5）有效磷的测定：0.5 mol/L $NaHCO_3$ 浸提（也有用 NH_4F—HCl 浸提）钼锑抗比色法。

（6）速效钾测定：1 mol/L NH_4O Ac 浸提—火焰光度计法或1 N $NaNO_3$ 浸提—四苯硼钠比浊法。

（7）有机质的测定：重铬酸钾容量法（油浴法或沙浴法）。

（8）土壤酸碱度的测定：酸度计法或 pH 试纸标准色阶比色法。

（9）土壤有效铁、锰、铜、锌的测定：DTPA 浸提—原子吸收光谱法。

（10）土壤有效硼的测定：甲亚胺—H 比色法或姜黄素比色法。

（11）土壤有效硫的测定：磷酸盐浸提—硫酸钡比浊法。

（二）土壤养分的快速测定

1. M3 土壤有效养分的测定（推荐方法）

（1）M3 土壤有效磷、钾、钙、镁、铁、锰、铜、锌的测定方法原理。

M3 浸提剂中的0.2 mol/L HoAc—0.25 mol/L NH_4NO_3 形成了 pH 值为2.5 的强缓冲体系，并可浸提出交换性钾、钙、镁、铁、锰、铜、锌等阳离子；0.015 mol/L NH_4F—0.013 mol/L HNO_3 可调控磷从钙、铝、铁无机磷源中解吸；0.001 mol/L EDTA 可浸提出螯合态铜、锌、锰、铁等，因此 M3 浸提剂可同时提取土壤中有效磷、钾、钙、镁、铁、锰、铜、锌等多种养分：①M3 有效磷的测定：M3 浸出液—钼锑抗比色法；②M3 有效钾的测定：M3 浸出液—火焰光度计法；③M3 有效钙、镁的测定：M3 浸出液—原子吸收分光光度计法；④M3 有效铜、锌、锰、铁的测定：M3 浸出液—原子吸收分光光度计法。

（2）土壤全氮测定同常规分析方法。

（3）土壤硝态氮含量的测定：饱和硫酸钙溶液提取—紫外分光光度计法。

（4）土壤水分的测定：恒温干燥法。

（5）土壤酸碱度的测定：电位法。

2. ASI 土壤养分测定方法

（1）ASI 土壤有机质的测定：0.2 mol/L NaOH—0.01 mol/L EDTA—2% 甲醇浸提—分光光度法。

（2））ASI 土壤有效磷、钾、铁、锰、铜、锌的测定方法原理。

土壤系统研究法（ASI 法）中主要成分为 $NaHCO_3$、EDTA、NH_4F 和 Superfloc127。其中，HCO_3^- 是石灰性土壤中钙—磷的理想提取剂；EDTA 对铁、铝、钙具有螯合力；F^- 是铝—磷的强力提取剂,其次是铁—磷和钙—磷。NH_4^+可有效提取土壤中的K^+;Superfloc127为通用浸提剂;EDTA可螯合浸提铜、锌、锰、铁。该方法与我国土壤测定的常规化学方法呈显著相关。浸提剂中各成分含量为:0.25 mol/L $NaHCO_3$—0.01 mol/L NH_4F。①ASI土壤有效磷的测定:ASI浸提—钼锑抗比色法;②ASI土壤有效钾的测定:ASI浸提—原子吸收分光光度法或光焰光度法;③ASI土壤有效铁、锰、铜、锌的测定:ASI浸提—原子吸收光谱法。

(3)ASI土壤交换性酸、铵态氮、有效钙和镁的测定。①ASI土壤交换性酸的测定:1 mol/L KCl浸提—酸碱滴定法;②ASI土壤铵态氮的测定:1 mol/L KCl浸提—分光光度计法;③ASI土壤有效钙和镁的测定:1mol/L KCl浸提—原子吸收光谱法。

(4)ASI土壤有效硫、硼的测定。①ASI土壤有效硫的测定:磷酸盐浸提—硫酸钡比浊法;②ASI土壤有效硼的测定:磷酸盐浸提—姜黄素比色法。

(5)ASI土壤酸碱度的测定:电位法。

3.土壤养分速测仪

土壤养分速测仪在野外操作,外界环境条件很难控制,土壤养分的测试结果准确度和精确度很难保证。土壤养分测试结果是个相对值,必须要有相配套的肥料田间小区试验建立施肥推荐指标体系,目前大多数土壤养分速测仪尚未建立完善的推荐施肥指标。当只有一两个土样时,土壤养分速测仪才能体现“快速”。相反,当样品数量达到一定批量后(3个以上时),与化验室的常规测试相比,“速测”就成“慢测”了。因此,在大面积开展测土配方施肥时,常规土壤养分测试是了解土壤养分最佳、最有效的手段,土壤速测仪的推广应慎重,不宜大量配置。

三、县级测土配肥化验室建设配置要求

(一)常规化验室的建设方案

县级化验室是基层农业推广系统搞好测土配方施肥的职能部门之一,应具备开展土壤12个常规项目分析、植株分析、土壤墒情和土壤养分动态监测、有机肥和常规化肥分析的能力。人员配置3~5人,年完成600个土壤、植株样品分析和100个肥料样品分析,全年可具备8 000项次的检测能力。

县级常规化验室仪器设备总投资规模约15万元,配置如下:

(1)取样、制样设备如取样器、样品粉碎机、测试标准等。

(2)检测设备如分光光度计、火焰光度计、酸度计、电导率仪、水分测定仪、地温仪等。

(3)辅助设备如天平、纯水制备装置、加热设备、通风设备、消煮设备、电冰箱、空调及实验台柜、易耗品等。

(4)公用设施如水、电、消防等设施。

(二)速测化验室的建设方案

为保证测土配方施肥的顺利开展,充分利用现有资源,更新改造化验室,改进技术方法,实现分析设备自动化、样品测试批量化、数据管理信息化,提出测土配方施肥速测化验室建设与仪器设备的基本要求。速测化验室建成后,能开展区域内土壤大、中、微量元素的分析化验,测试项目为土壤速(有)效氮、磷、钾、钙、镁、硫、铁、铜、锰、锌、硼等营养元素和有机质、pH值以及交换性酸等。人员配置3~4人,实验室面积不小于200 m^2,日土壤样品分析能力达120个以上,速测化验室年土壤样品分析能力达1万个以上。

速测化验室仪器设备总投资规模约30万元,配置如下:

(1)土壤样品前处理设备:配备批量化前处理设备,实现土壤样品从编号、风干、研磨、量取、浸提到分析测试全过程批量处理,并将相关信息录入电脑。

(2)检测设备:紫外可见分光光度计、原子吸收分光光度计、酸度计等。

(3)配套设备:土壤快速研磨机、纯水设备、实验室数据自动采集系统、宽带网络或ADSL网络、路由器等。

综上所述,化验室是开展测土配方施肥的重要基础设施,各地在开展测土配方施肥时务必高度重视化验室建设,对条件不具备的化验室要及时进行更新改造,使其适应测土配方施肥的要求。

测土配肥实验室质量控制与考核

王小琳

(河南省土壤肥料站·2005年5月)

实验室检测质量受设施与环境条件、机构与人员状况、仪器设备、检测方法等多方面因素的制约,任何环节存在质量问题,均可造成测量误差,影响结果的准确度和精密度。为保障实验结果的准确性、可靠性及实验室之间的可比性,实验室必须采取严格的质量控制与考核措施。

实验室检测质量控制的要素,首先是要建立相适应的质量管理体系;其次是实施实验室内质量控制与审核;再次是实验室间质量控制。

一、建立实验室质量管理体系

任何一个实验室必须具备相应的检验条件,包括必要的、符合要求的仪器设备、场地、设施、检验人员等资源;然后通过与其相适应的组织机构,明确各岗位职能,指定检验工作程序及检验依据方法,使各项检验工作能有效协调地进行,构成一个有机的整体,即实验室质量管理体系。同时,通过实验室内部质量监控与审核、实验室间质量控制等方式,使其质量管理体系不断完善和健全,以保证实验室有信心、有能力为社会出具准确、可靠的检验数据或报告。

(一)质量管理体系的软件建设

《实验室资质认定评审准则》中明确要求实验室要建立文件化的质量管理体系,也就是质量管理体系文件。质量管理体系文件是开展检测工作的依据,是实验室内部管理的规范性文件,是质量管理体系的具体体现和质量管理体系运行的法规,同时也是质量管理体系审核的依据。编制质量管理体系文件,是实验室建立并保持其管理体系要求的重要的基础工作。质量管理体系文件一般包括质量手册、程序文件、作业指导书、质量记录四个方面的内容。

质量手册:描述实验室质量方针以及实验室为保证实施该方针而采用有效的制度和措施的质量体系文件,包括完整的工作规范和工作制度,是指导检测工作的法规性文件。

程序文件:是规定实验室质量活动方法和要求的文件,也就是具体的检测程序,是质量手册的支持性文件。

作业指导书：是实验室开展检测工作的具体操作指南，包括仪器操作规程、检定、检查及维护规程、检测细则等。

质量记录：为完成质量活动而提供客观证据的质量文件，包括原始记录、表格及报告的格式等。

（二）质量管理体系的硬件建设

质量体系的硬件建设包括以下几方面：实验室面积与布局要合理；设施与环境条件要符合要求；要配备相适应的仪器设备；建立相适应的组织机构并配备相适应的人员；计量器具、试剂、检测用水要符合标准规定等。

1. 实验室面积与布局要求

实验室面积不少于200 m^2，若条件允许最好设在同一层，以方便化验员工作。检测区域一定要与办公场所分离，检测区设置包括样品处理室、标准室、样品保存室、原子吸收室、精密仪器室、分析室（氮、磷、钾等）、仪器药品贮藏室、高温室、天平室、纯水室、资料室等，各检测室之间布局一定要合理。

2. 实验室设施与环境条件要求

（1）实验室位置应远离生产车间、锅炉和交通要道等地方，防止振动、噪声及粉尘的影响。仪器室噪声要小于55 dB，工作间噪声要小于70 dB；天平等精密仪器室振动要求应在4级以下，振动速度小于0.20 mm/s；含尘量要求小于0.28 mg/m^3。

（2）样品室、天平等精密仪器室等对检测结果有影响的操作室必须配备温控及除湿设备。一般要求环境温度控制在15～35 ℃；相对湿度控制在20%～75%。

（3）检测室安装电源插座、插头一定要达到负荷要求，防止短路引起仪器或人身安全事故，电源电压要求220 V±11 V，并注意接地良好。

（4）实验室采光要好，光线要明亮，照度要求200～350 lx。

（5）样品消煮一定要配备专业通风橱（消煮柜），不能简单地用抽油烟机代替。实验室内配备换气扇，保证通风良好。

（6）实验室内仪器设备应合理布局，摆放整洁，既便于操作，有利于仪器及人身安全，又保证检测工作质量。

3. 实验室仪器设备要求

（1）仪器设备应采购已获产品质量认证的专业厂家生产的质优、价廉、售后服务好的产品。

（2）仪器设备的精度、量程、检测范围能满足检测工作需要。

（3）仪器设备应建立技术档案，包括各类说明书及检定、使用、维护记录等，工作时应使用说明书的复印件。

（4）仪器设备专人保管，负责定期检定、维护，操作人员要经培训后再上岗。

（5）仪器设备必须配备操作规程，并明示。

（6）属强制性检定的计量仪器须定期送法定检定机构进行检定或校准，经检定或校准后方可投入使用，期间要进行核查。非强制性检定的仪器设备，应定期组织自校或验证，自检和验证常用的方法有使用有证标准物质和组织实验室间比对等。

（7）天平等精密仪器要注意防尘、防震、防腐蚀，且不能随意挪动，若挪动须经校准后才能使用。

(8)仪器设备出现故障,经修复、校准后,才可继续使用。

4.组织机构与人员配备要求

实验室应配备相应的专业技术人员,经业务培训后持证上岗。一般土肥实验室应配备实验室负责人、技术负责人、质量负责人、检验员及后勤人员五大类。其中检验员的学历应在中专以上,以土壤农业化学或分析专业为主,根据化验工作量,至少应配备5名以上化验人员,上述人员之间可相互兼职。

5.实验室检测用品的控制

实验室影响检测数据准确性的因素,不仅包含计量器具,而且检测用水、试剂及器皿等常用检测用品也直接影响检测结果的可靠性。常用检测用品主要有检测用水、试剂及器皿;计量器具有仪器设备、玻璃量器、标准物质等三类,其控制分述如下:

1)常用检测用品的控制

(1)检测中化验室用水有一定的质量标准(GB/T 6682—2008《分析实验室用水规格和试验方法》),每批次制水最好用电导率仪测定合格后使用。尤其配制试剂时所用的纯水应与试剂的纯度相当,以保证溶液的质量。

(2)化学试剂是化学分析和仪器分析的定量基础之一。它包含基准试剂、反应用试剂(滴定剂、沉淀剂和显色剂等)及样品前处理所用试剂等。如果试剂纯度不够或杂质含量高,都会增加试剂空白,从而影响检测结果。试剂及其用量一旦被选定,那么由试剂引起的误差是一个固定的系统误差。因而要对供应商的资质进行评定,筛选质量有保证的合格供应商购买试剂。

(3)检测工作应根据被测样品的性质及被测组分的含量水平,从器皿材料的化学组成和表面吸附、渗透性等方面选用合适的器皿,并辅以适当的清洗过程,才能保证检测结果的可靠性。例如微量元素分析中取样、样品处理、称样勺等均不能使用铁制品;硼分析要使用石英器皿;未用过的新玻璃器皿经自来水冲洗后,用市售洗涤剂或铬酸洗液浸泡,去除可溶性物质,再用自来水反复冲洗,纯水淋洗2~3次后使用;特殊污垢可选择适当的洗涤液浸泡,铁锈、水垢等可用稀盐酸或稀硝酸洗液;油脂用温热的铬酸、碱性酒精或碱性高锰酸钾洗液;钼蓝或磷钼酸喹啉用稀氢氧化钠溶液;四苯硼钾用丙酮等;微量或痕量分析器皿用1∶1盐酸溶液浸泡一周,用纯水清洗,再用1∶1硝酸浸泡一周,用纯水清洗,干燥后使用等。

2)计量器具的控制

(1)对检测准确性和有效性有影响的仪器设备,应制定校核与检定(验证)的周期检定计划。属强制性检定的,应定期送法定机构检定;属非强制性检定的,也应定期组织自校或验证,自检和验证常用的方法有使用有证标准物质和组织实验室间比对等。

(2)玻璃量器应购置有《制造计量器具许可证》的产品。玻璃量器应按周期进行检定,其中与标准溶液配制、标定有关的,定期送法定机构检定;其余的由本单位具有检定员资格的人员,按有关规定自检。

3)标准物质的控制

标准物质应购买国务院有关业务主管部门批准并授权生产,附有标准物质证书且在有效期内的产品。实验室的参比样品、工作标准溶液等应溯源到国家有证标准物质。

二、实验室内的质量控制与考核

实验室内质量控制与考核是检测人员对检测质量进行自我控制的过程。它主要反映的是检测质量的稳定性如何,以便及时发现某些偶然异常现象,随时采取相应的校正措施,提高分析结果的准确性。同时每年应组织一次实验室质量体系的内部审核,确定质量体系的有效性,对运行中存在的问题采取纠正措施,提高和改善实验室的技术水平与能力。

(一) 检测误差的控制

检测质量是从样品取样到进入化验室开始,从样品取样、制备到检测的全过程,直到结果的计算,各个环节都有质量问题,总的属于检测质量。整个检测过程是复杂多变的,误差来源很多,且误差存在于一切实验的全过程。实验室检测误差分采样误差和测量误差。

1. 采样误差的控制

采样误差为来自样品的采集、保存及制备各个环节所引起的误差。样品的代表性是采样误差的主要原因。此外,采样不规范、样品制备和保存不当,造成样品污染、成分改变也是采样误差的直接来源。因此采样时应遵循代表性、典型性、针对性、适时性及防止污染等原则,以有效地控制采样误差。

2. 测量误差的控制

测定值与真值之间的差别称为误差,它包括系统误差、随机误差和粗差。

(1)系统误差。系统误差又称为恒定误差或可测误差,是在相同条件下,对一已知量的待测物进行多次测定,测定值总向着一个方向,也就是说测定值总是高于真实值或总是低于真实值。若实验条件改变,则系统误差可随之变化,此时又称可变性系统误差。系统误差按其来源可分为方法误差、仪器误差、试剂误差、操作误差及环境误差。

(2)随机误差。随机误差也叫偶然误差。在相同条件下多次测定同一量的样品时,误差的绝对值和正负没有一定的方向,时大时小,时正时负,不可预定,是具有补偿性的误差。通常采用多次测量求其平均值,使几次测量的随机误差在平均值中部分抵消而降低。

(3)粗差。粗差又称过失误差,是由于检测过程中犯了不应有的错误造成的,从而明显地歪曲了测定结果。如测错、记错、读错、配错试剂及编号错误都会带来粗差。含粗差的测定值称为异常值,计算时应将其舍弃。

(二)实验室内质量控制

1. 检测方法的选择

检测方法选择是实验室内质量控制的首要一环,它决定了检测结果的准确度、精密度、检出限和对样品的适应性。检测方法应首先选择国家或国际标准检测方法;其次可顺序选择行业标准检测方法,地方标准检测方法,上级主管部门认可的技术规范、规程、条例规定检测方法,已在省级或以上质量监督部门备案的企业标准规定检测方法,由知名的技术组织或有关科学书籍、期刊公布检测方法,设备制造商指定检测方法等。当无以上标准方法或检测已超出标准方法预定范围时,可以制定非标准方法,但必须经比对、验证、评价、确认后才能使用。

2. 样品的控制

样品的制备中应确保样品不被污染,测定微量元素的样品,一定要用不含金属的特殊设备进行制备;土壤与肥料样品的处理分开进行,防止交叉污染;样品编号要统一,防止发生混淆;样品的保存要保持清洁,且应做好温湿度控制。

3. 工作标准溶液的配制与校准

工作标准溶液与仪器设备、玻璃量器一样，是实验室重要的计量基准。工作标准溶液分为元素标准溶液和标准滴定溶液两类。工作标准溶液应严格按照 GB/T 602—2002《化学试剂杂质测定用标准溶液的制备》、HG/T 2843—1997《化肥产品 化学分析常用标准滴定溶液、标准溶液、试剂溶液和指示剂溶液》及有关检测方法标准配制、使用和保存。

(1)元素标准溶液可用国家单元素标准溶液，按照所用试剂批号和配制时间等因素综合考虑，定期核准，每年至少 1 ~2 次。

(2)标准滴定溶液可用一级标准物质、二级标准物或基准试剂，按照所用工作基准试剂的批号和配制时间等因素综合考虑，定期核准，每年至少 1 ~2 次。

4. 空白试验

空白值的大小和分散程度，影响着方法的检测限和检测结果的精密度。影响空白值的主要因素有：纯水质量、试剂纯度、试液配置质量、玻璃器皿的洁净度、精密仪器的灵敏度和精密度、实验室的清洁度、分析人员的操作水平和经验等。一定注意每批试验都要进行空白试验，且至少两平行以上，平行测定的相对差值不应大于 50%。同时，应通过大量的试验，逐步总结出各种空白值的合理范围。

5. 测试精密度控制

精密度是指在相同条件下多次重复测定结果彼此相符合的程度，一般采用平行测定的允许差来控制。通常情况下，肥料样品采用全样平行，土壤样品需作 10% ~20% 的平行。5 个样品以下的，应增加为 100% 的平行。平行测试结果的允差参照相关方法标准规定的允许差，最终结果以其平均值报出，如果平行测试结果超过规定的允许差，除对不合格者重新做平行双测定外，应再增加测定 10% ~20% 的平行双样，如此累计，直到允许误差符合要求。

6. 测试准确度控制

准确度是指测定值与真实值之间相符合的程度。测量时多采用标准加入法进行检测质量的控制。

1)质量控制样品(标准样品、参比样品)的应用

(1)准确度一般采用标准样品作为控制手段。在土壤检测中，一般用标准样品控制微量分析，通常情况下，每批样品或每 10 个样品加测标准样品 1 个，其测试结果与标准样品标准值的差值，应控制在标准值所提供的允许限范围($\bar{x}\pm 2S$)之内。

(2)采用参比样品控制控制常量分析，较为经济合理、切合实际。参比样品较标准物质低，可以由实验室内部制备，但需与标准物质比对定值后使用。与标准样品控制一样，每批样品或每 10 个样品加测参比样品 1 个，其测试结果与参比样品标准值的差值，应控制在标准偏差要求的范围内。一般可绘制精密度控制图来进行质量控制。

标准偏差：

$$S=\sqrt{\frac{\sum(x-\bar{x})^2}{n-1}}$$

上控制限为：

$$UCL=\bar{x}+3\frac{S}{\sqrt{n}}$$

下控制限为:

$$LCL = \bar{x} - 3\frac{S}{\sqrt{n}}$$

上警告限为:

$$UWL = \bar{x} + 2\frac{S}{\sqrt{n}}$$

下警告限为:

$$LWL = \bar{x} - 2\frac{S}{\sqrt{n}}$$

式中:$\bar{x}$ 为真值或多次测定结果的算术平均数;n 为估计标准差 S 的样品数;S 为标准差。

如果标准样品(或参比样品)测试结果超差,则应对整个测试过程进行检查,找出超差原因再重新工作。

2)可疑值的取舍

多次测定一个样品的某一成分,所得测定值中某一值与其他测定值相差很大时,不能随意取舍,一般常用3倍标准差法(适用于次数较多的平行测定),或 Q 检验法(适用于次数较少的平行测定)来决定取舍。

3)加标回收试验

取2份相同的样品,1份加入一已知量的标准物,在同一条件下测定其含量,计算加入已知量的回收率,经统计处理制成控制图作为准确度的控制指标(P 图)。

回收率:

$$P(\%) = \frac{\text{测得总量} - \text{样品总量}}{\text{标准加入量}} \times 100$$

上控制限为:

$$UCL = P + 3S$$

下控制限为:

$$LCL = P - 3S$$

上警告限为:

$$UWL = P + 2S$$

下警告限为:

$$LWL = P - 2S$$

7. 干扰的消除或减弱

干扰的消除或减弱可采用物理或化学方法,如萃取、氧化还原反应、铬合反应等以分离被测物质或除去干扰物质;或者采用标准加入法消除干扰等。

8. 检测后的质量控制

样品测定完毕后,检查数值是否记录准确,计算按有效数字运算规则进行计算和修约,有无差错,结果是否有复核等。原始记录上应有检验人、校核人、审核人三级签字。技术负责人应对检测结果的合理性进行综合审查。除审查检验工作流程及计算是否正确外,还可根据土壤类型、土壤背景值、土壤养分含量范围、利用状况,以及检测项目间相互关系如碳氮比及 pH 值与碳酸盐之间、交换量与盐基组成之间、全盐量与盐分离子之间的关系,对检测结果进行合理性判断。检验结果的合理性判断,只能作为复验或外检的依据,而不能作为最终结果的判定依据。

(三)实验室内质量考核

实验室内质量控制除上述日常工作外,还需要由质量管理人员对检测结果的准确度、重复性和复现性进行控制,对检测质量进行考核。

1. 准确度考核

(1)用标样作为密码样,每年至少考核1~2次。

(2)尽可能参加上级部门组织的实验室能力验证和考核。

2. 重复性考核

(1)按不同类别随机抽取样品,制成双样同批抽查。

(2)随机抽取已检样,编成密码跨批抽查。

同(跨)批抽查的样品数量应控制在样品总数的5%左右。

3. 复现性考核

(1)室内互检:安排同一实验室不同人员按同一方法进行双人比对。

(2)室间外检:分送同一样品到不同实验室,按同一方法进行检测比对。

(3)方法比对:安排同一人对同一检测项目,选用具有可比性的不同方法进行比对。

当检测结果出现可疑值、异常值、边缘值较多时,要特别注意组织复现性控制工作。

三、实验室间的质量控制

实验室间的质量控制是一种外部质量控制,主要是对实验室间检测的精密度和准确度进行评估,控制实验室的随机误差和系统误差,使各实验室间数据的具有可比性,可以评价实验室间的测试系统和分析能力,是一种有效的质量控制方法。

实验室间质量控制的主要方法为能力验证和质量考核。能力验证或质量考核即由主管单位或上级实验室统一发放质控样品,统一编号,确定分析项目、分析方法及注意事项等,各实验室按要求时间完成并报出结果,主管单位或上级实验室根据考核结果评估出能力验证或考核优秀、合格、不合格的实验室。对不合格的实验室,应及时采取措施对已测样品进行可能的校正,如果无法校正,应追回已报出检测报告或数据进行重测。

参考文献

[1] 农业部全国土壤肥料总站.土壤分析技术规范[M].北京:农业出版社,1993.
[2] 鲁如坤.土壤农业化学分析方法[M].北京:中国农业出版社,2000.

施肥对农产品品质及环境的影响

慕　兰　于郑宏
(河南省土壤肥料站·2004年5月)

在食品短缺情况下,施肥的主要目的是获得高产,对农产品的品质和可能对环境产生的影响考虑不多。然而,随着社会的发展、科技的进步,人们对生活质量的要求不断提高,当农产品的产量已经满足需求,甚至还有余时,农产品品质以及非合理性施肥对土壤、水和大气的潜在污染则日益受到重视。因而,要求在施用肥料时应遵循"提高作物产量和品质,提高土壤肥力,提高肥料效益,不对环境造成污染"的原则,根据作物的需肥、吸肥规律及土壤的供肥特性,结合肥料性质进行合理施用。否则不但起不到增产增效、提高质量的目的,反而会造成减产,降低品质,污染环境和资源、资金浪费等。

一、施肥对农产品品质的影响

农产品的品质包括营养品质(如小麦的蛋白质、玉米的氨基酸、西瓜的糖分含量等)、商品品质(如外观、口感、香味以及耐储存性等)、符合加工需要的某些品质,如小麦的出粉率、湿面筋值等。

农产品的品质不仅影响人们的身体健康,也对农产品的对外输出构成很大影响。随着人们生活水平的提高和中国加入 WTO,对作物品质的要求愈来愈高。农产品质量安全已成为我国农业迫切需要解决的重大问题。农产品的品质除决定于作物本身的遗传特性外,也受外界环境的影响。如养分供应、土壤性质、气候环境和管理措施等,其中作物养分的均衡供应对改善作物品质有极为重要的作用,而施肥是改善作物营养状况的主要手段。肥料中氮、磷、钾及微量元素的合理配比及正确施用可提高作物中蛋白质、糖类及其他营养成分的含量,从而大大提高农产品的品质。如果养分供应水平适当,则会大大改善其品质,反之,若供应过量或不足,则会降低其品质。因而合理施肥是提高农产品品质的有效途径之一。

(一)氮肥对农产品品质的影响

氮是植物体内许多重要有机化合物的组成成分,例如蛋白质、核酸、酶、维生素、生物碱和一些激素中都含有氮。氮素的供应关系到植物体内各种物质及能量的转化过程,直接关系到农产品的产量和品质状况。当氮素供应充足(适量、适时)时,总合成的蛋白质含量增加,蛋白质品质改善(必需的氨基酸含量较多),某些维生素(特别是 B1)增加。但氮素供应过量会降低产品中油脂、糖、淀粉及必需氨基酸的含量,使产品中硝酸盐含量提高,降低水果和蔬菜的品质,使棉花纤维品质变劣,薯类作物薯块变小,豆科作物结荚少等。

1. 氮肥对小麦品质的影响

氮素约占小麦籽粒的 2.1% ~3%,占蛋白质含量的 16% ~17.5%。因此氮肥对小麦籽粒品质的影响很大。据秦发武、李宗智等人研究,当施氮量处在较低水平时,由于土壤肥力低,氮素供应贫乏,籽粒蛋白质含量保持在一个低水平上不变;随着施氮量的增加,小麦产量和品质同时提高,随着施氮量继续增加,产量开始下降,但蛋白质含量继续增加;随着施肥量的增加,小麦植株会因倒伏、贪青、病虫害等,产量明显下降,这时蛋白质含量可能有所提高,但是蛋白质产量将明显降低,并且小麦的营养品质和加工品质也会下降。河南省土壤肥料站 2000 ~2002 年试验表明,相同生态区、同一土壤类型下,基础产量水平为 60 ~360 kg 的强筋小麦,在一定的施肥量范围内,粗蛋白含量随氮肥用量的增加相应提高,可使低产田小麦蛋白质含量接近高产田水平;但当氮肥施用超过一定量时,粗蛋白含量反而有所降低。当基础产量为 460 kg 时,蛋白质含量不随施氮量的增加而发生较大变化。高蛋白质含量的小麦做成的面包,其膨松性和商品特性有明显改善。

2. 氮肥对谷物品质的影响

谷类作物施用氮肥可增加蛋白质含量。据山西省农科院谷子研究所张喜文等人的研究，随着施氮量增加，谷子籽粒蛋白质含量、直链淀粉、小米胶稠度均增加。淀粉是小米的主要成分，随施氮量增加而减少，相关系数为 -0.960 0**，直链淀粉的相关系数为 0.989 9**。

3. 氮肥对稻米品质的影响

增加氮肥营养虽然对提高稻米营养品质和外观品质有利，但对提高蒸煮食品品质有不利影响，所以在施用氮肥时要二者兼顾。金正勋等人研究表明，随着施氮量增加，蛋白质含量增加，稻米垩白率（垩白指米粒胚乳中的白色不透明部分，在米粒中所占比例越大，米质越差）和直链淀粉含量逐渐降低，胶稠度变短。垩白率高，米粒较碎，透明度不高，稻米的商品价值降低。直链淀粉含量高，稻米的蒸煮品质变劣，胶稠度长，则表示米饭较柔软，短则米饭较硬。

4. 氮肥对水果、蔬菜品质的影响

水果和蔬菜的外在品质通常包括外观、形状、颜色和有无瑕疵等；内在品质则有营养成分、口感等。氮肥对这些品质都有一定的影响。对落叶果树，施氮肥过量影响果实色泽，延迟成熟并常使成熟期参差不齐；氮肥能增加果肉的可溶物如柑橘中酸的含量，减低维生素 C 和糖的含量。据胡承孝等人研究，随着施氮水平的提高，小白菜体内和番茄果实中维生素 C、可溶性总糖呈下降趋势，番茄的果实糖酸比下降，可食性差，品质恶化，果实肉汁化，不利于果实的运输。

（二）磷肥对农产品品质的影响

磷是植物的主要组成成分之一，众多的含磷有机化合物，如核酸、磷脂、核苷酸、三磷酸腺苷（ATP）等，对作物的生长发育和品质都有重要作用，也是人体所必需的重要物质。充足的磷供应可以增加作物绿色部分的粗蛋白含量，从而提高其作为食品或饲料的品质。增加磷的供应可以增加部分谷物的粗蛋白含量，特别是人体所必需的氨基酸，磷还可促进蔗糖、淀粉和脂肪的合成，从而提高糖料作物、薯类作物和油料作物产品的品质。磷能够改善果蔬类作物产品的品质，使果实大小均匀、营养价值高、味道和外观好、耐储存等。

一般来说，在土壤缺磷或大量施用氮肥的情况下，施用磷肥不仅可以显著提高小麦籽粒产量（但施磷对小麦品质的影响，国内外学者有着不同的认识），而且可以改善小麦品质，尤其是小麦的加工品质。德国学者早在 1956 年就指出，磷肥对小麦面包的烘烤品质是有利的。M · A · Porter 和国际小麦试验圃的结果均表明，土壤中磷的含量与小麦产量呈正相关，而与蛋白质的含量呈负相关，Michael 等通过水培试验得出籽粒蛋白质含量随施磷量的增加而提高。日本的佐藤晓子 1992 年在进行肥料试验时发现，以增产为目标施用磷肥和堆肥时，籽粒蛋白质含量随产量增加而下降。毛凤悟、赵会杰等人（1999）在速效磷（P_2O_5）为26.7 mg/kg的土壤上的研究表明，施用磷肥对小麦的营养品质和加工品质有明显的影响，在施磷量（P_2O_5）0 ~ 10 kg/亩范围内，随施磷量增加，品质改善效应增大，当施磷量（P_2O_5）超过10 kg/亩以上时，品质趋于稳定，进一步增加磷肥用量对小麦品质的影响减小。河南省土壤肥料站在 2000 ~ 2002 年强筋小麦肥料试验中发现，在地力水平较高的潮土上，土壤磷素水平对强筋小麦籽粒中粗蛋白含量影响不大，增施磷肥甚至有降低粗蛋白含量的趋势。磷肥施用过多还将防碍淀粉的合成，也不利于淀粉在植株体内的运输。如水稻在磷过剩时，淀粉合成受阻，成熟不良，籽粒不饱满等。

（三）钾肥对农产品品质的影响

众所周知，钾不但是作物生长发育不可缺少的营养元素之一，也是影响作物品质的“品质因子”。其对品质的影响可分为直接与间接两方面，直接的影响为提高蛋白质、糖、脂肪数量和质量；间接的影响为通过适宜的钾素营养，减少某些病害或增强其抗逆能力，从而提高作物品质。在氮、磷充足的基础上适量施用钾肥，可以提高农产品的品质。如钾可增加禾谷类作物籽粒中蛋白质、氨基酸、淀粉、糖的含量，提高大麦籽粒中多种人体必需氨基酸的含量，从而改善其产品的品质；增强豆科植物的固氮能力，提高其籽粒中的蛋白质含量；有利于蔗糖、淀粉和脂肪的积累，提高糖料作物、高淀粉类作物和油料作物产品的品质；通过增加纤维长度和强度而改善棉花品质；使烟草中的尼古丁含量减少，烟叶中草酸含量减少；茶叶中多元酚、酸浸出物、咖啡因的含量增加；增加蔬菜中维生素的含量等。但施钾过量，反而会减低籽粒中蛋白质的含量。缺钾则导致植物体内单糖相对增加而多糖减少。

据调查研究，施用钾肥可提高蔬菜的价格，因为施钾可使果实表面光滑，色泽好，白菜包心实，黄瓜瓜条直，菠菜叶片大而绿，番茄的糖分和维生素 C 的含量提高。

（四）中、微量元素肥料对农产品品质的影响

1. 中量元素肥料对农产品品质的影响

中量元素肥料对农产品品质的影响研究较多的主要有钙、镁、硫、硅等。如钙对果蔬类作物产品的营养品质、商品品质和储藏性有着明显的影响，施用钙肥可降低花生的空秕率；苹果缺钙时在果实上会产生棕色斑点，降低商品质量及贮藏性。镁影响着一些作物产品中叶绿素、胡萝卜素和碳水化合物的含量，有报道称镁能促进作物体内维生素 A、C 的形成，从而提高果树、蔬菜的品质。硫被认为是植物第四大元素，硫的供应影响着植物产品中蛋白质的含量和质量，硫还是某些百合科和十字花科植物产品中一些具有特殊香味物质的组成成分，因而影响这些植物产品的品质，如大蒜施用含硫肥料，大蒜素含量增加；大白菜施用硫肥，可防止“干烧心”；番茄施用硫肥，可使表面光滑，口感变好。硅肥已被公认为是禾本科作物生产所必需的，水稻缺硅则茎秆较弱，抗逆性下降，谷粒色泽灰暗，不饱满。

2. 微量元素肥对农产品品质的影响

微量元素在植物体内多为酶或辅酶的组成部分，对叶绿素和蛋白质合成、光合作用、代谢作用以及氮、磷、钾的吸收与利用均起重要的调节作用，微量元素的缺乏意味着植物体内重要代谢功能的丧失，从而使收获物的质量下降。微量元素包括铁、锰、铜、锌、硼、钼。锌是一些酶和辅酶的组分，缺锌，黄淮海平原玉米出现“白化苗”，豫南水稻出现“坐蔸”，豫西果树出现“小叶病”。锰对提高作物产品中维生素（如胡萝卜素、维生素 C）和种子含油量等有重要作用。铜对籽粒的灌浆、蛋白质的含量有很大的影响。硼对作物体内碳水化合物的运输有重要影响，可以提高淀粉类、糖类等作物的品质，硼还可防止蔬菜作物的“茎裂病”，提高商品品质，豫中、豫东地区缺硼，棉花出现“蕾而不花”，沿淮地区缺硼出现油菜“花而不实”，小麦“不稔症”。钼可提高作物产品中蛋白质的含量等。当微量元素用量增加时，许多有价值的物质的含量往往增加，特别是蛋白质的质量得到改善，即必需氨基酸含量增加，而胺类减少。铁、锰、锌等本身就是产品质量指标之一，对作物产品多方面的品质特性有重要的影响，供应不足时，易诱发生理病害，品质下降；严重缺乏时，甚至导致作物颗粒无收。河南省土壤肥料站在研究叶面施肥对强筋小麦小偃 54 粗蛋白含量的影响时发现，在中低产肥

力水平下于拔节期、灌浆期叶面各喷施一次0.1%的硫酸锰溶液或0.05%的钼酸铵溶液或0.2%的硫酸锌溶液均可在一定程度上提高优质小麦粗蛋白含量。

(五)有机肥料对农产品品质的影响

有机肥是一种全养分肥料,含有作物需要的所有营养成分和各种有益元素,有利于作物吸收。有机肥料供肥平稳持续,能形成早稳、中旺、后健的作物长势,因而有利于改善作物品质。另外,有机肥料还含有大量的有机营养成分,如葡萄糖、丙氨酸、谷氨酸、核糖核酸等,这些物质可被作物直接吸收,随畜禽粪进入土壤的各种酸类也能激发土壤生物生化活性,有利于作物根际营养,为改善作物品质奠定了良好的基础。

大量试验材料说明,施用有机肥料不仅能提高作物产量,而且在改善农副产品与果品品质,保持营养风味,提高商品价值方面也有独到的功效。据中国农业科学院土肥所试验,亩施1 000 kg优质土粪加20 kg尿素和单施20 kg尿素作比较,小麦籽粒中蛋白质含量提高1%,面筋含量提高2.3%,籽粒全氮提高0.19%,全磷提高0.02%,全钾提高0.04%。河南省南阳土肥站试验(1989)表明,亩施1 000 kg厩肥可增产小麦8~12 kg,且籽粒饱满,色泽鲜,粗蛋白、湿面筋、吸水率、湿面团稳定时间等指标都有不同程度的提高。“七五”期间,由农业部组织的攻关组对20余种作物的研究表明,在合理施用化肥的基础上增施有机肥料,能在不同程度上提高所有供试作物产品品质,如使小麦和玉米蛋白质增加2%~3.5%,面筋增加1.4%~3.6%,8种必需氨基酸增加0.3%~0.48%;大豆脂肪提高0.56%,亚油酸和油酸分别增加0.31%和0.92%;烤烟优级烟率提高7.3%~9.8%;西瓜糖分增加0.8~4.2度,瓜汁中甜味和鲜味氨基酸分别增加27%和9.9%;芦笋一级品增加6%~9%,维生素B1和维生素C增加5%。通过增施有机肥,减少化学氮肥施用,可使叶菜硝酸盐含量降低33%~35.5%,达到人体健康允许的水平。由此说明,施用有机肥料在改善作物营养品质、商品品质和食味品质等方面均有良好作用。

影响作物产品品质的因素多且复杂,适量而均衡地施肥是提高作物品质的重要途径。河南省目前根据土壤条件和作物需肥规律研制了多种配方肥,这为实现作物既高产又优质提供了依据。

二、施肥对环境的影响

肥料是重要的农业生产资料,不仅能提供农作物生长必需的营养元素,还能改善土壤、培肥地力。增加肥料投入,科学施用化肥,仍然是当前和今后农业生产过程中的重要增产措施。但是,不合理施用肥料,不仅不能提高农作物产量、改善品质,反而会对环境造成不同程度的污染。

(一)有机肥料与环境

有机肥料成分复杂,在积制与施用过程中若不注意采取相应的措施会对环境产生污染。

1.有机肥施用与环境

有机肥的原料来源较多,因此它除含有农作物生长发育的各种营养元素外,还含有各种副成分,如填料、残渣、杂质与其他不能作为营养物质的有机废弃物,如果未经腐熟、用量过大、施用时间不适等,都可能导致某种生态风险,如地下水硝酸盐污染、蔬菜中硝酸盐含量超标以及增加农田甲烷、氧化亚氮等温室气体的排放量等。

2. 有机肥自身生产与环境

有机肥料虽营养丰富,但来源复杂,农民简单堆制农家肥一般采用露天放置,在堆肥过程中,产生大量的氨、硫化氢、多胺、硫醇等致恶臭物质,影响环境质量。同时料堆吸引蚊蝇孳生,传染病害。如人畜粪便中含有大量细菌、寄生虫和病原菌等污染物,如果堆放、沤制、处理不合理,就会使细菌总量超标,从而污染农产品。另外,有些有机肥料本身可能含有砷等重金属,也会对水体和土壤环境造成污染。

3. 有机肥与养分富营养化

一般认为,地下水质总磷大于 20 mg/t、无机氮大于 300 mg/t,就可以确定为养分富集。而有机肥料过量施用、存放、堆积,都易引起土壤和地下水资源污染。在农村厩舍或堆肥场附近由于长年大量堆积厩肥,通过渗透特别是夏季雨淋后使附近土壤富营养化。在大型养猪场、鸡场附近井水中,硝酸盐含量都很高。

总之,有机肥既是宝贵的资源,又是污染源,如不经妥善处理,对环境就会有负面影响,如长期堆放,缓慢腐熟发出的恶臭味,影响空气质量;日晒雨淋,污水流入河流、水塘和湖泊,可使水质变臭,并导致富营养化;人畜粪便积聚,促进细菌、蚊蝇繁殖,传播疾病,影响人体健康。

(二)氮肥与环境

氮肥是作物营养元素之首,施用氮肥是提高农产品产量最有效的手段之一。氮肥在低用量和合理施用情况下,并不至于对环境造成巨大危害,但用量过高就会有害。氮肥施用可能对环境造成的污染,从 20 世纪 60 年代后期开始越来越引起人们的注意,注意的焦点主要是施氮肥对水源和大气的影响。

1. 氮肥对水源的污染

对水源污染的氮肥主要是硝态氮。硝态氮进入饮用水源,含量超过允许标准(一般为 10 mg/L 硝态氮),将对人体健康造成危害。在还原条件下,硝态氮中的硝酸根被还原成亚硝酸根后易引发高铁血红蛋白症,特别对婴儿有害,另外硝酸根和亚硝酸根都可以形成致癌物质——亚硝基化合物。此外氮素进入地表水源后会引起水体富营养化。

2. 氮肥对大气的影响

氮肥对大气的影响主要是来源于氮肥中 NH_3 的挥发、反硝化过程中生成的氧化氮(NO、N_2O、NO_2 等),进入大气后可能导致气候变暖、臭氧层破坏以及形成酸雨等。施入土壤中的铵态氮肥很容易形成 NH_3 挥发而逸出土壤中,特别是在碱性、石灰性土壤中,NH_3 挥发是氮肥损失的主要途径之一。大气中氨含量增加,可增加经由降雨等形式进入陆地水体的氨量,成为造成地表水体富营养化的因素之一。而氧化亚氮(N_2O)则是增温效应的温室气体,其增温潜势是二氧化碳的 190 ~270 倍。另外氧化亚氮还可以与臭氧作用而破坏臭氧层对地球生物的保护作用,增加到达地面的紫外线强度,破坏生物循环,危害人类健康。

3. 氮肥对土壤及农产品的影响

氮肥施用不当或过量施用将影响土壤中硝酸盐的积累,对土壤的卫生状况产生影响。氮肥引起农产品污染的因子是硝酸态氮和亚硝酸态氮。NO_3^- 本身对人体没有毒害,但在人体中被还原为亚硝酸盐后,可与食品中二级胺作用合成强致癌物质——亚硝酸胺。因蔬菜在人们日常生活中占有十分重要的地位,且易于富集硝酸盐,据报道人体摄取的硝酸盐

81.2%来自蔬菜。所以世界各国对食品及蔬菜中硝酸盐的含量都有严格的规定。

2000年11月对郑州地区的17种蔬菜、水果进行检验,结果表明亚硝酸盐检出率达42.3%,其中超标样品占16.7%,最高含量为76.68 mg/kg,超标18倍。2000年对河南鸭河、板桥、陆浑、三义寨、濮清南、广利、大功7大灌区地下水的监测表明,61个点铵盐年平均含量0.747 mg/kg,检出率67.2%,超标率37.7%。

河南省常年化肥施用量为1 500余万t,据全省肥力监测点1998~2002年的统计,化肥施用氮、磷、钾比例为1:0.45:0.18,结构仍不合理,氮肥施用量过大,5年平均每亩氮素盈余2.2 kg。氮肥的超量施用不仅造成资源的浪费,而且将造成蔬菜、水果品质下降,亚硝酸盐含量超标,对水体造成污染。因此选择适当的氮肥品种、适合的氮肥用量,投入足够的磷、钾和其他营养元素,分析植株和土壤中的氮含量,开展平衡施肥,推广配方肥,能够最大限度地提高肥效,使农业生产持续发展。

(三)磷肥与环境

磷肥在我国农业生产中占有很重要的地位,其用量(纯养分)仅次于氮肥。磷肥对环境的影响主要包括三个方面:一是磷肥生产中的环境问题;二是磷肥对水体环境的影响;三是长期施磷肥带入土壤的重金属杂质积累问题。

1. 磷肥生产与环境

磷肥生产对环境造成的影响,包括磷石膏(生产1 t H_3PO_3 就有副产品磷石膏5 t)处理、污水处理、氟的污染及矿山复垦等问题。其中磷石膏处理是一个重大问题,因为数量很大,而且含有放射性,存贮时也会对生物造成危害。

2. 磷肥与水体环境

近年来磷肥对水体环境的影响在国内外引起了广泛的关注。水体中只要含0.02 mg/kg的磷,就会使水体开始富营养化。我国的几大湖泊几乎都或轻或重地存在着水体的富营养化问题,有些达到了甚为严重的程度。有报告指出,经由水体被带入一些湖泊(如滇池、洱海、淀山湖和南四湖等)的总磷量中来自农田的占14%~68%。这种情况说明,我们应当重视农田磷肥投入对水体环境的威胁。大量的研究结果表明,进入水体的磷主要是通过径流带入的,当然渗漏也会占一部分。而径流水溶磷的浓度必然和土壤有效磷水平有关。

3. 磷肥施入土壤中的重金属积累

由于磷肥是自然界中磷矿石经过加工而成的,而磷矿石除含钙的磷酸盐矿物外,还含有相当数量的杂质,特别是中低品位磷矿,杂质更多,这些杂质直接影响磷矿和磷肥中镉、镍、铜、钴、铬的含量。但据中国科学院南京土壤研究所鲁如坤等对全国磷矿和磷肥中镉含量的研究,中国主要磷矿的镉含量在0.1~2.9 mg/kg范围内,平均为0.98 mg/kg,远比其他国家磷矿中含镉量低。国产过磷酸钙和钙镁磷肥的平均含镉量为0.60 mg/kg,特别是钙镁磷肥,平均镉含量只有0.11 mg/kg。根据我国土壤、磷肥用量和含镉量以及土壤最大镉负荷量,鲁如坤认为随磷肥进入土壤的镉量在相当长的时间(如数百年)内不会对生态环境造成大的冲击。

为减少施肥对环境造成的负面影响,我们应依据科学的施肥原理,大力推广配方肥的施用,做到施肥适时适量、科学合理。河南省土肥站研制与推广的配方肥料就是根据土壤中的养分平衡及作物的需肥特性而配制的,将氮、磷、钾调整到适当的比例,配合微量元素肥料,补施土壤中各元素所亏缺的数量,减少了盲目过量施用化肥给环境带来的危害。总之,只要按照施肥原理合理施用肥料,不仅会大大提高肥料的利用效率,减小施肥对环境的危害,提高农产品的品质,而且对农业的持续发展有着重要的意义。

参考文献

[1] 国际肥料工业协会[法]. 世界肥料使用手册[M]. 唐朝友,谢建昌等译校. 北京:中国农业出版社,1999.
[2] 钾磷研究所[美]. 施肥与环境[M]. 景海春,兰耀龙等译. 北京:中国农业科技出版社,1994.
[3] 鲁如坤,等. 土壤-植物营养学原理和施肥[M]. 北京:化学工业出版社,1998.
[4] 高祥照,申眺,郑义,等. 肥料实用手册[M]. 北京:中国农业出版社,2002.
[5] 褚天铎,林继雄,等. 化肥科学使用指南[M]. 北京:金盾出版社,1997.
[6] 崔玉亭. 化肥与生态环境保护[M]. 北京:化学工业出版社,1999.
[7] 慕成功,赵梦霞. 河南省有机肥资源[M]. 北京:中国农业科技出版社,1996.

农产品质量与科学合理使用化肥

刘中平

(河南省土壤肥料站·2003 年 3 月)

我国从 1901 年开始使用化学氮肥,100 余年来,化肥在我国农业生产中发挥了巨大作用。我国在占世界 9% 的耕地上解决了占世界 21% 的人口的温饱问题。化肥的问世,使农业生产中作物营养的投入有了工业化生产的支撑,从而极大地提高了粮食产量,保证了人口的迅速增长对粮食的需求。同时,在我国农业生产投入中,化肥是最大的投资,约占全部生产性支出的 50%。

随着自然农业思潮的兴起以及人们对环境污染的关注,现在有人片面地夸大了化肥对农产品质量、安全和环境的负面影响,使许多人对化肥的作用产生了误解,在宣传“有机农业”、“绿色食品”和“无公害农产品”时,倡导抵制施用化肥,改用有机肥。

有机肥料是指来源于植物或动物,以提供作物养分为主要功效的含碳物料。无机肥料是指由物理或化学工业方法制成,标明养分,呈无机盐形式的肥料。而有机肥料需经过分解,转化成无机态,然后被植物吸收。所以,无论是对无机肥还是有机肥,植物吸收养分的形态是相同的,所不同的是无机肥料的养分较单一,浓度较高,肥效较快,而有机肥料的养分种类较多,浓度较低,需要转化,同时有机肥料有一定的改土作用。

科学研究结果证明,化肥本身是无害的,因化肥施用造成的危害是由于不科学、不合理地使用了化肥。就农产品质量与使用化肥而言,化肥施用对农产品质量会产生影响,但产生的是正面影响还是负面影响,则取决于化肥的施用方法。过多地施用单一化肥,会对农产品品质产生负面影响,但如果能够平衡施肥,则会促进农产品品质的提高。如无机氮肥对稻米氨基酸含量的影响,并不比施用有机氮肥差。至于磷肥和钾肥,一般不会对品质产生负面影响,而中、微量元素肥料目前主要是如何增加和补充的问题。

农产品中硝酸盐超标主要是过量使用氮肥所致,而合理施肥、平衡施肥可大大降低硝酸盐含量。另外,在栽培方法上运用不当,也易造成硝酸盐累积。如催生栽培方法,使用大量的氮肥和生长激素,使作物(特别是瓜、果、菜类)的生长期大大缩短,其中肥料中的氮素不能充分在光合作用中形成蛋白质,使硝酸盐大量积累在瓜、果、菜内。特别是在空气循环不良、二氧化碳减少的塑料大棚内更为严重。如菠菜在大田应季栽培要50天以上才能收获,而催生栽培下30天就可收获,前者每千克菠菜中含硝酸盐690 mg,后者则高达3 000 mg。

就化肥对土壤的影响来看,使用化肥造成土壤板结的主要原因是长期施用单一肥料,残留的硫酸根和碳酸根与土壤中的钙离子反应,造成土壤板结。合理、平衡施用化肥,就可以保持和增加土壤孔隙度和持水量,避免板结情况的发生。

我国是一个人口大国,在今后一个相当长的时期内,农业产品的生产在养分的投入上仍然需要以化肥为主,充分合理平衡的化肥投入不仅能满足人们对农产品数量上的需要,而且一定能满足人们对农产品品质的要求。化肥本身是无害的,有害的是对化肥的不合理使用。在肥料问题上,今后需要关注的是生产和使用更优质、更高效的化肥,推广科学合理的施肥技术,提高化肥的利用效率。

(本文原载于2003年《土肥协作网信息》第7期)

技 术 篇

技术篇主要收录各测配站在配方肥实际配制中摸索出的适用技术、实践经验，是新建测配站的良师益友。

推广测土施肥　争创作物高产

张　莹

(河南日报·2005年7月)

原编者按:初春,农业部下发《关于开展测土配方施肥春季行动的紧急通知》,决定在全国范围内开展测土配方施肥工作。5月底,全国测土配方施肥现场观摩暨工作交流会在我省召开,全国30多个省、市、自治区的专家和领导齐集郑州,共商测土施肥大计。此次会议对我省测土配方施肥工作的开展提供了更大的驱动力,推动了我省测土配方施肥工作向更高层次迈进。在当前农民普遍施肥盲目、不科学的前提下,测土配方施肥必须作为一个长期的工作来抓,其任重而道远。日前,记者就测土施肥的有关问题采访了省土肥站高级农艺师刘中平。

记者:为什么要实施测土配方施肥?

刘中平:我省是一个农业大省,有耕地面积1.02亿亩,年使用化肥在1 500万t以上,同时我省也是一个用肥大省,农民每年用于化肥的投入超过120亿元,占整个农业生产资料投入的一半以上。近年来,农民朋友在种植过程中普遍存在施肥很不科学、投肥结构很不合理的现象。他们一是重化肥、轻有机肥;重氮磷肥、轻钾肥;重大量元素肥、轻中微量元素肥。二是表施和撒施现象较为普遍,浪费较为严重。三是地区之间、作物之间施肥不平衡,相当一部分地区过量施肥现象严重。这些问题不仅造成化肥的利用率低下、生产成本增加、土壤养分失衡、耕地地力下降,而且还会产生环境污染、农作物抗性降低等问题,从而影响农产品品质。在这种情况下,实施测土配方施肥成为必然。

记者:什么是测土配方施肥?

刘中平:到医院看病,医生先要为你检查化验做出诊断后再根据病情开药方,你可以对症吃药。测土配方施肥就是"田医生"为你的耕地看病开方下药,在国际上通称平衡施肥,这项技术是联合国在全世界推行的先进农业技术。概括来说,一是测土,取土样测定土壤养分含量;二是配方,经过对土壤的养分诊断,按照庄稼需要的营养"开出药方、按方配药";三是合理施肥,就是在农业科技人员指导下科学施用配方肥。众所周知,农作物生长的根基在土壤,植物养分60% ~70%是从土壤中吸收的。土壤养分种类很多,主要分三类:第一类是土壤里相对含量较少、农作物吸收利用较多的氮、磷、钾,叫做大量元素;第二类是土壤含量相对较多可是农作物需要却较少,像硅、硫、铁、钙、镁等,叫做中量元素;第三类是土壤里含量很少、农作物需要的也很少,主要是铜、硼、锰、锌、钼等,叫做微量元素。土壤中包含的这些营养元素,都是农作物生长发育所必需的。当土壤营养供应不足时,就要靠施肥来补充,以达到供肥和农作物需肥的平衡。

记者:测土配方施肥包括哪几个环节?

刘中平:测土配方施肥技术是根据土壤测试结果、田间试验、作物需肥规律、农业生产要求等,在合理施用有机肥的基础上,提出氮、磷、钾,中量元素、微量元素等肥料数量与配比,并在适宜时间,采用适宜方法的科学施肥方法,主要包括“测土、配方、配肥、供肥和施肥技术指导”五个核心环节。

记者:如何实现测土配方施肥?

刘中平:平衡施肥技术是一项较复杂的技术,农民掌握起来不容易,只有把该技术物化后,才能够真正实现,即“测、配、产、供、施”一条龙服务。专业部门进行测土、配方,配肥企业按配方进行配制并供给农民,农业技术人员指导科学施用。简单地说,就是农民直接买配方肥,再按具体方案施用。这样,就把一项复杂的技术变成了一件简单的事情,这项技术才能真正应用到农业生产中去,才能发挥出它应有的作用。我省土肥系统近年来结合本省实际,依托化验室,积极在县乡组建测配站,直接配制配方肥,然后直供农民,收到了较好的效果。

记者:实施测土配方施肥有啥好处?

刘中平:在当前化肥价格上涨的前提下,实施测土施肥不仅可提高肥料的利用率,节约资源、减少浪费,还可平衡土壤的养分,提高农作物的抗逆性和品质等。我省农业部门和土肥系统从1998年开始推广测土配方施肥以来,经过7年多的探索与实践,目前我省已经组建测配站150个,连锁服务网点已发展到10 200个,覆盖了全省87%的县、63%的乡、22%的村,累计在小麦、玉米、棉花、蔬菜等多种作物上推广测土配方施肥技术1 500多万亩次,每亩节约肥料投入10~15元。

记者:测土施肥包括农家肥和化肥配合使用,请问在施肥过程中哪些肥料不可混用?

刘中平:测土是在对土壤做出诊断,分析作物需肥规律,掌握土壤供肥和肥料释放相关条件变化特点的基础上,确定施用肥料的种类、配比肥用量,按方配肥。从广义上讲,应当包括农家肥和化肥配合施用。实践证明,二者配合施用,可以更好地提高化肥利用率。在施肥过程中应注意这些肥料不可混用:5%~10%尿素不能与草木灰、钙镁磷肥及窑灰钾肥混用;碳铵不能与草木灰、人粪尿、硝酸磷肥、磷酸铵、氯化钾、磷矿粉、钙镁磷肥、氯化铵及尿素混用;过磷酸钙不能和草木灰、镁磷肥及窑灰钾肥混用;磷酸二氢钾不能和草木灰、镁磷肥及窑灰钾肥混用;硫酸铵不能与碳铵、氨水、草木灰及窑灰钾肥混用;氯化铵不能和草木灰、钙镁磷肥及窑灰钾肥混用;硝酸铵不能与草木灰、氨水、窑灰钾肥、鲜厩肥及堆肥混用;氨水不能与人粪尿、草木灰、钾氮混肥、磷酸铵、氯化钾、磷矿粉、钙镁磷肥、氯化铵、尿素、碳铵及过磷酸钙混用;硝酸磷肥不能与堆肥、草肥、厩肥、草木灰混用;磷矿粉不能和磷酸铵混用;人畜粪尿不能和草木灰、窑灰钾肥混用。

(本文原载于2005年7月7日《河南日报》农村版)

配方肥防潮解技术之我见

苗子胜

(延津县土壤肥料站·2002年11月)

配方肥以其配方灵活、针对性强、肥效高、直观性强和成本低等众多优点日益受到广大农民的欢迎,更因其投资少、见效快、周期短、易推广和不污染环境而成为土肥系统开展测土配方施肥技术推广的主要手段之一。但在配方肥具体配制实践过程中,潮解问题一直是困扰配制的难题之一,解决不好不仅浪费肥效,而且会影响其商品性,造成惨痛损失。笔者在配制实践中综合他人经验,边实践、边探索,总结出了一些配方肥防潮解办法,现简述如下供同行参考。

一、选料时注意原料的化学性及吸湿的相配性

有些原料混合后,会发生不良的化学反应。如尿素与重钙(或过磷酸钙)混合时,重钙(过磷酸钙)中的游离酸和主要成分磷酸一钙水合物与尿素反应生成加合物——尿素磷酸盐,具有很大的溶解性,并释放出水分,使物料变湿。其反应式如下:

$$H_3PO_4 + CO(NH_2)_2 \rightarrow CO(NH_2)_2 \cdot H_3PO_4$$

$$Ca(H_2PO_4)_2 \cdot H_2O + CO(NH_2)_2 \rightarrow Ca(H_2PO_4)_2CO(NH_2)_2 + H_2O$$

又如,磷酸二铵与重钙(或过磷酸钙)混合时发生反应,会导致水溶性磷的下降和结块。反应式为:

$$Ca(H_2PO_4)_2 \cdot H_2O + (NH_4)_2HPO_4 \rightarrow CaHPO_4 + 2NH_4H_2PO_4 + H_2O$$

因此,尿素或磷酸二铵不能和重钙或过磷酸钙一起做配方肥的原料,但大颗粒尿素或经过包膜处理的尿素可以和重钙或过磷酸钙混合配制配方肥。

有些原料混合后,则增加物料的吸湿性。如尿素与硝铵在30℃时临界相对湿度分别为72.5%和59.4%,但混合物仅为18.1%。这就意味着二者的混合物在任何地区、任何季节都会吸湿潮解。因此,尿素和硝铵也不能一起做配方肥的原料。图1为肥料相配性判别图,配方选料时可作为参考。

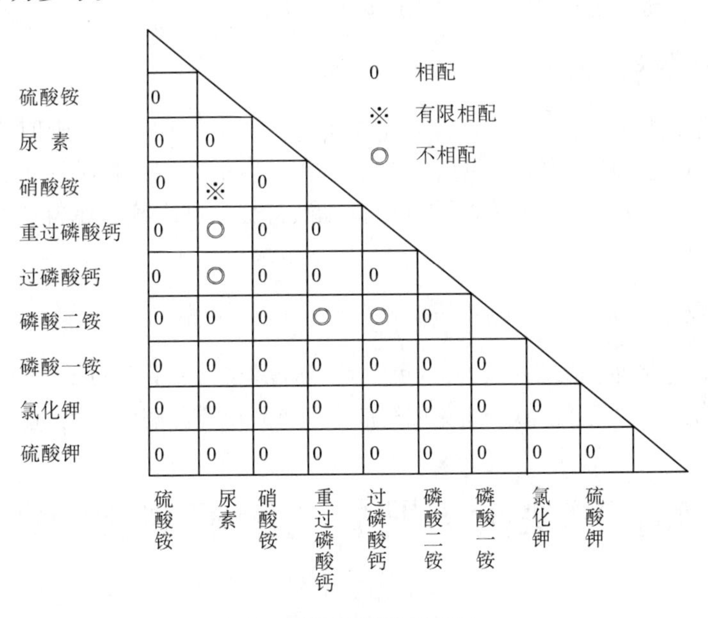

图1 肥料相配性判别图

二、加工前对部分配方肥原料进行预处理

一些配方肥原料在加工前可先进行预处理,以改变原料的一些不良性状,避免潮解损

失。如选用粉状过磷酸钙作为配肥原料,造粒前用碳铵中和过磷酸钙中的游离酸,通过干燥或自然干燥降低水分,经过这个预处理后再进行造粒,可有效避免潮解。

$$H_3PO_4 + NH_4HCO_3 \rightarrow NH_4H_2PO_4 + H_2O + CO_2\uparrow$$

$$Ca(H_2PO_4)_2 \cdot H_2O + NH_4HCO_3 \rightarrow NH_4H_2PO_4 + CaHPO_4 + H_2O + CO_2\uparrow$$

预处理时要考虑水溶性磷的退化、枸溶性磷增加的问题,注意碳铵与过磷酸钙有一个适宜的用量比,建议配制中选用1∶20。

利用碳铵与过磷酸钙混合堆放进行氨化处理,虽能使过磷酸钙保持良好的不湿可混性,但占用场地大、费工、费时,若测配站配制局限性较大,可选用粉状钙镁磷肥和过磷酸钙混合,按投料比1∶6.7来进行。其优点如下:

(1)减少了过磷酸钙与尿素之间的加成反应。

$$4[CO(NH_2)_2 \cdot H_3PO_4] + Ca(PO_4)_2 + 3H_2O \rightarrow 3Ca(H_2PO_4)_2 \cdot H_2O + 4CO(NH_2)_2$$

(2)中和了过磷酸钙中的游离酸,又不致使水溶性磷退化。

$$4H_3PO_4 + Ca_3(PO_4)_2 + 3H_2O \rightarrow 3Ca(H_2PO_4)_2 \cdot H_2O$$

(3)吸收了一部分游离水。

(4)其方法简便易行。

三、加工配制过程中应注意下列问题

(1)配制时间应避开高温潮湿季节,特别是阴雨天时严禁配制,因为在这时配制会大大提高配方肥的含水量,易改变物料的物理化学性状。

(2)尽可能用机械,避免人工掺混。

(3)雨淋和受潮溶化的原料弃置不用,避免因小失大。

四、严把密封包装环节

首先把好编织袋质量关,选用的编织袋应是新料生产,不宜使用废旧回收生产的编织袋。其次,包装应配合使用内袋,并把内袋口扎紧,然后把编织袋折叠一下再封线封口。再次,混合好的产品应及时密封包装,不能长期敞露放置,尽可能减少原料和产品与空气的接触时间及接触面。

五、不宜长期存放

配方肥成品宜存放于阴凉通风处,避免阳光暴晒,堆放时不宜超过10个袋高,储存时间以不超过一个月为宜,最好随配随用,避免因存放不当导致配方肥潮解结块,造成不必要的损失。

如何解决配方肥料的溶解潮化问题

董长青　马庶晗

(商丘市睢阳区土壤肥料站·2004年5月)

溶解和潮化是配方肥配制中经常遇到的问题,在我省推广配方肥的初级阶段,许多配制

单位因此而受到了很大的经济损失。下面就如何解决这一问题,谈谈自己的看法。

一、解决配方肥料的潮化问题

配方肥的潮化主要是由于配方肥料吸收空气中的水分而潮解,这一点很容易解决。首先,包装袋的质量要好,运输中不易损伤。其次,采取外面覆膜,内用高压内膜,内膜最好比外包装长 5 cm 以上,以利于封口。封内膜时一定要排净膜内空气,否则运输装卸中容易炸裂。若封内膜口时不能保证排净空气,内膜不再单独封口,与外包装袋一起封口,并直接缝于外包装袋上,这样肥料在存放过程中,即使潮解也只潮解包装口上一小部分,包装口上潮解后,空气中水分就不易再进入袋内,袋内肥料也不会再潮解。

二、解决配方肥料配制和存放中的溶解(原料间的化学反应)问题

这是配制肥料中突出存在的问题。因为在配肥中为了适用于不同含量配方,一般选用低含量的颗粒过磷酸钙(颗粒钙镁磷肥在土壤中不溶解)做填充料,而颗粒过磷酸钙刚接触尿素几分钟后,尿素颗粒便开始溶化(特别是小颗粒尿素)。解决这一问题的关键是选好填充料和原料。

(一)选用不含游离酸的填充料

如选用黏土颗粒填充料,这种填充料硬度太小,配制中容易掉面或粉碎,配肥外观不好。实践证明可选用70%的磷石膏加30%凹凸棒土造粒作为填充料,这样做出来的颗粒既均匀,也有一定光泽,而且硬度很大,配肥时不易粉碎和掉面,配肥外观性好。更重要的一点是这种颗粒施入土壤后很快膨胀粉碎。但在造粒时要特别注意,棒土的含量不能太低,棒土含量低时,颗粒硬度达不到,配肥和装卸运输时颗粒一层一层地掉面,配肥直观性不好。另外,使用这种填充料还有以下好处:一是磷石膏约含1%有效磷,富含钙、硫,对酸性土壤和喜钙、硫作物有一定增产作用,如配制花生肥时效果就很好;二是对距离磷铵厂近的地区特别适宜,因磷石膏为生产磷酸一铵的下脚料,基本无原料成本,所以造粒成本很低。

(二)选用喷酸造粒的颗粒磷肥

这种磷肥是磷矿粉圆盘造粒时直接喷酸高温而成,含水量2%以下,造粒极均匀,光泽性好,极似磷酸一铵,遇尿素不反应溶解。但这种颗粒极易吸水潮解。在使用这种原料配肥时,一般使用50%这种颗粒,加50%的棒土颗粒,若包装质量好,存放时间也可达半年以上不溶解。

配制配方肥应把好四关

杨　璞　高敬伟

(邓州市农业技术推广中心·2005年3月)

近年来,配方肥作为一种新型肥料,以其养分全面、配方合理、针对性强、物理性状好等特点,已被广大农民认识接纳,市场前景极其广阔。但如何才能配制出优质、高效、合格的配方肥,笔者认为应把好测土关、作物关、原料关、配制关四个关键环节。

一、测土关

首先要用正确的取土方法选取土样，然后按照土壤类型、分布区域进行分类，确保所取土样的典型性、代表性；其次要用正确的化验手段对土样进行分析化验，测定其氮、磷、钾、有机质及中微量元素的含量，进而确定土壤的供肥能力。

二、作物关

不同作物的生理特性、需肥规律不尽相同，因此在确定配方时必须了解该作物的需肥规律。如每配制 100 kg 该作物经济产量所需氮、磷、钾及各种中微量元素的量，该作物是否为忌氯作物，是否对某种微量元素比较敏感等，只有掌握了这些，再结合土壤供肥能力，作物目标产量，才能为配制合格的配方肥提供一个合理的配方。

三、原料关

首先，每批原料入库前，必须使用正确的化验方法进行化验，测定该原料的含水量、养分含量及其他指标是否符合标准。其次，看其物理性状是否符合配肥要求，如颗粒大小、均匀程度、色泽等。如果不合要求，坚决不能入库使用。

四、配制关

一是掺和搅拌均匀，人工掺和至少 3 遍以上，机械搅拌则要求所有原料同时按比例进入搅拌系统，以确保原料混合均匀。二是防止潮解。如应用酸化过磷酸钙或加入一定比例的钙镁磷肥与尿素、钾肥混合能够缓和潮解；在春季配方肥配制中，应考虑使用内膜。三是称量前要对磅秤进行校正，以防缺斤短两，保证足量供应。四是缝包前应检查增效包、合格证、说明书等是否放入包装袋内。五是熟练掌握缝包技术，使用优质缝包线，堆放时要轻拿轻放，防止跳线、断线、包装袋开裂。

只有把好以上四关，才能配制出内在养分含量足、外观色泽漂亮、施用增产效果好的配方肥。

常用配方肥原料搭配设计方案

商海峰　姬变英

（西平县土壤肥料站·2003 年 5 月）

配方肥是根据耕地土壤养分含量和作物需肥规律，有针对性地将几种颗粒状单质肥料或复合肥按一定的比例配制出的一种掺混肥料。配方肥有高、中、低 3 个品位，所用的原料有尿素、硝酸铵、氯化铵、碳酸氢铵、过磷酸钙、磷酸一铵、磷酸二铵、硝酸磷肥、氯化钾、硫酸钾等，总养分含量有 25、30、40、45、48（*W/W*）几种。笔者根据几年来配肥实践和原料情况，提出以下几组掺混系列。

一、硝酸铵－过磷酸钙－氯化钾系列

该系列是先将粉状过磷酸钙、有机质、微量元素等原料加工成颗粒,然后与硝酸铵、颗粒氯化钾按一定比例加工而成的。也可将粉状氯化钾与磷肥混合加工成颗粒,再与硝酸铵配制。因该系列使用的过磷酸钙含磷低,且硝酸铵含氮量低,只能配制低浓度配方肥,除水田外可广泛用于各种作物。

二、氯化铵－过磷酸钙－氯化钾系列

该系列是用颗粒氯化铵代替硝酸铵,与上一个系列相比,其优点是成本低,混配后物理性状好,由于两种原料均含氯,忌氯作物禁用。

三、尿素－过磷酸钙－氯化钾系列

该系列中氮肥用尿素,含氮量高,既可做低浓度配方肥,又可做中浓度配方肥。随着浓度的提高,所用磷肥的品位也应相应提高,但其缺点是不能长久贮存,应随配随用。

四、硝酸磷肥－氯化钾系列

硝酸磷肥为颗粒肥料,含氮(N)25%和磷(P_2O_5)12%,与颗粒氯化钾混配,可做成中、高浓度配方肥。该系列用料品种少、成本低,混配后理化性状也较好。但由于所用原料都是颗粒肥,微量元素、有机质等不易配入,可独立包装使用。

五、尿素－磷铵－氯化钾系列

该系列广泛用于高浓度配方肥,所用磷铵为磷酸一铵或磷酸二铵,成品粒度好,耐贮存,广泛用于大田作物和高产值的经济作物。

以上配方肥配制的几个配方系列,如果把配方中氯化钾改换成硫酸钾,便制成硫酸钾型配方肥,可以在忌氯作物上使用。

怎样利用测土配方法确定肥料配方

苗子胜　王尚朵

(延津县土壤肥料站·2003年10月)

配方肥的配方确定是配制的关键。土肥系统利用自身技术和化验室优势,以测土化验为基础,制定科学的配方进行配方肥配制,具有得天独厚的优势。通过测土化验确定肥料配方的途径如下。

一、确定目标产量

当前目标产量可以前三年平均单产为基数、增产10%来确定。如前三年平均单产为

400 kg,则当前目标产量可确定为440 kg。

二、根据目标产量计算养分吸收总量

其计算公式为:

$$作物目标产量所需养分含量 = \frac{目标产量(kg)}{100(kg)} \times 百千克产量所需养分量(kg)$$

三、测土化验

根据测土化验结果计算土壤养分(N 或 P_2O_5 或 K_2O,下同)供应量。

$$土壤养分供应量 = 土壤养分测定值 \times 0.15 \times 校正系数$$

式中:0.15 为土壤养分的换算系数;潮土平均速效氮、速效磷、速效钾的校正系数分别为0.47、0.70、0.39。

四、肥料施用量的确定

下面举一实例来详细说明肥料施用量的确定。

例如:有机肥含 N、P_2O_5、K_2O 分别按 0.3%、0.1%、0.3% 计算,N、P_2O_5、K_2O 的利用率分别按 37.4%、20.0%、37.7% 计算,若 N 肥的 60% 由有机肥供应,则计算过程如下:

(1)确定有机肥的用量

$$有机肥的施用量 = \frac{(N养分吸收总量 - 土壤N养分供应量) \times 60\%}{37.4\% \times 0.3\%}$$

$$= (N养分吸收总量 - 土壤N养分供应量) \times 535$$

(2)确定商品氮肥用量

$$商品氮肥用量 = \frac{(N养分吸收总量 - 土壤N养分供应量) \times 40\%}{37.4\%(氮肥利用率) \times 商品氮肥中N养分含量}$$

(3)确定商品磷肥用量

$$商品磷肥用量 = \frac{P_2O_5吸收总量 - 土壤P_2O_5养分供应量 - 有机肥的施用量 \times 0.1\% \times 有机利用率}{商品肥料中P_2O_5养分含量}$$

$$= \frac{(P_2O_5吸收总量 - 土壤P_2O_5养分供应量) - 有机肥的施用量 \times 2.0 \times 10^{-4}}{商品肥料中P_2O_5养分含量}$$

(4)确定商品钾肥用量

$$商品钾肥用量 = \frac{\dfrac{K_2O吸收总量 - 土壤K_2O养分供应量}{37.7\%} - 有机肥施用量 \times 0.3\%}{商品肥料中K_2O养分含量}$$

$$= \frac{(K_2O吸收总量 - 土壤K_2O养分供应量) - 有机肥施用量 \times 1.13 \times 10^{-3}}{37.7\% \times 商品肥料中K_2O养分含量}$$

(5)根据计算出的商品氮肥、磷肥、钾肥用量,求得原料配方比。

例:某农户种麦前土壤化验测得碱解氮为 60×10^{-6},速效磷为 25×10^{-6},速效钾为 100×10^{-6},目标产量为 500 kg,计划用尿素(含 N 46%)、重钙(含 P_2O_5 42%)、氯化钾(含 K_2O 60%)作原料,求原料配方。

解:每生产 100 kg 小麦按需 N 3 kg、P_2O_5 1 kg、K_2O 3 kg 计算,根据上述步骤计算可得

出:每亩用有机肥5 762 kg,用尿素 25 kg,重钙 14.5 kg,氯化钾 11.7 kg。若底肥追需 N 量的 60%,则该配方肥用尿素、重钙、氯化钾生产,原料比为 15:14.5:11.7。若生产 50 kg 包装,1 袋施 1 亩地,则每吨成品需尿素 300 kg,重钙 290 kg,氯化钾 238 kg,填料 172 kg,总含量≥40%。

参考文献

[1] 慕成功,郑义. 农作物配方施肥[M]. 北京:中国农业出版社,1995.

配方肥与化肥颗粒化

李保明

(许昌县土壤肥料站·2005 年 1 月)

目前市场上的化肥有颗粒状、粉状和液态三种。颗粒肥料与粉状肥料相比,物理性能好,装卸时不起尘,长期存放不结块,流动性好,施肥时易撒布,并可实现飞机播肥,同时还可起到缓释作用,提高肥料的利用率。大颗粒尿素、磷铵、复合肥、颗粒钾肥等产品的迅速发展,印证了肥料颗粒化是当今化肥的发展趋势之一,同时也给配方肥的发展提供了基础原料。

一、配方肥的发展需要大量的颗粒肥料

配方肥是根据耕地养分含量和农作物的需肥规律,有针对性地配制出的一种掺混肥料。美国早在 1947 年就开始配方肥的配制和推广,目前发达国家配方肥施用量已占化肥总施用量的 70%。我省近年来进行的配方肥的试验示范证明,配方肥具有改良土壤、改善品质、改善环境和增产、增收的"三改二增" 功效,深受广大农民朋友的欢迎。随着配方肥推广应用力度的加大,科学施用水平的提高,传统的单质化肥必将被配方肥和复合肥所代替,提高肥料的复合化率已成为我国未来化肥行业的主要发展方向之一。

目前,国内外提高肥料的复合化率主要有三种途径:一是直接生产加工成复合肥料,如采用各种化学法生产的 N、P、K 复合肥,产品为粒状;二是以粉状基础肥料为原料,通过蒸汽团粒法或挤压法再造粒形成的复合(混)肥;三是把基础肥料加工成颗粒肥料,施用时根据土壤化验结果和种植作物需肥规律,确定施肥比例配方,再通过掺混的方法配制成配方肥料,实现复合化。

配方肥是将各种原料直接掺混后形成的产品,工艺简单,无三废排放,配方灵活,产品具有广泛的适应性、针对性。配方肥配制时要求原料颗粒大小、比重基本一致,否则产品在储运过程中会产生离析现象,导致养分不均。颗粒磷肥、颗粒钾肥及大颗粒尿素是目前国内配方肥配制的主要基础原料。

二、配方肥的发展与颗粒肥料的发展相互促进

以尿素为例,我国的大颗粒尿素在 1996 年才有第一套装置投产,随后由于配方肥的配

制对大颗粒尿素需求量猛增,我国多套大颗粒尿素装置相继投产,生产能力从起初200万t/a,发展到目前1 000多万t/a,部分产品出口海外,市场前景较好。我国大颗粒尿素的发展,使得大颗粒尿素货源充足,易于购进,反过来又促进了配方肥的进一步发展。

目前我国配方肥配制所需的颗粒钾肥仍以进口为主,国内颗粒钾肥的生产能力,已落后于配方肥的生产。根据我国化肥消费的需求预测,到2005年,我国钾肥需求量将超过1 000万t/a。随着国内青海钾肥项目的大规模扩建及新疆钾肥项目的开发,到2005年我国钾肥生产能力可达到200万t/a,进口量将超过800万t/a。我国的颗粒钾肥市场存在较大的缺口,市场前景广阔。

三、发展配方肥与颗粒肥料的建议

配方肥作为复混肥家庭中的重要成员,不仅具有复混肥的普遍优点,而且还能弥补其不足,具有独特优势,将成为化肥市场的新热点。配方肥的开发与应用在很大程度上依赖颗粒肥料的发展,同时又促进颗粒肥料的发展。根据我省配方肥发展现状及颗粒肥料的供应状况提出以下建议:

(1)适度开发颗粒肥料,特别是大颗粒尿素的生产。

(2)针对颗粒钾肥缺口较大的现实,充分利用现有国产粉状钾肥资源,根据配肥所需含量,专门为测配站进行造粒,可大大降低配肥成本。

(3)我省高浓度磷肥缺口较大,目前成规模的生产企业仅有济源丰田肥业(20万t磷酸一铵)一家,应进行重点开发。

(4)规范配方肥配制行为,严把配肥质量关,杜绝个别企业随意使用原料肥现象。

农作物施肥新技术——底施配方肥

张宝林

(光山县农业技术推广中心·2003年8月)

俗话说:“庄稼一枝花,全靠肥当家”,说明了肥料在农业生产中的重要地位。的确,肥料为农业增产、农民增收做出了巨大贡献。可是近几年,虽然施肥量增加,而产出量却不理想,回报率低,挫伤了农民朋友的种田积极性。其原因主要有:①随着化肥的长期使用,使土壤板结,土壤养分不平衡。②施肥比例不科学,造成了肥料浪费,利用率不高。据调查,光山县氮肥和磷肥利用率仅有30%~35%,绝大部分没有被农作物所利用。③没有按照不同农作物、不同生育期及不同土壤类型对施肥数量、种类加以区别。鉴于此种情况,光山县农技中心近几年作了大量的调查和试验、示范,在省、市土肥专家的指导下,根据我县实际情况研究出了针对不同作物、不同土壤类型的施肥新技术——底施配方肥。通过近几年的试验、示范,效果良好,解决了目前因施肥不当而造成的土壤结构破坏和养分不平衡、肥料利用率低等问题。

配方肥是在省、市土肥站技术人员指导下,根据光山县土壤养分状况及不同作物、不同

生育期对养分的需求,将高浓度的氮、磷、钾肥原料及微量元素经科学配制而成的高浓度散料掺合肥。具有以下特点:

(1)养分齐全。含氮、磷、钾和相关的微量元素,一次施用,发挥多种肥效。

(2)配比合理,浓度高。配方肥严格按照不同作物需求进行配比,肥料利用率高。配方肥有效养分含量严格控制在45%以上。

(3)施用方便。在大田生产过程中,作底肥只需一次施入适量配方肥,而不必再施用其他化肥,每亩施用量30~50 kg。

(4)肥效高,而且稳定。经试验,底施配方肥比正常施用单一化肥肥效提高10%,作物产量提高8%~15%。

(5)针对性强。不同作物使用不同配方肥料,以便达到最佳效果。水稻、小麦、油菜、瓜菜、花卉、茶叶等都有其专用的配方肥。

使用配方肥时,应注意以下几个问题:

(1)注意使用有效期。配方肥从配制到施入大田,最佳使用期30天,超过30天,配方肥易吸湿受潮,给施肥带来不便,购买后,应尽快施到大田。

(2)购买时要认准"沃力"牌商标,封口处有配制日期和作物名称字样。

(3)为了使测土配方施肥技术推广达到增产增收的目的,建议农户在订购配方肥料时,可以带来大田土样,各测配站一律免费进行化验,并根据土壤养分含量、种植作物种类和目标产量,有针对性地进行配制,不加收任何费用。

浅谈配方肥推广中农化服务与市场管理对策

韩志慧[1] 赵文英[1] 赵会霞[2]

(1. 开封市土壤肥料站;2. 开封市郊区土壤肥料站·2004年10月)

自省土壤肥料站1998年提出在全省"组建测配站、推广配方肥"以来,我市积极响应,目前,市农业系统已建立8个测配站,推广测土配方施肥240万亩次,建立农户档案1 300余户。仅去年一年全市就推广配方肥7 186 t。在配方肥推广实践过程中,我们进行了大量的探索,也积累了一些成功经验。下面对农化服务与市场管理方面作一些浅析。

一、农化服务

中国已加入世贸组织,农化市场正面临着国际、国内市场的激烈竞争。各肥料生产厂家在注重产品质量的同时,也更重视农化服务的作用。测配站结合现状,充分发挥自身优势,实现了农化服务新的突破。一是更新农化服务观念,改变将农化服务单纯作为促销手段的做法,从人力、物力等多方面加大投入,建立完善的监测体系,加大免费测土化验服务,目前仅市站每年检测肥料样品420个左右,土壤样品470个左右,大大提高了农化服务水平。二是在春播、中耕、秋收季节,各测配站分批派专业技术人员到农田采集土样,在测土和试验的基础上,做到针对土壤、针对作物,配制出本区域内多种作物专用肥,同时制定出不同的施肥措施,实现了"测、配、产、供、施"一条龙服务的完善体系。三是建立配方肥示范区,在示范区内进行对比试验。如在杞县大蒜示范区,施用配方肥比常规施肥每亩增收 320 ~ 400 元(按大蒜 1.00 元/kg,蒜苔 1.30 元/kg 计算)。又如,在开封郊区花生示范区施用配方肥比常规施肥每亩增收 55 ~ 65 kg。通过试验示范,让农民看得见、摸得着,增加了接受配方肥的自觉性,甚至好多地方已出现了拿着包装袋子购买配方肥的好局面。

二、市场管理

推广配方肥离不开市场,市场管理的好坏直接影响着配方肥的推广施用。为了做好这项工作,我们做了大量的实地调查,发现农民购肥的意向变了:一是希望得到科技含量高、因地而施的个性化肥料,对假冒伪劣产品深恶痛绝;二是希望直销肥料。为此,我们重点抓了以下几个方面。

(一)建立推广网点,强化网络意识

我们建立的推广网点的人员大多数是当地村干部或当地农民,这就更容易和农民打成一片。同时,测配站和各网点保持紧密联系,要求他们及时反馈信息,以便我们做好市场调节工作。

(二)对同一含量的肥料,制定统一的出厂价格

采用直销方式,尽量减少中间环节,以求在市场中增强价格竞争力。

(三)加大肥料市场的执法力度

近几年我市狠抓了肥料市场的执法工作。在全市各县区都设立了肥料信息监督员,要求他们发现假冒伪劣肥料及时上报,坚决做到发现一起处理一起。同时市土肥站成立了执法小组,有计划地对肥料市场进行抽检,将全市化肥抽检的结果在《开封日报》上发布,目前已在《开封日报》上发布肥料信息五期。这样,既对名优产品进行了宣传,服务了农民、厂家,又打击了不法生产、销售分子,为配方肥的推广创造了良好环境。

焦作市小麦专用配方肥理论设计与施用技术

任家亮　孙建新　任新芳

(焦作市土壤肥料站·2003 年 10 月)

焦作市小麦常年播种面积 12.57 万 hm^2,约占全市粮食播种总面积的 53%。2002 年每公顷平均产量达 6 383 kg,总产达 80.28 万 t,是全国闻名的小麦高产区。近年来,我们在麦播施肥调查中发现,养分投入结构不合理现象比较严重,施肥成本不断提高,造成资源浪费、生产效益下降。因此,研制、推广适宜当地生产水平的小麦专用配方肥,实现技物结合,解决技术棚架,就成为全市土肥系统搞好技术服务的重中之重。2002 年全市共推广小麦专用配方肥 2 000 余 t,配方施肥区平均增产 6.5%,肥料投入成本每公顷平均下降 180 元,取得了良好的社会经济效益。

一、理论设计依据

小麦生产所吸收的营养元素，来自于土壤与肥料两个方面。了解小麦氮、磷、钾养分吸收量、土壤供应量与肥料效应，是配方施肥的核心内容。三者之间的关系为：应施的肥料养分量 = 小麦需要吸收的养分量 - 土壤可供应的养分量。这就是著名的斯坦福公式。其中，小麦需要吸收的养分量 = 目标产量 × 小麦单位产量养分吸收量；土壤养分供应量（每公顷）= 土壤养分含量（mg/kg）×0.15×15×土壤养分利用系数；每公顷施肥量（kg）= 应施肥料养分量 ÷（肥料养分含量 × 肥料养分利用率）。

二、技术参数

小麦生产是一个开放的系统，受各种环境条件的影响，上述公式所涉及的各种技术参数都是一个变量。我们在研究中，将小麦单位产量养分吸收量与肥料养分利用率采取平均值，即取定值，以此为基础，依据试验结果计算土壤养分利用系数。其中，每 100 kg 小麦产量的 N、P_2O_5、K_2O 吸收量分别为 3、1、2.5 kg；氮肥利用率为 40%，磷肥利用率为 20%，钾肥利用率为 50%。

以上述参数为基础，我们对 44 个正规试验结果、106 个反馈试验结果、627 个测土施肥典型调查结果进行了全面的分析计算与调整，掌握了较完整的土壤养分利用系数。其中，土壤速效氮利用系数与产量水平关系密切，各产量（每公顷）级别下分别为：7 500 kg 为 0.9，6 750 kg 为0.8，6 000 kg 为 0.7，5 250 kg 为 0.6，4 500 kg 为 0.5；土壤速效磷（P_2O_5）利用系数与土壤含量关系密切，各含量级别下分别为：10 mg/kg 为 1.5，20 mg/kg 为 1.0，30 mg/kg 为 0.8，40 mg/kg 为 0.7，50 mg/kg 以上为 0.6；土壤速效钾（K_2O）利用系数相对稳定，一般介于 0.45 ~0.55，平均可采用 0.50 计算。

三、土壤养分含量

要准确计算土壤施肥量，制定合理配方，还必须了解土壤养分含量。根据我市部分农化数据统计，全市土壤速效氮（N）含量平均为 73 mg/kg。其中，沙性土为 51 mg/kg，轻壤土为 60 mg/kg，中壤土为 74 mg/kg，重壤土为 85 mg/kg。土壤速效磷（P_2O_5）含量平均为 30 mg/kg。其中，沙性土为 8 mg/kg，轻壤土为 17 mg/kg，中壤土为 29 mg/kg，重壤土为 44 mg/kg。土壤速效钾（K_2O）含量平均为 145 mg/kg。其中，沙性土为 62 mg/kg，轻壤土为 100 mg/kg，中壤土为 148 mg/kg，重壤土为 181 mg/kg。

四、配方

依据上述各项基本参数与养分数据，我市小麦专用配方肥养分总含量设计为 40% 与 45% 两种。其中，40% 配方肥 N∶P_2O_5∶K_2O 配比为 22∶12∶6；45% 配方肥 N∶P_2O_5∶K_2O 配比为 25∶14∶6。每公顷投入 40% 的配方肥 900 kg，可满足平均条件下每公顷小麦产量 7 500 kg 的氮、磷、钾养分需求。

五、施用技术

在配方肥施用技术方面，一是强调以有机肥施用为基础，大力推广玉米秸秆直接还田与小麦高留茬,努力实现良性农田生物循环,增加土壤有机质含量。二是配合施用微肥,特别是锌肥施用效果显著。每千克种子用 4 g 硫酸锌播前拌种,返青期或拔节期用 0.1% ~0.2% 的硫酸锌溶液进行喷洒,一般均具有较好增产作用。三是根据不同土质的保肥、供肥特性决定底肥、追肥比例。中壤以上土质可全部作为底肥,返青期以灌水为主,也可视苗情点片追施尿素,高产田每公顷施用量为 45 ~60 kg。高群体、高肥力地块,应将肥水管理推迟至 3 月下旬进行,旺长麦田还应于 2 月下旬采取化控措施。轻壤土质,60% ~70% 作为底肥,30% ~40% 于返青期结合灌水追施。沙性土质 50% 作为底肥,50% 在返青起身期重施追肥,以促进小蘖生长,防止过分丢头,确保群体密度。

总之,依据各项技术参数与化验结果所计算的配方,是可以满足平均条件下的小麦高产需要的,不会产生某种养分的不足或过剩。在非平均状态养分含量情况下,这种配方所提供的氮、磷比例也是比较合理的,可以在保证丰产要求的前提下,逐步调整土壤养分比例,消除限制性养分因素。

焦作市夏玉米专用配方肥设计原理与施用

孙建新　任家亮　魏世清

(焦作市土壤肥料站·2003 年 10 月)

焦作市是全国著名的粮食高产区,夏玉米是主要粮食作物之一。2002 年全市夏玉米播种面积 8.97 万 hm^2,占粮食播种总面积的 37.9%。平均每公顷产量 6 748 kg,总产达 60.53 万 t,占全市粮食作物总产的 39.7%。随着近年来大穗型高产良种的大面积推广种植,常规施肥方式已不能满足充分发挥良种增产潜力的实际需要,大面积推广专用配方肥,已成为进一步提高全市夏玉米生产水平的关键技术措施之一。从 2000 年开始,我市开始研制生产夏玉米专用配方肥,施用量逐年扩大,2002 年已达 1 500 t。平均增产率达 6.7%,肥料投入成本每公顷下降近 200 元,取得了显著的经济效益。

一、设计原理

根据斯坦福公式,应施的肥料养分量等于作物需要吸收的养分量减去土壤可提供的养分量。按照该理论,夏玉米需要吸收的养分量 = 计划产量 × 玉米单位产量养分吸收量;土壤养分供应量(每公顷) = 土壤养分含量(mg/kg) ×0.15 ×15 × 土壤养分利用系数;每公顷施肥量(kg) = 应施肥料养分量 ÷(肥料养分含量 × 肥料养分利用率)。

二、技术参数

经大量试验研究与化验数据反馈点典型产量调查,我们将夏玉米单位产量养分吸收量与肥料养分利用率取定值(定值的确定,是借鉴本地试验结果与参考权威资料数据,并以反馈试验产量效应进行反复修正而得),反算土壤养分利用系数。其中,每 100 kg 玉米产量吸收 N 素 2.6 kg,吸收 P_2O_5 1 kg,吸收 K_2O 2.3 kg;氮肥利用率为 40%,磷肥利用率为 25%,钾肥利用率为50%。土壤速效氮利用系数各产量(每公顷)级别下分别为:4 500 kg为0.5,6 000 kg为0.6,7 500 kg为0.7,9 000 kg为0.8,10 500 kg为0.9,12 000 kg以上为1.0。土壤速效磷(P_2O_5)利用系数各土壤含量水平下分别为:10 mg/kg为1.5,20 mg/kg为1.0,30 mg/kg为0.8,40 mg/kg为0.7,50 mg/kg以上为0.6。土壤速效钾(K_2O)利用系数介于0.6~0.7,平均采用0.6较为适宜。

三、配方

有了上述各项技术参数,结合我市土壤养分平均含量,就可以做出主体配方。土样化验结果统计表明,我市土壤平均速效氮含量为73 mg/kg,速效磷P_2O_5为30 mg/kg,速效钾K_2O为145 mg/kg。40%的配方肥N:P_2O_5:K_2O适宜配比为22.5:11.5:6;45%的配方肥N:P_2O_5:K_2O适宜配比为25:13:7。每公顷投入40%的配方肥1 125 kg,可满足平均条件下每公顷玉米产量9 000 kg的氮、磷、钾养分需求。

四、施用技术

玉米专用配方肥的大田施用,一般分为两次追肥。玉米定苗后,于6叶期第一次追施总肥量的50%~60%,于10~11叶期第二次追施剩余的40%~50%。中壤以上土质,可在6~8叶期一次性追施全部肥料。施肥要求:一是要全部深施,禁止地表撒施;二是要结合灌水,发挥肥效,但要防止大水漫灌;三是要注意施用微肥,并提倡小麦高留茬与麦秸麦糠盖田。

夏玉米高产、超高产栽培是一项综合性技术,各项生产条件都应得到良好满足,合理施肥只是其中关键环节之一。选用优良品种,保持合理密度,力争早播(超高产田块须在6月10日前播种),合理施肥,丰产灌溉(特别是要确保抽雄前后具有良好的土壤墒情),病虫草综合防治,适时收获等,构成一个完整的技术体系。这些因素的作用,不仅是合理设定目标产量的基础,也是目标产量实现的保证。任何一个环节出现问题,都会造成一定损失,最终降低施肥效益。

许昌市小麦配方肥配方确定依据及应用

袁培民

(许昌市土壤肥料站·2003年3月)

一、小麦配方肥配方确定的理论依据

一般情况下,在大田生产上确定小麦施肥量,主要依据产量指标要求,计算所需养分元素的数量,同时要摸清当季土壤肥力基础(即供肥能力)和所用肥料的当季利用率,进而推算出肥料的合理施用量。

(一)小麦需肥规律

小麦在不同生长发育时期,对氮、磷、钾三要素的吸收量是不同的,除受气候、土壤和栽培条件影响外,与品种特性也有较密切的关系。总的来说,小麦对三要素的吸收返青期以前较少,拔节以后至开花期急剧增加,开花期以后又逐渐减少,成正弦曲线变化。小麦营养的两个关键时期为:

(1)小麦营养的临界期。氮素的临界期为冬前分蘖期及幼穗分化的四分体期,这两个时期如果缺少氮素,会使分蘖数、穗粒数明显减少,产量降低;磷素为一叶一心期,该期小麦幼苗正在从种子营养转向土壤营养,叶子贮藏的磷素已近耗尽,急需从土壤中吸收磷素;钾素一般认为是小麦的拔节期,该期对钾肥反应较为敏感。

(2)小麦营养的最大效率期。氮素营养的最大效率期在拔节至孕穗期;磷素在抽穗至开花期;钾素在孕穗期。

(二)小麦产量与需肥量

据科学试验研究,每生产100 kg小麦籽粒,大体上植株须从土壤中吸收纯氮(N)3 kg、磷(P_2O_5)1~1.2 kg、钾(K_2O)3~4 kg,N:P_2O_5:K_2O大体为3:1:4。

(三)土壤供肥能力

据研究,在有适量磷、钾配合的情况下,土壤中1 mg/kg速效氮大体可满足5 kg小麦籽粒的生产需要,换言之,即磷、钾等元素能够满足需要的情况下,每种土壤小麦的基础产量水平可以通过测定土壤速效氮的含量来预测,预测公式为:

$$W = 5 \times NP$$

式中:W为某块麦田的基础产量水平,kg;NP为土壤中速效氮的值。

据研究,土壤中1 mg/kg速效磷可满足生产15~20 kg小麦籽粒的需要。许昌市土壤含磷量一般在10~18 mg/kg,属贫磷区,必须通过增施磷肥来满足小麦生产的需求。土壤中钾素临界值为速效钾80~100 mg/kg,在此范围内施钾表现出一定的增产效果,低于80 mg/kg必须补钾。

(四)肥料计算方法

目标产量确定之后,根据土壤供应的养分量计算出需要吸收的肥料养分数量,计算公式为:

$$肥料需要量 = (A - B)/C$$

$$A = 小麦单位产量吸收量 \times 目标产量 = 小麦吸收量$$

$$B = 土壤养分含量值 \times 0.15 \times 校正系数 = 土壤供肥量$$

$$C = 肥料中养分含量 \times 肥料当季利用率$$

土壤养分测定值以mg/kg表示,0.15为养分换算系数。“0.15”的含义为:如果土壤某种养分的含量为1 mg/kg,那么该养分在每亩土壤耕层中的重量为0.15 kg。

土壤养分测定值的校正系数与基础产量有关,基础产量由上式中土壤速效氮数量求得。根据试验,基础产量100 kg时氮肥的校正系数为0.4;100~200 kg时为0.55;200~300 kg时为0.7;300~400 kg时为0.8。

二、配方肥配方确定及应用

根据上述理论,许昌市土肥站对不同养分含量的土壤上种植小麦进行了施肥计算研究,得出了不同土壤养分下小麦的最佳施肥配方(见表1)。

表1　土壤速效养分含量(mg/kg)与小麦施肥(kg/亩)配方对照

速效养分含量	速效氮(N)			速效磷(P_2O_5)			速效钾(K_2O)		
	40~49	50~59	60~70	4~8	9~14	15~20	50~69	70~89	90~100
小麦施肥量	11~12	10~11	9~10	7~8	6~7	5~6	6	4	3

小麦配方采取“一炮轰”施肥法配制,并配有锌、硼、铁等微量元素1 kg掺匀后,70%撒犁底,30%撒犁垡。

许昌市土肥站根据此配方在四年的实践中,配制了近2 000 t小麦专用配方肥,施用该肥后,小麦的抗病性、抗旱性、抗干热风等抗逆性能均明显增强,表现出显著的增产增收效果,深受农民的欢迎。

商水县推广小麦测土配方施肥技术要点

陈东义　张剑中　刘启山　崔　辉　王富恩　夏高山

(商水县农业局·2003年5月)

商水县位于黄淮平原南部,常年麦播面积120万亩左右,经济基础较薄弱。为普及测土配方施肥技术,近几年我们做了大量的科研、示范和宣传推广工作,针对我县具体情况提出小麦施肥意见和具体措施如下。

一、农作物需肥规律

农业生产实践证明,农作物需要的肥料分为三类,一是大量元素肥料,主要是氮、磷、钾三要素,其需要量大,必须通过施肥来补充;二是中量元素肥料,主要是钙、镁、硫三种,北方土壤中这三种元素较多,不需要补充;三是微量元素,主要有锌、硼、钼、铁、锰、铜、氯七种,在中低水平时一般也不缺乏。在高产条件下,微量元素也需要补充。这些肥料的主要来源有三个,一是土壤中含有的矿质元素;二是农家肥和残留田间的秸秆;三是施用的化肥。随着产量的提高,土壤中各种养分被带走,加之近些年农家肥施肥量减少,不仅氮、磷、钾三要素需要大量施用,微量元素也需施用。具体说,每生产50 kg小麦籽粒,需要碳铵22 kg,过磷酸钙15 kg,氯化钾5.2 kg。由土壤和农家肥可提供一部分养分,实际施肥量不需要这么多。要准确地确定施肥量,就需要对土壤养分进行化验分析,根据农作物需肥规律,制订配方施肥方案。农作物的需肥规律主要有三条:一是按比例吸收规律。以小麦为例,每吸收1 kg氮,相应地吸收0.6 kg五氧化二磷,1.2 kg氧化钾。二是同等重要不可代替规律。农作物需要肥料种类有多有少,数量差别很大,但同等重要,此肥不能替代彼肥。三是最小养分规律。由于各种养分同等重要,不可代替,限制产量的就是土壤和施用供应比例最小的那种养分。如小麦生产,我县在实行责任制以后,土壤中缺磷严重,大面积施磷肥以后,四年四大步,每年增产5 000万kg。目前由于某些农户只施氮肥,很少施磷肥,不施钾肥,仍有70%

的地块缺磷肥和钾肥。

二、商水县土壤养分状况

根据1999年对2 026个土样化验结果统计分析，与1984年土壤普查时比较，我县土壤有机质和氮、磷、钾情况为两增两减，有机质有所下降，速效钾平均每年下降4.4 mg/kg，缺钾面积已占80%左右；速效氮增加较多，在正常施肥条件下，可以满足小麦亩产400～500 kg需要，速效磷有所增加，但与我县小麦高产需要相比，缺磷仍然严重，70%的地块亩施过磷酸钙需要75～90 kg，其余地块也不应小于60 kg。同时微量元素锌、硼、钼普遍缺乏，含量都低于临界值。

三、小麦配方施肥技术要点

针对我县土壤养分状况，几年来，我县小麦施肥原则是"一稳三增，锌肥补充"。具体讲，就是稳施氮肥，增施有机肥，重施磷、钾肥，普施锌肥。

(1)稳施氮肥。依土壤速效氮含量，我县80%的地块具有小麦高产400 kg的基础，限制小麦产量的关键是磷、钾缺乏，所以，不要盲目增加氮素化肥施用量，一般麦田底施碳铵不要超过90 kg，折合尿素不超过27 kg。提高氮素化肥利用率潜力很大，主要方法一是深施，二是施用化肥增效剂。

(2)增施有机肥。有机质是土壤肥力的基础，按照小麦亩产400～500 kg指标的要求，土壤有机质含量应达到1.35%以上，而我县平均仅为1%，高产基础较差。小麦底肥应坚持有机肥与化肥并重的原则，每亩应保证施优质农家肥4 m^3 以上。要抓住时机，挖掘有机肥源，严禁焚烧秸秆，搞好高温堆肥和过腹还田，把各种可利用的有机肥都施到麦田里去。

(3)重施磷肥、钾肥。我县70%的地块缺磷仍然严重，每亩施过磷酸钙应达到60～75 kg。磷在土壤中移动性小，为提高肥效，应与农家肥混合堆闷；再一个方法是分层施，2/3掩底，1/3垡头，少数严重缺磷地块，应采取"双季补磷"的措施，即春秋两季补磷。农民习惯秋季不施肥，要加强引导，秋季施磷肥。我县土壤缺钾面积占80%，除新老烟叶茬外，施钾肥都能增产。每亩需要施硫酸钾或氯化钾10～15 kg。生物钾肥可以加快土壤中矿质钾的转化，但不能代替钾肥，生物钾肥应当与钾肥混合施用。

(4)普施锌肥。小麦施锌肥增产显著，每亩用量为硫酸锌1～1.5 kg，可以与其他肥料混合作底肥，也可以分出拌种，其余作底肥，这样效果更好。

四、狠抓测土配方施肥技术的落实

1998年以来，我们出板报、写标语，大力宣传"沃土计划"、"补钾增微"工程，尤其是测土配方施肥的重要性，进而付诸行动。配方肥示范对比田调查证明，配方区小麦产量较习惯施肥区增产8%～19.2%，小麦根系发达、群体合理，营养生长与生殖生长协调，病害轻。据4月15日调查，种植内乡188品种的田块，配方区小麦锈病发病率较习惯施肥区减轻40%；种植温麦986的田块，配方区锈病发病率较习惯施肥区减轻62%，实现了大灾之年小麦大丰收。

测土配方施肥在小麦上的应用

梁 杰

（永城市土肥测配公司·2003年6月）

小麦是永城市主要粮食作物，小麦的丰歉直接关系着农民群众的生活水平，持续稳定高产是农民群众的迫切愿望，也是广大农业科技人员的追求。要实现小麦优质高产高效，除小麦品种遗传特性外，测土配方施肥是一项关键性技术措施。在小麦生产中进行测土配方施肥，可有效地节省开支，降低生产成本，减少资源浪费和环境污染，可有效防止作物病虫害发生，改善作物品质，从而达到预期的产量和质量目标。

一、小麦施肥的原则

地域不同，土壤的肥力不同，即使在较小的地域范围内，土壤有机质含量和pH值都会有一定的差异。因此，要在土壤检测的基础上，优化配方，科学配比，精确用量。

（1）因土选肥。在有机质含量较高、偏酸性的土壤上，使用碱性肥料较好；偏碱性的土壤上，使用酸性肥料较好，如磷酸一铵、过磷酸钙等。

（2）以产定肥。在中等肥力的土壤上，约有40%的养分来自土壤，60%的养分来自施肥。根据土壤各养分的丰缺状况、小麦的需肥规律以及肥料的当季利用率，以产定肥，精确用量。

（3）科学施肥。小麦品质的优劣，不是单纯取决于施肥量的大小，还取决于施肥的时间。小麦生产不但要有较高的产量，还要有较好的品质。目标产量所需补充的肥料，磷、钾作底肥一次施入，氮作底肥一次施入2/3，返青期追施1/3，尽量前氮后移，苗期叶面喷施微肥，灌浆期补喷氮磷钾肥料，可达到既高产又优质的目的。

二、小麦测土配方施肥应用技术

首先，应通过土壤检测，准确掌握土壤肥力状况，然后根据“最小养分率”和“报酬递减率”的理论，进行养分配比。小麦每生产100 kg麦粒，约需吸收N 3 kg、P_2O_5 1.5 kg、K_2O 2.5 kg。如果要达到500 kg/亩产量，粗略计算，需吸收N 15 kg、P_2O_5 7.5 kg、K_2O 12.5 kg。按照中等肥力水平碱解氮60～90 mg/kg、速效磷8～13 mg/kg、速效钾120～180 mg/kg时，土壤为500 kg/亩目标产量提供的养分为N 6 kg、P_2O_5 3 kg、K_2O 5 kg，若要达到目标产量，需补施养分约为N 9 kg，P_2O_5 4.5 kg、K_2O 7.5 kg。根据“因子综合作用律”的理论，不但要考虑因土选肥的种类和以产定肥的数量，同时要充分考虑影响小麦生产发育和发挥肥效的其他因素，如土壤因素、气候因素、农业技术因素等。

三、推广配方肥是实现测土配方施肥技术的最快捷途径

现在小麦生产中普及农业生产技术存在的问题，一是测土配方施肥技术“推而不广”；二是为追求产量盲目施肥，造成生产成本增高，资源浪费，环境污染，病虫害加重，品质下降

等。测土配方施肥技术是一门复杂的科学技术,农民群众因受文化水平、科技知识、家庭结构等多种因素的限制,很难掌握并应用于农业生产实践中。推广配方肥是物化先进技术最快捷的途径、最有效的方法。配方肥突出的特点有三个:第一,就是可以根据土壤养分的丰缺状况对养分进行科学配比,把配方优化到最佳点;第二,配方肥是根据现代物理学原理,选用颗粒料配制而成的,不但可以减少养分流失,而且可以使肥效缓释,满足作物不同时期生长发育的需要,具有高效、多效、平稳的特点;第三,配方肥使用简单方便,一般一亩一袋,省工省心,不论你懂不懂测土配方施肥技术,买回配方肥就可以使用,就能达到测土配方施肥的目的,像傻瓜相机一样,技术很复杂,但使用起来却很简单。农民群众乐于使用,容易接受。

综上所述,在小麦生产乃至农业生产中,要达到优质、高产、高效,必须实现技物结合,使之有机地融为一体。

台前县小麦专用配方肥配方设计与改进

郭宪振　曹景为　张传海

(台前县农业局·2002年11月)

测土配方施肥技术的基本涵义是在土壤养分测试的基础上,根据作物需肥规律、土壤供肥性能及化肥肥效,在增施有机肥的条件下,合理确定氮、磷、钾三大元素和中、微量元素用量比例。小麦配方肥就是根据测土配方施肥原理配制的一种高效掺混肥。我县从2000年开始推广应用小麦专用配方肥,当年推广小麦专用配方肥40 t,第二年推广小麦专用配方肥58 t,第三年推广小麦专用配方肥100 t,推广面积逐年增大,深受群众欢迎。

配方肥是测土配方施肥技术的物质载体,它具有明显的优点:①施肥方便,符合县情。我县农民的文化素质较低,科技意识比较淡薄,配方肥是科学施肥技术物化后的成果,农民一次购肥就可买到所需的包含各种养分并符合比例的肥料,减少施肥环节,使用方便。②降低成本,提高效益。配方肥养分含量高,养分全,可以节省包装,减少贮运,降低成本,提高产投比和效益。③提高产量,改善品质。④保护土壤良好的生态环境。配方肥由于能够提高化肥利用率,减少肥料施用量,从而避免化肥浪费和减少污染,使土壤养分肥力向有益的方向发展,维护良好的土壤环境,促进农业的可持续发展。

我县推广的小麦专用配方肥,养分含量为:氮18%,磷14%,钾8%,氮、磷、钾总含量≥40%,同时含有硫、硅、锌、硼、铁、铜等中、微量元素。推荐施用量每亩一袋(40 kg),以基肥为主,施前将袋内各种肥料掺和均匀,犁地时,可用70%撒犁底,30%撒垡头。来年春季小麦返青时,适当追氮肥10~15 kg/亩,并注意加强麦田管理,小麦亩产可达千斤。通过三年的推广实践,一般亩增产10%~30%。不同土壤质地增幅差异表现突出,沙壤土和沙土地0~20 cm土层,速效钾(K_2O)含量在50~80 mg/kg之间的地块,增产效果在30%以上。淤土和两合土0~20 cm土层,速效钾(K_2O)含量超过180 mg/kg的地块,增产在10%以下,如城关镇、孙口乡、后方乡、打渔陈乡一带,小麦专用配方肥可改为N、P二元肥料,40%的配方肥(25%N、15%P_2O_5或22%N、18% P_2O_5)加多元微肥,每袋由40 kg改为50 kg,每亩底施一袋。

西峡县土壤养分监测现状评价及主要作物施肥配方设计

杨海琴　赵同僚　卢瑞华　席小敏

（西峡县农业技术推广站·2002年10月）

西峡是深山区县，现有耕地29万亩，人均0.7亩，比南阳市人均1.24亩低0.54亩，比全省人均1.59亩少0.89亩。为了充分利用有限耕地资源为农民创造最大的经济收益，在省市业务部门指导下，我县自2000年开始以配方肥为载体，优化配方，全面推广测土配方施肥技术。

一、西峡县土壤养分监测现状评价

（一）主要耕地土壤类型

全县现有耕地29万亩，共有五大土类，其中黄棕壤占60.7%，紫色土占35.06%，潮土占3%，水稻土占1.17%，棕壤占0.07%。

（二）主要耕地土壤基本情况

我县土壤养分监测点始建于2000年，全县共设31个点，其中黄棕壤21个，紫色土6个，水稻土2个，棕壤2个。2002年化验分析，全县土壤有机质含量1.183%，碱解氮94.1 mg/kg，速效磷（P_2O_5）27.3 mg/kg，速效钾（K_2O）117.8 mg/kg。根据南阳市1987年土壤养分含量分级标准（见表1），全县土壤有机质处于低肥水平，碱解氮处于中肥水平，速效磷处于高肥水平，速效钾处于低肥水平，已近贫瘠的边缘。氮、磷、钾失调样品数占77.4%，严重失调样品数占61.3%。与全国土壤普查时有机质含量1.625%、速效氮（N）78.0 mg/kg、速效磷（P_2O_5）18.0 mg/kg、速效钾（K_2O）189 mg/kg相比，有机质下降了0.442%，碱解氮提高13.4 mg/kg，速效磷提高9.3 mg/kg，速效钾下降69.6 mg/kg。氮、磷、钾失调样品率与普查时基本持平，严重失调样品数与第二次普查时31.5%相比，增加29.8%。其中，黄棕壤、紫色土、水稻土的情况如下。

表1　南阳地区土壤养分含量分级标准（1987年）

级别	有机质（%）	碱解氮（mg/kg）	速效磷（P_2O_5）（mg/kg）	速效钾（K_2O）（mg/kg）
高肥地	>2	>120	>25	>200
中肥地	1.5～2	90～120	20～25	160～200
低肥地	0.8～1.5	60～90	10～20	100～160
贫瘠地	<0.8	<60	<10	<100

1. 黄棕壤

取土样21个,分布于15个乡(镇),平均有机质含量1.205%,碱解氮87.6 mg/kg,速效磷(P_2O_5)28.0 mg/kg,速效钾(K_2O)126.5 mg/kg。有机质、速效磷、速效钾含量都高于全县平均值,速效氮低于全县平均值,是西峡主要的高产土壤。

2. 紫色土

碱解氮含量74.8 mg/kg,速效磷(P_2O_5)25.6 mg/kg,速效钾(K_2O)89.3 mg/kg。有机质、速效氮、速效磷、速效钾含量都低于全县平均水平,是全县主要低产土壤,特别是速效钾贫瘠,施肥时应该重点补充。

3. 水稻土

平均有机质含量1.425%,碱解氮195.5 mg/kg,速效磷(P_2O_5)49.2 mg/kg,速效钾(K_2O)110 mg/kg。有机质处于低肥水平,碱解氮和速效磷处于高肥水平,速效钾处于低肥水平。增加有机质,适当控制氮、磷,增加钾肥补充锌、硼肥,是优质稻施肥的基本原则。

二、主要作物施肥配方的确定

(一)小麦

高产田:N∶P_2O_5∶K_2O为18∶5∶10;

中产田:N∶P_2O_5∶K_2O为20∶6∶7;

低产田:N∶P_2O_5∶K_2O为20∶10∶0。

(二)玉米

高产田:N∶P_2O_5∶K_2O∶Zn为25∶0∶8∶2;

中产田:N∶P_2O_5∶K_2O∶Zn为20∶0∶8∶2;

低产田:N∶P_2O_5∶K_2O∶Zn为20∶8∶0∶2。

(三)水稻

基肥　高产田:N∶P_2O_5∶K_2O∶Zn为18∶7∶12∶2;

　　　中低产田:N∶P_2O_5∶K_2O∶Zn为20∶7∶8∶2。

(四)烤烟

高产田:N∶P_2O_5∶K_2O为7∶10∶20;

中低产田:N∶P_2O_5∶K_2O为7∶15∶8。

(五)中华猕猴桃

幼树:N∶P_2O_5∶K_2O为15∶10∶13;

中低产田:N∶P_2O_5∶K_2O为14∶6∶15。

(六)山茱萸

N∶P_2O_5∶K_2O为14∶8∶5。

(七)丹参

N∶P_2O_5∶K_2O为23∶12∶12。

(八)地黄

N∶P_2O_5∶K_2O为26∶8∶12。

博爱县小麦亩产超千斤测土配方施肥技术探讨

王香枝　孙彩霞

（博爱县土壤肥料站·2005年7月）

博爱县位于河南省西北部，太行山南麓，土壤肥沃，气候温和，光、热、水、气资源丰富，适合多种农作物生长，素有“太行山下小江南”之称。区域面积488 km^2，耕地面积34万亩，土壤类型主要以褐土、潮土为主，常年种植小麦面积20万亩左右。

1993年，全县种植20万亩小麦，平均单产426 kg；15万亩玉米，亩均单产592.7 kg，成为我国北方地区第三个吨粮县。此后，博爱县粮食产量连年亩超吨粮。1996年，全县20万亩小麦亩均单产达到508.7 kg，实现了千斤的跨越，成为我国第三个小麦千斤县。博爱县小麦的连年增产、高产，融会了各级领导的英明决策，显示了农业科技人员的智慧力量，体现了农民群众的艰辛汗水。回顾博爱县小麦千斤跨越的丰收之路，在诸多因素中，全力实施“沃土工程”，培肥千斤地力，走有机、无机相结合，用地、养地相结合的道路，全面进行测土配方施肥，实施平衡配套施肥技术，是夺取小麦亩超千斤生产的重要途径。

一、博爱县土壤肥力状况及小麦施肥情况

1980年的全国第二次土壤普查结果，博爱县的土壤养分含量为：有机质1.587%，碱解氮61.6 mg/kg，速效磷14.1 mg/kg，速效钾183 mg/kg。其明显特点是富钾、少磷、氮不均。当时制定了增施有机肥，氮肥、磷肥配合施用，走有机农业与无机农业相结合的道路。在全县范围内，大力推广和实施秸秆直接还田、“过腹还田”、以畜增肥、广开有机肥源、组织城肥下乡、处理城市垃圾等技术措施，根据土壤养分含量的多少，采用增氮、增磷，控氮增磷的配方，不断协调土壤的氮、磷比例。到20世纪90年代初，土壤中氮的含量相对稳定，磷的含量有了一定的提高，钾的变化不大，微量元素中锌、硼较少。为了实施农业部提出的“沃土计划”，进一步培肥地力，建设稳产、高产吨粮田，又制定了“一稳、二补、三增”的培肥措施，即稳定氮肥，补施锌肥、硼肥，继续增施有机肥、磷肥，并适当增施钾肥。在肥料施用量上，根据多年的试验结果，采用全量施肥的配方，即根据小麦产量指标计算需肥量，全部施入各种肥料，所施有机肥在不太多的情况下，作为培肥地力，提高土壤肥力的措施。这样，无论小麦产量多高，当季从土壤中吸收了多少养分，而留在土壤中的养分含量和土壤肥力指标都能逐年提高。1995年，博爱县耕层土壤的主要肥力指标达到：有机质1.779%，全氮0.087%，碱解氮79.5 mg/kg，速效磷21.2 mg/kg，分别比1980年增加了0.211%、0.008%、18 mg/kg、7.1 mg/kg，而速效钾含量稍有下降。

1995年，博爱县提出了全县小麦单产要实破千斤大关的宏伟目标。博爱县土肥站对历年来实施配方施肥工作进行了系统的总结，对本县土壤养分变化的状况，配方施肥方法、技术水平，以及多年来小麦肥料试验、示范的结果进行了详细的分析、研究，结合我县小麦生产的实际情况，即在全县单产近450 kg的基础上要突破千斤大关，在上级业务部门的指导下，

制定了博爱县小麦亩超千斤生产测土配方施肥技术方案，并在全县范围内进行推广。

二、小麦亩产超千斤测土配方施肥技术

（一）技术原理

平衡施肥是根据作物需肥规律、土壤供肥性能及肥料效应，在施用有机肥的基础上，于产前提出氮、磷、钾和微肥的适宜用量比例，并配以有效的施用方法的科学施肥技术。它的基础原理包括养分归还学说、最小养分律、肥料报酬递减律、因子综合作用律和肥料资源组合原理，简单概括起来，就是作物的丰产必须使各种营养元素在适宜范围内处于平衡状态。

所谓测土配方施肥技术，主要体现在"测、配、产、供、施"五个方面，就是既要根据测土结果提出合理的肥料配方和施用量，还要有必要的配套施用措施，包括肥料种类的选择，底肥、追肥的按配方配制及施肥方法，配合田间植株营养诊断、土壤肥力营养诊断、根外施肥技术等。

（二）测土配方施肥技术

1. 小麦的需肥量

根据有关技术资料，结合我县历年小麦肥料试验结果，在本县范围内，每生产 100 kg 小麦，要从土壤中吸收的氮（N）、磷（P_2O_5）、钾（K_2O）比例大约为 3∶1∶3。我县小麦单产要达到 500 kg，其需肥量为氮 15 kg、磷 5 kg、钾 15 kg。

2. 土壤的供肥能力

1995 年，经化验测定，博爱县耕层土壤养分含量为：碱解氮 75 ~ 85 mg/kg，速效磷 18 ~ 26 mg/kg，速效钾 165 ~ 190 mg/kg；与 1980 年相比，氮、磷有明显增加，钾虽稍有下降，但仍是富钾。根据肥料试验中的空白处理，地力产量在 300 ~ 350 kg。

3. 肥料的施用效应

中、低产田增产比较容易，而高产田再创高产难。博爱县的土壤肥力较高，肥料的施用效应不太明显。例如，在氮、磷配比试验中，常年小麦产量为 450 kg 的地块，不施肥（对照）的产量为 343.9 kg，而亩施 3 000 kg 有机肥、15 kg N、9 kg P_2O_5 的产量为 483.8 kg。虽比对照单产增 139.9 kg，但与常年产量相比，只增加 33.8 kg。如果氮肥施用过多，还会因贪青、晚熟或倒伏造成小麦减产。

4. 施肥量

"平衡"是相对的、动态的平衡。在进行施肥量计算时，既要考虑土壤的供肥能力（养分测定结果，当季利用率等），又要考虑各种肥料的有效成分含量和当季利用率。肥料在不同的施用期，或不同的施用方法及施在不同的土壤中或不同的地块上，有关参数都不可能相同，计算起来相当复杂，不便于推广应用。因此，我们根据本县的实际情况和有关肥料试验结果，采用一种较为粗略的科学计算方法，根据常年小麦产量，参考土壤养分测定结果或地力产量制定产量指标，由产量指标按 3∶1 的比例定氮和磷的施用量，再增加定量的钾。微量元素主要以硫酸锌为主，每亩 1.5 ~ 2 kg。有机肥每亩约 3 000 kg，或采用玉米秸秆还田的方法，作为培肥地力、改善土壤结构的措施。按照以上计算方法，博爱县平原地区小麦常年产量约为 450 kg，制定出目标产量为 500 ~ 550 kg，每亩应施氮肥（N）15 ~ 16.5 kg，磷肥（P_2O_5）5 ~ 6 kg，钾肥（K_2O）10 kg，另外要配合施用有机肥 3 000 kg，微肥（硫酸锌）1.5 ~ 2 kg。

5. 几种肥料配比方法

为了便于农民群众掌握小麦施肥量和各种肥料的配比方法，博爱县土肥站每年编印小

麦配方施肥量表发至乡村农户。以平原区目标产量500 kg为例,氮、磷、钾肥纯养分施用量分别为15、5、10 kg。根据市场上所销售的不同肥料品种,提出了以下四个具体配方:

配方之一:施用碳铵、磷肥(过磷酸钙,含P_2O_5约13%)和氯化钾(含K_2O约50%),其施用量分别为100、90、20 kg。

配方之二:施用尿素、磷酸二铵(含P_2O_5 46%、N 18%)和氯化钾,其施用量分别为30 kg、30 kg和20 kg。

配方之三:施用硝酸磷肥(含N 25%~27%、P_2O_5 11.5%~13%)和氯化钾,其施用量分别为60 kg、20 kg。

配方之四:施用复混肥,一般N、P_2O_5、K_2O含量为13%、7%、5%,另外还含适量微量元素,其施用量为亩施110 kg。

以上四种配方,都必须配合施用有机肥3 000 kg或实行玉米秸秆还田。除配方之四外(复混肥中含有适量微量元素),都必须施用以硫酸锌为主的多元微肥1.5~2 kg。

通过近几年的生产实践,最受农民群众欢迎的是第四种配方,其优点一是养分全,不需要施几种肥料,省工;二是各种养分配比合理,无需再进行计算;三是颗粒状,便于施用;四是有利于补钾工程的实施和推广微肥。

另外,博爱县近年来在省土肥站的统一安排下,与县植保公司合作,组建了测配站,尝试推广配方肥,由于刚刚起步,年配制推广量较小(不足500 t),未形成规模,但却显示了良好的发展前景。

6. 施肥方法

在肥料品种和施肥量确定后,具体的施肥方法是:确定底肥和追肥的施用量。一般是重施底肥,有机肥、磷肥、钾肥、微肥和60%以上的氮肥作底肥。其中50%的肥料在耕前撒施,深耕掩底,另50%耕后耙前撒于垡上,耙时肥料分布于耕层之中,以达到分层施肥、立体施肥的目的。作为追肥的40%氮肥可根据苗情,在冬前或返青期追施。施尿素时可用耧施,用碳铵时沟施或穴施于麦垄中。

7. 根外施肥

小麦在春管和中后期管理中,应注重进行根外施肥,作为测土配方施肥的补充措施。一般喷施的肥料种类有磷酸二氢钾、尿素、多元微肥和各种生物有机肥。能与农药混合施用的可结合"一喷三防"均匀喷施,不能与农药混合的应单独喷施。

濮阳市配方肥推广现状及今后发展

王社平　李颜凯　赵月凤　郭素英

(濮阳市土壤肥料站·2003年6月)

随着高产、优质、高效农业的发展,投肥结构发生了很大变化,已由单一施肥向多元化、专用化方面发展。近年来,濮阳市土肥站把组建测配站、推广配方肥作为年度工作的重中之重来抓,采取"厂站携手,联合建站,示范带动,辐射周边,建立网络,纵深发展,线面结合,立体推广”的策略,全力以赴,多措并举,深入开展配方肥推广工作。

一、推广现状

(1)配制能力增长迅速。1999 年开始起步,濮阳市土肥站和开封开化公司首次联合,当年配制推广小麦配方肥 300 t;2000 年市土肥站重点扶持,组建了年配制能力 8 000 t 的市站直属测配站,填补了我市没有测配站的空白;2001 年组建了年配制能力 5 000 t 的清丰县测配站;2002 年市区组建了年配制能力 4 000 t 的测配中心。目前全市建站 3 家,年配制能力达 17 000 t。

(2)本土品牌主导市场。前几年,配方肥市场品牌众多,不下 20 种,都是外来品牌,没有当地的品牌。在省测配中心指导下,市土肥站将各测配站统一纳入省连锁测配站管理范畴,统一使用省测配中心注册的“沃力”、“科配”、“高科”3 个品牌。近两年,3 个品牌的配方肥通过重质量打造精品,重信誉赢得客户,重服务宣传轰动,示范带动,网络促动,切实有效地推广,已成为濮阳肥料市场的名优产品。

(3)试验示范效果良好。为了加大配方肥的推广力度,将“农作物配方肥的推广与应用”课题列为 2000 ~ 2003 年度重点农业科技推广项目,以项目促推广。依据项目实施方案,建立示范,主抓重点,典型引路,以点带面,辐射周边,带动一方,有组织、有计划、有步骤地示范推广。通过试验示范,小麦平均亩增产 40.5 kg,节肥 12 元,亩增效益 56.5 元;水稻平均亩增产 70 kg,节肥 18 元,亩增效益 158 元;花生平均亩增产 32 kg,节肥 15 元,亩增效益 72.6 元。

(4)推广网络已具规模。充分利用农技服务体系的机构优势,以各级农技推广组织为主要框架,打破系统、部门界限,吸纳信誉良好的农资经销户,建立配方肥推广服务网络。经过严格把关,层层筛选,已建立相对稳定、信誉良好、推广有力的网点 105 个,全市 78 个乡镇基本达到了无缝覆盖,形成了上下相连、左右相通的市、县、乡三级推广网络体系。

(5)使用领域逐步扩大。1999 年配方肥开始在小麦生产上进行尝试,2000 年扩大到水稻、花生等大田作物上。近两年,继续在大田作物上应用的同时,开始在西瓜、辣椒等经济作物上推广,使用面积由 1999 年的 6 000 亩扩大到目前的 84 000 亩,增长 10 倍多。

二、存在问题

(1)土壤检测能力不足。土壤检测是配制配方肥的第一个环节。没有准确的土壤养分数据就无法研制配方,更谈不上配制配方肥。目前,全市 5 县 2 区仅有市土肥站一个化验室能够开展测土化验工作。而研制一种作物的配方要求在 1 000 亩耕地内至少测样 20 个,面对大量的检测任务和化验的时效要求,当前的检测能力显得十分不足。

(2)市场整体价位偏高。目前,配制推广的配方肥与单元素化肥相比,价格水平偏高。原因主要有三:一是过去农民习惯使用“一黑一白”(一袋过磷酸钙和一袋碳酸氢铵),用其重量和价格与配方肥对比,只看相对价格,不看实际价值;二是配制机械化程度不高;三是原料价位偏高及二次购进,无形中增加了成本。

(3)配肥质量意识不强。濮阳地处冀、鲁、豫三省交界处,特殊的地理位置使得外省市肥料大量涌入,市场呈现出品牌多、乱、杂,质量良莠不齐的现象。有些厂家违反“一种作物一个标准,不同地区有不同标准”的配制原则,采取以次充好,降低有效养分,或“依料定方”、“一方多用”、“一肥多用”,生产劣质肥料,坑农害农。

(4)不规范标识,虚假宣传时有发生。有些企业特别是个体小厂的配方肥标识不规范,误导消费者。诸如把钙、镁、硫等中量元素计入养分含量中(按照国家标准,只有氮、磷、钾3种元素才能计入养分含量)、养分含量后面加上"±1.5"、"±2"(实际上只会为"-",不会为"+"),故意在包装袋标明硫字样,降低有效养分。经销商夸大配方肥肥效,科学使用本来一袋一亩的用量,误导宣传为两袋三亩使用,以此降低购买成本,迎合农民图便宜的心理。

三、未来发展

(1) 进一步加快测配站建设速度。测土配方施肥是国际国内广泛推广运用的一种科学施肥技术。组建测配站,推广配方肥,有利于解决当前化肥利用率低与当前农业新阶段出现的新问题,有利于与世界化肥接轨,带动产业化的发展和科技成果的转化,是一项长远的、根本性、战略性的工作。目前,我市配方肥推广工作开展仅仅4年,配制规模和应用范围还很小。因此,配肥站建设在最近几年将有长足的发展。

(2)产品质量将有所提高。近几年,配方肥出现热销,有些企业注重利润轻视质量,重视市场流通,轻视质量管理,造成很坏的影响。各个测配站必须树立以质量赢得市场的经营理念,加强质量内控管理,严格按照配肥原则,依土定方,依方配制。

(3)市场将进一步规范。随着国家及当地政府部门对配方肥打假力度的加大,以及对虚假标识的清理整顿,濮阳市配方肥市场将变得越来越规范,将为广大配方肥厂家提供一个相对公平竞争的环境。

(4)市场发展潜力巨大。主要有四方面的原因:一是当前农业生产的需要。配方肥的推广应用是实现农业增效、农产品竞争力增强、农民增收的一项重要途径。二是肥料的发展方向。世界肥料正在向高效化、多元化、专用化方向发展。三是市场容量大。全市耕地365万亩,常年使用化肥在50万t以上,而配方肥应用面积仅占全市耕地面积的千分之几。四是农业部门的大力推广。农业主管部门要充分发挥人才、技术、网络、职能等优势,加大宣传力度,提高认识,加强技术指导,促进配方肥的推广。

固始县配方肥推广应用现状及对策

宋建设　丁文华

(固始县农业技术推广中心·2003年7月)

一、配方肥应用现状

固始县地处河南省东南角,是一个农业大县,全县耕地面积145万亩,常年种植水稻100万亩,油菜80万亩,小麦30万亩,配方肥推广应用具有广阔的前景。固始县于2000年开始组建测配站、推广配方肥。通过采用边试验示范边推广的方法,当年推广面积为1 000亩,共采用稻麦两个配方品种。通过应用配方肥,小麦增产10.6%,水稻增产14.3%。2001年,推广面积扩大到2 500亩,肥料品种扩大到小麦、水稻、油菜、蔬菜4个品种;2002年推广面积为2万亩,肥料品种扩大到小麦、水稻、油菜、烟草、西瓜、蔬菜等6个品种;2003年进一步扩大配制规模,推广面积计划达到5万亩,肥料品种计划扩大到8~10个。

固始县配方肥推广工作由县农技中心具体实施。农技中心除依靠本身的技术力量外,还先后同中国农科院土肥所、省农业厅土肥站等建立了长期稳定的关系。并以“沃力”牌商标配制配方肥,从而使自己的产品不断改进,在技术上领先,经济上可行,推广过程中易于操作。农技中心经常派出技术人员深入乡村建立示范点,宣传配方肥应用技术,指导农民科学应用配方肥。在配方肥配制过程中,严把质量关。使用配方肥的田块作物叶色浓绿、茎秆粗壮、穗大粒多、病虫害少,作物结实早,千粒重,明显高于传统施肥田,亩平均增产50~80 kg。

二、对策与建议

固始县耕地面积大,年化肥用量30万~40万t,但是,配方肥经过几年的推广应用,配制规模、推广面积远没有达到预期目的。为此,特建议如下:

(1)进一步扩大配制规模,并由初始阶段的手工操作逐渐过渡到机械化半机械化。固始县配制配方肥目前仅县农技中心一家,由于受资金、季节及配制工艺等限制,很难在规模上有大的突破。因此,一要想法设法筹措资金,打破资金限制瓶颈;二要引进中型乃至大型配制设备,提高配制能力,使配方肥年配制能力由目前的不足1 000 t扩大到5 000~10 000 t。

(2)强化测土化验手段,提高配方针对性。固始县有四大生态类型区,土壤类型十分复杂。因此,要进一步强化测土化验手段,建立专业技术队伍,配备高效率的测土化验设备,同时针对不同地区、不同土壤类型进行测土化验,根据化验结果和作物需肥规律等合理制定配方,以提高肥料的增产效果。此外,要不断研发肥料新品种,防止肥料单一化,目前配制的氮、磷、钾三元配方肥,可加入有机肥、除草剂、杀虫剂、激素等,以扩大肥料的应用范围。

(3)健全服务网络,奠定推广基础。目前,在配方肥配制推广上,没有固定的推广渠道,全靠单位人员自找门路,这不是长久之计。由于配方肥的产品大多为专用型,相对应有具体的作物品种和土壤类型,针对性很强,测配站应逐步建立起自己的推广区域,建立固定的推广网络,打牢企业稳定发展的基础。

丘陵地区配方肥推广存在的问题与对策

王锦章　张燕飞

(息县农业技术推广站·2003年6月)

息县位于信阳市东南部,北依黄淮海平原,南接缓丘隆岗,淮河横贯东西,把全境自然划分为丘陵、平原两个农业生产区域。由于地理环境条件不同,两个区域在生产条件、生产习俗和生产水平上有着较大的差异,配方肥作为测土配方施肥的物质载体,推广上存在着“平原容易丘陵难”的实际问题。息县农技站1998年以来的推广实践表明,配方肥主要集中运用于北部平原地区,丘陵地区使用量仅占总量的20%。

一、丘陵地区配方肥推广存在问题浅析

(1)农民科技意识相对滞后,是配方肥推广困难的主要因素。该区与平原地区相比,农民科技意识相对滞后,农村干群对农业新事物、新技术的接纳仍处于被动接受阶段,如对钾肥的认识与使用,南部比北部落后2~3年。究其原因,一是经济条件限制;二是交通不便,人流、物流不畅;三是大批青壮劳力劳务输出,加剧了该区知识真空;四是耕作条件差,劳动强度大,客观上维护了粗放农业的操作方式。

(2)种植业生产上的低产出导致低投入,在价格上限制了配方肥的推广普及。丘陵地区的低产水平,决定了种植业生产上的肥料低成本投入,尤其限制了对旱作大宗作物的肥料投入。我县小麦单产南北差距一般在100 kg以上,丘陵岗坡地小麦单产甚至不足150 kg。产量水平不高,影响了农民肥料投入的积极性,根据2001~2003年农情调查统计,我县丘陵地区小麦化肥投入成本每亩为38.1元,较平原地区的50.2元低12.1元,其中基肥仅为32.4元。这种习惯性的肥料低成本投入无疑在价格上对全含量、中高浓度的配方肥提出了挑战。

(3)复合肥市场的混乱局面,对配方肥推广产生了较大的冲击。一方面,一些不法企业生产销售含量不足的低浓度复(混)合肥,以低廉的价格充斥了市场;另一方面,部分化肥经销商为促销盈利,肆意扩大宣传普通复合肥的生产效果,减少亩用量,误导农民消费。这些现象迎合了丘陵区农民低投入的心理和习俗,挤占了配方肥在市场上的占有份额。

(4)复杂多变的土壤条件,增加了配方肥推广普及的难度。除水田外,丘陵区耕作土壤大都凸凹不平,或岗或洼或坡,同一块耕地往往也存在着肥力水平较大的差异,配方肥难以更好地体现其针对性和增产效果等优势。

(5)种植业位置排后,配方肥技术缺少外力推动。受丘陵区种植业生产水平的限制,农技推广工作的政府行为习惯偏重于平原农业,如项目建设,创办示范田、样板田,举办种植业现场会等。为发展当地经济,丘陵区农村干部也往往把工作重心放在谋求乡镇企业和畜牧业发展上。种植业位置排后,处于相对冷落地位,给配方肥推广凭借行政手段增加了难度。

二、丘陵地区配方肥推广对策探讨

丘陵地区配方肥推广困难较大,但也有许多有利因素:一是农村干群要求改变现有生产水平的欲望强烈;二是种植业生产有较大的增产潜力;三是该区自然条件下适种农作物广泛,拓宽了配方肥的推广空间;四是丘陵农业发展问题在政府工作中的地位日显突出等。这些因素为配方肥的进一步推广创造了条件。

根据丘陵地区配方肥推广存在的难题和现有优势,为加快配方肥的推广与普及,就必须在充分借鉴平原地区的先进经验基础上,立足现实,创立工作的新思路。近两年,息县农技站在这方面作了一些积极有益的探索,并收到了良好的效果。

(1)围绕政府农业工作部署,借助行政行为,寻求配方肥推广的新突破。农技推广单位是政府实施“科技兴农”战略方针的重要依托,当前农业结构调整、实现农业可持续发展都离不开农技工作者的参与,同时农业新技术、新产品的推广普及借助政府行政手段,又能起到事半功倍的效果。科技意识相对滞后的丘陵地区配方肥的推广,更需借助政府行为,在重大综合技术推广项目上做文章。为此,工作中应从以下四个方面入手。其一,要提高领导干部对推广配方肥重要意义的认识;其二,要尽责本职,为政府农业工作部署提供高质量服务,

以有为争有位,争取政府对推广配方肥的支持和条件保证;其三,要选择好突破口,以土壤条件相对较好、农民投入水平相对较高的农田为对象,选择产量和效益较高的农作物,如水稻、油料、瓜果等经济作物等,办示范、树形象,强力突破;其四,要切实抓好测土配肥工作,保证推广效果,以达到以点带面的推广目的。

(2)依据丘陵区域生产条件,拉长链条,走县、乡、村连锁推广服务路子。丘陵地区地力基础复杂,仅靠县级测配站独家配制推广,很难更好地适应和满足当地需要。因此,加快丘陵地区配方肥的推广普及步伐,必须充分发挥县站的龙头带动作用,依托乡镇农技部门和乡村农技骨干力量,吸收社会闲散资金,建立乡、村配肥点,以土壤速测为主要技术手段,针对岗、坡、洼地的不同土壤条件和生产特点,提供与农民需求对路的配方肥。

(3)树立全新的工作理念,充实服务内容,推进配方肥推广方式的根本转变。一是变单纯的经营行为为全程技术服务。做到产前技术培训、产中示范指导、产后跟踪服务,打造配方肥推广新形象。二是变单一的肥料技术推广为综合技术推广。组装土肥、种子、植保、栽培等技术,集成创新,综合服务,提升配方肥推广层次。三是优化运行机制,将测配站一分为三,实行配制、推广、服务“三 三”制,按照统分结合,宜统则统、宜分则分的原则,构建配方肥推广新体系。

(4)加强横向联合,净化化肥市场,保障配方肥市场的有序运行。净化化肥市场是加大丘陵地区配方肥推广普及进程的重要环节。推广配方肥应与肥料执法相结合,利用工商、技术监督、农业执法的监督管理职能,清除假冒伪劣复(混)合肥,打击不法商贩,为配方肥创造一个良好的配制推广环境。

杞县大蒜施肥存在问题及建议

李保荣

(杞县农业技术推广中心·2002 年 9 月)

杞县年种植大蒜 45 万亩,总产 50 万 t,产品销往全国各地及东南亚多个国家。提高大蒜产量和质量,降低生产成本,实现大蒜无公害生产,合理施肥起着重要作用。2002 年 8 月,对全县大蒜主要种植区进行实地调查,总结了大蒜施肥存在的问题,并提出了合理化施肥建议。

一、大蒜施肥现状与存在的主要问题

(1)盲目施肥现象严重,养分投入不平衡,生产成本高,效益低。农民主要根据往年习惯施肥,氮、磷用量偏高,亩施纯氮 30 kg 以上,磷肥(P_2O_5)20 kg 以上,造成土壤养分失调,地力下降,肥料利用率不高,投入增加,效益降低,影响大蒜的产量和品质。经取土壤样品化验,土壤中磷素出现明显积累,有效磷含量 18 mg/kg,使施用磷肥的效益明显降低,土壤速效钾含量 80 mg/kg,与此同时,微量元素缺乏症状越来越明显。

(2)有机肥料投入减少,土壤保水保肥能力下降。有机肥料施用量严重不足,出现大面积的“卫生田”,农民过分依赖化肥,不愿再花费气力积造农家肥。由于大蒜根系较浅较少,吸收力较弱,对土壤肥力的要求较高,适宜在富含有机质,透气性好,保水、排水性能好的土壤中栽培。有机肥料施用量的减少,造成土壤板结,土壤耕性差,保水性、保肥性能下降,对自然灾害的抵抗能力明显降低。

(3)缺少深耕深翻。耕层普遍较浅,农民长期使用小型农机具作业,致使耕层普遍在15 cm左右或更浅。农民有使用秸秆还田机的习惯,耕层更浅。2001年不少地块曾出现了大蒜烧苗现象,致使产量严重下降,有的田块甚至绝收。耕层浅,活土层薄,土壤通透性明显降低,保水保肥能力差,土壤对水肥的调节能力很低,不利于大蒜优质高产。此外,肥料市场混乱,质量参差不齐,农民文化程度不高,农技部门推广网络不健全,这些因素都影响了科学施肥工作的开展。

二、大蒜高产高效施肥建议

(1)增施有机肥料,推广秸秆还田,提高土壤肥力。增施有机肥料,对于提高大蒜的产量和品质,以及提高出口创汇能力具有重要意义。大蒜是高产作物,其产量水平的高低与土壤肥力水平密切相关,在大蒜高产高效施肥措施中,有机肥亩投入量不应低于4 000 kg,在当前有机肥料施用量下降的形势下,更应该充分调动农民的积极性,广辟肥源,增加数量,提高质量。一是用人畜禽粪便、农户生产生活产生的废弃物作原料,发展沼气池,发酵生产沼气、沼液、沼渣,为无公害农业生产提供优质无公害有机肥。用人畜禽粪便与秸秆、落叶、草灰等混合在一起,积制腐熟的有机肥,夏季高温积肥。二是推广秸秆还田技术,合理利用秸秆资源,提倡秸秆覆盖技术。三是搞好城粪下乡,为农业提供更多的肥源。四是抓好过腹还田,积造堆肥、厩肥,提高肥料质量。

(2)深耕细作,改善土壤结构,提高水肥利用率。调查中发现,目前土壤耕层较浅,一般只有15 cm左右,再加上有机肥用量少,土壤保水、保肥能力差,抵抗自然灾害能力差。大蒜田要求深耕细作,改善土壤结构,做到固相、液相、气相协调适度,增加土壤保水保肥能力,有利于土壤微生物的活动和土壤养分分解,对须根的生长和茎的膨大均有良好的作用。大蒜田每3~4年要深耕一次,深度要求达到30 cm以上,打破犁底层,使活土层达到25 cm以上。

(3)推广测土配方施肥技术,降低生产成本。近几年在大蒜主产区连年取土化验,结果表明,有机质含量平均在1.1%左右,速效氮65 mg/kg左右,速效磷18 mg/kg左右,速效钾80 mg/kg左右,说明我县大蒜产区土壤有机质含量偏低,所以强调重施优质腐熟的有机肥,氮、磷、钾肥施用主要根据不同地块分别对待。试验证明,较高的施氮量虽能提高大蒜的产量,但从品质上看,高氮量对提高大蒜品质是不利的。因此,在中等肥力条件下,施氮量应控制在30 kg/亩较为合理。据试验,土壤速效磷含量在21 mg/kg以上时为高磷水平,增施磷肥没有效果;土壤速效磷含量在21 mg/kg以下为中低磷水平,每亩可施五氧化二磷12.2 kg/亩。土壤速效钾含量在120 mg/kg以下时为较低含量,增施钾肥蒜头增产显著。

(4)补施中、微量元素。由于大蒜品种的改进,耕作制度的改革以及施肥结构的变化,土壤养分状况发生了很大变化。中、微量元素的缺乏症状越来越明显。因此,要重视中微量元素的施用。一般采用叶面施肥法,在大蒜生长期喷施锰肥、硼肥、铜肥增产显著,增产率分别为13.4%、11.7%和9.6%。喷施微肥可使大蒜的品级普遍提高,提高大蒜商品价值。

永城市肥料投入与土壤养分平衡之研究

胡绪民

（永城市农业局·2003 年 11 月）

肥料是提高作物单位面积产量的物质基础，合理施肥是培肥地力、平衡土壤养分的重要措施。20 世纪 80 年代以来，针对土壤普查、地力调查和肥情监测中发现的影响农业生产发展的土壤养分主要限制因子，通过试验示范、定点监测、跟踪调查、典型解剖等方法，对肥料投入与平衡土壤养分之间的关系进行系统研究，探索肥料、土壤、作物三者之间养分平衡关系，提出培肥改土、增加投入的施肥方针及技术措施，为提高土地生产力、平衡土壤养分提供了科学依据。

一、土壤养分及肥料投入动态变化

（一）土壤养分变化

为了掌握全市土壤养分动态变化状况，第二次土壤普查结束后，先后进行了两次规范的地力调查，对土壤养分进行系统调查分析（见表 1）。由表 1 可见，我市耕层土壤养分变化趋势是有机质、全氮、速效磷呈缓慢上升趋势，速效钾呈下降趋势。

表 1　1983 ~ 2001 年土壤养分变化（0 ~ 20 cm）

年度（年）	样本数（个）	有机质（%）	全氮（%）	速效磷（mg/kg）	速效钾（mg/kg）
1983	1 028	0.94	0.059	8.7	182.5
1993	426	1.18	0.065	11.6	135.2
2001	648	1.30	0.073	13.5	124.6

（二）肥料投入结构变化

1984 ~ 2001 年在全市选择有代表性农户 98 户，建立长期定位肥情监测点，结果见表 2。可见十多年来化学肥料投入量大幅度上升，有机氮占总氮比呈下降趋势，小麦的肥料投入结构变化趋势年际间基本相似。但肥料投入偏重氮肥，钾肥投入量普遍不足，有机肥施用量下降幅度较大，年际间单位面积产量变化也不大。由于夏作物大豆基本不施肥，玉米施肥又以氮肥为主，若以全年计算，氮、磷、钾失调更为严重。

表 2　小麦施肥与产量变化

作物	年度（年）	面积（hm^2）	单产（kg/hm^2）	N（kg/hm^2）	P_2O_5（kg/hm^2）	K_2O（kg/hm^2）	有机 N 占总 N（%）	$N:P_2O_5:K_2O$
小麦	1984 ~ 1987	33.9	5 115	152	90	54	37.5	1:0.59:0.36
	1990 ~ 1995	41.2	4 815	183	96	44	35.4	1:0.52:0.24
	1996 ~ 2001	37.5	5 723	192	105	62	24.8	1:0.55:0.32
	平均	37.5	5 218	176	97	53	32.6	1:0.55:0.30

(三)土地生产力变化

土地生产力是由土壤肥力加上劳力、技术、肥料投放以及气候等因素影响下形成的土壤生产能力。在农业生产中,一般把不投入任何肥料所得的产量称之为基础地力产量;施肥后所得产量称为施肥产量,也就是习惯产量;施肥后增产部分称为肥料投放产量。十多年来试验结果表明,我市基础地力产量一般占施肥产量的50%~60%,各作物在不同年际间所占的比例表现一致,但基础地力产量不同年际间有一定的差异(见表3)。可见,作物产量很大程度上依赖于地力,因此提高单位面积产量必须从培肥土壤,提高土地生产力入手。靠地力自身难以实现作物稳产高产,长此下去,还会导致地力衰退,产量下降的恶性循环。

表3 基础地力产量与施肥产量变化

年度(年)	作物	点次	基础地力产量(kg/hm^2)	施肥产量(kg/hm^2)	肥料投放产量(kg/hm^2)	土地生产力(%)
1984~1989	小麦	17	1 841.5	3 567.0	1 725.5	51.6
1990~1995		26	2 002.2	3 751.5	1 749.0	53.4
1996~2001		24	2 437.5	4 425.0	1 987.5	55.1
1984~1989	玉米	8	3 945.0	6 778.5	2 833.5	58.2
1990~1995		12	4 765.5	7 479.0	2 713.5	63.7
1996~2001		10	5 631.0	8 676.0	3 045.0	64.9

二、肥料投入对土壤养分的影响

(一)肥料投入对土壤氮素的影响

氮是作物需要量较大的营养元素,但土壤中含量较低,且易于损失,因此对土壤不断补充氮肥就成为平衡土壤氮养分,保证作物高产的经常而重要的施肥措施。1983年以来,随着作物良种的推广、先进农艺措施的应用和肥料结构的变化,农作物单位面积产量大幅度提高,氮肥投入量也随之急剧上升,由收支不抵转为盈余。2001年与1983年相比,有机氮肥用量下降18.7%,无机氮肥上升213.9%,依据我市产量和土壤供氮水平测算,年作物吸收氮素约为3.31万t,其中籽粒2.83万t,秸秆0.48万t,土壤供氮量1.91万t,两者相抵年需补氮素1.40万t。1989~1998年土壤供氮和氮肥利用率试验近50个点次结果统计表明,我市土壤平均氮肥利用率为39.8%,目前实际投放量高达4.60万t。施入的氮肥一部分被作物吸收,形成生物学产量而被收获带走,同时也增加作物根茬、根系和根分泌物产量,即增加归还土壤有机含量;一部分随雨水淋失或硝化淋洗,流入河沟渠塘,渗入地下水;一部分通过挥发损失;还有较大部分残留在土壤中,既降低了氮肥利用率,又造成氮素资源浪费,同时也导致土壤和地下水污染。

(二)肥料投入对土壤磷素的影响

由于我市土壤98%以上为潮土和砂姜黑土,石灰反应较强,对施入可溶性磷酸一钙易固定形成难溶的磷酸三钙,土壤全磷含量较高,但速效磷处于中等水平。2001年与1983年相比,磷肥总用量上升至85.1%,由投入不足到略有盈余,土壤速效磷含量也由1983年的8.7 mg/kg上升到13.5 mg/kg。

(三)肥料投入对土壤钾素的影响

随着单位面积产量的提高和种植结构的调整,作物对钾的摄取量远远超过投入量,使全市土壤速效钾含量急剧下降。2001 年与 1983 年相比,全市钾素的总投入量上升了 520.8%,总消耗量上升 40.7%,年投入与消耗差由 1.41 万 t 降至 0.86 万 t。土壤速效钾的含量 2001 年比 1983 年下降 26.0%,1993 年地力调查结束后,依据土壤速效钾的含量,将全市土壤划分为三个缺钾区,提出控氮、稳磷、补钾的施肥方针。1996 年又在全市范围内实施土壤补钾工程,使土壤速效钾含量下降得到明显遏制,但钾素投入与消耗仍入不敷出,速效钾含量仍处于下降态势。

三、土壤肥料存在的问题及地力建设途径

(一)土壤肥料存在的问题

(1)有机肥投入比例下降。近年来大量调查资料表明,全市有机肥料投入比例下降主要表现在以下三个方面:一是绿肥种植面积大幅度下降,近三年平均种植面积约 0.7 万 hm^2,比 1982 年 1.5 万 hm^2 下降了 114.3%;二是商品有机肥减少,近三年各种饼肥平均产量约 5 万 t,施入土壤的约 0.3 万 t,比 1982 年下降了约 90%;三是丢掉了积制和使用有机肥的传统习惯。

(2)肥料结构的不平衡,导致土壤中氮、磷、钾及微量元素比例失调。氮、磷、钾、微量元素是作物生长不可缺少的营养元素,就全市土壤养分来讲,总状况是氮、磷中等,钾素大幅度下降。据 1993 年地力调查(见表 4),表明全市有效钼含量较低,小于 0.1 mg/kg,有效铜、锌、硼的含量 80% 以上处于边缘值以下,有效锰基本混合后可增产 47.5%。可见微量元素不足也是土壤养分限制因子之一。土壤养分失调的原因一方面受自然成土因素影响,另一方面受人为施肥的影响。据调查统计,全市氮肥施用量达 4.6 万 t,磷、钾肥施用量分别为 1.93 万 t、0.97 万 t,N: P_2O_5: K_2O 为 1:0.42:0.21,微量元素锌硼施用量分别为 100、50 t。可见偏重于氮肥施用,忽视磷钾肥的投入,微量元素投入量则更小,是土壤中氮、磷、钾比例失调,作物缺素症状发生的症结之一。

表 4　永城市土壤中微量元素化验结果　（单位:mg/kg)

样本数	Cu	Zn	Fe	Mn	Mo	B
102	1.38	0.96	9.2	16.7	0.095	0.35

(二)地力建设的主要途径

(1)充分利用有机肥源优势,提高有机肥投入比例。增加对土壤有机物投入,缩小无机肥比例,是提高土壤养分的重要举措。应大力挖掘有机肥源,提高有机肥积造和施用总量,有机肥与无机肥投入比由目前的 2.5:7.5 提高到 4:6。

(2)建立合理的投肥结构,协调土壤养分。投肥结构是否合理,其衡量标准一是要经济有效地满足作物的营养需要;二是要有利于土壤肥力的提高。根据目前土壤养分和施肥状况,我市肥料结构不很合理,不能达到土壤越种越肥,产出高产优质农产品的要求。因此,优化肥料施用结构,增加磷钾肥和微量元素肥料的投入,是促进土壤养分平衡,缓解作物缺素症状的基本保证,通过努力使总施肥量中 N: P_2O_5: K_2O 由现在的 1:0.42:0.21 上升到 1:0.5:0.5。

（3）积极推广平衡配套物化集成技术，提高肥料产出效应。平衡施肥技术的推广是提高科学施肥水平，实现农业高产优质高效目标的重要措施，根据目前土壤养分和施肥状况，今后的施肥方针应为：在增加有机肥的基础上，控氮、稳磷、补钾、配微，做到运用各种试验参数，因土因作物施肥，努力提高肥料利用率和土地生产力，全面推广应用平衡施肥技术，协调土壤养分，充分发挥肥料的增产效益。

武陟县耕层土壤钾素状况及施肥对策

谢文照

（武陟县土壤肥料站·2002年10月）

钾是作物的三大营养元素之一，对作物的正常生长发育和增强作物的抗逆性具有重要作用。武陟县地处河南省北中部，主要耕作土壤为潮土和褐土，土壤母质含钾比较丰富。然而，由于受第二次土壤普查时富钾结论的影响，在生产上一直以施氮、磷肥为主，土壤钾素靠有机肥来维持。尤其是近几年来，随着优良耐肥高产品种的推广和产量、复种指数的提高，以及氮肥用量的大幅度增加，加速了土壤钾的消耗，特别是有些地块有机肥用量减少甚至不施，土壤钾亏损更大。为此，近年来在全县范围内开展了钾素丰缺情况调查与土壤分析，并根据土壤缺钾情况，采取了一系列补钾措施，取得了明显效果。

一、耕层土壤钾素含量状况

（一）武陟县耕层土壤钾素含量现状

全县156个土壤养分监测结果表明，土壤速效钾的平均含量为110 mg/kg，比第二次土壤普查时（1982年）的152 mg/kg下降了42 mg/kg。全县土壤速效钾含量低于150 mg/kg的土地占总耕地面积的72.2%；含量低于临界值（100 mg/kg）的占38.7%；低于50 mg/kg的严重缺钾地块占总耕地的4.6%（见表1）。

表1　武陟县耕层土壤钾素含量状况

速效钾分级（mg/kg）	1级（>200）	2级（150～200）	3级（100～150）	4级（50～100）	5级（<50）
占耕地面积（%）	5.6	22.2	33.5	34.1	4.6

（二）不同地块、不同区域土壤缺钾程度

据调查，部分高产地块，如老棉区、怀药种植区及沙土区的地块耕层土壤钾素下降较为严重。从区域性来看，三阳乡、阳城乡西半部、小东乡西北部是严重缺钾区，其速效钾含量平均值仅为76 mg/kg；中高产田为潜在缺钾区。

二、补施钾肥的增产效果（钾肥施用效应）

针对土壤速效钾下降的趋势，从1996年开始分别在木城、龙源、试验场等地重点安排了

小麦、玉米钾肥肥效试验。经过对试验结果统计分析得出小麦产量与钾肥的回归关系如下。

高肥区肥料效应方程为：

$$y = 491.64 + 25.46x - 1.154x^2$$

由方程求得最佳经济施钾量为10.2 kg/亩。

中肥区肥料效应方程为：

$$y = 337.4 + 8.59x - 0.52x^2$$

由方程求得最佳经济施钾量为6.4 kg/亩。

三、积极实施“补钾工程”，弥补钾素不足

在高产区和缺钾区，钾已逐步成为限制作物产量和品质提高的主要因素。因此在充分调查的基础上，根据我县土壤钾素含量状况，提出“补钾工程”的实施方案。

（1）补钾原则。采取有机肥、化肥、生物技术补钾等综合措施。增施有机肥，大力推广秸秆还田，补充化学钾肥，示范推广生物肥料。

（2）在作物上。以喜钾的经济作物土豆、红薯、果树、蔬菜、四大怀药和高产小麦、玉米等为重点，补施化学钾肥、生物肥料，一般施用量 K_2O 5～10 kg/亩。

（3）在补钾区域上。以沙土及土壤速效钾含量低于100 mg/kg的耕地为重点，高产田土壤速效钾低于120 mg/kg的也应作为补钾重点区。

（4）在施肥方法上。要逐步推广测土配方施肥技术，将补钾技术物化到配方肥发展中，从而扩大钾肥施用面积，解决作物钾素营养不足的问题。

项城市土壤养分变化状况、原因及对策

杨社民　董艳梅　任俊美

（项城市土壤肥料站·2002年11月）

项城市位于河南省东南部，地处黄淮平原腹地，地势平坦，土层深厚，气候温和，水资源丰富，是河南省主要粮食产区。土壤分潮土、砂姜黑土和黄棕壤土三大类，全市100万亩耕地中，潮土占44.73%，砂姜黑土占51.71%，黄棕壤土占3.56%。耕作实行一年两熟栽培制度，作物以小麦、玉米、棉花为主。

一、土壤养分变化状况及原因

为摸清土壤养分变化情况，2002年从化验的40个土壤样点中选出13个与第二次土壤普查时土类相同，位置接近（100亩范围内的同一地块）样点的土壤养分进行比较（见表1），结果是土壤有机质减少0.053%，有效磷增加2.86 mg/kg，速效钾减少102.25 mg/kg，氮含量无法比较（2002年化验的是碱解氮，第二次土壤普查化验的是全氮）。

与第二次土壤普查相比，土壤养分发生了很大的变化，有效磷增加19.42%，有机质下降4.14%，速效钾降幅高达48.17%，结合项城市农业生产特点，初步分析土壤养分变化的

表 1　项城市土壤养分变化状况汇总

取土地点	土壤名称	有机质			氮		有效磷			速效钾		
		2002 年化验结果（%）	二次普查结果（%）	增（+）减（-）（%）	2002 年结果碱解氮（mg/kg）	二次普查结果全氮（%）	2002 年化验结果（mg/kg）	二次普查结果（mg/kg）	增（+）减（-）（mg/kg）	2002 年化验结果（mg/kg）	二次普查结果（mg/kg）	增（+）减（-）（mg/kg）
丁集大田营	两合土	1.2	1.181	+0.019	79.0	0.080 1	22.9	18.1	+4.8	95.0	189.0	-94.0
老城高老家	灰合土	1.31	1.078	+0.232	78.5	0.084 1	19.0	23.2	-4.2	112.0	196.0	-84.0
城郊潘庄	两合土	1.19	1.177	+0.013	91.3	0.079 6	19.0	18.7	+0.3	85.0	186.0	-101.0
三店盛营	灰淤土	1.24	1.246	-0.006	80.0	0.074 3	17.2	14.7	+2.5	122.0	192.0	-70.0
王明口咬子头	淤土	1.23	1.287	-0.057	78.5	0.080 3	17.1	14.3	+2.8	97.0	262.0	-165.0
郑郭束庄	淤土	1.25	1.301	-0.051	78.0	0.079 1	18.7	15.3	+3.4	98.1	248.0	-149.9
永丰郭桥	两合土	1.22	1.191	+0.029	85.4	0.081 2	17.3	17.8	-0.5	96.5	195.0	-98.5
新桥潘庄	黏厚黑	1.16	1.307	-0.147	74.2	0.088 2	14.7	12.9	+1.8	136.0	206.0	-70.0
新桥潘庄	深中砂	1.16	1.422	-0.262	74.7	0.092 6	15.8	7.7	+8.1	132.0	232.0	-100.0
三店盛营	黏厚黑	1.24	1.332	-0.092	77.0	0.088 9	16.0	13.2	+2.8	113.0	195.0	-82.0
高寺陈楼	深中砂	1.28	1.440	-0.160	73.4	0.092 2	17.5	8.5	+9.0	132.0	230.0	-98.0
高寺陈楼	黏厚黑	1.28	1.369	-0.089	73.1	0.087 6	16.7	13.5	+3.2	124.0	237.0	-113.0
官会李泗坑	黏厚黑	1.21	1.328	-0.118	77.6	0.090 1	16.8	13.6	+3.2	88.0	192.0	-104.0
总平均		1.228	1.281	-0.053	78.5	0.084 5	17.59	14.73	+2.86	110.05	212.3	-102.25

主要原因有以下几点：

(1)有机肥用量不足。第二次土壤普查之后，化肥用量不断增加，而有机肥数量则相对减少，主要表现是：部分作物秸秆被焚烧；人畜粪便严重流失；用于堆肥的青草、碎秸秆等被弃之于坑塘。有机肥资源的浪费是导致土壤有机质下降的直接原因，同时也是土壤速效钾下降的原因之一。

(2)耕作栽培制度的改变。据资料显示，第二次土壤普查之前，项城市一年一熟的耕地面积占37%，一年两熟的耕地面积占62.9%，一年三熟、四熟的基本没有，而近几年一年一熟的面积只占3.1%，一年两熟的面积达85.7%，一年三熟、四熟面积占11.2%。复种指数的增加、产量的提高，要多消耗土壤养分，是有机质和速效钾下降的又一原因。

(3)养分补充不平衡。第二次土壤普查时，项城市土壤速效钾含量是218 mg/kg(13个点是212.3 mg/kg)，属富钾土壤，在干部群众中形成了一个固定概念，就是土壤不缺钾，因而群众常年不施钾肥，近两年虽有施用，但面小量少，是造成土壤速效钾大幅度下降的主要原因。

有效磷含量则正好相反，第二次土壤普查时，全市有效磷含量为13.8 mg/kg(13个点是14.73 mg/kg)，低于10 mg/kg的面积占总面积的53.51%，施磷增产显著，因而施磷面积大、数量多，特别是砂姜黑土，常年亩施过磷酸钙60～75 kg，因而土壤有效磷含量明显提高。

二、采取措施

根据土壤养分变化的原因，结合项城实际，在今后的农业生产中，要以培肥地力为重点，测土配方施肥为突破口，为农业的可持续发展打好基础。

(1)增施有机肥料。利用作物秸秆直接还田、堆沤还田或发展畜牧业进行过腹还田；管好人畜粪便；充分利用青草、树叶及碎秸秆等有机肥资源堆沤积肥，逐年增加有机肥用量，以培肥地力。

(2)增施钾肥。广泛宣传，扩大试点，以点带面，全面实施补钾工程。

(3)实行测土配方施肥。利用土壤养分化验结果，制定不同区域的施肥方案，优化施肥结构，实行测土配方施肥，真正做到有机、无机结合，氮、磷、钾、微肥平衡施用。

(4)科学栽培。合理轮作实行一年三熟、四熟的地区，要加倍增施有机肥，按产出比例增施化肥，种植作物要科学轮换，防止连作造成某些土壤养分过分消耗。

浅论濮阳市耕地土壤生产潜力与对策

屈素斋[1]　郭奎英[1]　张建玲[1]　王宗玉[2]　郑志国[3]

(1. 濮阳市土壤肥料站；2. 濮阳县农业技术推广站；3. 濮阳市农业技术推广站 · 2004年12月)

"国以土为本"，"有土则有粮"。土壤是农业的基础，土壤直接关系着我市粮食生产的数量和质量。因此，我市耕地土壤的现状如何，怎样发掘它的生产潜力，已成为人们所关注的焦点，现就这些问题谈一些看法。

一、我市耕地土壤资源形势

（一）耕地土壤数量

我市人多耕地少，可开垦后备资源缺乏。据濮阳市统计资料，1994 年全市耕地面积为 375.96 万亩，人均耕地 1.33 亩；2003 年全市耕地面积为 373.14 万亩，人均耕地 1.29 亩。10 年间全市耕地每年平均减少 2 820 亩。在人口日增、耕地锐减的严峻形势下，必然会给濮阳市经济发展与人民生活带来影响。因此，必须严格控制各方面的用地，特别是占用耕地。

（二）耕地土壤质量

我市耕地土壤高产田占 39.2%，中低产田占 60.8%。根据全国第二次土壤普查分级标准，土壤养分含量分别为丰富、较丰富、中等、较缺、缺、极缺六个等级。具体含量分级见表 1。

表 1　土壤养分含量分级指标

级别	丰缺	有机质（g/kg）	全氮（g/kg）	速效磷（mg/kg）	速效钾（mg/kg）	酸碱性	pH 值
1	丰富	>40	>2.0	>40	>200	强碱	>8.5
2	较丰富	30～40	1.5～2.0	20～40	150～200	碱性	7.5～8.5
3	中等	20～30	1.0～1.5	10～20	100～150	中性	6.5～7.5
4	较缺	10～20	0.75～1.0	5～10	50～100	微酸性	5.5～6.5
5	缺	6～10	0.5～0.75	3～5	30～50	酸性	4.5～5.5
6	极缺	<6	<0.5	<3	<30	强酸性	<4.5

1. 监测结果

（1）据第二次土壤普查资料，全市土壤耕层有机质平均含量 8.1 g/kg，全氮平均含量 0.55 g/kg，土壤速效磷（P_2O_5）平均 15.8 mg/kg，土壤速效钾（K_2O）平均 160.2 mg/kg。

（2）1997～2003 年濮阳市土肥站对全市耕地土壤进行定点监测，结果表明土壤有机质平均含量达到 10.25 g/kg，增加 2.15 g/kg；碱解氮平均含量 67.61 mg/kg，增加 14.61 mg/kg；土壤速效磷（P_2O_5）平均 31.26 mg/kg，增加 15.46 mg/kg；土壤速效钾（K_2O）平均 108.1 mg/kg，降低 52.1 mg/kg。说明有机质和氮、磷含量增加较多，而速效钾下降较快，全市缺钾面积上升到 62.6%。

2. 结果分析

（1）土壤有机质状况。从 1997～2003 年定点监测结果可以看出，全市有机质养分为 1、2、3 级的耕地为零；4 级以下耕地占总耕地面积的 100%。全市耕地有机质处于较缺和极缺状态，2003 年监测结果与 1997 年监测结果相比，土壤有机质含量降低 0.38 g/kg，减幅为 3.6%。说明在耕地复种指数和产量不断增加的条件下，有机肥投入不但没有增加，反而有降低的趋势。

（2）土壤有效磷状况。全市有效磷养分 2 级耕地为 100%，全市耕地有效磷养分处于较丰富状态。这与多年来群众十分重视磷肥的投入有关。

（3）土壤速效钾状况。速效钾养分 2 级耕地为 16.1%，3 级耕地为 21.3%，4 级耕地占 62.6%。据此可知，目前仍有 62.3% 的耕地缺钾，21.3% 的耕地为施钾有效。这表明：近年来农作物产量不断提高,土壤钾素消耗较大,而农民对使用钾肥的重要性缺乏认识,以致钾肥投入不足。

(4)土壤有效锌属中等肥力水平。全市平均含量为 1.79 mg/kg,而目前我国石灰性土壤有效锌的分级标准为:低于 0.5 mg/kg,为很低;0.5 ~ 1.0 mg/kg,为低;1.1 ~ 2.0 mg/kg,为中;2.1 ~ 5.0 mg/kg,为高;大于 5.0 mg/kg,为很高。从我市监测的 19 个样品分析,低于 0.5 mg/kg 的样品 1 个,占 5.3%;0.5 ~ 1.0 mg/kg 的样品 5 个,占 26.3%;1.1 ~ 2.0 mg/kg 的样品 7 个,占 36.8%;2.1 ~ 5.0 mg/kg 的样品 4 个,占 21.1%;大于 5.0 mg/kg 的样品 2 个,占 10.5%。结果表明,我市 365 万亩耕地,有 68.4% 的土壤缺锌,缺锌面积为 249.7 万亩;有 21.1% 的土壤为施锌有效,面积为 77 万亩。

二、挖掘现有耕地土壤生产潜力的主要对策

(1)充分开发利用有机肥资源,努力提高土壤肥力。连续七年的监测结果表明,有机质含量总的呈下降趋势,七年平均仅为 10.25 g/kg。按照我市目前产量水平要求,土壤有机质含量必须达到 12 mg/kg 以上。有机质含量偏低,导致了土壤理化性能退化,耕层变浅,质量变差,板结现象逐年加重,保水保肥能力下降。据近几年有机肥资源调查和有机肥施用情况统计结果,我市有机肥用量呈下降趋势,有机肥资源利用率不足 50%,利用的空间还很大。因此,应坚持季节积肥与全年积肥相结合,重点放在秸秆还田以及畜、禽类粪便和城市有机废弃物利用上,逐步开发出质量稳定的商品有机肥,努力增加有机肥施用量,充分发挥有机肥对耕地的持续培肥作用。

(2)大力推广测土配方施肥技术,调整用肥结构。肥料中主要养分比例的协调平衡,是作物高产优质和提高肥料利用率的重要条件,也是实施无公害优质农产品生产的主要措施之一。从 2003 年监测结果看,耕层速效磷养分趋于合理,最低是 24.46 mg/kg,氮素属中等肥力,钾素亏缺仍很严重。长期以来,虽每年强调平衡施肥,但由于技术与物资脱节,生产中“三重三轻”的现象仍普遍存在,即重化肥轻有机肥、重氮磷肥轻钾肥、重大量元素轻微量元素,肥料结构不合理,增肥不增产,增产不增收。据有关专家调查推算,20 世纪 50 年代我国每千克化肥可生产粮食 15 kg,70 年代为 9 kg,90 年代仅为 7 kg 左右。肥料投入效益下降直接影响了农业生产效益和农民收入。同时由于化肥的不合理施用,各地不同程度地出现了土壤养分不平衡状况。这不仅不利于肥料利用率提高,而且还导致农产品品质下降:瓜果含糖量低,棉花纤维短,蔬菜等食品中硝酸盐及重金属含量超标,加工、耐储性差,市场竞争力降低。近几年,全市土肥系统开展“测、配、产、供、施”一条龙服务模式,组建测配站,推广配方肥,使测土配方施肥技术真正落到实处,减少单一型、低浓度化肥的施用,以解决施肥结构不合理的问题,从而有效提高肥料的利用率,提高作物产量和品质。

(3)迅速开展耕地土壤微量元素普查。2004 年 22 个样品的监测结果显示,68.4% 的土壤需施锌肥,21.1% 的土壤为施锌有效。随着氮、磷、钾化肥的大量施用和农作物产量的不断提高,不断加快土壤微量元素的消耗,亏空愈来愈大。全市每年都有农作物因微量营养元素缺乏而大面积减产,给我市农业生产造成的损失很大。开展耕地土壤微量元素调查,确定我市耕地土壤微量元素缺乏主要种类和区域,指导全市增微技术推广,不仅能提高化肥肥效,改善农产品品质,而且对优化调整农业结构,提高农作物产量,降低农业成本,保护农业生态环境都具有重要作用。

孟津县农户施肥状况调查

李玛瑙　秦传峰　马继红　宁红军　李海军

（孟津县土壤肥料站·2003 年 5 月）

为掌握测土配方施肥第一手资料,孟津县土肥站组织专业技术人员于2003 年4 月在本县选择有代表性的农户进行了作物种植及施肥状况调查,涉及 4 个乡 6 个村 60 户。从调查情况看,60 户 258 人,其中劳动力 148 人,占 57%,农户的文化程度为:初中 33 人,小学 13 人,高中 13 人,中专 1 人。家庭年收入平均 4 069 元/户,其中种植业收入 837.9 元/户,养殖业收入 1 483 元/户,外出打工收入 1 748.3 元/户,人均耕地 1.32 亩,每个劳动力每年耕种土地 2.3 亩,每个劳动力每年的农业收入 340 元。具体农业生产情况如下。

一、种植业方面

(一)种植业结构单一,收入低

主要种植作物为小麦、玉米,谷子、芝麻、花生、豆类有极少量种植,60 户每年夏粮总耕种面积为 341.8 亩(其中小麦 292 亩),秋粮面积 327 亩(玉米 252.1 亩),小麦以食用为主,销售占 21.9%,销售收入人均 46.5 元。秋粮主要是玉米,据调查,西部主要用做饲料,东部以销售为主,平均销售占 67.8%,销售收入人均 123.2 元。

(二)盲目施肥,科学种田技术水平低

从施肥结构看,习惯施肥、盲目施肥仍占主导地位,亩施一袋碳铵、一袋磷肥的在西部农村仍占大部分,从调查的 60 户看,使用碳铵加磷肥的有 20 户,其中西部 19 户,东部 1 户;使用配方肥的西部 12 户,东部 8 户;使用其他复合肥 20 户。

从购肥结构看,西部以碳铵加磷肥、低含量肥料为主;东部以高含量复合肥为主。东部虽然舍得投入,但乱而杂,盲目施肥、不合理施肥现象普遍存在,N、P、K 比例严重失调。

从作物品种看,西部小麦大部分为宝丰 7228、温 2540,玉米为掖单 2 号。

从购农药情况看,西部大部分为氧化乐果,东部大部分为氧化乐果和甲胺磷。

(三)作物秸秆利用率低,造成有机肥资源浪费

从调查情况看,随着机械化收割的发展,小麦秸秆大部分能够还田,玉米秸秆村东部水浇地大部分还田,西部 40 户中有 22 户玉米秸秆弃置乱堆。

(四)灌溉设施少,利用率低

西部 40 户耕地面积 273 亩,水浇地面积有 29.8 亩,但是调查当年却一水未浇,原因是农产品价格低,浇水投入却大,每亩地浇水需投入 40 ~ 50 元;东部 20 户水浇地面积 68.8 亩,当年全部浇水,且每亩浇 2 ~ 3 次,投入才 16 ~ 18 元。

(五)农业投入大,收入低

每年农业亩投入:西部小麦 110 ~ 130 元,其中整地 25 ~ 35 元,种子 12 ~ 20 元,农药 2.5 ~ 3 元,化肥 40 元;东部小麦 215 元,其中整地 50 元,种子 30 元,农药 6 元,化肥 60 ~ 70 元。

二、养殖业方面

(1)特种养殖少,习惯及常规养殖多。西部比较重视养殖业,中型养殖户占50%;东部养殖户占5%。从养殖种类看,主要以养牛、养猪、养鸡为主。

(2)缺乏饲养技术及防疫防病技术,养殖业发展速度慢。

三、下一步应采取的措施

(1)加大技术宣传,提高农民素质。农业技术各部门要切实负起责任,开展多种形式的技术指导、培训、咨询工作,进一步加大科技推广力度,切实提高农民群众科技文化素质。

(2)调整农业结构,因地制宜发展订单农业。通过政策支持,加强信息服务和技术服务,引导农民按照市场需求,调整种植结构、品种结构,推进农业生产区域布局调整。在农业结构调整中,坚持因地制宜,因土种植,对适宜本地种植的高产高效新作物、新品种,在做好引进的同时,切实加强栽培管理和合理施肥,保证引进成功,维护农民群众利益。

(3)测土配方,合理施肥。土肥部门要积极做好测土配方施肥工作,积极引导农民因土因作物合理施肥,尽量减少盲目施肥和不合理施肥。

(4)提倡环保农业,合理利用秸秆。农村秸秆焚烧现象虽已基本杜绝,但秸秆弃置乱堆,不能合理利用的情况还不少,使大量的有机质资源白白浪费,应做到秸秆还田或进行堆沤以便再利用。

(5)节水灌溉,走旱作农业道路。孟津西部多为丘陵旱地,水源缺乏,浇水困难,应采取喷灌、滴灌等节水农业措施,在作物品种选用上,应选择抗旱、抗逆性强的品种,减少干旱造成的损失。

河南省耕地地力养分状况与小麦配方施肥技术

孙笑梅　慕　兰　白丽娟　易玉林　徐俊恒

(河南省土壤肥料站·2005年8月)

小麦是河南省的主要粮食作物,也是优势粮食作物。目前,扩大优质专用小麦种植面积,实现高产、优质,满足对小麦优质化、专用化、多样化的需要是小麦生产的新目标。我省小麦种植面积7 000余万亩,其中优质专用小麦种植面积已达3 000余万亩。小麦播种面积大,品种多,再加上各区域生态环境、土壤供肥能力等存在差异,要求小麦施肥应根据各生态区域特点、小麦类型、土壤供肥能力等,有针对性地实现配方施肥。

一、麦田耕层土壤养分状况

土壤肥力是决定小麦产量的基础,全省13个市、48个县(市、区)6个土壤类型、76个点的定点定位监测表明:2002年我省耕地土壤养分与第二次土壤普查相比,土壤有机质含量基本持平,土壤有效氮和磷含量逐年增加,土壤速效钾含量呈下降趋势,微量元素锌、硼含量有所增加,但仍处于缺乏状态。

由于不同种植区域土壤类型、栽培措施、施肥水平、气候条件等存在的差异,土壤养分呈区域性变化:全省有机质含量从南到北,从西到东呈现递减趋势,土壤全氮、碱解氮与有机质呈同步变化;速效磷从西到东呈递增趋势,速效钾从西到东呈递减趋势。具体分区域耕层土壤养分状况是:

豫北潮土高产区耕层土壤平均有机质、全氮、碱解氮、有效磷、速效钾、缓效钾含量分别为1.36%、0.093%、82.0 mg/kg、17.65 mg/kg、121.4 mg/kg和810 mg/kg。碱解氮、有效磷呈含量上升趋势,其余养分均略有增加。

豫东平原潮土区耕层土壤平均有机质、全氮、碱解氮、有效磷、速效钾、缓效钾含量分别为1.0%、0.087%、78.0 mg/kg、24.74 mg/kg、102.3 mg/kg和726 mg/kg。碱解氮、有效磷含量呈上升趋势,速效钾、缓效钾略有降低。

豫西丘陵旱作区耕层土壤平均有机质、全氮、碱解氮、有效磷、速效钾、缓效钾含量分别为1.48%、0.096%、92.9 mg/kg、16.39 mg/kg、138.9 mg/kg和939 mg/kg。土壤有机质、速效钾、缓效钾含量略有升高,全氮、碱解氮、有效磷基本持平。

豫西南中低产区耕层土壤平均有机质、全氮、碱解氮、有效磷、速效钾、缓效钾含量分别为1.53%、0.107%、89.7 mg/kg、19.16 mg/kg、121.5 mg/kg和752 mg/kg。全氮、缓效钾含量略有升高,其余养分均略有下降。

豫南稻区耕层土壤平均有机质、全氮、碱解氮、有效磷、速效钾、缓效钾含量分别为1.79%、0.129%、93.2 mg/kg、13.86 mg/kg、125.5 mg/kg和737 mg/kg。全氮、速效钾、缓效钾含量略有上升,其余基本持平。

二、小麦施肥技术

按照不同类型小麦的需肥规律和产量水平,以提高小麦品质、产量、效益为目的,以不断培肥土壤地力为目标,在增施有机肥的基础上平衡施用各种肥料,以实现农业的可持续发展。强筋小麦田适量增氮、控磷、补钾、配微;弱筋小麦田控氮、增磷、补施钾肥;一般高产田控氮、补钾、增微、测土施磷肥;中产田稳氮、增磷、针对性补施钾肥。

(一)强筋小麦施肥技术

优质强筋小麦近几年发展很快,种植面积不断扩大,广泛分布在豫西、豫北、豫中等地区。在强筋小麦种植上,核心是保持和提高小麦的优良品质。小麦品质的优劣一方面取决于其品种的遗传特性;另一方面取决于外界环境,蛋白质含量的差异主要是环境因素的影响,在遗传上的差异只占较小的部分。合理施肥对改善小麦的营养条件、增加产量、提高产品品质起关键作用。产量水平为每亩400~500 kg的麦田,亩施有机肥4 m^3以上,纯氮(N)14~16 kg,磷(P_2O_5)2~4 kg,钾(K_2O)6~8 kg;产量水平为每亩350~400 kg的麦田,亩施有机肥3.5 m^3,纯氮(N)12~14 kg,磷(P_2O_5)4~6 kg,钾(K_2O)5~6 kg。以上各类麦田磷钾肥一次底施;氮肥50%~60%底施、40%~50%拔节期追施,小麦生长中后期叶面喷施2%的尿素以提高籽粒蛋白质含量。每亩400 kg产量水平以下麦田在小麦拔节期、孕穗期各喷一次0.2%的硫酸锌或0.05%的钼酸铵肥液可提高强筋小麦品质与产量。

(二)弱筋小麦施肥技术

弱筋小麦在施足农家肥的基础上应适当减少氮肥用量,增加磷肥用量。产量水平在每亩300～350 kg的麦田,亩底施有机肥3 m^3、纯氮(N)6～7 kg、磷(P_2O_5)5～6 kg、钾(K_2O)4～5 kg,其中磷、钾肥一次底施,氮肥60%～70%底施、30%～40%拔节期追施。

(三)超高产、高产麦田小麦施肥技术

超高产麦田、高产麦田地力水平高,应在秸秆还田的基础上,合理施肥。超高产麦田亩施有机肥4～5 m^3、纯氮(N)12～14 kg、钾(K_2O)8～10 kg,施肥方式上氮肥50%底施、50%拔节期追施,钾肥70%底施、30%拔节期追施;高产麦田亩施有机肥4 m^3、纯氮(N)10～12 kg、钾(K_2O)5～8 kg,施肥方式上氮肥60%底施、40%拔节期追施,钾肥70%底施、30%拔节期追施。以上两类麦田,磷肥用量视土壤速效磷含量酌情施用,土壤速效磷(P_2O_5)小于20 mg/kg的土壤亩施磷肥(P_2O_5)6～8 kg;大于30 mg/kg,可免施磷肥;介于20～30 mg/kg,磷肥用量可酌情减少,磷肥以一次底施的方式施用。微肥施用上可选用硫酸锌或硫酸锰拌种,每千克种子用肥2～4 g。小麦生长中后期喷施磷酸二氢钾,以增加小麦千粒重。

(四)黄淮海中产麦田小麦施肥技术

黄淮海平原增产潜力大,要通过调整施肥结构,实现中产变高产。一般亩施有机肥3 m^3以上、纯氮(N)9～10 kg,磷(P_2O_5)5～6 kg、钾(K_2O)4～6 kg。黄淮海平原土壤质地差异较大,氮肥施用应根据土壤质地状况合理分配,一般黏质土壤70%底施、砂质土壤40%～60%底施,其他则视苗情而定。大田生产上对于严重缺磷的地块,可用磷铵做种肥,亩用量2～3 kg。砂质土壤保水保肥能力差,中后期针对脱肥麦田可叶面喷施2%的尿素水溶液50 kg,同时针对性喷施微肥。

(五)旱作麦区中低产麦田小麦施肥技术

旱地麦区供水不足且肥力偏低,作物生产的关键是保水,因此应推广秸秆春季覆盖以及应用保水剂等提高土壤抗旱保水能力;深耕以增加透水保墒能力,重施有机肥,以改良土壤增加蓄水能力;早施、深施(20～25 cm为宜)化肥,以避免氮素化肥的挥发损失。一般亩施有机肥3 m^3以上,纯氮(N)8～10 kg、钾(K_2O)4～6 kg、磷(P_2O_5)按与氮肥适宜的比例施用,一般N: P_2O_5以1:(0.6～0.8)为宜。肥料运筹上重施底肥,追肥视春季墒情而定,同时还应注意与拌种、叶面喷肥相结合,以提高小麦产量与品质,缺磷麦田,每亩可用磷铵2～3 kg做种肥,小麦生长中后期宜采用尿素加硫酸钾或磷酸二氢钾叶面喷施,提高粒重。

(六)沿淮稻麦区中低产麦田小麦施肥技术

沿淮稻麦区水旱轮作,地力消耗大,养分缺乏,磷活性低,土体湿冷。要在搞好田间工程的基础上,重施有机肥,以改良土壤,中、后期针对性叶面喷施多元微肥,以提高小麦产量与品质。一般亩施有机肥3 m^3以上、纯氮(N)8～10 kg、磷(P_2O_5)5～6 kg、钾(K_2O)5～6 kg,其中氮肥70%底施、30%拔节期追施,钾肥一次底施;磷肥在全部底施时应分层施用,以2/3底施、1/3浅施为宜。

(七)晚播麦田小麦施肥技术

晚播麦田因腾茬晚,播种后延,冬前积温不足,为达到冬前苗壮与春季转化快的目的,要重肥促苗。高产田亩施有机肥3 m^3以上、纯氮(N)10～12 kg、磷(P_2O_5)5～6 kg、钾(K_2O)6～8 kg;中产田亩施有机肥3 m^3、纯氮(N)8～10 kg、磷(P_2O_5)5～6 kg、钾(K_2O)5～6 kg。施肥方式上氮肥70%底施、30%拔节期追施,磷钾肥以一次底施为宜。中后期针对性叶面喷施多元微肥。另外,麦棉套作区由于钾消耗量较大,可适当增加钾肥用量。

河南省小麦配方施肥技术与对策

孙笑梅　易玉林　白丽娟　徐俊恒

（河南省土壤肥料站·2005年8月）

2004年麦播备肥期间，化肥缺口大，价格高，库存少，入库率低，供求形式十分严峻。因此，要在培肥地力的基础上，大力推广小麦配方施肥技术，提高肥料利用率，实现小麦生产的优质、高产、高效。

一、增加有机肥投入，以有机补无机

增加有机肥投入是培肥地力，提高耕地质量，创建安全、肥沃、协调的土壤环境条件，实现农业可持续发展的重要举措，同时又是弥补化肥用量不足的主要技术措施。2004年我省小麦生产获得历史最高水平，秋季作物长势喜人，丰收在望，对地力消耗较大。加之当前化肥价格持续上涨，货源紧张，缺口较大，增加有机肥投入是麦播施肥的经济性、可行性、有效性选择。若以全省每户农民多积2 m^3 有机肥计，新增有机肥总量可相当于近100万t化肥。因此，要充分调动群众增施有机肥的积极性，力争使高产麦田亩施有机肥达到4 m^3 以上，中低产田亩施有机肥达3 m^3 以上，为明年夏粮丰收奠定基础。

二、推广配方施肥技术，实现小麦单产、品质与化肥利用率的同步提高

配方施肥是综合运用现代农业科技成果，根据作物需肥规律、土壤供肥性能与肥料效应，在以有机肥为基础的条件下，提出氮磷钾和中微量元素肥料的适当用量、比例以及相应的施肥技术。从当前我省氮、磷、钾的施用情况上看，氮肥施用偏多，钾肥施用严重不足。不合理的施肥结构不仅导致化肥利用率偏低，而且降低农作物的品质和抗逆能力，同时污染环境。据测算，若按合理的配比施肥，即实现平衡施肥，每亩可节约化肥8～10 kg，全省麦播面积按7 200万亩计，若有70%实现平衡施肥，可节约化肥40万～50万t。因此，在麦田施肥上要结合当地土壤养分状况、肥料利用现状、小麦需肥特点等，积极推广平衡施肥技术。

三、因地制宜，分类指导，科学施肥

按照优质、高产、高效、生态安全的方针，因地制宜，分类指导。从全省小麦施肥现状分析，强筋麦田应适量增氮、控磷、补钾、配微，并于生长中后期叶面喷施2%的尿素以提高籽粒蛋白质含量，微肥在亩产400 kg产量水平以下麦田于拔节、孕穗期各喷一次0.2%的硫酸锌或0.05%的钼酸铵肥液为宜。弱筋小麦田控氮、增磷、补施钾肥。一般高产田控氮、补钾、增微、测土施磷肥，微肥施用上可选用硫酸锌或硫酸锰拌种，生长中后期结合喷施磷酸二氢钾，以增加小麦千粒重。中产田稳氮、增磷、针对性补施钾肥，中后期针对脱肥麦田可叶面喷施2%的尿素水溶液50 kg，同时针对性喷施微肥。低产田增施氮、磷肥，还应注意与拌种、叶面喷肥相结合，以提高小麦产量与品质。晚播麦田适当提高前期施氮比例，中后期针

对性叶面喷施多元微肥。强筋麦田及一般高产田在施肥运筹上可重点推广前氮后移技术，一方面可提高小麦品质，另一方面可以缓解目前肥料供应紧张的局面。

四、多策并举，进一步扩大配方肥推广覆盖面

配方肥是平衡施肥技术物化载体，是加快平衡施肥技术在小麦生产中应用的最有效途径。通过开展“测、配、产、供、施”一体化服务，进一步扩大配方肥推广覆盖面。一是增加土样测定数量，扩大测土范围，摸清土壤养分状况，缩小配肥单元，进一步提高配方的针对性、合理性、科学性；二是设立村级服务网点，为广大群众提供面对面的技术服务，把配方肥直供到农户；三是扩大配方肥配制量，满足农民的需求；四是严把配肥质量关，让农民用上放心肥。

五、开展多层次的宣传与培训，努力提高施肥技术到户率

搞好技术宣传与培训，提高农民科技素质是落实科学施肥技术的前提。麦播前通过多层次的宣传与发动，让科学施肥技术走进千家万户，努力提高技术到户率。一是利用各种媒体，如广播、电视、报刊、墙报等，宣传科学施肥的意义与技术，加大面上的宣传力度；二是通过发放施肥通知单、明白卡等方式，有针对性地推广具体的施肥措施；三是组织农技推广人员入乡、包村，宣传、培训科技示范户，辐射、带动科学施肥技术的落实，现场解决施肥过程中存在的问题，提高技术到位率，真正做到因土、因作物、因产量水平合理施肥。

河南省优质专用小麦测土施肥技术

郑　义　孙笑梅

（河南省土壤肥料站·2005 年 8 月）

小麦是河南的主要粮食作物，也是一大优势作物。随着种植业结构的调整，小麦生产逐步由产品数量型向质量效益型转化。在这个转化过程中，对科学施肥技术也提出了新要求。近几年来，河南优质小麦生产发展较快，到 2004 年优质专用小麦种植面积已超过 3 100 余万亩，占全省小麦种植面积的 42%，居全国第一。为了加快测土配方施肥技术在优质专用小麦上的推广应用，依据我省近几年来在优质专用小麦上开展的田间肥料试验结果、不同优质专用小麦种植区域的土壤肥力状况及施肥现状，提出河南省优质专用小麦测土配方施肥技术要点。

一、强筋小麦

测土施肥既能提高强筋小麦的产量，又能改善小麦的品质。试验表明，合理施用氮肥，不但能提高小麦籽粒产量，而且能改善小麦的营养品质和加工品质。在一定施氮量范围内，随着氮肥用量的增加，籽粒中蛋白质含量增加。蛋白质含量提高，湿面筋含量也随之增加，面团的稳定时间也得到延长。但当施氮肥过量时，这几项指标呈下降趋势；在施用氮肥的基

础上，尤其是磷含量不足的土壤上，必须配合施用磷肥才能起到提高产量和品质的双重功效。在磷素含量较为丰富的土壤上施用磷肥，随着施磷量的增加蛋白质含量表现为下降趋势。经济合理施用钾肥，与合理施用氮肥一样，对强筋小麦的营养与加工品质都具有良好的改善作用。当土壤速效钾含量丰富，植物体内钾素营养充足时，叶片硝酸还原酶活性增强，氨基酸向籽粒的运输加快，形成蛋白质的速率提高。因此，要达到强筋小麦的优质高产目标，必须了解土壤肥力，进行土壤养分测试，结合品种特性，做到因土合理施用肥料。

针对河南强筋小麦适宜种植区域土壤速效氮、速效磷含量稳中有升，有效锌、有效钼等含量普遍偏低，速效钾有所下降的养分动态变化状况，施肥结构以及强筋小麦需氮量大、后期吸氮能力强、氮素转化快的特点，强筋小麦的施肥原则应为重施有机肥，稳氮、控磷、补钾，配合施用硫肥，针对性施用微量元素肥料，全生育期合理运筹氮肥，因土壤肥力水平和产量水平科学配方施肥。产量水平为400～500 kg/亩的高肥力麦田，亩施有机肥4 m^3 以上，纯氮(N)12～15 kg；产量水平为350～400 kg/亩的麦田，亩施有机肥3.5 m^3，纯氮(N)10～12 kg。磷、钾肥用量视土壤速效磷、钾含量酌情施用。土壤速效磷(P_2O_5)含量小于20 mg/kg的土壤，施用磷肥的效果随着土壤磷素含量的降低而增高，亩施磷肥(P_2O_5)6～8 kg；当土壤有效磷含量大于30 mg/kg时，可免施磷肥；介于20～30 mg/kg，高产田磷肥用量可酌情减少，氮磷比例以(2.5～3)∶1为宜，中产田可免施。一般土壤速效钾(K_2O)含量在100 mg/kg以下时，高产田亩施硫酸钾6～8 kg，中产田亩施硫酸钾4～5 kg；黏质土壤速效钾含量在120 mg/kg以下时，每亩需补施钾肥4～5 kg。在肥料品种的选择上，磷肥用过磷酸钙，钾肥用硫酸钾。施用过磷酸钙和硫酸钾既补了磷、钾，又补了硫。肥料运筹上磷、钾肥一次底施。由于强筋小麦起身至拔节期进入氮素吸收转化高峰期，此时的土壤供氮水平对强筋小麦的品质影响最大，因此在氮肥的施用上，要减少基肥用量，加大追肥比例，50%的氮肥底施、50%追施。追施期结合降雨和灌溉适当后移至拔节期，亩产500 kg左右的高肥力地，春季追肥在拔节中后期，中高肥力地块，在起身后期至拔节初期追施。叶面喷施能有效提高蛋白质的合成速率，在小麦生长中后期选用2%的尿素、0.2%的硫酸锌、0.05%的钼酸铵肥液等喷施，以提高小麦蛋白质含量。

二、中筋小麦

中筋小麦是比较适合我国人民传统生活习惯的小麦品种，主要用于面条、水饺、馒头等的制作。针对我省高产田氮肥投入量过大以及土壤钾素、微量元素供给不足的特点，中筋小麦田的施肥原则为高产田控氮、稳磷、增钾、配微，中产田稳氮、增磷、补钾、配微。

（一）超高产、高产麦田

超高产麦田(>600 kg/亩)，亩施有机肥4～5 m^3，纯氮13～16 kg，P_2O_5 8～10 kg，K_2O 8～10 kg；高产麦田(500 kg/亩)亩施有机肥4 m^3 以上，纯氮10～12 kg，P_2O_5 6～8 kg，K_2O 5～6 kg。氮肥高产田基追比为6∶4，超高产麦田为5∶5，追肥应在拔节期进行；磷肥一次做底肥施用；钾肥70%底施，30%于返青至拔节期追施；此外，还须注意微肥的施用，每千克种子可针对性用2～4 g硫酸锌或硫酸锰或钼酸铵拌种。

（二）中产麦田

增施有机肥是实现中产变高产的关键，在施肥上应通过秸秆还田等多项措施增施有机肥，改善土壤供肥保肥性能，逐步培肥地力，调整施肥结构，增施磷钾肥。中产麦田亩施优质有机肥 3 m^3 以上，纯氮 8～10 kg，N∶P_2O_5 以 1∶(0. 6～0. 8)为宜。对于严重缺磷的地块，可用磷铵做种肥，亩用量 2～3 kg。钾肥针对性补施，土壤速效钾含量小于 80 mg/kg 的麦田，亩施化学钾肥(K_2O)5 kg。在施肥方法上淤土地氮肥 70% 底施，沙土地氮肥 40%～50% 底施，其余看苗追肥；磷、钾肥一次底施。沙质土保水保肥能力差，中后期针对脱肥麦田可叶面喷施 2% 的尿素水溶液 50 kg，同时针对性地喷施微肥。

小麦生产后期，叶面喷施磷酸二氢钾不但可以抵抗"干热风"对小麦造成的危害，还可以促进光合产物向籽粒的运转，增加小麦产量与粒重。因此，以上各类麦田中应注意在小麦生长中、后期叶面喷施磷酸二氢钾。

三、弱筋小麦

弱筋小麦蛋白质、面筋含量低，筋力弱。根据品质特点和弱筋小麦适宜的种植区域的土壤肥力状况，施肥的基本原则是在施足农家肥的基础上，稳氮、增磷、补钾，合理调控氮素营养，确保在达到产量指标的基础上，满足低蛋白、低面筋对肥料的需求。在每亩底施有机肥 3 m^3 的基础上，全生育期施用纯氮(N)8～10 kg、磷(P_2O_5)5～6 kg、钾(K_2O)4～5 kg。施用氮肥能显著提高小麦籽粒蛋白质含量，施氮量和籽粒蛋白质含量呈极显著正相关，而且施氮量增加一般会伴随着面筋含量的明显增加。由此可见，氮素是影响弱筋小麦品质最活跃的因子，特别是氮肥用量、施用时期及比例对小麦籽粒品质形成都会产生显著影响。因此，弱筋小麦在测土施用磷、钾肥料的基础上，合理运筹氮素化肥是关键。为了达到低蛋白和低面筋含量的要求，重底肥，轻追肥，追施氮肥比例以 20%～30% 为宜。70%～80% 的氮肥和全部磷、钾肥一次做底肥施用。为了提高小麦产量，可在返青期至拔节前追施 20%～30% 的氮素化肥，拔节后不再追施氮素肥料。对于早衰的麦田，可以喷洒磷酸二氢钾。

优质专用小麦生产，在施用有机肥的基础上，除配合施用氮磷钾肥外，还需根据土壤中、微量元素含量，测土施用中、微量元素肥料。我省不同专用小麦种植区，锌、锰、钼等微量元素不同程度缺乏，可在测土基础上，依据优质专用小麦对微量元素的需求，合理施用微肥。缺锌严重的田块，每亩施用硫酸锌(含 7 个结晶水)0. 5～1. 0 kg 做底肥；锌和锰一般缺乏的田块，叶面喷洒；钼肥价格昂贵，提倡叶面喷洒。

不同施氮水平对强筋小麦产量与蛋白质的影响

王志勇[1]　孙笑梅[1]　苗子胜[2]　苗育红[3]

(1. 河南省土壤肥料站；2. 延津县土壤肥料站；3. 河南农业大学 · 2003 年 9 月)

小麦品质的优劣一方面取决于作物品种的遗传特性，另一方面取决于外界环境。蛋白质含量的差异主要受环境因素的影响，在遗传上的差异只占较小的部分。许多研究表明：氮肥是影响小麦品质和产量的重要因素，它不但可以增加农作物的产量，还能提高产品品质。笔者旨在通过不同施氮水平对强筋小麦产量与粗蛋白及其组分的影响，探明兼顾强筋小麦高优 503 产量与品质的适宜施氮量。

一、材料与方法

(一)试验基本情况

试验于2000～2002年在河南省延津县进行。供试土壤为潮土,质地中壤,试验地基础养分见表1。供试品种为当地强筋小麦主栽品种高优503。

表1 试验地土壤基础养分

年度(年)	有机质(g/kg)	碱解氮(mg/kg)	速效磷(mg/kg)	速效钾(mg/kg)	空白田产量(kg/hm^2)
2000～2001	10.65	100.89	8.17	79.02	2 700
2001～2002	11.40	128.00	7.20	102.00	3 000

(二)试验设计

采用单因素试验设计,共设8个处理:①$N_0P_0K_0$(CK_1);②$N_0P_{90}K_{90}$(CK_2);③$N_{60}P_{90}K_{90}$;④$N_{120}P_{90}K_{90}$;⑤$N_{180}P_{90}K_{90}$;⑥$N_{240}P_{90}K_{90}$;⑦$N_{300}P_{90}K_{90}$;⑧$N_{360}P_{90}K_{90}$。3次重复,随机区组排列。各处理N、P、K分别指纯N、P_2O_5、K_2O,下标数字为肥料用量,单位为kg/hm^2;P、K肥1次底施,N肥60%底施、40%于小麦拔节期或倒2叶露尖时追施。供试氮肥选用尿素,磷肥为重过磷酸钙,钾肥为进口氯化钾,不施有机肥。

(三)小麦品质测定

在小麦收获时取各处理混合样用于品质分析。粗蛋白测定方法:按GB/T 5511—1985进行;籽粒蛋白质组分测定:采用连续振荡法顺序提取蛋白质组分,用自动定氮仪测定各种组分的含量。

二、结果与分析

(一)不同氮肥用量对高优503小麦产量的影响

统计分析各试验点小麦产量,并配置回归方程。表2显示:两年试验中处理间产量差异均达极显著水平。对两个试验点结果进行多重比较,并通过回归方程计算出最佳施肥量(见表3),结果表明,在施磷(P_2O_5,下同)、钾(K_2O,下同)各90 kg/hm^2,空白试验田产量为2 700～3 000 kg/hm^2的潮土上,小麦高优503施氮(N,下同)量以240 kg/hm^2左右为宜。

表2 不同施氮水平强筋小麦产量结果 (单位:kg/hm^2)

地点	$N_0P_0K_0$	$N_0P_{90}K_{90}$	$N_{60}P_{90}K_{90}$	$N_{120}P_{90}K_{90}$	$N_{180}P_{90}K_{90}$	$N_{240}P_{90}K_{90}$	$N_{300}P_{90}K_{90}$	$N_{360}P_{90}K_{90}$	F值	高产施肥量
延津1	2 679.0	2 985.0	3 754.5	4 425.0	5 346.0	5 740.5	5 521.5	4 951.5	321.72**	240
延津2	3 019.5	3 244.5	3 774.0	4 539.0	5 017.5	5 122.5	4 915.5	4 666.5	380.02**	180

注:①延津1为2000～2001年试验点,延津2为2001～2002年试验点,下同;②高产施肥量为经多重比较有显著增产效果的最佳施肥量。

表3 强筋小麦施氮效应数学模型 （单位：kg/hm²）

年度（年）	数学模型	R^2	最大施肥量	最佳施肥量	最大产量	最佳产量
2000～2001	$y=2\ 746.0+21.438x-0.041\ 4x^2$	0.973 6**	259.5	226.5	5 521.27	5 477.79
2001～2002	$y=3\ 087.2+16.079x-0.032\ 5x^2$	0.985 3**	247.5	205.5	5 075.92	5 018.95

注：①纯N价格2.6元/kg；②小麦价格1.0元/kg。

（二）不同氮肥用量对高优503粗蛋白含量的影响

分析强筋小麦高优503在不同施氮水平下的粗蛋白含量变化（见图1），并配制回归方程（见表4），可以看出：在施磷、钾各90 kg/hm² 的基础上，高优503粗蛋白含量均在施氮240 kg/hm²时接近较高水平。其中，地力水平为2 700 kg/hm² 的地块，小麦粗蛋白含量在一定施氮量范围内随施氮量的增加而增加，以后呈现下降，处理⑥较处理②粗蛋白含量增加44.24%；地下水平为3 000 kg/hm² 的地块，在所设计施肥量试验中效应曲线为各项均为正值的二次多项式，但小麦粗蛋白含量随施氮量的增加变化幅度较小，处理⑥较处理②粗蛋白含量增加4.58%。而图1所显示的曲线变化却是在施氮（N）240 kg/hm² 时粗蛋白含量上出现拐点，此后略有上升。以上分析说明，小麦粗蛋白含量虽与地力水平呈正相关，但在地力水平较低的地块通过合理增施氮肥，亦可使小麦粗蛋白含量接近高产田水平。两个试验点适宜施氮量为240～430 kg/hm²。

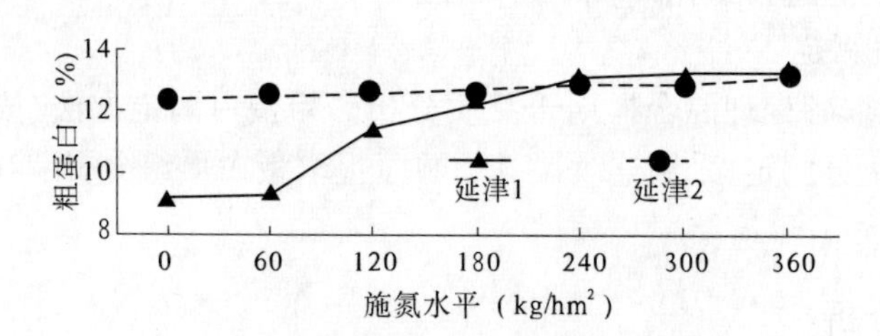

图1 不同施氮水平高优503粗蛋白含量变化

表4 氮肥与粗蛋白含量关系方程

年度（年）	空白田产量（kg/hm²）	效应方程	决定系数 R^2	最大施氮量（kg/hm²）
2000～2001	2 700	$y=8.732\ 6+0.026\ 0x-0.000\ 03x^2$	0.950 0**	433.33
2001～2002	3 000	$y=12.457+0.001\ 2x+0.000\ 003x^2$	0.933 1**	

（三）施肥对高优503蛋白组分的影响

面筋80%的蛋白质主要组成是麦谷蛋白和醇溶蛋白，麦谷蛋白是决定面团黏弹性的主要成分，醇溶蛋白则与面团的延展性相关。强筋小麦需要这两种蛋白质组分高，同时有一个适当的比例。

（1）氮肥对醇溶蛋白的影响。分析2000～2001年试验点醇溶蛋白含量变化（见图2），并配制回归方程（见表5），高优503醇溶蛋白含量在施氮0～395 kg/hm² 范围内，随施氮量的增加而提高。但在施氮量达180 kg/hm² 后上升趋缓，其中处理⑤较处理②提高60.85%，处理⑥较处理②提高64.43%。

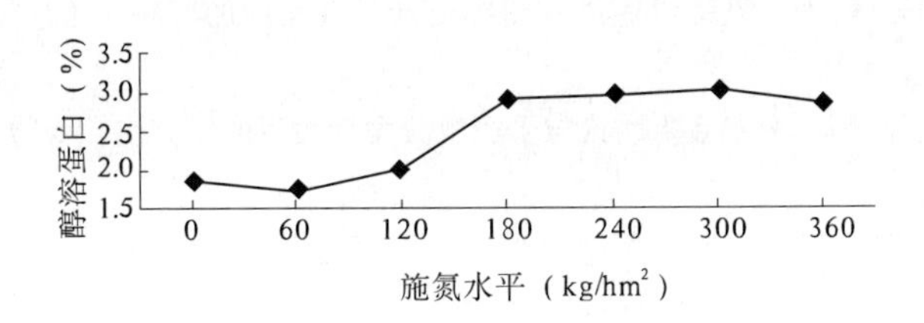

图2　不同施氮水平高优503醇溶蛋白含量变化

(2)氮肥对谷蛋白的影响。由表5可以看出,空白试验田产量为2 700 kg/hm^2 时,谷蛋白含量与施氮量呈二次曲线关系,且一次项系数为正值,二次项系数接近于零,说明高优503谷蛋白含量在一定施氮范围内随施肥量的增加而上升。分析图3所示的曲线变化,当施氮量为240 kg/hm^2 时曲线出现拐点,因此适宜的氮肥用量为240 kg/hm^2。

表5　氮肥与醇溶蛋白、谷蛋白含量关系方程(2000～2001年)

项目	效应方程	决定系数 R^2	最大施氮量 (kg/hm^2)
氮肥与醇溶蛋白	$y=1.5937+0.0079x-0.00001x^2$	0.827 6*	395.0
氮肥与谷蛋白	$y=3.2076+0.0074x-0.000008x^2$	0.911 1**	462.5

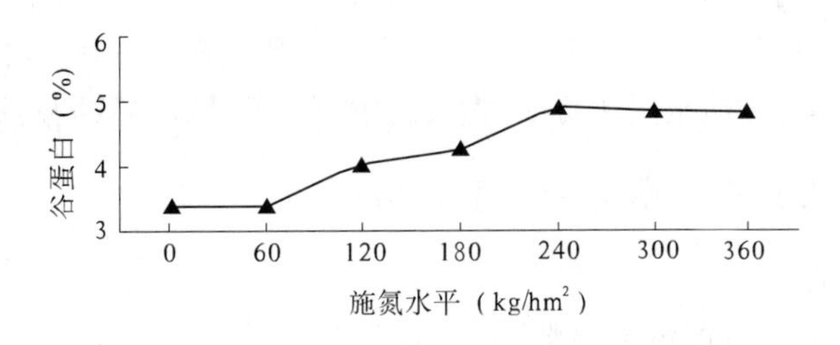

图3　不同施氮水平高优503谷蛋白含量变化曲线

三、小结与讨论

在底施磷、钾各90 kg/hm^2,空白试验田产量为2 700～3 000 kg/hm^2 的潮土上,强筋小麦高优503产量、粗蛋白及其组分谷蛋白和醇溶蛋白含量与氮肥用量呈二次曲线相关。在设计施氮量的试验中,产量、谷蛋白和醇溶蛋白含量均在一定的施氮量范围内随施氮量的增加而提高,以后出现下降,综合考虑,施氮量以240 kg/hm^2 为宜。粗蛋白含量与基础产量呈正相关,但在地力水平较低的地块通过合理增施氮肥,亦可使小麦粗蛋白含量接近高产田水平。

参考文献

[1] 徐恒永,赵振东,张存良,等. 氮肥对优质专用小麦产量和品质的影响－Ⅰ. 氮肥对产量及产量形成的影响[J]. 山东农业科学,2000(5):27-30.

[2] 徐恒永,赵振东,刘爱峰,等. 氮肥对优质专用小麦产量和品质的影响 - Ⅱ. 氮肥对小麦品质的影响[J]. 山东农业科学,2001(2):13-17.
[3] 赵乃新,顾小红,兰静,等. 小麦品质性状与蛋白组分含量关系的研究[J]. 麦类作物,1998,18(4):44-47.
[4] 王月福,于振文,李尚霞,等. 不同土壤肥力下强筋小麦适宜施氮量的研究[J]. 山东农业科学,2001(5):14-15.
[5] 董召荣,姚大年,马传喜. 氮素供应对面包小麦产量和品质的影响[J]. 安徽农业科学,1995,23(1):31-32.
[6] 徐阳春,蒋廷惠,蔡大同,等. 氮肥用量对安农9192面包小麦加工品质的影响[J]. 南京农业大学学报,1999,22(4):49-52.

不同利用方式下土壤养分变化特征研究*

王志勇[1]　武继承[2]　姚　健[2]

(1. 河南省土壤肥料站;2. 河南省农业科学院土壤肥料研究所 · 2005年1月)

随着人口增加、生活水平提高及现代经济的高速发展,对农业的依赖性也越来越强,从而深刻地影响到土地的利用方式和强度。因此,研究不同利用方式对土壤养分变化的影响,对探讨区域土壤的合理利用具有重要意义。本文主要研究探讨开封几种主要土壤不同利用方式下的土壤养分和土壤质量变化特征,为其土壤资源的持续高效利用提供基础依据。

一、不同利用方式下土壤养分的变化特征

(一)土壤有机质

由表1可以看出,石灰淡色潮湿雏形土土壤耕层有机质总的变化趋势为农果间作 > 两年多熟 > 休闲轮作 > 休闲耕作。而且相同利用方式因施肥比例、数量及作物品种搭配的不同,有机质含量存在明显差异性。如两年多熟Ⅰ和Ⅱ,两年多熟Ⅰ为小麦/花生(大豆)/玉米或小麦/棉花,两年多熟Ⅱ则以小麦/西瓜/棉花与小麦/大豆(花生)/玉米轮作为主,Ⅰ有机肥的施用相对较少,仅相当于Ⅱ的70%(见表2),从而造成了其耕层有机质含量的明显不同,两年多熟Ⅱ高于Ⅰ。普通淡色潮湿雏形土则表现为菜地 > 两年多熟 > 集约种植。且相同利用方式间存在明显差异。如两年多熟Ⅵ、Ⅷ和Ⅸ、Ⅹ,Ⅵ与Ⅹ、Ⅸ与Ⅷ种植方式基本一致,但由于两年多熟Ⅸ与Ⅹ重化肥而轻有机肥,且种植方式单一(连作),导致其有机质过度消耗,其耕层有机质含量明显低于Ⅷ和Ⅵ,其中Ⅹ、Ⅸ土壤耕层有机质分别为Ⅵ和Ⅷ的62.79%和69.54%。灌淤旱耕人为土为两年多熟 > 稻麦两熟,且稻麦两熟利用方式间也有明显差异,稻麦两熟Ⅱ较Ⅰ的有机肥用量高,故其土壤耕层有机质含量也略高于稻麦两熟Ⅰ。石灰砂质新成土不同利用方式间有机质含量有显著差异,并表现为林地 > 耕地 > 破坏林地。林地破坏后土壤耕层有机质含量仅为林地的12.28%,转化为耕地有机质含量仅为

* 本文源自国家自然基金项目(49831044)。

林地的35.09%。

综上所述,不同利用方式间土壤有机质存在明显的差异性。相同利用方式间有机肥的施用对土壤有机质具有重要作用。同时不同利用方式间受利用方式的影响,土壤耕层有机质积累差异明显。

表1 不同利用方式下土壤有机质、氮素、磷素的差异性

土壤	利用方式	有机质 O.M.(g/kg)	全N(g/kg)	水解N(mg/kg)	NO_3^--N(mg/kg)	NH_4^+-N(mg/kg)	全磷(g/kg)	速效磷(mg/kg)
石灰淡色潮湿雏形土	耕地*	6.83	0.62	49.39			1.12	19.35
	休闲轮作	5.3	0.40	38.76	24.30	11.46	1.11	21.09
	休闲耕作	5.2	0.73	30.89			0.97	18.80
	两年多熟*	6.2	0.64	54.52			1.17	16.19
	两年多熟Ⅰ	5.3	0.68	52.4	39.77	12.13	1.31	9.63
	两年多熟Ⅱ	6.5	0.80	60.10	47.63	12.47	1.48	11.92
	两年多熟Ⅲ	3.9	0.33	44.94			0.87	27.51
	两年多熟Ⅳ	7.7	0.71	47.74			1.05	10.08
	两年多熟Ⅴ	7.7	0.68	67.40			1.16	21.82
	农果间作	9.0	0.61	56.73			1.30	39.43
普通淡色潮湿雏形土	耕地*	11.45	0.77	69.15			1.36	75.59
	两年多熟*	10.9	0.81	67.39			1.21	25.98
	集约种植	10.4	0.82	63.47	49.99	13.48	1.38	23.81
	两年多熟Ⅵ	12.9	0.84	58.98	47.86	11.12	0.85	19.09
	两年多熟Ⅹ	8.1	0.86	75.83	49.43	15.51	0.91	37.73
	两年多熟Ⅷ	11.2	0.79	67.35			1.30	19.37
	两年多熟Ⅸ	7.8	0.74	67.40			1.31	27.78
	两年多熟Ⅶ	9.2	0.82	71.33			1.41	28.10
	菜地	15.5	0.66	67.40	52.23	15.17	1.63	204.31
	菜地	16.5	0.66	81.45	67.97	13.48	2.10	244.56
灌淤旱耕人为土	稻麦两熟Ⅰ	6.8	0.49	35.95	27.69	8.26	1.13	12.10
	稻麦两熟Ⅱ	7.5	0.53	53.4	42.58	10.78	0.76	20.63
	两年多熟	11.4	0.85				0.99	18.15
石灰砂质新成土	林地	11.1	0.61	26.8				
	破坏林地	1.4	0.14	23.59	20.22	10.11	0.42	8.30
	休闲耕作	4.0	0.50	30.3	44.49	11.12	0.68	24.52

注:*号代表平均值,下同。

表 2　不同利用方式下肥料的用量　（单位：kg/hm²）

土壤类型	利用方式	N	P_2O_5	有机肥	土壤类型	利用方式	N	P_2O_5	有机肥
石灰淡色潮湿雏形土	休闲轮作	207	120	37 500	普通淡色潮湿雏形土	集约种植	373.5	105	7 500
	休闲耕作	207	90	22 500		两年多熟Ⅵ	310.5	90	15 000
	两年多熟Ⅰ	310.5	90	10 500		两年多熟Ⅹ	345	90	4 500
	两年多熟Ⅱ	292.5	135	15 000		两年多熟Ⅷ	345	90	22 500
	两年多熟Ⅲ	241.5	90	15 000		两年多熟Ⅸ	345	90	10 500
	两年多熟Ⅳ	228.5	90	11 250		两年多熟Ⅶ	310.5	90	18 000
	两年多熟Ⅴ	345	90	7 500		菜地	241.5	90	37 500
	农果间作	207	90	22 500		菜地	276	90	45 000
灌淤旱耕人为土	稻麦两熟Ⅰ	310.5	90	2 000	石灰砂质新成土	林地			
	稻麦两熟Ⅱ	276	90	15 000		破坏林地			
	两年多熟	310.5	90	10 500		休闲耕作	207	90	30 000
简育干润雏形土	两年多熟	241.5	115	30 000	底锈干润雏形土	两年多熟	310.5	90	18 000
	一年两熟	241.5	90	37 500					

（二）土壤氮素

不同利用方式下不同土壤耕层全氮含量也有明显差异（见表1）。石灰淡色潮湿雏形土全氮、水解氮、硝态氮和铵态氮表现了不同的变化特征：全氮为休闲耕作 > 两年多熟 > 农果间作 > 休闲轮作、水解氮为农果间作 > 两年多熟 > 休闲轮作 > 休闲耕作、硝态氮和铵态氮为两年多熟 > 休闲轮作。同时相同利用方式因施用氮肥比例、数量及作物搭配等因素不同而存在明显差异。如两年多熟Ⅰ和Ⅱ，由于Ⅱ有机肥的施用较多，耕层有机质含量高，对氮素的固定和释放有利，因此其耕层全氮、水解氮、硝态氮和铵态氮均高于Ⅰ。同样两年多熟Ⅲ由于耕种时间较长，有机质含量低，不利于氮素积累，故其全氮和水解氮均低于两年多熟Ⅳ。可见，土壤耕层氮素的变化与耕层有机质含量有着密切的关系，不同的农田管理措施决定了其氮素的变化趋势。普通淡色潮湿雏形土全氮为集约种植 > 两年多熟 > 菜地，水解氮、硝态氮和铵态氮则正好相反。主要是由于耕地的集约利用投入的氮肥量大，造成土壤耕层全氮含量提高，但因大多被作物吸收利用，其有效态氮素含量降低。

灌淤旱耕人为土旱作方式全氮高于水旱轮作，相同稻麦两熟间因其肥料配比的差异，形成土壤耕层全氮、水解氮、硝态氮和铵态氮有明显不同，稻麦两熟Ⅱ高于Ⅰ，其全氮、水解氮、硝态氮和铵态氮分别为Ⅰ的108.16%、148.54%、153.77%和130.51%。石灰砂质新成土耕层氮素的变化与其有机质含量的变化相一致，且硝态氮和铵态氮高于破坏林地。

总之，不同利用方式间土壤耕层氮素的变化与土壤有机质含量和氮素施用量密切相关，一般有机质含量高，其氮素含量就高，且全氮、水解氮、硝态氮和铵态氮的变化相一致。据统计，土壤全氮与有机质含量的相关系数为0.639 2* ($n = 28$)。

（三）土壤磷素

土壤磷素在不同土壤上具有不同表现特征（见表1）。石灰淡色潮湿雏形土全磷为农果间作 > 两年多熟 > 休闲轮作 > 休闲耕作，速效磷表现为农果间作 > 休闲轮作 > 休闲耕作 > 两年多熟。且相同利用方式间表现出不同的变化特征，如两年多熟Ⅰ和Ⅱ，因施用有机肥和磷肥数量的差异，两年多熟Ⅱ全磷和速效磷均高于Ⅰ。因此，利用方式和管理措施对土壤磷素的变化有重要作用。普通淡色潮湿雏形土全磷为菜地>集约种植>两年多熟,速效磷为菜地>两年多熟>集约种植。尤其值得提出的是其菜地利用,由于累年耕种熟化,耕层速效磷含量达到《中国土壤系统分类》中肥熟旱耕人为土的划定指标,充分说明了耕种对土壤熟化的影响。当然相同利用方式因施肥数量、品种的不同,土壤耕层磷素含量差异明显,如两年多熟Ⅵ与Ⅹ、Ⅸ与Ⅷ。灌淤旱耕人为土全磷和速效磷含量较接近,但以旱作较高。石灰砂质新成土因耕地人为施肥效应,全磷和速效磷含量高于非耕地利用方式。

总之,不同土壤不同利用方式之间土壤磷素的变化表现了不同的变化特征,化学磷肥的施用是土壤耕层全磷和速效磷含量变化的驱动力,有机肥施用量的增加有时会降低速效磷含量。土壤全磷与有机质的相关系数为$0.732\ 8^{*}$($n=28$)。

(四)土壤钾素

土壤钾素是土壤养分中变化最为剧烈的成分之一,尤其是速效钾的变化(见表3)。石灰淡色潮湿雏形土速效钾为农果间作>两年多熟>休闲轮作>休闲耕作、全钾为休闲轮作>农果间作>两年多熟>休闲耕作。同时,相同利用方式间也存在明显差异。如两年多熟Ⅱ与Ⅰ、Ⅲ和Ⅳ。由此可见,土壤利用方式及其管理措施对土壤钾素也有直接影响。普通淡色潮湿雏形土耕层全钾、速效钾均为集约种植>两年多熟>菜地。相同利用方式间钾素含量差异明显,如两年多熟Ⅵ与Ⅹ、Ⅸ与Ⅷ,速效钾含量的降低与过度利用程度明显。

灌淤旱耕人为土在旱作与水旱轮作之间的全钾含量没有明显差异,但水旱轮作的速效钾耗竭性突出。忽视钾素补充和有机肥施用是钾素含量降低的主要原因。稻麦两熟利用方式间,稻麦两熟Ⅱ的全钾、速效钾和缓效钾只有Ⅰ的72.58%、62.12%和62.83%。干润砂质新成土全钾为林地>破坏林地>耕地,速效钾和缓效钾则为耕地>破坏林地>林地。

总之,因作物配置和有机肥施用量的不同,土壤耕层全钾、速效钾和缓效钾变化具有明显差异,尤其是在忽视钾素补充的情况下,有机肥施用量对钾素含量有重要影响。多数利用方式存在不同程度的钾素掠夺性利用。

表3　不同利用方式下土壤钾素的变化特征

土壤类型	利用方式	全钾(g/kg)	速效钾(mg/kg)	缓效钾(mg/kg)	土壤类型	利用方式	全钾(g/kg)	速效钾(mg/kg)	缓效钾(mg/kg)
石灰淡色潮湿雏形土	耕地*	16.64	68.28		普通淡色潮湿雏形土	耕地*	17.76	122.76	
	休闲轮作	27.4	76.3	325.3		两年多熟*	18.1	133.5	
	休闲耕作	13.7	62.33			集约种植	18.6	227.1	1 241.1
	两年多熟*	13.78	97.30			两年多熟Ⅵ	18.0	117.6	749.3
	两年多熟Ⅰ	8.6	40.6	819.5		两年多熟Ⅹ	17.4	44.60	
	两年多熟Ⅱ	16.1	46.2	712.6		两年多熟Ⅷ	17.4	120.0	
	两年多熟Ⅲ	11.4	44.6			两年多熟Ⅸ	16.4	48.60	
	两年多熟Ⅳ	16.1	64.40			两年多熟Ⅶ	20.5	243.0	1 225.2
	两年多熟Ⅴ	16.7	40.6			菜地Ⅰ	16.2	66.8	935.2
	农果间作	16.7	181.5			菜地Ⅱ	17.6	114.4	880.9
灌淤旱耕人为土	稻麦两熟Ⅰ	18.3	56.5	862.8	干润砂质新成土	林地	21.7	26.3	
	稻麦两熟Ⅱ	13.3	35.1	537.8		破坏林地	17.9	32.7	185.5
	两年多熟	15.3	194.6			休闲耕作	16.6	115.3	866.0

二、不同利用方式下土壤质量特征

根据不同利用方式下土壤养分的变化特征，我们采用相对土壤质量评价指数法进一步对不同利用方式下的土壤质量变化特征进行了对比分析。

（一）评价指标体系及等级范围

影响土壤质量评价指标选择的因素很多，根据研究区土壤资源和农业生产特点，我们选择土壤质地、有机质、全氮、全磷、全钾、速效磷、速效钾、有效硫、田间持水量、耕层厚度、CEC和土壤结构等12项因子组成评价指标体系。同时将每种土壤质量指标划分为5级：Ⅰ级对农作物的生长没有任何限制，是植物生长最适宜的等级；Ⅱ级对植物生长稍有限制，Ⅲ、Ⅳ、Ⅴ级对作物生长的限制程度依次增加。

（二）权重的确定

每种土壤指标对质量影响的程度与贡献率大小不一样，其权重系数也就有着一定的差异。确定权重的方法很多，参考其他学者的研究，我们采用综合评分法，对各个土壤指标以特定的权重（采用100分制），土壤有机质、质地、CEC、全氮、全磷、全钾、速效磷、速效钾、有效硫、田间持水量、耕层厚度和土壤结构的权重分别为14、12、12、7、6、8、7、9、6、7、5和7。

（三）土壤质量指数计算

首先计算要评价土壤的土壤质量指数 SQI，其计算公式为：

$$SQI = \sum W_i I_i (i = 1 \sim 12), \sum W_i = 100$$

式中，W_i 为各评价指标的权重；I_i 为评价指标等级分数（1、2、3、4、5）。

SQI 的最大值为 $SQI_m = 500$。相对土壤质量指数 $RSQI = SQI/SQI_m \times 100$。$RSQI$ 表示了评价土壤质量与理想土壤质量的差距。$RSQI$ 数值越大，土壤质量越高；反之，其土壤质量越差。根据研究区农业生产与土壤资源特点，我们对该区的土壤划分为优、良、中、差、劣等5个等级，其 $RSQI$ 数值变化范围为：Ⅰ >84%，Ⅱ =72% ~84%，Ⅲ =60% ~72%，Ⅳ =48% ~60%，Ⅴ <48%。

（四）不同利用方式土壤质量的变化特征

从表4可以看出，相同土壤不同利用方式之间的土壤质量等级有明显的差异。砂质石灰淡色潮湿雏形土为农果间作 > 小麦/花生 > 休闲轮作 > 休闲耕作与小麦/花生连作，砂壤质石灰淡色潮湿雏形土为两年多熟轮作② > 两年多熟轮作④ > 两年多熟③与小麦/棉花连作。一方面是作物配置方式的差异，另一方面则是因农田管理措施的不同所致。普通淡色潮湿雏形土菜地 > 两年多熟轮作 > 小麦/棉花或玉米，由于“重氮磷、轻有机肥，忽视钾肥补充”的施肥特点，又以C与D及a利用方式为主，其土壤质量以三等地为主，其次为二等地。灌淤旱耕人为土旱作利用土壤质量高于水旱轮作，除利用制度不同外，农田管理措施是其土壤质量演化的驱动力。弱盐淡色潮湿雏形土经过改良利用后，不同利用方式间存在不同的土壤质量变化态势，表现为两年三熟轮作 > 小麦/棉花。

三、结果与讨论

（1）有机质的提高主要取决于有机肥的施用。不同利用方式间有机质含量差异表明，农业利用虽然降低了土壤有机质含量，但在一定程度上可使这种降低幅度有所缓和，主要是农作物复种指数的不断提高，耕层残留的植物残体数量不断增加的结果，如两年多熟利用高于休闲轮作或休闲耕作;但作物连作对土壤有机质积累极为不利。

表4 不同利用方式下土壤质量的变化特征

土壤类型	利用方式	指数	等级	土壤类型	利用方式	指数	等级
石灰淡色潮湿雏形土	休闲轮作①	56.0	Ⅳ	普通淡色潮湿雏形土	小麦/棉花或玉米 A	82.6	Ⅱ
	两年多熟轮作②	75.4	Ⅱ		小麦/棉花或玉米 B	81.8	Ⅱ
	两年多熟③	50.8	Ⅳ		两年多熟轮作 a	79.6	Ⅱ
	两年多熟轮作④	66.0	Ⅲ		两年多熟轮作 b	85.6	Ⅰ
	小麦/棉花连作⑤	56.2	Ⅳ		小麦/棉花或玉米 C	70.6	Ⅲ
	休闲耕作⑥	35.0	Ⅴ		小麦/棉花或玉米 D	66.4	Ⅲ
	小麦/花生⑦	49.4	Ⅳ		菜地	89.2	Ⅰ
	农果间作⑧	66.6	Ⅲ		菜地	85.2	Ⅰ
	小麦/花生连作⑨	48.6	Ⅴ	灌淤旱耕人为土	稻麦两熟 e	74.6	Ⅲ
弱盐淡色潮湿雏形土	小麦/棉花	59.6	Ⅳ		稻麦两熟 f	58.2	Ⅳ
	两年三熟轮作	80.4	Ⅱ		小麦/棉花轮作	79.4	Ⅱ
					两年多熟轮作	86.2	Ⅰ

(2)不同利用方式间土壤养分变化特征表明,在相同利用方式下,农田管理措施是产生土壤耕层养分和有机质含量差异的驱动力;利用方式和管理措施的共同作用决定了土壤耕层养分和有机质的变化特征。

(3)相同和不同农业利用方式下土壤养分变化特征分析表明,最佳施肥方式是有机肥配施化肥。建议不同土壤类型的优化种植模式为:石灰淡色潮湿雏形土农林(农果)间作、轮作及小麦/花生最好;普通淡色潮湿雏形土以两年多熟轮作为主;干润砂质新成土以发展林业为最佳,若开垦为耕地则采用农林(农果)间作复合经营模式;灌淤旱耕人为土则可以分别采用旱作和水旱轮作利用方式。

(4)通过相对土壤质量评价指数法对相同土壤不同利用方式下土壤质量的评价表明,利用方式与管理措施的不同对土壤质量演化具有重要作用。

参考文献

[1] 王效举,龚子同. 红壤丘陵小区域不同利用方式下土壤保护的评价和预测[J]. 土壤学报,1997,35(1):135-139.

[2] 武继承,王生厚,任素坤,等. 沙区农林复合经营模式及效益分析[J]. 生态农业研究,1998,6(2):55-57.

焦作市测土配方施肥存在的问题及对策

李腊妮

（焦作市土壤肥料站·2005 年 6 月）

测土配方施肥技术是根据土壤测试结果、田间试验、作物需肥规律、肥料特性和农业生产要求等，在合理施用有机肥的基础上，提出氮、磷、钾、中量元素、微量元素等肥料数量与配比，并在适宜时间，采用适宜方法进行施肥的科学施肥技术。该技术在焦作市推广已有 9 年，但由于种种原因，推广的效果并不十分理想。据调查，目前农村真正知道配方施肥的农户不到 20%，单施和过量施用氮肥、忽视钾肥、不科学配比等现象相当普遍。据对 50 余户的调查，在大宗农作物上氮磷钾肥的施用比例只有 1∶0. 24∶0. 11，距合理的比例 1∶0. 5∶0. 5 相差甚远。施肥结构不合理，造成肥料利用率低而浪费资源、作物抗逆力下降、农产品品质差、蔬菜及地下水硝酸盐污染等种种弊端。磷钾肥用量的不足，又是导致小麦、玉米等作物茎秆脆弱易倒的主要原因，遇到大风天气，极易造成大面积倒伏，严重影响作物产量。因此，研究我市测土配方施肥存在的问题及对策，对加快我市配方施肥技术转化，促进农业发展具有重要的现实意义。

一、测土配方施肥技术推广的现状

我市在长期的测土配方施肥技术推广实践中，主要采取的方法有以下几种：一是下发配方施肥技术推广意见。每年秋收后，下发小麦配方施肥技术推广意见，强调推广的重要意义，确定推广任务并对目标任务进行分解，提出具体推广措施和要求。二是建立测配站，技物结合推广配方肥。即根据我市土壤肥力状况，提出施肥配方，由配肥站组织配制推广，把配方施肥技术集成于配方肥中以物的形式进行推广。目前全市共建立配肥站 5 个，年配制推广配方肥 5 000 余 t，应用 10 万余亩。三是以化验室为依托，开展测土化验，根据化验结果提出施肥配方，由用户自行配制或与测配站结合配制配方肥。四是开展技术培训，发放技术资料。每年麦播前由县农业部门组织技术人员深入农村开展技术培训，发放技术资料。这些措施对推广配方施肥技术，促进农业发展起到了重要的作用。

二、存在问题

尽管农业部门想方设法，采取多种措施推广配方施肥技术，但效果并不太理想，究其原因，有以下几个方面：一是乡级推广力量薄弱，村级出现断层，以至于推广的技术或下发的“意见”棚架在县级以上农业部门，也就是说配方施肥技术的推广在“最后一公里”出现了问题。二是测配站规模小，资金少，配制量有限，很难满足农时季节大面积集中施用的需要。如目前全市 5 个测配站年配制配方肥应用面积 10 余万亩，而全市仅麦播面积约 180 万亩，施用比例很小。三是技术培训时间短，听课人数有限，加上农民科技素质较低，培训效果较差。四是土肥部门化验设备陈旧，检测手段比较落后，不能满足秋收后麦播前短时间内进行大量土样化验的需要，真正实现测土化验、配方施肥的农户很少，所占比例不到10%。

三、对策

(1)依托村级肥料经销网点，构筑基层土肥推广新体系。根据当前农业推广体系基层力量薄弱的情况以及市场经济发展的特点，要提高配方施肥的推广效果，依托村级肥料经销网点，构筑基层土肥推广新体系是一条比较好的捷径。基层肥料经销网点分布面广，与群众直接接触，把其作为技术推广的窗口，直接、便利，对于群众来说，在买肥料的同时，能随时学习到正确的施用技术，方便；对于经销商来说，卖肥料的同时能为农民提供技术，能吸引更多的农户，增强其竞争能力，乐意；对于农业部门来说，基层肥料经销网点数量有限，相对过于庞大和分散的种植户要少得多，便于集中培训、集中管理。三方互惠互利。而且在推广技术的同时，对于掌握市场行情、进行肥料市场管理、防止假冒伪劣化肥销售等都将大有裨益。通过肥料经销网点这个桥梁，可以随时了解群众对农业技术、品种、信息、销售等方方面面的需求，会同其他部门及时解决出现的问题，能更好地为"三农"服务。所以，充分利用基层肥料经销网点推广技术，是解决技术棚架问题的一条有效途径。

(2)加强部门之间的交流与合作，提高推广效率。就农业部门内部来说，许多单位有着共同的职责，比如绿色证书教育、跨世纪青年农民培训工程、农广校的农村党员干部的学历教育和农民教育、科技落地入户工程等，其对象都是农村的党员、干部和农民，如果各部门在开展业务的同时，多加强交流与合作，推广与教育的内容相互渗透，就会大大提高推广效率，降低生产成本，减少污染，从而实现农业的高产优质、高效、生态、安全，促进农业的可持续发展。

(3)加大技物结合、测土配肥、连锁服务的力度。首先要多方筹措资金，补充和更新化验设备，解决测试手段问题，提高测试能力；其次要加快配肥站建设。在国家优质粮工程、商品粮基地建设、农业综合开发、沃土工程及其他农业项目中，要增加测配站建设的内容，提高配方肥配制能力，扩大应用面积，加速科技成果转化。

蔬菜测土配方施肥技术

李腊妮　刘爱玲

(焦作市土壤肥料站·2005年9月)

一、不同种类蔬菜的需肥特点

蔬菜是高度集约栽培作物，收获量大，复种指数高，因此蔬菜需要肥沃的土壤和大量的肥料补充。但不同种类蔬菜生物学特性各异，食用器官亦不同，对营养元素的要求也有差异。了解不同种类蔬菜的需肥特点，有助于在蔬菜生产中进行科学合理的施肥。

(一)绿叶类蔬菜的需肥特点

绿叶类蔬菜主要包括以嫩叶、嫩茎供食用的小白菜、芹菜、菠菜、生菜、莴苣等。这类蔬菜整个可食用期都是营养生长，生长期短，所以无论基肥或追肥均可用速效氮肥，通常少用基肥，多用低浓度化肥或粪肥进行多次追肥，到了生长盛期则需增施钾肥和适量磷肥。

（二）瓜果类蔬菜的需肥特点

这类蔬菜包括番茄、茄子、甜（辣）椒、黄瓜、瓠瓜等以果实食用的蔬菜，施肥要求是：既要保证茎叶根的扩展，又要满足开花、结果和果实膨大成熟的需要，使两者平衡生长，保证前期不早衰。一般要多施基肥，生长前期需氮量较多，磷、钾的吸收相对较少；进入开花结果阶段，对磷的需求量剧增，氮、磷、钾肥要配合使用。这类蔬菜前期养分供应充足，有利于叶面积增加，提高光合作用效率，促进营养生长，也有利于调节营养生长和生殖生长的矛盾，提高产量，改进品质。但也要防止水、肥过多，使茎叶生长过旺，开花结果推迟。

（三）根菜类蔬菜的需肥特点

根菜类蔬菜包括萝卜、胡萝卜、大头菜、芜菁等食用肉质根、肉质茎的蔬菜。施肥时要注意地上部分和地下部分的平衡生长，为促进叶片生长，要有充足的氮肥，以速效性氮肥（如充分腐熟的人粪尿等）作基肥，生长前期追施速效氮肥，适量的磷和较少的钾，促强大的肉质根茎和叶的形成；到生长后期，则需多施钾肥，足量的磷和较少的氮，促进叶的同化物质运送到肉质根茎中，加速肉质根茎的膨大。如果前期氮肥不足，会导致植株生长不良，发育迟慢；后期氮肥过多而钾肥不足，则会引起地上部的过度生长，消耗养分过多，影响肉质根茎的膨大。

（四）白菜类蔬菜的需肥特点

以叶球供食用的大白菜、结球甘蓝等，对施肥的要求是多施基肥，在生产期多次追肥，生长前期应以速效氮肥为主，到了莲座期和包心期，除施用大量速效氮肥外，还应增施磷肥和钾肥，否则会影响叶球的形成。

（五）薯芋类蔬菜的需肥特点

这类蔬菜对肥的要求是，既要为地上部茎叶生长提供足够的养分，又要为地下茎（或块根）的膨大创造疏松通气的土壤环境。所以，必须在深耕土层的基础上，施用大量有机肥料。生长前期施用速效氮肥促进茎叶生长，中期依靠速效磷、钾肥促进同化产物向地下茎（块根）输送。

（六）豆类蔬菜的需肥特点

豆类蔬菜除毛豆、蚕豆对氮要求较低外，其他豆类特别是菜豆、豇豆，仍需要施入一定量的氮肥。所有豆类蔬菜都要施磷肥，因为豆科作物根瘤菌的发育需要磷。值得提出的是，各种蔬菜的需肥量应根据土壤肥力而决定，切忌盲目施肥，同时应尽量增加有机肥的施用，减少化肥的施用量，以提高蔬菜的口感，降低蔬菜中硝酸盐和亚硝酸盐的含量。

二、蔬菜施肥量的确定

为满足蔬菜生长发育对养分的要求，并做到经济合理的施肥灌溉，应根据各种蔬菜对土壤营养条件的要求及土壤肥力水平等外界条件确定肥料种类、用量、时期和施肥灌溉方法。蔬菜施肥量的确定用土壤养分平衡法计算。其公式为：

$$\text{施肥量} = \frac{\text{作物单位产量吸收量} \times \text{目标产量} - \text{土壤养分测定值} \times 0.15 \times \text{有效养分校正系数}}{\text{肥料中养分含量}(\%) \times \text{肥料当季利用率}(\%)}$$

公式中各参数的确定如下。

(一)蔬菜作物需肥量

蔬菜作物需肥量主要是指氮、磷、钾三要素的数值,有条件时除自测积累数据外,一般可参考有关书刊、手册介绍的数据,只要将生产某种商品菜的计划亩产量,乘以形成该种商品菜100 kg或1 000 kg所需的氮、磷、钾养分含量,就可计算出该菜每亩所需氮、磷、钾的数量。现将7大类蔬菜中,具有代表性的26种蔬菜氮、磷、钾含量及形成1 000 kg商品菜所需养分数量介绍于表1,以供参考。

表1 各类蔬菜每形成1 000 kg商品菜所需养分数量

蔬菜		形成1 000 kg商品菜需养分量(kg)		
类别	名称	N	P_2O_5	K_2O
结球叶菜类	大白菜	1.90	0.87	3.42
	圆白菜(结球甘蓝)	2.99	0.99	2.23
	菜花(花椰菜)	10.87	2.09	4.91
绿叶菜类	菠菜	2.48	0.86	5.29
	芹菜	2.00	0.93	3.88
	茴香	3.79	1.12	2.34
	油菜	2.76	0.33	2.06
	小白菜	1.61	0.94	3.91
	莴笋	2.08	0.71	3.18
	香菜	3.64	1.39	8.84
茄果类	西红柿(番茄)	3.54	0.95	3.89
	茄子	3.24	0.94	4.49
	甜椒	5.19	1.07	6.46
根菜类	小萝卜	2.16	0.26	2.95
	水萝卜	3.09	1.91	5.80
	胡萝卜	2.43	0.75	5.68
瓜菜类	黄瓜	2.73	1.30	3.47
	冬瓜	1.36	0.50	2.16
	苦瓜	5.28	1.76	6.89
	西葫芦	5.47	2.22	4.09
豆菜类	豇豆	4.05	2.53	8.75
	菜架豆	3.37	2.26	5.93
葱蒜类	韭菜	3.69	0.85	3.13
	葱头	2.37	0.70	4.10
	大葱	1.84	0.64	1.06
	蒜	5.06	1.34	1.79

(二)土壤可提供养分量

一般是在前茬作物收获后,土壤尚未耕翻前,采集耕层土壤样品,测定土壤各种速效养分含量,代表可供本茬作物利用的养分量。依此乘以0.15计算为每亩可供速效养分的数量。因地、因作物可再乘以土壤养分利用系数。根据蔬菜的生产特点,提出以下校正系数:

(1)蔬菜利用土地的系数。在种植各种蔬菜时,多要起畦,打灌水毛渠,这样畦背及垄沟就占有一定面积,这部分土地的养分就不能计算为可供植物利用的;而大田作物则多为平播，几乎是百分之百地利用土地。种植蔬菜经初步计算，得出需乘以0.8的校正系数。

(2)蔬菜生长季节不同的调节系数。一般早春茬菜处于低温到高温的生长季节，前期生长慢，需适当增肥促长；秋茬菜处于由高温到低温的生长季节，前期生长快，应适当减肥控旺。这可由土壤提供养分量加以调整，即早春茬菜将土壤提供量乘以0.7的校正系数；秋茬菜将土壤提供量乘以1.2的校正系数。

(3)土壤速效养分利用系数。由于蔬菜种类较多，受施肥的影响也较大，目前尚没有通过系统的试验求出这方面的数据。现仅参考有关资料，结合目前蔬菜施肥的状况，暂定为土壤碱解氮的利用系数为0.6，土壤速效磷的利用系数为0.5，土壤速效钾的利用系数为1.0。

(4)肥料利用率。一般为氮素化肥30%～45%，磷素化肥25%～30%，钾素化肥20%～40%。有机肥成分比较复杂，腐熟较好的人粪尿，鸡、鸭粪肥类的氮磷钾利用率可达20%～40%，猪厩肥氮磷钾的利用率为15%～30%，土杂肥的利用率为5%～30%。

在施肥时，要注意防止一次用量过高而造成高盐害。如黄瓜属于中等耐盐性蔬菜，当土壤中含盐量达到0.2%～0.3%时，其生长受到严重抑制，减产1/2。一次肥料施用量一般不应高于最大限量的2/3，尤其施用氯化铵和氯化钾时更应小心，因氯化盐类对提高土壤溶液浓度的作用最显著。

三、蔬菜施肥技术

(一)基肥

基肥是指在作物播种前或定植前施的肥料，主要是有机肥和部分化肥。一般采取分层施肥的办法，耕地前，将有机肥撒施，配合深翻施于下层，速效性肥料施在上层。施在下层的有机肥料，分解缓慢，不断供给蔬菜整个生育期中的需要。施在上层的速效性肥料，可及时供应苗期需要的营养。

(二)追肥

追肥是基肥的补充，应根据不同蔬菜、不同生长时期的需肥特点，适时适量地分期追肥。例如：番茄进入大量结果期；大白菜或甘蓝叶球形成期；根菜类的直根膨大期需肥量多，应多追肥料，以补充基肥的不足。苗期与生长后期可视具体情况，少量追肥或不追肥。

(三)根外追肥

在蔬菜生产中，应用根外追肥也比较广泛。但应根据不同蔬菜的需肥特点合理选用相应的叶面肥。

(1)叶菜类。如大白菜、白菜、菠菜、芹菜等蔬菜，叶面追肥以尿素为主，喷施浓度0.3%～0.5%，每亩喷洒75～100 kg，全生育期共喷2～3次，也可喷施0.3%米醋溶液，每亩50 kg左右。但进行无公害种植时叶菜类不许叶面喷施氮肥。

(2)瓜果类。如黄瓜、番茄、茄子、辣椒、菜花、豆角等蔬菜，叶面追肥以氮、磷、钾混合液或多元复合肥为主，如0.2%～0.3%磷酸二氢钾溶液，0.5%尿素+2%过磷酸钙+0.3%硫酸钾溶液，0.05%稀土微肥溶液等，一般生长期喷洒2～3次。喷施宝、叶面宝、光合微肥等在瓜果类蔬菜上应用，也有良好的作用。另外，黄瓜结瓜期喷洒1%葡萄糖或蔗糖溶液可显著增加黄瓜的含糖量；喷洒以0.2%尿素+0.2%磷酸二氢钾+1%蔗糖组成的"糖氮液"，不仅能增加产量，而且能增强植株的抗病能力，减轻霜霉病等病害的发生。

(3)葱蒜类、根菜类、薯芋类蔬菜。如大蒜、洋葱、萝卜、胡萝卜、马铃薯等,叶面追肥以磷、钾肥为主,如0.2%磷酸二氢钾溶液、过磷酸钙及草木灰浸出液等。同时,还可根据土壤中微量元素的缺乏状况,喷施微量元素肥料,如萝卜、榨菜喷洒2~3次0.1%~0.2%硼砂溶液,既可增加产量,又能预防糠心,提高品质。马铃薯喷施0.1%硫酸锌+0.1%钼酸铵混合液,一般可增产10%左右。

豫北区冬小麦测土配方施肥技术

范合琴　孙建新

(焦作市土壤肥料站·2005年9月)

配方施肥,是综合运用现代农业科技成果,根据作物需肥规律、土壤供肥性能与肥料效应,于产前提出氮、磷、钾与微肥的适宜用量及相应施用方法的技术。经过多年来大量的试验研究,已经全面掌握了豫北冬小麦区测土配方施肥的全套技术参数,建立了小麦测土配方施肥的核心定量模式,建立健全了配套技术体系,建立完善了耕作种植规范,具有显著的经济、社会效益和生态效益。

一、技术原理

根据斯坦福公式，配方施肥的基础计算模式为:

理论养分施用量=作物养分吸收量-土壤养分供应量

作物养分吸收量=目标产量×作物单位产量养分吸收量

土壤养分供应量=耕层土重×土壤养分含量×土壤养分利用系数

若每亩耕层土重按150 000 kg计算,土壤养分含量以mg/kg为单位,则该式可简化为:

土壤养分供应量(kg/667 m^2)=土壤养分测定值(mg/kg)×0.15×土壤养分利用系数

$$实际肥料施用量=\frac{理论养分施用量}{肥料养分含量\times肥料养分当季利用率}$$

二、技术参数

通过试验研究取得的主要核心技术参数有:

每百公斤小麦籽粒产量养分吸收量为:N 3 kg,P_2O_5 1 kg,K_2O 2.5 kg。

每亩土重150 000 kg。

肥料养分当季利用率为:氮肥40%~45%,磷肥25%~30%,钾肥50%~55%。

土壤速效氮平均利用系数变化比较复杂(如表1所示),总的趋势是随着产量水平的上升而加大,随着产量水平的下降而减少。在中低产水平下,随着地力含量的提高而增加,随地力含量的下降而减少,但高产情况下该种变化不显著。

表 1 土壤速效氮平均利用系数表

土壤含量	目标产量(kg/亩)							
(mg/kg)	250	300	350	400	450	500	600	700
40	0.40	0.50	0.55					
50	0.50	0.55	0.60	0.65				
60	0.55	0.60	0.65	0.70	0.75	0.85		
70	0.60	0.65	0.70	0.75	0.80	0.85	0.95	
80	0.65	0.70	0.75	0.75	0.80	0.85	0.95	1.0
90			0.75	0.75	0.80	0.85	0.95	1.0
100					0.80	0.85	0.95	1.0

土壤速效磷(P_2O_5)平均利用系数的变化与地力含量关系密切,不同土壤含量下的利用系数分别为:10 mg/kg 为 1.0,20 mg/kg 为 0.85,30 mg/kg 为 0.7,40 mg/kg 为 0.6,50 mg/kg 为 0.55,60 mg/kg 以上为 0.5。

土壤速效氮、磷利用系数可根据实际情况上下浮动 0.05 点。

土壤速效钾(K_2O)利用系数比较稳定,一般产量水平下为 0.5,亩产 600 kg 以上按 0.55。

三、定量施肥表

根据上述技术参数,在小麦生产中氮、磷、钾各种养分的施用量可以用配方施肥表(见表 2、表 3、表 4)进行直观表示。

表 2 小麦氮素(N)配方施肥表 (单位:kg/亩)

土壤含量	目标产量							
(mg/kg)	250	300	350	400	450	500	600	700
40	12.75	15	18					
50	9.4	12.2	15	17.8				
60	6.4	9	11.65	14.25	16.9	18.35		
70	3	5.45	7.9	10.3	12.75	15.2	20.05	
80		1.5	3.75	7.5	9.75	12	16.5	19.8
90			0.95	4.7	6.75	8.8	12.95	16.5
100					3.75	5.65	9.35	13.2

表 3 小麦磷素(P_2O_5)配方施肥表 (单位:kg/亩)

土壤含量	目标产量							
(mg/kg)	250	300	350	400	450	500	600	700
10	4	6	8	10	12	14		
20		1.8	3.8	5.8	7.8	9.8	13.8	14.7
30			1.4	3.4	5.4	7.4	11.4	12.7
40				1.6	3.6	5.6	9.6	11.2
50					1.5	3.5	7.5	9.5
60						2	6	8.25
70							3	5.75
80								3.3

表4 小麦钾素(K_2O)配方施肥表 (单位:kg/亩)

土壤含量(mg/kg)	目标产量						
	300	350	400	450	500	600	700
80	3	5.5	8	10.5	13	16.8	
100		2.5	5	7.5	10	13.5	16.65
120			2	4.5	7	10.2	13.7
140				1.5	4	6.9	10.7
160					1	3.6	7.75
180						0.3	4.75
200							1.8

从表2~表4可以看出,依据目标产量与土壤养分含量,可以查到对应养分施肥量,将复杂技术简单化,达到方便适用的效果。各表纵向空格,表示该目标产量下土壤养分含量可以满足营养需求,不需施用肥料,以免造成浪费,增加生产成本;横向空格,表示该种地力养分含量情况下,难以达到对应目标产量,应控制肥料投入总量,确保生态安全与产品品质。纵向各养分含量区间施肥量可以按比例上下折合,横向各目标产量区间施肥量可以左右折合,取其适度。

四、小麦测土配方施肥配套技术

小麦配方施肥,不仅要解决定性与定量问题,还要解决施肥方法问题。掌握与正确运用这些技术,是优质、高产的重要保证。涉及麦播的主要配套技术有以下几个。

(一)底、追肥比例配置技术

底肥与追肥如何配置主要依据土壤的保肥与供肥特性。重壤以上黏质土壤,氮、磷、钾肥应一次性底施,力争壮苗越冬。中壤质地的两合土,磷、钾肥应一次性底施;氮肥80%底施,20%春管追施。轻壤质地的小两合土,磷肥一次性底施;氮肥70%底施,30%返青期追施;钾肥80%底施,20%返青期追施。沙性土壤,氮肥50%~60%底施,40%~50%返青期追施;磷肥既可全部底施,也可80%底施,20%返青期追施;钾肥70%底施,30%返青期追施。

(二)玉米秸秆直接还田与底肥施用技术

玉米秸秆直接还田是土壤培肥的重要手段,是与配方施肥相配套的实施沃土计划的战略性措施,是实现农田良性生物循环、走农业可持续发展道路的关键环节。直接还田要做到切得细,掩得好,耙得实。由于目前使用的基本上都是半翻垡犁具,掩埋效果不理想。因此,玉米秸秆直接还田应广泛使用复式犁,在主犁铧前上方安装一个小铧,达到分层翻耕的效果,提高掩埋质量。在耕作阻力小、耕性好的沙性土、轻壤质土及部分偏轻两合土农田,还可使用螺旋型犁壁的犁,将垡片全翻转180°,使粉碎的秸秆、杂草、根茬全部掩埋至耕层底部。由于玉米秸秆碳氮比较高(63:1),远远高于土壤微生物分解有机物的适宜比例(25:1),使其在分解腐烂的前期大量吸收土壤氮素,出现与苗争肥现象。因此,直接还田地块平衡施肥应适度加大氮肥底施比例,促进秸秆尽快分解转化,在保障苗期供肥的同时,将多余养分转化为有机形态,满足中后期生长需要。按亩还田500 kg计算,每亩应增加底施氮素3.6 kg,

折合尿素 7.8 kg。

(三)种肥施用技术

种肥的施用效果十分明显,特别是在晚播和低肥力土壤上,能显著改善苗情,促进幼苗个体生长与分蘖,提高化肥利用率。种肥的施用方法,宜先播肥料,尔后重耧播种,肥料稍深,种子稍浅,便于幼苗根系吸收利用。应避免种子与肥料直接混播,以免肥种接触影响发芽,造成缺苗断垄。种肥种类的选择以三元复合肥为最佳,也可选用磷铵等二元复混肥料或者尿素。种肥用量,采取先肥后种、重耧复播的,高浓度粒状肥料以每亩地 5 kg 为宜,不得超过 8 kg;采用种肥混播的,按种肥比例 10:1 混匀播种较为安全,最大比例不得超过 10:1.5。

(四)微肥施用技术

豫北平原区土壤属次生黄土母质,钙质含量丰富,土壤 pH 值较高,多为 7.8~8.1。这种土壤反应在很大程度上影响了微量元素的含量,尤以锌、硼、锰表现明显。微肥施用以底施、拌种或喷洒最为常见。土壤有效锌含量低于 0.5 mg/kg,应亩施硫酸锌 1.5~2 kg;土壤有效锰含量低于 5 mg/kg,应亩施硫酸锰 2~3 kg;土壤有效硼含量低于 0.3 mg/kg,应亩施硼砂 0.5~1 kg。一次底施,可维持肥效 3~4 年,但应注意拌砂、拌土,施用均匀,防止局部施用浓度过高而发生毒害作用。土壤有效锌含量 0.5~2 mg/kg,每千克麦种可用 4 g 硫酸锌拌种;土壤有效锰含量为 5~15 mg/kg,每千克麦种用 4 g 硫酸锰拌种;土壤有效硼含量 0.3~0.5 mg/kg,每千克麦种用 2~4 g 硼砂拌种。拌种麦田,返青期或拔节期相应用 0.2% 的硫酸锌或硫酸锰或硼砂溶液结合病虫防治喷洒 1~2 次;未拌种麦田于分蘖期、返青期、拔节期喷洒 2~3 次,可起到良好增产作用。

(五)低品位磷肥与有机肥混合堆制技术

低品位的粉状钙镁磷肥与有机肥混合堆制,能有效提高肥料养分利用率,起到增磷、保氮、保磷作用。混堆时注意分散均匀,视温度或堆制条件,一般堆制时间 20 天以上。

巩义市土壤肥力状况与培肥对策

焦建军[1] 张继敏[2]

(1. 巩义市农业局;2. 巩义市第三中等专业学校·2005 年 8 月)

由于种种原因,近年来我市土壤基础肥力呈逐年下降趋势。为提高我市农业的经济、社会和生态效益,保持农业可持续发展,必须以增强农业后劲为目标,在土壤肥力方面进行中低产田改造,以改土培肥为主,土、肥、水综合治理,保护耕地,用地养地,用地改地,使土壤养分和粮食、经济作物生产水平相协调。

一、全市土壤肥力及肥料利用状况

(一)土壤状况

我市总耕地面积 51 万亩,属浅山丘陵区,地形复杂,成土母质主要是黄土和黄土搬运沉积物,质地中、重壤,50%~60%属于中低产田,且地形起伏,坡度较大,沟壑纵横,水土流失严重;土壤养分含量不高,主要粮食作物小麦(42.5万亩)的平均单产一直徘徊在200 kg/亩左右,玉米(29万亩)的平均单产在250 kg/亩左右,直接影响我市农业的发展。

(二)土壤肥力现状

(1)本次所采用数据为我市土壤化验中心1999~2003年土壤化验数据中比较具有代表性的一部分。土样选自不同镇村、种植方式为小麦—玉米一年两熟传统耕作的地块,定点取土,化验仪器为北京强盛仪器厂生产的TFC—1型土壤肥料速测仪。

(2)通过对我市土壤化验中心提供的1999~2003年500个土壤养分含量数据进行处理分析(见表1),土壤肥力总状况是:有机质含量低,平均值不足0.97%,比1985年第二次全国土壤普查时的1.27%下降了0.3个百分点,其中58.2%的耕地有机质含量低于1.0%。1999~2003年五年间土壤有机质以每年0.011%的平均速度下降。氮素缺乏,速效氮含量41.2 mg/kg左右,其中37%的耕地低于30 mg/kg;磷素极缺,速效磷的平均含量为6.0 mg/kg,最低的只有4.47 mg/kg,最高达到28.83 mg/kg,缺磷面积(含量小于10 mg/kg)达64%;钾素含量中等,速效钾平均含量为91.8 mg/kg,一般可以满足作物的生长需要,但随着单产的提高,在高产地块中钾的含量相对较低,必须及时适量补充。虽然近几年大量新品种和多项农业新技术的引进推广提高了农业生产水平,但是土壤基础肥力的下降却制约着农作物单产的提高。土壤肥力现状与我市"一优双高"的发展要求不相适应,也与农业种植结构的调整不相适应,必须下大力气扭转这种状况。

表1 巩义市1999~2003年500个土壤养分含量平均值

年份(年)	有机质(%)	速效N(mg/kg)	P_2O_5(mg/kg)	K_2O(mg/kg)
1999	1.01	45.0	7.8	105.7
2000	1.001	45.2	7.0	102.7
2001	0.99	44.3	6.5	98.2
2002	0.978	41.0	6.4	93.0
2003	0.966	41.2	6.0	91.8

(三)土壤改良及肥料利用状况

随着近几年粮食生产效益的下降,我市农业生产在肥料的平衡投入上不够重视,出现了重化肥轻有机肥、重用地轻养地、重产出轻投入的倾向,特别是种植粮食作物的地块,有机肥投入普遍小于输出,甚至没有投入,不断消耗的有机养分得不到有效补偿,有机质含量下降。再加上种植结构单一重复,施用化肥配比不当,重氮轻磷,使得土壤养分比例失调,氮、磷比偏高,比合理的氮、磷比((2~2.5):1)相差较远,虽然化肥的使用量比1999年增加了31.6%,但化肥的利用率却逐年下降,农业生产的产投比不断降低。据近五年调查(主要是粮食作物),我市秸秆直接还田每年约11万亩,仅占秸秆年生产量的25%左右。全市每年作物秸秆和杂草总量近2.5亿kg,这些杂草、秸秆每年40%用于过腹还田和直接还田,

50% ~60%用于造纸等工业或被焚烧掉,不仅浪费资源,而且严重污染环境,破坏生态平衡。由于近几年重工轻农思想在某些镇村都有不同程度的存在,致使土壤改良的速度慢,同时,治理难度较大,各级经费投入少,大部分镇村对农田存在"吃老本"现象,这严重影响着我市农业特别是经济作物产量和品质的提高。

二、提高我市土壤肥力的对策

(一)重新认识土壤肥力在农业生产中的重要性

要引导广大干群提高对土壤肥力在农业生产中重要性的认识,尤其是对有机肥要有一个全新的认识。要充分认识到有机肥在农业可持续发展及无公害优质农产品生产中的不可替代的重要作用,要广泛宣传各种肥料的用途及正确施用方法和合理的施用量,同时要建立多门路、多渠道和多种建设相结合的有机肥积造使用长效机制,这是改良土壤重要的一环,要组织和动员群众,掀起农家肥积造的高潮。

(二)多途径开发各种肥源,大积大造农家肥

我市有机肥料资源丰富,每年产秸秆杂草量2.5亿kg,畜牧业兴旺,开发优质农家肥潜力很大。为了提高土壤肥力,改变我市土壤养分含量(特别是土壤有机质含量)偏低的状况,必须千方百计地开发利用有机肥源,抓住一切有利条件,积造农家肥。

(1)重点抓好季节积肥和常年积肥。7、8、9月三个月是沤制高质量农家肥的关键季节。要动员组织群众,抓住夏季雨水充沛、水草丰盛的有力时机,切实搞好高温积肥。要配合农业部门宣传秸秆快速腐熟技术,比如使用腐秆灵等,堆制出优质农家肥。还要利用秋冬季有利时机,组织和动员群众对树叶、秸秆、杂草等进行过圈积肥和堆沤积肥。在双节期间,利用群众习惯性卫生大扫除、干干净净过新年的思想,掀起冬季积肥高潮,为春播备好底肥。

(2)管好用好人畜粪便,减少肥料损失。人畜粪便是优质有机肥,但利用率不高,特别是城市肥料流失严重。因此,要在人畜粪便的管理和利用上有新的突破,农村坚持做到人有厕、畜有圈,家家都有积肥坑。继续推行农村卫生改厕工作,牲畜圈和积肥坑要进行硬化,做到不漏水、不漏肥。同时要积极组织城肥下乡,提高人畜粪便利用率。

(3)积极推广秸秆还田、麦糠麦秆覆盖、小麦留高茬技术,提高秸秆还田率。秸秆还田是增加土壤有机质的一个重要途径,也是实现土壤良性循环的一个主要措施。为此,要组织引导群众,认识秸秆还田的好处和重要性,下大力气抓好秸秆还田工作,保证还田比例逐年上升。

(三)大力开展测土配方施肥

测土配方施肥可以使最少的投入获得最大的经济效益。目前,全市农作物实行配方施肥的面积远远不能满足农业生产的需要,要继续加强这方面的宣传培训,使该项工作深入到村村户户;市土壤化验中心要大力开展测土化验,根据化验结果推荐最佳施肥量,发放配方施肥卡;同时要创造条件,组建测配站,推广配方肥,扩大"测、配、产、供、施"一条龙服务覆盖面,改配方施肥为施配方肥,减少用户化肥使用上的盲目性,提高化肥利用率,降低生产成本,提高农业生产的经济效益和社会效益。

果树测土配方施肥技术

李腊妮　任家亮

（焦作市土壤肥料站·2005年9月）

一、果树的需肥特点

果树是多年生植物，在同一个地方要生长几十年甚至上百年。同时树体大、产量高，每年要从土壤中吸收大量的养分，很容易造成土壤中某些养分的缺乏。果树的抽梢、开花、结果、果实成熟、花芽分化和根系生长等，都有各自的规律，施肥必须适应这种规律，才能充分发挥肥效。一般结果树随着春季树梢的生长而吸氮量增加，直至结成小果，达到全年吸氮最高潮。花果生理脱落后，吸氮量有所降低；随后新梢旺盛生长，又形成一个吸氮高潮。钾在开花期与果实成熟前，有两次吸收高峰，比同时期吸氮量高10%～50%。果树对磷的吸收，从春到秋一直升高，在果实成熟前与钾同时进入吸收高峰；这段时期的吸磷量，相当于同期吸氮量的50%左右，最高时达80%。

果树一生中需肥情况因树龄的增长、结果量的增加及环境条件变化等而不同。苹果、葡萄等在落叶果树中是需肥较多的树种。同一种果树不同品种间的需肥量也不一样，如玫瑰香葡萄和青香蕉苹果在生产上施肥量常较其他品种多一倍左右，才能生长结果良好。即使同一品种，也因砧木不同其吸肥和供肥情况不同，树体养分含量和生长发育情况也不一样。如八云梨砧木等，叶片内氮、磷含量高，新梢生长量大。因此，应根据不同砧木适当增减施肥量，才能使果树高产。果树需肥量也随着果树的生育阶段不同而不同，一般幼树、旺树需肥量较少，可适当少施；大树、结果多的树应适当多施。

二、确定果树需肥量的方法

（一）田间肥料试验

为了准确地确定施肥量，应当在一定气候和栽培技术条件下，在不同生态地区选择代表性的土壤，分别对不同生物学年龄时期的果树种类、品种进行定点定位的田间施肥试验，一般包括施肥量、施肥期和肥料种类、比例的试验。其施肥量试验的水平数通常应在5个以上，以观察整个肥料效应范围，反映在该条件下施肥量与产量之间的数量关系，从而确定不同条件下的经济有效施肥量标准，这是确定果树施肥的基本方法和基础。

（二）养分平衡法

养分平衡法以李比希的归还学说为基础，其原理是著名的土壤化学家曲劳（Truog）于1960年首次提出的，后为斯坦福（Stanford）所发展并试用于生产实践。其含意是，根据果树需肥量与土壤养分之间的平衡。测出果树各器官一年中从土壤中吸收的各营养元素数量，减去土壤的天然供给量，再考虑肥料的损失，所算出的结果就是该植株的施肥量。计算公式如下：

某营养元素的施用量 =(植物全年吸收肥料元素量 - 土壤供肥量)/肥料利用率

式中,果树吸收肥料元素量可查阅资料。土壤供肥量受土壤类型、气候条件和栽培技术等因素的影响,土壤供给量一般可按氮吸收量的 30%、磷 30%、钾 40% 计算。果树对肥料的利用率,氮约为 50%,磷约为 30%,钾约为 40%。由于施液肥和灌水施肥,可显著提高肥料利用率,故上述的肥料利用率可适当提高。这样可按上述公式分别计算出各营养元素的施用量。例如,25 年生苹果植株,年周期内各器官生长对养分的吸收总量为:氮(N)903 g、磷(P_2O_5)128 g、钾(K_2O)883 g。则

$$氮施用量 = [903 - (903 \times 0.3)]/50\% = 1\ 264.2\ (g)$$

同样可算出磷、钾的施用量。上述植株对养分的吸收量是按一年产生的新梢、花、果、根及树体增长部分所含有的养分总量计算,尚未包括树体由老化器官再分配利用的养分量,因此计算所得出的年养分吸收量及该养分的施用量均略为偏高。

三、果树的施肥时期与方法

(一)果树的施肥时期

果树对养分的吸收和季节性变化,说明分期施肥能更好地满足各物候期对养分的要求。更重要的是能通过施肥来控制果树的生长和结果,达到年年丰产优质。

(1)采果肥。主要施用有机肥,配合少量速效无机肥,于每年采果后,结合深耕改土,施全年施肥量的 40% 左右埋入土中。由于气温较高,在土壤水分充足的情况下,当年一部分肥料即可分解,供果树吸收利用,弥补采果后树体的虚亏。同时还能较长时期供应果树以营养物质,为第二年的生长结果打下基础。正确的采果肥,可以恢复树势,增强树体抗寒能力。但施用过迟,则当年不能发挥肥效,同时伤根多,当年不能愈合,可能引起冬季冻害。

(2)芽前肥。果树发芽、开花需要大量养分,可在春季萌芽前 1 ~ 2 周,以速效氮肥为主,用全年施肥量的 25%,撒于果树根际范围内,结合浅耕翻入土中。这次追肥,对结果树非常重要,可使发芽、开花整齐,提高受精作用,减少落果。并对促进新梢旺盛生长、叶片加厚加大、提高光合效能都有显著效果。

(3)稳果肥。追肥的目的在于提高坐果率,加速幼果膨大,并使新梢正常生长。仁果和核果类果树,花芽已开始或将要分化时及时追肥,可为花芽分化创造良好条件。一般在 5 月中、下旬,生理落果中期,以速效氮肥为主,掺和一定数量的磷、钾肥,用全年施肥量的 20% 左右,撒施后浅耕。

(4)壮果肥。果实迅速膨大期,根系吸肥力强,这时天气常有伏旱,地表温度很高,施肥结合灌水,有显著壮果作用。一般在果实迅速膨大直至采收前,分数次施用稀薄粪水,或雨后施用速效氮肥,用量都不宜太多。如氮肥过多,会延迟果实成熟,着色不良,降低果实品质和贮运能力。但磷、钾肥用量需适当增加。

尚未结果的小树,根系幼嫩,入土较浅,每年要深施一次有机肥,并随树冠的扩大而扩大施肥范围,这样可以引根深入土层,促进幼树有强大的根系和多量的须根,加强吸肥吸水能力。为了使幼树快速生长,早期形成树冠,施肥中应掌握“薄肥勤施”的原则。从萌芽前开始,在整个生长季节每月施用稀薄氮肥 1 ~ 2 次。在枝梢充实期,适当增加磷、钾肥,减少氮肥。

(二)果树的施肥方法

1. 土壤施肥

(1)环状(轮状)施肥。环状沟应开于树冠外缘投影下,施肥量大时沟可挖宽挖深一些。施肥后及时覆土。适于幼树和初结果树,太密植的树不宜用。

(2)放射沟(辐射状)施肥。由树冠下向外开沟,里面一端起自树冠外缘投影下稍内,外面一端延伸到树冠外缘投影以外。沟的条数 4 ~8 条,宽与深由肥料多少而定。施肥后覆土。这种施肥方法伤根少,能提高根系吸收能力,适于成年树,太密植的树不宜用。第二年施肥时,沟的位置应错开。

(3)全园施肥。先把肥料全园铺撒开,用耧耙与土混合或翻入土中。生草条件下,把肥撒在草上即可。全园施肥后配合灌溉,效率高。这种方法施肥面积大,利于根系吸收,适于成年树、密植树。

(4)条沟施肥。果树行间顺行向开沟,可开多条,随开沟随施肥,及时覆土。此法便于机械或畜力作业。国外许多果园用此法施肥,效率高,但要求果园地面平坦,条沟作业与流水方便。

2. 根外施肥

根外施肥包括枝干涂抹或喷施、枝干注射、果实浸泡和叶面喷施。生产上以叶面喷施的方法最常用。枝干涂抹或喷施,适于给苹果树补充铁、锌等微量元素,可与冬季树干涂白结合一起做,方法是白灰浆中加入硫酸亚铁或硫酸锌,浓度可以比叶面喷施高些。树皮可以吸收营养元素,但效率不高,经雨淋,树干上的肥料渐向树皮内渗入一些,或冲淋到树冠下土壤中,再经根系吸收一些。枝干注射可用高压喷药机加上改装的注射器,先向树干上打钻孔,再由注射器向树干中强力注射。注射硫酸亚铁(1% ~4%)和螯合铁(0.05% ~0.10%)可防治缺铁症,同时加入硼酸、硫酸锌,也有一定效果。凡是缺素均与土壤条件有关,在依靠土壤施肥效果不好的情况下,可用树干注射。

果树地上器官的吸收养分能力,以嫩梢嫩叶吸收能力为最强,次为幼果、成熟叶和老枝干等。鉴于这个原理,果树生产上,常用叶面喷施的办法来弥补施肥的不足。叶面喷施肥效快,用量省,主要用于"小老树"或"老衰树",以抢救树势,恢复生长活力;或者由于结果过多,暂时脱肥,以加速补给养分;或者由于出现微量元素缺乏症;或者出于保果壮果等目的。常用的根外追肥的浓度为:尿素 0.5% ~0.7%,磷酸二氢钾 0.3% ~1.0%,过磷酸钙 1% ~3%(浸出液),硼砂 0.05% ~0.1%,硼酸 0.1% ~0.15%,硫酸锌 0.1% ~0.6%,硫酸镁 2% ~3%等。应根据果树生长情况,针对性地使用。

实践篇

实践篇主要收录全省测土配方施肥典型经验及各市（县、区）在配方肥推广实践中的具体做法与措施等。

组建测配站　推广配方肥
积极探索土肥产业化的路子

刘中平

（河南省土壤肥料站·1999年10月22日）

我省的土肥产业化和物化服务如果从兴办实体算起，可以追溯到20世纪80年代末、90年代初。当时为了转变职能、弥补事业经费的不足，有条件的土肥站都办了一些实体，省土肥站当时也成立了一个农化服务部。但这些实体一般起点较低、规模较小。真正起步应该从1997年3月份算起。1997年3月17日在省土肥站原站属钾肥公司和服务部的基础上，组建了河南省土壤肥料集团有限公司（以下简称集团公司）。集团公司的成立，标志着我省土肥产业化开始起步。在其后两年多的运作中，按照梯次联合的原则，以省集团公司为龙头，先后有8个市（地）公司、20余个县公司分批加入了集团公司，初步形成了一个覆盖全省的土肥物化服务网络，产业化体系初现端倪。但要真正形成土肥产业体系，实现“测、配、产、供、施”一条龙服务，仅靠集团公司单纯推广销售肥料显然不行，必须在“配、产”上做文章。在借鉴兄弟省、市经验的基础上，在1998年7月17日召开了全省土肥物化服务协作会议上，明确提出在全省县、乡建立土肥测配站，全面推行“统测、统配、统供”。当年8月底9月初，全省首批16个土肥测配站建成并试产成功，当年即配制、推广“沃力”牌配方肥料3 000余t。今年麦播前全省土肥测配站已发展到65个，配制、推广配方肥料可望突破4万t。土肥测配站的建立和良好的运作，使我省土肥产业化具有了完整的内涵，为土肥物化服务工作拓展了空间，同时也为土肥系统如何走“四自”发展道路提供了一个新的思路。

一、认清形势，转变观念，下决心搞好土肥物化服务和产业化

自第二次土壤普查以后，我省土肥系统同全国一样开始走入低谷。近年来，随着市场经济体制的逐步确立，面临的形势更加严峻。一是体系不健全，特别在县、乡两级更为突出，一些地方“线断、网破、人散”现象依然存在。二是经费严重不足，绝大多数市（地）、县的专项事业费大幅度削减，有些地方甚至连工资都保不住，出现了“有钱养兵、无钱打仗，有的甚至连兵都养不住”的现象。三是基础设施差，设备老化、手段落后。现有土肥化验室70%以上是第二次土壤普查时建立的，不少仪器设备是20世纪六七十年代的产品，已远远不能适应工作的需要。四是行业间的竞争越来越激烈。随着肥料市场的逐渐放开，越来越多的部门参与到农化服务的竞争中，土肥系统原有的经济实体越来越步履维艰，不寻找新的突破口，随时有被淘汰的危险。五是行业间的待遇差别已危及到土肥工作的正常开展。这些年，我省土肥系统因待遇差出现了不少“跳槽”现象，连刚毕业的大学生也不愿到我们这个系统来，土肥事业面临着人才断层和枯竭的局面。面对十分严峻的形势，如果继续按照计划经济下只抓技术的老做法，不仅不能完成越来越繁重的任务，而且连自身的生存都将难以维持，必须寻找一条“自我积累、自我完善、自我发展、自我壮大”的良性循环的发展路子。

为寻找这条路子,河南省土肥站认真分析了当前农民用肥和我省肥料市场变化趋势:一是配方肥料是近几年来适应农村经济、农村市场变化和农化服务发展起来的新型掺混肥,也是发达国家使用最广泛的高效肥料品种。它具有养分齐全、配比合理、物理性状好、肥效高稳、配方灵活、针对性强、使用方便、投资少、周期短、见效快、效益高等特点,是一种高科技肥料。土肥系统具有职能、体系、手段、技术四大优势,但也有缺资金、怕风险的短处。组建测配站可以扬长避短,带动产业化的发展。二是平衡施肥技术可有效地解决化肥利用率偏低、施用上的结构不合理等问题,但多年来这项技术始终未得到大面积的推广应用,究其原因就是没有找到好的推广办法,也就是"测、配、产、供、施"在"配、产"两个环节上出现了脱节。组建测配站、推广配方肥料将会使上述问题迎刃而解。三是在市场经济条件下,农民对肥料的需求开始向高质化、高效化、复合化、简便化发展。配方肥对复杂的技术进行了物化,使用方便,减去了许多技术上的难题,正好迎合了农民的用肥心理和用肥习惯,将会很快为广大农民所接受。四是化肥使用由单一走向多元是必然的过程,目前,发达国家复混肥的施用量已占到化肥总量的60%以上,美国、苏联则高达80% ~90%,且大部分选用配方灵活的配方肥料。我省常年化肥施用量在1 400万t左右,而配方肥料使用才刚刚起步,全省目前最多不超过10万t,市场潜力巨大。因此,组建测配站,推广配方肥料,不仅有利于解决当前化肥利用率低的问题,达到农业节本增效目的,而且有利于推广平衡配套施肥技术,促进农业增产农民增收;不仅有利于与国际接轨,而且有利于土肥系统扬长避短,带动产业化的发展,是一个一举数得的好项目。因此,从1998年起,全省决心全力以赴做好这项工作。

二、强化领导,精心组织,把测配站建设作为本世纪末的一件大事来抓

组建测配站、推广配方肥涉及面宽、环节多、困难大,必须有上级领导的支持和强有力的组织来保证,形成整体参与的格局才能顺利地开展起来。其一,争得了省农业厅领导的支持。成立了由分管副厅长牵头,省农业厅、省农业科学院、河南农业大学等单位参加的河南省土肥测配中心(以下简称中心)。其二,明确了中心和各专业组的职责。中心的主要职能是:制定发展规划、组织项目实施、技术指导、宣传培训、科研攻关、协调物料供应、筹措资金及政策环境服务等。中心下设专家咨询组、物料供应组、技术宣传组和办公室。各专业组都有明确职责,确保了各项工作及时到位。其三,形成全员参与的格局。把全省18个市(地)划分为8个区域,由省土肥站8个科室分片负责,定指标、定任务、定奖罚,责任到人。集团公司与中心和各科加强协作,与厂家加强联系,保证肥源的及时供应。同时还制定了《测配中心管理运作办法》,把行政管理与经济驱动结合起来,有效地调动了整体运作的积极性。其四,学习外地先进经验,开阔视野。自1998年9月份以来,省土肥站先后派出四批人员赴山东诸城、广西北海、江西南昌等地考察,借鉴、学习兄弟省市的先进经验。其五,制定发展规划,明确工作目标。本着"积极发展、稳步推进"的方针,我们制订了《河南省1999 ~2003年组建测配站、推广应用配方肥料工作方案》,并将测配站列入全省土肥工作目标,要求全省土肥系统把组建测配站、推广配方肥作为20世纪末一件大事来抓,拿出精兵强将,在项目、资金上优先安排,给予倾斜,想方设法加快测配站的建设。

三、深入发动,晓明利害,变"要你干"为"我要干"

"组建测配站、推广配方肥"的决策提出后,全省反响十分强烈。原来计划先在全省建

立4个示范站,然后总结经验,滚动发展。结果当年就有16个县建立了测配站,但大部分县仍在观望、犹豫。还有些人认为土肥系统很穷,又不给项目、不给钱,很难迅速地发展起来。但是初战的胜利显示了推广配方肥料的内在吸引力和驱动力,通过深入的宣传发动,一定能把基层的积极性调动起来。于是,工作重点首先集中到宣传发动上。一是利用会议进行发动。1999年3月份全省土肥工作会议,把组建测配站、推广配方肥作为重要内容,进行了深入宣传和培训。接着又于7月份召开了推广配方肥料座谈会和信息发布会,进一步进行宣传发动。二是利用工作组深入各县进行发动,先后派出6批工作组深入到40多个县,同县农业局局长、县农技推广中心主任一起探讨推广配方肥料的意义和好处,很快与绝大多数县农业局领导达成了共识。三是利用基层前来汇报工作、申报项目的机会,面对面交谈组建测配站、推广配方肥的好处。四是利用省土肥站办的《土肥协作网信息》大量刊载先进单位配方肥配制推广经验、资金筹措办法、配肥站管理等方面的具体做法。五是借权宣传。通过给省农业厅领导汇报工作,引起领导的高度重视。在今年两次省农业厅召开的会议上,杨金亮厅长都明确提出"要加快组建县、乡测配站,推广平衡配套施肥技术,努力提高化肥利用率",并写入了1999年全厅工作要点。通过深入宣传发动,变通过行政手段"要你干"为心甘情愿地"我要干",很快在全省上下形成了一个建站高潮。至4月份,建站已突破50个,到8月底,建站总数达65个,投入运行的有50个。

四、勇于突破,强强联合,按照市场经济规律指导配肥站建设

根据两年多的实践,要建好测配站,必须突破计划经济条件下"上下对口、统一模式、一刀切"的做法,按照市场经济规律来运作。我省在测配站建设实践上,做到了五个方面的突破:一是突破系统上的束缚。由于土肥系统,特别是县级土肥站很穷,再加上其它条件的限制,不少土肥站尚不具备建站的能力,为在测配站建设上能够有一个较快的发展,不再局限于土肥系统自身,按照"自愿申请、土肥优先、多元并进、择优扶持"的原则,打破系统束缚,谁有条件谁上。目前,我省已建测配站有土肥站直属的、土肥站与外部门联合的、农业局的、农技部门的、也有农资部门的等几个系统组成。二是突破层次上的束缚。过去在工作中往往习惯于省、市(地)、县、乡按级负责,逐级进行工作指导,而在测配站建设上,打破了这种逐级递进的工作模式,实行跳级发展。省测配中心直接与县签订合约,地市与乡、县与村签订合同,这样增大级差的影响力,有利于工作的开展。三是突破经济体制上的束缚。组建测配站不再是单一的公有制成份,而是公有制、集体所有制、个体、合作形式、股份制等多元化的体制。四是突破工作关系上的束缚。在省测配中心与基层站的关系上,不再是上下级关系,而是完全平等的合作伙伴。这种合作通过协议来约束,双方都必须按协议来规范自己的行为。五是突破经济利益关系上的束缚。各测配站都是"自己投资、独立核算、自负盈亏、利益自得"。省测配中心与他们的利益关系只表现在使用的标牌和监制费上,收费很少。上述五个层次上的突破,为测配站建设带来了全新的思路,激发了新的生机。通过一年多的运作,不同模式的测配站都表现出了良好的发展势头。

五、制定措施,形成合力,上下齐心共同促进测配站建设的快速发展

组建测配站、推广配方肥在我省是一项崭新的工作,特别在缺乏项目带动、资金扶持的情况下,要加快发展,必须靠有力的措施来推动。为此,采取了多项针对性措施,以求上下一

心,形成合力,共同推动此项工作的开展。在自愿的基础上,凡与省测配中心签订建站协议的单位,其测配站均作为中心的连锁示范站。中心对示范站实行"三统一、三服务、一推荐、一承诺"的措施,"三统一"是:统一使用由中心设计并已注册的"沃力"牌商标;统一包装(由中心统一印制包装袋);统一质量标准(省土肥站制定并备案的企业标准)。"三项服务"是:技术服务,由专家咨询组负责审定配方,培训技术人员,解决配肥、施肥过程中的技术难题等;物料服务,由中心协调组织供应质优价廉的配肥原料,具体由省土肥集团公司承担;环境服务,即为测配站办理推广许可证、企业标准,为其营造一个较好的发展环境。"一推荐"就是凡配制推广量超过 1 000 t 的单位为省土肥站优先推荐项目的单位。"一承诺"就是"中心"对各县只与一个单位签订建站协议,原则不再与第二个单位签订建站协议。通过以上措施,使看似松散的联合形成了合力,有效地推动了测配站的发展。

六、植根基层,建立网点,形成连锁格局

测配站建设能否在市场竞争中站稳脚根,并逐步发展壮大,取决于所配制的配方肥料能否推广出去,能否为广大农民群众和农业生产单位所接受。因此,建站之初,在抓宣传、搞示范的同时,还狠抓了推广网络建设。目前全省已营建村级推广网点 5 500 多个,在一些县已基本形成了连锁的格局。各配肥站在推广实践中结合本地实际,又形成了不同的、各具特色的推广模式。如原阳县土肥站打破系统和部门界限,按照懂技术、诚实可靠、有一定经营实力和自愿为条件,经严格筛选,在 22 个乡组建了分公司,形成了比较完善、富有活力的推广网络。再如太康县土肥站利用县农业局多年建立的 700 多个村级综合服务站,把配方肥料直供到村,减少环节,让利农民,今年配方肥料推广由去年的 100 t 发展到 3 000 多 t。还有内黄县在基层建立了 200 个推广点;平舆县除县城建的 10 个门店外,还利用 18 个乡农技站在基层建立了 100 多个村级服务站和 300 多人的农民销售队伍,形成了多渠道的联合推广网络,大大增强了配方肥料的推广能力。

七、抓住关键,搞好服务,靠"三要素"壮大配方肥生命力

配方肥料能否打开响,能否长久推广下去,质量、价格和服务是三个关键要素。为此,狠抓了五项工作。一是实施名牌战略,确保产品质量。要求各测配站树立品牌意识,人人都要爱护和珍惜"沃力"商标。省土肥站各科和中心专家组负责各测配站的质量监督,发现质量问题,及时解决。二是切实搞好优质服务。以产品质量保险、信誉卡、设立监督电话、跟踪服务等形式,取信于民,让农民买着放心、用着称心。三是重视化验室建设。化验室是测土配方和把好产品质量关的基础,也是进行科学配方的前提条件。因此,要求建立测配站的单位,必须具备相应条件的化验室。无化验室或暂时建不起来的,必须有明确依托的化验单位。四是确保价格优势。要求各配肥站要有长远的眼光,不要只顾眼前利益,盲目追求利润而失去市场。五是控制推广区域。配方肥料推广半径不易过大,原则上要求各配肥站推广配方肥不要超出本县范围,以增强其针对性。

八、搞好协调,巧借外力,不断扩展测配站建设的潜力和涵盖范围

测配站要真正发展壮大起来,还要靠项目来带动。但由于土肥项目很少,必须巧借外力、寄生发展。一是加强与省农业厅计财处合作,积极主动地通报组建测配站、推广配方肥

的意义和做法。自1998年以来,先后10多次在一起研究工作,引起了他们的高度重视和兴趣,表示今后所有农业项目中都要考虑组建测配站的问题。目前已有7个旱作农业县,每县划给30万元的建站专款,还有近期14个旱作农业县每县划60万~100万元的建站专款。二是加强与省农业综合开发办公室的合作。1998年的二期世界银行贷款已争取到8个大型配方肥料生产厂的投建项目,并且都明确了省土肥站为其技术依托单位。这些由项目带动起来的测配站,投资大、起点高、发展快,2000年我省在组建测配站、推广配方肥方面将会有一个较大的突破。

工作起步较早　成绩较为突出

——全国农技中心《工作简报》介绍我省测土配方施肥技术推广工作

马振海

(河南省土壤肥料站·2004年11月)

2004年11月17日,全国农技推广服务中心第67期《工作简报》以《河南省测土配方施肥工作成效显著》为题,全面介绍了我省测土配方施肥技术推广工作。

载文指出,我省突破系统束缚和经济体制束缚,建立了由大农业系统、土肥系统和其他系统为主组成的测土配方施肥技术体系,实行“三个统一”和“三个服务”的松散式管理。“三个统一”即统一标识、统一包装、统一质量标准;“三个服务”即提供咨询、配方审定等技术服务,在自愿原则下提供物料服务,提供协调与技术监督、工商、税务等管理部门关系服务,鼓励多种经济成份参与。实施名牌战略,制定了《河南省“组建测配站、推广配方肥”管理细则》,严格原料购进、配方审定、配肥技术、质量检查和跟踪服务等技术环节,组织打假扶优护农,净化了配方肥料市场,保护了农民切身利益。

载文指出,我省自1998年以来,结合本省土肥工作实际和农业生产与农民种田需求,积极探索测土配方施肥,初步建立了以“三大体系为支撑,六大网络为基础”的土肥技术产业化连锁服务体系。三大体系即测土配方体系,由118个化验室,2 253台仪器设备,1 100名技术人员和265名中高级配方师组成,年测土数量达25万项次,配方800多个;加工配肥体系,由全省测配站和80多个单质肥料供应厂家组成,年配肥能力30多万吨;供肥施肥体系,由基层土肥站配送服务网络和750多个样板田、示范点组成。与三大体系相配套的六大网络已由1998年的1 603个发展到目前的近10 000个,其中推广网点6 140个,地力监测网点1 400多个,土肥测试网点118个,配方肥料区试网点70多个,肥料价格信息网点16个,服务监控网点1 200多个,服务农户120万户。

载文指出,我省推广测土配方施肥技术的7年里,累计配制推广配方肥50多万吨,节本增效达8亿元,取得了良好的社会和经济效益。一是肥料利用率提高。肥料利用率较开展测土配方施肥技术推广前提高了5~10个百分点。二是综合效益提高。开展测土配方施肥,提高作物产量8%~15%;同时有效地改善了产品品质,提高产品商品性和市场竞争力,综合效益提高了15%~30%。若我省有50%的耕地采用测土配方施肥,年可节本增效20亿~30亿元。三是科技成果转化率提高。我省各级土肥部门充分利用队伍、技术、体系的优势,克服资金和手段上的困难,积极开展"测土、配方、配肥、供肥、施肥指导"一条龙服务,提高了测土配方施肥技术的普及率和覆盖率。目前全省测土配方施肥技术覆盖率达50%左右,促进了科学施肥技术成果的转化与推广应用。

载文最后对我省测土配方施肥技术推广提出了一些建议。指出,由于测土配方施肥是一项公益性事业,虽然增产增收作用巨大,但农民不愿花钱,实施起来尚有难度,因此应进一步提高社会认识,努力营造良好的政策环境,包括取消生产许可证,实行推广许可证,加快出台测土配方施肥相关行业标准,在资金信贷、税收等方面给予适度支持和优惠等;积极争取国家在项目方面的扶持,除设立专项资金外,还应在优质粮食产业工程、商品粮食基地建设、农业综合开发和其他农业项目中,增加测配站和基层农化连锁服务网络建设内容,切实解决农技推广"最后一公里"落地问题,使农民真正享受到测土配肥服务和应用配方肥料。

(本文原载于2004年《土肥协作网信息》第29期)

开拓中原丰收之路

——河南省测土配方施肥行动特写

王歧峰

(中华合作时报·2005年6月)

河南省位于黄河中下游地区,因大部分土地处于黄河以南而得名。这是一片历史悠久、文化灿烂的土地,是我国古文化的发祥地之一。几千年来,一代又一代华夏儿女在这里成长,从这里走出。直至今日,她仍以仅占我国国土面积1/60的土地养育着约占总人口数1/13的人口。她原本丰腴的身躯正日渐憔悴。

为了提高粮食产量,河南省每年使用化肥超过1 500万t,投入高达120亿元,占农业生产资料投入的50%以上。然而,巨大的投入却并未换来应有的回报。长期以来,由于肥料施用不科学、结构不合理,造成了土壤养分失衡,污染加剧,农作物抗逆力降低等问题。肥越施越多,可地却越种越薄,种粮效益不增反降。严酷的现实使省内的土肥技术人员和种粮农户渐渐觉醒,只有科学合理的施肥,才能使通往丰收的道路越走越宽广。

1998年,全省开始组建测配站,普遍推广配方施肥,试图摸索出一条节本增效的新路,来改变盲目、过量施肥的不合理状况,切实提高农民的种粮收入。到2005年,河南省的测土配方施肥工作已经进行了7年。7年来,河南省土肥系统结合本省实际,通过组建测配站、推广配方肥,实施"测、配、产、供、施"一条龙服务,已收到了良好成效。

日前,记者联系到河南省土肥站综合科刘中平科长,从刘科长处了解到了全省开展测土配方施肥7年以来所取得的重要成绩、今后工作的重点以及一些需要尽快解决的实际问题。

增收就是硬道理

7年来,河南省在小麦、玉米、棉花、水稻、蔬菜等多种作物上累计推广测土配方施肥面积1 500多万亩,据783个配方肥与习惯施肥对比点调查,每亩一般节约肥料投资10~15元,粮食作物一般亩增产8%~15%,亩增收40~60元,经济作物亩增产10%~20%,增收50~100元,全省累计实现节本增效9亿元以上。同时优化了施肥结构,实现了平衡施肥。肥料利用率明显提高,避免和减轻了因施肥不科学带来的浪费和环境污染,保护了生态环境,促进了农业可持续发展。

走好"最后一公里"

为了更好地推广测土配肥工作,省土肥系统集中优势力量加强了土肥化验网络建设、土壤肥力监测网络建设以及基层推广服务网络建设。同时,土肥部门依托地方测配站,打破系统、行业、体制界限,广泛吸纳热爱土肥技术推广的农技人员、农业生资的个体经营者、农业广播电视学校学员、基层干部等加入测土配方施肥技术推广服务队伍,目前这支队伍已达到10 000多人。通过这支庞大的配肥供肥服务队,配方肥被送到了千家万户,7年里累计服务300多万农户。较好地解决了"最后一公里"科技落地入户问题,为测土配方施肥技术推广奠定了较为坚实的基础。

推广体系已成熟

全省"以测土配方施肥技术为主导、以化验室为依托、以测配站为龙头、以配方肥为载体、以基层推广服务网络为基础的技物结合的推广模式"已基本形成。同时运作上也形成了"三农协作、上下一体、统分结合、连锁配送"的工作模式。

省级层面对测配站实行协议约束,形成了"三统一,三服务"的管理模式。"三统一"指:品牌统一,所有测配站一律使用省测配中心统一注册的商标。目前在国家商标局注册了21个商标,土肥系统统一使用"沃力"牌商标,外系统使用其他商标。包装统一,所有包装由省中心统一定制、统一提供。质量标准统一,省站组织专人起草了地方《配方肥料》标准,并经省质量技术监督局颁布执行。"三服务"指:提供技术培训、指导、咨询服务;协助组织配肥原料服务;协助办理建站配肥相关手续、与有关部门关系协调、争取相关政策等发展环境方面的服务。

多种模式并存

随着配肥站数量的增加,为充分发挥市站作用,在条件成熟的省辖市还成立了测配分中心,市级层面受省测配中心委托,对辖区测配站形成"配方审定、质量抽检、划区推广"的监管模式;测配站作为独立的服务实体,形成了"技物结合、市场运作、网络服务"的运营模式。

在测配站组建上,目前已形成了多种经济成分并存的局面,主要有土肥站、农技站或农业局系统内独家投资的国有制模式,站厂结合的合作制模式,站、职工或多个单位与个人入股的股份制模式,外系统企业、个体投资等独资或合作模式等。

突破束缚，推广劲头足

为尽快扩大测土配方施肥技术推广规模，河南省在组建测配站上，还打破了“上下对口、统一模式、一刀切”的计划经济做法，一切按照市场经济规律运作。一是突破了系统上的束缚。按照“自愿申请、土肥优先、多元并进、择优扶持”的原则，在加快发展土肥系统组建连锁站的前提下，鼓励符合条件的外系统积极参与，联合或单独建站。二是突破了经济体制上的束缚。组建的测配站公有制、集体所有制、股份制、民营、个体等多种成分共存。三是突破了工作关系上的束缚。省测配中心与市、县测配站的关系不再是上下级关系，而是平等的合作伙伴关系。四是突破了经济利益关系上的束缚。按照责、权、利一致的原则，测配站将利益大头让给了推广服务网点，这样非常有利于提高各方的积极性。

严格要求，监管一丝不苟

省测配中心专门制定了《河南省连锁测配站管理办法(试行)》，对“测、配、产、供、施”一条龙服务的各个环节都提出了明确要求，实行规范管理，确保测土配肥服务质量。为监督配肥质量，省测配中心专门建立了一套快速反应的反馈机制，通过市级测配分中心对测配站实行严格的质量监督，每年对各测配站配制得配方肥普遍抽检 2 ~ 3 次，如出现违规配肥、降低质量等问题，会采取快速、严格的措施予以处罚。

成绩不能掩盖问题

测土配方施肥是一项需要常抓不懈的利民大计，虽然河南省在 7 年的工作中取得了令人瞩目的成绩，但也仍有很多问题要在日后慢慢解决。彻底推广测土施肥，使土壤养分达到平衡是一件长期工作，不可能一蹴而就。

目前，河南省年配方肥推广量虽然已达到 20 万 t，覆盖面积近 500 万亩，受益农户 75 万户以上，但配方肥仍只占全省用肥量的 1.2%，施用面积占全省耕地面积的 4.2%，受益农户仅占全省农户的 3.7%，比例很小。另外全省绝大多数化验室的设备设施仪器都是 20 世纪 80 年代的产品，且很不完善，再加上测土化验没有经费，许多测配站已无力承担为农民免费测土化验的重负。还有由于受流动资金的严重制约，全省 156 个配肥站年配肥能力仅有 50 万 t 左右，实际配肥量只有 20 万 t 左右。针对这些问题，农技工作者和农户们都希望能够在“春季行动”等国家项目的带动下，得到更多的经费支持，从而加快测土配方施肥技术推广的步伐，建立测土配方施肥的长效机制。

行动抓重点，丰收在中原

今后，河南省农业部门将继续加强进村入户的宣传指导工作，并抽派专人组成工作组到各市督查测土配方施肥的开展情况。结合省内测配站的现状和测土配方施肥的新要求，完善新的连锁测配站管理意见。组织专家，分片包市进行测土配方施肥技术巡回培训。召开部分重点县农业部门领导会议，狠抓工作落实。举办中原肥料双交会，组织优质肥料推介活动，引导农民使用优质肥料。

另外，省厅将对各地开展测土配方施肥行动的工作组织、经费安排、技术培训与宣传、科技入户等情况进行检查，对各项工作落实好的单位给予表彰，对行动不力的单位将通报批评,促使全省测土配方施肥行动扎实有效地开展。

作为一个农业大省,河南的测土配方施肥行动一直走在国内前列。2005 年 4 月 8 日,在农业部“测土配方施肥春季行动视频动员会”上,河南省与吉林省代表一起作了典型发言,介绍了近年来河南省测土配方施肥的开展情况和取得的成绩。5 月 25 日,“全国测土配方施肥现场观摩会暨工作交流会”又在河南召开,30 多个省、市、自治区的专家和领导齐聚郑州,共商测土配方施肥大计。这不仅为河南的配方施肥工作注入了驱动力,也将会推进此项工作在全国范围内的开展。

(本文原载于 2005 年 6 月 9 日《中华合作时报》)

健全配方队伍　完善推广网络

梅　隆

(农民日报·2005 年 4 月)

记者近日从河南省土壤肥料站获悉,为促进测土配方施肥技术大规模推广,该站提出了进一步完善耕地质量监测和化验体系、配方师队伍建设、改进管理、完善硬件和乡村推广服务网络等措施。具体内容如下:

1. 进一步完善耕地质量监测和化验体系,提高耕地养分监测精度,为测土配方施肥奠定基础

在完善土壤监测体系上,从规范监测点管理入手,增加监测点数,逐步缩小测土单元,提高测土的针对性和准确性;以县为单位将土壤类型、分布面积、养分动态等输入计算机,利用最新土壤定性、定量信息和“3S”系统,建立省、市、县数字化土壤系统,实行耕地养分动态管理,逐步向精准施肥过渡;在数字化土壤系统基础上,确定耕地质量警戒线,逐步建立耕地质量预警系统在实现测土配方施肥的同时,保护耕地质量。多方筹措资金,加快化验室硬件建设,提高化验室整体水平;加强化验队伍建设,通过培训和考核,实行持证上岗制度,提高化验队伍水平;进一步抓好化验室计量认证,推动化验体系建设。在常规化验和土壤速测结合上,要在条件许可的情况下,每个乡、村逐步配备土壤速测仪器,充分体现测土配方施肥的针对性。

2. 狠抓配方师队伍建设,建立专家咨询系统,进一步提高肥料配方的科技含量和针对性

对已获得高级配方师和中级配方师人员进行重点培训,同时对未获得这些资格的人员,通过培训获得相应称号,进一步充实和稳定配方师队伍,逐步将配方师纳入国家职业技能管理范畴。在抓好配方师队伍建设的同时,集中科研、教学、推广等方面的力量,组建配方肥专家系统。充分利用现代计算机知识和专家系统,研究开发容易掌握使用的配方确定方法及终端程控系统,把测土化验结果、庄稼目标产量、肥料吸收习惯、肥料供肥习惯等数据输入计算机后,利用一定系统,快速得出科学正确的肥料配方,达到终端程控。

3. 改进管理,完善硬件和乡村推广服务网络

组建测配站,是配制配方肥“测、配、产、供、施”5 个环节能否形成链条的关键所在,而测

配站规模、档次能否扩大和提高,测是测土配方施肥技术推广顺利进行的硬件。

4. 完善基层服务网点,规范网点管理办法

提倡建立综合服务网点,与农技、植保、种子、农膜等结合,增加网点的实力和活力。努力扩大网络覆盖面,充分利用农村科技能人、农业广播电视学校学员、农村个体农资经营户等,扩大网络点数和覆盖面。此外,还应建立配送中心,按5万亩建1个配肥中心的标准,由配肥站在乡村进行选择信誉好、有配送能力的肥料经销商为配送中心,由测配站统一供肥,配送中心组建车队或雇用农用车直供基层服务网点或农户。

(本文原载于2005年4月20日《农民日报》)

配方肥,"皇帝的女儿"也愁"嫁"

李迎春

(河南日报·2001年3月)

《土肥协作网信息》编者按:我站自1998年7月提出在全省组建测配站、推广配方肥,到现在已经三个年头了,测配站从无到有,目前全省已建76个,三年来配方肥累计推广总量达7万余t,对改变农民施肥习惯,推广平衡施肥技术起到了一定的作用。但从总量来看,不足全省肥料用量的1/300,其影响微乎其微。2月1日,《河南日报》二版刊发记者李迎春就配方肥推广所写的一篇述评,阐述了目前我省配方肥推广现状及推广规模上不去的深层次原因,现全文予以刊发。

又到春耕备播时,望有关部门采取得力措施,进一步加大配方肥宣传和推广力度,让更多的人一睹配方肥的"芳容",让"皇帝的女儿"早日"嫁"出去,正如记者在述评中写的"在途时间越短,农民受益越早"。原文题目是"配方肥,想说爱你不容易",现标题为编者所改。

像人吃偏食会营养失衡一样,若长期施肥不当,也会导致耕地中某些元素的严重缺乏,进而影响耕地的充分利用。

事实上,我省相当多的耕地,已经或正在面临着这种"肥越施越多,地越种越贫"的尴尬局面。有资料显示:因为肥料施用不科学,我省肥料利用率只有35%左右,仅此一项,全省每年就浪费掉农业投资数亿元。

省农业科学院一位研究员谈及这个话题时,忧心忡忡:我们已经施了一二十年的无机肥了,土壤早已进入板结期,再不让老百姓改变施肥结构,不但会造成投资的巨大浪费,还会使耕地的功能进一步退化,影响农业的可持续发展!

配方肥的出现,为改变肥料施用结构提供了一条路子。

配方肥最大的特点就是针对性强,即先对土壤进行取样化验,根据化验结果开出肥料配方,有的放矢地补充土壤所需的营养成分。

我省有关部门于1998年7月提出组建测配站、推广配方肥的构想,经过两年多的努力,

成效初显。全省测配站已达76个,建起乡、村配方肥推广网点4 000多个,每年耕地养分普查土样5万多个、30多万项次,共配制配方肥7万多t。

用过配方肥的农民,对这种施肥方式的节肥增产效果深信不疑。内黄县2000年进行了一项配方肥与群众习惯施肥对比试验,结果是:同等投入条件下,使用配方肥,玉米亩增产156.4 kg,花生亩增产65 kg。在一些地方,甚至出现了农民排队购买配方肥的现象。

令人着急的是,这么一种简单易行的施肥办法,至今还在小范围内推行。目前,配方肥产业发展缓慢的主要原因,除了宣传力度没有跟上,许多老百姓对此还缺乏认知外,关键是没有龙头带动。目前,我省担负找大旗任务的是土壤肥料系统。但众所周知,作为公益性事业单位,土肥部门家底很薄,有些地方连工资都无法保证,筹措资金搞肥料测配的困难可想而知。一些地方即使建起了测配站,其设备也十分简陋,许多地方甚至全靠人工搀和,配方肥的产量和质量都难以从根本上得到保证。

据了解,一些有实力的肥料配制厂家并非没有看中配方肥这个新兴的市场,而是由于各地土壤情况千差万别,所需微量元素的种类和数量都各不相同,作为专业肥料配制厂家,土壤检测力量及肥料配制方式,都很难兼顾到用肥对象地域的差异性,对配方肥市场持观望态度也就很容易理解了。

如何改变现有测配站的低水平建设状态?如何引导大型肥料配制厂家介入配方肥市场?如何通过土肥系统与肥料配制厂家合作推动配方肥产业的发展?在农产品价格普遍走低的新形势下,这些都是亟待解决的问题。因为,作为一种施肥方向,配方肥推广的在途时间越短,农民受益的时间就越早。

(本文原载于2001年《土肥协作网信息》第10期)

积极探索　搞好服务
走有自身特色的配方肥配制推广之路

徐玉森

(安阳市土壤肥料站·2003年1月)

安阳市全市人口550余万人,耕地面积600余万亩,年化肥施用量在100万t以上。近几年,随着种植业结构调整的加快,广大农民的施肥水平有了较大提高。特别是配方肥的引进与发展,已被广大农民朋友所接受。目前,全市已建测配站11个,2002年度配制推广"沃力"等6个品牌配方肥达1.3万t,全市所辖县基本上得到了普及,配方肥配制推广有了长足发展。

一、提高认识,勇于探索

土壤肥料是农业的基础,对农业长期、持续、稳定发展起关键作用。土肥站作为政府的土肥技术推广部门,肩负着科学施肥、培肥土壤的重要职责。测土配方施肥技术作为主导技术,具有适用性强,施用方便,节本增效的突出特点。随着种植业结构的调整和社会对农产品品质要求的提高,对肥料要求也越来越高,如何把测土配方施肥技术广泛运用到农业生产中去,是土肥工作者多年研究的课题和义不容辞的责任。肥料的使用经历了由单质肥料到复合肥料,到目前的施用配方肥料阶段。配方肥料代表着肥料施用发展方向,作为测土配方施肥技术的物质载体,把复杂的技术简单化,直接运用到施肥中去,农民乐于接受。

为把测土配方施肥技术和配方肥尽快推广开来,根据省土肥站统一部署,我市首先在内黄县组建了科丰复混肥厂,开始配制配方肥料,当地对比试验效果明显,影响较大。随之安阳县、滑县也先后组建了测配站,开始推广配方肥。到 2001 年,全市组建测配站 7 个,配制推广配方肥 6 000 t 以上。2002 年,全市连锁测配站达到 11 个,并经省站批准,成立了安阳土肥测配分中心,将配方肥推广工作基本上纳入正规管理渠道,当年配制推广配方肥达 1.3 万 t,三年迈出三大步。目前,配方肥推广工作基本上普及到全市每个县区,配方肥已成为家喻户晓的产品。

二、加强宣传,形成共识

任何新生事物的发展,都有一个发展过程。配方肥的发展也同样由不认识到逐渐认识、形成共识的过程。为了让农民朋友对配方肥有所认识,要求全系统干部职工首先提高自我认识,认识到这是肥料施用方向,是推广测土配方施肥技术的有效载体,同时也是服务农业的好举措。其次,通过各种方式向上至市长、局长,下至一般同志,广泛介绍配方肥配制情况和测土配方施肥的意义,使上下形成共识,确实认识到这一举措是一件节本增效、利国利民的好事。市领导多次在各种会议上进行指导。如滑县起步晚,步子大,县农技中心把配方肥推广当作一件大事来抓,专门下发了"关于大力推广配方肥的公告"张贴全县。另外,各县区测配站还通过一切能用的宣传手段进行宣传。在用肥旺季,市、县电台、电视台,几乎天天都有配方肥宣传的声音、图像,报纸刊物有配方肥的文章,集贸市场有传单。通过各种宣传,形成强大的舆论氛围,配方肥达到了家喻户晓、人人皆知的程度,为我市配方肥的快速推广推波助澜。

三、积极协调,搞好服务

连锁测配站的发展经历了由不成熟到成熟的过程。在成长过程中必然会遇到这样或那样的问题。只要是积极的因素,就保留,就支持。由于它的前景看好,外围系统也想参与。目前在全市 11 个测配站中,有 5 个是系统外的。在实践中,为加快发展步伐,坚持先发展、后规范的原则,对于所有辖区内测配站,不论系统内外,分中心积极协调,鼓励发展,在条件允许的情况下给予更多的支持。比如到省站办证,积极引导推荐。在运行机制上,到各测配站了解情况,大力介绍其他测配站成功的经验,帮助理顺各种关系,建立良好的运行机制,保证健康发展。在技术上,给予无私的援助,分中心经常派技术人员到各连锁测配站了解协议执行情况,多次解决一些技术上的难题,免费测土化验,提供配方。所有这些,都给全市配方肥推广创造了良好的条件,为测配站的快速发展奠定了基础。

四、注重汇报,争取支持

自1998年配方肥引进我市到组建测配站以来,目前已发展到11个,并且各测配站根据自已的区域建立了比较完善的推广网点,为配方肥的推广打下了坚实的基础。为促进测配站尽快上规模、上档次,2001年年初分中心将测配站的发展情况向市、局领导作了专题汇报,得到了领导的高度重视,指示结合全市优质强筋小麦高产开发工作,以安政[2001]29号文件印发了测配奖励办法,把该项工作纳入政府日常工作日程。2002年年初,分中心再次将全市配方肥的配制推广施用情况向领导进行汇报,市政府在2002年9月安政文[2002]129号中指出,拨出专款对成绩好的测配站给予一定的奖励。通过不懈的努力,配方肥的配制推广从上到下形成良好的工作环境,为今后全面开创配方肥推广工作新局面奠定了基础。

配方肥在许昌市的推广与应用

李志强 袁培民

(许昌市土壤肥料站·2003年3月)

许昌市推广测土配方施肥技术和组建测配站、推广配方肥工作始于1999年。配方肥作为新生事物,在各测配站人员的共同努力下,从无到有,由少到多,凝聚了许多人的心血和汗水。主要做了以下几项工作。

一、建立配方肥示范田

1999年秋,许昌市组建了3个测配站,开始以土壤养分为基础进行配方肥配制,当年共配制了600 t配方肥。为把配方肥推广应用到农业生产中,测配站采取全员风险制,每人交风险抵押金,若完不成推广任务,扣除风险金。在推广配方肥过程中,技术人员与一部分农民签订效益合同,达不到规定的增产效果,不但肥料不要钱,还赔偿因使用配方肥给农民造成的损失,并找到有关村镇领导作担保,免去农民的后顾之忧。可以说,600 t配方肥1 500亩示范田,给农民群众吃了“定心丸”。1999~2000年度,凡是施用配方肥的小麦长势良好,产量三要素明显提高,增产率达到15%~20%。事实胜于雄辩,农民对配方肥的认识提高了,信任度增强了,配方肥市场也逐渐拓宽了。由于测配站实行“测、配、产、供、施”一条龙服务,2000年麦播期间,带土样前来定货的农村经营者、农民大大增加,各配肥站抓住有利时机,在全市展开推广配方肥的高潮。

二、组建推广服务网络

测配站利用自身优势,依据网络建设六大原则,即市场运作原则和因地制宜原则、滚动发展原则、上下一体原则、择优扶持原则和优势互补原则,重点建设推广网络。以测配站为依托,以乡村为重点,运用市场机制打破系统、行业体制界限,采取多种形式,广泛吸纳农资经营者、农村广播电视学校学员、基层干部、农民技术员等,不断扩大基层推广员队伍,进一步巩固和建立广泛而富有活力、适应市场需求的产品技术推广网络。根据上述原则,全市确定配方肥推广网点500多个,成员1 000多人,覆盖全市各县、乡镇。每个网点一个编号,有详细的网点情况记录。对网点主要要求包括收集当地农民施肥信息,施肥动向,投入、产出情况,定期按要求取土送市土肥站统一化验,以及反馈农民对配方肥的要求。测配站对网点提供的优惠政策主要有:提供质优价廉的配方肥,送货上门,保证网点在推广配方肥的同时获得一定的利润;协调网点提供土样化验;提供技术培训资料,同时加强各网点联络,建立平等友好关系。年终召开一次网点成员年会,对推广配方肥工作做得好的网点予以表彰,并给予一定的物资奖励,极大地调动了网点成员的工作积极性。这样使配方肥的推广量迅速提高,从1999年配制推广600 t增加到2002年的1万t,取得了良好的效益。

三、重视配方肥质量

以质量求信誉,以质量求发展,这是市场经济的基本规律。配方肥作为测土配方施肥技术的物质载体,也是一种产品,其质量高低、效果好坏是通过农民使用效果来检验的。配方肥质量可以从三个方面来考虑:一是配方科学,元素比例合理。这是配方肥的基础,平常说的"科学配比"就是这个意思。二是原料选择合理。原料有速效、缓效、高效之分,如何正确选择原料,合理搭配是配制配方肥质量好坏的关键。我们选择原料的原则是按照作物品种先选择优质原料,后考虑辅助原料,主辅搭配,相辅相成,避免元素间的拮抗作用,充分利用元素间的互补增效作用。三是原料粒径、比重大小一致,避免发生分层现象。在具体配制环节上,配方确定由获得省级认定的1名高级配方师、5名配方师具体负责;配方肥质量由各测配站配方师把关,每种元素的含量必须达到标准,谁出现质量问题,追究谁的责任,并承担由此造成的一切经济损失。2002年许昌市农技站直属测配站购进一批四川颗粒过磷酸钙作为填充料,用量较少,在做肥料配比实验时,发现它与其他原料相配后使配方肥潮解结块。市测配站果断舍弃,另换其他配方。为更好地监控配方肥的质量,每批配方肥都邀请许昌市质检所抽查检验,取得质量合格证方可发货。

四、加大宣传力度

配方肥作为新生事物,要使它发展壮大,在肥料市场上站稳脚跟,首先要引起各级领导的重视和支持,再者就是得到农民群众的认可。要实现上述两个目的,必须加大宣传力度,首先是向领导宣传。给领导作详细汇报,包括配方肥试验、示范、开发推广情况,让他们知道配方肥的增产作用。每年市里召开的农业局长、中心主任会议,都要进行宣讲。各县(市、区)也是如此,土肥站多次给有关领导汇报。这样自上而下都得到了市领导的大力支持。如许昌县政府2000年8月专门印发了许政[2000]53号文件《关于加强平衡施肥技术推广工作的通知》,并在全县麦播工作会议上作了部署。测配工作还得到了市农业局、市农技站领导的支持,在测配站需要资金时,积极协助,从市财政贷款20万元,解决了经费不足的问题。其次是向农民宣传。综合全市测配站几年的工作,对农民主要有三种宣传方式。一是科技人员下乡讲课,和农民面对面讲解配方肥的测配原理,施用方法,增产作用。据统计,4年来全市各测配站共下乡开办配方肥知识讲座60余场次,接受培训农民达10万余人次。二是利用乡镇大集搞宣传,接受农民咨询,发放技术资料,发放小包装样品请农民试验对比。三是开办电视讲座及发布电视广告。市测配站在市教育台最受欢迎的《农民之友》栏目作配方肥技术讲座两期,每期播放半月,每年麦播季节重复播放一次,收到良好的宣传效果,使配方肥在许昌广大农村家喻户晓,人人皆知。

五、搞好综合服务

4年来,在加强宣传配方肥的同时,不断地增强服务功能,提高服务质量,改进服务方式。所做的主要工作有三个方面。一是免费化验土壤,使农民对自己的土地在肥料施用上做到心中有数。各级测配站免费化验土样近千个。二是免费送货上门。各级测配站根据土壤化验后配制的配方肥全部免费送到用户手中。三是跟踪服务。肥料供给农民后,各级测配站技术人员还要开展全程技术跟踪服务调查,如小麦苗情,冬春季管理,病虫害防治,产量三因素调查,及时反馈配方肥施用后的信息,计算施用配方肥后的产量是否达到预期目标,为进一步改进配方提供最可靠的依据。

加强地力监测　开展配方施肥
走高产高效农业的路子

褚小军

(河南省土壤肥料站·1998年3月)

濮阳市位于冀、鲁、豫三省交界处,辖5县1区81个乡镇2 953个行政村,耕地面积366.5万亩,常年农作物播种面积620余万亩。在农作物连年增产的条件下,目前该市土壤养分与1985年第二次土壤普查时相比,已发生了明显的变化。1997年3月该市土肥站成立以后,充分发挥拥有全市唯一功能齐全的土肥化验室的技术优势,以开展耕地土壤定位监测和测土配方施肥为突破口,选定了能反映和代表全市主要土属和主要土种的78个点,建立起可覆盖5县1区耕地土壤的定位监测网络,在百万亩吨粮开发区内取土样300余个,先后化验1 956样次,根据监测结果,适时提出了地力培肥措施和施肥建议,在百万亩吨粮开发区推广小麦优化配方施肥100万亩,玉米配方施肥53.5万亩。结果表明,优化配方区比非配方区平均亩增产粮食55 kg,累计增产粮食8 442.5万kg,总经济效益增加8 422.5万元,为保护和合理利用耕地资源、指导农业生产做出了应有贡献。

一、加强领导是搞好配方肥工作的保证

土壤监测、配方施肥工作和其他工作一样,离不开各级政府和领导的大力支持。为把这项工作在短时间内能卓有成效地开展起来,该市土肥站首先在搞好调查研究和掌握大量第一手资料的基础上,及时向领导汇报,适时提出工作建议和方案,反复宣传这项工作的重要性和对建设高产高效农业的促进作用,取得各级领导的大力支持。1997年市政府从农发基金中专门拨出5万元作为活动和起步经费,并于4月份委托该市农业局召开了全市土壤定位监测会议,下达了相应的实施方案。各县、乡政府也高度重视土壤监测和配方施肥工作,采取多种措施予以支持和配合,有的乡还专门召开会议进行协调和督促。在市土肥站内部,克服人手少、工作多、任务重等多种困难,组织全站人员理思路、开眼界、找差距、订目标,学习国内外科学施肥的先进经验,把建立土壤定位监测网和百万亩吨粮开发测土配方列为年度工作目标,分片包干,一人包10个乡,把建立土壤监测和测土配方实施基点同技术人员岗位责任目标管理紧密结合起来,真正做到了人人有责任、有目标、有压力、有措施,激发和调动了技术人员的工作积极性,从而为开展土壤监测和测土配方施肥工作提供了强有力的组织保证。

二、齐抓共管是搞好配方肥工作的前提

由于历史和经济的原因以及其他因素,该市5县1区只有清丰县土肥站业务单列,其他县(区)的土肥业务都是与农技站合署办公,用于土肥业务的人力、物力和财力投入相对较弱,土肥工作不可避免地要受到一定的影响。1997年3月他们借市土肥站成立的契机,把开展土壤监测工作和测土配方施肥作为强化土肥业务和增强土肥工作凝聚力的重要步骤,围绕培肥地力、提高施肥效益这个中心,动员市、县、乡各级农技推广体系开展工作,实施"测、配、产、供、施"一条龙服务战略,在强化服务的基础上,与当地政府及各有关部门多联系、多交流、多沟通,在较短的时间内形成了工作合力,为测土化验的顺利开展打下了良好的基础。各县、乡土肥(农技)站为推动工作的开展,积极采取措施,如范县各乡站固定专人负责取土、反馈信息。濮阳县为减轻边远乡镇取土困难,专门调集取土车辆,确定时间集中收集土样。清丰县大流乡开发区根据自身实际,积极要求增加取土样点数和化验项目,自费测土,制定施肥方案,组织专门培训,提高了测土配方施肥的增产效果。南乐县还积极与生资部门联系,按测土数据配制配方肥,开展"测、配、产、供、施"一条龙技术服务,做到了经济、社会效益双丰收。

三、增加科技含量是做好配方肥工作的关键

要获得高产优质的农产品,必须实行科学配方施肥,而配方是建立在测土基础上的,不测土就谈不上配方施肥。该市土肥站设置反馈试验,研究适合当地的校正系数、肥料利用率等参数,使制定的施肥配方更有针对性、科学性,结合百万亩吨粮开发建立样板示范田12个,组织现场观摩,使领导看有现场,树有典型,让农民群众看得见,摸得着。此外,根据高产区土壤普遍缺钾的现象,还明确划定缺钾区和施钾有效区范围,组织实施"补钾工程",把补钾作为促进小麦、玉米生产再上新台阶的关键措施来抓。1997年度推广增施钾肥面积170.35万亩,占应补钾面积的75.1%,平均增产幅度在10%以上。在积累各种作物施肥参数的基础上,利用多种宣传形式,如广播电视专题讲座、技术培训、技术咨询、技术夜校等开展技术宣传和技术指导,大面积推广优化配方施肥技术。使过去小麦亩施1袋碳铵1袋磷肥、玉米单施氮肥的粗放掺合变成根据土壤养分含量状况和目标产量水平的精细配制,需要什么肥料就施用什么肥料,需要多少肥料就施多少。氮磷钾、微肥和有机肥合理配合施用,既保护地力,又保证了作物生长需要,提高了施肥效益,受到各级农技推广人员和广大农民群众的好评。

四、加强化验室建设是开展配方肥工作的基础

农业科技的发展对服务手段提出越来越高的要求，为提高化验室化验能力，去年他们想方设法挤出3万元新添置高温水浴、离心机、真空泵、空调、毒气柜等仪器设备和药品等，新增加了3个项目的化验能力，更换了部分老化落后的设备，从而保证了耕地土壤定位监测和测土配方施肥工作顺利进行，同时，还摸索出了一条以化验室养化验室，自我发展，自我提高的新路子。为了使这条路子越走越宽，他们想方设法争取领导的支持，多汇报、多宣传，还把土壤养分监测报告送给市县区政府，反馈给各乡政府建档备查，从而争取到多方面的支持。

新乡市组建测配站、推广配方肥的基本做法

江春平

（新乡市土壤肥料站·2002年12月）

新乡市根据省土肥站统一部署，是全省首批组建测配站、推广配方肥的省辖市之一。从1998年开始到现在的5年多来，在各级土肥站的共同努力下，测配站从无到有，配方肥推广由少到多，2001年经省土肥站批准，成立了新乡市土肥测配分中心，截至2002年全市共组建测配站8个，累计配制推广配方肥3.34万t，推广面积达133.2万亩，取得了显著的社会、经济效益，在我市农业生产上发挥了一定作用。

一、改善配制条件，扩大推广规模

2002年我市获嘉、原阳、延津等县先后添置了配方肥配制设备，完成了由人工简单掺混向机械加工的转变，使配方肥料配制由原来的小作坊式转变为机械化、半机械化，有效地保证了配方肥的质量，降低了配方肥成本。

二、实行股份制管理，加快测配站发展

为加强测配站内部管理，充分调动广大干群的积极性，增强测配站抗拒市场风险的能力，加快配方肥推广步伐，本着按劳分配，集体、个人利益兼顾的原则，在全市测配站全面引入股份制管理模式。通过几年来的运行，有力地加快了测配站的发展。

三、加强网络建设，奠定配方肥推广基础

在配方肥推广方面，全市各测配站都建立了以测配站为龙头，以乡服务点为骨干，以村服务点为基点的推广服务网络，内外一致，上下一体。据统计，全市各级测配站共建立乡村推广网点600多个，推广量占全市配方肥配制推广量的90%以上。同时，各级测配站在推广区设立“四田一点”，即试验田、跟踪田、示范田、指挥田以及肥力定位监测点，形成配方施肥的田间现场观摩体系，使农民可以亲眼目睹，收到了显著推广效果。与此同时，市站搞好各级测配站的协调工作，对有实力的和刚组建的测配站进行经验交流或物资调配，从各方面

给予协助支持。对推广区域进行统一协调管理,严格按章办事,避免造成不必要竞争。

四、利用现代宣传手段,搞好配方肥宣传工作

利用电视、宣传车、印发技术资料、制作 VCD 光盘、农业科技讲座、技术咨询等多种形式,进行全方位、多种形式的宣传推广。各级测配站在本区域电视台广告宣传达 250 天次,资金投入 5 万余元,制作 VCD 光盘 300 余张,技术宣传资料 10 万余份,下乡技术培训 100 余次,参加培训人员 2 万余人,测土化验 2 000 个土样,通过宣传加快了配方施肥技术推广普及,提高了农民的科学技术水平,取得了显著的经济效益和社会效益。

五、抓典型,树形象,带动全面发展

原阳县土肥站是全省首批组建的 16 个测配站之一,当时条件很差,仅有资金 6 000 元,4 名工作人员。经过几年的发展,克服种种困难,取得了长足的发展。目前,原阳不仅是新乡市土肥系统的先进典型,而且在全省乃至全国都有一定知名度。在工作中,通过原阳这个典型的例子,组织全市各测配站参观学习取经,加强相互间的交流,为各级测配站营造一个宽松良好的外部环境,以原阳为榜样带动全市测配站发展,增强配方肥活力,树立土肥技术在农业上的形象。

抓好六到位　推广配方肥

乔　勇

(河南省土壤肥料站·2003 年 2 月)

近年来,开封市以调整施肥结构,减少投入,增加农民收入为主线,以测土配方技术为依托,以建立和完善富有活力的网络体系为重点,紧紧围绕"引导、示范、服务"的方针,配方肥推广工作取得了显著成绩。目前市属 5 县 1 区化验室均能正常开展工作,其中兰考县土肥站化验室率先通过计量认证,实现了全省县级化验室计量认证零的突破;2002 年全市共免费化验土样 7 313 项次,建立测土配方施肥示范点 114 个,建立配方肥推广网点 411 个,新建测配站 4 个,共推广配方肥 7 186 t,分别比上年增加 31%、51%、21% 和 56%。在具体做法上,突出抓好"六到位"。

一、认识到位

为加速该市由农业大市向农业强市的历史性转变,推进农业现代化进程,该市市委、市政府确定了把依靠科技进步和提高劳动者素质放在首位,建立与新阶段农业技术发展相适应的农业科技创新体系和农业技术体系的指导思想和目标。为此,该市土肥站就土壤肥料工作在农业生产中的重要作用以及在生产实践中取得的明显效果多次向市领导汇报,引起了领导的重视,把测土配方技术纳入了开封市政府"十五"计划,号召农资系统配合农业部门搞好测土配方施肥技术推广工作。测土配方施肥技术还被该市政府评为"开封市为民百

件好事”在市博物馆展览，并就此项技术的推广与各县区人民政府签订目标责任书，为土肥工作的开展创造了良好氛围。

二、发动到位

在具体实践中，他们利用办理肥料经营许可证和肥料市场管理等广泛与肥料经销商接触的有利条件，加强配方肥推广网络建设。在办证过程中，对于经营大户，动员他们建立测肥站，向他们宣传建站的程序和建站后的权利与义务，使他们从思想上认识到建站后能体现自身价值，能得到农民拥护，能与国内外化肥企业合作得更好。目前全市共建成测肥站7个，其中2002年成立了4个。对于一般经营户，向他们宣传今后肥料推广的方向和成为网点后的优惠条件，动员他们加入推广队伍，发展成基层推广服务网点。在600多个经营户中，根据其信誉、科技意识、推广能力综合评定，筛选了90户作为推广网点，目前共有推广网点411个，推广产品配方8个，推广配方肥7 186 t，为该市农业生产做出了积极贡献。

三、服务到位

（一）加强肥料试验

按照省土肥站制定的试验方案，共安排12个新型肥料品种试验。根据全市不同土壤，不同地力水平，不同种植结构，自行安排了114个示范点，筛选出了最佳肥料配比，最佳用量，为测配站提供配方和指导生产提供科学依据。

（二）强化技术指导

根据各个测配站和推广网点的要求，共印发宣传资料30万份，报纸宣传25期次，电台、电视台宣传489次，墙报板报526期次，技术培训500场次，同时在市妇联、市科协举办的巾帼英雄“双学”、“双比”培训班上，培训乡村女村长、妇女主任85人，现全部到一线为群众提供技术服务。为了找到更好的技术服务路子，他们还帮助尉氏县庄头乡成立了农化服务中心，村村建立了技术服务点，每村培训1～2名技术员，每组发展5～10名科技户，在全乡形成了乡、村、组三级技术网络。并在乡政府门前专门设置了科技咨询台，架设咨询电话，农民足不出户就能解决生产中遇到的技术难题。

（三）无偿测土化验

在技术培训过程中，有很多农民反映肥料投入一年比一年增加，产量却没达到预期效果，怀疑土壤出了问题，要求帮助对土壤进行化验。根据广大群众的迫切要求，就将取土的方法教给他们，让群众自己取土样，土肥站免费为群众化验。据统计，平均每年为农民免费化验土样达7 000项次以上。根据化验结果，本着农民自愿的原则，一是他们提出配方，由测配站组织配制，并统一供应到村；二是为农民提出施肥建议，由农民自己去市场上购买。这项工作的开展，增加了农民的可信度，通过他们的生产实践，节本增效非常显著。用农民自己的话讲，现在种地不讲科学真不行了。

四、措施到位

为配合各级政府春秋两季打假扶优护农工作，该市土肥站积极与工商部门联合，加强化肥质量监测。2002年共化验各种肥料样633批次，合格346批次，不合格187批次，合格率为65%，其中复合肥合格率为57%，钾肥合格率为35%。为了把不合格产品赶出开封市场,将全市化肥抽检结果在《开封日报》上向全市发布,分别于9月21日、30日和10月8日就65个厂家的产品进行刊登,其中推荐合格产品34个,公布不合格产品31个。这一举措得到了合格厂家和广大农民的拥护。既向农民推荐了名优产品,服务了农民和厂家,又有效地打击了不法分子,净化了农资市场,深受群众称赞。

五、管理到位

在市场监控网络的建设和管理上,他们依靠肥料推广网点成员,从中筛选出作风正派、对假冒产品坑农害农深恶痛绝的人员作为肥料市场的监控员。对入选人员,一是开展识别真假化肥相关知识培训;二是提供各种优惠政策,如经销测配站产品价格每吨优惠20元,化验土样免费,检测5个以下化肥样免费等。据统计,接到举报并查处生产经营各类肥料案件216起,直接挽回经济损失2 500万元。如2002年3月份接到杞县乡级肥料信息员蟠桃的举报,迅速组织人员对没有登记的含硫尿素产品采样封存暂扣,并及时向省站汇报情况。5月份接到开封县村级假美国二铵的举报,经化验有效含量仅为0.4%。一方面与当地公安部门联系对销售人员进行抓捕,另一方面帮助受骗农户拿起法律武器,使20余户农民避免了经济损失。

六、监测到位

为了更好地落实《河南省耕地地力监测管理办法》,为农业可持续发展提供准确可靠的监测依据,进一步指导农民科学施肥,积极开展了全市耕地土壤监测网点的建设工作。市属县区认真统计本辖区内各监测点的地力状况,建立监测档案,为测土配方施肥技术推广提供了可靠依据。同时重视示范点的建设,如开封县、郊区土肥站为了搞好示范点的建设,派一名农艺师负责田间观察记载工作,详细认真记载作物的品种、播期、播量、出苗情况、各生育期、收获时间和亩产量,底肥使用情况、追肥时间、方法、灌溉次数和时间,防治病虫害次数、时间等情况。

焦作市测土配方施肥的实践与探索

孙建新　任家亮

(焦作市土壤肥料站·2005年8月)

随着社会经济的不断发展,人民生活水平日渐提高,对农产品的需求不再满足于量的充分供给,对其种类与品质也提出了更高要求。我国加入WTO后,农产品的生产不仅要应对来自于国内与国际市场的双重挑战,发达国家技术壁垒的设置,也迫使我们在生产中必须更多地使用精确定量技术。国务院总理温家宝在2003年中央农村工作会议上提出了新时期农业生产优质、高产、高效、生态、安全的五项标准,高度概括了当今我国农业生产在挑战面前所应达到的总目标。测土配方施肥作为近代农业科技发展起来的精确定量技术,在我市农业生产中有着不可替代的基础性地位,已经成为现阶段农业结构调整,实现农业增效、农民增收的主导性技术。

一、测土配方施肥概况

近年来,我市年推广配方施肥面积250万亩次。其中,小麦140余万亩,占麦播面积的77%左右;玉米80余万亩,占播种面积的70%左右;平衡配套施肥面积100万亩次,占配方施肥面积的40%左右。据调查统计,测土配方施肥示范区,平均亩增产小麦43 kg,玉米56 kg,棉花17 kg,大豆27 kg。在同等产量水平下,平均每亩折合少施高浓度复混肥7.5 kg;在增产的同时,平均每亩化肥投入成本降低了8.2元。氮肥利用率提高了5~10个百分点,磷肥利用率提高了5~15个百分点,钾肥利用率提高了5~10个百分点。

二、配方施肥技术推广工作的具体实践

(一)始终把本生态区域内测土配方施肥技术的基础研究放在首位

测土配方施肥具有较强的地域性特征。不同生态类型区,具有不同的气候、土壤、地形、地貌等生态条件与生产条件,作物生长与管理特征明显不同;土壤在自然发育与农业利用中所形成的以保肥与供肥性能为主导的生产特性差异显著;各个地区由于栽培品种、产量水平、土壤养分含量的显著差异,也会使肥料效应发生质的变异。因此,任何一种作物的科学施肥,都必须以当地生态条件为基础,以田间试验为基本手段。否则,就没有真正意义上的测土配方施肥。

多年来,我市始终把测土配方施肥技术基础研究放在首位,组织全市土肥系统技术力量,对土壤化验结果反馈点进行了大规模的产量调查,在初步掌握土壤养分利用系数变化规律的基础上,选择不同养分含量的化验点位制订不同的试验方案,全面展开正规试验。在试验中,为便于操作管理,获得准确数据,在处理设置上采取多点小规模的原则,每个试验只设计4种施肥量,3个重复,12个小区。在地力选择上,根据测土化验结果,注意在不同含量区段上布置试验,使获得的参数能够广泛应用于全市不同产量水平与不同养分含量的土壤。在试验结论做出后,注意同步展开反馈试验,进一步验证各个技术参数在生产中的稳定性,从而确定试验结果的应用价值。土壤速效氮磷钾利用系数的计算,以斯坦福原理为基础;试验地选择在不同土壤质地、不同养分含量、不同产量水平的区域进行;试验操作按设定程序进行,并根据具体情况进行符合配套技术要求的合理调整;资料记录按规范化表格进行,以实产为准,保证试验数据全面、真实、完整、可靠。所有试验设计均进行区组控制,通过区组效应分析,有效排除因肥力差异对试验结果的影响;各处理数据进行方差分析,确立处理效应是否显著;处理与对照采用最小显著差数法(LSD法)进行显著性比较,设计$LSD_{0.05}$与$LSD_{0.01}$两个显著水平;试验结论要求简明规范,在注重肥效分析的同时,并注意施肥结构、成本的分析比较。几年来,全市共完成产量调查1 400余户,正规田间试验42项次,反馈试验40项次。在全国省辖市率先全面完成了小麦、玉米以斯坦福原理为基础的各项技术参数的研究,其中《焦作市小麦平衡配套施肥技术研究与推广》于2005年7月获焦作市科技进步一等奖,为测土配方施肥奠定了不可或缺的基础。

(二)制定了《关于进一步加强测土配方施肥技术推广工作的意见》

为了适应农业结构调整的战略需要,实现新时期农业生产优质、高产、高效、生态、安全的总体目标,我市从战略高度出发,从生产调研入手,以多年来的技术成果为依托,制定了焦

农字(2003)77 号《关于进一步加强测土配方施肥技术推广工作的意见》,下发至各县市区。该意见以提高认识、转变观念为先导,明确了指导思想,分解了目标任务,从加大宣传培训力度,建立示范基地,完善化验测试体系建设,开展耕地养分调查,搞好测配站建设管理,加快技术创新步伐等六大方面提出了搞好技术推广的具体意见,并强调了加强领导、建立正常投入机制的重要性。意见下发后,引起各县市的高度重视,对推动全市测土配方施肥工作的持续顺利开展起到了巨大的推动作用。

(三)坚持有机肥与化肥相结合的基本思路

有机肥的施用是土壤肥力的基础。它不仅以长久的肥效为作物提供大量的营养物质,且能显著改善土壤结构,增加土壤有机质含量,提高土壤生化活性。在有机肥工作中,我市重点实施直还战略,以秸秆禁烧为突破口,全面加大购机、还田双向补贴的财政扶持力度。据统计,目前全市拥有大中型拖拉机 8 000 余台,玉米秸秆还田机 5 000 余台,联合收割机 2 500余台。平原区小麦机收高留茬与麦秸、麦糠覆盖还田面积占麦播面积的 95% 以上,玉米秸秆粉碎还田面积占 80% 左右,青贮饲用过腹还田面积占 20% 左右。近年来,未发生过一次大面积秸秆焚烧事件,有机肥工作取得了突破性进展,全面建立健全了农田生态体系的良性生物循环机制。

(四)把取土化验作为配方施肥的主要依据

配方施肥技术丰产性能的良好发挥,关键在于能否准确了解土壤肥力因素的高低与土壤生产条件的好坏。我们在工作中,把做好取土化验工作作为搞好全市配方施肥的基础工程,克服经费短缺、设备老化损坏等各种困难,保障了取土化验工作的正常开展。每年麦播,全市平均取土 800 余个,化验近 4 000 项次。化验结果得到了及时反馈,保证了化肥施用量的准确投入。

(五)全面实施补钾工程

由于农业生产水平不断提高,土壤养分输出强度不断增加,加上钾肥施用偏少,使我市土壤养分在有机质与速效氮、磷含量稳步增加的同时,速效钾含量呈下降趋势,不利于农业生产的持续发展与提高。因此,我市在测土配方施肥工作中,持续实施补钾工程,在抓好双季秸秆直接还田的同时,加大化肥钾素投入量。近年来,以复混肥施用为主导的补钾面积已达到每年 300 万亩以上,有效延缓了土壤速效钾下降幅度,很多点位已呈逐渐上升趋势。

(六)普及推广微肥

在我市的粮食生产中,缺锌、缺锰、缺硼的表现日趋明显,主要原因有三个方面:一是我市的土壤属次生黄土母质,石灰性土壤,弱碱性反应,pH 值多为 7.8 ~ 8.1,微量元素含量不高,有效性较低,很多土壤不能满足作物生长需要。特别是每年作物生产带走的大量微量元素得不到有效的施肥补充,土壤含量呈下降趋势。二是随着优良品种生产性能的提高,作物本身对微量元素的反应更加敏感,而且产量水平较低时能够满足生产需要的土壤含量,在生产水平不断提高的情况下已不能完全满足。三是土壤速效磷含量由过去的 10 mg/kg 增加到现在的近 40 mg/kg,对土壤微量元素的固定作用加强,与微量元素在植物体内的拮抗作用更加突出,促进了作物微量元素缺乏症状的进一步表现。近年来我市在测土配方施肥工作中,注意强化微肥的普及与推广,使用面积逐年扩大。据统计,2004 年小麦锌肥拌种 60 万亩次,返青、拔节期锌肥喷洒 82 万亩次;玉米锌肥拌种 30 万亩次,拔节至大喇叭口期喷洒 35 万亩次;大豆钼肥喷洒 1.5 万亩次;棉花硼肥喷洒 2.5 万亩次;果园喷洒锌肥、硼肥 4.0

万亩次。全年微肥施用面积达215万亩次，保障了全市粮食生产水平的稳步提高。

(七)建立示范基地，强化配套服务

在近年来的工作中，我站加大测、配、产、供、施工作力度，在所辖各县市区共设立平衡配套示范村36个，建立示范基地近5万亩，建立推广网点321个，累计推广配方肥15 000 t。由于示范效应比较突出，配套服务比较完善，全市平衡配套施肥面积不断扩大，每年达到100万亩次以上。

(八)强化宣传培训，搞好科技下乡

为全面搞好测土配方施肥技术推广工作，我市着力强化宣传培训，切切实实搞好科技下乡，年均召开各类技术培训会均在100场次以上，培训人员50 000余人次。每年都根据麦播基础土化验情况，撰写年度麦播施肥意见；根据春季苗情调查与麦播施肥调查情况，撰写年度小麦春季管理办法；根据夏播苗情调查情况，撰写夏玉米施肥管理意见。平均每年发放技术资料50 000余份，参与科技下乡300余人次，办墙报、板报200余期次，在《焦作日报》、《焦作电视台》宣传报道20余次，建立常年业务联系点300余个，全年技术咨询上万人次。

三、存在的问题

在我市的测土配方施肥工作实践中，突出存在的问题，一是经费短缺，二是手段落后。多年来，土肥系统缺乏项目带动，设备老化，人员流失，资金匮乏，基础研究远远不能满足农业生产的实际需要，各项公益性消耗型业务不能正常开展，制约了先进农业技术的生产力转化。在科技高度发达的现代信息社会，农业技术推广手段仍处于原始落后状态，宣传、培训效果欠佳，技术棚架、资料不全，决策盲目、指导乏力、服务缺位现象比较严重。

四、对策

针对技术推广工作中存在的突出问题，在中央惠农、助农政策指导下，应切实加大投入力度，在现代配方施肥理论指导下，依托本地科研成果，通过高密度化验，运用现代信息技术，建立《焦作市测土配方施肥资源信息决策系统》，是改进手段落后、强化技术推广的重要措施。

(一)系统建设方案

(1)成立领导小组，建立专家队伍，实行项目对接，建立长效工作机制。

(2)搞好化验室、测配站基础设施建设，购置、更新必需的仪器设备，完善硬件设施。

(3)组织取样专业队，搞好业务培训，进行野外作业，以250亩为一个单元，进行耕层多点取样。

(4)对近10 000个土样，组织分析化验，做好统计处理，保证结果及时、准确。

(5)以焦作市土肥站为龙头，建立测土施肥网络中心；以各县(市)土肥站及乡镇农技站为基础进行电脑联网，建立测配网络。

(6)将土壤分类分布资料、土壤养分化验资料、行政区划及地形地貌等各种资料进行图面整合，进入测配网络，建立测土施肥资源信息系统。

(7)以本区域小麦、玉米配方施肥技术参数为基础，建立依据于各点位信息资源的测土施肥决策系统。

(8)完善服务体系，充实基层人员，搞好技术物化，保障服务到位，指导技术落实。

(9)组织技术培训，搞好宣传发动，全面启动测土施肥。

(10)搞好其他作物配方施肥技术的后续研究,逐渐拓广服务领域。

(11)搞好后续资料的充实更新工作,确保系统正确运转。

(二)系统建设目标

《焦作市测土配方施肥资源信息决策系统》项目建设完成后,将完全解决目前学术界与推广机构争论不休的测土配方区域划分大小问题。在常规状态下,由于土壤养分含量随着从土种到土类分类单元的提高自然变异性大大增强,而千家万户小规模又人为增加了变异因素。因此,过大设定测土配方区域,必然导致技术失真,引导失误,大大降低测土配方施肥在农民心中的形象与威信;过小设置测土配方区域,又难以掌握各局部以土壤养分为主导的测土配方施肥资源信息。

该系统建设完成后,将变区域化测土配方施肥为片状测土配方施肥,每个配方的控制范围将从数千亩至数万亩,缩减到只有250亩,针对性将大大加强,技术效益将充分发挥。

由于该系统建设运用了现代信息技术,不仅使片状测土配方施肥成为可能,而且可以直接面对千家万户,点状入户,彻底解决技术棚架问题。

系统建成后,用3年左右的时间使小麦—玉米轮作区片状测土配方施肥覆盖率达到80%,点状入户率达到30%;小麦测土配方施肥面积达150万亩以上,玉米达120万亩以上。

(三)系统建设效益

1. 经济效益

测土配方施肥经济效益主要表现在节本、增效两个方面。

在增效方面,据360户调查资料,与常规施肥相比,小麦亩穗数增加3.37万穗,穗粒数增加2.12粒,千粒重增加0.6 g,平均亩增产小麦43 kg。按每年150万亩推广面积,可年增产小麦6 450万kg;按每公斤市场价1.3元计算,年增加收入8 385万元。

据280户调查资料,与常规施肥相比,玉米平均亩增产56 kg。按每年推广面积120万亩,市场售价每公斤1.1元计算,可年增产玉米6 720万kg,年增加收入7 392万元。

小麦、玉米增产效应合计,可年增产粮食13 170万kg,增加收入15 777万元。

在节本方面,调查资料显示,与常规施肥相比,在增产的同时,小麦每亩可降低肥料投入8.5元,玉米可降低肥料投入7.8元。平均每亩节本8.2元,每年可降低肥料投入成本2 214万元。

节本、增效合计,每年可增加社会经济效益17 991万元。

2. 生态效益

该系统生态效益十分显著,主要体现在两个方面:

第一方面是显性生态效益。体现在由于该项技术具有显著的丰产性能,促进了化肥的合理投入,改变了盲目施肥、偏施偏上的不良习惯,在增产、增收的同时,化肥施用量在结构上调整,在总体上减量,出现了节本、增效的双重效应。按前述每年降低肥料投入2 214万元计算,相当于系统服务区每年减少化肥实物投入折标准氮肥3.16万t。

第二方面是隐性生态效益。由于该系统建成后,化肥利用率大幅度提高,在同等产量水平下,化肥施用量可减少15%以上。按目前服务区施肥水平,相当于每亩减少7.5 kg化肥施用量,每推广100万亩次,相当于减少7 500 t高浓度化肥施用量,折标准氮肥1.5万t以上。年推广面积270万亩次,可减少化肥施用折标准氮肥4.05万t以上。

不管是隐性生态效益还是显性生态效益,该项技术都提高了肥效,减少了投入,从而节约了资源,减少了环境污染,确保了农产品品质,促进了化肥资源的优化配置与农业可持续发展。

3. 社会效益

该系统建设完成后,在取得巨大经济效益、生态效益的同时,也将产生良好的社会效益。一是现代测土配方施肥资源信息系统与决策系统的建立,必将引起技术推广体系的革命性变革,技术推广手段的革命性进步,大幅度提高推广效益,加快先进农业科技转化为生产力的步伐,全面促进农业生产优质、高产、高效、生态、安全。二是技术推广力度的加大,促进了农业增产,农民增收,农村稳定,是全面执行中央惠农、助农政策的具体体现。三是该系统项目实施将为全市土肥系统注入新的活力与动力,全面加强体系建设,在加快已有科技成果转化的同时,促进以测土配方施肥为核心的基础研究与开发。四是该系统项目实施将促进领导体制的建立,地方财政扶持力度的加大,为进一步搞好技术推广奠定良好基础。五是该系统项目实施过程中高强度大范围的技术培训,将帮助农民认识、掌握先进的农业技术,提高自身科技素质,促进农村的社会文明与进步。六是广泛深入的宣传报道,将普及技术,教育群众,提高他们在小规模、低水平、重复性生产劳动中接受与应用先进农业科技的主动性、自觉性。七是系统建成后,推广效率的大幅度提高,为测土配方施肥真正进村入户提供了必不可少的条件,将培育出众多的科技示范户,并通过其辐射带动作用,加快各项农业技术的推广应用步伐。

配方施肥在焦作市小麦生产上的成功应用

宋福海　任家亮　郭水生

(焦作市土壤肥料站·2005 年 8 月)

焦作市是全国粮食高产区之一。1998 年全市粮食年亩产达到 1 009.91 kg,成为我国黄河以北第一个吨粮市,1999 年实现小麦亩产千斤市。和全国一样,伴随着连年丰收和市场经济的发展,小麦生产出现了高产低效。为了加快我市小麦优质高产的开发步伐,实现农民增产增收的目标,尽快把我市由小麦高产市转化成小麦优质高效市,从 1999 年开始,全面推广测土配方施肥技术,经过几年的努力,取得了显著的社会经济效益,使我市小麦成功地实现了从单一到多元,从高产到高效的战略转型,由全国小麦千斤市变成了国家的优质小麦生产基地。

一、取得的成绩

(一)配方施肥推广规模得到了扩大

从 1999 年高肥地测土配方施肥试验示范研究开始,到 2002 年推广高肥地配方施肥面积 44.09 万亩,占当年全市麦播总面积的 24.4%。2003 年推广到 103.4 万亩,占当年全市麦播总面积的 57.3%。2004 年推广面积达 162.52 万亩,占当年全市麦播总面积的 86.1%。3 年来累计推广面积达到 310.01 万亩。

(二)小麦的产量与品质得到了提高

从产量情况看, 2002 年度推广高肥地配方施肥技术 44.09 万亩,其中强筋小麦配方施肥应用面积12.73万亩,平均亩产445.6 kg,比对照亩增25.5 kg,增幅6.1%;中筋小麦配方施肥应用面积31.36万亩,平均亩产464.8 kg,比对照亩增29 kg,增幅6.8%。2003年度推广到103.4万亩,其中强筋小麦应用面积27.8万亩,中筋小麦应用面积75.6万亩,在遭遇播期偏晚、冬春低温寡照、病虫危害较重等多种不利条件下,配方施肥区强筋小麦和中筋小麦平均亩产仍达到460.6 kg和476.3 kg,分别比对照亩增30.7 kg和30.8 kg,增幅为7.1%和7.2%,并带动全市小麦平均亩产达到435.2 kg的好收成。2004年度推广面积达162.52万亩,在播期多雨难耕、大面积晚播、播种基础极差的情况下,配方施肥区50.15万亩强筋小麦平均亩产达472.4 kg;112.37万亩中筋小麦平均亩产达486.3 kg,并带动全市188.67万亩小麦亩产达到461.9 kg,比上年增长26.7 kg,增幅6.1%。通过推广应用该项技术,使我市自2001年秋播至2004年夏收3年累计增收粮食10 045.60万kg。

高肥地小麦配方施肥技术的推广应用,对提高小麦品质起到了至关重要的作用,大大提高了我市小麦的信誉和知名度,使我市小麦不仅在当地畅销,而且还远销到西安、上海、长沙等11省、市多家加工企业。据多家企业和用户抽查化验,强筋小麦的蛋白质含量、湿面筋含量、降落值、面团稳定时间、容重等理化指标96.5%以上达到国家GB/T 17892—1999品质标准,有的已达到或接近国外的小麦质量标准,中筋小麦品质全部达到国家GB/T 17320—1998品质标准。2002年与中粮集团合作出口印度尼西亚等国2.84万t,是我市小麦首次走出国门。

(三)社会经济效益得到了明显增加

自2002年至2004年夏收3年累计推广310.01万亩,总增产10 045.60万kg,共增产值20 380.83万元,共增效益19 178.76万元。其中,强筋小麦3年累计总增产值4 548.47万元,总增效益4 276.43万元。中筋小麦3年累计总增产值9 929.1万元,总增效益9 271.10万元。

二、主要措施

自1999年秋播至2001年,重点开展了高肥地小麦配方施肥技术研究及组装配套等工作。2001年秋播开始,我们在继续搞好试验研究、完善综合配套技术的同时,大面积开展示范推广。在运行机制上,我们建立了试验核心区、示范先导区和辐射推广区,以加快试验成果转化步伐。试验核心区,即以县(市)农科所、原种场和部分乡镇为基点,开展试验研究与科技攻关,重点开展新品种及单项配套技术研究;示范先导区,即建立百、千、万亩示范方,将优化组装集成技术综合应用于示范方,以示范方为先导,典型带动、辐射周边,发挥样板作用;辐射推广区,即示范方周边推广应用区。几年来,在示范先导区,我们共建立示范方148个,其中百亩方86个,千亩方45个,万亩方17个,辐射带动面积累计达310.01万亩,累计总增粮食10 045.60万kg,总增效益19 178.76万元。

(一)加强组织与协调

为确保配方施肥技术的大面积推广,市县农业部门分别组成协调领导小组。建立两套班子,强化三项服务。一是领导班子,二是技术班子。在推广过程中,进行了统一组织、统一领导、统一管理。强化三项服务,一是领导服务,二是技术服务,三是物资服务。领导班子,主要负责本项工作的管理与协调、督促检查等日常工作。技术班子领导小组下设办公室,把全市具有高中级职称的技术人员组织起来,建立了“专家咨询组”,通过各种手段把配方施肥技术转化为群众性的实践活动,从而确保各项技术措施落实到位。

（二）建立新型推广应用模式

为了加快配方施肥技术推广应用步伐，使此项技术尽快转化为生产力，我们建立了“试验、示范、辐射”三个层面的科技推广模式，试验即试验核心区，在温县农科所、博爱农科所、原种场、博爱农场、修武周庄、孟州谷旦、新河农场、沁阳等建立了试验核心区，重点开展单项施肥技术研究；示范即示范先导区，在核心区周围及各县（市）建立了示范先导区、市在各县（市）建立有万亩示范方、各县建有万亩方、千亩方、乡（镇）建有千亩方或百亩方，村建示范点，重点是将优化组装集成的配方施肥技术综合应用于示范方，以示范方为先导，发挥典型样板作用；辐射即辐射推广区，重点将先导区的成熟集成技术，通过辐射带动达到全面普及。

（三）大力实施测土配方施肥技术

测土配方施肥技术是在对土壤化验分析，掌握土壤供肥情况的基础上，根据种植作物需肥特点和肥料释放条件，确定施肥的种类、配比和用量，其关键是测土化验，了解耕地肥力状况，只有掌握具体的养分含量，才能制定出合理的配方。我们在开展常年28个地力监测点观察的基础上，每年秋收前都向各县市下达采样和测土任务，布置测土配方施肥工作。几年来全市共采集土样2 463个，化验分析9 018样次，获取数据9 018个。根据测土的数据，配制施肥建议卡8 368份，发放施肥卡到农户，基本完成了大田作物的施肥卡发放工作。市、县（区）还组织农业中心技术人员深入田间地头，走访农户，就如何根据施肥卡配肥、怎样合理施肥、怎样识别和挑选化肥等进行了现场指导，深受农民的好评。同时，积极探索统一测土、定点配肥、连锁供应等有效服务形式，做成专用配方肥送到农民手中，使测土配方施肥技术落实到田间地头。

（四）搞好技术培训与服务

为使我市广大干群掌握好、运用好配方施肥技术，结合我市的生产特点和优势条件，开展了不同形式的科技培训，归纳起来有3种：①组织技术讲座。首先聘请省市专家讲课，根据培训内容先对全市农业科技人员组织培训，在此基础上，组织科技人员进村对农民面对面的集中培训，解答农民提出的生产问题。②举办电视讲座。在小麦生长的关键时期，对生产中遇到的时效性强、带普遍性的问题，利用市、县电视台栏目进行电视讲座。③开通热线电话。在广播电台开通“农业科技服务热线”，利用热线电话为农民提供快捷便利的技术服务，替农民排忧解难。

组建测配站 推广配方肥
积极探索测土配方施肥技术推广新体制

刘中平[1] 刘长伟[2] 邹勇飞[2]

（1. 河南省土壤肥料站；2. 太康县土壤肥料站·2005年5月）

太康县位于河南省中部偏东辽阔的黄淮平原，是一个典型的农业大县，全县145万人，辖23个乡（镇）766个行政村，耕地170万亩，主要作物有小麦、玉米、棉花等。

20 世纪 90 年代，随着社会主义计划经济向市场经济过渡，太康县土肥技术推广部门同全国一样，面临着两大难题：一是面对农村劳动力大量转移，从事农业生产的以老弱妇幼为主，如何提高科学施肥技术普及率及肥料利用率，促进农民增收、农业增效，适应农业发展新阶段的需要；二是面对基层推广体系线断网破局面，如何解决农业技术推广"最后一公里"断层问题及土肥部门自身生存面临的困难。就太康县来讲，土肥站当时共有 16 名职工，每人每月仅有人头经费 400 多元，乡村服务体系处于瘫痪状态，业务开展十分艰难。如何破解上述难题，在服务农业、服务农民的同时，走出一条自我积累、自我完善、自我发展、自我壮大的路子，是基层农技部门苦苦思索的问题。1998 年，在省、市业务部门的指导下，在该县农业局的直接领导和大力支持下，太康县土肥站开始了"组建测配站、推广配方肥"的测土配方施肥技术服务新体制的艰苦探索。

7 年来，经过土肥站全体同志的共同努力，太康县测土配方施肥技术推广局面已基本打开，测配站发展已初具规模，乡村配送网点已建 487 个，发展土壤监测员 320 名，科技示范户 2 900 户。2004 年配方肥配制推广总量已突破 6 000 t 大关，占全县麦播用肥总量的近1/10。几年来，累计免费为农民化验土样 1.2 万个，配制推广配方肥 3 万多 t，应用面积 75 万亩次，服务农户 15 万户次，实现节本增效 5 000 多万元，初步走出了一条以促进农民增收、农业增效为目标，以化验室为依托，以测配站为龙头，以配方肥为载体，以乡村配送推广服务网络为基础的"测、配、产、供、施"一条龙技术服务的路子，多次受到农业部、全国农技推广中心和省、市、县领导表扬和农民群众的欢迎。

一、依托化验室，组建测配站，大胆探索测土配方施肥技术服务新途径

（一）统一思想，积极申请建站

1998 年 7 月份，省土肥站针对全省土肥系统面临的"有钱养兵，无钱打仗"，有的甚至连"兵"都养不起的困境，在全省土肥物化服务工作会议上，提出了在县乡尝试"组建测配站、推广配方肥"的做法。太康县闻讯后，土肥站全体人员对此进行了认真讨论，一致认为，配方肥料是在测土化验的基础上，根据作物需肥特性、肥料肥效特点进行科学配制的专用肥料，是测土配方施肥技术的物质载体，是未来农业用肥的发展方向，也是世界农业先进国家通行的做法，同时具有操作简单、配方灵活、针对性强、投资少、见效快的特点，还可以充分发挥土肥部门的技术、手段、体系、职能等优势，是眼下土肥部门摆脱困境、走"四自"发展道路的首选之措。因此，在取得全站共识的前提下，经县局同意，积极向省土肥站提出了建站申请。省土肥站经过论证，把该县列入了全省首批 16 个试点县之列。

（二）同心协力，努力打好配肥推广第一仗

接到省土肥站批准建站通知后，在县局领导的大力支持下，土肥站全站动员，迅速展开了建站的各项筹备工作。首先，多方筹措建站资金。组建测配站不是一句空话，需要一定的资金投入。建站之初，站里没有任何积蓄，可以说是一穷二白，所需资金全部由职工个人筹措。由于大家统一了认识，认准了方向，积极性空前高涨，短短几天就筹集了 10 多万元资金，向县局租借了场地，用几把铁锨开始了最原始的配方肥配制。其次，依托化验室，进行取土化验。测土配方施肥技术推广的前提是测土化验。测配站成立后，他们首先从取土化验开始，迈出了配制配方肥的第一步。到 8 月中旬，共取土样 800 多个，连班化验，同时对历史测土化验资料进行整理，从第二次土壤普查资料开始，把逐年的土壤化验资料归类分析，在

此基础上拟定配方,配方拟定后,及时送省土肥站进行审定。再次,全员发动搞推广。第一批配方肥配好后,为保证其顺利推广出去,在县局的大力支持下,全局动员,土肥站全体人员更是身先士卒,每人承包 10 t 推广任务。从 7 月底接到建站通知,8 月初开始筹建,下旬开始试配,到 11 月中旬种麦结束,共配制小麦底施配方肥 230 t,全部推广一空,取得了首战成功。跟踪调查和对比试验表明,施用他们配制的"沃力"牌小麦配方肥,每亩较传统施肥少 20 ~ 30 kg,小麦增幅平均达 10% ~15%,每亩可实现节本增效 50 ~ 80 元。

(三)虚心求教,认真解决配肥过程中的技术难题

配方肥配制集多种土肥技术于大成,如测土化验、田间试验、配方修订等。同时,就配制来讲,也有很多学问。组建测配站之初,他们也走了不少弯路,付出了一定学费。如配方肥的潮解问题,由于没有经验,肥料掺混后不久就出现了潮解,包装袋外面渗水,泥污不堪,直接影响了其商品性。后来,他们虚心请教省、市专家,终于解决了这一难题。此外,还有肥料物理性质的相配性,如粒径不同,会出现分层现象;还有原料的外观颜色,有的原料着色不好,会把原本雪白的尿素染污得面貌全非等。在省、市专家的指导下,该县配方肥配制技术目前已完全成熟,配出的配方肥不仅肥料配比合理,质量信得过,且物理性状良好,颜色亮丽,使用简便,群众形象地称为"三色肥"、"彩色肥"。

(四)再接再厉,推动测配站上规模、上档次

在省、市土肥站和县局的支持指导下,他们在巩固测配站的同时,多方筹集资金,努力扩大配制规模,配肥工艺也从最原始的手工掺混,逐步发展到机械掺混、半自动计量进料。目前,测配站占地 4 000 m^2,仓库 420 m^2,配制车间 800 m^2,办公室 180 m^2,技术、管理人员 12 名,配制工人 36 名,拥有机械掺混设备一套,年配制能力 3 万 t,固定资产 120 万元,流动资金 100 万元。2003 年被省土肥站授予四星级连锁测配站称号,2004 年受到省土肥站特殊表彰,县土肥站也连续多年被评为省、市土肥系统先进单位。

二、以市场为导向,以利益为纽带,以服务为宗旨,创建基层推广配送服务网络

组建测配站,推广配方肥,推广测土配方施肥技术的关键是配方肥能否直供农民手中。组建测配站之初,他们就十分重视基层推广配送服务网络建设,明确提出以乡为单位,把点建在村上。

(一)强化乡站

以乡农技站人员为基础,经县农业局组织考察,组建乡级测土配方施肥连锁服务中心站,具体负责所辖区域的测土配方施肥工作。其主要职责是:组织村站人员进行土样采集和技术培训,监督管理村站工作,协助县测配站搞好土样采集、肥料配送、施肥指导及各项信息收集与反馈等。全县已建立乡级测土配方施肥连锁服务中心站 20 个,占乡镇总数的 88%。

(二)组建村站

在组建乡中心站的基础上,由乡站按要求推荐村级服务站及其人员,经县站考核后予以确认,并建档立卡。村站及其人员要达到"五有":一是有初中以上文化程度;二是有一定的农技推广和农资经营经验;三是有临街门面两间以上;四是在当地有良好的诚信经营信誉,五是有一定经济实力。1999 年春,全县一次性建立了 179 个村级服务站,组织了为期 7 天的技术培训。在管理上,对村站实行"七统一":统一制作标识为"太康县 × × 乡 × × 村农业

技术服务站”的门店招牌;统一配置货架、柜台;统一在店门前制作 2 m×1.5 m 技术宣传栏;统一配送货物;统一发放技术宣传资料;统一配发服务资格证书;统一供肥价格。村站由于置身在农民群众之中,服务对象是街坊邻居、父老乡亲,一方面有利于取信于民,便于测土配方施肥技术推广,另一方面还可以抵制假冒伪劣产品。

(三)发展示范农户

村站建立后,为把网络向下延伸,保证配方肥落地入户,同时也为了扩大配方肥的影响,利于推广,由村站负责,每个站发展 6~10 户重点连锁服务示范农户,签订服务合同,由县土肥站免费为其测土化验,优惠供应示范田专用配方肥,同时实行从种到收全程技术指导,以此带动和影响其他农户。这些示范户的示范作用广大农民群众看得见、摸得着,实实在在,真实可信,在带动群众使用配方肥中起到了不可替代的作用,成为连锁服务网络的重要基础。

(四)组织连锁配送

为确保乡、村服务站把配方肥及时送到农户手中,县土肥站专门雇用个体农用车,组建了配送车队,推广量大的村站由县土肥站直送到村,推广量小的村站由乡级中心站负责配送。在备肥高峰季节,配送车辆最多达 20 多辆,县站同时 24 小时电话值班,从接到需肥电话 10 个小时内确保送货到服务站。

(五)建立富有活力的运作机制

能否保证网络活力,关键在利益机制。在实际操作中,为确保乡、村服务站活力,大力提倡建立综合站,不仅推广配方肥,同时兼向农民提供农药、种子、农膜等农资产品。县土肥站在利益分配上,让利给农民和基层服务站。为激励乡、村服务站,每年年终县土肥站还召开表彰大会,对推广成绩好、贡献突出的乡村服务站,进行精神表彰和一定的物质奖励。

(六)加强业务技术培训

为提高乡村服务站人员素质和示范户接受能力,他们还建立了严格的技术培训制度,根据不同情况组织培训。乡站和重点村站由县站负责,每年春秋两季在县城集中培训,每人每天由县站提供 10 元午餐补助;其他村站和示范农户由乡中心站负责组织培训,县站负责授课。在实际工作中,还通过跟踪服务,随时进行技术指导,就近组织土壤监测员、乡村服务站及示范户、普通群众进行现场指导交流,让更多的群众了解测土配方施肥的好处与优点,自觉接受测土配方施肥技术。

(七)严格进行管理

在网络管理上,县土肥站专门抽出 6 名人员组成村站管理小组,每人配备一辆摩托车,分片包乡,定期或不定期检查乡村服务站工作情况,如技术资料是否及时发放到群众手中,宣传栏内容是否定期更换等。同时建立了严格的运作管理细则,凡出现违规现象,及时进行批评教育,对不服从管理的坚决予以取缔。1999 年因不服从管理取缔了 4 个村站,2001 年因私自购进并向群众供应假劣农资取缔了 3 个村站,并在县有线电视台公开曝光。

目前,该县村级服务站已达 467 个,占全县行政村总数的 61%,初步形成了以县测配站为龙头,以配送车队为链条,以乡级中心站为枢纽,以村级服务站为终端,以示范农户为基础的富有活力的连锁配送服务网络。

三、完善测土化验体系，缩小取土单元，努力提高肥料配方的科学性、合理性与针对性

测土化验是测土配方施肥的前提和基础，同时也是土肥部门自身的优势之一。几年来，为保证测土配方施肥的物质载体——配方肥适合该县土壤需要，他们重新规划了取土网点，更新改造了化验室，添置了仪器设备，培训了化验人员，招聘建立了乡、村两级土壤监测员队伍，初步形成了覆盖全县不同土壤类型、不同地力水平的测土化验网络。

（一）合理规划取样区域

为确保土样的代表性和典型性，对全县测土样点进行了重新规划，每乡选择15个行政村，每村以示范户为重点，同时兼顾地力水平、产量水平及轮作方式，在全县建立了132个相对稳定的土壤监测点，平均1.3万亩1个，每年取土样1 500个左右，基本代表了全县耕地土壤肥力水平。与此同时，随着测土配方施肥技术的宣传推广，农民自发送样化验的也越来越多。据不完全统计，2004年县站化验室接受农民自发送土样达178个。

（二）组建乡村土壤监测员队伍

从2003年开始，他们在全县范围内逐乡招聘乡、村两级土壤监测员。土壤监测员的基本条件是：具有高中以上文化程度，热爱农业科学技术，种田水平较高，工作认真负责，服从安排，乐于助人，农业广播电视学校毕业的学员优先。主要职责是：采集土样，组织群众搞好技术培训，做好示范田建设，示范带领农民科学施肥。经严格考核，目前全县土壤监测员已发展320名，他们同时也是测土配方施肥重点示范户。每年8、9月份，县土肥站通知乡村土壤监测员统一取样，乡级土壤监测员负责收集送县土肥站化验，从而保证了取样的及时性和代表性。

（三）更新改造化验室

几年来，他们利用配制推广配方肥的积累，反哺体系建设，先后投入30多万元对化验室进行了全面整修，添置了计算机、电子分析天平、定氮仪、气相色谱仪等。在改善硬件的同时，还狠抓了化验队伍建设，化验人员由5人增加到10人，并采取送出去请进来的办法，对化验人员进行培训。2000～2004年5年间，先后六次聘请省、市土肥化验专家来站进行培训和指导，其中最长时间达三个月之久。对全国、省、市业务部门组织的学习培训也积极派员参加。通过连续几年的努力，该县化验室化验能力和化验水平都有很大提高。自2000年以来，累计免费为农民化验土样1.2万个，化验直接费用达30余万元，获得土壤养分数据4.8万个，基本掌握了全县不同土壤类型的养分状况及其变化趋势。

（四）科学确定配方

在土样化验过程中，他们随时将化验结果分乡镇、分土属输入计算机，同时结合土样地块产量水平、农民种植习惯、作物品种等，分作物、分区域科学拟定配比合理、针对性强的配肥配方，并随时间推移和土样化验结果变化，及时调整配方，保证配方肥的针对性，体现配方肥的灵活性。同时还多次派人参加省土肥站组织的配方肥配方师培训学习，先后有3人获得了省土肥站颁发的高级配方师、2人获得中级配方师称号。

四、以诚信谋发展，实行质量担保、跟踪服务，取信于民

配方肥尽管是测土配方施肥的物质载体，但其在社会上毕竟是以产品的形象出现，要想

站稳脚跟,生存下去,取得农民的信任与接受,必须诚信为先。从该县 7 年来的配制推广实践来看,推广量及施用面积呈跳跃式递增,一方面是技术推广方向对路,另一方面是突出了服务性,更重要的一点是狠抓质量、讲求诚信的结果。

(一)牢记服务第一的宗旨

组建测配站,推广配方肥的目的就是为了更好地推广测土配方施肥技术,让科学施肥技术落地入户,更好地为农民和农业生产服务。因此,在实际工作中,我们牢记服务第一的宗旨,强化公益性,弱化经营性,最大限度地让利于民。同时,在剩余积累里,每年还要再拿出 1/3 反哺土肥公益性工作,用于取土化验和技术宣传、培训。该县近年来所开展的测土化验工作,全部是免费为农民服务的,所需经费全部来自自身积累。

(二)狠抓配肥质量

为保证配方肥的生命力,让“沃力”牌配方肥在广大农民群众心里生根、开花、结果,该县土肥站从树立品牌意识入手,从原料选择、购进到配制、包装等,各个环节都严格把关。选用的原料全部是国家名牌产品或省站推荐使用的产品,对每一批购进的原料都严格检验,外观性状有异议、包装不合格的,直接拒收。外观合格后,质检人员对每一批原料进行抽检化验,经检验各项技术指标全部符合产品标准后方可入库备用。几年来,共清退不合格原材料 96 t。在日常配制中,他们时常告诫员工,要像爱护眼睛一样爱护品牌,要像注重生命一样注重质量,服务至上,群众第一。在具体配制管理上,实行严格的目标管理责任制,制定了严格的奖罚措施,同每一个配制作业班组都签订了责任书和具体的奖罚标准。在包装程序上,定期检修计量器具,绝不允许出现短斤缺两现象,同时,对每批产品外部形态和内在质量进行全面把关,建立严格的配肥质检档案,对每批出站的配方肥都逐一编号,签发合格证,附注质检人员姓名。高质量的配方肥赢得了广大农民群众的信赖与认可,配制推广量也呈现出逐年跳跃式发展的可喜现象,1998 年筹建当年 210 t,2000 年达到 3 500 t,2003 年达到 5 350 t,2004 年在原料涨价、市场供求紧张的情况下,克服种种困难,仍达 6 315 t。同时,基本实现了原料、成品零库存。

(三)建立质量信誉担保和跟踪服务制度

为让农民放心用肥,他们在狠抓原料购进、配方拟定、肥料配制等环节的同时,还建立了质量信誉卡制度,凡使用配方肥的农户,统一发给质量信誉卡,同时建立用户档案,施肥季节上门进行跟踪技术指导,在庄稼生长及收获季节进行跟踪回访调查,以切实掌握配方肥的实际使用效果。良好的信誉、过硬的质量赢得了广大农民的信任,“沃力”牌配方肥已为广大农民群众所接受,“施肥用沃力”已成为农民群众的口头语,不少群众还亲切地把“沃力”牌配方肥称为“傻瓜肥”。

(四)强化技术宣传

为把测土配方施肥技术推广真正落到实处,解决“最后一公里”技术落地问题,他们组织技术人员深入田间地头,逐乡逐村进行技术宣讲和指导,同时还在县电视台开辟“农民与专家”栏目,每周四、周五晚 8 点 20 分,每周六、周日中午 12 点 30 分准时播出。为提高栏目的趣味性和收视率,还把测土配方施肥技术内容制作成相声、小品、戏剧等群众喜闻乐见的节目进行播出。利用农村集市、庙会等广为散发技术宣传资料,各乡、村服务站门前宣传栏定期更换技术宣传内容,设立施肥技术指导服务热线,用肥高峰 24 小时值班,随时解答群众咨询。近年来,他们每年用于技术宣传费用都在 5 万元以上。

五、加强领导,协调关系,着力营造测土配方施肥技术推广良好氛围

(一)加强对领导的宣传与汇报,争得领导认同与支持

建站之初,他们多次向县农业局、县政府领导进行汇报,争得了领导的大力支持,特别是县农业局,在经费十分紧张的情况下,多方想办法,1999 年为测配站筹措 80 多万元资金,解了测配站的燃眉之急,当年配制推广量从 1998 年的 200 多 t 一跃达到 2 800 余 t,成为全省当年配制推广量最多的测配站,受到了省、市主管部门的表彰。

(二)建立强有力的组织管理系统

该县的测配站是完全依托土肥站建立的,组建之初就确立二站合一的思路,站长既是土肥站站长,也是测配站站长,整个土肥站领导班子也是测配站领导班子,同时将站内人员进行分工,业务过硬的同志搞业务,有经营管理特长的同志负责测配站,对外一个声音讲话,保证了全站一盘棋,心往一处想,劲往一处使。

(三)协调好外部关系

推广配方肥,在土肥部门看来,是测土配方施肥技术推广范畴,主要是通过配方肥这一载体,把配方施肥技术送到农民手中。但在外部门看来,毕竟涉及到肥料供应,无法回避工商、技术监督、税务等部门的管理。为创造宽松的发展环境,他们利用各种渠道,着力协调外部关系。就乡、村服务站来讲,建立之初,工商部门要求必须办理营业执照,但操作起来,一是麻烦,二是增加负担。后经多方协调,取得了工商部门的同意,不再要求每个网点都办营业执照。目前,该县的乡、村服务站全部共用县测配站的营业执照,经考核同意成立服务站的,由县测配站统一发给服务资格证。

大力推广测土配方施肥技术
促进高产优质高效生态安全农业持续发展

任留旺

(内黄县农业局·2005 年 5 月)

我县位于河南省北部,地处冀、鲁、豫三省交界处,辖 17 个乡镇 531 个行政村,总人口 71 万人,其中农业人口 64.5 万人,总面积 1 161 km^2,耕地面积 106 万亩,是一个典型的内陆农业县。

我县是全省最早开始研究探索测土配方施肥的县之一。20 世纪 90 年代初期,我们就在二安乡进行测土配方施肥技术推广示范试点工作,为农民群众既配方又供肥,受到了群众的普遍欢迎。但由于受生产、技术、化验等条件的限制,远远满足不了广大农民群众的需求。在省、市土肥站的指导下,从 1997 年开始组建配肥站,实行“测、配、产、供、施”一条龙服务,加快了测土配方施肥技术推广应用。自建站以来,累计配制推广配方肥 8.3 万 t,推广施用面积 207 万亩,实现节本增效 1.24 亿元;免费为农民化验土样 3 150 个,为 209 个行政村建

立了土壤养分和施肥档案;建立乡村配方肥推广服务网点196个。测土配方施肥技术的推广,为我县农业的快速发展发挥了重要作用,受到了上级领导的重视、支持和广大农民群众的好评。我们的主要做法有以下几方面。

一、领导重视,广泛宣传,充分认识测土配方施肥技术推广工作的重要性

河南有句民间口头语:"生在汤阴,长在内黄"。说的是民族英雄岳飞出生在汤阴,生长在内黄,为什么呢?是因为黄河发大水,把我们的民族英雄顺水漂流到了内黄,同时也给内黄留下了大片黄沙盐碱。耕地多为沙碱薄地,长期以来农业生产一直处于低产薄收境况,短肥、缺水成为农业发展的主要制约因素。20世纪70年代以后,随着家庭联产承包责任制的实行,无机肥的施用数量也急剧增加。增施化肥短期内带来的增产效益,进一步扩大了群众盲目施肥、滥施化肥误区,不仅造成农产品质量下降,加大了施肥成本,而且造成环境污染等。对此,早在20世纪90年代中期,内黄县县委、县政府就开始着手研究解决办法,最先开始了专用肥在农业上的推广应用。1998年开始,随着省土肥站提出在全省县乡组建测配站,推广测土配方施肥技术,我县作为全省第一批16个试点县之一,最先开始了配方肥配制推广。建站之初,县农业局成立了主管领导牵头,土肥站为主,其他业务站、各乡镇农技站配合的专门工作组织,制定了具体工作方案。为统一认识,专门印发了大批以测土配方施肥技术为主的宣传资料,并利用广播、电视、会议、宣传车、培训班、现场会等多种形式进行广泛宣传,县、乡两级农技人员还组织了17个测土配方施肥技术指导服务队,常年在田间地头指导农民科学施肥。经过七年多的努力,我县测土配方施肥技术推广工作取得了较为喜人的成绩,农业部、全国农技推广中心和省、市领导及专家多次到我县指导工作,进行调研,2000年被省农业厅确定为平衡施肥示范县,农业部、珠江电影制片厂来我县联合录制了《平衡施肥》科教片向全国进行了推广,2001年又被确定为农业部沃土工程综合示范区之一。

二、打好基础,搞好服务,全面开展测土配方施肥工作

(一)完善化验室建设,开展土壤养分调查

测土配方施肥技术推广的前提是测土化验,为提高化验室化验水平和化验手段,1996年县政府拨款10万元,自筹5万元,对化验室进行了充实改造,增加了化验人员,各乡镇农技站每年春播和秋播前夕,负责提供有代表性的土壤样品,每村2~4个,全县1 300多个,县土肥化验室负责免费化验。在化验的基础上,结合田间肥料试验,制定不同作物施肥配方。

(二)组建测配站,开展一条龙服务

在开展测土配方施肥试点的初期,受条件限制,我们为农户提供测土配方、配制少量的配方肥和技术指导服务,主要由农户根据配方自己购置原料配制肥料。在实际操作中,由于农户分散种植,技术人员很难对农户进行全方位指导,再加上农民怕麻烦,操作不规范等,河南按配方进行施肥,施肥不合理现象仍大量存在。在调查中我们认真总结了测土配方施肥试点工作取得的经验,客观分析了存在的问题,同时,积极响应省土肥站统一部署,局领导班子经过科学论证,研究决定组建配肥站,为农民提供配方肥。当时一无场地,二无资金,三无设备,可以说是困难重重。农业局上下统一思想,坚定信心,实行全员集资,并取得了县政府领导的高度重视和支持,积极帮助协调资金,陆续集资120万元,贷款160万元。经过一年

时间,完成了规划设计、场地征用、建筑施工、设备考察和安装调试等工作。1997 年 5 月正式投入运行。为了解决技术和管理人才缺乏问题,我们把二安乡有配肥经验、并取得一定成效的农技站站长、高级农艺师任留旺同志调任配肥站站长,兼任县土肥站副站长,抽调技术人员 6 名,从乡镇农经站中抽调懂经营、善管理的人员任副站长、会计等职务。当年测配站为群众提供配方肥 2 200 多 t。测配站建立后,生产和工艺不断完善,产品逐步规范,质量和信誉逐年提高。

(三)开展试验示范,提高配方的科学性、针对性

经过几年的宣传和指导,广大群众平衡施肥的自觉性明显提高,大多数群众形成了使用配方肥的习惯,滥施化肥现象得到了有效遏制。但随着农业结构调整的深入,优质小麦、无公害蔬菜等高效特色农业快速发展,对测土配方施肥技术提出了更高的要求。市场上大量销售的是通用型肥料,氮、磷、钾的配比多为 15 - 15 - 15、16 - 16 - 16。通用型肥料仍然存在着某种养分缺乏、某种养分浪费的问题。为此,县测配站的技术人员从选择试验田入手,针对不同作物进行了大量的配方肥对比试验,确定不同作物的不同配肥比例,生产出更具科学性、针对性的农作物配方肥。如对花生进行了三年不同配方和不同施肥用量的试验,探索出了 18 - 15 - 13 的氮、磷、钾配比,亩追施 30 ~ 40 kg,花生双仁果率由 50% 提高到 80%,比习惯性施肥亩增产 76 kg。为确保每一个配方的科学性、合理性,对每一个配方的确定都要经过反复试验、比较、筛选、校正,使配方达到最佳效果。几年来,我们共在全县建立配方肥试验基地 8 处,先后安排优质小麦配方肥、花生高产配方肥、玉米高产配方肥、辣椒育苗配方肥、温棚瓜菜配方肥等农作物配方肥应用技术研究试验点 86 个,基本掌握了不同作物的需肥规律,筛选出小麦、花生、棉花等 8 种作物、16 种科技含量较高的配方,生产出了花生、蔬菜、辣椒等不同配方的系列配方肥,有效满足了农民群众的施肥需求。在此基础上,我们还建立了农作物配方施肥综合示范区 2 万亩,对每一个产品都要进行大面积的示范,加快了配方肥推广,得到了广大群众的信赖。同时在试验示范田里还承担了国家、省、市下达的研究课题,取得了多项成果。1997 年《磷铵在粮经作物上的施用技术研究与示范推广》获河南省农业厅科技成果二等奖,《锌肥施用技术研究及其应用》获安阳市科技成果二等奖,1999 年《耕地钾素变化及作物施钾技术研究与应用》获河南省农业厅科技进步一等奖。

(四)建立土壤监测和推广服务网络

我们根据全县种植结构调整情况,建立了具有代表性的土壤监测网点 72 个,培养土壤监测员 120 名,通过对土壤的监测和田间试验,及时校正调整不同作物配方。我们充分发挥乡村农业技术员、科技示范户、热心土肥技术的村干部等作用,建立了 196 个乡村配方肥服务网点。配肥站还对服务网点人员不断进行技术培训,经常深入田间、地头,给群众讲解施用方法、数量、时间等相关技术知识,同时对服务好、推广量大的网点人员进行奖励,成为不可缺少的测土配方施肥技术推广队伍。

三、项目带动,注入活力,促进测土配方施肥工作再上一个新台阶

随着我县测土配方施肥工作的深入开展和配方肥推广数量的不断扩大,测土配方施肥工作在全县农业发展中的作用越来越明显,得到了农业部和省、市有关领导的肯定,我县被农业部和省农业厅确定为第一批沃土工程综合示范区示范县。按照上级统一安排部署,2002 年我县开始全面实施。配肥站共投入资金 127 万元,新购生产设备 6 台(套),更新改

造老设备2台(套),新建成品仓库635 m^2,维修仓库635 m^2,改造线路2 400 m,美化厂容厂貌600 m^2,整修化验室80 m^2,新购置化验仪器5台(套),生产设备由原来的分散配合、手动包装,改造成为配方肥自动混合机生产线,新的生产线自动上料、自动混合、自动计量、自动包装,生产效率和质量大大提高,生产能力由年产1万t提高到3万t,同时配备了流动测试服务车。建立了马上乡、高堤乡两个优质农作物测土配方施肥万亩综合示范区,从测土化验、确定配方、配方肥生产与供应到施肥技术指导,实行严格的一条龙服务,以低于市场售价把配方肥送到群众手中,每吨让利给群众60~80元,统一进行技术指导,以点带面,收到了良好的示范效果。沃土工程综合示范区项目的实施,促进了我县配方施肥技术的推广普及,有力地推动了"测、配、产、供、施"一条龙服务工作的全面开展。

总之,在国家、省、市业务部门的正确指导和大力支持下,我县的测土配方施肥工作取得了较好的成效,初步走出了一条以促进农业增效、农民增收为目标,以市场为导向,以测配站为龙头,以配方肥为载体的"测、配、产、供、施"一条龙的测土配方施肥产业化道路,为农业和农村经济的快速健康发展做出了积极贡献。

虽然我们在测土配方施肥方面做了一些工作,但还存在不少问题:一是由于流动资金不足,产量不能达到设计生产能力,配方肥只占到全县施肥用量的1/10,不能完全满足广大农民群众的需求。二是测土化验、田间试验、研究配方属于公益性技术服务,需要大量经费,完全依靠配肥站自身积累难以解决,还需要国家政策上的支持和倾斜,才能使测土配肥工作快速发展,发挥更大的作用。三是我们的服务工作、人员素质和服务水平还有待于进一步提高。我们深感面临的工作任务还十分艰巨。在今后的工作中,我们要认真贯彻落实科学发展观,进一步解放思想,更新观念,抢抓机遇,加快发展,外抓联合,内抓管理,扩大规模,提高效益,在"测、配、产、供、施"一条龙服务中开拓创新,为农业的持续快速发展做出新的更大的贡献。

发挥技术优势　加强网络建设
大力推广测土配方施肥技术

周福河

(原阳县土壤肥料站·2003年3月)

原阳县地处黄河背河洼地,生产条件较差,是一个以农业为主体的大县。全县辖22个乡镇550多个行政村,总人口60多万人,耕地100多万亩。常年种植小麦、水稻、花生、玉米、大豆等作物,年化肥施用量15万t以上。几年来,在各级政府的领导下,在上级业务部门的关怀支持下,县土肥站在服务能力方面得到了很大的发展。从1993年创办经济实体开始,1996年开办植物营养医院,1998年创建土壤肥料有限公司,1999年又开始在全县各乡设立分公司,之后又在180多个村设立了服务网点,固定资产从零到20多万元,流动资金由6 000元发展到100多万元,职工工资年收入由2 000元增加到1万多元。其中,推广配方肥

4 000 多 t,磷铵 2 000 多 t,各类钾肥 1 000 多 t,硫酸铵 1 000 多 t,碳铵 3 000 多 t,各类微肥及其他肥 1 000 多 t。通过各项新技术的推广,使全县应用配方施肥面积达 30 多万亩,创社会效益 4 000 多万元,赢得了良好的社会信誉和影响,并多次受到省、市、县有关领导的表彰和奖励。1997 年,河南省首次土肥技术产业化会议在原阳召开,使土肥站的经验在全省普遍推广;1998 年在昆明召开的全国土壤肥料会议上,又作了典型发言;1999 年获河南省人事厅、农业厅农业技术推广先进集体荣誉称号;2000 年被原阳县人民政府评为科技工作先进单位;2001 年配方肥技术推广获县科技成果一等奖;2002 年又被河南省人事厅、农业厅评为河南省"沃土计划"先进集体。同时,《新乡日报》、《河南科技报》、《河南日报》先后进行了报道。

一、深入调查研究,认真钻研施肥技术,研制出适宜我县各类土壤的肥料新品种

从开办实体以来,技术人员就经常深入农村,到田间调查土壤的特征、特性,掌握各类作物的生长发育规律,了解施肥品种、施肥方法与作物产量的关系。根据调查结果,结合土壤化验情况,制定出一系列的肥料试验、示范方案,进行分区试验及示范,逐渐掌握不同土壤、不同作物的需肥特性,从而配制出适宜的肥料。几年来,先后研制出了适宜我县土壤的水稻育苗肥、稻麦旺、硅硫酸钙、喷施灵及各种作物的配方肥,特别是稻麦旺及水稻育苗肥及水稻配方肥特别适宜我县土壤,群众施用后非常满意,深受群众喜爱。水稻育苗肥具有省工、肥田、调酸、防病、壮苗等多种功效,施用后,出苗整齐,幼苗粗壮,叶片宽厚且挺直不披,叶色黄绿,易形成壮身秧。水稻施用配方肥后,分蘖早、长势壮、抗逆性强、病虫害轻、不倒伏、成熟早、落黄好、投资少、效益高。2002 年水稻育苗肥使用量占全县育秧田的 1/3,水稻配方肥推广 1 500 t,施用面积达 4 万多亩。蒋庄乡贾屋村在 1998 年就开始全村普遍运用,大宾、靳堂、梁寨等乡也开始大面积施用。施用配方肥的地块,平均亩增产稻谷 75 ~ 100 kg,特别是盐碱严重的地块,增产幅度更为明显,与改水稻田前相比,最高亩增产可达 250 kg。大宾乡大宾村刘祥瑞原来有 4 亩稻田盐碱特别严重,每到插秧后 10 天稻苗就开始死亡,连补几次都保不住苗,误工不少,产量也不高,亩产稻谷只有 200 多 kg。施用配方肥后,不仅没有死苗,而且生长健壮,获得了高产。在他的影响下,全村普遍开始施用配方肥,水稻也没有再出现死苗现象。另外 ,稻麦旺也是根据我县土壤特点研制出的土壤改良剂,效果明显,盐碱地施用后,抗病性强,作物生长健壮,水稻增幅高达 30% 以上。

二、建立档案,跟踪指导,解决群众在生产上遇到的实际问题

每当肥料推广季节结束后,我们就派出专人,根据取土地块档案,购肥信誉卡进行跟踪服务,深入到农户及田间地头进行回访,以便能够发现问题及时解决。这样不但可以了解到自己肥料的真正效果,也可以了解到其他肥料的情况,以便在下一次的配方中进一步改进,能使群众感觉到施用配方肥的好处。同时,在回访的过程中,也给群众解决了不少难题。阳阿乡闫庄村张名存 3 亩小麦,在小麦拔节时,麦苗发黄,眼看丰收无望,心里十分焦急。经我们技术干部亲临田间查看,"确诊"为缺磷后,就赶快让其结合浇水亩追磷铵 10 kg,硫铵 15 kg,同时叶面喷施锌肥,结果 10 天后麦苗长势明显好转,最后亩产仍高达 350 kg;路寨乡贾村有 300 亩小麦因施用劣质磷肥,拔节期生长低矮,黄而不长,群众十分气愤,到处上访告

状。经我们现场调查后，发现麦苗瘦小发黄，分蘖弱，与其他同等肥力地块相比，株高低10 cm，主要为缺磷脱氮所致。由于诊断正确，处方合理，施肥及时，小麦很快恢复了生机，长势由弱转壮，后来亩产高达450 kg。由于我们的回访，大大增加了同群众的亲和力，最大程度地争取了群众和经销商对配方肥的信赖，提高了土肥站在群众心中的位置。

三、牢固树立质量意识，坚持把好质量关

质量是信誉，是生命，产品质量的好坏直接影响着配方肥的配制及推广。在配方肥的配制过程中，内在养分含量和外观物理性状一齐抓。在含量方面，一方面根据土壤的化验结果，结合多年来的实践经验，确定每亩作物的养分用量后，再定出每袋肥料中各养分的含量，以保证作物施用后能够健壮生长；另一方面为确保各养分的含量，在原料施用上一律用有把握并经化验合格的大厂肥料，没有十分把握的原料坚决不用，从而确保了配方肥各种养分的含量，保证了肥效。2002年又投入5万多元购进配方肥掺混设备一套，解决了人工掺混不匀问题。另外使用的原料全部是粒状或颗粒状，这样配出来的肥料外观非常好看，群众特别满意。由于质量过硬，大大提高了市场竞争力，推广量比上一年增加一倍。

四、发挥技术优势，加大宣传力度

为大力宣传配方施肥技术，解决技术棚架，去年3~8月份，我们和市土肥站一起聘请有关专家，并分3个组，每组1天2个村，7点30分入村，13点入村，在5个月的时间内对我县的500多个行政村全部授课一遍，受训群众达4.5万人，效果非常明显。通过讲课使许多农民都能掌握多种作物的栽培技术，同时结合实际解决了不少群众在生产上遇到的难题。另外，我们还印发了《原阳土肥》等各类技术资料10余万份，出动宣传车50辆次，做电视广告5个月，制作电视专题4期，发放优惠卡5 000张，大大提高了群众的认识，增强了他们施用配方肥的积极性，极大地促进了配方肥的推广。

五、发展基层优势，加强网点建设

1997年以前，肥料市场主要集中于县城，多数农民购买肥料都要跑几十里路到县城购买，淡旺季不明显。那时，我们仅有一个门市部，整天忙个不停，每天都要卖出好多肥料，高峰时一天营业额达十几万。1998年以后，由于肥料市场的不断放开，使市场逐渐向乡、村两级转移，特别是现在，已变成买方市场，多数群众用肥料不出村，并且肥料推广季节很短，只有几天时间，如果不顺应市场发展，我们将会很快被淘汰。事实上，根据我县的具体情况，仅靠县土肥站、县公司，无论从经济实力、场地及服务能力上，都满足不了全县广大群众的需求。多数群众距城远，农村车辆又进城难，这势必影响公司的发展。因此，只有设立自己的分公司，建立村级网点，才能逐渐发展壮大，拓宽自己的市场。因而从1998年开始我们就在18个乡建立了分公司，接着又在150个村建立了村级服务网点。分公司和村级网点的主要任务是担任全乡及全村的土肥技术推广工作，作为纽带将县公司与农民群众联系在一起，负责将新的肥料品种及施肥技术传到千家万户，特别是将我们的配方肥在各村全面推广，使每个农民都能认识到配方肥的好处，并使每个只要愿意的农户都能用上配方肥。通过运作，效果非常显著，各分公司及各网点都发挥了自己的优势。师寨分公司在第一年成立时销量就明显增加，各类化肥推广量达4 000多t，比成立公司前增加一倍多；蒋庄乡贾屋村郭玉占

1998 年建成网点后,全村每年都有 800 亩水稻施用配方肥;太平镇乡雁李村张永杰 1999 年第一年就在全村推广配方肥 50 t;梁寨乡盐运寺窦世庆从 2000 年开始,使全村 1 000 多亩水稻都施用上了配方肥。这些都充分说明了乡村网点的建立,推动了我站及公司的向前发展。

六、制定奖罚措施,加强网点管理

在网点的管理上,我们着重抓了几个方面:一是每年在备肥前期都召开各网点会议,交流各点经验,并传授一些技术知识,讲解土肥新技术,使他们能够掌握新的科技知识,从而提高村级网点的技术服务水平,在技术方面能够独挡一面。几年来,通过各网点的运作,给群众解决了不少难题,受到了群众的好评。二是在经营方面,要求他们坚决杜绝推广假冒伪劣商品,决不允许劣质化肥流入我们的服务网点。三是在利润方面,为了保证网点的利益,把大头让给网点。特别在配方肥的推广上,全县实行统一零售价推广,70% 利润归乡村网点。每个村只设一个点,小村不设点。另外,我们还对乡村网点制定了奖励措施,凡推广量在 30 t以上的网点,除奖招牌外,另奖现金 300 元;推广量在 100 t 以上的网点,除奖招牌外,另奖现金 1 000 元,超过部分每吨奖现金 15 元;推广量在 200 t 以上的网点,除奖招牌外,另奖现金3 000元,超过部分每吨奖现金 20 元。各网点在价格上不得随意降价,在区域上不超范围推广,不影响其他网点经营。否则,将扣除奖励及返利,直到取消网点资格。办法一公布,各网点劲头空前高涨,曾出现争货抢货的局面,有些网点单季推广量就突破 200 t。

总之,通过以上措施的实施,使我们的服务能力有了明显的提高,并且更加提高了土肥站在原阳的知名度。可以说在原阳农村很少有人不知道土肥站"沃力"肥的。但这些成绩是很不够的,与各级领导与广大农民对我们的要求相差的还很远,还有许多难题需要我们去克服。现在最突出的问题是旺季货物断档,生产条件仍很差,化验设施不健全。我们将进一步努力,采取针对性措施,促进配方肥在我县更大范围的推广应用,为我县农业增效、农民增收做出更大贡献。

规范管理　健全网络
促进滑县配方肥推广全面发展

刘协广　刘红君　王　力　赵冬丽　李　强

(滑县测配站·2003 年 8 月)

滑县地处河南省东北部,是一个典型的农业大县。耕地面积 171 万亩,总人口 120 万人,农作物播种面积 320 万亩,常年化肥施用量 25 万 t 左右。滑县农业技术推广中心测配站自 2000 年 6 月 10 日组建以来,在各级领导的关怀下,充分发挥农业技术推广部门的优势,以土肥技术服务和平衡施肥技术物化推广为重点,坚持"开发、配制、经营"并举的发展战略,"沃力"牌配方肥推广工作一年一个新突破,有力地促进了土肥技术产业化的发展。

一、取得的主要成绩

滑县测配站在推广“沃力”牌配方肥方面实现了三年三大步，一年一个新台阶，一年一个新突破。2000 年推广 1 700 t，2001 年推广 3 200 t，2002 年推广 4 500 t，2003 年可望达到 6 000 t。3 年来，仅推广“沃力”牌配方肥一项，使全县节肥 47 t，节约开支 6.58 万元，增加作物产量 235 万 kg，增收 235 万元，合计节本增效 241.58 万元。2000 年测配站组建当年即被河南省土肥站评为“2000 年度配方肥推广先进测配站”，2001 年被评为“四星级连锁土肥测配站”，2002 年被评为全省“配方肥推广先进单位”。2002 年 9 月安阳市人民政府下发文件（安政文[2002]129 号）对滑县土肥测配站予以特别奖励。目前，“沃力”牌配方肥已成为滑县农民施肥用肥的首选知名品牌，稳定的质量和热情的服务更成为“沃力”肥的亮点，农民满意地称“沃力”牌配方肥为“放心肥”。

二、采取的主要措施

（一）实行企业化运作，奠定发展基础

为确保测配站能够在激烈的市场竞争中健康稳定发展，建站伊始我们就确定了加强软硬件建设，实行企业化运作的指导思想，重点抓了以下三个方面。

1. 合理设置机构

滑县测配站共有管理人员 23 名，内设供销部、技术部、配制部、仓贮部、维修部、财务部、门市部、化验室等 8 个职能部门，合理分工，密切协作，职责明确，精干高效。

2. 加强制度建设

制定了配制管理制度、财务制度、供销管理制度、质量管理制度，促进了规范管理。同时坚持以人为本，建立了一整套适应市场的灵活机制，这些机制包括能上能下的用人机制、奖罚分明的激励机制、酬效挂钩的分配机制等。科学的运作管理机制，充分调动了员工的积极性和创造性，使全体干部各司其职，各负其责，达到了人尽其才，才尽其用。

3. 完善条件

为支持配方肥配制，农技中心专门腾出库房及场地 5 000 多 m^2，配备掺混设备两套，实现了机械化配制，配制能力达到了年产 2 万 t 水平。配备的化验分析室已通过省级计量认证，全力为配方肥配制和推广服务。

（二）提高测试水平，确保配方科学

我站拥有中、高级技术人员 9 名，其中省级认证的高级配方师 6 名，技术力量雄厚。配方肥配制是以土壤化验为基础，化验室为配方肥配制提供技术支撑。反过来，推广配方肥的积累可以反哺化验室建设，推广配方肥与化验室工作互相促进，共同发展。我站除拿出专项资金保证化验室日常工作外，还投资近 8 万元，对化验室进行了充实提高。一是增添了电子天平、恒温水浴振荡器、远红外线消煮炉、恒温磁力搅拌器等仪器设备；二是对化验室进行了整体装修，改善工作环境，配备空调，增添药品试剂；三是对化验人员进行培训，提高操作技术水平。在此基础上，顺利通过了省级计量认证。建站以来，化验室针对不同土壤类型，对全县土壤养分进行了普查，共化验分析土样 1 650 个，对全部原料进行了质量抽检，对配制过程进行全程监控。所有这些工作，为平衡施肥技术推广提供了良好条件，把好了配方肥配制的质量关，保证了“沃力”牌配方肥施用效果。

我站充分利用化验室提供的各种数据,结合土壤普查成果和田间肥料试验结果,多次召开高级配方师和相关专业技术人员会议,多次听取省土肥站领导、专家的意见,确定了花生、小麦、棉花、蔬菜、甘蔗等农作物配方,从而实现了配方的科学性、针对性和合理性,有效地减少了施肥结构不合理造成的浪费,提高了肥料利用率,降低了配制成本,保证了施用效果。

(三)借鉴先进营销理论,实现配方肥推广新突破

测配站充分借鉴网络销售等先进营销理论,大力构建基层推广服务网络,对推广网点采取了分类管理、定期评价、风险共担、效益优先、奖罚分明的整体策略,加强对网点的农技知识和推广服务技能的培训,帮助网点进行铺面设计和制定促销策略,及时提供市场信息,与网点形成利益共同体。几年来,测配站与各推广网点密切协作、上下同心、相互联动,共同宣传推广"沃力"配方肥,基本上实现了竞争有序、运作规范、全面发展的网络建设目标。

(四)多方采取措施,解决资金不足

技术部门推广配方肥,有技术、信息、网络优势,但存在实力不足、资金短缺的问题,需要多方面的大力支持。针对这个问题,我们千方百计筹措资金。一是通过支付利息、优先供货、淡储优惠等措施吸收网点预交资金 180 万元;二是通过领导协调,多方努力,争取银行贷款 70 万元,财政贷款 38 万元;三是发动职工,依靠社会关系吸收社会闲散资金 120 万元。这些资金及时到位,保证了各项工作的顺利开展。

(五)加强内部管理,确保产品质量

配方肥质量实行配制部经理总负责制,配制部经理根据配制计划,合理组织人、财、物等配制要素,保证按质量标准和产品配方及时配制出市场需要的合格产品。在配制过程中,建立质量监督机制,实行质量全程跟踪,确保计量准确,混合均匀,包装合格,若发现产品质量问题,测配站将追究有关人员责任。技术部代表单位行使质量监督和产品质量否决权,不定期地抽检产品,检查工人是否按配制程序操作,杜绝不合格产品流入市场。原料采购坚持从省集团公司和大型企业购进原料,保证优质原料及时供应配制。严格配制计量,如发现重量(40 kg 包装)一袋次多、少超过 0.4 kg 标准,罚当班工人 10 元;发现包装质量不合格,每袋次罚当班工人 5 元;发现一袋次漏装增效包,罚当班工人 10 元。通过一系列严格的配制管理,保证了肥料质量。

(六)搞好科研开发,增强发展后劲

新产品开发关系着测配站的长远发展,也是农业部门的优势所在,在测配站总体发展战略中占据首要位置。测配站的新产品开发工作得到了中心领导的大力支持,农技中心专门成立了业务主任任组长的新产品开发小组,开发小组由土肥、植保、栽培等专业的技术骨干组成,实行多专业联合攻关,制定了新产品开发工作方案,确定了通过 3~5 年的时间,在配方肥配方优化,区域供肥等方面形成有价值的研究成果,实现配制一代,贮存一代,开发一代的研究目标。现已基本达到了配方合理、效果一流、品种齐全的目的。

(七)发挥技术优势,搞好优质服务

名牌产品需要优质服务,"沃力"牌配方肥推广之所以深受农民欢迎,除它本身具有配方科学、针对性强、货真价实、肥效显著的优点外,还与我们发挥自身优势,把技术指导、售后服务和测土供肥融为一体。农民在测配站购买肥料的同时,能得到技术人员无偿提供的技术资料和技术指导。同时,我们还承诺农民,可以根据"质量信誉卡"上提供的热线电话,在反馈用肥信息时,享受免费技术咨询和跟踪技术指导。

三、工作体会

一是“沃力”牌配方肥推广是农化服务新方向，解决了农民施肥中存在的问题，加快了科技成果转化，符合优质、生态、安全农业的发展要求。

二是组建测配站，推广配方肥，是土肥技术部门发挥优势，开展“测、配、产、供、施”一条龙服务，是一条自我积累、自我完善、自我发展、自我壮大的有效途径。

舞钢市测土配方施肥技术推广现状及对策

徐进玉　王小勇

（舞钢市土壤肥料站·2005年7月）

测土配方施肥是在测定土壤养分的基础上，根据作物需肥规律、肥料特性，确定合理的氮、磷、钾肥及微肥用量，即通过开展“测、配、产、供、施”一体化服务及组织技术人员进行多种形式科学施肥知识宣传培训，达到科学施用的目的。实施测土配方施肥，既可以帮助农民解决生产中存在的盲目施肥、过量施肥的问题，促进粮食增产、农业增效、农民增收，又可降低生产成本，减少环境污染，增强作物的抗逆性，保证农产品质量安全，实现农业可持续发展，还可增强土肥系统自身实力，更好地服务于“三农”。前几年，由于多种主、客观原因，舞钢市测土配方施肥工作一直处于低靡状态，真正实施测土配方施肥面积很小，影响面窄，测土配方施肥技术在舞钢施肥工作中没有起到主流和引领作用。2005年，推广测土配方施肥技术被写入中央一号文件，要求各级农业部门做好这项工作，农业部把测土配方施肥技术推广定为今年十大重点推广技术之一，并制定了实施行动方案，省、市各级土肥主管部门也制定了相应的方案。面对这种大形势，同时又是农民的迫切期望，作为基层土肥站，必须抓住这难得的机遇，查找原因，理清思路，走出困境，开创土肥工作新局面。

一、测土配方施肥工作现状

（一）舞钢市测土配方工作概况

舞钢市位于河南省中南部，隶属平顶山市，属平原和浅山丘陵地形。全市耕地面积30万亩，耕作土壤类型为黄棕壤，土壤中速效氮和速效磷含量中等，有机质和速效钾含量低。舞钢市从2000年已开始测土配方施肥工作，但因资金、场地、人员等多种主、客观条件的限制，虽经多方努力，截至目前，测土配方施肥技术仍未得以大面积推广应用，配方肥的影响面、施用面积还不大，配方肥的优势未得到充分体现和发挥，存在“技术宣传随处有，物资服务千呼万唤不出来”的矛盾境况。

（二）存在的问题

（1）技术培训及宣传力度不够。农民渴望得到实用技术的愿望虽迫切，但因基层推广部门资金的缺乏，造成技术培训及宣传不到位，农民群众没能真正体会到测土配方施肥的实用性。

(2)化验手段落后,化验效率低,不能满足群众“一地一化验”的要求,大大限制配方肥的推广。

(3)资金缺乏,设施简陋,影响力不大,影响农民的购肥欲望。

(4)配制规模小、成本高、市场竞争力下降,面对众多的复合肥价格大战,有些力不从心。

(5)配制的配方肥品种单一,不能满足生产中多种农作物及经济作物对配方肥的要求。

(6)服务网点少且网点覆盖面不大,直接限制配方肥的推广量和测土配方施肥覆盖面。

(7)网点松散,没有形成合力,存在内部竞争,扰乱配方肥推广,打击农民购肥信心。

二、发展思路

不管目前化肥市场价格如何风云变幻,复合肥厂家在资金、网络方面有多大优势,作为基层土肥技术部门,必须以自己的技术力量为基础,以农业增效、农民增收为核心,以测土化验为手段,充分发挥自身的技术、服务优势,脚踏实地地做好与测土配方施肥有关的每一项工作,让农民真正享受到测土配方施肥的好处,推动测土配方施肥工作顺利开展。

三、实施办法

(一)统一思想,明确目标

开展测土配方施肥旨在改变目前农村中存在的盲目施肥、过量施肥现象,提高肥料利用率,减少肥料浪费,促进粮食增产、农民增收,保护农业生产环境,保证农产品质量安全,提高科学施肥水平,实现农业的可持续发展。

(二)提高测土化验的准确度和速度,使配方更具针对性和科学性

要使配方更具针对性,应缩小采样单位,增加采样点数,但农时不等人,时间短、任务重,应购置一批自动化程度高、检测速度快的检测设备,以满足生产实际之需。

(三)设置肥料试验,不断提高配方的科技含量

为充分发挥配方肥的针对性和合理性,每年都要按不同土壤类型分区安排配方肥肥效试验,从培肥地力、肥料利用率、产品品质、产量、效益等角度综合考察配方肥肥效。根据试验结果,不断调整配方,逐步确立适合不同区域不同作物的科学配方。

(四)严把原料关,确保配方肥质量

“质量就是生命”,对配方肥而言也是如此,必须从配制配方肥原料入手,确保原料质量,对购进的每一批原料都要严格检验,不合格的坚决不用。同时,狠抓配制环节,确保严格按配方配制,不允许偷工减料,鱼目混珠。

(五)提高生产工艺,增加配方肥的科技含量,扩大配方肥的市场份额

购置自动化程度较高的配制设备,确保解决用肥高峰期因时间紧、需求量大而出现供不应求等问题,确保每一批配方肥成品掺混均匀,色泽鲜艳,计量准确,包装精良。

(六)利用多种方式,加大宣传力度

充分利用电视台、报纸、新闻等媒体的舆论导向作用为测土配方施肥营造大的环境,同时,组织科技人员入村巡回讲解有关测土配方施肥知识,加强对各村农民技术员的培训,扩大测土配方施肥的影响范围。

(七)加强网络建设,完善推广链条

在稳定现有乡、村网点的基础上,侧重发展村级网点,减少肥料中间流通环节,保证测土

配方施肥技术通过配方肥这一载体直达农户。

(八)加强技术指导,完善跟踪服务

为确保测土配方施肥技术推广工作真正落到实处,实现配肥工作的良性循环,应发挥土肥部门的技术优势,为农民提供施肥后免费跟踪技术指导,及时帮助解决生产中存在的问题,让群众放心购肥、用肥、施肥。

测土配方施肥发展趋势及在孟津县的实践

李玛瑙

(孟津县土壤肥料站 · 2003 年 10 月)

当你面朝黄土背朝天,辛勤耕作在绿色田野的时候,当你精心挑选良种、细心播种的时候,你一定满怀喜悦,充满希望,希望你的劳动能换来丰硕的果实。但是,万物生长靠太阳,正常生长靠营养,无论多么优良的品种,离开土、肥、水的正常供应将无法发挥其应有的增产增收效果。本文现就孟津县目前测土配方施肥技术发展趋势和开展实际,简要介绍如下。

一、配方肥的发展过程

配方肥是测土配方施肥技术的物质载体,美国 20 世纪 50 年代在混合肥料(如美国二铵、三元素、二元素等)的施用中就开始逐渐产生,目前已遍及全世界。80 年代初,美国就有 500 余座配方肥企业,年平均产量 2 500 t,生产量 1 923 万 t,占美国肥料总销售量的 42%,占复合肥总量的 61%,现在已超过 70%。

我国的配方肥施用开始于 1988 年,由加拿大政府赠送、建于广州经济开发区的"广东中加混合肥厂",是我国第一座配方肥厂。该厂于 1988 年 11 月 7 日正式投产,生产能力 30 万 t/a,采用单元或二元为基础原料,应用物理方法干混而成 N、P、K 复合肥料(配方肥),包括水稻、甘蔗、荔枝、柑橘、香蕉、蔬菜等数十种专用肥料。目前,我国配方肥的生产已呈现多渠道发展的良好势头。1998 年,河南省土肥站提出在全省县、乡组建测配站,推广配方肥,全面提高测土配方施肥技术。目前全省已组建测配站 100 多个,年配制推广配方肥近 10 万 t。我县响应省土肥站的号召,于 1998 年作为全省首批 16 个测配站试点之一,也开展了这项工作。

二、配方肥的含义和特点

配方肥就是通过测土化验,依据土壤中的养分含量,结合作物的需肥规律和肥料效应,在试验、示范的基础上,确定配方,根据配方有针对性配制出的肥料。其特点:一是针对性强。针对土壤、针对作物配制,我县配制的小麦配方肥就是针对本县小麦生长状况和土壤配制的,更适合我县使用。二是配方合理。养分含量全,肥料利用率高。土壤中缺什么配什么,缺多少配多少,改以往的单一施肥为多元施肥,如碳铵、磷肥只含有氮、磷,不含钾,更不含微量元素。由于缺多少配多少,肥料得到了最大限度的利用,因此利用率高。

三、推广配方肥的意义

(1)有利于解决当前化肥利用率低的问题。当前我省化肥利用率只有30%～35%，只及世界发达国家的一半。据统计，1998年全省化肥施用总量为350万t(折纯)，比1985年增长127%，而同期粮食总产仅增长了29%，化肥投入呈明显的报酬递减趋势。全省每年仅氮素化肥一项的损失量就达200万t。化肥的大量施用，不仅引起农业成本的增加，资源浪费，环境污染，而且导致农产品产量与品质下降，病虫害严重发生，倒伏面积增大，土壤肥力衰减。国内外实践证明，施用配方肥能从整体上解决有啥肥用啥肥的盲目施肥问题，能够做到缺啥补啥，既能提高作物产量，改善品质，又能降低成本，提高肥效，达到节本增效之目的。

(2)有利于解决当前农业新阶段出现的问题。当前，我省农产品平衡有余，但数量大，品质差，投入大，效益低，农民收入下降。面对农业生产新阶段出现的新问题，必须在保证农业产量的同时，改善农产品品质，降低农业生产成本。肥料投入占生产性投入的50%左右，是最大的生产性投入，使用配方肥，肥效可以提高5～10个百分点，产量提高8%～15%，而且可以改善品质，提高农产品的商品性，综合效益提高5%～30%。如果有一半的耕地使用配方肥，全省每年仅此就可以节本增效20亿～30亿元，这对解决农业增效、农民增收问题具有很大的现实意义。

(3)有利于解决农民在市场经济条件下对土肥工作提出的新需求。随着市场经济的发展，当前农民对肥料的需求开始向高质化、高效化、复合化、简便化方向发展。目前我县配制的配方肥总有效含量在45%以上，肥效高，养分全，多种肥料配制，一亩一袋，底施、追施均可，使用起来非常简便，像傻瓜照相机一样，我们也把这种肥料叫做“傻瓜肥”。

(4)有利于科技成果的转化。配方肥融合了多种先进的施肥技术和施肥方法可以让农民更加直接使用，便于技术推广，使先进的技术能较快转化为生产力。

四、推广施用小麦专用配方肥，是提高我县小麦产量及品质的根本途径

(一)配方肥和原料选择

配方肥是几种单质肥料根据科学的配方，按一定的工艺混合而成的。它的主要原料是：尿素、重钙(也叫三料过磷酸钙)、进口钾肥及Fe、B、Mn、Zn、Cu等微量元素。选用重钙作原料，更适合我县土壤。因为重钙含磷量高，含P_2O_5 46%，是普通磷肥含磷量的3倍，且呈颗粒状，和土壤接触面积小，被土壤固定量小，便于土壤吸收。同时，重钙含4%～5%的游离酸，呈弱酸性，我县土壤属石灰性土壤，偏碱性，这样使用重钙可中和土壤中的部分碱，使土壤pH值处于中性，更适合作物生长。

(二)试验证明，施用配方肥增产效果显著

1998年我县土肥站配制出了首批小麦专用配方肥，并在全县范围内试验、示范。从试验、示范及各乡镇施用调查结果看，旱薄地每亩施用配方肥30 kg，较习惯施肥增产16%；旱肥地施用后增产11%；水浇地施用后增产7%～10%。同时，麦田后期落黄好，籽粒饱满，千粒重高。通过典型户调查，白鹤镇铁谢村谢松1亩地施配方肥40 kg、有机肥3 000 kg，小麦产量达到513 kg。小浪底镇南达宿村农户反映，未施配方肥的麦田后期出现不同程度的青干现象，而施用配方肥的麦田未出现此现象。送庄乡朱寨村群众反映，没有使用配方肥的麦田由于选用豫麦18弱春性品种，今年大面积麦田遭到严重冻害，而使用配方肥的麦田在同

样的情况下冻害明显轻,这说明使用配方肥还能增强小麦抗寒能力。事实证明,使用配方肥是我县小麦施肥的最佳选择,是夺取小麦高产的保证。

五、采取有力措施,确保平衡施肥工作顺利进行

(一)做好测土化验工作

测土化验是测土配方施肥的前提,必须认真采集土样,所采土样能代表一定范围的土壤养分含量。土样采集方法如下:

(1)选择有代表性的田块。一般代表面积20~30亩,采用多点采样法,采样时避开粪堆、离开坟地周围、大树底下等施肥不均匀处,最后将所采土样混合,用四分法取舍,最后保留1 kg晾干。

(2)采样深度以0~20 cm为宜。用小铁锨竖直向下挖去一锨,然后沿竖面竖直向下取20 cm。

(3)采样时间一般选在前茬作物收获前,或收获后下茬作物未施肥前。

(4)一定要做好标签。标签一式两份放于袋中,注明采样地点、采样深度、采样时间、前茬作物、采样人。

(二)做好地块建档工作

对于所采土样化验结果一律输入微机,保存地块档案。以便随时查询,争取3~5年时间对全县的大部分地块进行测土化验。

(三)实行施肥明白卡制度

明白卡告诉农户所处地区土壤养分含量、施肥建议、适种作物品种,农户接到施肥卡后,可按施肥指导进行施肥,然后将施肥情况、种植作物品种、作物生产过程中出现情况、作物最后收获产量记录于卡,最后将卡返回县土肥站,我们将按卡所提示的情况,指导下年施肥。

滑县测配站配方肥配制推广主要做法

刘红君

(滑县测配站·2001年11月)

我县是一个农业大县,总人口120万人,耕地面积171万亩,年化肥施用量30万t以上。近几年,经过农业科技人员的不懈努力,广大农民的施肥技术水平有了很大提高,但仍存在盲目施肥、过量施肥等不合理现象,制约着农作物产量的提高和品质的改善。配方肥作为测土配方施肥技术物化形式,具有配方科学、针对性强、施用方便、效益显著等突出特点,是推广科学施肥技术的有效途径。为此,在省、市土肥站的精心指导和县主管部门大力支持下,我县从2000年开始组建测配站推广配方肥,当年配制推广1 700 t,2001年积极参与全省连锁测配站晋档升级活动,加强规范化管理,努力扩大配方肥配制推广量,经过全站人员的共同努力,又取得了新的突破,全年共配制推广“沃力”牌配方肥近3 200 t。推广配方肥实践证明,农业技术推广部门在激烈的化肥市场竞争中,发挥技术优势,开展“测、配、产、供、施”

一条龙服务,是一条“自我积累,自我完善,自我发展,自我壮大"的有效途径。

一、争取多方支持,搞好资金筹措

技术部门推广配方肥,有技术、信息、网络优势,但存在实力不足、资金短缺、竞争力不强等困难,需要多方面的大力支持。为此,多次争取省、市有关部门支持,利用省、市土肥站和县政府领导检查督促工作的机会,把他们请到示范田,以看得见的实际效果宣传配方肥推广的重要性,争取他们的支持,扩大配方肥社会影响。2001 年,共筹措配方肥推广资金 220 万元,其中农业局支持 10 万元,农技中心直接投资 10 万元,吸收社会闲散资金 120 万元,通过农技中心领导大力协调,争取项目资金 50 万元,银行贷款 30 万元,从而实现多渠道全方位投入资金,保证测配站正常运转。

二、提高测试水平,确保配方科学

我站拥有中、高级技术人员 9 名,其中高级配方师 6 名,化验员 7 名,具有丰富经验的企业管理人员 6 名。技术力量雄厚。

配方肥配制,测土化验是基础。为提高化验室测试水平,2001 年测配站从配肥积累中除拿出专项资金保证化验室日常工作外,还投资近 8 万元,对化验室进行了充实。一是增添了电子天平、恒温水浴振荡器、远红外线消煮炉、恒温磁力搅拌器等仪器设备;二是对化验室进行了整体装修,改善工作环境,配备空调,增添药品试剂;三是对化验人员进行培训,提高操作技术水平。在此基础上,还通过了省级计量认证。2002 年化验室针对不同土壤类型,对全县土壤养分进行了普查,共化验分析土样 650 个,在此基础上,结合土壤普查成果和田间肥料试验结果,召开高级配方师和相关专业技术人员会议,研究确定了花生、小麦、玉米、蔬菜、甘蔗等作物配方肥配方,实现了配方的科学性、针对性和合理性。

三、健全连锁网络,奠定推广基础

我站以诚实、守信的原则,大力推广县、乡、村连锁服务,建立了强大的推广网络。截至目前,共发展乡级连锁服务网点 120 个,村级 135 个。在网络建设中,充分考虑网点的信誉、推广能力、社会影响力等因素,坚持稳步发展的方针,不求网点数量增加,但求网络体系整体增强,为“沃力”牌配方肥推广奠定了良好基础。在推广网络建设中,采取四项措施与网点合作,实现利益共享,共同发展。一是依靠科学的配方,合理的投入,明显的效果,使农民得利,让经销商认识到推广“沃力”牌配方肥农民满意,自己在农民心目中的形象会得到提高;二是最大限度地让利给推广网点,并按照推广量大小给予奖励,调动网点积极性;三是安排一定时间对网点人员进行培训,解决网点推广中的技术难题,教会各网点运用正确的推广策略,逐步扩大市场占有份额;四是拿出一定数量资金用于市场打假,广泛争取工商、农业、技术监督等执法部门的支持,保护“沃力”牌配方肥的名牌地位,维护网点合法权益。同时对各网点实行“统一管理,统一培训,统一制作牌匾,统一土壤化验,统一配肥供肥” 的“五统一”管理模式,加强网点规范化管理,实现技术服务和物质供应有机结合。网络运行,封闭运作,通过推广方式交流会、专家培训等方式,不断提高各网点推广人员素质,增强网点市场竞争力,提高配方肥知名度。

四、强化内部管理,规范运作机制

县农技中心为支持测配站配方肥配制,提供专用库房及场地5 000多m^2,配备掺混设备一套,全力为配方肥配制推广服务,使测配站达到年配制2万t的能力。为加强管理,测配站制订了严格的配制管理制度、财务制度、推广管理制度、质量检验制度等。具体工作中严格程序,首先由供销社根据市场调查结果,制订配制计划,报站长审批,由技术部在广泛测土化验的基础上确定配方,并负责质量监督,生产部负责配制,成品交仓贮部,供销部负责推广。哪个环节出现问题,就由哪个环节负责,环环紧扣,形成了职责明确、工作高效的管理体制。同时,还坚持以人为本,建立了一整套适应市场的灵活机制,包括:能上能下的用人机制、奖罚分明的激励机制、绩效挂钩的分配机制、科学运作的管理机制等,充分调动了员工的积极性,干部职工各司其职,各负其责,达到了人尽其才,才尽其用,实现了规范管理。

五、加强配制管理,确保产品质量

配方肥质量实行生产部门经理总负责制,即生产部经理根据配制计划,合理组织人、财、物等生产要素,保证按质量标准和产品配方及时配制出市场需要的合格产品。在配制过程中,建立质量监督机制,实行质量全程跟踪,确保计量准确,混合均匀,包装合格,若发现产品质量问题,将追究有关人员责任,严禁不合格产品流入市场。维修部负责机械设备维修、保养。仓贮部经常检查能源、原材料余缺情况,并把原料余缺情况及时通知营销部,由营销部及时组织供应。营销部坚持从省土肥集团公司及大型化肥企业购进原料,对购进的每批原料都要经过抽检,严禁不合格原料投入配制,严格配制监督,计量发现一袋次超降标准,罚当班工人10元,发现包装质量不合格,每袋次罚当班工人5元,发现一袋次漏装微肥包,罚当班工人5元,发现掺混不均匀返工。通过一系列严格的配制管理,确保了肥料质量和效果。

六、加大宣传力度,推动配肥推广

加大宣传力度,树立企业形象,突出品牌效应,是促进配方肥推广的有效措施。重点做了五个方面工作:一是争取领导支持。县政府、县农业局和农技中心领导对配方肥推广工作十分重视,在各种会议上给予讲解宣传和推广布置,农技中心还专门印发了"关于大力推广'沃力'配方肥的通知"。二是印制散发技术资料10万份,张贴产品抽检公告500张,印制条幅500多条,出动宣传车150辆次。三是人员宣传。推广人员分包乡镇,把公告贴到村里合适位置,找村干部在高音喇叭里宣传。四是制作了测配站形象、配方肥品牌、农民施用典型等实例在县电视台《致富之星》、《今日滑洲》、《天气预报》栏目中宣传。五是专家下乡培训、授课。通过以上宣传,达到了家喻户晓,人人皆知,有效促进了配方肥的快速推广。

七、发挥技术优势,搞好优质服务

名牌产品需要优质服务,"沃力"牌配方肥之所以深受农民欢迎,除它本身具有配方科学、针对性强、货真价实的优点外,还在于我们发挥自身优势,把技术指导、售后服务和测土供肥融为一体。农民在测配站购买肥料的同时,还能得到技术人员无偿提供的技术资料和技术指导。同时,我们还承诺农民,可以根据"质量信誉卡"上提供的热线电话,在反馈用肥信息时,享受免费技术咨询和跟踪技术指导。为促进配方肥的推广,2001年还建立了示范乡镇、示范村、示范点三级示范体制,共设示范乡镇2个(留固、王庄),示范村4个,示范点35个,一方面展示验证了配方肥施用效果,为改进配方提供了依据;另一方面,让农民看到了实实在在的样板,起到了以点带面的效果。

新郑市组建测配站、推广配方肥的主要做法

陈宪亭

(新郑市农业局·2002年6月)

新郑市测配站是2000年5月组建的。2001年新郑市平衡施肥技术推广工作,在省、市土肥站的大力支持下打了一场硬仗,配方肥推广实现了大突破,一举达到3 000 t,打破了传统的农技推广"跑空腿、推空磨"的形式,从测土、化验、配方、配肥、供肥、施肥技术指导,做到了一条龙服务。不仅赢得了农民群众的信赖,农技干部也学到了大量的市场经济知识,农技推广工作又翻开了新的一页。主要做法如下。

一、建站起步

建站之前,作为县农业局分管土肥工作的副局长,我本人对测配站建设的重要性认识不够。1998年省土肥站发出组建测配站的号召后,我们就有组建测配站的想法,但总是把困难估计得太多,前怕狼,后怕虎,怕没资金,又怕没原料,更怕配方肥群众不接受、推广不出去。2000年年初,在省土肥站的指导和兄弟县、市的启发带动下,经农业局党组研究,决定组建测配站,推广配方肥。为取得经验,我带领农技站、土肥站的有关人员到新密市、太康县、唐河县等配方肥推广先进县、市参观、学习、取经,又多次到省、市土肥站咨询和请教。就这样,在省、市土肥站的大力支持下,在兄弟县、市成功经验的指引下,新郑市测配站成立了。

"万事开头难"。建站之初,一没场地,二没资金,三无经验。在这种情况下,省土肥站直接指导,帮助制定推广计划,使测配站一开始就走上了比较科学的发展轨道。货源紧张的时候,省土肥站还积极帮助组织货源,帮助渡过难关。测配站经理就此编顺口溜称赞到:"省土肥,帮大忙;帮联系、帮进货;速度快、风险小;价格低、质量好"。为壮大我市测配站规模,及时交流、学习各县、市的成功经验,省土肥站还在我市组织召开了郑州市六县、区配方肥推广经验交流会,使我们进一步认识到了配方肥推广的重要意义,更加坚定了我们推广配方肥的信心和决心。配方肥的推广解决了农技战线多年来想解决而没有解决的问题,完成了多年来想干而没有干成的事情,找到了新时期农技推广的新路子,找到了农技推广发展的方向。

二、宣传推广

在配方肥推广过程中,把宣传工作作为关键措施来抓,想方设法搞好宣传。在通过宣传车、报纸、电视、宣传资料、信誉卡、宣传条幅等进行宣传的同时,还组织农技人员直接下乡进行技术培训,利用农村集会进行配方肥技术咨询,使测土配方施肥技术覆盖面达到50%以

上行政村。同时,还设立技术咨询电话,对平衡施肥有关问题进行解答,做到了“一个利用、三个结合”,即充分利用健全的市、乡、村三级服务网络优势,与优质小麦推广相结合,与市结构调整工作相结合,与配方肥试验示范相结合,把配方肥推广融入结构调整范畴,用事实去说话,用示范带动全市大面积推广。

三、营造环境

环境是一件事物发展的关键因素,没有一个好的外部环境,就谈不上好的发展前景。为争取测配站建设有一个宽松条件,在营造外部环境上下了不少工夫。多次向市委、市政府写报告阐明测土配方施肥的重要意义,引起了市委、市政府的高度重视,市政府办公室专门下发了文件,对测土配方施肥工作进行部署。同时也争取到了工商、技术监督等部门的支持,技术监督局对配方肥质量进行了认证,还在报纸上向农民推荐。所有这些,都给推广配方肥创造了良好的条件,为大面积推广奠定了基础。

四、建立机制

(一)资金管理机制

我市的配方肥推广资金全部由干部集资,为解决好配方肥推广集资款的管理问题,成立了7人资金管理小组,负责配方肥推广资金筹备、运用、重大问题决策等。每次集资都由集资管理小组召开会议共同决定,决定集资金额及如何使用等问题,确保资金的足额到位和合理使用。

(二)工作运行机制

为保证平衡施肥工作的顺利开展,从多方面着手加强管理。首先是责任分工,配肥站负责配制,农技中心负责发货,农技站负责宣传,各乡镇农技站负责推广,一环扣一环,分工明确,责任到人。其次是保证质量,由一名高级农艺师和一名高级配方师负责配方肥配方制定,出具的配方必须由两人签字方可交给配肥站进行配制。配肥站负责购进优质原料,并严格按照配方配制配方肥,并对配方肥质量负责。其三是实行竞争激励机制,中心与各乡站签订目标责任书和保证书,对完成任务者有奖,对完不成任务者进行处罚,严格奖惩,对推广配方肥第一名奖励29英寸彩电一台,大大调动了农技人员推广的积极性,形成了农技人员上下一心,人人宣传“沃力”,人人推广“沃力”的良好局面,为测土配方施肥技术的顺利推广提供了保障。

(三)市场管理机制

全市13个乡(镇)的配方肥推广工作分别由13个乡(镇)农技站负总责,每个乡(镇)农技站负责本乡(镇)范围内的配方肥推广工作,对本乡(镇)配方肥推广工作统一设点,统一价格。其他乡(镇)不经允许不得进入本乡(镇)进行配方肥的推广。这样既维护了市场秩序,也便于一个乡(镇)进行统一推广。

五、搞好服务

为方便农民群众,开展了一系列便民活动。一是可根据群众要求,免费测土化验,制定配方,配制肥料,服务到家;二是在村级设立配方肥推广点,直接送货到村,方便群众购买;三是组织机动三轮车直接送肥到户;四是每购买一袋配方肥送拌种剂一袋;五是开展万户施肥情况调查，组织农技人员深入到农户家中，调查每个农户去年施肥情况和今年施肥打算，准确掌握农民群众的施肥情况和施肥爱好，做到有的放失。在推广配方肥实践中，还同时把种子、农药、技术资料一并送村入户，使农民群众不出村就能学到技术，买到优质的化肥、种子、农药。上述便民措施赢得了民心，赢得了群众基础，也赢得了配方肥推广工作的胜利。

舞钢市配方肥推广的主要做法

杨浩放　柴明芳　南　华

（舞钢市农业技术推广中心·2003年7月）

舞钢市地处丘陵与平原过度地带，现有耕地面积33万亩，人口30万人，辖8个乡镇，175个行政村。主要种植小麦、玉米、大豆、棉花等作物。近年来，市土肥站以“组建测配站，推广配方肥”为核心，加强测配网点建设，初步形成测土与配方联姻、供肥与服务挂钩的运行机制，全市25个土壤监测网点，15个乡村推广网点已步入良性运行轨道，年推广配方肥200 t，2003年有望突破300 t。主要做法如下。

一、认真做好测土化验

为保证配方的科学性、针对性，根据我市复杂的地貌特征、不同的土壤类型，进一步完善充实测土网点，由原来的14个增加到25个，监测方法为室外调查和室内常规性化验相结合。根据测定结果，结合土壤普查和田间肥料试验数据，确定不同作物的配方肥配方。同时，面向社会无偿提供测土化验，合理推介配方肥。

二、强强联合建立连锁推广网点

依照市场需要，市土肥站同种子公司协作，建立市、乡、村连锁推广机制，“借鸡下蛋”建立配方肥推广网点。市土肥站发挥技术优势，负责测土、配方、配制、施肥技术指导服务；种子公司发挥网点优势，负责推介、推广。目前，发展乡级连锁推广网点10个，村级推广网点5个。拟扩大网点20个，使配方肥推广网点遍布全市。

三、提高服务质量

为使每个网点都能充分发挥自己的优势，提高服务能力，制定了一系列措施。首先，对乡村服务体系的成员定期培训，提高服务能力，使每个服务网点都成为群众科学施肥的依靠和我们与农民进行联系的纽带。其次，网点从业人员树立“遵纪守法，为农村、农业、农民服务”的思想，以社会效益为主，经济效益为辅，保质保量，及时完成上级交办的试验示范和调查任务。

四、加大宣传力度

为做好配方肥的推广工作，我们采取各种形式加大宣传力度。一是定期举办电视讲座，在《舞钢新闻》农业科技栏目中播出4期。二是印发技术材料2.2万份,张贴产品抽检公告300张,出动宣传车辆100辆次。三是中心职工分片包乡,精心组织,下乡授课,使配方肥家喻户晓,人人皆知。为使农民对配方肥的效果看得见、摸得着,坚持每年在全市选择5个配方施肥示范区,面积500~1 000亩,实行“五统一”管理。由于配方科学,管理得力,示范区农户小麦比全市平均产量增产31.9%,玉米增产38.9%。

唐河县配制推广配方肥的主要做法

杨立新

(唐河县测配站·2003年3月)

唐河县测配站在2002年度配方肥配制推广中,进一步解放思想,开拓进取,加强内部管理,提高配肥质量,完善推广网络,加强宣传引导,取得了配制推广小麦、棉花、烟草、水稻等各类作物配方肥1 520 t,推广应用面积38万亩的较好成绩。

一、实行测土配方,严格配制管理,确保配方肥质量

在每个配制季节前期,针对各乡(镇)不同类型的土壤进行取土化验,化验结果由农技中心技术人员进行讨论,制定出最适合各乡(镇)各类土壤的配方。在原料购进上,每进一批原料都进行严格化验,不合格的原料一律不用,配制过程中严格技术规程,使产品质量达到要求。同时,对每批成品还进行抽样化验,合格后方可入库推广。

二、广泛宣传,示范带动

为进一步推广配方肥,使群众充分认识施用配方肥的好处,利用印发技术资料,召开培训会、技术咨询等形式宣传有关施肥技术,全年共印发各类技术资料10万余份,举行培训会50余场,技术咨询2万余人,收到了良好的效果。同时,积极与县电视台联合,在“金唐河·科技园”栏目中开办了3期土肥技术讲座,宣传配方施肥技术,提高了广大群众对配方施肥重要性的认识和施用的自觉性。同时,还注重配方肥示范田建设,搞好示范带动,以示范田带动周边村的推广应用工作,共建示范方10个。其中,2001年麦播时在龙潭农场建立了200亩的示范田,获得大丰收,平均亩产412 kg,收麦期间周围群众纷纷前去观看。今年秋播新建示范田面积达1 000余亩,以示范方建设带动群众使用配方肥。

三、改革管理机制,充分发挥职工的积极性

除站长与保管员、财务人员、配制人员、质检人员外,推广人员取消基本工资,实行效益工资制,充分调动了职工积极性,使职工在工作中得到实惠。同时,测配站领导与职工明确了责任,使劳动分配更趋于合理。

四、加强对推广网点管理

对推广力度大的网点进行精神奖励与物质奖励，提高他们推广配方肥的信心和决心。对推广不力、年推广少的网点予以取消，重新安排新的网点，保证推广渠道畅通。同时，测配站不定期对推广网点进行技术培训，提高他们的业务素质和服务水平。

五、健全制度，强化管理

首先，对站长、财务、配制、质检、推广人员制订目标管理岗位责任制。其次，制订了财务、配制、质检、原料成品保管、岗位考勤、奖罚和安全配制、保卫等各项规章制度，使各项工作有规可循，有章可依，良好运行。

罗山县配方肥配制推广的主要做法

周敬波

（罗山县农业技术推广中心·2003年3月）

罗山县测配站自组建以来，在省、市、县业务主管部门的精心指导下，经过县农技中心全体干部职工的努力（投入了大量的人力、物力、财力），通过推广网点及其他部门的通力合作，取得了良好的社会、经济和生态效益。

一、加强领导，精心组织

推广配方肥是实施测土配方施肥技术的重要手段，县农业局对此项工作非常重视，为了加强对配方肥配制推广的领导，专门制定了《罗山县配方肥配制推广意见》，指导全县搞好配方肥的推广应用，每年与农技中心签订目标责任书。为超额完成任务，县农技中心多次召开班子成员会和全体干部职工大会，商讨配方肥配制推广策略，动员全体人员深入基层搞配方肥示范推广，并制定了《罗山县农技中心配方肥配制推广管理制度》。这些举措，保证了配方肥的顺利配制，促进了配方肥的推广应用。

二、广泛宣传，扩大影响

在推广配方肥过程中，始终把宣传工作作为关键，想方设法搞好宣传。一是组织科技人员下乡搞技术承包，在重点乡镇建立配方肥施用示范田、设立推广处，通过示范辐射促推广；二是开展技术培训，仅2002年就举办配方肥施用技术培训班20期，培训人数达5 000多人次，印发配方肥技术资料10 000份，结合送科技下乡活动，宣传配方肥；三是制作配方肥宣传电视短片，在县教育电视台连续播放，集新颖性、趣味性、科学性、实用性于一体，便于农民接受；四是把测配站形象、配方肥品牌、农民施用典型实例等内容，在县教育电视台《农业科技》、《今日罗山》栏目中宣传。通过以上措施的宣传，达到了家喻户晓，人人皆知，有效地促进了配方肥的快速推广。

三、筹措资金,保证原料

根据我县市场需求规律和往年配方肥推广经验,我县小麦、油菜配方肥需要量较大。为了保证秋季配方肥的正常配制推广,及早筹措资金,号召全单位干部职工集资,及时购进尿素、过磷酸钙、氯化钾、磷酸一铵及微量元素等配方肥原料,保证秋播期间油菜、小麦专用配方肥配制的需要。

四、抓好配制,严格质量

为了保证配方肥的配制质量,第一,多次派技术人员到省、市土肥站参加化验和配方师培训学习,提高业务人员的技术水平;第二,对全体干部职工进行岗位培训,包括配方肥的特点、配方依据、配制过程及注意事项等,各个配制环节都制定了严格的操作规程,实行定岗定责;第三,组织化验人员深入乡村以村为单位分土类取土化验,为制定配方提供依据;第四,把好进货关,坚持购进大厂正牌、高浓度、高质量原料,每进一批原料,化验人员取样化验有效成分,防止假劣肥料流入而影响配方肥的质量;第五,科学制定配方,在省、市土肥站专家的指导下,结合我县土壤抽查化验结果,根据不同乡村不同作物需肥规律,严把配方关,保证了配方科学、合理、适用;第六,在配制过程中由一名配方师跟班监督,严格计量,搅拌均匀,标袋准确,封口标准,并随时抽样检查,要求达到混合均匀、配方准确,增效包严密。

五、制定措施,促进推广

为加快配方肥的推广,制定了一系列措施。一是在县、乡办的小麦、油菜、水稻丰产方、示范园上全面推广使用配方肥,提高配方肥的知名度;二是在全县19个乡镇免费赠送配方肥2.5 t,每个乡(镇)设一个5亩的配方肥使用示范田,引导农民使用配方肥;三是在沿路乡镇的重点村设立配方肥示范田,让事实说话,引导农民使用配方肥;四是以重点乡镇(尤店、东卜、龙山、竹竿、庙仙)农技站为依托,每个乡(镇)设一个推广网点,独家推广。网点上采取送货上门服务,实行量大从优原则;五是实行奖励机制。单位全体干部职工分配一定数量的推广任务,每推广1 t配方肥奖服务费20元。这些举措,促进了我县配方肥的配制推广。

内黄县测配站配方肥推广的基本做法

任留旺

(内黄县测配站·2002年3月)

内黄县测配站筹建于1996年,1997年正式投产。目前,测配站占地面积2万 m^2,固定资产500万元,干部职工26人,季节工、临时工120余人,其中高级职称2人,中级职称6人;有圆盘造料机、烘干机、冷却机、配方肥混合机20余台(套)及土壤肥料化验设备;主要产品包括养分含量分别为52%、48%、45%、30%、25%的花生、西瓜、辣椒、优质小麦、西红柿等五个系列,十余个品种的优质农作物配方肥料。配方肥问世以来,深受农民的欢迎,几年来累计推广3.2万t，推广面积120万亩，每亩节约农业投资10元，增加农业经济效益55元。1998年9月18日，农业部、珠江电影制片厂来我站拍摄《平衡施肥》科教片；2000年我站与河南省土肥测配中心联合开发精准肥料，促进精准农业的快速发展；同年内黄县被河南省农业厅列入"河南省平衡施肥示范县"，并列入省高新技术发展产业化发展项目县；2001年列入国家"沃土工程"综合示范项目县。

一、努力学习先进土肥科学技术及其相关知识

搞好测配站建设，必须掌握先进的科学技术和理论，拓宽视野，以此提高配方肥料的科技含量。我站经常组织干部职工学习配方施肥的基本知识及最小养分律、报酬递减律等基础理论；学习过磷酸钙、尿素等化肥生产的核心技术，了解各种化肥的物理性状和化学性质，从而解决基础原料造粒及配方肥料配制中防潮解、防结块等问题，并且掌握优质小麦、花生、西瓜等农作物栽培方面的科技知识，从整体上提高全站的科技水平。

三、争取领导重视和支持，协调好有关部门关系，为测配站发展创造宽松的外部环境

我们经常向县委、县政府有关领导部门汇报测配站的工作，得到领导的重视和支持，县委书记王建民就测配站工作专门召开县常委会议，研究支持测配站工作，以促进高产优质农业快速发展。县委办公室主任王国强亲自协调资金支持测配站，并协调工商、技术监督等部门，为测配站保驾护航，广开绿灯。安阳市农业局、科技局、财政局就配方肥料工作大力支持技术和资金，并列入安阳市高新技术发展产业化加以扶持。内黄县农业局就人、财、物给测配站充分自主权，同时就产品推广、资金给予大力倾斜。河南省土肥站从原料、资金、技术、监测、证件、包装上给予全方位服务，并使配方肥料走入"测、配、产、供、施"一条龙服务的快车道。

四、搞好试验示范，以点带面，使配方肥料逐步深入民心

为了大力推广"沃力"、"精准"牌配方肥料，在河南省土肥站安排下，我们先后进行了不同施肥试验。主要有"花生配方肥料和群众习惯性施肥试验"、"辣椒配方肥料和群众习惯性施肥试验"、"小麦配方肥料与碳铵、钙镁磷肥对比试验"等。还在六村乡薛村郭善法责任田内安排了花生配方肥料、太平村闫留希责任田内进行了"配方肥料和美国二铵肥效对比"示范样板田。通过试验示范，使内黄县农民对配方肥料的效果看得见，一致认为内黄县的配方肥优于美国二铵。由于典型引路，群众对配方肥料认识也越来越深，使农民对配方肥料由不认识变成自觉施用。

五、严明规章制度，建立一支过硬的职工队伍，树立干事创业的精神氛围

测配站还建立了配制车间安全生产、财务管理、考勤、夜间值班巡逻等各项规章制度，并奖罚分明，随时兑现，使各项规章制度真正落到实处。还对各项规章制度进行不断修订和完善，使其在工作中既合理又有创新，并得到全面贯彻执行。

测配站各项工作都很具体，并且财、物、经济跟每个职工都紧密联系，这就要求职工作风正派，思想境界高，办事认真。因此，对职工不断地进行教育，使测配站每个职工都能兢兢业

业、努力工作,年终评出先进进行表彰,对选举未超过半数的职工进行淘汰,对超过半数的每两年评选都是末位的也要进行淘汰,使职工树立起人人争当先进的精神。

六、以服务农业、服务农民、服务农村为宗旨,提高服务意识,在服务中求生存、求发展

当前的市场竞争是服务的竞争,在推广策略上以服务促推广更显得重要。内黄县测配站坚持配方肥料销到哪里就服务到哪里。配制前免费测土,推广中技术指导,推广后跟踪服务,对农作物出现的技术问题都要给群众讲解清楚。内黄县亳城乡新街土地盐碱,免费进行取土化验后,指导群众合理施用农家肥,推广秸秆还田和小麦留高茬、麦秸麦糠覆盖,全面施用配方肥料,小麦亩产量由原来的150 kg上升到现在的400 kg,原来小麦苗期死亡的现象得到了根治,土地盐碱化程度得到了改善,受到了农民的好评。

七、搞好测土化验,以质量求生存,以信誉求发展

产品质量的好坏是企业的生命,一个好产品经久不衰的关键是质量过硬,我们始终坚持质量第一,把好原料入库关,产品出厂前经过化验达到标准后才能出厂,使农民真正用上放心肥。测配站首先取土化验,摸清土壤养分的状况,然后按照农作物需肥规律、土壤供肥性能和肥料利用率进行科学配制,凡是农作物需要、土壤缺乏的元素,本着缺多少补多少的原则进行配制。几年来还对锌、硫、硼等中、微量元素进行了研究和推广应用,使农业施肥既科学合理又节本增效。

八、建立推广网络,与推广网点互惠互利,共同发展

目前测配站建立了420个推广网点,我们对推广网点、推广区域、推广数量、经济实力及信誉状况都应做好调查了解,凡是有经营肥料证件的、经商信誉好的、有农业技术专长的,优先供应。在业务来往中坚持诚信第一的,就建立互惠互利的业务关系。每年还对整体推广网点进行评议,分类排队,使推广网络工作既扎扎实实,又不断发展壮大。

九、与时俱进,积极开发新产品

市场经济的建立,迫切需要开发新产品、新包装、新广告。在推广策略上只有不断创新,才能使企业立于不败之地。为此,每年都要拿出新思路、新举措,去适应、拓宽、发展市场,搞好平衡施肥、配方施肥工作。

确山县配制推广配方肥的基本做法

李　印

(确山县农业技术推广中心·2003年3月)

确山县辖15个乡镇203个行政村,总人口43万人,其中农业人口40万人,耕地面积

104万亩,每年化肥施用量约6万t。主要作物有小麦、玉米、水稻、花生、西瓜等,是一个以种植业为主的农业县。1998年组建测配站至今,已走过了5个春秋,配方肥的配制与推广,在农业生产中取得了良好的经济效益和社会效益,改变了农民长期以来盲目施肥、施肥结构不合理的现象,施肥水平逐年提高,初步走上农作物平衡施肥的道路。2002年,确山县农技中心在县委、县政府的高度重视和县农业局党组的正确领导下,在省、市土肥站的指导扶持下,全体干部职工共同努力,采取各种有效措施,大力推广配方肥,全年共配制推广"沃力"牌配方肥2 150 t,其中,花生、西瓜、水稻等专用肥350 t,小麦专用肥1 800 t。

一、加大宣传力度,树立品牌意识

加大宣传力度、树立测配形象、突出品牌效应,是配方肥推广的必要措施。重点做了五个方面的工作。

(1)争取领导支持。配方肥配制与推广是农技中心2002年工作的重中之重,县农业局、农技中心领导把配方肥配制推广当成农业系统的头等大事来抓,多次向县领导汇报配方肥工作情况及发展前景,把县领导请到示范田,以看得见的实际效果宣传推广配方肥的重要性。县领导对推广应用配方肥非常重视并给予了大力支持,多次召开农业专家座谈会,把配方肥应用明确列入《确山县2002~2003年度夏粮生产方案》和《小麦栽培技术规程》中,并多次召开各乡(镇)书记、乡长会议,就全县统一供肥、统一供种(麦种)进行安排,要求全县乡(镇)领导示范田统一测土施肥。全县2003年1.4万亩小麦示范田全部采取了"三统一",即统一取土化验、统一施用配方肥、统一供应麦种。

(2)举办培训班。7月上旬,县农业局组织举办了确山县农业科技骨干培训班,各乡(镇)抓农业的副乡(镇)长、村科技主任及科技示范户、乡村两级配方肥推广网点人员等参加了培训。培训主要内容有:小麦栽培技术,实施沃土工程、推广应用配方肥,配方肥施用效果及典型发言(包括示范村、示范户),配方肥网络建设等。农技中心订做配方肥文化衫400件,参加培训人员每人一件,以示广告宣告。通过这次培训,提高了配方肥的知名度,扩大了配方肥的社会影响,增强了网点成员的科技理论水平。

(3)送科技入村。农业科技讲师团利用8月上旬的农闲时间,在全县各乡村组织拉网式培训,每2~3人分包一个乡(镇),逐村培训。讲师团成员把配方施肥、推广应用配方肥作为重点向农民宣讲,散发《小麦栽培技术规程》及各种配方肥宣传资料10万余份。

(4)电视宣传。县农业局在县电视台开辟《确山农业》栏目,农技中心专门制作了配方肥品牌、农民施用典型实例、配方肥技术知识等宣传片,利用晚上8点黄金时间长期在电视台播放,仅此一项支出费用近2万元。

(5)设立专家咨询电话。农技中心专门设立配方肥专家咨询电话,免费为群众提供技术服务。同时还装备1辆配方肥宣传车,常年在乡村巡回宣传。

二、多方筹措资金,保证配肥用款

推广测土配方施肥技术和配方肥,测土是前提,技术是关键,资金是保障。农技部门有技术、信息、网络优势,但存在实力不足、资金短缺等问题。为此,多方努力筹措资金,保证配方肥配制正常运转。一是动员职工及亲戚朋友集资140万元;二是县农业局投资11万元;三是寻求上级支持,2002年县长李剑华亲自为配方肥协调了300万元资金。

三、提高测试水平,确保配方科学

确山县农技中心现有省级认证配方师3名、化验员5名,拥有土肥化验楼一栋,建筑面积360 m^2,化验室16间,化验设备齐全。为让农民用上放心肥,中心加强了土肥基础设施建设,购买河南农业大学研制的土壤速测仪1台及其他一些新型仪器、药品。今年共化验土样480个,其中领导示范田取土样270个,由中心人员分组包乡采集,另外对网点成员进行了培训,教会其取土方法,各网点送土样210个,全部免费化验。通过测土化验,比较全面地掌握了我县当前土壤养分状况。在此基础上,结合土壤普查成果和田间试验结果,多次召开配方师和相关专业技术人员会议,并听取省土肥站领导、专家的意见,确定了小麦、花生、西瓜、大豆等作物配方,实现了配方的科学性、针对性、合理性,有效减轻了肥料结构性浪费,提高了肥料利用率,实现了农业节本增效。

四、健全推广网络,规范管理运作

网络建设是配方肥能否大面积推广的关键。目前,全县已建立乡级服务网点50个、村级服务网点160多个。全县上下形成了以县农技中心为龙头,以乡(镇)农技站、供销社为依托,以村级技术员和具有影响力的科技能人为纽带,以村民组示范户为基础的四级推广网络。在网络建设中,充分考虑网点的信誉、推广能力、社会影响力等因素,坚持稳步发展,不求网点数量增加,但求网络体系整体增强。在网点建设上,注重抓典型,充分发挥典型示范带动作用,以点带面辐射发展。主要采取5项措施与网点合作,实现利益共享,共同发展。①网点确立后,首先召集两级网点成员就施肥技术、配制推广等有关知识进行培训,提高网点成员的理论技术水平,教会其运用正确的推广策略。②网点成员按农技中心提供的技术要求,做好本推广区域的土样采集工作,配肥站对土样进行化验分析,并提供配方合理的优质配方肥。③广泛征求网点成员意见,就配方肥配制、推广的各个环节出点子、献良策,并采纳他们的正确建议。对于网络成员在配制推广中遇到的各类问题,及时协助处理,做好推广后的跟踪服务和技术指导工作。④在配方肥推广中,采取“三统一”,统一管理,统一送货,统一零售价。配方肥由农技中心统一送货上门,运费中心负责,利润结账时返还。网点一律采取推广价进货,保证按规定价格推广,不准随意降价。⑤中心最大限度地让利给推广网点,并按照推广量大小给予奖励,调动网点积极性,提高市场竞争力。

五、强化内部管理,保证产品质量

在原料组织方面严把质量关,坚持从省土肥集团公司及大型化肥企业购进原料,与他们建立良好的合作伙伴关系,签订购货协议,保证质量,货到付款或先付一半款,同时享受最优惠价格。在配方肥配制方面,中心领导主持全面工作,设立技术组和配制组,制定了财务、配制、质检、原料成品、保管、安全生产、保卫等规章制度,使各项工作有章可循。技术组由中心副主任、土肥站长组成,提供配方肥配方,解决配肥技术问题,并负责质量监督、宣传、推广工作。配制组由车间主任、仓库保管员和质量检验员等10人组成,对配制配方肥的关键环节进行了严格分工和把关,确保计量准确,混合均匀、包装合格,不让一袋不合格产品流入市场。每个袋内装有配方肥使用说明书,有质量保证卡,上面标有班次、负责人及配制日期。

汝南县配方肥配制推广的主要做法

任双喜

（汝南县农业局·2003年2月）

汝南县地处豫东南，辖20个乡镇，281个行政村，总人口76.8万人，其中农业人口68.3万人，耕地面积116.8万亩。2000年5月，农业局新一届领导班子成立后，认真分析了农业发展形势，将工作重点放在经济发展上，重点抓了配方肥的配制推广工作。当年配方肥的配制推广量在1999年100多t的基础上增加到400 t，2001年突破1 000 t，2002年达2 000多t。主要做法如下。

一、扩建测配站，提高配方肥配制能力和土壤化验能力

通过几年推广应用，配方肥需求量迅速增加，原有的配制规模已远远不能满足市场需求。为此，2001年多方筹集资金20余万元，为测配站扩建场房600 m^2，购置配制设备1套和土壤化验设备12台（件），完善了办公条件，扩大了配制规模，提高了土壤化验能力。配方肥年配制能力增加到5 000多t，土壤化验数量增加到5 000多个土样。2002年秋季，组织两辆取土化验车深入到全县每个村组，为农民免费取土化验3 000多个土样。在推广旺季，确保了每天配制高质量配方肥100多t。

二、强化宣传，搞好示范，提高农民接受配方肥的自觉性

配方肥虽然具有质优、价廉等许多优点，但由于它是一个新事物，农民对其知之不多，造成推广上有一定难度。为加快推广步伐，从2002年开始，一是动员全局科技人员40多人，组成科学施肥讲师团，分10个组，每组既有农业专家也有施用过配方肥夺得高产的种田能手，下到村组，直接为农民授课230多场，打破了过去只培训到乡、村级干部，造成技术棚架的做法；二是组织18辆宣传车，每辆宣传车上挂4个牌子，前边是“实践三个代表”，后边是“送科技下乡”，左边是“土壤配方施肥专用车”，右边是“小麦专用配方肥”，十几辆车拉着配方肥成群结队，直接送到农民手中，在群众中造成了很大轰动；三是建立配方肥示范田256块，并在示范田立有永久性水泥标牌，介绍配方肥施用方法和施用效果，使配方肥增产效果更加直观，让群众摸得着、看得见，其中马乡镇徐坡村、和孝镇新集村分别建立8 000、10 000亩配方肥示范基地，小麦亩产均在425 kg以上；四是同县电视台联合，建立配方施肥专题栏目，跟踪报道配方肥在小麦、玉米、花生等作物各生育期的施用效果，改变了过去那种只单做广告宣传，给群众造成反感的状况。

三、加强村级服务网点建设，为配方肥的推广奠定基础

通过总结几年来推广配方肥的经验和教训，要解决科技棚架问题，必须把立足点放到村组。从2001年起，开始狠抓村级网点建设，当年即建立了65个村级服务点。为保证网点质

量,选择有一定农村工作经验、懂经营、会管理、诚实可信、能为农民群众着想、服从领导、有上进心和责任心,并懂得一定农业技术的人,或有一定知名度、威信高、施肥观念能影响引导周围农民的科技户和示范户作为村级网点的负责人。为加快网点建设,2002 年年初制定年度工作目标时,要求县农业局机关干部职工每人建立 1 ~ 2 个村级推广网点,土肥站每个干部职工要建立 10 个村级服务网点,每个网点力争推广配方肥 50 t 以上。每建成一个网点奖励责任人 100 元现金,少建一个罚款 50 元。同时,在发展自己服务网点的基础上,充分选用农村原有的农资经营户推广配方肥。原农资经营户有资金、有场所、有经营经验,在周围有一定的推广市场,便于很快开展工作。在网点管理上,实行现款现货,有担保人担保的或信誉好的网点可先拉 1 车铺底肥,推广 1 车结清 1 车,再拉下 1 车。推广结束后货款两清,没推广完的肥料不破损的可以退货。为规范管理,在征得县委、县政府同意的前提下,各网点统一挂"汝南县农业局科技示范网点"的牌子,推广配方肥可不办理营业执照,不交各种税费。通过广大干部职工的共同努力,到 2002 年村级网点发展到 160 多个。为调动各网点的推广积极性,每个推广季节结束后,按照推广数量的多少评出一、二、三、四等奖进行奖励,一等奖 1 000 元,二等奖 500 元,三等奖 300 元,四等奖奖价值 100 元的礼品。通过上述措施,增加了网点数量,扩大了网点覆盖面,提高了各网点的积极性,配方肥推广数量大幅度提高,2002 年达到 2 700 t。

四、争取领导支持,加强对外交流

领导支持是加快测配站发展的前提。我县测配站建设和配方肥配制推广过程中,得到了各级领导的关心支持。省土肥站对我县工作的发展多次提出建设性方案和指导性意见,并一直关注配方肥配制推广情况。县委、县政府领导对配方肥的配制推广给予了大力支持,解决了配制推广过程中的许多困难。同时,积极加强对外联系,利用配制淡季组织干部职工到兄弟县、市参观学习,并邀请有关专家及土肥工作先进单位来我局传经送宝。通过交流,查找不足,逐步理顺了配制推广机制。

五、提高产品质量,树立自己的品牌

产品质量的好坏直接影响着配方肥的推广量。前两年,由于竞争,一些农资经营部门多次向有关单位反映,说我县测配站配制的配方肥有效成分含量不够,质量不达标,是劣质化肥,造成好多不明真相的群众不敢购买配方肥。2001 年县工商局、技术监督局等部门对配方肥进行抽样化验,结果是有效成分含量等指标均超标,于是我局借此事件利用电视台等媒体在全县大力宣传配方肥,当年不仅没有影响推广量,而且比上年增加了一倍。通过这件事,进一步增强了广大干部职工的质量意识,在扩大配制规模的同时,更加严把质量关,宁缺勿滥,做到质优价廉。

六、深化体制改革,提高干部职工的积极性

随着市场经济不断完善与发展,单位的发展壮大必须实行目标责任制、股份制、风险抵押制,只有这样才能调动广大干部职工的积极性,才能使单位发展有后劲,才能与市场经济发展相适应。2002 年县农业局党组对测配站进行股份制改造,将目标责任制、股份制、风险抵押制有机结合起来,任务分解到每个干部职工头上,责任到人。测配站每个干部职工最低

入股两万元,多者不限,县农业局系统及村级网点负责人等人员均可出资入股,实行风险共担,利润共享,确保配方肥推广工作顺利进行。

灵宝市配方肥配制推广的基本做法

郑香玲　安　娜

(灵宝市土壤肥料站·2003年6月)

配方肥是一种多养分的混合掺配肥,具有养分平衡、配方灵活、针对性强、肥效高、投资少,能提高产量、改善品质、节本增效的优点。从2000年到2002年,灵宝市土肥站组建测配站,大力推广配方肥,改变了群众施肥上的老习惯,增加了农民的收入和社会效益。三年来共推广配方肥3 830 t,累计应用面积达7.542万亩,其中苹果1.017万亩、小麦6.525万亩,总增产值496.69万元。

一、强化宣传,提高认识,奠定推广基础

为了大力推广配方肥,首先狠抓了宣传培训。一是制作电视宣传短片于用肥旺季在灵宝市电视台播放,每年长达180天。二是每年印制宣传横幅100条,悬挂在各推广网点;制作配方肥宣传板面,在化肥交易大会或重点集市上展览宣传。三是3年累计赶集上会80多场次,回答问题179条,咨询人数1 260人次。四是3年共举办培训班21期次,印发配方肥宣传资料2万份,受训群众1.4万人次。通过广泛宣传,使广大干部群众认识和掌握了配方肥的概念、性能、作用、原理、优点和使用技术,提高了应用的自觉性,为配方肥的推广奠定了良好的基础。

二、突出重点,健全体系,提供组织保障

配方肥推广3年来,测配站明确重点,健全体系,狠抓网络建设。2000年全市建推广网点69个,2001年新增加48个,2002年新增加41个网点,8月份土肥站对全市158个网点进行了逐点登记和培训,并将全市划分为20个推广区域,实行定点、定人、定区域推广负责人的利益捆绑机制,区域负责人要求有一定组织能力、懂技术、事业心强,在群众中有一定威信的人担任。为了保证多而不乱,良性竞争,测配站让各区域负责人牵头供货,对每个区域定任务、定时间、定推广量,超额部分给予奖励。同时在广泛征求推广网点合理化建议的基础上,提出"四统一、三保险"。"四统一"即统一包装、统一供应、统一运输、统一价格;"三保险"即保质、保量、保供应。在实行"四统一、三保险"中,任何推广户随时需货,随时供应,保质保量。各乡(镇)实行专用标签,以防相互窜货、相互压价、相互提价,保障经营秩序。由于体系健全,管理到位,措施对路,调动了各方面积极因素,推广工作一年一个新台阶。

三、示范引导,技术指导,确保施用效果

测配站在推广过程中,还狠抓了试验示范工作,通过示范引导,以点推面,保障了推广工

作的直观性、针对性、时效性。2002年全市安排布置配方肥试验点39个、示范点20个。试验表明,小麦施用配方肥,一般亩用量40 kg,亩成本60元,较群众常规施肥亩增产31.8 kg,按每公斤1.00元计算,加上辅助收入(麦秸麦秆),亩增产值34.98元,每亩降低成本2.74元,亩均节本增效37.72元。苹果使用配方肥,一般亩用量120 kg,亩成本150元,较常规施肥亩增产330 kg,亩增产值264元,每亩降低成本7.35元,亩均节本增效271.35元。在抓好试验示范的同时,组织技术人员深入基层、田间地头指导群众科学施肥用肥,深受群众欢迎。

西峡县水稻测土配方施肥技术推广实践与做法

周永志　靳士铮　杜新喜

(西峡县农业技术推广中心·2003年8月)

西峡县地处丹江源区,水质清澈无污染,自然生态环境优越,适宜水稻生长,所产稻米历来被视为珍品。稻区面积5万亩,年产优质大米6万t以上,以其清香醇正而闻名遐迩。但是,自20世纪90年代以来,由于在实际生产中,个别农户盲目追求产量,在施肥上有机肥施用量逐年减少,化肥用量不断增加,施肥结构不合理,已造成土壤肥力下降,养分比例严重失调。1997年我县稻区土壤养分状况:碱解氮167.6 mg/kg,严重超标;有机质1.19%;速效五氧化二磷9.34 mg/kg;速效氧化钾106 mg/kg。与1983年相比,有机质、速效磷和速效钾分别降低了40.5%、12.1%和43.2%,均低于正常水平。同时,也使土壤受到一定程度的污染,发生退化,造成水稻产量在中产阶段徘徊不前,水稻品质严重下降。

为了扭转这一局面,县测配站从1998年开始,在五里桥乡水稻区建立2 000亩优质米示范基地,推广测土配方施肥技术,按照水稻需肥规律和土壤养分供应状况,以培肥地力为中心,进行测土配方施肥,同时增加有机肥投入,使土壤本身的自然肥力与人工培肥技术密切结合,提高肥料利用率和农用水资源利用率,进而达到降低成本、提高产量、改善品质、增加效益的目的。

一、实施订单农业,激发农民种植优质水稻的积极性,从而带动水稻测土配方施肥技术的推广实施

我们与基地农户签订购销合同,凡是按照测配站技术要求生产的优质米,属于我们订单范围内的大米,只要质量合格,我们均按高出市场价20%的价格回收大米,负责销售。这一举措大大激发了农民种植优质水稻的热情,同时也较大程度地带动了稻田测土配方施肥技术的推广实施,有利于稻田土壤的改良。

二、发挥技术优势,强化宣传力度,更新观念,把增施有机肥摆在稻田施肥的重要位置

有机肥不仅营养全面,肥劲稳长,还能改善土壤理化性状,促进水稻根系生长,提高土壤

养分的利用率和蓄水保肥性能，增强水稻抗逆性。为此，技术人员认真钻研技术，分组到基地进村入户，宣传讲解技术1 500余次，印发传单资料10余万份，使农民认识到科学种田的重要性，并投身于水稻平衡施肥物化集成技术的实际行动中，自觉积造有机肥。同时，推广高留茬机械化返转灭茬还田技术，避免了焚烧秸秆带来的各种危害，既有利于改良土壤，又促进了水稻生长。

三、深入稻区调查研究，认真钻研施肥技术，研制出适合我县稻区不同土壤类型的肥料新配方

技术人员深入稻区，到田间调查土壤特征、特性，掌握水稻生长发育规律和需肥特点，了解施肥品种、施肥方法与作物产量间的关系，结合土壤化验情况，进行分区试验示范，从而配制出适宜我县不同土壤类型的育苗肥、有机合成肥、喷施灵等水稻多效肥和测土配方肥。

四、牢固树立质量意识，严把质量关

产品质量的好坏直接影响稻田土壤改良及优质米的质量问题。为此，我们在配方肥的配制过程中，按照肥料配方，严把原料关，一律选用有把握并经化验的大厂肥料，全部选用粒状原料，既保证了内在质量，又确保了外观效果，农民易于接受应用，从而提高优质米的产量及品质，达到改良稻田土壤的目的。

五、建立档案，跟踪指导，强化田间示范，解决群众在生产上遇到的实际问题

在优质米示范基地的整个实施过程中，技术人员分片包干，逐一建立档案，跟踪技术指导，常常深入田间地头带头示范并进行回访，回访群众达2.5万人次，帮助群众解决实际问题，增加了同群众的亲和力，提高了群众对水稻平衡配套施肥技术的信任度和技术人员在群众心目中的位置，促进了优质米示范基地建设。

遂平县“沃力”牌配方肥研发与推广应用

王桂香　魏铁拴　靳书喜　赵　辉

（遂平县土壤肥料站·2003年3月）

遂平县是一个农业县，耕地面积101万亩，主要种植小麦、玉米、花生等作物，土壤耕层养分含量状况为缺氮、少磷、贫钾，土壤养分不协调，致使作物抗逆能力下降，产量徘徊不前，品质差，严重制约了我县农业的发展。1998年，省土肥站提出在全省县乡组建测配站、推广配方肥，我县作为全省首批16个试点县之一组建了测配站。建站以来，在省、市土肥站，县政府及县农业局领导的关心与支持下，在业务无经费、财政供给工资严重不足的情况下，通过土肥专业技术人员的努力，测配站从无到有，配方肥推广量由少到多，取得了显著成绩，测土配方施肥技术及“沃力”牌配方肥已成为遂平县农业增效、农民增收和农业可持续发展的主要措施之一。

一、研究配制“沃力”牌配方肥的理论依据

为给全县各种农作物配制优质“沃力”牌配方肥，以土壤养分调查为基础，组织专业技术人员在全县范围进行耕地养分状况调查。共取土样938个，通过化验分析，查清了我县耕地养分状况，绘出了土壤养分图，并分乡、分土类对养分含量进行统计分析。在此基础上，对不同土类、不同作物进行不同配方肥效试验，从而为制定配方肥配方提供了可靠的依据。据此求出最佳配方肥配比组合，并在全县范围内设立示范点，以此验证配方肥肥效，使“沃力”牌配方肥合理科学，针对性强，营养平衡，元素间互补性强，做到了土壤缺啥补啥，有效改善了作物营养。农作物施用后表现耐旱、抗病虫、抗倒伏、正常成熟、千粒重提高、增产显著、品质提高。

二、研究解决肥料匹配技术性难题

配方肥配制中潮解是一个棘手的难题。起初配制的“沃力”牌配方肥一度出现高温潮解现象。为解决这一难题，专业技术人员进行了多次原料匹配性和防潮试验，在高温、高湿条件下观察，成功地研究出防潮解配方，找出了最佳的N、P、K肥料和微肥及填充料组合，并率先使用了压膜外袋加内膜包装，从根本上解决了配方肥潮解难题。该研究成果目前被省内多家测配站采用。

三、“沃力”牌配方肥配制质量管理与运作机制

配方肥配制质量直接影响着土肥新技术的推广应用。为此，我站把“沃力”牌配方肥配制质量作为配方肥配制推广的重点来抓，制定了《“沃力”牌配方肥配制技术操作规程》，并在各关键环节制定岗位责任，严明奖罚制度。测配站人员全部是土肥站在岗职工，采取自愿带资入股、风险共担机制。在无设备、无库房、无资金的情况下，先由土法上马，租赁库房，千方百计筹借资金，通过省、市土肥站渠道购进优质N、P、K肥料和微肥等配肥原料。在配方、配料、搅拌、标重、缝口等过程中，由高级配方师现场严格把关，并随机抽检产品质量，坚决杜绝不合格产品出现。测配站规定：任何一个环节出现问题，追究配方师和当班工人的经济责任。配方肥推广按计划分解任务，实行奖罚兑现。在艰难的工作条件下，我站“沃力”牌配方肥配制推广由1998年的400 t发展到2002年的2 000多t。2002年自筹资金新建了配肥车间，通过项目争取和自身匹配资金购进配方肥配制专用设备一套和精密化验仪器设备一套，使配方肥配制推广工作又上一个新台阶。

四、“沃力”牌配方肥推广应用与网络建设

配方肥创业与发展，配制是基础，推广是关键。每年利用各种形式进行宣传，5年来，共召开各种培训会议600多场次，培训人数58万人次，电视讲座13期，制作配方肥技术宣传版面10块，印发技术资料8.6万份。并采取设立技术咨询台、宣传车下乡、印挂宣传条幅、下乡培训等形式，广泛宣传配方肥推广技术，并在全县乡、村设立“沃力”牌配方肥示范网点140处，通过示范辐射推广，取得了良好效果。同时，每年麦播前，专业人员下到监测点采集土样，了解土壤养分动态变化，以此指导配方肥配制。

推广网络的建设是推广“沃力”牌配方肥的重要手段，我站把它列为土肥新技术推广的

重点建设，一手抓地力监测网络，一手抓配方肥推广服务网络。至今已在全县建立土壤养分监测点50个，配方肥技术推广服务网点140个，并对服务网点核发委托证，统一制订配方肥推广管理办法，实行全县统一售价，网员在服从推广管理的情况下，肥料推广结束后，按推广数量站里付给网员推广费，实现了网点有服务、有报酬、无推广风险，网员积极性很高。为方便网点推广工作，我们对村级网点采取“沃力”牌配方肥配送服务，免费为网点送肥到村，村级网员义务送肥到户，使农户不出村购到放心肥，深受广大农户欢迎。

五、“沃力”牌配方肥应用效果

五年来，我县在小麦、玉米、西瓜、花生、蔬菜、果树等作物上推广专用配方肥6 000 t，推广面积达17万多亩。统计结果表明，施“沃力”牌配方肥田块和常规施肥田块相比，小麦每亩增产75 kg左右，玉米每亩增产150 kg左右，经济作物效果更明显。且作物施用“沃力”牌配方肥后，抗逆能力显著提高，农产品品质得到改善。测土配肥新技术的推广取得了显著的社会效益，农民科学种田水平明显提高，有力地促进了我县农业的快速发展。同时，也稳定了土肥技术队伍，开创了土肥技术推广新途径，为事业的发展注入了活力。我们将继续努力，围绕实现优质、高产、高效、生态安全农业，不断研究提高配方肥配制科技含量，推广更优、更多的配方肥，为全面建设小康社会做贡献。

新蔡县组建测配站及配方肥配制与推广

石　喆　李玉洁

（新蔡县土壤肥料站·2002年11月）

新蔡县位于河南省东南边陲，洪汝河交汇处，面积1 142.5 km^2，耕地129万亩，人口98万人，其中农业人口93万人，是一个典型的农业大县。农村经济体制改革前，我县粮食作物平均亩产仅有82.4 kg(1974～1979年)。党的十一届三中全会以后，随着农村土地承包经营责任制的推行和深入，新品种、新技术的推广和化学肥料用量的增加，各种作物连年增产，但是到了1991年直至1997年，农作物产量增幅变小，出现了徘徊上升趋势。1995年全县第三次土壤养分普查结果表明，1982年全国二次土壤普查的富钾地块中有40%变成缺钾田块，不少地块的土壤有机质下降，微量元素严重缺乏。造成这些问题的主要原因是因为化肥使用不当。为能持续增产，提高土壤肥力和农业生产效益，根据省土肥站组建测配站、推广配方肥的号召，新蔡县于1999年筹建了测配站，主要任务就是以推广测土配方施肥技术为主导，以配方肥为载体，全面实施“测、配、产、供、施”一条龙服务。

一、大胆引入股份制，建立具有生机和活力的新型经济体制测配站

组建测配站、推广配方肥，需要一定的资金作支撑。年配制500 t的测配站，仅流动资金至少需要50万元以上。建站之初，没有一分钱，贷款又贷不到，站里职工又不富裕，怎么办?

站领导解放思想,决定全面引入股份制,把眼光放到了全社会的范围,确定了"公私合营,携手推广,独立核算,股份制管理"的合作推广原则,形成了个人股、集体股、政策股、技术股组成的股份合作制。其中,土肥站负责技术、质量监督和配方拟定,合作伙伴负责资金筹措,配制推广计划多方共同商定,配方肥推广多方共同努力,测配站实行独立核算,账目由专人负责,做到"放而不乱,管而不卡"。

二、坚持科学态度,求真探索,确保配方肥质量的提高

测配站建成后,面临的重要问题是产品质量问题。一是产品本身的含量和数量,即内在质量;二是配方肥的施用效果。在肥料质量方面,几经周折,经过上新的配制设备,改进包装和多次的原材料最佳组合选择试验,才改善、克服了原来分层叠装式配方肥存在的潮解反应等方面的问题,使肥料的养分含量、使用性能等内外质量都上了一个等级,赢得了农民的初步认可。

在配方肥的推广效果方面,一是对不同的土属和土种选用不同的肥料原材料;二是尽可能多地划分地力等级区域,缩小配方覆盖单元,尽可能提高肥料的针对性;三是对不同的气候条件肥料的作用效果进行研究(对当年或跨年度作物生长季节的气候进行科学预测,然后再采用在该种天气条件下施用效果最好的配方进行配制);四是对用户进行分区登记造册,在作物产中进行跟踪技术服务,产后进行产量调查和总结,发现问题及时研究和调整。测配站配备专业服务车一部,公布热线电话,只要农民一打电话,技术人员很快就会赶往田间地头。

三、制定正确的推广策略和科学的推广方法,保证推广速度和效益

建站以来确定的推广策略是:"广设网点,重点垫资,价格封闭,期末结算,年终重奖";方法是:"强化宣传,释疑引导,典型引路,连锁辐射,总结经验,循环推广"。

"广设网点,重点垫资",就是在全县各乡村选择懂技术、讲信用、有责任心的农村科技带头人,建立推广网点,对于经济薄弱的网点,给予帮助筹资和垫资扶持。"价格封闭,期末结算",就是供肥期间全县统一价格,不得随意降价或涨价。供肥季节结束后,按推广数量统一返给各网点推广经费。年终召开总结会,对推广数量较大的网点给予重奖。

"强化宣传,释疑引导",是通过县农业局统一协调,组织技术干部在技术培训班和技术咨询活动中,向群众大力宣传测土配方施肥技术的原理、意义和好处,为群众查找以往施肥中存在的问题,解释失败的原因,指出今后该如何正确运用测土配方施肥技术;宣传推广配方肥料,配方肥配制的科学依据及合理性,让群众真正明白测土配方施肥是怎么一回事。充分利用现代宣传工具,做到电视上有像,报纸上有字,广播里有声,乡村有宣传车和标语,群众手里有宣传单和技术资料,让绝大部分群众自觉接受测土配方施肥技术,逐步从传统用肥转到施用配方肥上来。

"典型引路,连锁辐射",是以基层推广服务网点为基础,再通过他们的亲戚、朋友、同学、熟人等社会关系(在推广学中称"连锁关系")组成一个庞大的连锁网络体系,把配方肥按照预定的辐射点位置推广下去。当农作物收获时,也就是效益(或成果)显示期,让其看

到显著的增产效果,通过他们在更大的范围使配方肥及测土配方施肥技术得到推广。

“总结经验,循环推广”,是在每个季节结束后,对施用配方肥的作物进行测定、评估,走访农户,总结经验,查找问题和不足,扬长避短,再总结出一套新的经验推广下去,使肥料质量及配方不断改进,施用效果不断提高。

通过近几年的发展,推广网点已遍布全县,并辐射到周边县乡的部分村,目前有网点80多个,辐射范围达300多个行政村,正式挂牌的示范基地50个,建站4年来推广各种作物配方肥累计8 000余t,施用面积24万余亩,社会效益累计达到1 860多万元,服务车辆跑遍了全县的各条道路,累计取土样6 000多个,行程5万km,服务农户1 800多户次。

延津县配方肥推广模式简析

阎红莲

(延津县土壤肥料站·2002年11月)

延津县自1998年组建测配站以来,坚持以“服务农民,壮大自身”为宗旨,实行股份制运作,大打品牌战略,配方肥配制推广初具规模,取得了显著成效,走出了一条以技术服务为纽带,以配方肥为载体,实行品牌战略、网络运作的成功之路。

一、大胆引入股份制是新形势下测配站发展的有效途径

土肥系统组建的测配站,成立伊始大都面临着资金严重不足的困扰,市场拓展困难,能否在短时间内形成规模、占有较大的市场份额,成为测配站成败的关键。延津县测配站在组建之初,为解决资金不足,借鉴外地经验,大胆引进股份制,建章立制,实行目标管理,从而调动了广大员工的创业积极性,职工责任意识明显增强,形成了团结一致、共同创业的可喜局面。测配站成立以来,短短4年内,资金由建站初期的几万元增加到近百万元,配方肥配制推广规模迅速扩大,推广网点由30多个发展到156个,年配制推广量由100多t增加到2004年的5 000多t。

二、巩固和发展网络是加快推广步伐的坚实基础

乡村服务网点是连接测配站与农民的桥梁和纽带,为夯实这个基础,从测配站组建之初,就有针对性地在乡村选择有一定经济实力、信誉好、热心农技推广的农资经营户和科技户,构建乡村服务网点。目前已建立乡村服务网点156个,其中乡级32个,村级124个,辐射全县18个乡(镇)90%以上的村,形成了以县测配站为龙头、以乡服务点为骨干、以村服务点为基础的推广网络。目前,乡村两级服务网点年推广量占全县配制推广总量的80%以上。

三、严格质量管理是确保测配站健康顺利发展的关键措施

测配站要健康顺利发展,确保配肥质量是前提。为了切实保证和提高配肥质量和信誉,

使广大农民真正接受和认可配方肥,在配制的各个环节严格把关,重点把好三关。一是准入关。配制原料必须是大厂名牌,不合格的坚决不用。二是配肥关。根据测土化验结果和目标产量制定配方,严格按照配方比例配肥。三是准出关。每袋配方肥均有产品合格证,合格证上标明配制批次和质量检验人,对检验不合格的一律不准出站。在配制过程中,设立专职技术人员全过程监督指导,发现问题及时纠正,出现质量事故,追究经济责任。由于制度严格,措施得力,配方科学,产品质量得到了很好的保证,“沃力”品牌在延津肥料市场一枝独秀,深受广大农户信赖。

四、搞好技术服务是加快配方肥推广的有效手段

测配站依托土肥站和化验室建立,拥有专业技术人员,具备检测化验手段,这是其他任何部门不可替代的优势所在。在配方肥推广过程中,实行全方位技术跟踪服务,设立咨询电话,固定值班人员,配备技术服务专用车,定期深入网点,巡回进行技术指导,无偿为网点取土化验。还在每个网点村建立一个示范点,让群众看到实实在在的效果,从而起到辐射影响作用。同时,制作电视专题,印发技术资料,聘请专家讲课,充分发挥行业优势,以技术服务为载体,加大宣传力度,让群众感到使用“沃力”肥放心、实惠。

五、优化推广政策是扩大配制推广规模的重要途径

在配方肥的推广中,重点抓好股东、经销户和农户三个环节。首先,对股东实行目标管理,按股金份额定推广任务,实行推广提成,推广量越大提成越多。其次,对经销户实行让利政策,给经销户留出较大的利润空间,同时按销量大小实行级别奖励。再次,是对农户实行优惠制度,施用量越大,得实惠越多。由于方法对路,措施得力,推广队伍不断扩大,用户回头客逐年增多。

平舆县配方肥料推广应用经验谈

王　宁　方　平　孙林侠　黄小明

(平舆县测配站·2003 年 3 月)

平舆县位于河南省东南部,辖 18 个乡(镇),280 个行政村(居委会),总人口 93 万人,其中农业人口 87 万人,是一个典型的平原农业县。主要土壤有砂姜黑土、黄棕壤土和潮土 3 种类型。主要种植农作物有小麦、玉米、芝麻、蔬菜等。

现阶段农业生产实践证明,肥料的增产作用占 40% 以上,但在实际生产中如何合理使用化肥才能获取最大经济效益,一亩地,施用什么肥,各用多少,什么时间用效果最好,这些农民都不清楚;因而究竟买多少氮肥、磷肥、钾肥,补充多少微肥,心中没底,全凭经验;土壤养分状况如何,作物需肥规律是什么,更是一无所知。配方肥料(简称配方肥)的配制推广使上述问题迎刃而解。配方肥不但配比科学、施用方便、养分全、肥效高,而且能降低成本、

提高产量、改善农产品品质。改“配方施肥”为“施配方肥”，彻底避免了过去拿到“处方”而买不到“药”的弊端，解决了配方、配肥、施肥脱节问题。平舆县土肥站于1998年组建测配站，开始配制配方肥。目前，配方肥在平舆县农民心中已得到肯定，其主要经验如下。

一、争取领导重视

配方肥的推广应用工作要想力度大，必须得到领导重视。平舆县委、县政府领导经常到测配站了解情况，解决企业的困难和问题，并制定了一系列优惠政策，要求工商、技术监督等执法部门一定要为测配站开绿灯。在配方肥推广季节，拉配方肥的农用运输车辆统一办理“绿色通行证”，在规定时间和指定路段进城一律放行，交通、工商、公安、农机等执法部门免检。并把配方肥列入历年秋季小麦生产施肥的首选品种。平舆县农业局领导更是大力支持，每年都要召开配方肥推广专题会议，动员全系统职工行动起来，上至局长下到一般职工，分任务指标推广配方肥，要求所有职工充分利用会议、下乡、办各种技术培训班的机会，大力宣传配方肥，最大限度提高配方肥的知名度，使农民真正了解配方肥、熟悉配方肥，最终相信配方肥、使用配方肥。在配方肥配制旺季，需要大量资金时，县农业局倾力相助，同时组织各二级单位或个人积极集资支持配方肥配制工作，为配方肥配制提供了充足的资金保障。

二、强化测土化验，搞好咨询服务

测土化验是测土配方施肥的基础和前提，是测配站赖以生存的优势和命脉，也是测配站不同于别的复合肥厂的优势所在。为了搞好土壤化验，平舆县测配站做了大量工作。一是组织人员到各个试验示范点进行选点取土化验。二是免费接收各服务网点送来的土样，大力发展免费速测业务。三是通过电视、技术培训等方式，号召广大农民自己取土送样，土肥站免费分析化验，同时提供施肥配方。四是在配方肥推广门市部设立技术咨询台，在化肥销售旺季，抽调专业技术人员全天值班，解答群众提出的问题，为其提供科学的施肥配方，并介绍配方肥的特点、施用方法及增产效果，传授施肥技术。

三、围绕农业结构调整，搞好试验示范

根据全县农业结构调整的总体规划，平舆县测配站及时调整策略，在不断优化配方肥配方的同时，增加配方肥品种，满足农民种植各种作物的施肥要求，做到农民种啥作物就配制供给啥作物的专用配方肥。先后研制了西瓜、黄瓜、辣椒、花生、玉米、小麦、芝麻等十余种专用配方肥，并在县四大班子和各乡（镇）长承包的高效示范田广泛应用，使领导的高效示范田真正达到节本增效示范带动的目的。为了更有效直观地宣传推广配方肥，让农民看得见、摸得着，提高对配方肥的可信度，测配站还在多种作物上安排了施用专用配方肥和群众常规施肥的对比试验。如东皇庙乡张庙村委、杨埠镇任柳村委、辛店乡淇沟村委的“配方肥在小麦上施用效果对比试验”，辛店乡淇沟村委的“蔬菜专用配方肥在黄瓜上的应用效果试验”，万金店乡茨园村委的“芝麻专用肥的肥效试验”和东皇庙乡五里村委的“配方肥料在西瓜上的应用效果”等。同时在东皇庙、郭楼、万金店、双庙和庙湾镇进行了大田示范。由于配方肥针对性强，养分均衡，施用配方肥的地块比常规施肥从长势到收获明显看好。群众由怀疑、不敢施用配方肥到争相购买配方肥，使配方肥推广量由1998年的200 t提高到2002年的近2 500 t。

四、采取多种形式大力宣传配方肥

做好配方肥的推广工作,采取了多种形式加大宣传力度。第一,多次请县电视台记者到田间实地采访施用配方肥的农户,由他们现身说法,用他们自己朴实的语言说出施用配方肥的效果好处,然后,由测配站站长、高级配方师、农艺师主讲配方肥的特点和施用方法,在电视台连续播放。同时,在"三秋"时节,还在有线、无线几个频道赞助电视节目,以及在县电视台举办的大型活动中冠名,提高配方肥的知名度。第二,组织讲师团,在小麦备播期间,把配方肥的施用与小麦播种技术结合起来,分赴全县 280 个行政村 3 000 多个村民组进行详细的讲解和广泛的宣传,使广大农民真正了解到配方肥,提高广大农民施用配方肥的自觉性。第三,制作宣传条幅,悬挂在各推广点显眼位置。另外,印发《平舆土肥》3 期共 10 万余份。通过以上广泛宣传,使广大农民群众能够经常听到、看到、想到、用到配方肥。

五、狠抓配肥质量,严把原料准入关

配方肥效果的好坏,关键是配方是否合理,质量是否可靠。为了把配方肥在平舆县推广开来,测配站一直把质量放在首位,严把各个环节的质量关。首先严把原料关。不从个体户手中进原料,并且每批原料入库,都由土肥站技术人员化验分析,不合格的原料不能入库。其次严把配制关。配方肥配制中最易出现的问题是混配不均匀,造成同一批肥料,含量相差较大,直接影响肥料使用效果。因此,在配制过程中,分管负责人时刻坚守在配制第一线,从配料到成品,各个环节都要认真监督,不合格的产品不准出库。

六、组建推广服务网络

推广网络是配方肥能否大面积推广的关键。为确保配方肥的推广,测配站一直把组建推广网络放在第一位。发挥乡镇农技站的技术优势,以乡农技站为主力,把着眼点放在村一级的科技示范户和农民技术员或种田能手上。目前,全县已组建推广服务网点 120 多个,基本上形成了以平舆县测配站为龙头,全县 18 个乡(镇)农技站为龙尾,触角遍布各个村委甚至村民组的庞大推广网络,为配方肥在平舆县大面积推广奠定了基础。

安阳县测配站七项举措抓配肥推广

张金富

(安阳县测配站 · 2002 年 11 月)

在省、市业务部门的正确指导和大力支持下,安阳县 2002 年配方肥配制推广工作,通过全站人员的积极努力,取得了较好成绩。全年配制推广配方肥 800 余 t,较上年增 480 余 t,增长 150%,为 2003 年配方肥配制推广奠定了良好的基础。

一、领导高度重视

县农业局一把手亲自过问测配站工作，并选用得力人员加强管理。在资金方面大力支持，协调贷款配套资金40余万元，并组织干部职工集资35万余元，初步缓解了流动资金紧张状况。

二、制定奖罚措施

为扩大今年配方肥配制推广，县农业局制定了具体措施，并以安农[2002]8号文件印发到局直属各单位和各乡站。文件规定，配方肥推广实行一把手负责制，推广量与职工工资挂钩，完成推广任务后每吨奖10元，大大增强了职工责任感，提高了推广配方肥的积极性。

三、提高管理质量

配肥站工作实行站长负责制，责、权、利明确到人，风险利益共担，使配制推广管理更方便灵活，工作更主动，责任心更强。为确保资金运作的合理性和安全性，站设资金监管员和会计各1名，负责资金的监督管理工作，提高资金管理质量。

四、稳定市场运作

配方肥在全县实行统一的推广价。推广人员要交一定数量的押金，作为统一推广的承诺保障。如发现降价推广，将扣除押金，停止供货，维护正常的市场秩序，保护广大推广网点的利益。

五、加大宣传力度

在宣传方面投入了大量的人力、物力和精力，真正做到电视里有影、广播中有声、田间地头有人。做电视宣传、专题60余天，电台广播50余天，出动宣传车30余天，印发宣传资料6万余份，有力地促进了今年的配制推广工作。

六、典型带动推广

在各个乡(镇)建立了配方肥示范村、典型地块，并进行认真总结，使宣传更具说服力。并根据试验示范结果，不断修正配方，使配方肥产品更具有科学性、针对性。同时，还组织干部群众到施用配方肥的地块参观比较，更直观地认识配方肥，了解配方肥，更放心地使用配方肥，为配方肥的大力推广奠定了良好的群众基础。

七、搞好测土化验

从春季开始，以重点乡镇村为突破口，先后取土样305个，对土壤中养分含量的5个主要指标进行认真测定，得出有效数据1 325个，为配方肥的配制和推广提供了质量保证和技术支持。根据各类土壤养分含量的丰缺状况和不同作物需肥特性，有针对性地提出科学合理的配肥方案。在选择取样点时，注意选择群众基础好、重视农业科技的村，以科技户、种田能手的地块为取样点。取土同时大张旗鼓进行宣传，召开取土现场会，讲解测土配方施肥的原理、方法和重要性，在群众中造成了积极的影响，促进了配方肥的推广。

许昌县配方肥配制推广策略

张国恩

(许昌县土壤肥料站·2004年3月)

许昌县地处中原腹地,辖16个乡(镇)467个行政村,耕地101万亩,常年种植小麦78万亩,秋粮68万亩,棉花10万亩,烟草12万亩,是一个典型农业大县。根据省土肥站统一部署,我县于1999年6月组建了测配站,开始了配方肥配制推广。在省、市指导和县农业局及农技中心直接领导下,经过近几年努力,测配站得到了长足发展。目前,站区占地5 200 m^2,拥有固定资产100多万元和配肥设备一套,年配制能力10 000 t,测配站组建5年来,累计配制推广配方肥近8 000 t,推广面积20万亩,增产粮食800多万kg,走出了一条测土配方施肥事业由小到大的路子,使测土配方施肥技术推广在我县跨上了一个新的台阶。

一、测配站运作机制

测配站归属县农技中心,具体由土肥站操作,单独核算,自负盈亏,内设站长、会计、出纳、原料保管员、成品保管员、市场信息采收员和原料采购员等,雇用社会劳动力20人,计件发放工资(每配制1 t配方肥发10元),下设推广网点80个。测配站实行站长负责制,财务管理严格,所有支出由站长签字,且做到出有凭入有据,账账相符,账物相符。所购原材料必须是正轨渠道并有产品质量检验报告,确保配方肥质量。

二、配方肥推广策略

(一)加大宣传力度是重点

每年测配站站长都要在县电视台作麦播技术讲座,重点介绍配方肥的特点、质量、使用方法等,并向广大群众推荐使用"沃力"配方肥。同时用肥高峰时在市教育电视台重点宣传1个月。每年都要印刷10万张《配方肥简介》、5 000本《许昌县小麦栽培技术要点》(内有配方肥使用方法与介绍)发放到村,制作200条写有"许昌县土肥站'沃力'牌配方肥推广处"字样的横幅重点悬挂。同时每年还要召开"沃力"牌配方肥推广座谈会。测配站还专门装备配方肥推广宣传车1部,终日拉着配方肥在全县乡村巡回宣传,农技人员全部下乡参加乡(镇)麦播技术宣传,赴村开展技术培训。通过以上多种形式向群众宣传,推荐使用配方肥,使"沃力"牌配方肥在群众中扎下了根。

(二)调动推广网点积极性是关健

近年来,由于化肥市场价格不稳定,加之许昌铁路、公路运输方便,是中原地区化肥较大的集散地,且品种多,很多销售商对化肥价格的涨落把握不准,采取随进随出,微利即放。据此,为调动推广网点的积极性,采取每吨返利100元(含运杂费)的政策,极大地调动了网点的积极性,目前年推广量100 t以上的网点4个,50 t以上的网点28个,每年经各网点推广的配方肥占总配制量的80%以上。

（三）取得社会效益是目的

根据测配站多年试验表明，配方肥平均增产率达到18.8%，社会效益十分显著。在取得社会效益的同时，推广队伍自身也得到了一定的发展，进一步增强了为农业、农民和农村经济发展服务的能力。

三、推广网络建设

在测配站的运作过程中，推广网络建设始终是配方肥推广能否快速发展的先决条件。为此，测配站在网络建设上采取了以下几项措施。

（一）扩大推广网点数量

测配站建立之初，仅有几个推广网点，2001年发展到36个，仍不能适应配方肥推广的需要。为此，下决心狠抓了推广网点，把增加数量作为配方肥推广的关键去抓，经过筛选又新增推广网点44个，目前推广网点数量已达到80个，遍布全县16个乡（镇）和重点村，为配方肥的推广奠定了较好的基础。

（二）合理布局网点

在筛选推广网点的过程中，主要根据乡（镇）行政区域和村庄分布格局进行确定，平均每5个行政村一个推广点，点距不小于4 km，70%的推广点分布在乡（镇）所在地和有集会的大村庄及交通要道。从我县行政区划图上看，网点布局均匀合理。

（三）网点管理

统一价格，对于所有推广网点，发有数量记录，对登记在册的配方肥享受返利，没有推广记录的不作为推广网点，不享受返利，这样有利于稳定市场秩序。

汤阴县配方肥推广途径初探

贾改花

（汤阴县土壤肥料站·2003年3月）

2002年是汤阴县组建测配站、配制推广“沃力”牌配方肥的第一年。为打好开局第一仗，农业局党组专门召开会议研究此事，最后决定以县农技站（当时还未设立土肥站）出技术，选择一家懂经营、信誉较好的经销商进行合作，实行站商合作。当年配制200 t，推广130 t。同时在重点乡镇进行了示范、推广，积累了一定的实践经验。

一、领导重视是做好这一工作的关键

当这一工作还在酝酿阶段时，几家经销商纷纷与我们联系要求合作，县农业局领导十分重视，为此先后召开多次会议，专门研究，并经过明查暗访，选择了具有一定经济实力、一定经营头脑和信誉度较高的县金农种业有限公司作为合作伙伴。为了把这一工作做好，局领导与该公司的经理进行了面谈，就原料的质量、配方肥的养分含量等质量问题进行强调，同时派懂技术、具有高级配方师资格和农艺师职称的土肥专业技术人员，专门负责该工作的技术部分，对技术实行严格把关。为把配方肥工作做得更好，局领导经研究把原来土肥组从农技站分出，专门成立了土肥站。

二、合作伙伴认真负责，对做好这项工作起决定性作用

合作伙伴是经过多次把关筛选出来的，其经理十分负责，在选择原料时，与局负责技术的人员进行多次商量，最后选择了国内外有名的大企业肥料厂家进货，同时还专门派人到厂家进行实地考察。原料入库前，进行取样化验，确定原料的确切含量，以便在配制时做到准确无误。因配方肥是人工掺混的，所以在整个配制过程中，除我局技术员外，公司还派副手全过程监督，发现有混合不匀，原料大块未粉碎的，坚决要求返工。合作伙伴的认真负责是保证原料质量、提高配方肥质量的重要环节，对做好这项工作起决定性作用。

三、技术人员以科学态度认真对待，使这项工作锦上添花

接到局领导布置的工作后，负责该工作的技术人员不敢怠慢，用了近20天的时间，把我县的土壤从养分含量、土壤类型、不同区域、小麦不同产量水平进行了归纳分类，最后把全县土壤分了7个区，配制了适合7个区的7种肥料，7种肥料中氮、磷、钾总养分含量均高于55%。同时利用全省配方师资格培训的机会，向兄弟单位虚心请教，拜师求艺。

四、以示范作为突破口，在全县大范围开展这项工作

瓦岗乡西柳圈村是我局“三个代表”驻村点，我们与局驻村领导结合，决定把全村土壤化验一遍，对结果进行分析归类，配制了适合西柳圈土壤的3种配方肥，接着把结果在村委会门前张榜公布，随后利用晚上时间召开群众会，通过有线广播指导群众合理施肥。随后几天又亲自下村进行指导，根据农户化验结果，真正做到了养分全、比例合理，同时具有省工省时特点，因此许多准备买化肥的农户也纷纷前来购买适合他们的配方肥。同时对伏道乡小屯村，五陵镇屯庄、大宋村，白营乡西木佛村、西隆化村等6个村也进行了同样形式的宣传推广，并选择28个对科学种田积极性高的农户进行配方肥示范，为来年的大面积推广打下基础。

五、加强技术宣传，为推广配方肥造声势

在收秋前和收秋中，加大了宣传力度，先后印刷广告资料2万份在村里进行散发，利用晚上、早上群众在家时间，通过有线广播介绍合理施肥及配方肥特点，利用黄金时间，在县电视台做专题宣传等，提高了配方肥的知名度。

六、存在的问题及对策

由于我县是第一年推广配方肥，没有经验，在推广问题上走了一些弯路；同时因为土肥站没有单设，与上级单位联系少，缺乏上级指导，对上级的指示领会的也较少，致使一些工作不到位；再就是我县配方肥市场较乱，非法配制和跨区域销售配方肥现象较为普遍，一定程度上影响了测配站推广量。目前局里已设立了土肥站，专门负责配方肥的推广，下一步我们将认真总结今年推广配方肥的教训及经验，向推广工作做得好的兄弟县(市)登门求教，力争配方肥配制推广在较短时间里有较大突破。

新郑市多措并举推广配方肥

薛淑丽

（新郑市农业局·2002年12月）

为适应农民对土肥技术推广工作的新需要，在省、市土肥站指导和兄弟县（市）的带动下，新郑市于2000年组建了新郑市农技中心测配站，配制出了氮磷钾含量45%和氮磷钾含量36%的小麦、花生、莲藕和土豆配方肥，开展了技物结合的测土配方施肥新技术推广，建站当年就推广配方肥1 500 t，2002年推广配方肥达6 800 t，三年累计推广面积26万亩，服务农户10万户以上，实现节本增效近千万元。配方肥的问世，改变了作物传统施肥方法，显示出了增产、增效和环保效力。为了进一步加快配方肥的发展步伐，提高农产品品质，发展无公害生态农业，使农民尽快获得更大的收益，几年来，新郑市把推广配方肥作为农业重点科技推广项目来对待，在配方肥推广等方面积累了一定的经验。

一、搞好内部管理，营造运行机制

为使配方肥推广工作顺利开展，从多方面着手，加强对测土配方施肥工作的管理。首先搞好责任分工，配肥站负责配制，农技中心负责发货，农技站分组包乡，负责宣传，各乡农技站在村级设立服务网点，负责推广，一环扣一环，分工与责任明确。配制配方肥所需资金由干部职工自愿集资。中心与各乡站签订目标责任书，严格奖惩。通过以上措施，形成了农技中心上下一条心，人人宣传"沃力"，人人推广"沃力"的良好局面。

二、树立品牌意识，加大宣传力度

在测土配方施肥技术推广过程中，把宣传作为一项关键措施，充分利用各种传媒，加大"沃力"品牌的宣传力度。一是组织农技人员巡回到各乡村讲课，进一步宣传测土配方施肥的重要意义及施用技术。二是在配方肥推广使用季节，设立一部技术咨询电话，解答农民朋友提出的有关配方肥方面的问题，并收集反馈意见，进一步把推广工作做好。三是印发配方肥宣传资料10万余份，印制条幅100多条，分发到村。四是在《新郑日报》、新郑电视台开辟专栏，讲授测土配方施肥技术有关知识。五是利用农村集会开展咨询活动。六是在群众购肥季节，把测土配方施肥技术制成录音磁带，利用宣传车到各村巡回播放，并随车携带技术资料和信誉卡到各村进行拉网式宣传。通过以上宣传，"沃力"牌配方肥基本上达到了家喻户晓，人人皆知。连村上的小朋友都会说："沃力，沃力，肥效第一"。

三、发挥技术优势，搞好全程服务

"沃力"牌配方肥的配制、推广之所以深受广大农民的欢迎，不仅因为它配方科学，针对性强，使用方便，肥效显著，更重要的在于配方肥过硬的质量和优质的服务。不仅在村设立了配方肥推广点，直接送货到村，2 t以上送货到户，而且还把技术服务、售后服务和供肥融为一体。农民朋友在各乡农技站购买配方肥不仅质量过关,而且还能无偿得到农技部门提供的技术资料和技术指导,买一袋肥料,可增一包拌种剂。中心还向农民承诺:"沃力牌配方肥,无假货,无劣肥,质量可靠,假一赔十"、"36%含量的配方肥敢与硝酸磷比产量,45%含量的配方肥敢与俄罗斯复合肥的产量比高低"。另外,还在全市范围内进行了万户施肥情况调查,一方面验证了肥料效果,另一方面积累了推广经验。

四、设立村级网点,拉长服务链条

配方肥能否大面积推广,关键在于推广网络的建设。为促进配方肥的推广,狠抓了以测配站为龙头,以配方肥为技术载体,以乡农技站为枢纽,以村服务点为基础,以"测、配、产、供、施"一体化服务为手段的网络服务模式,开展技物结合的一体化综合服务。目前,全市339个行政村,已建立村级服务站160个,并对服务站进行连锁服务挂牌,牌子由农技中心统一配制,统一命名为"新郑市农业局配方肥推广站"。在推广旺季,村级网点需肥多少,由乡站制定需肥计划,农技中心统一发货,统一调配。由于市、乡、村三级网络的建立,使彼此之间互通信息,一方面扩大了推广量,同时也减少了货物积压及仓储压力。在技术服务上,为各网点录制了磁带和技术光盘,印发技术资料5万余份,加强连锁服务点技术支撑,连锁服务的开展使测土配方施肥推广工作迈上了新台阶。

五、搞好试验示范 以点带面推广

在搞好面上推广的同时,还在不同生态类型区开展了配方肥与其他肥料对比试验,经测产,施配方肥的麦田亩穗数多0.6万穗,穗粒数多1.1粒,千粒重高0.5 g,平均亩增产50 kg,增12%,群众见后说:"用配方肥就是中,麦子打头重"。通过示范对比,用样板带动了群众,用效益吸引了群众,提高了农民应用新技术的主动性。

推广使用配方肥是21世纪施肥制度的重大改革,是提高肥效、增加产量、培肥土壤的简便、易行、投资小、见效快的理想换代产品。推广使用配方肥,既适应市场经济的要求,又使农业技术推广中心打破了以前"只敲棒不卖油"的技术推广模式,增加了活力和后劲。

获嘉县推广配方肥的八项措施

王庆安 郭永祥 王 平

(获嘉县测配站·2003年3月)

获嘉县地处豫北平原,全县耕地面积45.0万亩,农业人口32.5万人,土壤肥沃,地势平坦,常年种植小麦、玉米、水稻等作物,是国家粮食基地县之一,农作物产量水平位居全省前列。在农业种植结构日益优化调整的今天,优质化、规模化农业生产为施肥技术推广提供了无限的发展空间,使得我县土肥工作由纯技术指导逐渐转为实用技术开发、系统农化服务双向发展。

获嘉县测配站于2001年3月采用股份制形式成立,当年实现配制、推广配方肥料超千吨。2002年5月份,借助于国家"十五"第一批节水农业项目完成了机械化配制改造,通过一年来多方面努力,超额完成了产量、效益翻番的目标,全年配制配方肥 2 800 t,并在全县麦播面积中使配方肥料施用覆盖率达到 12%,取得了群众施用受益、推广经销有利、自我发展壮大的喜人局面。

总结我县两年两大步的成绩,首先得益于省土肥站为我们提供了双向发展的道路,并不断采用培训会、现场会等方式,使我们在较短的时间内学习到了许多有用的经验和方法;再次得益于我们自身对基层网点严格有效的管理。具体来讲有以下八个方面。

一、诚信是建立和发展村级网点的基础

在新设点前,我们对全县的化肥经营户、农技推广点进行调查摸底,根据其信誉、资金、场地和技术推广宣传能力等方面进行考察,以诚信为前提,严把“五个优先”,即信誉好的优先,资金雄厚的优先,场地设施好的优先,推广能力强的优先,积极性高的优先。对一些老的网点,则根据其在推广配方肥料的实际推广量和是否有潜在推广能力进行评估,抓大放小。对在推广中随意降价,并有窜货问题发生的,采用一票否决,该警告的扣发返还奖励,该停止供货的决不姑息迁就。

二、“签订协议,利益共享,风险共担”是对路的运作原则

每年推广季节前,必须和推广户签订推广配方肥料协议,以保证产品质量和推广的区域性。推广户保证推荐肥料时配方肥料的优先性和价格的一致性,并允许乡级和重点村经销户下设二级网点。我们采取按推广量进行阶段奖励,可使一级网点从量的角度从二级网点获得一定利润,防止了恶意窜货。

三、季节、年度双奖是提高各网点积极性的有效手段

按照通常做法,每季推广结束后,根据推广量对基层网点进行不同额度的推广奖励,年终设置推广量最大奖、进步最快奖、发展网点奖,对推广网点再次进行评比和奖励。2002 年终,我站共拿出 20 000 余元,对先进网点发放电视机、洗衣机等奖品的奖励,大大调动了各基层网点推广配方肥的积极性。

四、网点门店统一包装是提升“沃力”品牌的有效措施

2002 年初,我站对年度推广量达到 20 t 以上的网点统一制作印有“沃力”牌配方肥料图案的喷绘门牌,并对所有门店免费发放站办《土壤与肥料》科普宣传小报和推广信誉卡及其他相关资料,取得了明显效果。特别是对“统一门牌”反映强烈,对第一年推广量小的客户要求制作门牌的,采用先交押金的方式进行挂牌。若当年销量到达 20 t,返还押金,否则押金冲抵制牌费用,有力地增加了推广配方肥料的主动性。

五、专用配方,逐村配制是保证配方肥针对性的有效方法

为拉近与农民群众的距离,我们在取土化验分析的基础上,逐村制定配方,逐村进行配制,并在肥料包装上印制了“××村专用配方”,既可填某某村,也可填某某作物,保证了配方肥的针对性,同时群众看到自己村专用配方肥料的标注,自然会增加对配方肥料的购买、施用欲望,另一方面也对窜货问题有一定遏制效果。

六、实施合格证编号制度是防止窜货的有效形式

在2002年秋季,我们用自动打码机在肥料的合格证上进行了统一编号,并对成品存放和发货采取严格管理。在加工存放时,每75包(3 t)为一丁,并编出顺序号。发货时,记清收货人及其收货顺序号,就能准确知道每一定号段的肥料在何处推广。一旦发现跨区推广现象,即可迅速查出肥料来源,及时进行协调处理,并按照协议有关内容进行处罚,可以做到证物相符,收效明显。

七、利用银行网络,节约人才物力

肥料施用具有集中性、时效性。为有效解决现款现货问题,利用邮政储蓄网点遍布全县各乡(镇)的优势,给每一个客户发放一个卡及配套的存折。只要经销户需要送货,即可先在当地存款,经电话查实款到后,即可迅速发货,这样收款、发货两不误,有效解决了人力不足、下乡收款的问题,不但节约了开支,而且能防止收取假钞。

八、实施回访调查,突出服务职能

每当推广季节结束、其他肥料厂商收兵回营时期,我们则利用取土地块档案、购肥信誉卡存根对施肥大户进行回访调查,既能了解自己肥料的真实效果,又能突出技术服务的特点,使群众确切感觉到施用配方肥料的优点和好处,做到未雨绸缪,大大增加了同群众的亲和力,最大程度地争取了群众对配方肥料的信任度。

开展测土配方施肥　减少农业面源污染

郭奎英　屈素斋　冯曙军

(濮阳市土壤肥料站·2005年7月)

濮阳市全境均属黄河冲积平原。据第二次土壤普查资料,全市土壤划分为3个土类、8个亚类、15个土属、62个土种,总土壤面积515.76万亩,占土地面积的80.6%。濮阳市土地资源的特点是:地势平坦,土壤肥沃,开发利用方便,垦殖率高,适于机械化作业和区域化种植,是发展现代化、商品化农业的优良地区。优越的自然条件与平衡施肥、优良品种利用、化调化控、病虫害综合防治等多项技术措施推广应用,使我市农业综合生产能力不断提高,粮食产量稳步增长。2004年全市粮食总产196.6万t。今年夏粮总产118.85万t,比上年增加3.8万t。2004年全年积造有机肥1 350万m^3,小麦高留茬、麦秸麦糠覆盖200万亩次,玉米秸秆还田75万亩,秸秆综合利用率达到62.5%;全市平衡配套施肥面积140万亩次,补施钾肥285万亩次,增施微肥180万亩次。

尽管采取了些措施,取得了较大成效,我市肥料使用仍然存在着一些亟待解决的突出问题:一是重化肥轻有机肥;重氮磷肥轻钾肥;重大量元素肥轻中微量元素肥;二是表施和撒施现象较为普遍,浪费较为严重;三是地区之间、作物之间施肥不平衡,部分地区过量施肥现象

严重。这些问题直接造成肥料利用率低下,不仅增加了农民生产成本,消耗了大量的资源,而且还造成农作物抗逆能力与农产品品质下降及农业面源污染。为认真贯彻落实中央1号文件精神,根据农业部统一部署,于今年春季在全市开展了以提高农业综合生产能力为核心,以加强耕地质量建设、培肥地力、提高肥效、降低农业面源污染、发展优质高效农业为工作目标的测土配方施肥行动。

一、大力推广测土配方施肥技术

(一)强化化验检测手段,提高配方及配方肥的针对性、有效性

测土配方施肥一是测土,取土样测定土壤养分含量;二是配方,经过对土壤养分诊断,按照庄稼需要的营养"开出药方、按方配药";三是合理施肥,就是在农业科技人员指导下科学施用配方肥。今年在测土上,全市增加了土样测定数量,扩大测土范围,缩小配肥单元,提高了测土配肥的针对性、科学性。为做好该项工作,各县区土肥站积极创造条件,争取资金32万元,充实完善化验手段,培训化验人员。4月份以来,在全市范围内开展了为农民免费测土化验工作,共测土样1 600个,化验11 000项次。全市建立地力定位监测点130个,新增监测点2个,在去年的基础上地力监测系统得到了进一步完善。

(二)加强测配站管理,配制供应"营养套餐"

依托测配站(厂)推广配方肥,通过技物结合把测土配方施肥技术直接落地入户,是我省经过多年探索的农技推广新机制和新办法。目前全市共有10个测配站,年配制能力达2万t以上。今年市土肥站加大了对各测配站的管理力度,要求各县区加强基础设施建设,进行规范化管理,严把进货质量关,严格操作规程,逐步提高工作效能,由目前的人工操作向机械化、自动化过度,确保配方肥质量,推动测配站上档次、上规模 ,不断扩大配方肥覆盖面。

二、实施沃土工程,培肥地力

我市把实施沃土工程作为保护农业生态环境、实现农业可持续发展的重要策略,作为一项长期性、基础性工作常抓不懈。以有机肥料积造为重点,进一步动员全社会力量参与耕地培肥工作。坚持常年积肥与开展夏季高温积肥集中活动相结合,结合农村发展畜牧养殖、沼气、改厕、小康村建设等工作,充分发动群众,发挥资源优势,挖掘资源潜力。同时,积极宣传各级政府和有关职能部门,强化秸秆还田和禁烧工作,大力推广小麦高留茬、麦秸麦糠覆盖及玉米秸秆粉碎还田等技术。与有关部门合作,搞好秸秆综合利用,加大秸秆还田量。市土肥站充分发挥部门技术优势,支持与指导有机肥商品化生产。目前我市已建立4家有机肥生产企业,土肥部门结合无公害农产品和高附加值农业基地建设,为企业产品加大宣传与推广力度。

三、广泛开展技术培训,提高农民科技水平

今年以来,市农业局结合科技入户工程的开展,把推广测土配方施肥技术作为为农民办实事的主要措施来抓。市土肥站成立了技术培训小组,组织技术人员采取举办培训班、进村入户、田间地头指导等形式,广泛开展以测土配方施肥、肥料科学施用、假劣肥料识别为主要内容的技术培训。4月25日前,市、县土肥站把4 500份《农民日报》"测土配方施肥专刊"发放到全市5县2区的每一个行政村。印发宣传资料1万份,电视台、电台、报纸宣传30余次,发表科普文章8篇,举办土肥技术培训班160余期,培训农民20万人次。通过以上措

施,指导农民根据自己的生产实际科学合理地选肥、用肥、施肥,提高了农民科学种田水平。

通过上述措施,今年我市秋作物测土配方施肥面积达60万亩。实施区内通过科学施肥,农家肥和化肥配合施用,使化肥利用率提高了8%左右,节本增效1 200万元。

孟津县组建测配站推广配方肥的实践与体会

李玛瑙　宁红军　秦传峰　马继红　李海军　陈全虎

(孟津县土壤肥料站·2003年2月)

土壤是农业的基础,肥料是作物的“粮食”。高产优质的农产品必须建立在肥沃土壤和科学合理施肥基础之上。为了加快孟津县农业生产的步伐,提高作物产量,节本增效,孟津县土壤肥料工作站,牢记为民服务的宗旨,以贴近农业、贴近农户为原则,坚持技术与物化服务并重的方针,在省土肥站和各级领导的大力支持下,自1998年以来,从组建测配站做起,配方肥配制推广规模从小到大逐步发展,物化服务渠道从无到有逐步拓宽,走出了一条自我积累、自我发展、自我完善、自我壮大的路子。5年来累计推广配方肥5 000多t,使用面积15万亩,增产粮食750万kg,创社会经济效益800多万元。配制推广的配方肥科技含量高、针对性强、营养全、使用方便、效果好,深受群众信赖,得到了县委、县政府的好评,县测配站自1998年以来连续5年被评为省、市、县先进单位。

一、组建测配站,推广配方肥是测土配方施肥技术推广的重要手段

土壤肥料技术推广工作是农业生产的基础工作。但自1985年第二次土壤普查以后,由于没有大的项目带动,土肥技术推广开始走向低潮,体系不健全,经费紧缺,工作开展难度大成为普遍现象。1998年省土肥物化会议后,孟津县土肥站格局会议关于在县乡组建测配站、推广配方肥的精神,明确工作思路,确定工作重点,决定发挥土肥技术部门的优势,依托土肥化验室,组建测配站,从配制推广配方肥做起,走自我完善、自我发展之路。目标确定后,及时向县农业局领导作了汇报,局党委会进行了专题讨论,明确一名副局长亲自抓这项工作。由于领导重视,措施得力,在时间紧、人员少、缺乏建站资金的情况下,当年9月底建起了孟津县土壤肥料测配站,首次配制配方肥100余t,投放市场后深受群众欢迎。1999年早动手、早准备,多方筹措资金,配制配方肥200余t,在红薯、小麦、花生、蔬菜、果蔬等作物上示范推广。2000年借助国家旱作项目,进一步扩大配肥站的配制规模,添置了机械掺混设备,把配方肥的配制推广推向了高潮,共配制推广配方肥700余t,推广面积2.1万亩。实践证明,推广使用配方肥是解决施肥技术棚架、提高肥料利用率、降低农业生产成本的有效措施,是土肥系统摆脱困境、自我壮大的必走之路。

二、开展试验示范,加大宣传力度是加快配方肥推广的重要措施

多年来,在农业生产上一直存在着只注重单一肥料的使用,而不注重多种养分的合理配

合,使过剩单一的肥料白白浪费掉,特别是氮素肥料的大量使用,造成土壤板结,作物抗虫、抗病能力下降,同时严重影响作物的产量和质量。为了改变群众的施肥观念,组建测配站之初,就十分注重技术宣传,在各乡(镇)的重要交通沿线、村庄出入口、农村集贸市场、高效农业示范基地等群众经常出入的地方,制作墙体广告100余块,达到每村有一块,同时印发宣传资料5万多份,培训技术材料3万多份,印发施肥情况调查表、施肥明白卡等逐村发放填写。在肥料使用旺季,制作横幅30余条,在农村集会上集中悬挂,营造气氛,形成集会市场配方肥宣传一条街,大造舆论氛围。与县种子公司结合,利用县委、县政府开展的"旗帜示范工程"活动的机会,积极开展送科技下乡活动。将任务分解到人,每人承包一个乡(镇),完成科技承包与平衡施肥计划,实行良种良肥配套,即种子公司以优惠价提供优良品种,配肥站免费测土化验,免费技术指导,优惠价供应最佳配方的配方肥。此项活动在电视新闻节目播出之后,群众反响很大,第一年没有签约的群众,第二年及早来签约。为了加大配方肥的推广力度,通过县政府多次组织召开有农业副县长,各乡(镇)主管农业的副乡(镇)长、农技站长、农办主任等参加的配方肥使用效果现场观摩会,以实物和实例来宣传配方肥的增产作用,提高各级领导对配方肥增产效果的认识,取得各级领导的重视和支持。5年来,我站制作配方肥专题片5部,其中洛阳电视台《金色田园》节目1部,通过摆事实、讲道理,用通俗的语言及身边的典型事例向群众讲解平衡施肥技术。通过多渠道宣传,大造舆论氛围,使配方肥在孟津农民的心目中有了一定位置。

三、多措并举,加强管理是配方肥顺利推广的重要保证

(一)学习先进经验,选准发展方向

为了做好配方肥的推广,扩大配方肥的配制量,先后组织人员前往商丘、新郑、驻马店等周边市、县,就测配站的整体发展情况、内部管理体制、宣传发动方式及配制推广办法等进行学习,对各市、县测配站发展中存在的优缺点进行分析讨论,在广泛借鉴的基础上,制订出自己的工作计划、管理制度,为测配站的健康发展、配方肥的顺利推广奠定基础。

(二)多方筹措资金,打破瓶颈束缚

资金问题一直是限制配方肥配制推广的瓶颈,为打破这个瓶颈,保证配方肥配制所需,想方设法多渠道筹措资金,一方面多次向领导汇报测土配方施肥的重要性和对建设高产高效农业的促进作用,取得领导支持;另一方面全员发动集资。2002年配方肥推广使用旺季,为解决资金不足问题,局领导决定让全局职工集资,要求副科级以上每人至少集资1万元,股级每人8 000元,一般职工每人5 000元。配肥站站长30 000元,副站长20 000元,一般职工每人15 000元。在短时间内全局筹措到配方肥所需资金60多万元,局基金会又拿出20万元,加上测配站自筹的30多万元,共筹集资金110多万元,保证了配方肥配制的顺利进行,从而也使我局上下形成人人讲配方肥、人人关心配方肥、人人宣传配方肥的氛围。

(三)建立推广网点,夯实推广基础

配方肥配制推广要上规模上档次,离不开坚实可靠的推广网络。从1999年起,由测配站牵头,各乡(镇)农技站参与,在村级找有科技头脑、有一定农业技术基础、热心配方肥推广的农户,建立推广服务网点,并实行配肥站人员包乡,乡站长包村,责任到人,任务到人,层层有人负责,工资与任务挂钩等管理办法,确保配方肥顺利推广及资金收回。

（四）加强配制管理，严把质量关口

质量是生命。配方肥的配制推广，靠的是测土配方施肥技术，但没有严格的管理，配制不出高质量的配方肥，再好的技术也发挥不了作用。5年来，严把配制各个环节，从配方制定、原料购进、配制推广、施肥方法等严格把关。每购进一批原料，不经化验不准入库，抽样化验结果有质量问题的坚决退回不用，严格按配方配制，每一批货出站前由质量监督员进行质量抽检，实行交接班制度，建立配制台账，确保配方肥质量。

（五）创新推广思路，效益工资挂钩

在推广办法上，采取人人肩上有"担子"的措施，效益与工资挂钩。站职工除完成本人的业务工作之外，每人分包一个乡镇，每完成推广配方肥1 t，提取工资部分25元，按推广数量获得工资级别，多劳多得，以此增强自身的责任意识，充分调动各方面的积极因素。对于乡、村级推广点，采取全县统一奖励标准，按推广数量10 t、20 t、50 t三个档次确定奖励等级，推广数量越大，奖励等级越高，以此调动各推广网点的积极性，2001年共推广配方肥2 000余t，2002年2 100余t。

（六）做好试验示范，带动辐射全县

做好配方肥肥效田间试验示范，是做好配方肥推广的基础和前提。几年来共安排配方肥田间肥效试验示范30多个，实行专人负责，挂牌上岗，严格按照试验技术规程操作，技术人员亲自观察记载，并及时做好试验总结分析，写出试验报告，以确保试验的准确性、公正性和权威性，同时为配方肥推广应用提供依据。通过试验，在小麦、红薯、玉米、果树等作物上摸索出了一套最佳施肥配方和施肥模式。去年，借助县委、县政府开展的"旗帜示范工程"项目，分别在4个乡（镇）安排了玉米、梨树、果树、小麦等作物集中连片示范区12个，每点面积都在100亩以上，全部使用测配站提供的配方肥，从测产与实际收获都表现出了明显的增产作用。特别是会盟镇铁炉村日本棚架梨表现出梨大、色黄、甜度增加，9月份收获季节专门召开了一个由常务副县长参加的现场会，通过示范起到以点带面扩大推广的作用。

（七）完善化验设备，提高检测手段

配方施肥要搞好，土壤检测化验少不了。为了使化验数据准确可靠，为配方肥配制提供科学依据，2000年在原有化验室的基础上，筹措资金新增化验设备30多台（套），对化验人员进行技能培训和内部制度完善，2001年通过了省计量认证，为配方肥的推广奠定了基础。

夏邑县测土配方施肥技术推广心得与体会

刘振平

（夏邑县测配站·2003年8月）

夏邑县测配站自1999年组建并开始推广配方肥，在省、地、县各级业务部门的指导下，从网络建设、广告宣传、市场营销、技术指导等方面做了大量的探索，走出了一条推广"测、配、产、供、施"技术服务的路子，在服务农业、服务农民的同时，自身也得到了发展壮大。现将几年来的心得体会总结如下。

一、争取政府及职能部门的大力支持是推广测土配方施肥技术的前提

组建测配站之初,我们就多次向县领导进行汇报,受到了县政府领导的重视。测配站成立后,再次以书面形式向县政府报告,得到了县政府领导的大力支持,以政府名义下文要求村级成立技术服务站,各有关职能部门在费用上给予减免,加快手续办理速度,使测配站较快地投入了配肥运作阶段。

二、强化技术宣传是把测土配方施肥技术迅速推广开来的有效途径

测土配方施肥虽然不是新生事物,但在我县广大农村推广应用还比较少,广大农民群众还不认识,应以宣传为先导,充分利用广播、电视等宣传工具进行大力宣传,让农民充分认识测土配方施肥技术的好处,提高农民群众接受的自觉性。

三、依托土肥部门的技术优势是测土配方施肥技术推广的基础

测土配方施肥的前提就是根据田间试验和测土化验结果确定配方,这些工作是土肥部门的基本工作职责,也是自身不可替代的优势之一,组建测配站、推广配方肥,依靠土肥部门,充分发挥土肥部门自身优势,可取得事半功倍的效果。

四、搞好网络建设是确保测土配方施肥技术推广落地入户的保证

过去,测土配方施肥技术在我县之所以没有推广开来,很大程度上就是乡村出现了推广断层。因此,必须高度重视网络建设。我们从各乡、镇上报的服务站名单中考察,进行面试及书面测试,选拔出懂技术、又有推广能力的人作为网络员,根据工作实绩年终奖优罚劣,对个别不称职的网络员及时撤换,保证了网络的运作活力。

五、抓好关键环节是测土配方施肥技术推广的主要手段

一是定期对全县土壤分类测土化验,掌握土壤养分变化动态,为合理配肥提供可靠的依据。二是建立优化配方施肥示范田,让农民先看到配方施肥的真正效果。三是基层村级技术服务站每月召开 2 次例会,传授配方施肥理论、技术,使之更好地为农民解答农业技术问题,以技术服务带动配方肥的推广。四是对各推广户实行定点,统一价格,发现私自降价立即取消其推广资格,以避免因不正当竞争造成不良影响。五是在推广季节来到时,农技人员分片、分户包干,直接在推广点面对面为农民讲解配方施肥知识。六是采用优质原料,如使用大颗粒尿素、二铵、进口钾肥加增效包等,改善直观性,易辨真伪,提高可信度。

清丰县配方肥推广的做法与体会

韩善庆

(清丰县测配站·2002 年 10 月)

清丰县地处冀、鲁、豫三省交界处,是一个农业大县,全县人口 67 万人,耕地 82 万亩。

近年来,在省土肥站的指导下,坚持"面向农村、面向农业、面向农民"的宗旨,积极组建测配站,努力开创配方肥推广新局面,受到各级领导的赞扬和广大农民的好评。我们的主要做法和体会如下。

一、走出去,请进来,求得支持

为加快配方肥推广步伐,近几年,我们坚持"走出去,请进来"的方法,求得领导和有关部门的重视和支持。如2000年建站之初,抓住个别农民盲目使用化肥和使用劣质肥料造成减产的事例,及时提出科技兴农,推广平衡施肥技术,减少投资,使用配方肥的意见,得到分管农业副县长的重视,指示县政府办公室以清政办[2000]3号文件,印发了我站起草的《关于在全县推广测土配方施肥的报告》,要求各乡(镇)政府对此项工作给予支持和配合,确保取得良好的经济效益和社会效益。之后,我们又主动到各乡(镇)征求意见,在村干部会议上重点宣讲。经过多方努力,配方施肥技术很快在全县推广开来。在配方肥配制推广过程中,经常邀请县领导来站检查指导,到示范田参观调研。

为求得政府有关管理职能部门的支持,定期邀请县质量技术监督局、县工商管理局的领导和执法人员到站检查指导工作。2001年被县质量技术监督局授予"质量信得过单位",2002年被县消费者协会授予"消费者定点优惠单位",2003年被县工商局授予"质量信得过单位"。

二、重技术,轻广告,树立形象

我们在配方肥宣传上,不以广告形式出现,而是侧重技术宣传,把配方肥推广与技术宣传融于一体。主要突出三点:一是树立形象,邀请县有关领导不断来我站调研,召开有关座谈会,在新闻节目中进行播放,扩大宣传力度。二是独家赞助电视台《走进乡村》栏目,充分利用这块天地,广泛宣传配方肥的特点、作用和施肥技术,定期编辑播放小麦、玉米、棉花、花生、辣椒、葡萄、蔬菜等专题施肥技术,不仅讲施肥,还讲管理和病虫害防治技术,深受农民群众的欢迎。三是围绕县委、县政府工作中心开展宣传。积极参加政府组织的科技三下乡活动,把测土配方施肥技术作为主要内容进行宣传。

三、沉下去,交朋友,解决实际

实践证明,在当今市场经济条件下,必须诚信为本,不能坑农害农。只有同农民交朋友,帮助解决实际生产中的问题,才能得到农民群众的信赖。因此,在推广配方肥工作中,坚持沉下去,到农村同农民交朋友。从领导到技术人员,每年2/3的工作时间在村里和田间地头,察看庄稼长的怎么样,有什么病虫害,是否有缺素症。如发现立即诊断,就地开处方,提出治疗方案。为了方便沉下去,测配站专门购置"长安之星"轿车一辆,只要群众一个电话,立即去察看。每年下乡里程都在3万km以上。去年秋季,我站农艺师到仙庄乡楚家,发现一块尖椒枯萎,要被那位农民犁掉,改种其他庄稼,立即进行阻止,并给他讲了管理方法,建议抓紧培土浇水。半月后回访,尖椒生长茂盛,长势很好,农民非常高兴地说:"多亏了你们的及时指导,要不我今年的损失就大了。"多同农民交朋友,让农民了解我们,了解土肥,就会成为我们的义务宣传员。为方便农民群众联系我们,测配站专门安装了一部热线电话,在电视台上公告全县,并实行"四个免费",即免费测土化验,免费技术指导,免费看病治虫,免费跟踪服务。经初步统计,近年来我站免费测土化验420项次,接待咨询农民2 800余人,开展农业技术讲座68期。跟随县政府组织的科技三下乡宣传30余次,印发配方肥材料16 000余份,受教育达60万多人次。

兰考县测土配方施肥技术推广实践与体会

王 韬

(兰考县测配站·2003年9月)

兰考县测配站是2002年3月份筹建的,至今已有一年的光景。一年来,我们虽然走的非常艰辛,但成绩是显著的。2002年当年就配制推广了800多t测土配方肥,截至目前,配制推广量已超过1 300 t,"沃力"牌配方肥已在兰考农民心中扎下了根。我们的主要做法和体会如下。

一、调整思路,发挥优势,是推广配方肥的前提

由于长期受计划经济影响,吃惯了大锅饭,全站大部分人员坐、等、靠思想比较普遍。为推广测土配方施肥技术,首先从提高思想认识入手,认真调整工作思路,把全体同志的思想集中到测土配方施肥上来。其次在提高自身素质上下工夫,强化基本功,让他们认识到不充实自身业务能力,就有下岗的可能,让他们时时刻刻感到有压力、有紧迫感。其三充分发挥自身优势,紧紧依托化验室,积极筹建测配站。其四调动每一个同志的积极性,推广淡季深入田间地头,为农民采集土样、送结果、讲配方,无偿提供技术服务。推广旺季住到推广点上搞推广。

二、合理确定配方,提高针对性、科学性,是推广配方肥的关键

通过测土化验,同时根据各乡镇不同区域的土壤状况和市场需求,合理确定配方,及时调整配方,开发针对性较强、多种含量的配方肥,是确保配方肥肥效的重要前提。

三、建立和利用推广服务网络,是推广配方肥的基础

为保证测土配方施肥技术推广落到实处,我们在建站之初,就狠抓了基层推广网络建设,目前已建立60多个推广网点,与每个推广网点都有推广协议,保证每个网点高质量货源,并提供良好的技术指导服务。为提高各网点服务能力和水平,农闲季节不定期举办技术讲座,组织外出考察,开阔眼界。

四、寻求合作伙伴,优势互补,是推广配方肥的保障

我站隶属于县农业局的二级机构,事业单位,贷款无路,靠集资是有限的,为打破资金瓶颈限制,积极与外系统横向联合,对方出资金,我们提供技术指导、取土化验、提供配方、建立网络、组织推广,按照双赢的方针,互惠互利,共同发展。

网络篇

网络篇主要收录全省测土配方施肥技术服务六大网络有关情况及各地在基层推广网络建设上的具体措施、做法、经验等。

河南省土肥网络战略实施方案
（2002～2005）

河南省土壤肥料站

根据“十五”土肥发展计划和全省土肥技术产业化发展实际，为更好地服务于农业结构战略性调整这个主线，适应加入WTO后形势发展需要，加快土肥新产品、新技术推广应用步伐，特制定我省土肥网络战略实施方案。

一、网络战略提出的背景

随着现代科技的发展，网络已渗透到社会的各个角落，社会已进入了网络时代。土肥技术服务，土肥技术产业化的发展也同样需要网络来支撑。因此，提出在全省实施网络战略，从目前来看，至少有以下几方面的意义。

（一）农业发展新形势的要求

我省农业已进入战略性结构调整阶段，它要求土肥部门必须紧紧围绕农业增效、农民增收这个大目标，为产业结构调整提供全方位的服务，从测土化验、物料供应到配方施肥等都要求有完善的网络体系来支撑。

（二）加入WTO的要求

我国加入WTO后，从长远看随着国外农化企业的进入，将会给我们的工作注入新的活力，提供更多的发展机遇，但同样不可避免地会带来更加激烈的竞争，特别是国外农化企业先进的管理方式、优质的服务态度、完善的网络体系将会带来巨大的冲击，因此必须面向市场加快土肥网络建设，以网络为基础，加强与肥料生产企业、公司联合，利用各自优势，结成利益共同体，只有这样，才能在未来竞争中占据主导地位，达到稳定市场的目的。

（三）我国肥料市场的现状要求

随着市场经济的发展，竞争将日趋激烈，谁想在竞争中立于不败之地，首先必须赢得广大农民的信任与欢迎。要赢得农民的信任与欢迎，除了优质的产品外，还要有优良的服务，按我国目前农户分散经营的现状，只有把“根”扎在基层，把点建在村上，才能真正起到为农民服务的作用。

二、指导思想

高举邓小平理论的伟大旗帜，以“三个代表”重要思想为指导，围绕农业结构调整和农业增效、农民增收两大目标，坚持技术推广与物化服务并重的方针，着力构建省、市、县、乡、村、户六级土肥技术服务网络，加快土肥科技成果转化，促进全省土肥技术产业化的发展，引导全省土肥系统逐步走上自我发展、自我积累、自我完善、自我壮大的良性循环路子。

三、主要目标

2002～2005年全省土肥系统要建立和完善六大网络体系，分别达到以下目标。

（一）地力监测网络

网点由目前的1 151个增加到1 500个，定期发布耕地质量信息和养分动态变化情况，为各级领导决策、企业生产、农民施肥提供依据。

（二）土肥测试网络

全省能正常开展工作的化验室由目前的95个增加到125个，其中20%的化验室通过计量认证，并面向市场，为社会提供服务。

（三）肥料区试网络

在全省不同区域，再建立14个相对稳定的肥料新产品、新技术试验基地，加上已建的16个试验基地，达到30个，实现对肥料新产品进行规范化试验，客观、公正评价肥效，筛选优质产品向社会推荐。

（四）肥料推广服务网络

在全省已建的4 488个网点基础上，发展到8 000～10 000个，耕地面积在100万亩以上的大县达到150个点，50～100万亩之间的中等县达到100个点，50万亩以下的小县达到50个点，实现土肥新技术、新产品快速推广到农民手中，使其迅速转变成生产力。

（五）肥料市场监管网络

网点由目前的706个增加到2 000个，大县每县30个，中等县每县20个，小县10～15个点，对肥料市场有效监控，减少假、冒、伪、劣肥料坑农、害农事件发生，保护农民和合法厂商的权益。

（六）肥料价格信息网络

网点由目前的16个增加至20个，及时掌握不同地区、不同品种肥料的供求动态及价格走势，为社会和厂家提供准确的市场信息。

四、网络建设的重点

在建立和完善六大网络中，产品区试网络和肥料价格信息网络以省土肥站为主建设，市、县以加快推广销售网络、测试网络、地力监测网络和市场监控网络为建设重点，其中推广销售网络、市场监控信息网络，以建设乡、村网点为重点；在网络运行中，以建立合理的利益机制、提高网络内在活力为重点。

五、网络建设的原则

（一）市场运作原则

网络建设要按市场经济规律，充分和市场接轨，利用利益机制吸纳多元经济成分参与网络建设，同时利用利益杠杆处理各方合作关系，一切运作都要符合市场经济规律。

（二）因地制宜原则

充分结合当地实际进行网络建设，不搞一刀切，模式可以多样化，适宜建什么样的就建什么样，立足自己所处的地理位置、市场基础和区域特点等具体情况，设计自己的网络框架、目标、运作方案和切实可行的措施。

(三)滚动发展原则

以土肥系统自身为核心,通过巩固提高、优胜劣汰,促进网络逐步发展壮大。同时在网点的选择上要有战略眼光,对网点要认真考察,成熟一个发展一个,防止一蹴而就、一哄而上。

(四)上下一体原则

省、市、县、乡、村、户是一个完整的系统,省土肥站既是全省网络的终端又是全国网络的一个点,市、县级土肥站既是当地的终端又是全省网络的一个点,通过网络建设形成一个一呼百应、上下联动的有机整体。

(五)择优扶持原则

在网络建设上实行择优扶持,对网络建设、运作好的市、县,在评先、项目安排、经费拨付、以奖代补、产业化扶持等方面优先考虑。

(六)优势互补原则

在基层网点建设上选择那些实力强、经营有方、信誉好、盈利、偿付能力强且具有一定专业技术水平的与之联合,发展成网络点,并指导其积极扩大服务范围,成为肥料、种子、农药等农资综合技术服务站,以增强网点的实力、活力和生命力,达到发展一个、巩固一个的目的。

六、主要措施

(一)提高认识,制定规划

网络建设是土肥系统生存和发展的根基,是一项带根本性、长远性和全局性的工作,是一个直接关系到土肥系统生死存亡的大问题,各地要从战略高度上来认识这项工作。同时,各地在省实施方案的基础上,结合本地实际,制定到"十五"末的网络建设规划与措施,稳步推进网络建设工作。

(二)突出重点,完善网络

目前,全省六大网络已初具规模,"十五"期间各地要突出重点,进一步抓好网络建设,不断提高网络的覆盖面和运作水平。

1. 肥料推广服务网络

以测配站、经营服务实体为依托,结合自身实际,以乡、村为重点,运用市场机制,打破系统、行业体制界限,采取多种形式,广泛吸纳农技、农业、农资经营者,农业广播电视学校学员,基层干部,农民技术员等热爱土肥技术推广工作、有一定经营能力者为基本成员,不断扩大基层肥料推广服务员队伍,进一步巩固和建立广泛而富有活力、适应市场需求的产品技术推广服务网络。

2. 地力监测网络

各级地力监测网点要认真贯彻省农业厅"河南省耕地土壤监测管理办法",加强规范化管理,提高监测质量,定期上报发布监测报告,并结合农业结构调整和各地地力变化,增加相应的监测内容,合理布局网点。

3. 肥料市场监管网络

各市、县要以中央五部委加强农资市场管理的通知为契机,以提高肥料执法的及时性、时效性为目的,抓紧建立乡(镇)级肥料市场监督管理网点。

4. 土肥测试网络

以耕地质量调查、肥料市场管理和发展无公害农产品为契机,充分利用各类项目资金,加快化验室建设,同时积极申请计量认证,提高化验室标准化管理水平,积极为社会提供服务。

5. 肥料区试网络

省土肥站按照总体目标,通过招标、考察、培训、认定等办法,每年新建3~4个产品区试基地,形成布局合理、各具特色的区试网络。各基点要严格按照部颁《田间试验技术规程》规范试验程序、方法和报告,提高试验的权威性和公正性。

6. 肥料价格信息网络

按照全国农技中心要求,统一规范市场价格信息采集的程序、标准以及传送格式,提高市场价格信息的准确性、时效性,同时,对每月采集的信息除及时上报外,充分利用媒体,广泛对外发布。

(三)动态管理,规范运作

省土肥站将制定六大网络运行细则和管理标准,把网络建设纳入有序管理行列,对推广销售、市场监管、产品区试、价格信息四大网络基点实行淘汰制,运作不规范、管理不严谨、操作不认真的网点,将予以取缔。各市、县也要制定具体的管理办法,对各网点,特别是推广销售网点要签订协议,定期进行评价,优胜劣汰,不断优化网络。

(四)加强领导,以奖代补

为加强对网络建设工作的管理,省土肥站专门设立网络管理办公室,每年将拨出专项事业费用于六大网络建设,各地在网络建设中也要明确专人负责此项工作,要注重网络基点的培育,用优惠政策和实行以奖代补的形式向网络承担户或个人倾斜,保证网点健康发展。

(五)建库归档,提高水平

省土肥站“十五”期间将进一步完善现有信息库,逐步建立网络运作平台和计算机局域网,实现信息资源公享,同时完善六大网络档案,真正发挥网络在争取项目、为农业结构调整服务、为农民服务等方面的作用。各地在条件许可的情况下,也要建立网络信息库和网点档案,不断提高整个网络的规范化、标准化水平。

河南省土肥技术网络体系建设构想

王志勇

(河南省土壤肥料站·2000年12月)

随着农业和农村经济发展进入新阶段,加入WTO后肥料市场的变化,以及农民用肥水平日益向高质化、高效化、复合化、简便化方向发展,我省土肥系统在计划经济条件下形成的一套肥料试验示范推广体系,已不适应现在形势发展的需要。结合全省土肥系统实际,就如何对原来的体系进行改造,通过转轨变型,补充完善,建立新的土肥技术网络体系,以适应新的形势需要,提出如下构想。

一、土肥技术网络体系建设的必要性

(一)土肥部门自身的公益性职能要求必须注重体系建设

土肥技术推广体系是农技推广体系的重要组成部分,是新时期促进农业增效、农民增收的主要载体之一。近5年来,各级土肥技术推广部门和土肥技术人员为我省农业的发展做出了巨大贡献,不少同志长期扎根基层,深受广大农民群众的爱戴和好评。改革开放以来,尽管基层单位待遇差、条件艰苦,有些甚至未能领到工资报酬,但绝大部分同志仍然默默无闻地履行着自身的职责。在国外,由国家建立一支公益职能的农技推广队伍,为农户提供低偿或无偿服务,是大多数国家农业发展的共同经验。从我省情况分析,我省土肥部门在土肥新技术推广、组建测配站、推广配方肥、肥料市场管理、土壤肥料测试等方面做了大量工作,为我省农业持续稳定发展做出了重要贡献,已成为我省农业社会化服务不可或缺的一部分。因此,无论立足现实,还是放眼未来,加强土肥技术推广体系建设都是十分必要的。

(二)加入WTO的客观形势要求必须加强土肥技术推广体系建设

我国加入WTO后必将有大批国外农化企业集团涌入我国,这些国外企业要想在我国站稳脚跟、占领市场,必须借助我国现有的服务体系网络。就肥料市场而言,一方面,土肥技术推广体系无疑是最具竞争力和吸引力的一个网络,因此我们必须加强体系建设,完善推广网络,才能吸引国外化肥企业的合作与投资。另一方面,随着国外化肥企业的进入,肥料市场将面临更加激烈的竞争,土肥系统经过近几年的发展,实力虽有一定增强,但整体仍然较弱,难以与大型化肥企业相抗衡。只有加强体系建设,形成团队优势,才能抗拒来自国内外市场的冲击。

(三)农业发展的新形势要求必须加强土肥技术推广体系建设

我省农业已经进入了战略性结构调整的新阶段,土肥部门必须为产业结构调整提供全方位的服务,从测土化验、配方施肥,到土宜和施肥指标体系研究,一系列公益性工作需要土肥部门去做,只有建立完善的网络体系,才能胜任这些工作。

(四)广大农民群众热切盼望完善的土肥技术推广体系

长期以来,我省土肥工作者以崇高的敬业精神、勤恳的工作态度赢得了广大农民群众的信任,但由于近年来经费紧张等原因,尽管上级部门制定出台了“三定”方案,不少地方的技术推广网络仍无法正常开展工作,基层推广组织体系仍然不够健全,无法满足广大群众技术服务的要求。同时也给一些不法之徒以可乘之机,造假贩假(肥料)坑农害农现象时有发生。建立完善的土肥技术推广网络,把优质的服务、高科技含量的产品送到田间地头已成为广大农民的强烈企盼和共同心愿。

(五)我国肥料市场现状要求必须注重基层推广网络建设

我国肥料市场过去一直是金字塔式的专营模式,1998年国务院39号文件下发后,才形成了农资、农业“三站”、肥料企业三家并驾齐驱、多家经营的格局。随着市场经济的发展,竞争将日趋激烈,要想在竞争中立于不败之地,首先必须赢得广大农民的信任和欢迎。要赢得农民的信任与欢迎,不仅要有过硬的产品,而且还需要有完善的服务。按我国目前农户分散经营的现状,只有把农技推广体系深入基层,“把点建在村上”,才能真正满足农民技术服务的需要。太康县的经验就是很好的一个例子。因此,我们必须高度重视基层推广网络建设,尤其是乡、村两级推广网络的建设。

(六)土肥新技术推广迫切要求建立完善的基层推广网络

从我省的现状分析,农业技术推广“棚架”的主要环节在县以上,土肥系统也毫不例外。乡、村两级的断层直接限制了土肥新技术的推广与普及,限制了科技成果的转化。以组建测配站、推广配方肥为例,凡搞得好的测配站,乡、村推广网络都较为完善。例如太康、新蔡、原阳、确山等县都拥有自己的推广网络。这些县大多采取连锁式、股份制等形式,网络变得更直接、更灵活、更有效。只有建立完善的基层推广网络,才能真正为农民服务。

(七)土肥系统自身发展壮大也必须借助推广服务体系

我省土肥系统多年来一直走不出底子薄、基础差的窘境,尽管国务院放开了肥料经营,但是由于我们一缺经验,二缺资金,三缺经营管理人才,短时期还很难和农资、肥料生产企业抗衡。我省土肥部门要想在市场竞争中占据一席之地,并逐步发展壮大自身,必须充分利用和发挥自身所具有的体系、技术、手段、职能优势。完善基层推广网络直接关系到土肥部门自身的发展壮大。

二、“十五”期间土肥技术网络体系建设的目标

“十五”期间我省土肥技术推广体系建设的总体思路是:围绕农业结构调整和农业增效、农民增收两大目标,坚持技术推广与物化服务并重的方针,以完善乡、村两级推广网络为重点,着力构建服务于土肥技术产业化发展的网络体系,引导全省各级土肥部门逐步走上自我完善、自我壮大的良性循环路子。具体要建立和完善六大网络体系。

(一)产品区试网络

在全省不同区域,再建立14个相对稳定的肥料新产品、新技术试验基地,加上原来的16个试验基地,达到30个,形成布局合理、各具特色的区试网络,并通过加强管理,促进全省土肥试验整体水平的提高。

(二)信息测报网络

进一步加大地力监测和肥料市场信息测报网点建设的投入,使全省的地力检测网点达到4 000个以上,并能及时向社会和厂家发布信息,提高信息利用率。

(三)测试服务网络

通过化验设备更新完善和加强技术培训,提高化验人员业务水平,使全省40%的化验室通过计量认证,85%的化验室能够正常开展工作,并面向市场,为社会提供服务。

(四)技术产品推广网络

以全省土肥系统技术推广体系为骨干,打破系统、行业、体制界限,采取多种形式,广泛吸纳农技、农业、农资,个体经营者,农业广播电视学校学员,基层干部,农民技术员等热爱土肥技术推广工作、有一定经营能力者为基本成员,建立广泛而富有活力、适应市场经济需要的新型技术产品推广服务网络。积极推广太康、原阳、商丘等地建立推广网络的经验,把根扎在基层,建立巩固“根据地”,并滚动波浪式发展。经过今后5年的努力,到2005年由目前的4 000个网点发展到8 000~10 000个。

(五)市场监控网络

争取与技术监督部门合作,在市、县农口系统建立肥料质检站,并在全省乡一级设立肥

料市场质量监督员。

（六）计算机服务网络

实现市、县联网，提高土肥信息收集、筛选、处理、传递和发布的能力，采取有效措施，鼓励厂家积极入网，开展网上技术、产品宣传和销售业务。

三、土肥技术网络体系建设的主要措施

（一）高度重视体系建设工作

全省土肥系统已经充分认识到网络体系建设是土肥系统生存和发展的根基，已经从思想上高度重视体系建设工作，部署工作中，特别在BB肥配制推广和公司建设中，都把构建推广网络当做突破口来抓。省土肥站计划成立体系建设办公室专抓此项工作，并且要求各级要有专人具体负责此项工作。

（二）制定体系建设规划

省土肥站将抽调专人着手起草"河南省'十五'土肥技术推广体系建设规划"。省土肥站要求各地结合本地实际，在调查研究的基础上，制定自己的建设规划与措施，使这项工作扎实稳步地推进。

（三）大力推广先进经验

如太康县在县农业局的统一领导下，依靠乡农技站的力量，植根基层，完善体系，在村一级建立综合服务站，县、乡、村连锁经营，不断通过服务完善、壮大体系，走出了一条体系连锁、推动物化服务发展的路子。太康经验的核心是摆脱了以往等待和依靠上级拿钱建体系的旧观念，开拓了依靠自身优势、通过物化服务迅速完善壮大服务体系的新局面。它的可取之处在于，在多数地方县、乡土肥系统尚未独立的情况下，如何通过在村一级建立综合服务站，解决技术物化服务棚架等制约我们发展的突出问题。再如原阳县土肥站打破系统和部门界限，在经费严重紧张的情况下，以懂技术、诚实可靠、有一定经营实力和自愿为条件，经严格筛选，在22个乡组建了分公司，形成了比较完善、富有活力的销售网络，将技术和物化服务送到千家万户，既发展了生产，又保护了农民利益，同时也壮大了自身。原阳的经验说明，通过自身优势加强网络建设，找到了既依托市场、技物结合，又服务生产、服务农民、服务厂家、壮大自身的切入点。它的可取之处在于解决了当前土肥系统在经费普遍紧张的情况下，如何发展和壮大我们自身的大问题。

（四）全方位为厂家搞好服务

主要有五个方面的服务：一是技术服务，包括为厂家提供配方、进行产品区域试验、技术培训、技术宣传等；二是协销促销服务，通过招商、牵线搭桥、召开定货会等形式，使厂家直接与推广销售网络衔接，促进产品销售；三是信息服务，包括市场价格变化、供求状况、产品走势、市场预测，以及来自生产第一线对产品的反馈信息；四是政策服务，为厂家提供有关肥料生产经营管理方面的国家宏观调控政策以及肥料登记、广告、公告、标识等方面的服务；五是网上服务，帮助厂家上网，在网上开展商务。

（五）积极探索体系建设新路子

省土肥系统在体系建设中大胆探索，在保持稳妥的基础上建立充满活力的新机制，特别在村级综合服务站的建设上，力争打破体制、系统等的束缚，不仅经销化肥，而且经营农药、种子、农膜，通过综合服务站为农民提供优质和多方位的服务，同时推广技术和壮大自身。

(六)抓好试点,以点带面

省土肥站已就体系建设向有关方面进行了咨询,国家有可能对体系建设进行项目投资。因此,"十五"期间省土肥站将选择积极性高、基础好的市、县进行体系建设试点,同时把试点作为体系建设项目承担单位积极向有关部门申报,尽可能多地争取国家扶持。各地也在抓自己的试点,通过试点来带动体系建设的全面开展。省土肥站的目标是:农业大县每县建立150个村级综合服务站,中等县建立100个,规模较小的县建立60个。

体系建设特别是乡、村基层网络建设是我们的薄弱环节,但同时也是土肥系统振兴土肥工作的希望所在。在新的世纪,土肥工作者正在用新的思维方式,用最大的热情对待这项工作,力争通过"十五"期间的努力,在全省构建一个充满生机、运作自如的网络体系,为全省土肥工作再上新台阶奠定良好的基础。

实施土肥网络战略　促进推广体制创新

于郑宏

(河南省土壤肥料站·2001年5月)

一、实施土肥网络战略的重要意义

所谓网络,就是依据一定的目的,分层次、按照不同的形式组成的网状组织。目前,整个社会已经进入了网络社会,网络已渗透到社会生活的各个方面。特别是目前,我国加入WTO以后,土肥系统同样面临许多新的挑战,网络问题有可能成为关系到生死存亡的大问题。为什么这样讲呢?原因有以下几点。

(一)有利于加快科技成果转化,服务农业结构调整,提高农产品品质和增加农民收入

目前农技推广断层问题非常严重,主要在乡、村,特别是村一级尤为严重。现在科技成果很多,但转化为生产力的很少,大部分都成了档案成果,成果转化率不到10%,主要原因就是科技成果和转化实现终端出现了断层。到不了终端,到不了生产第一线,到不了农民那里,就无法转化为现实的生产力。目前农业已经发展到了高产、优质、高效阶段,肥料的投入占整个农业生产资料投入的一半以上,若不能科学施用,浪费是惊人的。就我省来讲,现在肥料的N、P_2O_5、K_2O施用比例为1:0.41:0.19,合理的比例是1:0.5:0.5,K和微量元素短缺问题十分严重,浪费非常大,仅氮肥每年损失就达200万t以上,相当于10个年产20万t的中型氮肥厂一年的产量,同时还造成环境污染、作物抗逆性和农产品品质下降。现在有人说,吃瓜瓜不甜,吃菜菜不香,是因为施用了化肥,这种观点是错误的。其实化肥的配比如果合理了,瓜一样是甜的,菜一样是香的,污染也一样是轻的。现在不少人对施用化肥认识上有误区,一提绿色食品,就不能施用化肥,这个观点是十分错误的。化肥施用一百年来给世界带来了翻天覆地的变化,如果没有化肥,不可能有现在的社会生活。一个国家的农业如果离开了化肥,可以肯定地讲,这个国家支撑不了三年就要大乱,不仅经济上乱,政治上也要乱,不可能稳定。所以说,科学施肥不仅是一个经济问题,而且是一个政治问题,必须把发展网络作为一个战略问题来看待,通过网络把科学施肥技术送到千家万户,提高农业生产效益,改善农产品品质,降低成本,节本增效,增加农民的收入。

(二)有利于与企业、公司合作,形成产业化链条,加快土肥技术产业化进程

企业生产经营的目的就是为了赚钱,特别是加入WTO以后,一些大公司要想迅速占领中国市场,只有两条路可走:一是在国内一些原有网络的基础上,通过合作来销售其产品;二是自己另起炉灶,建立网络,这将需要大量的资金、时间和人力!外国老板不是傻瓜,他们会选择事半功倍的途径。因此,必须高度重视网络建设,必须依靠网络,如果没有网络作基础,产业化就是无源之水。有了健全的网络,土肥技术产业化才会有根基。

(三)有利于发挥自身优势,走自我积累、自我完善、自我发展、自我壮大的路子

目前土肥系统具有四大优势,即手段优势、职能优势、体系优势和技术优势。实施网络战略,实质上就是把四大优势具体化,或者说,是四大优势的另一种体现形式。通过市场机制的运作,把四个优势与市场接轨,通过网络来实现其潜在的价值。

(四)有利于项目争取和实施,可给本系统的发展带来新的活力

农业部沃土工程项目开始启动了,与以往不同的是采取了竞标的形式,我省在这次竞标中,网络体系对项目的成功争取起到了强有力的支撑作用。

(五)有利于防止假冒伪劣产品坑农害农事件发生

网络建在最基层的村级,是防止假冒伪劣产品最有效的手段。这是因为基层网点靠近群众,群众买网点的东西,网点跑不了,不像那些游医,居无定所,到处乱跑,如果出现问题,就找不到人了。基层网点跑不了,就在村上,服务对象就是父老乡亲,一方面有可信度,另一方面也不敢制假售假,假如出售了假肥料,还能在那儿生活吗?所以它对防止假冒伪劣肥料是一个非常有效的办法。

(六)有利于土肥系统在市场经济条件下加强自身业务建设

网络建设对业务建设是一个很大的带动。就河南来说,近几年全省土肥工作有一些成绩,主要得益于网络建设。如化验室建设,1996年年底统计时只有30~40家能够运转,现在能正常工作的已达75%以上。

总之,加快网络建设是形势发展的需要,是加强自身建设的需要,是形势发展的客观的、必然的要求。

二、实施土肥网络战略的紧迫性

目前我省土肥系统网络建设已取得较大成绩。从1996年开始,特别是近两年,全省土肥系统在组建推广服务、地力监测、土肥测试、市场监控、新肥区试、肥料价格六大网络上花费了很大的力气,2001年投入达12万~15万元,六大网络已具雏形,涌现出了一批先进典型。如在肥料推广服务网络上,内黄建立了325个点,滑县255个点,扶沟239个点,商丘沃力配肥站230个点,太康222个点。在地力监测网络上,淮阳建立了177个点,原阳50个点,延津46个点,罗山37个点,兰考33个点。在肥料市场监控网络上,尉氏建立了59个点,济源50个点,夏邑34个点,温县30个点,虞城28个点。另外,2001年平顶山、周口及安阳、滑县、孟津、兰考、夏邑等7个化验室通过了省级计量认证,在全省化验室建设上是一个突破。同时我省网络建设也存在一些问题:一是认识不高,工作不到位,行动被动、迟缓。二是发展不平衡。三是运作机制活力不够。四是少数单位缺乏建立和运作网络的经验。五是个别地方内外环境不适宜、不宽松，发展缓慢。针对这些问题，必须有紧迫感：一是随着农业肥料结构调整的全面展开，社会和农民都迫切要求加快发展配方肥，提高土壤测试手段。二是加入 WTO 和化肥流通体制改变以后，需要强大的网络做支撑。三是肥料市场管理的要求。肥料市场在不少地方已明确授权由土肥部门来管理，没有手段，怎么管理呢？四是自身发展的要求。从以上可以看出，进行网络建设是必要的，而且是紧迫的，对这个问题认识越早越主动，认识越晚越被动。

三、我省实施土肥网络战略的任务、目标、重点和原则

根据河南省土肥网络战略发展规划，“十五”期间将完成的任务、目标如下。

（一）任务

通过网络战略的实施，加快全省土肥产业化的进程；通过网络战略的实施，加快肥料新技术、新产品的研究开发转化，促进施肥结构调整，提高肥料施用效率；通过网络战略的实施，增强自身造血功能，进一步发展壮大土肥系统，走“四自”发展的路子。

（二）目标

1. 从量的指标提高，扩大网络覆盖率

地力监测网点由目前的 1 151 个增加到 1 500 个，净增 349 个；测试网点由目前的 95 个增加到 125 个，净增 30 个；推广销售网点由目前的 4 488 个增加到 8 000 ~ 10 000 个；市场监控网点由目前的 706 个增加到 2 000 个，净增 1 294 个；市场信息网点由目前的 16 个增加到 20 个，净增 4 个；产品区试网络的区试基地由目前的 16 个增加至 20 个，净增 4 个。

2. 从质的指标提高，完善网络规范化建设水平

一是制订网络建设实施的规则和标准，使网络逐步规范化。二是对网点进行考核，实行淘汰制。根据一定的指标对每个网点进行考核，达不到指标的要淘汰。三是对网点实行晋档分级管理。比如推广销售网点，一档什么标准，二档什么标准，三档什么标准，进行分档管理。四是建立网络信息库和信息管理平台，包括建立区域网，实现信息共享。

（三）重点

一是加快推广销售、土肥测试、地力监测和市场监控四大网络的建设。这四大网络覆盖面很宽，各县都应当建立。二是建立良好的运作机制。三是规范化建设，提高整体素质水平和形象。四是以县级为单位建设乡、村网络，县级承上启下，是实施网络战略的重点。

（四）原则

一是市场运作原则。网络建设应完全和市场接轨，利用利益机制，容纳多元经济成分，采取合作的办法来建立。市场机制首先是利益的运作问题，没有利益，就运作不成。二是因地制宜原则。适宜建什么样的网络，就建什么样的，不能照搬，不搞一刀切，模式可以多样化。三是滚动发展原则。通过自身的核心作用来吸引网点，逐步滚动发展，在巩固提高的基础上发展，不是一哄而上。四是上下一体原则。省、市、县、乡、村、户网点六级一体，农户以上的网点既是当地网络的首脑机构，同时又是整个网络的一个网点。如河南省土肥站是全省网络的头，但是它在全国或世界销售网络中又是一个点。五是择优扶持原则。网络建设采用择优扶持，建设得越好越扶持。六是综合建设、优势互补原则。网络建设不能单打一，必须综合建设，特别是村一级，既要供肥，同时也要供种、供药、供农膜。如果实行单一服务，因季节性强，直接制约了网点的收入，养不住自己也就失去了活力，因此基层网点必须是综合的。

四、实施土肥网络战略的主要措施

（一）制定网络战略实施规划，有计划、有步骤地发展，防止一哄而上

网络建设是一个复杂的系统工程，是一项长期的任务，同时需要在实践中锤炼，绝不是一时心血来潮、一蹴而就能够建成的。因此，各地在进行网络建设时，必须结合本地实际，认真制定发展规划，合理布置网点，以耕地面积为单位，或以行政村为单位进行设点。总之，要既能辐射服务，又避免鞭长莫及，出现服务空当。就我省来讲，平原地区大体上一万亩一个点比较合理，或是1 500～2 000户设一个点，或一个大的行政村设一个点。

（二）加快测配站建设，带动网络建设

测配站是网络建设的有力支撑，特别是推广网点，离开了测配站的支撑，建成了也很难保持。反之，测配站离开了推广服务网点这个基础，其推广规模很难有大的突破。要形成网络，必须有纲、有目，纲举才能目张。因此要认真办好测配站，这就是抓“纲”，要把劲用在这上边。为什么过去所建的农技推广体系会出现“线断、网破、人散”呢？主要是缺乏带动，特别在经费紧张的时候难以“目张”。因此，必须办好测配站，有物资、有资金、有技术、有手段，推广网点才能跟着转。

（三）结合业务工作，加快网络的建设

六大网络中大部分同土肥业务工作有密切关系，如地力监测、土肥测试、产品区试等。因此，在网络建设中，要与业务工作紧密结合，通过与业务网点的对接，扩大网络覆盖面，不断提高网络运作水平。

（四）利用项目带动网络发展

项目带动是加快网络建设的重要捷径，在网络建设中要充分利用项目契机，把网络建设内容嫁接进去，通过项目带动，大大加快网络建设速度。如我省在旱作农业项目中嫁接进去土壤养分墒情监测网点，通过项目资金，一下子在36个县建立了近百个高标准网点。同时还可以利用项目带动测配站、化验室等建设。

实施网络战略　适应WTO需要
着力构建新阶段土肥技术服务新体系

徐俊恒

（河南省土壤肥料站·2002年10月）

随着市场经济的发展和我国加入WTO，农业已进入了一个新的发展阶段，国内外市场特别是农化服务市场竞争也日趋激烈，我省土肥系统面对农业发展的新形势，坚持与时俱进、开拓创新，积极探索土肥技术服务新形式，于2000年年初提出在全省实施土肥网络战略，即以肥料推广、市场监控、地力监测、价格信息、肥料区试、土肥测试六大网络建设为主，全面构建新阶段土肥技术服务新体系。

一、网络发展现状及构成

我省土肥六大服务网络建设是在原省土肥技术服务体系的基础上，按照农业发展新阶段的要求和市场经济的规律，经过转轨变型、补充新建、组装配套逐步发展完善起来的。截至目前，全省六大服务网络共建服务网点9 457个，覆盖面积包括全省18个省辖市、115个县(市、区)。各网络具体建设情况如下。

(一)肥料推广服务网络

近几年，我省基层土肥部门在开展土肥物化服务，推广土肥新产品、新技术，特别在组建测配站、推广配方肥实践中，建立了一大批基层推广网点，初步形成了适应市场经济需要、富有活力的肥料推广服务网络体系。这些网点尽管经济性质不同、规模大小不一，却是六大网络中最富有活力、与农民也最为贴近的，同时也最具抗拒市场风险的能力。目前，全省共建推广服务网点6 652个，覆盖17个省辖市、106个县(市、区)，其中县级网点377个，乡级2 823个，村级3 452个。

(二)土壤地力监测网络

该网络的建设可追朔到20世纪70年代末第二次土壤普查时期。通过土壤普查带动，省、市、县三级土肥部门相继设立耕地地力监测点，初步形成了国家、省、市、县四级监测网络。但长期以来，由于行政区域变更、人事变动及经费拮据等原因，不少监测点工作中断，有的已名存实亡。通过网络战略的实施，对原有网点进行了重新补充完善，目前全省已形成了较为完善的国家、省、市、县四级金字塔式的监测网络，拥有地力监测点1 509个，其中，国家级监测点11个，省级监测点34个，世行贷款项目土壤监测点37个，旱作农业项目土壤肥力监测点18个，市级监测点650个，县级监测点777个。监测点覆盖了我省的13种耕作土类(潮土、砂姜黑土、褐土、黄褐土、水稻土、红黏土、黄棕壤、紫色土、粗骨土、盐土、风砂土、石质土和新积土)30多个亚类，分布在全省16个省辖市的90多个县。

(三)土肥测试网络

该网络与土壤地力监测网络一样，也组建于20世纪70年代末第二次土壤普查时期。由于缺乏资金投入，大部分化验室普遍存在着设备陈旧老化、新手多等问题，全省能正常开展工作的仅1/3，处于半瘫痪状态的有1/3，处于完全瘫痪状态的有1/3。近几年来，通过项目带动、财政扶持、测配站推动等，特别是土肥网络战略的实施，全省化验室建设有了突破性的发展，土肥测试网络呈现空前良好状态。目前，全省18个省辖市125家化验室能正常运转的有106个，覆盖面达84%，年分析各类土壤肥料样品13万个，20余万项次。近两年，全省先后有16家化验室通过了省级计量认证。

(四)肥料市场监督管理网络

该网络是根据农业部《肥料登记管理办法》中“县级以上地方人民政府农业行政主管部门负责本行政区域内的肥料市场监督管理工作”的规定，在乡、村及大型农资市场建立监控点和信息点，形成上下一体的肥料市场监控网络。目前全省已有14个省辖市91个县(市、区)建立了1 149个肥料市场监督管理信息网点，覆盖面达75%。

(五)肥料价格信息网络

该网络是根据全国农技推广服务中心统一安排，于1998年10月建立并投入运作的。4年来，网点由10个扩展到17个，遍布全省东西南北中，每月按时采集的价格信息基本反映了我省肥料价格走势和当前价格状态，同时与《河南农村报》、《河南科技报》合作，对每月采集的价格信息除上报全国农技中心、在站办《土肥协作网信息》上发布外，还在上述两份报纸上刊载，为各级决策指挥农业生产，农民购肥、用肥，农技部门开展物化服务等起到了重要的参谋作用。

（六）肥料区试网络

为加强肥料试验示范管理，提高试验水平，客观公正地评价新型肥料的增产效果，真正把质优价廉、增产效果显著的肥料产品尽快推广应用到农业生产上，我们改变了过去"游击战"的做法，建立了相对稳定的肥料区试基地。截至目前，建立省级试验基地 24 个，基本覆盖了我省的主要耕作土类和主要作物。

二、网络发挥的作用

我省实施网络战略两年来，六大网络已初具规模，其作用也在农业生产实践中得到了充分发挥，为我省农业持续稳定发展做出了重要贡献。

（一）促进了土肥技术产业化连锁服务框架的形成

通过网络战略的实施，目前我省已初步形成了以"六大网络为基础、三大体系为支撑"的土肥技术产业化连锁服务框架。三大体系是指：测土配方体系，由 98 个化验室，2 253 台（套）仪器设备，1 100 名技术人员和 265 名中、高级配方师组成，每年测土量达到 25 万项次，年出配方 800 多个；加工配肥体系，由全省 130 多个测配站和 80 多个原料供应厂家组成，年加工能力 30 万 t，2002 年的配肥量有望突破 15 万 t；供肥施肥体系，由推广服务、产品区试、价格信息、市场监控等农化服务网络和近百家新闻媒体以及 750 多个试验田、示范点组成。近两年，全省每年用于技术宣传的经费超过 150 万元，各级举办培训班 1 000 多场次，下基层宣讲 2 000 多批次，印发宣传资料 800 万份以上，跟踪技术服务 6 000 余次；80%以上测配站都实现了配送制，直接送肥到村、到户。通过三大体系，在部分农区真正实现了测土—配方—配肥—供肥—指导农民科学施肥的土肥技术产业化一条龙服务。

（二）为全省组建测配站、推广配方肥奠定了坚实的基础

我省于 1998 年提出在全省县、乡两级组建测配站、推广配方肥，起步之初，由于缺乏经验，加上土肥测试、推广服务网络不完善，建站数量、配方肥配制推广规模发展较慢，通过网络战略的实施，完善而富有活力的网络为配方肥配制推广规模上档次奠定了坚实的基础，2000 年年底全省测配站数量达 76 个，配制推广配方肥达 3. 7 万 t；2001 年配肥站达 92 个，配方肥配制推广量达 6. 7 万 t；2002 年测配站达 120 个，配方肥配制推广量 14 万 t；2003 年配方肥配制推广量有望突破 15 万 t。以 1998 年为基数，测配站、配方肥配制推广分别增长了 8. 3 倍和 50 倍，农化服务网点也增长了 5. 3 倍。

（三）弥补了乡、村土肥技术服务断层，壮大了技术服务队伍

通过网络战略的实施和六大网络的建设与完善，不仅强化了土肥技术服务手段，还弥补了乡、村服务断层，极大地壮大了土肥技术服务队伍。长期以来，经费短缺，技术力量不足，乡村服务出现断层，一直是困扰我们的重大难题之一。实施网络战略后，我们把立足点放在乡、村两级，"把点建在村上"，使这一问题迎刃而解。据估算，按我们目前六大网络规模，如果国家投资的话，最少也要上亿元的资金，这还不包括原有的硬件设施，如今，不要国家一分钱便解决了这一问题；同时，直接从事六大网络服务的专、兼职人员达 1. 1 万人，使技术服务队伍得到了大大的加强;据统计,在我省六大网络现有的 8 000 多个基点中,有 80% 以上建在乡、村两级,直接面对广大农民群众进行服务。

(四)强化了肥料市场管理,有力地打击了假冒伪劣产品

近年来,假冒伪劣肥料屡禁不止,坑农害农事件时有发生,随着网络战略的实施,这一现象得到了有效遏制,2001 年全省通过肥料市场监控网络举报案件 710 起,2002 年截至目前接到举报 1 147 起,总案值 800 万元,已查处结案 329 起,挽回经济损失 300 余万元。

此外,两年多来,通过产品区试、土肥测试等网络建设,使肥料登记管理工作进一步走向了规范,形成了试验、化验、登记一条龙管理模式;通过地力监测网络、土肥测试网络建设,形成了完整的地力测报与科学施肥体系;通过肥料价格信息网络建设,完善了信息管理手段,初步建立了信息资源共享体系等。

总之,通过网络战略的实施,我省已初步形成了互为支撑、上下一体、功能齐全、服务全面的土肥服务网络体系,为全省各项土肥工作的顺利开展,为农民、农业生产服务奠定了较为坚实的基础。

三、网络战略实施的背景

我们是 2000 年年初提出在全省实施网络战略的,为什么要实施网络战略呢? 当时是基于以下几种认识。

(一)农业发展进入新阶段的客观要求

20 世纪 90 年代以来,随着市场经济体制的建立与完善,农业已进入了战略性结构调整的新阶段,它要求土肥部门必须为产业结构调整提供全方位的服务,从测土化验、配方施肥,到土宜和施肥指标体系研究,一系列公益性工作需要土肥部门去做,只有建立完善的网络体系,才能胜任这些工作。

(二)加入 WTO 的迫切需要

2000 年年初,我们分析,入关后将有大批国外农化企业集团涌入我国,这些国外企业要想在我国站稳脚跟、占领市场,必须借助于我国现有的服务网络体系。就肥料市场而言,土肥技术推广体系无疑是最具竞争和吸引力的一个网络。同时,从另一方面来讲,随着国外化肥企业的进入,肥料市场将面临更加激烈的竞争,土肥系统经过近几年的发展,实力虽有一定增加,但整体看仍然较弱,难以与大型化肥企业相抗衡,只有加强体系建设,形成团队优势,才能抗拒来自国内外市场的冲击。

(三)土肥技术推广体系现状的现实要求

我省的土肥技术推广体系,虽然经过“三定”有所改善,但并未从根本上改变落后的面貌,在一些地方仍存在着“线断、网破、人散”、“有钱养兵、无钱打仗”的现象,特别在乡、村两级,服务断层现象更为普遍,这很难适应农业新阶段和加入 WTO 的要求。因此,必须建立完善的网络体系,才能真正起到为农业、农民服务的作用。

(四)流通领域竞争的需要

目前在肥料流通领域中,农资系统、大型化肥企业、个体经营大户利用资金优势正在分割市场,相比之下,土肥部门的经济实力较弱,很有可能被挤出市场。只有充分发挥自身优势,以网络为基础,加强与肥料生产企业、公司联合,结成利益共同体,才能在市场竞争中占据主导地位。

（五）肥政管理工作的需要

我省肥料市场同全国一样，随着肥料市场的逐步放开，一方面一些不法分子受利益驱使，造假贩假、坑农害农事件时有发生；另一方面，一些好的肥料产品却由于假冒伪劣产品的影响难以尽快运用到农业生产上。因此，迫切需要建立完善的市场监控、产品区试等网络，严厉打击假冒伪劣产品，把真正质优价廉的肥料产品推荐给广大农民群众。

（六）机构改革的迫切需要

我省基层农技推广机构，绝大部分都下放到乡镇管理，目前正在进行农业税费及乡镇机构改革，要精减大批人员（包括农技专业人员），将进一步削弱乡、村技术推广力量，致使农业科技转化出现更为严重的断层，迫切需要建立村级推广服务网络，把物化的技术产品送到千家万户，从根本上解决技术断层问题。

此外，随着现代科技的发展，整个社会已进入了网络时代，网络已成为人们生活中密不可分的一部分，对土肥系统来讲也毫不例外，在一定意义上网络已成为关乎整个系统生死存亡的大问题。因此，我们适时提出了在全省实施网络战略，并制定《河南省土肥网络战略方案》，要求全省土肥系统必须高度重视网络建设，从战略的高度去认识网络、重视网络，采取切实可行的措施，把六大网络建设好。

四、实施土肥网络战略的任务、目标、重点和原则

（一）任务

一是通过网络战略的实施，加快全省土肥产业化进程；二是通过网络战略的实施，加快肥料新技术、新产品的研究开发转化，促进施肥结构的调整，提高肥料利用效率；三是通过网络战略的实施，增强我们自身的造血功能，进一步发展壮大土肥系统，走“四自”发展的路子；四是通过网络战略的实施，进一步加强肥政管理，促进肥料市场的有序规范发展。

（二）目标

通过“十五”期间的努力，地力监测网点达到1 500个，测试网点达到125个，推广服务网络网点达到8 000～10 000个，市场监控网点达到2 000个，肥料价格信息网点达到20个，产品区试网点的区试基地达到30个，初步形成一个上下互动、功能齐全、运作良好的土肥技术服务体系。

（三）网络建设重点

一是制定网络建设的规划和标准，提高网络档次；二是探讨建立网络运作机制，并实行淘汰制，不断提高网络活力；三是建立网络信息库和信息平台，组建河南土肥信息港。

（四）网络建设原则

一是市场运作原则。与市场接轨，利用利益机制，容纳多元经济成分，合作建设网络。二是因地制宜原则。不搞一刀切，网络模式可以多样化。三是滚动发展原则。在巩固、提高的基础上滚动发展，不搞一哄而上。四是上下一体原则。省、市、县、乡、村、户网点六级一体。五是择优扶持原则。六是综合建设、优势互补原则。特别是在村级网点，不搞单打一，肥料、种子、农药、农膜等综合发展。

五、实施网络战略的主要做法

我省在实施网络战略中主要采取了以下几项措施。

(一)统一思想,提高认识,把网络建设提高到战略高度来认识

为确保全省土肥网络战略的顺利实施,1999年年底及2000年年初,省土肥站分别召开不同层次人员参加的座谈会,探讨实施网络战略的必要性和紧迫性,同时在2000年度全省土肥工作会议上再次进行了专门部署,在全省上下形成了共识。实施网络战略,加快土肥网络建设,是一项根本性、长远性、战略性的工作,是新形势下农业发展的客观需要。为进一步推动网络战略的实施,2001年12月25日省土肥站又专门在商丘市召开了全省土肥网络建设座谈会,对前段工作进行了总结,要求各地寻找差距,制定规划,切实把六大网络建设好。

(二)突出重点,完善网络,形成功能齐全的六大网络体系

网络战略实施之初,我们对原有土肥服务体系进行了摸底调查和现状分析,针对不同网络现状,提出了针对性措施:

一是改造旧网络。对原有的地力监测、产品区试和土肥测试三个网络针对不同情况进行改造完善。地力监测网络对各个监测点进行了普查,并进行了分类排队,不合格的予以取消或调整,覆盖不到的进行新增,初步形成了较完善的、覆盖全省主要土类的监测网络。产品区试网络通过申请、考察、培训,最后以农业厅文件确定了24个区试基地,对基地试验员实行持证上岗,并不定期进行考评,实行末位淘汰制。土肥测试网络通过财政支持、项目带动、自筹资金等进行改造,累计投入资金1 800万元,改造化验室56个,在此基础上加强了对化验队伍的培训,先后举办各类培训45次,受训人员达880人次。2001年以来,为提高化验室整体水平,我们又在全省组织化验室通过计量认证,2002年有2个省辖市3个县级化验室通过了计量认证。特别是县级化验室通过计量认证,极大地推动了土肥测试网络建设的开展。

二是组建新网络。针对形势的发展和农业生产的需要,新组建了推广服务、市场监控、价格信息3个网络。推广服务网络在过去的物化服务中已形成了不少基层网点,但由于没有纳入网络管理,属于散兵游勇、各自为战状态,实施网络战略后,进一步规范了推广服务网点的规模、标准等,将其纳入网络范畴,很快在全省形成了一个充满活力的新网络体系。市场监控网络是2000年年初根据市场现状提出的,当年建点达200余个,对全省肥料市场管理发挥了重要作用。价格信息网络是根据全国农技中心安排建立的,目前16个网点逐月提供肥料价格信息,已成为我省农业网络中一个重要组成部分。

三是实行动态管理。制定了六大网络运行细则和管理标准,把网络建设纳入有序管理系列,网络基点实行淘汰制,运作不规范、管理不严谨、操作不认真的予以取缔。

四是建立网络信息库。为提高网络管理和运作水平,省土肥站在抓好网络建设的同时,编制了网络管理软件,建立了网络信息库,将六大网络近万个网点资料全部输入信息库,同时还建立了完整的网络网点档案资料。

五是筹建土肥信息网站。2002年年初,我们为提高网络档次,实现信息资源共享,决定筹建河南省土肥信息网,并在信息网首页开设六大网络专业频道。目前,网站筹备工作已基本完成,年底可望并入互联网。

(三)面向市场,以服务为中心,建立富有活力的网络运作机制

在六大网络中,地力监测、产品区试、市场价格信息3个网络以省土肥站直接管理运作为主;推广服务、土肥测试、市场监控3个网络在省土肥站指导下,主要由市、县土肥部门进行运作。针对六大网络的构成特点、发展基础及功能作用,分别采取了不同的运作机制。

一是在推广服务网络运作上,以市、县测配站为依托,运用市场机制,以利益为纽带,打破系统、行业体制界限，广泛吸纳农技人员、农资经营者、农业广播电视学校学员、基层干部、农民技术员等热爱土肥技术推广工作、有一定经营能力者作为网络成员，重点推广物化的技术产品，解决乡、村土肥科技断层问题。

二是在地力监测网络运作上，以加强规范管理、提高监测质量、突出公益性为重点，各级土肥部门严格按照《河南省耕地土壤监测管理办法》，分级负责开展监测工作，定期向社会发布质量监测报告，为政府部门指导农业产业结构调整、优质农产品开发、肥料生产企业改进配方、农民科学施肥提供科学依据。

三是在肥料市场监管网络运作上，以提高肥料执法的及时性、有效性为重点。各级肥料管理部门在乡、村和大型农资批发零售市场，通过自愿报名、培训、考试、审批等程序发展专职或兼职监督信息员，有效控制假冒伪劣肥料坑农害农事件的发生，保护合法企业和农民的权益。

四是在土肥测试网络运作上，以提高化验室标准化管理水平、面向社会服务为重点。通过开展化验人员分级和化验室分等晋级活动，2～3年对我省化验员队伍进行分批培训，持证上岗，逐步提高整体水平和面向市场服务的能力。

五是在产品区试网络运作中，以配合肥料登记、面向厂家、提高肥料新产品试验的权威性和公正性为重点，对区试基地实行滚动管理，淘汰不规范的基地，每2年对试验员进行一次培训，同时逐步把区试网点建成集肥料新产品试验、示范、推广为一体的综合基地。

六是在肥料价格信息网络运作上，以提高市场价格信息的准确性、时效性为重点，统一规范信息采集程序、标准以及传送格式，充分利用媒体，广泛对外发布。

（四）以奖带补，项目带动，不断提高网络运作水平

为加强对网络建设工作的管理，省土肥站专门设立了网络管理办公室，每年筹措10万元专项经费用于网络建设，年底对各个网络进行全面考核，根据考核结果，分不同档次进行以奖代补。同时，对网络建设工作搞得好的单位，在项目安排上予以优先考虑，通过项目带动，提高网络建设水平。如近两年，我们通过"沃土工程"、旱作农业、亚洲银行贷款等项目，先后完善了56个化验室，建立了75个地力监测点，组建了18个水平较高的土肥测配站等。

（五）抓好试点，以点带面，促进网络建设全面发展

为推动全省土肥网络体系均衡发展，我省还狠抓了典型示范、以点带面工作，特别是在推广服务网络建设上，大力推广了太康县村级服务站的做法。两年来，在全省各地，先后狠抓了六大网络不同类型的20余个典型示范点，并及时总结典型示范的经验和做法，通过报刊杂志宣传、召开现场会等形式，促进了全省土肥战略的顺利实施。

六、存在问题及下一步打算

虽然我省通过网络战略的实施，土肥技术服务网络有了较快的发展，取得了一定的成绩，但还存在许多不容忽视的问题，与兄弟省（市）和上级要求相比还有较大差距：一是进展不平衡。网络建设在个别地方还没有摆上应有位置，甚至在个别县至今还是空白。二是网络档次不高。目前如果说具有一定规模的话，也是建立在较为原始的基础上，档次及服务功能、运作方式有待进一步改善与提高。三是网络管理手段落后。虽然建立了网络信息库，但仅是省一级，在基层仍然是最原始、最传统的管理方式。四是经费不足。虽然目前网络能够运转，但由于自筹经费有限，有的勉强维持，要提高其档次及服务功能，仍需国家给予适当补贴等。

根据农业发展新阶段和我国加入WTO后面临的新形势,我们将针对存在的问题,虚心向兄弟省(市)学习,坚持与时俱进,不断研究新情况,解决新问题,进一步解放思想,加大网络建设力度。

(1)进一步提高市、县对网络建设的认识,利用会议和各种媒体加强宣传和引导,全面分析我国加入WTO和事业单位改革面临的形势,提高全系统加强网络建设的责任感和紧迫感。

(2)完善各项制度和管理机制,不断提高网络档次和服务功能,更好地为农业和农民服务。

(3)继续实行以奖代补、优胜劣汰,不断调动基层网络建设的积极性。

(4)利用国家"沃土工程"项目加快河南土肥信息局域网站建设步伐,尽快使其发挥在网络建设中的作用。

试论配方肥推广网络建设

李章辉　宋淑玲

(延津县土壤肥料站·2003年2月)

配方肥能否大面积推广普及,关键在于推广网络。近年来,我省不少县以测配站为旗舰,以乡级推广网点为支撑,以村级推广网点为触点,以利益为纽带,发展连锁服务网络,实施"测、配、产、供、施"一条龙服务,使配方肥的推广呈现出强劲的发展势头。

一、加强村级网点建设,树立推广服务新形象

村级网点直接面向农民,其网点规划是否合理,影响着配方肥能否迅速大面积推广,其服务质量和形象也直接影响着配方肥及土肥工作人员的信誉和形象。因此,加强村级网点建设,树立推广服务新形象,是配方肥推广的基础和网点建设的重中之重。一是合理设点。大村不超过一个点,小村1~2个村设一个点,避免同村多点造成网点间的相互攻击、压价和窜货。二是选好人。网点服务人员必须是科技意识强,有一定的肥料专业知识,在村里威信高,且信誉好,愿意为农村、农业、农民服务的高素质的网员,因为他们能更好地为农民服务,并取得农民的信任。三是规范场所建设。场所要求有统一标牌,统一货架柜台,统一服装标识,有书刊、杂志、报纸等技术资料。屋内墙上有挂图,屋外墙上有宣传板报。整体提高配方肥的品位,把网点建成农民"科技之家"。四是提高服务质量和形象。网点不能只卖肥料而不服务,必须采取多种形式全方位为农民服务。首先,为农民取土、送土,由县测配站测土化验,并制订科学配方,为农民提供测土化验服务。同时开展新品种引进、病虫害防治、农业结构调整等多种服务。其次,必须设立示范田,以点带面,辐射影响。再次,开展售后跟踪服务。肥料售出不能一扔不管,必须建立用户档案,跟踪调查,配合县测配站调查研究肥效和土壤肥力的变化。

二、重视乡级网点的特殊地位，保障推广网络的高效运转

在网点建设中，有人认为没有必要建立乡级网点，设立乡级网点多一个环节，只能增加费用，带来无序竞争，其实这是不对的。乡级网点在网络中有着特殊的地位和作用。一是乡级网点有比较固定和完善的区域推广网络，有利于配方肥推广网络的迅速构建；二是利用乡级网点对村级网点进行管理，可以减少县级的压力和负荷，特别在用肥高峰季节，单靠县测配站直供村级网点肯定力不从心；三是乡级推广网点成熟的经验可以为村级推广网点所用；四是把乡级网点纳入配方肥推广网络管理，减少了他们对配方肥价格和市场的不正当冲击。把乡级网点作为整个网络的主干线和支撑点，使乡级网点承上启下，成为县级和村级联系的重要桥梁，从而保障配方肥推广的高效运转。

三、发挥"旗舰"作用，强化网络管理

依托土肥站建立的县测配站，一般都拥有化验室，能面向社会开展测土化验；拥有专业技术人员，能根据测土结果提供针对性配方；科技人员能走村入户，到田间地头指导农民科学施肥。只有发挥县级测配站的"旗舰"作用，以乡级网点为支撑，以村及网点为触点，才能顺利实施"测、配、产、供、施"一条龙服务。

县测配站和乡、村两级服务网点虽然都是经济独立体，但在配方肥推广中，既是一个网络整体，又是一个利益共同体。县级测配站对乡、村两级服务网点负有管理责任，只有强化网络管理，才能使网络充满生机活力，运转自如，加快配方肥的推广步伐。一是实行层层管理。县管乡，乡管村，统一价格推广，乡级适当留利，控制价格竞争。二是区域管理。制定各网点推广范围，严禁窜货。三是人员管理。定期召集网员进行培训，传授土肥新技术和经销技巧，提高他们的技术服务水平和经营能力。四是经营管理。坚决杜绝假冒伪劣商品混入配方肥推广网络坑农害农，影响测配站形象。五是奖惩分明。推广量越大奖励越高，推广力度上不去的坚决予以淘汰，重新设点。

从我省近几年的经验看，哪里的网络建设好了，哪里的配方肥推广规模就大；反之，没有完善的网络，就没有配方肥的生命线。

着力构建乡村网点 大力推广配方肥料

周福河

（原阳县土壤肥料站·2002年3月）

原阳县地处黄河背河洼地，是一个典型的农业县，生产条件较差。全县辖22个乡镇，558个行政村，总人口60万人，实有耕地120万亩，常年种植作物有小麦、水稻、花生、玉米、大豆等。为解决经费不足问题，根据上级有关精神，县土肥站从1993年开始创办经济实体，当时条件很差，仅有三间门市部，6 000元资金，4名工作人员。通过几年的艰苦奋斗，在上级单位的支持指导下，取得了长足的发展。1998年组建了原阳县土壤肥料有限公司和测配

站,现已拥有门市部8间、仓库32间、生产厂房10间、固定资产15万元、流动资金100多万元;在全县18个乡镇建立了分公司,120个村建立了服务网点,形成了一个庞大的推广服务队伍,全公司2001年共推广销售各类化肥1.6万t,经营额达2 000万元,其中公司推广各类化肥5 000 t,物化服务1 000多万元;配方肥的配制推广更是一年一大步,1997年配制推广300 t,1998年1 000 t,1999年2 030 t,2001年在全县严重受灾的情况下配制推广了2 350 t,实现利润30万元。

几年来,我们的事业之所以不断发展,与不断探索、采取有效的推广网络密不可分。现将我们探索构建乡村服务网点、推广配方肥的工作开展情况总结如下。

一、审时度势,建立村级服务网点

虽然早在1993年我们就建立了植物营养医院,取得了一些成绩,但随着事业的发展,单靠一个门市部已不适应社会化服务的要求,满足不了群众对配方肥的迫切需要。为扩大市场,使全县群众都能用上配方肥,1998年我们在植物营养医院的基础上,组建成立了"原阳县土壤肥料有限公司"。随后,我们根据县公司无论从经济实力,还是从技术服务能力和覆盖范围上都满足不了全县广大农民需要的情况,本着进一步拓宽服务领域、扩大覆盖面积、加快发展步伐的目的,陆续在全县18个乡镇建立了分公司。实践证明,公司的成立和分公司的设立促进了物化服务工作的开展。

叶茂必须根深。如果说公司是主根,分公司是支根,村级服务网点是须根的话,那么我们必须拥有更多的支根和须根,我们的事业才会生机无限,蓬勃发展。公司和分公司,特别是分公司的设立方便了群众购肥和咨询,但是农民购肥和咨询还存在着困难和不便,还需要建立众多的像树的须根一样的村级服务网点,扎根农村,建立稳固的基层网络。基于这样的认识,我们在各乡(镇)建立分公司的同时,大力发展村级服务网点,到现在已建立了120个。村级网点的建立进一步推动了分公司的发展,特别是在配方肥的推广方面,作用尤为显著。

二、严格筛选,确保村级网点的质量

以前在分公司的设置建立上,我们就严格规定具有一定工作经验、懂技术、诚实可靠、农民信得过、能为群众办事、在群众中有一定影响、信誉好、服从公司领导、不欺下瞒上、不销售伪劣商品、有事业心、愿为土肥事业发展做出贡献的人才可申请建立分公司。目前全县22个乡镇已有18个乡镇建立了分公司。分公司的主要任务是负责全乡的土肥技术推广工作,作为纽带将全县公司与农民群众联系在一起,负责将新的肥料品种及施肥技术传播到各家各户,特别是将我们的配方肥在全乡各村全面推广,使每个农民都能认识到配方肥的好处,并使每个只要愿意的农户都能用上配方肥。通过运作,效果非常显著,各分公司都发挥了自己的优势。师寨乡往年也销售一些化肥,但销量不大,成立分公司后,销量明显增加,因为他们宣传和推广的都是县公司的肥料,本来许多农户都想用,只是距县城远,进城不方便,经他们作中介推广,问题就迎刃而解了,对三方都有好处,群众可买到称心的肥料,乡公司扩大了销售量,县公司也解决了群众进城买肥难的问题。第一年他们就销售各类化肥400 t,其中配方肥200 t,并在群众中产生了较好的影响。磁固堤分公司是2001年3月份成立的,设在师寨乡磁固堤村,今年通过该公司的宣传发动,又找我们多次到村中讲课,第一季水稻配方肥他们就推广了80 t,预计全年可推广配方肥200 t。据统计2001年通过乡级分公司推广出的配方肥达800 t。

在村级网点的设立上,我们主要严把挑选网点负责人这一关。要求村级网点负责人诚实可靠,在群众中有一定的信誉和影响力,群众信得过,能为群众办事,并懂得一定农业生产技术。他们销售的主要肥料就是我们配制的配方肥,肥料销出后,我们按吨给他们提取一定的报酬。村级网点的设立,对于我们来说肥料无积压、仓储面积也可减少,对于网点来说不用资金,有些甚至不用场地就可以得到应有的利润,对双方都有利。凡施用我们肥料的用户,有什么疑问或中间出了什么问题,村级服务点都可随时给我们打电话,使问题得到尽快解决。2001年上半年我们就不断下乡,为群众解决了不少难题。因而村级服务网点的建立对我们公司有着巨大的推动作用,极大地加强了我们与群众的联系,不仅是我们推广、服务的一条通道,也是我们获取信息的一条主要渠道。

三、多种形式发展村级服务网点

建立村级服务网点是必然的发展方向,村级服务网点的建立使我们的发展向前更进了一步,市场和销量都有了明显的增加。为了充分发挥村级服务网点的作用,在实际运作中我们根据不同的情况采取了三种合作形式:

(1)对农村原有的经营户。他们有一定的销售基础,即有销售经验、经营场所及一定的资金,对于这种类型,我们采取给他们一车铺底肥料,让他们宣传推广,等销售完后我们再送第二车,然后结清第一车货款的做法。

(2)对一些常年施用配方肥的老用户。他们作为村级网点的负责人,可以通过向群众介绍自己常年用肥的增产事例来教育带动全村,并通过广播、走门串户等方法,统计肥料的用量,通知我们,我们就按要求把配制好的肥料送到用户家中,最后由他们把钱统一收回交给公司。对于个别困难户,由他们担保可推迟交款时间。

(3)对一些条件好的客户。他们利用有运输工具的方便,通过联系,直接到县公司把肥料拉走送到群众家中。对于他们,我们也有一定的优惠政策,给他们一车铺底肥,销完后付款,再拉第二车。

用户张永杰被选为网点负责人后,在全村积极进行宣传,第一年就销售水稻配方肥50多t。蒋庄乡贾屋村农民郭玉占1996年施用配方肥后,感觉肥效不错,1997年开始在全村发动,在他的宣传带动下,全村1 000亩稻田,每年施用配方肥都在800亩以上。梁寨乡盐运司村窦世庆从1997年开始用配方肥,连续3年增产,2001年他用自己连年增产的事实说服了一些群众,5月份通过他的联系,全村有500亩水稻施用了配方肥,2001年他与我们合作后,我们每吨肥料给他让利50元,结果他一个人就销售配方肥50多t。这些事例都说明了我们公司的发展离不开村级服务网点。据统计,2001年村级服务网点销售的配方肥1 100 t,占总销量的50%。

四、加大宣传培训,确保体系健康发展

成立土壤肥料有限公司、设立乡级分公司、建立村级服务点,其目标都是为了发展壮大自身的服务能力,使新的肥料品种及施肥技术,特别是配方肥的施用更快地被广大群众所接

受,为社会创造出更高的经济效益。因而今后不但要进一步扩大乡村服务体系的建设,同时还要加大科技宣传力度,对乡村级服务体系的成员要定期进行培训,提高他们自身的服务能力,使每一个服务网点都能成为群众科学施肥的依靠和我们与农民进行联系的纽带。另外,还要利用广播、电视、宣传车、宣传材料等各种宣传工具,向农民讲解科学施肥知识及其重要性,并经常不断地组织专家深入村户田间讲解、现场指导,解决群众实际问题,使县土壤肥料站及土壤肥料有限公司在群众心目中占有更高的位置,成为他们科学施肥永不分开的伙伴。只有这样,我们的事业才能进一步发展壮大,新的增产施肥技术才能很快在生产上推广应用,从而创造出更高的社会效益。

太康县努力完善基层推广服务网络

张　霞

(河南省土壤肥料站 · 2003 年 3 月)

太康县地处豫东平原,辖 23 个乡(镇)、766 个行政村。全县耕地面积 170 万亩,是一个典型的农业大县,同时又是一个用肥大县,年使用化肥量 30 万 t,农民每年用于化肥的投入超过 1.8 亿元,占整个农业生产资料投入的 50% 以上。长期以来,由于技物分离、施肥方法不科学,造成施肥结构不合理,不仅是资源的极大浪费,而且造成农作物抗逆能力降低、品质下降,同时也污染了环境。为了尽快改变肥料的施用结构,提高肥料利用率,实现节本增效,同时又可使农技推广部门增强造血功能,摆脱困境,尽快走上"四自"发展的路子,太康县土肥站积极响应省土肥站号召,于 1999 年 3 月组建了太康县测配站。

几年来,在该县县委、县政府的正确领导下,在上级业务主管部门的大力支持下,太康县土肥站一切工作围绕配方肥推广来开展,在建立运作机制,完善服务网络上做了一些探索。他们的具体做法如下。

一、改革测肥站管理体制,逐步建立富有活力的运作机制

(一)改革测配站管理体制,激发测配站新的生机

刚建测配站时,他们采取的是计划经济时期的老做法,吃大锅饭。尽管采取了一系列的措施,建立了各种规章制度,但始终发展缓慢,规模上不去。2001 年年底至 2002 年年初,该县土肥站组织全体人员多次到外地学习考察运作得好的测配站,并充分酝酿讨论,总结 3 年来的经验教训,他们一致认为,老的管理体制已不适应市场经济发展的规律,要想测配站上规模、上档次,必须打破计划经济模式的羁绊,按照市场经济规律运作,改制成股份制,建立富有活力的运作机制。他们把这种想法向该县农业局党组汇报后,得到了局领导的大力支持,按照改制方针,多次召开会议,广泛宣传发动职工投资入股。为了不耽误当年的配方肥配制,在短短的一个月内就彻底把原来的"太康县土壤肥料测配站"改制成为"太康县健禾肥业有限公司"。通过股份制的建立,明确了责、权、利,充分调动了职工的积极性,给配方肥的配制推广注入了活力,激发了新的生机。配方肥配制推广量由 2001 年的 2 000 t 猛增

到3 600 t,一年跨了一大步。

(二)建立规章制度,加强内部管理

企业的兴衰贵在管理。公司组建后,全体员工多次商讨,借鉴他人经验,结合本公司实际,制订了一系列的管理措施,并分别与各级人员一一签订了目标管理责任书。报酬与本人的目标完成情况挂钩。如配制人员,配制1 t配方肥,年终可得报酬1.2元(不包括分红)。假如有包装不完整、缺少合格证或说明书、缝口不严、缺斤少两等现象,所造成的损失都由本人负责,年终从报酬中扣除。又如推广人员,均按推广数量提成,不再发基本工资。全年推广3 000 t以下者,每吨提成15元(包括运费),达到4 000 t时,全部按每吨18元提成,推广4 000 t以上者,超出4 000 t的部分按每吨25元提成,现款现货,费用均由自己负担(包括手机费、下乡费、招待费等)。由于分工明确、措施得力,有力地推动了配方肥的配制与推广。

二、完善巩固推广网络,加快配方肥推广步伐

配方肥能否大面积推广,关键在推广网络。为了保证配方肥的推广,他们把营建推广网络放在第一位,着眼点放在村一级。通过近几年的探索,逐步摸索出一些经验,建立了一支强有力的推广队伍,使配方肥推广量逐年增加,4年累计推广量达10 600 t。主要做法如下。

(一)加强村站建设,改善场所面貌

村站作为直接为农民服务的场所,其条件好坏不仅直接影响着服务质量和村站的形象,还影响着县土肥站的形象。因此,对新建村站要求比较高,必须达到交通便利、群众购物咨询方便、有两间以上的营业场所、住房标准超过一般群众,室内摆放有技术资料、宣传挂图等。为了进一步改善村站面貌,充实内容,更好地服务农民,2002年年初土肥站又出资10万多元,为村站统一添置了货架柜台,制作招牌及宣传板面,并对10户营业场所比较差的房子翻新进行了补贴,使全县村站旧貌换新颜,给农民提供了一个干净舒适的场所。很多农民高兴地说:“我们该施啥肥料有地方咨询了,阴天下雨有地方去了。”

(二)加强村站管理,提高服务水平

在村站的管理上着手抓了三个方面:首先是传授技术。村级服务站人员技术水平的高低,代表着整个系统的形象。坚持定期与不定期召开技术培训会,请专家、技术人员进行授课,传授土肥新技术等农业科学知识,并印发技术资料。几年来,共举办技术培训会16期,与会人员达6 000多人次,印发技术资料20期10万余份,提高了村站人员的技术服务水平。同时要求每个村站建一块示范田,在显著位置树立示范田牌子。还要求村站人员不仅仅只在村站讲解技术知识,还要经常到田间地头传授技术。不少农民一遇到技术难题就跑到村站拉着技术人员到田间观察指导,帮助解决难题。其次是狠抓管理。一是聘请企业界的营销专家传授经验,以提高村站人员的经营水平;二是对村站人员所经营的商品严格要求,坚决杜绝假冒商品流入服务网络,坑农害农,影响形象;三是所推广的配方肥全县统一价格,既不能因货源紧张,随意涨价,牟取暴利,也不能任意降价,扰乱市场秩序;四是零售价进货统一返利,如不按规定推广者扣除返利部分。再次是奖惩分明。每年都要对服从管理、推广量大的网点进行奖励。如2002年推广配方肥100 t以上者奖现金1 000元,80 t以上者奖洗衣机一台,60 t以上者奖自行车一辆,40 t以上者奖毛毯一条。但对扰乱配方肥市场、服务水平较差、群众评价不高、有损土肥系统形象的,坚决清除出服务网络,取消其网点资格。对社会上表现突出、愿加入推广网络的,通过考核合格的可加入。

(三)协调关系,为村站人员创造一个良好的工作环境

经营环境好坏,直接影响到村站人员的积极性,他们对这方面非常重视。一是向领导宣传,得到领导的认可和支持。二是县土肥站人员经常到村站去看一看,了解情况。如果发现某职能部门给村站制造障碍,就主动到职能部门去协调,给村站人员一个宽松的发展环境。

(四)与村站建立利益共同体

为了提高村站人员的积极性,他们把利益让到基层,县土肥站只着眼于规模效益。这样,各方面的积极性都比较高,达到团结一致、共同发展的目的。

(五)增加感情投入,使县土肥站与村站的关系更加密切

县土肥站与村站的关系越密切,推广配方肥的力量就越大。因此,他们与村站人员经常联系,互相沟通,增加感情投入。每逢节日,都买一些礼品分别到村站去慰问,以树立形象,提高在老百姓心目中的地位。例如,去年春节前夕,该县土肥站组织了两班人坐着车到村站去慰问,每个村站送一箱酒、一盘鞭炮等。

扩大网络规模 调整推广策略 加快配肥发展

赵广春

(商丘市土壤肥料站·2002 年 12 月)

2002 年是商丘市土肥站配肥中心站推广"高科"配方肥的第二年。本着高起点、重实效的思路,租用仓储及配肥场所 200 余 m^2,门面及办公用房 800 m^2。在省、市土肥站的大力支持下,经过全站员工的努力拼搏,克服重重困难,实现全年推广"高科"配方肥 4 100 t,比 2001 年增长 1.5 倍,超额完成了年初预定 3 000 t 的目标。

一、调整推广策略,使"高科"拥有更大的发展空间

"高科"配方肥在 2001 年一炮打响,但面对激烈的市场竞争,如何争取更大的发展空间,市土肥站领导与测配站一班人反复研讨,最终定下新的推广策略:一是扩大测配站规模,向规模要效益。二是严明制度,强化管理,节本增效。三是配方肥向系列化发展,先从夏季的玉米、棉花、花生配方肥入手,逐步开发各类经济作物配方肥。四是根据小区域土壤养分和市场需求开发多种含量的配方肥,提高针对性,增加占有率。五是扩大推广区域,以市两区为中心,推广网络分两步向全市及周边地区发展。六是狠抓推广网点的巩固和发展,创造良好的"高科"配方肥市场空间。七是扎实做好春、夏两季售后服务,服务于网点,取信于农民。八是想尽办法筹集资金,打好麦播用肥这一仗。采取了这一系列措施,给配方肥推广目标任务的完成奠定了坚定的基础。

二、发展推广网络,奠定配方肥推广基础

(一)确定网络规模与形式

以现有商丘市两区范围,夏季发展到周边 5 县,取得经验后,秋季向全市区域及山东接

壤地区扩张,形成县、乡、村三级推广网络。县级代理负责本区域内的乡、村网点的设立;乡级代理负责本乡(镇)村级网点的设立。对各级网点,市土肥站都依照条件验收合格后,方可成为网络成员。到麦播用肥旺季,巩固老点35个,确立新点143个。

(二)确定加入网络的条件

①科技素质高,有一定肥料专业知识,对农业技术人员(农民)开办的农资部可优先吸纳为网点成员。②经营信誉好,注重产品质量,不误导农民使用假劣肥料。③推广能力强,年推广复合肥、配方肥数量在200 t以上的户。④志愿加入配方施肥技术推广队伍,并能尽心尽力推广配方肥。⑤有信心完成与本站所定的推广目标。

(三)与网点签订推广协议,明确双方责、权、利

确立网络成员后,为增加网络成员的责任心,与每个网络成员签订推广协议书。配肥站的责任:一是负责对网络成员的技术培训,通告肥料市场信息及发展动态;二是对推广区域内的土壤进行化验分析,对网点经营的其他肥料品种进行免费检验;三是提供配方合理的优质配方肥,并对其负有法律责任;四是做好施肥技术和产品的宣传;五是在各乡级网点的推广区域内做好配方肥的试验、示范工作;六是搞好配方肥的推广跟踪服务和田间施肥技术指导工作;七是及时解决推广中出现的问题;八是对不积极推广的网点,本站有权撤销,另设新点。

网点成员的责任:一是县级推广代理网点,必须在本区域内建立乡、村级网点,乡级网点必须设立3个以上的村级网点,不准跨区域设点推广;二是按照技术要求,做好本推广区域内的土样采集、习惯施肥调查及市场信息反馈工作;三是切实做好"高科"配方肥的推广宣传;四是网点必须采取零售价现款进货和零售价推广配方肥,不准随意降价、抬价推广,售后结算返利;五是网点现金提货,运费自负,不能退货。

网点成员的收益组合:一是配肥站按照正常的营销利润给网点返利,每吨利润不低于50元;二是按推广量多少给予奖励,销量在50 t以上的,每吨奖励100元,30 t以上的,每吨奖励75元,10 t以上的,每吨奖励50元,10 t以下的,每吨奖励25元;三是对50 t以上销量的,由本站组织国内精品线路旅游活动;四是对热心"高科"事业、出谋划策,使本站取得良好效益的,另有物质奖励。

三、健全服务制度,充分发挥网络在配方肥推广上的作用

为加强网点管理,成立了由总经理挂帅的5人网点建设管理小组,分片承包并与其效益工资挂钩。主要任务:一是负责片内肥料经营户的有关资料收集,并及时了解市场信息。二是考查、培养、管理已确定的网点。三是做好网点售前、售中、售后的服务,及时解决网点在推广中遇到的各种问题。四是分别做好每个网点及市场资料的整理入档工作。同时,还从农校挑选20余名能说善讲的实习生,经过培训符合要求后,组成网点促销、宣传、服务专业队,有计划地派到那些有潜力、推广势头弱的经销网点,直接参与宣传推广事项,打攻坚战,对提高推广量起到非常大的作用。春、夏两季还组织专家到各乡级网点,向广大农民传授配方施肥技术,深入到使用"高科"配方肥的农户、田间,调查"高科"肥料的施肥效果,解决农民在农业生产中遇到的各种技术问题,听取农民对"高科"配方肥的意见,这样不仅增加了

农民对"高科"的信任,也树立了网点成员在农民心中的形象。

四、关心网点建设,巩固合作伙伴关系

首先,网点确定后,及时召集三级网点成员,就肥料技术、营销、新信息及市场动态等事项进行交流,广泛征求网点成员的意见,就配方肥营销的各个环节及产品开发出点子、想办法。根据网点成员建议的局部市场需要,开发了不同作物、不同种类的配方肥,不仅增加了推广量,也给网点带来可观的收益。其次,不仅及时解决网点成员在经营中遇到的问题,同时关心网点成员的生活,为他们排忧解难。再次,发挥网点分布面广、点多的优势,制作VCD光盘、录音带、宣传板面、印刷宣传资料,发到网点,利用门前阵地或村头进行宣传。

加强测配站网络建设　加快产业化发展步伐

方　平

(平舆县土壤肥料站·2000年3月)

平舆县测配站的前身是土肥站的两个化肥经营门市部,1998年在此基础上组建了"平舆县土壤肥料有限公司"。1999年根据省、市业务部门的统一安排,又组建成立了"平舆县测配站"。随着配方肥配制推广规模的逐渐扩大,流动资金也从零积累到30多万元。目前全站有职工24人,年包干经费不足3万元。

没有组建测配站之前,站内职工各自开自己的种子、农药经营门店,不大的一个县城,种子、农药门店达近百家,农业系统内部争饭吃。土肥站仅有的3万元事业费,仅够业务及后勤人员的部分工资,基本处于"养兵钱不足,打仗更无力"的境地,上班时间单位找不到人,各自忙各自的生意。针对这一状况,1997年3月份省土肥工作会议后,县土肥站组织全站人员认真学习贯彻会议精神,经过反复研究、讨论,一致认为,土壤肥料站的优势在肥料,与周围种子、农药系统争饭吃,倒不如卸下包袱,到化肥市场去闯一闯,这既是土肥站走出困境的唯一途径,也是土肥站经营的最佳切入点。

认准这一点以后,我们立即发动全站干部职工,每人集资5 000元,在县城设立了两个化肥物化服务门市部。开业不久,就受到有关部门的层层阻挠,先是工商部门不予注册登记,后是农资管理部门扣押化肥,为此曾多次向县有关领导和部门反映,包括县四大班子所有成员及信访办,始终未能解决,最后找到地区行署王报国专员和农业厅常运城厅长,直到9月1日所扣押的肥料才得以归还。在此基础上,1998年5月经营规模有所扩大,组建了"平舆县土壤肥料有限公司",植物营养医院由2个增至3个。自8月开始,在省土肥站的倡导和支持下开始配制配方肥。当年配制200 t,由于经验不足,出现大量潮解现象,损失惨重。最终靠土肥站的良好信誉,总算把配制的肥料全部销了出去,把损失降到了最低限度。

1999年,在前两年工作的基础上,在工商部门注册了"平舆县测配站",又租赁了420 m^2的厂房,添置了一套配肥设备,当年配制"沃力"高效多元配方肥1 300余t,产生了显著的经济效益和社会效益。

纵观"平舆县测配站"近几年的快速发展过程,主要做了以下几个方面的工作。

一、争得领导支持,为测配站的发展创造宽松的环境

推广配方肥,单凭土肥站本身的力量是远远不够的。为此,自一开始我们就多次向县农业局及县有关领导汇报,争得他们的支持。我县的麦播技术连续两年把"沃力"高效多元配方肥列为首选麦播用肥,县政府领导和农业局长也在大会小会上宣讲"沃力"牌配方肥。在推广方面,征得县长同意,在县境内推广无需办理任何手续,也不上缴任何费用,使配方肥推广一路绿灯,为扩大推广规模打下了良好基础。

二、加强宣传,搞好培训

市场经济条件下,再好的产品如果不做宣传,群众就不易接受,也就难以产生经济和社会效益。为搞好配方肥推广,我们始终把宣传放在第一位。首先,从1998年开始配肥至今,已累计印发"平舆县小麦亩产400 kg施肥技术"、"平舆县小麦平衡施肥技术方案"等"明白纸"8万份,"明白纸"中用大部分篇幅介绍"沃力"高效多元配方肥,连续两年印发"小麦亩产400 kg栽培技术规程""明白纸"36万份,在施肥品种推荐上也把"沃力"牌配方肥作为首要推广肥料,向全县农户推荐;其次,每年由土肥站主讲的小麦施肥技术连续在县电视台黄金时段播放一个月以上,不但推广了产品,而且大大提高了土肥站的知名度;再次,每年由县农业局组织的讲师团,分赴全县265个行政村,逐村开展技术培训,按照培训提纲要求,"沃力"牌多元配方肥作为施肥首推品种,向农民群众讲细、讲透,使每户都有一张"明白纸",每家都有一个"明白人"。

三、免费取土化验,让农户用上放心肥

我县化肥市场,特别是复混肥市场比较混乱。一个不大的县城,复合肥厂近几年已发展到4家,测配站是起步最晚、规模最小的一家。各复合肥厂为了推广自己的产品,都在广告宣传中称自己的产品是依据平舆县土壤化验配方生产的。在这种情况下我们怎么办?如何在竞争中处于优势?唯一同他们不同的是,他们的土壤化验是虚的,而我们的土壤化验是实的。我们利用这一优势在全县范围内开展免费土壤化验,以行政村为单位,派人亲临田间地头,取土后带回化验室,然后依据化验结果,为作物生产提供配方,配制专用肥,直接供应到生产第一线,真正实现了"测、配、产、供、施"一条龙服务,达到测土配方施肥的技术要求,避免了盲目施肥,投资少,产量高,群众乐于接受。

四、努力搞好示范,以点带面

为了加快"沃力"牌高效多元配方肥的推广步伐,在实际推广上,以县、乡领导的示范田为突破口,在示范田内重点搞好高产开发示范,起到以点带面、带动全局的作用。两年来,搞得比较成功的村有辛店乡的黄寨、洪沟、李庄三个村共15 000亩,杨埠镇任柳5 600亩,高扬店乡王楼的8 000亩,万金店乡万金店、王寨9 000亩。其中杨埠镇任柳村,全村6 000亩耕地中有5 600亩种植小麦,1999年麦播时对该村取土化验,按化验结果配制配方肥,直接供应该村"沃力"牌高效多元配方肥229 t,县土肥站还与村委签订协议,保证施用"沃力"牌高效多元配方肥后,亩产400 kg以上,在麦收前经县有关部门组成的验收小组验收,全村平均亩产412 kg,达到预期目标,村组干部和广大农户都很满意,一致要求2000年还要按这种方

法搞下去。

五、组建推广网络,奠定配方肥推广基础

平舆县各乡农技推广站1996年已收回农业局,无论在业务、经费、人员上都由农业局行使管辖权,他们在自己的辖区内都有一定的信誉和知名度。由于近几年土肥站的肥料推广在我县越来越占主导地位,加之土肥站的信誉和业务指导,各乡农技站都愿加入到配方肥的推广行列,这样,我县配方肥推广已初步形成了以土肥站为龙头、乡镇农技站为枢纽、村级服务网点为基础的格局。1999年共在县、乡、村设立服务点100多个,通过这一强大的推广网络,将配方肥直接供应到农业生产第一线。

六、严把质量关,注重肥料增产效果

质量是企业的生命,没有过硬的质量,产品是难以在市场上站住脚的,企业也难以维持下去。因此,为保证所配制肥料的质量,首先,严把原料关,不从个体户手中进原料,所有原料都从国有农资公司及省、市业务部门进货。其次,严把配制关,配方肥配制中最易出现的问题是混配不均匀,造成同一批肥料含量相差大,直接影响肥料的信誉。为此,在配制过程中派专人监督。在肥料配方方面,几年来,一直坚持氮磷钾总含量在45%以上。再次,严把质检关。质检关是保证配制肥料质量的最后一道关口,如果把关不严,将会前功尽弃。因此,在配制中,每班都有质检人员抽检,不合格的产品坚决不予出站。通过严把"三关",保证了配方肥的质量,农户心中才真正认可了"沃力"配方肥。

打破界限　建立网点　大力推广测土配方技术

赵广春

(商丘市土壤肥料站·2000年3月)

商丘市推广测土配方施肥技术可以追溯到20世纪80年代初。近20年来,市土肥站共安排大田及小区试验2 000多点次,得出了大量的适合我区不同作物土壤测土配方的科学数据。但由于多方面原因,产品与技术分离,测土配方施肥技术一直停留在纯技术宣传推广上,实际生产中广大农民很难掌握和应用这项技术。1999年在省土肥站、市农业局的大力支持与帮助下,我站经过多方调研、论证,形成了共识,无论花多大的代价,也要把一直停留在宣传上的高科技施肥技术进行物化,使技术与物资融为一体,实现技术与产品同步推广,切实把测土配方施肥技术推广工作落到实处。在省土肥站的统一部署下,决定组建测配站,推广配方肥。

常言道,万事开头难。在组建测配站开始阶段遇到了许多想象不到的困难,土肥站全体人员齐心协力奋战,克服重重困难,1999年9月9日,"商丘市沃力土肥测配站"终于瓜熟蒂落,在秋高气爽的重阳佳节举行了隆重的揭牌仪式。由于配方合理、质优价廉,"沃力"牌配方肥一问世,立即得到了广大农民朋友的认可,短短45天时间,配制的1 200多t"沃力"配方肥推广一空。

一、领导重视

首先是省、市各级领导的高度重视,省土肥站多次召开会议动员、培训,为测配站的成立提供了思想动力和技术支持;其次是市农业局和财政局专门联合下发[1999]24号文件,把测土配方施肥列为综合开发项目推广,为配方肥提供了资金来源;再次是市农业局[1999]36号文件把平衡施肥列为“百县千村”示范推广样板及“富民工程”的主要内容,为测配站的发展提供了良好的环境。

二、狠抓管理

管理上采取上下、内外组成经济联合体的方式,具体措施如下:

(1)人员实行聘任制,不拘一格用人才,人员能上能下,能进能出。先后从社会上聘请了两位具有丰富经营管理经验的人才和五名大、中专毕业生,充实经营、管理和技术力量。

(2)责任实行岗位风险制,以岗位定责任,责任、风险、利益三挂钩。

(3)工资实行岗位激励机制。

(4)工作实行市场竞争机制,分析市场行情,制订适应市场多变的竞争方案。

三、筹措资金

市土肥站站办实体原来只经营部分种子和少量肥料,积累资金极为有限,组建测配站、推广配方肥远远不够。为解决资金问题,市土肥站一班人找亲戚,说朋友,嘴磨破,腿跑细,想方设法筹措资金,但缺口依然很大,就再次动员全体职工,把各自家中的积蓄全部拿出来,同时,积极吸收外界集资。为降低资金投入,购原料时小批量,配方肥采取现金交易,以加快资金周转,减轻资金不足所产生的压力。就这样,在资金短缺、测配管理经验不足的情况下,靠团结,靠拼博,靠迎着困难往前闯的精神,终于迈出了坚实的第一步,为下步大面积推广打下了坚实的基础。

四、严格把关

质量是生命,是一个测配站能否生存下去的前提。在配方肥的配制过程中,市土肥站一直把质量放在首位,严把各个环节质量关。首先,对土样的采集要求具有代表性,以得出当前我市土壤肥力水平。其次,严把配肥前原料检查关,每批原料入库前,必须经过我站技术人员的严格化验,不合格的原料不能入库。其间曾两次因抽查结果没有出来,在供货紧张的情况下停止配制4个多小时。此外,配制肥料的每个班次都派有专人负责监督、抽检,真正做到了高质量、严要求,不合格的原料绝对不使用,不合格的肥料坚决不能推广。

五、搞好宣传

在技术宣传上,采用了多种形式。在商丘电视二台、商丘教育台播放麦播施用“沃力”配方肥技术讲座45天,各乡(镇)有电视台的网点,也都进行了播放。同时,印发宣传单、施肥传单3万余份,组织技术宣传队走村串户,巡回宣传5次。加之各基层网点的努力工作和技术辐射,使各界人士都认识了“沃力”牌配方肥,连小朋友也会说:“‘沃力’、‘沃力’,肥效第一”。六旬老人也会讲“要想产量数第一,家家都来施‘沃力’”。

六、建立网点

在肥料推广上,摸索了一套“跨行业、跨区域”的推广格局,不论是供销、科协等系统,还是农业部门的农资经营单位,建立内外一致、上下一体的保价限价的经济利益体制。同时,在全市范围内聘请懂技术、善经营的网络人员60多人,制定了网络推广连锁服务新方法。连锁点除推广“沃力”配方肥外,还负责当地土壤采样、送样,相关技术服务及信息反馈。肥料推广上一律现金交易,实行统一限价,集中返利,以鼓励网络人员积极参与到“沃力”肥的推广工作中去。

组建乡级示范站　大力推广配方肥

李明国

(光山县农业技术推广中心·2003年4月)

一、组建乡级测土施肥示范站,大力推广配方肥

测土配方施肥是国际上广泛推广应用的一种科学施肥技术。但由于我县推广体系不健全、农民科技素质不高等方面的原因,尚未大面积推开。由于投肥结构不合理、施用方法不科学,近几年,化肥使用量虽然大幅度增加,但投肥报酬率却呈递减趋势,不仅增加了农业生产成本、浪费了资源,而且污染了环境。为尽快改变这种高耗低效的施肥局面,我县根据省土肥站的统一部署,自1999年开始组建测配站,通过测土化验、科学配方、精确混配,推广应用配方肥。

配方肥是依据现代施肥原理,根据不同作物的需肥规律,以土壤营养诊断为基础,以田间试验数据为依据,生产配制适宜于不同土壤、不同作物、不同产量水平的散料掺混肥。它具有养分齐全、配比合理、物理性状好、配方灵活、针对性和区域性强、使用方便、效益高等特点,在以家庭为单元的生产条件下有着非常广阔的市场前景。通过水稻实地试验示范280亩,效果非常明显。但由于农技推广断层,特别是乡、村断层,直接制约了配方肥的快速推广。

乡级农技站是国家技术推广体系的最末端,直接面对千家万户,在当前的市场经济条件下,充分发挥乡级农技站作用,是实现农业科技落地入户的重要一环。但由于自20世纪80年代开始的断钱、断奶改革尝试,县、乡、村农技推广体系遭受了重创,不少地方经费锐减,出现“线断、网破、人散”局面,我县也未能幸免,组建测配站之初,还能正常运转的乡站不足1/3。为把测土配方施肥技术尽快推广开来,县测配站决定在抓好测配站管理、努力扩大配方肥配制规模的同时,把推广的突破口选在建立和完善乡级施肥示范站上。

二、组建乡级测土施肥示范站的指导思想、目标与重点

(一)指导思想

以技术为依托、以市场为导向,通过向农民提供取土、化验、配方、配制、供肥和技术指导全程系列化服务,改“配方施肥”为“施配方肥”,将测土配方施肥技术通过配方物化到肥料

产品(配方肥)这个载体上,重点解决土地分散经营条件下科学施肥技术难以到位的问题,提高农民施肥水平,从而达到提高化肥利用率、增加作物产量、改善和提高作物质量、增加农民收入和壮大农技队伍的目的,促进农业的两个根本转变。

(二)主要目标

(1)测土施肥示范站建设:按照“自愿申请、农技优先、多元并进、择优扶持”的原则,争取第一年建成10~15个乡级测土施肥示范站(要求每个示范站年度推广配方肥面积达1 500~2 500亩,建立村级示范点2~3个,每点示范户10~15户)。

(2)提高施肥效益,优化施肥结构。

(三)工作重点

(1)在推广应用上以大宗作物为重点。

(2)狠抓质量,严把配肥关。根据不同地域、不同作物选用高质量原料,严格按配方比例进行混配搅拌,坚持不合格的原料不进站、不合格的产品不出站。

(3)在体系建设上以乡级为重点,以村、户为基础,建立测土配方施肥合作体系,为农民提供测土、配肥、供肥、技术指导一条龙服务。

三、主要措施

(一)加强宣传

首先,要向领导宣传,让各级领导认识到建站推广配方肥的重要意义,争得支持;其次,通过各种宣传媒体和试验示范,广泛宣传配方肥的优越性,增强群众对配方肥的认识,提高农民施用配方肥的自觉性。

(二)明确分工

县测配站根据需要设立技术服务组、配肥供应组。技术服务组负责测土、化验,提供配方和推广应用区的技术培训、咨询,解决应用中出现的问题。配肥供应组根据技术服务组提供的配方进行原料采购、配肥,并及时将肥料送到农户手中。

(三)搞好服务

按省土肥站要求,统一配方肥质量标准、统一包装彩袋、统一商标(“沃力”牌);在推广上采取统一定价、统一技术服务。形成规模,服务联网,体系连锁,实行一体化经营,并实现两个承诺:

(1)凡乡示范站送来的土样,其检测费用由县农技中心承担;

(2)凡施用本站配方肥者,因质量问题造成生产损失,县农技中心负责赔偿。

(四)划分区域

各测土施肥示范站以各乡(镇)行政区为范围,负责本区域的土壤取土、送样、供肥及各环节中的技术服务。县测配站根据乡级示范站提供的资料,针对不同作物配制适应该区域的专用配方肥(并有适应该区字样)。在具体运作过程中引入利益机制,充分调动各站人员的积极性,确保各项服务到位。

(五)搞好示范

县测配站、乡测土施肥示范站,根据建站要求,分别建立示范村、示范户、示范方、示范样板田,同时安排田间正规对比试验及建立地块档案,搞好跟踪服务,通过示范向农户展示配方肥的施用效果,以点带面,逐步扩大推广面积。

发挥自身优势　实施网络战略
努力开创我县测土配方施肥技术推广新局面

刘协广　刘红君

（滑县农业技术推广中心·2002年12月）

2000年6月，滑县测配站组建后，充分发挥自身优势，实施网络战略，“沃力”牌配方肥配制推广量一年一个新突破，截至2002年已累计配制推广配方肥12 000 t。2002年9月20日，滑县测配站作为全省唯一的测配站代表，参加了全国农技推广服务中心在河南焦作召开的全国农资连锁经营现场观摩会议，其做法得到了与会代表的好评。

一、加强网点管理，实施网络战略

建站以来，依据市场需要，我站以诚实、守信为原则，实行县、乡、村多方连锁服务，推广服务网点一度发展到400多个。为提高信誉，避免无序竞争，对网点及时进行了全面筛选、清理、整顿、提高。主要做法如下。

（一）分类指导建立网络

随着测配站规模的扩大和社会形象的提高，越来越多地吸引了县内、县外用户前来合作，目前网点已达400多个，这些网点中，有乡级的，也有村级的，有实力强的，也有实力弱的，有合作紧密的，也有合作关系一般的。为便于管理，依据其信誉、推广能力、社会影响力等因素，将其分为以下四类：一是推广量大且信誉好的网点，这是测配站配制推广配方肥的基础和保证，重点合作；二是推广量大、信誉一般的网点，采取合同式管理，减少风险；三是推广量少但信誉好的网点，重点扶持，努力促使其上规模；四是推广量少且信誉一般的网点，逐步进行淘汰。

为形成“以测配站为龙头，紧密合作，风险共担，精干高效的乡村两级推广服务体系”，在网络建设中，始终坚持信誉第一，稳步发展，不求网点数量增加，但求网络体系整体增强的指导思想，对那些条件成熟的乡镇，毫不犹豫地发展为中心服务点，并协助其建好村级网点，推行区域代理；对一个乡镇中有2～3个较突出的网点，则实行分别代理；对个别乡镇没有出色的网点，则普遍供货，重点培养，待时机成熟时再推行区域代理。截至目前，70%的乡镇推行的是第二种做法，推行第一种和第三种做法的乡镇分别占15%。

（二）严格管理健康运作

为确保网点与测配站共同成长，采取了科学的管理方法：

（1）定期评价。对网点每年进行一次评价，好的奖励，差的批评或淘汰更换，对有潜力的网点提出目标和要求。评价内容包括：推广能力（占60分）、支网建设情况（占10分）、按约推广情况（占10分）、与本站的合作力（占10分）、经营条件（占5分）、技术水平（占5分）。最后按分数多少分为A级（70～80分）、AA级（80～90分）、AAA级（90～100分）三个等级。

（2）对网点进行辅导和支援。通过培训提高网点业务素质和推广能力，通过帮助网点店铺装修、促销策划、提供信息、技术指导等措施提高其推广服务水平。

(3)搞好风险控制。通过合同管理、违约金制度、理念培训等措施，防止因窜货而引起的市场混乱、低价抛售对市场的冲击、拖欠货款带来的资金风险等现象的发生。

(4)协助网点建立支网。

(5)搞好利益管理，也就是让网点赚到合理利润，这是长期合作的基础。

(6)加强技术交流，定期给网点寄发《滑县农业技术简报》、《土肥工作信息》、《病虫情报》。

(三)依据合同规范行为

为规范各网点运作行为，提高各网点推广水平，依据网点代表会议讨论意见，制订了共同遵循的肥料推广合同。主要内容有：

(1)测配站合理设置网点，对网点实行动态管理，定期评价，对违约经营网点或该网点不能承担相应区域代理任务时，测配站有权取消网点代理资格。

(2)各网点现款进肥并交违约押金2 000元，定点推广量在100 t以上的，预付货款享受淡季贮备补贴及优先供货、计息等优惠措施。

(3)测配站对网点统一培训、统一配货、统一广告宣传、统一制作牌匾，并承担因产品质量问题造成的一切损失。

合同管理的实施，提高了网点依法经营行为，减少了窜货和低价竞争现象的发生。

二、强化推广管理，实现规范运作

(一)搞好推广培训，强化推广技能

拥有一支思想过硬、技术过硬、业务精通的推广队伍，是企业快速、健康发展的保证。狠抓了推广培训，强化推广技能。具体做法如下：

(1)提倡自学，营造学习氛围。每年对主动学习推广技能的人员进行奖励，积极打造学习型、创新型人才。

(2)集中培训。采用聘请专家讲授知识和培训后考试的办法，全面提高推广人员业务素质和理论水平，强化推广技能。

(3)学习深造。每年选派业务骨干参加省、市组织的培训班，吸收科研和推广方面的前沿理论及思想。

(二)搞好市场调研，制订推广计划

年初召开网点代表座谈会，对市场进行分析研讨；制定推广计划前，抽调人员针对市场、农民用肥意向等展开专项调研；依照调研结果，确定配肥计划和推广方案，基本做到当天配制、当天出库，从而实现微库存或零库存，以弥补流动资金的不足。

(三)搞好宣传发动，争取领导支持

在宣传方面重点做了三个方面工作：一是争取领导支持。多次以口头或书面形式向县政府、县农业局和农技中心领导进行汇报，征得他们的重视和支持。召开业务会议时，邀请省、市、县领导参加，大造声势。二是加强电视广告宣传。2002年投资1万元制作了“沃力”牌配方肥专题电视宣传片，电视台播放2个月，播放费用4.5万元，同时通过县工商局、农业局、技术监督局对“沃力”牌配方肥进行监督抽查，在县电视台播放通告，向农民推荐。同时，散发技术资料10万份，张贴产品抽检公告500张，印制条幅500多条，出动宣传车200多辆次，深入田间地头、村庄等进行宣传。三是专家巡回讲课。邀请省、市专家前来讲课，组织农业局专家下乡逐村巡讲。

原阳县土壤肥料有限公司连锁网点管理办法

原阳县土壤肥料有限公司

（2003 年 3 月）

为了加快土壤肥料新技术在我县的推广步伐，增加农村和农民的经济收入，促进我县农业生产再上新台阶，并保护县公司和各基层网点的经济利益，经公司研究决定，制定各连锁网点管理办法，凡加入公司的连锁网点，必须按管理办法执行。

一、各网点必须服从县土肥站、县土壤肥料公司领导，按时参加县公司召开的各种会议，经常不断学习新技术和新知识，能够独立解决一些群众生产上遇到的实际问题。

二、为了保证村级网点的经济利益，每个村只设一个网点，小村不设点，凡公司经营的各种商品都以最优惠的价格供应。

三、各网点在经济上独立核算，自负盈亏，收入来源主要靠销售化肥盈利所得。

四、各网点作为县公司与农民群众联系的纽带，负责将新的肥料品种和施肥技术在全村进行推广，特别是要将配方肥送到千家万户，让每个愿意使用的农户都用上配方肥。

五、公司负责技术宣传，凡需要讲解科学施肥技术的村，各网点应向公司提出要求，公司将根据各网点的要求，统一安排时间到村讲课。

六、各类肥料的销售价格由公司制定，全县实行统一销售价格，任何网点和个人无权压低或抬高价格。否则，公司将扣除返利及奖励，直至取消网点资格。各网点在经营上不得超范围、跨区域销售，更不得影响其他网点。

七、各网点从公司购进的所有化肥，质量问题由公司负责，出现问题由公司解决，网点不承担责任，但人为因素由各网点承担。

八、上半年在 4 月份以前，下半年在 8 月份以前交款进货的（仅限配方肥），公司将按月息 8‰计息，上半年计息到 6 月 30 日，下半年计息到 10 月 30 日。

九、各网点所欠公司的化肥款，上半年必须在 7 月 30 日前结清，下半年应在 10 月 30 日前结清，过期将加付利息，按月息 1% 计算。

十、各乡级网点在本区域内可设立村级网点，但一个村不能同时设两个点，村级网点同时受县、乡两级的管理。

十一、各网点在经营过程当中必须与县公司签订有关协议，所有经营产品都不能违法。

滑县测配站配方肥推广网点管理办法

滑县测配站

（2002 年 6 月）

为了适应新时期肥料推广工作，强化配方肥配制推广管理，促进各网点按约推广，提高各网点服务水平,保护各网点合法利益,加快“沃力”牌配方肥及平衡施肥技术推广步伐,依据网点代表会议讨论意见,报农技中心支部同意,制定本办法。

一、测配站根据各乡(镇)不同情况,依据各点推广能力、信誉、位置等合理设置网点,并划定各网点推广区域。网点一旦确定,测配站一般不再在该区域另设网点。

二、对各网点实行动态管理,定期评价。对违约经营网点或该网点不能承担相应区域推广任务时,测配站有权取消网点代理资格。

三、一旦出现乡镇其他经销点到测配站现金提货,不享受返利和运费补助,但可通过代理网点领取返利。

四、为确保市场管理力度,各网点需现款进货,并交纳违约金2 000元,在网点按约经营的前提下,违约金按预付款对待,经营结束测配站退还违约金及相应利息,或冲抵货款。网点违约经营,除不再付息外,违约金变为罚金。严重违约者,取消网点资格。

五、测配站对网点实行统一培训、统一配货、统一广告宣传、统一制作牌匾,并承担因产品质量造成的一切损失。

六、鼓励各网点预付货款。优惠措施如下:

(一)预付货款网点可享受淡季贮备(贮备货款额不超过预付款额,8月份进货属贮备,贮备每吨给予5元补贴)。

(二)预付货款网点可享受旺季优先供货。

(三)在预付货款不超过供货款额的情况下,预付货款按月息1分记息到9月30日止,预付款一旦用完,从用完之日起停止计息。

七、各网点不准违背以下约定:

(一)按规定推广价格推广。

(二)支网点不能设到非管辖区域。

违者,扣除违约金,严重者通报全县并取消网点资格。

八、测配站不准违背以下约定:

(一)不能擅自在按约经营网点区域增设网点。

(二)不能擅自赊销或搞价格上人情照顾。

违者,网点有权提出抗议,测配站将对责任人进行严肃处理。

九、原则上不许自提,测配站负责送货到网点仓库,货到网点仓库前费用由测配站承担,卸车费由网点承担。网点应加强货物保管,凡因网点保管不善造成的一切损失由网点承担。推广接近尾声,网点应及时通知测配站调货,以压缩库存,装车费用由网点承担。

十、定点推广量应在100 t以上,最终库存应控制在全年推广数量的1%以内。施肥季节结束测配站将余货无条件退回,装车费用由网点承担。

十一、测配站应协助网点开展促销活动、技术咨询等与“沃力”牌配方肥推广相关的活动。

十二、测配站与网点应签订供销合同,一旦产生纠纷,依据合同约定友好协商,协商不成由县法院裁决。

河南省土肥六大服务网络简介

刘中平

（河南省土壤肥料站 · 2005 年 4 月）

强大而富有活力的基层服务网络是保证测土配方施肥技术进入千家万户的基础和条件，也是土肥系统自我生存与发展的根本和关键。因此，我省从组建测配站之初就十分重视基层推广服务网络建设。随着测土配方施肥的发展，特别是我国加入 WTO 的影响，从 1999 年开始，我省又提出在全省实施土肥服务网络战略，扎根基层，积极进行推广体制创新，切实解决“最后一公里”技术推广断层问题。经过 5 年多的努力，目前已初步建成了推广服务、市场监督、价格信息、地力监测、肥料区试、土肥测试六大服务网络（见附图），截至 2004 年年底，网点总数达13 000余个，其中推广服务网点达 10 200 个，为我省测土配方施肥技术推广扎实稳定开展提供了重要支撑。

一、推广服务网络简介

随着农业发展进入新阶段，特别是我国加入 WTO 后，农化服务市场竞争日趋激烈。面对新的形势，近年来，我省土肥系统坚持与时俱进、开拓创新，积极探索土肥技术服务新形式，在开展土肥物化服务，推广土肥新产品、新技术，特别在组建测配站、推广配方肥实践中，注重基层推广网点建设，结合本地实际，坚持“把点建在村上”，打破系统、行业、体制界限，广泛吸纳农技、农业、农资、个体经营者，农业广播电视学校学员，基层干部，农民技术员等热爱土肥技术推广工作、有一定经营能力者为基本成员，建立了一大批基层推广服务网点，初步形成了适应市场经济需要的、富有活力的基层推广服务网络体系。截至 2004 年年底，全省共建立推广服务网点 10 200 个，覆盖 18 个省辖市 100 多个县（市、区）。

推广服务网络的建立，有力地促进了全省土肥新产品、新技术的推广，全省年推广技术物化肥料达 30 多万 t，特别在配方肥推广过程中发挥了重要作用，全省连锁测配站配制的配方肥通过乡村推广服务网点直接送到千家万户，弥补了乡村土肥技术服务断层，为加快测土配方施肥技术推广奠定了坚实基础。同时各级土肥部门在利用推广网络服务农业、服务企业、服务农民的过程中也增强了自身的实力和活力，逐步走上了自我积累、自我完善、自我发展、自我壮大的路子。

二、市场监管网络简介

市场监督管理网络是根据《肥料登记管理办法》中“县级以上地方人民政府农业行政主管部门负责本行政区域内的肥料监督管理工作”的规定于2001 年年初建立的。目的是加强肥料市场监督管理，把肥料管理深入到乡村基层、大型农资批发零售市场，通过肥料市场监督信息员的工作，及时为各级肥料管理部门提供信息，拓宽肥料市场管理的覆盖面及管理的深度，提高肥料市场监督管理的有效性、针对性。肥料市场监督管理信息员的产生采取自愿报名，县土肥站培训考试推荐，市级土肥站审批的办法确定。

目前,全省已有16个省辖市100个县(市、区)建立了1 149个肥料市场监督管理信息网点,覆盖全省75%的县(市、区)。市场监管网络在打击假冒伪劣肥料、保护广大农民和合法企业的利益方面发挥了重要的作用。

三、价格信息网络简介

我国是一个农业大国,肥料在农业生产中起着举足轻重的作用。然而,我国肥料的生产企业分散,规模不一,生产能力参差不齐,经营状况好坏各异,价格差别很大。因此,农业部全国农技推广服务中心成立了全国肥料价格信息网。河南省肥料价格信息网络是根据全国农技推广服务中心的统一安排,于1998年10月建立并投入运作的,是全国肥料价格信息网的重要组成部分。

河南省肥料价格信息网成立几年来,网络运作日趋完善,网点由成立初的10个扩展到目前的16个,遍布我省东西南北,基本反映和代表了全省肥料价格水平。

各网点按统一要求,本着严谨求实、服务农业农民的态度和作风,认真准确地收集各地肥料价格信息。每月5~10日采集信息,省土肥站肥料价格信息网络中心每月15日汇总各信息点采集的信息,进行汇编发布。汇编后的综合信息上报全国农技中心。同时,每月价格信息都刊登在站办《土肥协作网信息》上,以便各地参考。另外,还与《河南日报农村版》、《河南科技报》等报纸的农资专版联网,共同对外发布各月各种肥料信息价格。各网点所采集的价格信息基本反映了全省各地肥料价格走势和当前价格状况,为各级决策指导农业生产、农民购肥用肥、农技部门开展物化服务等起到了重要的助手和参谋作用。

四、地力监测网络简介

耕地土壤肥力监测是科学利用土壤和施用化肥、合理建立种植模式、调整农业结构和发展可持续农业的一项基础性工作。我省省、市、县三级土肥部门自第二次土壤普查中期就相继开展了耕地地力监测工作。2000年以来,我省土肥系统根据河南省地力监测网络建设方案,不断完善和发展各级地力监测点。到目前为止,全省各级已建地力监测点1 740个。其中国家级监测点11个,省级监测点40个,世界银行贷款项目土壤肥力监测点37个,市级监测点650个,县级监测点1 002个。基本覆盖了我省13种耕作土类(潮土、砂姜黑土、褐土、黄褐土、水稻土、红黏土、黄棕壤、紫色土、粗骨土、盐土、风砂土、石质土和新积土)的30多个亚类,分布在全省17个省辖市100多个县,已开展地力监测的县(市、区)占全省总县数的63.6%。

近年来,我省各级土肥部门每年都开展耕地地力监测工作,特别在春播、秋播前及时公告监测结果。耕地土壤监测为合理开发利用耕地资源,改良中低产田,实施"平衡配套施肥工程"、"补钾工程"和"沃土计划"及春播、秋播等提供了理论支持和第一手资料,也为农民科学施肥、领导正确决策提供了科学依据。经过十几年的努力,全省地力监测工作已从摸索起步阶段进入充实完善和规范提高阶段,形成了较为完善的全省土壤监测网络体系。

五、肥料区试网络简介

为加强肥料试验示范管理,提高试验水平,客观公正评价新型肥料产品的增产效果,真正把质优价廉、增产效果显著的肥料产品尽快推广应用到农业生产上,为农业持续稳定发展发挥应有作用,根据《肥料登记管理办法》第12条规定,省农业厅委托省土肥站对41个申请承担新型肥料试验示范单位的试验条件、技术力量、化验设备及领导重视程度等进行了严格审查,并对技术人员进行了培训、考试、审核,首批确定了16个单位为省级新型肥料试验单位,2003年经审查,又批准了6个单位。

几年来,各基地单位严格按照《肥料登记管理办法》和《河南省新型肥料试验示范基地管理办法(暂行)》的要求,建档挂牌,专人负责,持证上岗,确保试验结果的科学性、公正性和真实性。同时试验示范基地采取滚动管理的方式进行,对未按要求安排试验、报告不规范、数据不真实的基地单位,取消试验资格。到目前为止,已在22个省级试验基地建立了75个试验点,基本覆盖了河南省的主要耕作土类(潮土、砂姜黑土、褐土、黄褐土、水稻土、黄棕壤、盐土、风砂土、新积土)和主要作物(粮食作物、经济作物、蔬菜作物),河南省肥料区试网络基本形成。

六、土肥测试网络简介

河南省土肥测试网络始建于20世纪80年代全国第二次土壤普查时期,为我省农业发展,特别是第二次土壤普查做出了突出贡献。随着市场经济的发展和我国加入WTO,农业已进入了一个新的发展阶段,我省土肥系统面对农业发展的新形势,坚持与时俱进、开拓创新,积极探索土肥技术服务新形式,于2000年年初提出在全省实施土肥网络战略,在旧的土肥测试网络的基础上,逐步完善,形成了现在的河南省土肥测试网络。

河南省土肥测试网络主要包括土壤肥料、植株、部分农产品的测试。按测试目的,根据国家标准、行业标准、地方标准及相关技术规程进行综合分析测试。

全省大部分市、县化验室由于组建时间长,又缺乏经费投入,前些年不少已处瘫痪、半瘫痪状态。近几年来通过项目带动、财政扶持、测配站推动等,全省化验室建设有了突破性发展,化验能力大幅提高。目前,全省18个省辖市125家化验室能正常运转的达110个。省、市、县三级拥有各类大型仪器2 188台(套),化验人员560人,年分析各类土壤肥料样品13余万个,20余万项次。

在土肥测试网络的建设上,注重全省化验室等级和化验人员水平的提高,积极推动各级化验室的硬件和软件建设,截至目前,全省先后已经有20家化验室通过了省级计量认证。在化验人员水平培训方面,省土肥站每年进行2~4期化验人员培训班,对各级化验人员进行培训,提高业务水平。

多年来,土肥测试网络对农业的发展提供了大量数据,为全省农业结构调整、耕地地力监测、测配站建设、测土配方施肥技术推广、肥料市场管理做出了应有贡献,土肥测试网络自身也在实践中不断完善和发展壮大,已成为全省土肥技术产业化六大网络中的主要支柱。

附图　河南省土肥六大服务网络模式图

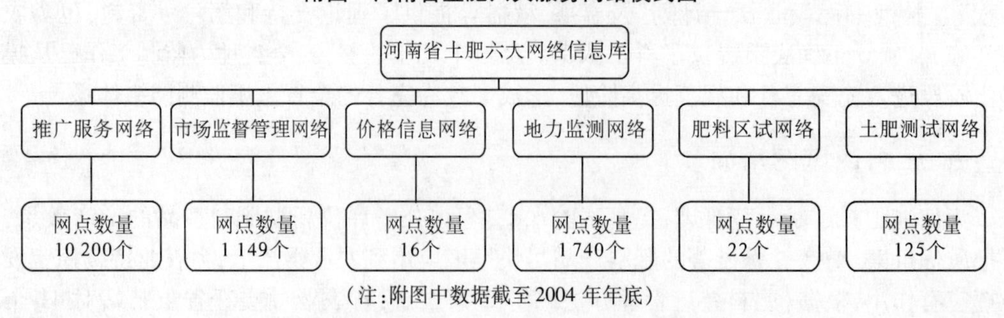

(注:附图中数据截至2004年年底)

动态篇

动态篇主要收录1998年到2005年上半年站办《土肥协作网信息》、报刊杂志刊载的有关配方肥配制推广文稿，以反映省土肥站，各省辖市、县（市、区）土肥站、测配站配制推广配方肥工作动态为主，全面展示我省组建测配站、推广配方肥的动态进程。

全省土肥物化服务协作暨重钙推广会在郑州召开

刘中平

（河南省土壤肥料站·1998年7月）

1998年7月17日，省土肥站在郑州市林河大酒店召开了全省土肥物化服务协作暨重钙推广会。全省部分市（地）、县农业局、农技中心、土肥站及肥料生产厂家共42个单位近100人应邀参加了会议。被邀请参加会议的都是近年来在农业物化服务中做出突出成绩的单位和领导。省农业厅经营管理处处长刘占芳出席了会议，并对会议召开表示祝贺。湖南荆襄化工集团有限责任公司销售公司经理张进携员参加了会议，并就重钙在河南的推广做了介绍。

会议指出，随着市场经济体制的建立和逐步完善，整个农业部门和肥料生产企业都面临着如何适应新形势的问题。在这样的大背景下，一要研究探索新形势下肥料生产企业、农业生产部门、农技推广单位及土肥系统如何紧密协作，在服务农业、服务农民、服务厂家的同时，发展壮大自己；二要及早动手，为今年的麦播备肥做好准备；三要进一步增进肥料生产厂家与农业部门间的相互联系。同时探讨在县、乡"组建测配站、推广配方肥"，解决"测、配、产、供、施"一条龙服务断层问题。

会议还通报了我省土肥系统物化服务开展情况和省土肥集团公司概况，并就新形势下开展土肥物化服务协作的可行性、必要性进行了详细阐述。会议指出，市场经济发展的最终目的是利益最大化，按照价值规律理论，要获取最大经济效益，各生产要素必须进行最佳组合，反映到土肥物化服务上，它客观地要求肥料生产企业、农业生产部门与技术推广系统必须紧密结合。会议接着指出，随着化肥流通体制的改革，"一主两辅"经营的格局将被打破，这虽然使肥料生产厂家和推广组织与农资部门站在了同一起跑线上，有了一个公平的竞争条件，但同时也带来了一些新的困难。从生产厂家来说，需要尽快开辟和占有市场，扩大市场，但缺乏完善的推广网络、成熟的推广队伍、良好的推广基础；从技术推广部门来看，虽有较完善的推广网络、良好的推广基础，但却面临基础差、底子薄、缺资金、缺产品等困难。随着农业产业化的发展，必然要求土肥物化服务向产业化过渡，客观要求涉农部门在开展为农服务的同时，必须走向联合，逐步形成产业体系。

会议最后指出，我省秋播用肥一般占全年用肥的70%，是全年用肥的重中之重，目前备肥高潮已经到来，各地要珍惜这次机会，认真与厂家洽谈接触，为麦播备肥打好基础。

（本文原载于1998年《土肥信息》第21期）

优势互补　农工联姻
新野县积极探索土肥产业化新路子

赵武英

（河南省土壤肥料站·1998年3月）

新野县农技中心土肥站在发展土肥产业化过程中，从本地实际出发，充分发挥自身技术优势、手段优势，充分利用厂家的资金优势、设备优势，走出一条优势互补、农工联姻的发展土肥产业化的新路子，被该县县委、县政府确定为该县农业再上新台阶的重要措施之一。

新野县是一个典型的农业县。但长期以来这里的农民素有重氮轻磷的施肥习惯，化肥利用率偏低，一方面浪费了资源，增加了成本；另一方面也造成了土壤面源污染。针对这种情况，该县农技中心土肥站过去也曾开展了测土配方施肥，但由于只“开方”，不“卖药”，并未能从根本上解决问题。从1996年开始，他们下定决心要彻底解决这个问题。在县委、县政府的重视和支持下，首先与新野县新化集团（有限）公司就配制配方肥进行了接洽，决定从配制棉花专用肥入手，由土肥站根据测土化验结果、棉花不同生育期需肥规律和各种肥料的当季利用率等提供配方，由新化集团公司依据国家GB15063—94标准组织配制，两家联合直供农民，变配方施肥为施配方肥，从而实现“测、配、产、供、施”一条龙服务。在双方的共同努力下，1996年共配制棉花专用肥5 000 t，推广应用面积达5万亩。1997年他们在1996年推广棉花专用肥的基础上，进一步加大力度，扩大规模，配制量达1.2万t，推广面积达12万亩。他们在积极推广棉花配方肥的同时，还抓了小麦配方肥的推广，两年累计配制小麦配方肥6 500 t，推广面积达13万亩，1996～1997两年全县累计推广配方肥2.35万t，面积达30万亩次，其中棉花平均增产12.7%，小麦平均增产15.1%，直接经济效益达2 000多万元。

进入1998年，他们认真贯彻党的十五大精神，进一步解放思想，决定拓宽配方肥服务面，从品种到规模全面扩展，1998年2月份该县土肥站已与新化集团公司签订了新的协议，愿他们在实践中不断完善“优势互补、农工联姻”这一产业化发展模式。

（本文原载于1998年《土肥信息》第10期）

为了大地的丰收　为了农民的微笑
我省紧锣密鼓筹建土肥测配站

刘中平

（河南省土壤肥料站·1998年8月）

为了进一步推动省平衡配套施肥工作的开展，改配方施肥为施配方肥，强化“测、配、产、供、施”一条龙服务手段，实现肥料资源优化配置，达到提高肥效、降低农业生产成本的目的，省土肥站于7月17日在全省土肥物化服务协作会议上提出，用2～3年时间，在全省县、乡两级建立30～50个土肥测配站。会议之后，各地反映强烈，一致认为，这是一项推进土肥产业化、促进平衡配套科学施肥技术推广的有力措施，纷纷要求作为首批项目承担单位组建配肥站。截至目前，申报单位已达22个，他们是：遂平县农业局、太康县农业局、三门峡市农业局、新密市农业局、平舆县土肥站、舞阳县农业局、项城市土肥站、平顶山市土壤肥料站、确山县农技中心、商丘市土肥站、内黄县复合肥厂、唐河县农技中心、内乡县农技中心、栾川县农技中心、许昌市土肥站、河南省农业学校、孟津县农业局、新安县土肥站、许昌市土肥站、淮阳县农业局、周口地区土肥站、沁阳市农技中心等。

为确保县、乡配肥站建设的顺利进行，省土肥站又于7月25日派专人到山东省诸城市就配肥站建设进行了考察，7月29日省土肥站又在郑州就建立配肥站召开了项目论证会，省农业厅总农艺师肖兴贵、总经济师苏家乐、计财处长陈都浩等参加了论证会。会议认为，建立县、乡配肥站，将技术通过物化直供农民，符合农业技术推广产业化的发展趋势，且工艺简单，操作方便，经济可行，农民乐于接受，是一件非常好的事情，早认识早主动，早行动早主动，应该快干、快上。并要求各地，有条件要上，没有条件创造条件也要上。同时还希望省土肥站要抓住建立县、乡配肥站的契机，在建立配肥站的基础上，积极筹建河南省土肥测配网络，更好地为我省农业生产服务。

论证会后，省土肥站又成立了县、乡配肥站筹备小组，专门负责此项工作。目前，筹备小组通过对22个申报单位的考察、筛选，已与8个单位签订了建立配肥站协议。配肥站名统一为“河南省土肥测配中心××(所在地名)配肥站”，所配制肥料统一为“沃力”品牌。已签订协议的单位是：遂平配肥站(隶属遂平县农业局)，汝南配肥站(隶属汝南县土肥站)，新安配肥站(隶属新安县农技中心)，三门峡配肥站(隶属三门峡市土肥站)，新密配肥站(隶属新密市农技中心)，舞阳配肥站(隶属舞阳县农业局)，延津配肥站(隶属延津县土肥站)，太康配肥站(隶属太康县农业局)。

目前，已签协议的各配肥站大部分场地、厂房已整理好，部分设备已安装，原料正在购进，各项工作正按计划往前赶。

(本文原载于1998年《土肥信息》第23期)

我省测配站建设又有新进展

褚小军

(河南省土壤肥料站·1998年9月)

随着当前麦播备肥高潮的到来，我省县、乡两级土肥测配站建设工作又有了新的进展。8月下旬省土肥站又组织我省12个单位的测配站筹建负责人赴山东省诸城市就测配站建设工作进行了参观学习，进一步增强了大家积极筹建测配站的信心和决心，一致认为，这是一项利在当今、功泽后代的大好事，它不仅可以进一步推进我省平衡配套施肥工作的开展，强化“测、配、产、供、施”一条龙服务手段,而且可以提高肥效、降低农业生产成本,是一项推进土肥产业化的有力措施。纷纷表示要积极争取当地领导和有关部门的大力支持,尽快早上、快上土肥测配站,更好地为当地农业生产服务。目前,我省各地积极筹建配肥站的热情日益高涨,现已有16个单位与省土肥站签订了建站协议书,他们是:遂平配肥站(隶属遂平县农业局)、确山配肥站(隶属确山县农技中心)、平舆配肥站(隶属平舆县土肥站)、汝南配肥站(隶属汝南县土肥站)、新安配肥站(隶属新安县土肥站)、孟津配肥站(隶属孟津县农业局)、栾川配肥站(隶属栾川县农技中心)、三门峡配肥站(隶属三门峡市土肥站)、延津配肥站(隶属延津县土肥站)、太康配肥站(隶属太康县农业局)、淮阳配肥站(隶属淮阳县土壤肥料站)、新密配肥站(隶属新密市农技中心)、中牟配肥站(隶属河南省农业学校)、息县配肥站(隶属息县土肥站)、平顶山配肥站(隶属平顶山市土肥站)、舞阳配肥站(隶属舞阳县农业局)。目前备齐原料已开始组织配制的有:平舆配肥站、确山配肥站、新密配肥站、延津配肥站、太康配肥站、舞阳配肥站、孟津配肥站、三门峡配肥站等8个单位。

(本文原载于1998年《土肥协作网信息》第1期)

施肥要科学　测土离不了
我省各地麦播前纷纷进行土壤养分测定

刘中平编辑

(河南省土壤肥料站·1998年10月)

△固始县针对当地土壤养分状况不清,施肥不科学,致使农业高投入、低产出,农产品产量低而不稳、品质下降等现状,为切实种好今年小麦,确保明年夏粮丰收,在往年认真抓好土壤养分测定工作的基础上,今年又以固政办[1998]46号文件下发了《关于进行土壤养分测定工作的意见》。意见指出,首先要保证样点数量,根据国家农业部制定的土壤养分测定标准,全县抽取样点数达到3 000个以上,即每500亩耕地取标准样一个。同时还要保证样点的代表性和结果的真实可靠。为保证此次土壤养分测定工作的顺利进行,该县还成立了以副县长吴刚为组长,县体改委主任、农委主任、农业局长等为副组长,县直有关部门领导为成员的领导小组。目前,该县土壤取样已全部结束,化验分析已接近尾声。(固始县农技中心)

△为确保今年麦播施肥的科学性和针对性,日前新野县政府以新政文[1998]80号文件印发了《新野县人民政府关于批转农业局关于在全县开展土壤养分普查报告的通知》,要求各乡镇分管农业的副乡(镇)长要亲自抓,并提出采取蛇形取样法,每300~500亩取一个样品,时间为8月10日至20日,所取土样于8月30日前统一送县土肥站化验。目前,该县3 000余个土样已采集完毕,县土肥站正夜以继日进行化验,部分化验结果已于麦播前告之于民。(新野县土肥站)

△修武县农业局麦播前及时下发了《关于在全县开展土壤肥力测定的通知》,通知要求这次土壤养分测定工作由县土肥站牵头,各乡(镇)积极配合进行。化验结果表明,该县土

壤速效氮含量76 mg/kg,速效磷含量13.8 mg/kg,速效钾含量126 mg/kg。该县农业局据此提出了"增施磷肥、补施钾肥"麦播施肥指导思想,并要求全县23万亩计划麦播面积亩施50 kg以上过磷酸钙,缺磷严重地块亩用2~3 kg磷铵做种肥,亩施6~8 kg K_2O或8~10 kg生物钾肥或亩用4 kg生物钾肥做种肥补施。(修武县土肥站)

△新乡市麦播前发布土壤养分动态监测报告。9月4日,新乡市农业局根据该市土肥站106个土壤养分监测点的化验结果,在该局《农牧信息》第75期上发布了本年度该市土壤养分动态监测报告,并提出了本年度全市麦播施肥意见。(新乡市土肥站)

(本文原载于1998年《土肥协作网信息》第2期)

我省县、乡配肥站建设取得阶段性效果

刘中平编辑

(河南省土壤肥料站·1998年11月)

《土肥协作网信息》原编者按:我省县、乡配肥站建设自1998年7月17日全省土肥物化服务协作会议提出后,各市(地)、县积极行动,首批建立的16个配肥站,在今年秋播中发挥了重要作用,"沃力"牌配方肥已在全省叫响,近段时间又有22个单位申请建立测配站,配肥站建设已取得阶段性效果。现将部分配肥站的做法和经验刊载于此,供各地参考。同时希望首批建站的县(市)迅速将好的做法和经验寄送省土肥站,以便相互交流,推动此项工作的进一步开展。题目为编者所加。

遂平县:局长挂帅抓配肥

遂平县是一个农业大县,现有耕地100多万亩,其中低产田面积占82%以上。为提高农业生产能力,从1995年起,该县就将平衡配套施肥作为一项关键技术来推广。今年8月份,该县被省土肥站确定为第一批县级配肥站后,县委、县政府和农业局领导高度重视,多次组织召开专题会议,研究制订配肥站建设方案,并成立了以农业局局长陈荣堂为组长的配肥工作领导小组。9月15日至30日配制时间里,该县土肥站全体人员集中精力,24小时满负荷工作,局长亲自到场督战,半个月共配制"沃力"牌配方肥428 t,且被全部抢购一空。

为确保配肥站建设取得圆满成功,该县在抓好配肥站建设、科学制订配方、严把原料质量关的同时,宣传、示范工作也同步开展,农业局组织全局技术干部全员推广,陈荣堂局长亲自带着配方肥下乡搞示范。县委、县政府主要领导的示范田施用的全部是"沃力"牌配方肥。为满足农民咨询需要,"三秋"期间该县土肥站还开通了配方施肥热线电话,由一名配方师坐机服务,随时向广大农民提供技术咨询服务。(遂平县土肥站)

太康县:股份引入配肥站

太康县是今年省土肥站确定的首批配肥站之一。在筹建配肥站过程中,为弥补资金不足,在配肥站建设上尝试引入股份制,采取集资入股的办法,谁出资谁受益。该县今年共配制"沃力"牌小麦专用配方肥100 t,为掌握配方肥配制、施用技术,主要供农技承包点和科技示范户施用。不少农户了解到“沃力”牌配方肥特性后，纷纷到农业局联系购买，由于配制量有限，很多农户未能如愿。该局计划从今冬开始，以土肥站为依托，以股份制为主要形式，进一步扩大规模，配方肥品种将逐步扩展到棉花、玉米等主要农作物上，并依靠全县23个乡镇农技站和406个村级服务站，建立全县“沃力”牌配方肥推广供应网络，把平衡配套施肥工作推向新的高度。（太康县农业局）

平舆县：牛刀小试成效显

平舆县作为省土肥站确定的首批配肥站之一，从一开始就受到了县政府、农业局和农技中心领导的高度重视，农技中心主任高长青不仅多次亲临现场指导，监督配肥质量，同时还帮助土肥站筹集资金，组织货源，并在配制最紧张的时刻，从中心抽调人员到配制第一线帮忙。该县配肥站从9月12日开始配制，到10月1日配制结束，共配制“沃力”牌配方肥200 t，麦播前已全部推广完毕，实现节本增效3万余元。（平舆县土肥站）

新安县：掀起你的盖头来

新安县被省土肥站确定为首批配肥站后，积极向县政府、农业局领导作了汇报，在一无场地、二无资金、三无经验的情况下，克服重重困难，于9月上旬配制出了首批高、低浓度两个品种小麦专用配方肥48 t，拉开我省豫西山区配肥站建设序幕。同时，他们还积极与县工商、技术监督等部门联系，争取支持，在配方肥包装袋上统一标示“新安县技术监督局推荐产品”字样。（新安县农技土肥站）

延津县：集资建站热情高

延津县土肥站在全省土肥物化服务协作会议之后，不等不靠，动员组织全站职工，献计献策自己干，短短几天时间就集资20余万元。到9月上旬，他们先后完成了设备购置、安装，原料购进，制定肥料配方等前期准备工作。（延津县土肥站）

新密市：积极建站行动快

新密市农技中心认真贯彻省土肥物化服务协作会议精神，积极筹建土肥测配站，是省土壤肥料站第一批项目承担单位之一。该市农技中心在农业局领导的大力支持下，多方筹集资金，从项目款中拨出专项资金购置化验仪器、配制设备和优质原料，分别在4个乡建立了配方肥示范基地，并和部分村签订了示范协议。目前，该农技中心根据测土化验结果，肥料配方在多方论证的前提下，已组织批量配制100多t。（新密市农技中心）

孟津县：调配资金促配肥

孟津县土肥站在全省土肥物化服务协作会议后，向县政府领导做了汇报，该县政府领导非常重视测配站建设工作，责成县农业局局长主抓此项工作，并从农业局调配20万元资金用于测配站建设。由于领导重视、措施得力，目前，该县配肥站已配制出配方肥近40 t已于近日发往全县8个乡站。（孟津县土肥站）

（本文原载于1998年《土肥协作网信息》第4期）

该出手时出手 该出钱时出钱
三门峡市出台配肥站建设新政策

石线伟

(三门峡市农业局·1999年1月)

年末岁初,三门峡市土肥站召开全体职工会议,研究制定配肥站建设新政策。会议决定,凡本站正式在编职工,每人至少集资1万元,多集不限;凡出资5万元以上者,可介绍一名素质较高的年轻人到配肥站工作,由出资人负责担保;单位自筹工资、奖金、福利等与配方肥推广实际效益挂钩,贡献突出者给予重奖;配方肥推广实行全员责任制,凡站正式职工每人年推广总量不得少于60 t,每推广1 t,市土肥站奖励50元。超额完成任务者,年底另外一次性奖励1 000元;站领导除完成基本任务外,全年推广量力争达到100 t;全站职工推广配方肥均在认真完成本职工作的前提下进行,任何人不得以推广配方肥为借口影响本职工作或从事其他活动;配方肥推广货款回收由推广者本人负责,并以本人集资款和工资作为担保。

(本文原载于1999年《土肥协作网信息》第1期)

原阳:乡级分公司建起来

周福河

(原阳县土壤肥料站·1999年5月)

在市场经济发展的新形势下,原阳县土肥站从1993年组建土壤肥料服务门市部、开办植物营养医院后,去年又组建了原阳县土壤肥料有限公司,接着又设立了12个分公司。1998年公司人员达40名,共推广各种肥料1.5万t,经营额达到2 000万元,全公司实现利润40多万元。其中县公司自身推广肥料8 000 t,经营额800多万元,实现利润20万元。

原阳县土肥站1993年开始创办经济实体时条件非常差,仅有3间不显眼的门面房、几千元资金和4名技术推广人员,可以说是在一无资金、二无场地、三无经验的困境中起步的。经过3年多的拼搏,到1996年他们发展到4间门市部、10间仓库,流动资金30万元,年物化服务总额400万元,年创利润10余万元;到1997年底,仓库发展到20间,配制厂房10间,流动资金60万元。1998年他们在原经营实体的基础上,报有关单位批准,成立了“原阳县土壤肥料有限公司”。

公司成立后,他们进一步分析:由于部分乡、村距县城较远,农村车辆进城难,给群众购肥带来诸多不便,加之个别乡农技推广服务不到位,县土肥站服务半径有限,很难满足全县广大农民的需要。因此,为更好地服务农民、服务农业,进一步拉长服务链条、拓宽服务领域,去年下半年他们又着手在乡一级设立直属分公司,其主要任务是负责所在乡的土肥技术及时传播到各家各户,作为桥梁和纽带将县公司与农民群众联系在一起。乡分公司主要推广县公司供应的肥料,也可少量自行购销,但必须经县公司同意。通过半年多的运作,设立乡分公司效果非常显著,推广量、经营额、利润等较上半年都有较大增长。1998 年该县共配制各种配方肥 1 200 多 t,用省土肥站统一"沃力"牌包装 500 余 t,通过各分公司全部推广一空。

目前,该县已设立 12 个乡级分公司,他们计划到今年年底在全县 22 个乡(镇)全部设立分公司,通过 2 ~3 年运作,在每个乡(镇)设立 1 ~3 个分公司,每个村设立一个服务点,形成一个以县公司为龙头,覆盖全县的完整服务网络。

(本文原载于 1999 年《土肥协作网信息》第 4 期)

太康:多方筹资保配肥

刘长伟

(太康县土壤肥料站·1999 年 5 月)

太康县是全省首批建立的 16 个示范站之一。他们经过去年的试配制,进一步增强了对配方肥的信心。为保证今年配方肥配制,他们多方筹集资金。其渠道主要有四:一是由局领导出面,向财政、农业开发及上级业务部门借款或争取项目款;二是向银行部门申请低息贷款;三是由土肥站职工全员集资;四是利用有关单位闲置资金、吸纳社会闲散资金入股。仅春耕前他们就筹集资金 100 多万元,保证了春耕西瓜、棉花、蔬菜等专用肥的配制。同时,该局农村合作基金会作为配方肥配制的资金后盾,一旦资金紧张,由局领导出面协调,可随时足额供给。

为确保配肥站的正常运作,该县农业局领导在广泛调研的基础上,多次向县委、县政府主要领导汇报、宣传配肥站的作用,争取了领导的重视和支持,并由县委、县政府出面召开了配肥站建设联席会议,县委书记在联席会上强调:"农业局要搞好土肥化验工作,并根据化验结果配制配方肥,既可壮大农业局自身,又可服务农民,还能提高我县的科学施肥水平"。同时,县工商局、技术监督局、法院等有关单位也大力配合支持,为配肥站正常运作创造了良好的宽松环境。

该县计划近期内将进一步加大土肥工作力度,在配方肥配制上力争有较大突破,1999 年配制推广量达到 1 万 t 以上,力争达到 5 万 t。

(本文原载于 1999 年《土肥协作网信息》第 4 期)

遂平:500 t配方肥进田野

刘中平

(河南省土壤肥料站·1999年5月)

作为全省首批示范站之一,遂平县在1998年度克服时间紧、任务重、缺资金、无厂房、少设备等重重困难,在农业局党组的直接领导下,精诚团结、齐心协力,圆满完成了500 t配方肥的配制推广任务,为"沃力"牌在驿城大地生根开花奠定了良好基础。

他们的主要做法如下。

一、统一思想,提高认识

为统一思想,农业局党组先后6次召开会议,分析当前形势,提高认识,树立信心,并宣传发动全系统广大职工,人人参与配方肥的推广示范技术承包活动,从局长到职工,人人头上有指标,责、权、利融为一体,任务完成情况每天公布一次,在全系统形成宣传、推广配方肥的浓厚氛围。

二、做好宣传,争取支持

为使全县广大干部、农民了解配方肥,其一,抽调经验丰富的高、中级专业技术人员组成讲师团,深入乡、村及田间地头进行宣传,并现场示范配方肥施用技术。其二,开展技术培训,印发技术资料,播放电视录像,设立"开方配肥服务处",开通热线电话等,义务提供咨询服务。其三,全系统科技人员下乡开展技术承包,建立示范田,通过示范辐射促推广。其四,动员宣传领导,取得多方支持。局领导多次向县委、县政府领导进行汇报,并请县主要领导到示范田观察、指导,争得了领导的支持,县委书记在全县乡、村干部会议上要求全县要大力推广配方肥,从而把配方肥的配制、推广推向了高潮。

三、克服困难,严格把关

建站之初,面临的最大困难是缺乏资金。该县政府领导闻讯后,分管农业的副县长亲自出面协调,由农行一次性解决贷款50万元,又租赁厂房9间,购买加工设备两套,同时在省、市土肥站支持下,先后购进氮、磷、钾及微量元素等原料700余t,从9月上旬开始试配制,到9月底共配制小麦专用配方肥500余t。为保证配方肥质量,该县专门成立了配肥领导小组和技术指导小组,技术组由高、中级专家组成;在省、市指导下,根据该县土壤养分状况,制订了科学配方;严把原料购进关,坚持调进大厂正牌、高浓度、高质量原料;配制过程中,由一名配方师跟班监督,各种配料严格计量,搅拌均匀,标袋准确,封口标准,袋袋产品做到"准、均、严",维护了"沃力"牌配方肥的信誉,所配制的500 t配方肥被广大农民抢购一空。

(本文原载于1999年《土肥协作网信息》第4期)

平舆:困境之中勇奋起

方 平

(平舆县土壤肥料站·1999年5月)

平舆县土肥站共有职工21人,年包干经费2万元,长期以来一直处于"养兵钱不足,打仗更无力"的困境,不仅无法调动干部职工的积极性,连土肥站正常的为民服务功能也无法维持。1997年初,该县土肥站一班人经过认真研究认为,国家有文件规定允许我们经营化肥,自身又有技术优势,搞物化服务,进行配方施肥,这是我们的优势,围绕这一优势搞好物化服务,是摆脱困境的最佳切入点。基于这一认识,他们通过发动本站职工集资的方式,筹集了4万元资金,开办了两个物化服务门市部。但事情并非一帆风顺,从门店开业之初,就遭到有关部门的干预,后来发展到扣押货物、查封门市部等。在此期间,从1997年4月初开始,他们先后向局党组、县四大班子领导、县农办、县信访办、地区农业局,直至省农业厅、行署领导反映情况,这一行动终于引起县有关领导的重视。这年的9月1日,在县长主持下,召开了由县供销社、农办、农业局、信访办、工商局主要负责人参加的化肥专营协调会,才使土肥站的物化服务变得堂堂正正。

1998年,他们在逐步扩大经营的基础上,又组建了"平舆县土壤肥料有限公司",5月份配制了50余t高效多元复合钾肥,物化服务门市部由2个增至3个,年推广化肥量达2 500余t,9月份,作为省首批配肥站之一,又配制了200 t配方肥,在市场不景气、该县化肥经营单位半数以上亏损的情况下,仍被抢购一空。

两年多的化肥经营,他们悟出了这样一个道理:目前化肥市场疲软,国家对货币进行宏观调控,作为土肥站只有充分发挥自身的技术优势,并根据土壤状况和作物需肥规律,通过测土、配制配方肥才是最好出路。同时,他们摸索出在配制配方肥时,要注意掌握三个方面的技术关键:第一,国产钾肥由于含水量过大,配肥时不宜使用;第二,尿素与重钙混合后会发生化学反应析出水分,应加入少量防潮剂等,并按照不同顺序进行混配;第三,尽量不要在阴雨天、空气湿度饱和时配制,此时一般化肥都易吸收水分,如果吸湿到一定程度就会发生潮解现象。

(本文原载于1999年《土肥协作网信息》第4期)

开封市:"沃力"花开香古都

武明昆

(开封市土壤肥料站·1999年5月)

经过充分筹备和紧张运作,3月30日开封市土肥站筹建的配肥站终于瓜熟蒂落。目前,首批配制的100 t"沃力"牌配方肥已被推广一空。

以何种方式更好地为农民、农业服务,以何种方式更快捷、更广泛地把测土配方施肥技术送到农民手中,是开封市土肥站长期以来一直探索的问题。为解决技术"棚架",他们曾深入基层、深入田间为农民进行技术指导;为推广肥料新品种,他们曾进行试验、示范;为推广配方施肥技术,他们曾与厂家联合生产专用肥等。但由于种种原因,或客观因素限制,均未取得较理想的效果。经过长时间的摸索,在省土肥站的指导下,他们认识到,组建测配站、配制配方肥,将各种土肥新技术通过测配站揉合到一起,利用配方肥这一载体直供农民,是一条行之有效的技术推广捷径。鉴于此,3 月 16 日全省土肥工作会议以后,他们集中全站力量投入到了紧张的筹备工作中,经过近半个月的紧张运作,3 月 30 日首次正式启动。

(本文原载于 1999 年《土肥协作网信息》第 5 期)

桐柏县:科技示范到村头

华 永

(桐柏县农业技术推广站·1999 年 5 月)

从 1997 年开始,桐柏县本着"技术与物化服务结合"、"抓好经营促推广"的宗旨,狠抓了农业技术推广示范村建设。截至目前,示范村已达 60 多个。示范村的建立,从根本上解决了"线断、网破、人散"的局面,为农技推广的重新崛起奠定了良好基础,同时也受到了广大农民群众的热烈欢迎。

为搞好示范村建设,该县制定了一整套规范管理制度:一是示范村主要负责人必须经过农业技术培训。目前,该县已建示范村的主要负责人已全部经过培训,且都获得了农业技术员以上职称。二是对科技示范村实行承包合同制。示范村必须由县农技站在职职工干部领办,签订领办人合同,同时示范村负责人与县土肥站签订示范村合同。三是严格供货渠道。示范村所需肥料依据合同由县土肥站统一供给,严把肥料质量关。各示范村不得私自购进肥料。

该县在示范村建设中,合同一旦签订,县土肥站从种到收进行全程技术指导,特别在施肥上,从测土到施肥配方、货物供应等,每个环节都严格把关,确保农民用肥放心,施肥合理。

(本文原载于 1999 年《土肥协作网信息》第 5 期)

大力推广平衡配套施肥技术 商丘市睢阳区积极探索土肥技术服务新路子

董长青

(商丘市睢阳区土壤肥料站·1999 年 3 月)

平衡配套施肥技术是国家"九五"期间十大农业新技术推广项目之一。商丘市睢阳区土肥站在原县委、县政府、县农业局的直接领导和省、市业务部门的大力支持下，紧紧围绕平衡配套施肥项目，适应市场形势，更新观念，解放思想，勇于探索，找到了在市场经济条件下，如何进行土肥技术推广的新路子。两年来组织平衡配套施肥面积24.5万亩。项目区比一般大田增产小麦13.3%、棉花11.4%、玉米23.5%，达到了亩增产10%以上的产量指标，推广施用专用配方肥1万余t，化肥利用率提高10个百分点，取得了较好的经济效益和社会效益。

一、打好技术根基，搞好基础工作

1996年，我县被省土肥站确定为农业部农作物平衡配套施肥试点县后，第一，对化验室进行了改造和装备。我县土肥站化验室面积150 m^2，化验设备基本齐全，但由于时间较长，部分仪器老化等问题较为突出。为了适应平衡配套施肥项目的需要，多方筹集资金增添了部分必需仪器。先后购置了6400A型火焰光度计、722型分光光度计和联想586电脑，为化验工作的开展提供了基础条件。同时改善了外围设备，增设了档案室，配套了档案柜，使化验数据和试验材料得以规范管理。第二，搞好取土化验，为项目区提供科学配方。两年来，每年在作物播种前，分区划片，取代表性土样420余个，分别对土壤有机质、速效氮、速效磷、速效钾进行常规分析。根据分析结果，结合目标产量和土壤条件，提出了不同作物、不同产量水平的施肥配方。第三，切实抓好试验示范，监测平衡施肥的肥料效应。两年来，我站共安排小麦、玉米平衡施肥“3414”试验12个点，钾素丰缺指标试验3个点，小麦高产多途径施肥试验2个点，同时安排生物钾肥、“天骄”液肥、惠满丰、棉花矮丰灵等20多个试验点，经过试验为科学配方提供了第一手材料。第四，搞好示范，以点带面。1997年度小麦播种时，在路河、毛固堆项目区分别落实平衡配套施肥千亩方各一个，千亩方内全部施用通过测土配制的配方肥。另外，在路河乡西马庄村安排棉花示范方50亩，免费提供棉花专用肥3 t，在闫集乡赵口村安排棉花示范方500亩，在示范方内实行“测、配、产、供、施”一条龙服务，起到了示范带头作用。

二、适应市场形势，发挥自身优势，探索推广平衡施肥技术的新路子

在市场经济条件下，如何发挥土肥部门自身技术优势，推广平衡施肥技术呢？当前广大农民科学种田的素质相对较低和技术棚架等问题，农民需要一种集技术、物资于一体的配方肥料。为此，我们积极想办法，与县磷肥厂联合，走产业化的路子，既解决了配方肥料配制问题，克服了我方一缺资金，二缺经营大才，三缺场地、设备的缺点，又为厂方寻求市场、打开销路提供了技术依托。双方在“优势互补、风险共担、利益均沾”的原则下，签订了联合配肥协议书。在统一取土、统一测试的基础上，统一配方，统一配肥，直供农户。两年来，共配制小麦配方肥1 000 t，烟叶配方肥1 000 t，棉花、果树配方肥500 t，实现了“测、配、产、供、施”一条龙服务。广大农民使用我们开发的专用肥后，普遍反映肥效好，价格合理，针对性强。

三、严格监督肥料质量，搞好跟踪服务

土肥系统长期从事技术推广服务，在农民中有一定的信誉，农民群众对我们和经营部门

是十分信赖的。但我们不能以此放松质量监督和服务意识,自己砸自己的牌子。为此,我们一方面结合磷肥厂质检部门,对所配制的各类配方肥严把质量关,不断进行定期与随机抽样相结合的检验监督,确保每批产品都严格按配方配制,不合格产品严禁出厂。另一方面,认真搞好跟踪服务,通过推广网络,对基层经营单位和试验示范户建立客户登记制度,对售出肥料跟踪服务,我站全体人员深入基层指导农民施用专用肥,帮助农民解决生产中出现的疑难技术问题,进一步传授了技术,提高了信誉,占领了市场。

四、搞好技术宣传,扩大实施范围

配方肥只有得到群众的认可才有可能大面积应用,所以我们把搞好产品宣传、让广大群众认识配方肥,作为一项重要工作来对待,也是我们推广平衡施肥的一个重要措施。通过各种形式宣传平衡施肥技术,在项目区共举办电视讲座 10 期,广播讲座 30 余期,印发技术资料 23 余份,举办平衡施肥培训班 4 次,从而推动了平衡施肥技术的推广。

五、几点体会

(一)领导支持是项目顺利实施的重要保证

农业部平衡配套施肥项目下达后,我们与局领导一起多次向分管农业的县委副书记和县长汇报,递交了项目配套资金申请报告,向他们汇报上级业务部门对该项目的要求及项目开展的意义,取得了领导的支持,在农业部资金没有到位的情况下,县财政就划拨配套资金 10 万元,从而保证了项目的顺利开展。在项目实施过程中,我们又多次向分管农业的副县长,分管棉花、烟叶生产的副县长及县棉办、烟办、烟草局领导汇报,说明我们的技术优势,从而取得了他们对项目实施的支持,保证了项目的全面开展。

(二)完善的化验设施是项目实施的基本条件

完善的化验设施不仅是项目实施过程中的技术条件,在测土、测肥过程中必不可少,在取得领导信任和支持上也具有较好的促进作用。在争取资金过程中,我们邀请了县委、县政府分管农业的有关领导参观了我们的化验室,完善的设备和技术优势赢得了领导的好感,取得了领导的支持,保证了项目配套资金的提前到位。在实施烟草平衡施肥过程中,县烟办、烟草局原打算使用两家产品,我们将他们请到化验室参观,介绍我们的优势,使他们当场决定只使用我们站厂联办的复混肥产品,并立即签订了供货合同,保证了烟草项目的实施。

(三)厂站结合,统测统配是平衡施肥技术推广的重要形式

长期以来,我们土肥系统一直被经费短缺所困扰,配方肥的配制由于受场地、设备限制而无法自配自产。从 1996 年开始,我站充分利用自身的技术优势,积极与县磷肥厂联系,借用磷肥厂的设备和资金优势,以利益为纽带结成利益共同体,走出了一条“借鸡下蛋”、推广平衡施肥技术的新路子。

总之,开展平衡配套施肥项目两年来,我县在测土配方、厂站结合等方面取得了一些成绩,但与兄弟县市相比还有一定的差距,与领导的要求相差甚远,我们决心吸取兄弟县市的先进经验,努力做好我区的土肥技术工作。

测土配方施肥 “沃力”功效初显 新密市三个百亩小麦示范方亩产达400 kg以上

孟 晶

（河南省土壤肥料站·1999年6月）

新密市是全省首批16个测配示范站之一。去年秋季投资10万余元购建了“沃力”牌配方肥生产线。为确保肥料配方的科学性、针对性，去年麦播前在10个乡（镇）72个行政村进行测土化验，共取土样3 000个样次，组织配方肥施用技术培训62场次，培训、咨询农民5万余人次，发放配方肥应用、宣传等资料1.5万份，并在该市曲梁、来集、大隗三个乡（镇）建立了3个百亩小麦施用“沃力”牌配方肥示范方，辐射应用面积3 000余亩。近日实地测产，平均亩产达400 kg以上，最高地块产量突破了500 kg。

该市施用“沃力”牌配方肥的农民一致反映：“沃力”牌配方肥，每亩一袋子（40 kg），省事、省心、省钱（较正常减少投资30元以上）。还有的农民说：过去想高产，就是过不了倒伏关，今年用了配方肥，麦不倒，不青干，亩产450 kg不作难。

（本文原载于1999年《土肥协作网信息》第7期）

昨日吃进“营养餐” 今朝变成吨粮田 偃师市佃庄镇户户都有“施肥配比明白卡”

席万俊

（洛阳市土壤肥料站·1999年7月）

近年来，偃师市佃庄镇为全镇各农户制作了“施肥配比明白卡”，指导他们合理施肥，农业生产连年取得好收成，该镇粮食单产连续五年名列偃师市第一名，成为洛阳市第一个“吨粮乡镇”。

该镇从增加植物营养施肥入手，组织科技人员到各村设立“土壤诊所”。科技人员按农户地块土质等情况，开配方，供肥料，并建立了地块档案，跟踪进行技术指导。镇里每年还抽出一定时间，对各家地块的土壤情况进行测试，然后制作出“施肥配比明白卡”，分发到农民手中，农民按明白卡的提示科学施肥，既节约了成本，提高了产量，土壤地力也因之有了明显提高，为全镇成为洛阳市第一个“吨粮乡镇”奠定了良好的土壤基础。

（本文原载于1999年《土肥协作网信息》第11期）

未雨绸缪抓先机　运筹帷幄论配肥
省站召开部分土肥测配站长座谈会

刘中平

（河南省土壤肥料站·1999年8月）

1999年7月16日，省土肥站在郑州召开了全省部分土肥测配站站长座谈会，传达了全国农技中心在广西北海市召开的全国肥料推广与产销交流会议精神；总结了上半年测配站建设工作，安排了下半年测配站建设重点；发布了肥料包装、物料供应、配制设备等方面的信息；原阳、太康、内黄、唐河、新蔡等在会议上介绍了经验；与会人员还就“组建测配站、推广配方肥”进行了广泛的讨论。

会议指出，我省组建测配站、推广配方肥工作，自去年下半年启动以来，经过近一年的运作，取得了突破性进展。截至目前，全省已组建测配站61个。上半年有29个测配站进行了配制，共配制“沃力”牌配方肥5 098.9 t，有3个县配制量超过了500 t（太康县922.5 t，唐河县625 t，原阳县550 t）。按作物专用肥分类统计，共配制棉花肥1 722.5 t，花生肥1 228 t，水稻肥792.5 t，玉米肥590 t，红薯肥345 t，西瓜肥159.5 t，芝麻蔬菜类肥261.4 t。

会议指出，省土肥站在测配站建设方面主要抓了以下几个方面工作：成立了河南省土肥测配中心；组织专人到江西就配方肥配制进行了考察；制定下发了《河南省组建测配站、推广配方肥工作方案》；省土肥站各科（室、中心）按地域进行了划片，实行分片负责制；省集团公司就原料供应进行了广泛考察、联系、洽谈，并达成了一些意向性协议；省测配中心就改进包装、引进配制设备进行了论证与考察；5月份省土肥站召开站务会议，就配方肥配制推广向各科（室、中心）下达了目标任务；《土肥协作网信息》及时通报了各地测配站建设进展情况和配方肥配制推广动态，并制作了宣传推广配方肥录像带；省土肥站作为技术依托单位，对世界银行二期贷款项目中包含的8个测配站建设进行了广泛论证；组织有关专家对配方肥配制中的一些关键技术进行了研究、试验、示范等。会议认为，各地为组建测配站、推广配方肥也做了大量的工作，如想方设法筹措资金，积极进行厂房改造，及早解决配制中出现的问题，利用广播、电视等媒体广泛进行宣传，开展了大面积、多点次、多作物田间试验，不少地方还探索出了一些新的办站模式，如联合办站、集资办站、股份制办站等。

会议认为，我省测配站建设、配方肥推广也存在一些问题，如省土肥站在宏观指导上做得还不够，对下联系较少；对基层面临的困难解决得不够及时；对先进经验、先进典型总结宣传不够；原料供应方面也存在较大问题，如货物不全、供应不及时，个别物料存在质量问题；个别县土肥站未能全面履行协议，一些地方配制设备过于简陋，质量忽好忽坏；个别地方在建站、配制、推广等方面遇到不少阻力等。

会议针对上述存在问题进行了广泛讨论,一致认为,我省组建测配站、推广配方肥成绩是主要的,问题是前进中的问题,随着此项工作的进一步开展,将会逐步解决。会议同时认为,配方肥将是未来农业用肥的发展方向,目前全国已出现了配方肥热,不少地方个体户都想上配方肥,大竞争的局面很快就会到来。我省土肥系统在配方肥配制推广上尽管已占据先机,拥有一席之地,但规模小、竞争力不强仍是客观事实。会议强调,全省各级土肥部门下半年要全力以赴抓配肥,把组建测配站、推广配方肥作为头等大事来抓。重点要抓好:①进一步转变观念,加大工作力度,特别要抓住即将到来的麦播备肥高潮的机遇,力争在配方肥推广上有较大突破。②进一步加大宣传力度,让各级领导和广大群众认识配方肥、了解配方肥,进而接受配方肥、施用配方肥。③严把质量关,各配肥站都要关心爱护"沃力"品牌,使"沃力"之花常开常香、常胜不衰。④在改进包装、优化配方等方面下功夫,让"沃力"牌配方肥以更美好的形象、更优质的内涵走向市场,走进广袤的原野。⑤各测配站都要下大力狠抓示范村、示范户,以典型引路,靠事实说话。

(本文原载于1999年《土肥协作网信息》第13期)

备肥高潮尚未到　舆论宣传已先至
确山县展开全方位配方肥推广宣传攻势

侯凤慈　李连成

(确山县农业技术推广中心·1999年8月)

为迎接秋播备肥高潮到来,让"沃力"牌配方肥在麦播中发挥更大作用,确山县农技中心未雨绸缪,高潮未到,舆论先行,在全县范围内展开了全方位宣传攻势,以求占得先机,掌握主动。

确山县是全省首批16个测配示范站之一,其配肥站于1998年9月建成投产,当年即配制200多t"沃力"牌小麦专用配方肥,去冬今春该县在经历百年不遇的旱灾情况下,凡使用配方肥的麦田都增产30%以上。这一效果引起了县委、县政府领导的重视,责成县教育电视台全力配合农业局做好配方肥宣传工作。目前,该县农业局高级农艺师张素德主讲的《推广应用配方肥,节本增效夺丰收》的电视录像,已在该县电视台连续播放一月有余;该中心录制的《为了大地的丰收——"沃力"牌配方肥简介》专题科教片多套,除在县电视台播放外,分发到各乡(镇)电视差转台长期播放;该中心还印制了《配方肥简介》明白纸4万多张分发到各乡、村、户;同时装备科技宣传车一部,车身饰以"配方肥——农民致富的希望,配方肥——大地丰收的保证"宣传字画,车顶装扩音喇叭,每天穿行于乡、村,广泛宣传。此外,该中心还抽调全部高、中级专业技术人员深入各乡(镇)逐村进行配方肥技术培训。

目前,该中心已多途径筹措资金240多万元,已备高浓度钾肥450 t,重钙、一铵等磷元素肥料500 t,尿素650 t,三元复合肥500 t,为今秋配方肥配制做好了物资、技术、场地、设备等方面的准备。

(本文原载于1999年《土肥协作网信息》第13期)

淮河河畔传喜讯　豫南又开"沃力"花
罗山县土肥测配站建成投产

王伟东

(信阳市土壤肥料站·1999年8月)

经过两个多月的紧张筹备,省测配中心罗山县配肥站于近日建成投产,首批配制20 t"沃力"牌韭菜专用配方肥已运往该县尤店乡蔬菜生产基地,受到了当地菜农的普遍欢迎。

罗山县地处淮河之滨大别山北麓,著名革命老区。为让老区人民早日使用上针对性强、养分齐全、配比合理的配方肥,该县农技中心借鉴兄弟市、县经验,在信阳市土肥站和该县农业局党委的大力支持下,很快从三个渠道筹集了20万元资金:一是从商品粮基地建设项目中拨款10万元;二是向银行申请低息贷款5万元;三是中心全体职工集资5万元。款项到位后,为保证配肥站建设顺利进行,确定一名副主任专抓此项工作,并抽调8名业务素质较高的同志到配肥站任职,同时积极与该县尤店乡蔬菜生产基地联系,签订了配制20 t韭菜专用肥的协议。协议签订后,他们派专人到该基地取土样化验,根据化验结果和韭菜需肥规律制定科学配方,并采用国产优质尿素、韩国进口重钙、加拿大进口钾肥及适量微量元素为原料,精心进行配制,确保来个开门红,让配方肥在革命老区一炮打响。

目前,该县正在进一步加大宣传力度,努力扩大示范推广面积,强化与乡、村及广大群众的联系,以让更多的人知道、了解、认识配方肥,力争秋播时有更大突破,让"沃力"之花开遍豫南大地。

(本文原载于1999年《土肥协作网信息》第13期)

方法好措施硬　全县上下齐行动
内黄县:"百县千村"成效显

任留旺

(内黄县土壤肥料站·1999年8月)

"百县千村"平衡施肥技术示范推广项目是全国农技中心今年初下达的,我省有内黄县等8个县(市)承担了该项目。内黄县承担该项目后,从农业局到土肥站都高度重视,并采取多种措施,保证了该项目的顺利实施。他们的主要做法如下。

一、建立组织,加强领导

为保证该项目的顺利进行,该县成立了以农业局长任组长,分管业务的副局长任副组长,农技中心主任、土肥站长、科丰专用复混肥厂厂长为成员的内黄县"百县千村"平衡施肥技术示范推广领导小组,下设办公室和技术服务组、物资供应组等,具体负责该项目的组织管理与实施。

二、强化宣传,普及技术

平衡施肥技术虽已推广多年,但由于种种原因,广大农民对该项技术仍知之不多。对此,该县进一步强化了技术宣传手段,利用广播、电视、广告、宣传标语、宣传车等形式,大力宣传平衡施肥技术,让广大农民充分认识到推广平衡施肥、实行统测统配是施肥制度的一项重大改革,是提高化肥肥效和利用率的有效途径,是未来农业用肥的发展方向。仅上半年他们就发放平衡施肥技术宣传资料11万份,举办电视和广播技术讲座6期,出动宣传车200多辆次,书写宣传标语2 000条,在示范区内设宣传栏320个,在试验地设标语100多处,接受群众参观和咨询2万多人次,收到了较好的宣传效果。

三、典型引路,搞好示范

为确保该项目顺利实施,他们一改过去那种单靠行政命令的做法,而是采取典型引路,通过试验示范引导农民自觉接受。他们首先选择科技意识较强、有平衡施肥基础的该县豆公乡、陆村乡12 000亩耕地作为示范基地,其中小麦11 000亩,果树1 000亩,测量示范区小麦平均亩产387.4 kg,比大田高出36.4 kg,增产10.37%。同时,他们还在城关镇康庄村康希法的责任田内设置了高效小麦专用配方肥和当地群众习惯施肥对比试验,试验结果表明,施用小麦高效专用配方肥的麦田比群众习惯施肥的麦田长势好,有效分蘖多2.3个,抗逆性、抗倒性强,亩增产37 kg,施肥成本降低10元。

典型的力量是无穷的。该县通过试验、示范,让群众看到了平衡施肥的优越性,大大提高了接受该技术的自觉性,为平衡施肥技术的进一步开展和项目实施奠定了良好的基础。

四、严格把关,确保质量

配方肥质量好坏是平衡施肥技术推广成败的关键。为了保证配方肥的质量,该县农业局所属科丰专用复混肥厂采取各种措施,确保质量万无一失。从严把原料进厂关入手,原料进厂并建立原料采购责任制,一旦出现问题,追究有关责任人的责任。同时,严把产品出厂关,凡产品入库和出厂前均要经过抽检,凡不合格产品不准进厂。上半年他们组织配制和推广各种专用配方肥1 500 t,推广面积3万亩,增加农民收入90万元,社会效益达120万元。

(本文原载于1999年《土肥协作网信息》第15期)

一送金二送银　不如农技送上门
尉氏县：科普到户不是梦

孟　晶

（河南省土壤肥料站·1999年8月）

为提高农技推广普及率，自4月份以来，尉氏县土肥站组织有关科技人员，深入乡村农户、田间地头，为群众讲授科学施肥知识。截至目前，已在该县6个乡、160个自然村讲了课，听课人员逾3万人次，受到了广大农民群众的热烈欢迎。

尉氏县土肥站多年来一直坚持送科技下乡、与群众面对面讲课的传统。有时群众农活忙，他们就利用早上、中午，甚至晚上进行讲课。同时，为了能手把手把技术传给农民，他们还经常深入田间地头，查苗情、看长势，指导农户怎样管理，怎样取土。在今年的科技宣传中，他们还重点向农民介绍了配方肥，引起了广大农户的极大兴趣，已同10多个村签订了推广施用配方肥协议。

尉氏县土肥站的科技下乡活动受到了农民群众的欢迎，农民朋友将科技下乡编成顺口溜："一送金、二送银，不如农技送上门"，充分表达了广大农民对先进农业技术的企盼。

（本文原载于1999年《土肥协作网信息》第15期）

加大宣传力度　强化推广措施
夏邑县制订麦播配方肥推广计划

于郑宏

（河南省土壤肥料站·1999年9月）

今年以来，夏邑县按照省、市土肥站的工作部署，狠抓配方肥配制、推广，截至目前，已配制推广配方肥200 t。为进一步促进配方肥的推广，该县农业局党组及土肥站、专用肥厂领导班子进行认真研究，并制订了切实可行的麦播配方肥推广计划。该县制订的配方肥推广计划主要内容如下。

一、搞好宣传发动，扩大影响

在上半年宣传发动的基础上，秋播前计划再投入宣传费用2万元，进一步加大宣传力度，充分利用广播、电视、报纸等新闻媒体和印发宣传资料、宣传车、过街横幅、墙标等多种形式大张旗鼓地宣传。同时，积极向县领导汇报，争取县领导的支持。具体采取以下措施：

(1)从8月份开始，利用广播、电视、《夏邑报》等新闻媒体进行宣传。一是在县电视台作流动字幕广告，在黄金时间连续播1个月；二是积极与电视台、广播电台协商，制作配方肥专题栏目，进行配方肥技术讲座；三是赞助电视连续剧直至麦播结束；四是在《夏邑报》开辟专栏，搞好宣传，扩大影响。

(2)印发宣传资料10万份，分发到村、组、户。出动宣传车，深入田间地头巡回宣传。

(3)印制配方肥广告衫500件，分发至各经销户和科技示范户。

二、多方筹措资金，保证货源

按照5 000 t的配制目标，需资金500多万元，目前已自筹和申请银行贷款300万元，缺口部分通过争取项目资金扶持、外单位拆借来解决，想方设法保证配制所需。

三、搞好土壤养分调查，为配方肥配制提供科学依据

全县135万亩耕地养分调查工作正在进行，预计8月底将全部结束。为搞好土壤化验，县投资10万元购置了化验设备。

四、抓好配制各个环节，保证质量

为切实保证配方肥的配制质量，首先对全体干部职工进行岗前培训，各个配制环节制定了严格的责任制，实行定岗定责。在配制过程中，随时抽样检查，达到混合均匀，配量准确。同时，为降低配制成本，减少损耗，安排专人及时整理、清检散漏肥料，以最大限度地提高效益。

五、制定得力措施，扩大推广

(1)充分发挥村级农业(植保)服务站的优势。利用全县已建成的120余个村级服务站，每个村站分配一定数量的配方肥推广任务，村级服务站在搞好宣传、推广的同时，向每个用户发放服务联络卡，做好各项记录，建档、建卡，并按累计推广量进行奖励。

(2)局属农场、原种场1 600亩耕地全部使用配方肥，局系统全体人员均分配一定数量的推广任务，每推广1 t，提服务费10元。

(3)以乡镇农技站为依托，每乡镇设立一个推广处。通过考查，选择具备一定专业技术水平，懂经营、诚实可靠的人员担任推广负责人。

(4)在小康点、科技户，搞好配方肥推广应用。

(5)由土肥站安排试验，由厂提供肥料，做好配方肥肥效试验，为今后配方肥配制推广打好基础。

(6)实行奖励机制。村级服务、各乡镇推广处及农民技术员、科技户等，推广配方肥50 t以上奖励自行车一辆(200元)、100 t以上奖励彩电(800元)一台，超过100 t另有嘉奖。

六、加强领导,搞好服务,为配方肥配制推广创造宽松环境

县农业局成立配方肥推广领导小组,由农业局党组书记、局长孟伟任组长,土肥站、专用肥厂负责人为成员,并把配方肥的推广作为局工作的重点来抓,在资金、技术、人力、物力、财力上给予倾斜,全局上下形成化验、业务、执法、村级服务站围绕配方肥推广搞好服务的良好局面。通过配方肥推广,带动全局工作的开展。

(本文原载于1999年《土肥协作网信息》第18期)

新密市:配肥方案出台来

崔书超

(新密市土壤肥料站·1999年9月)

新密市农业局为抓好今年的配方肥配制和配方施肥技术推广,日前以局名义印发了《新密市1999年小麦配方肥配制应用计划》,并随文将1 000 t配方肥推广任务分解到各乡(镇)。其主要内容如下。

一、提高认识,加强宣传力度

各乡(镇)及农技部门要充分认识小麦配方肥在小麦生产上的节本增效作用,把配方肥的应用工作做为实现小麦稳产增产的战略措施来抓。加大宣传力度,利用广播、电视、报纸、资料等多种形式,把配方施肥技术推广到村组干部及广大农民群众中去。

二、加强领导,精心组织,确保质量

市土肥站要加强对配肥工作的领导,根据土壤样品测试结果,制定出适合本地的配方方案,并于8月15日前投入配制。要确保产品质量,以质量求生存,以信誉求发展。要使所配制的配方肥成为新密人民信得过、过得硬的高质量产品,创出自己的名牌——“沃力”。

三、微利推广,让利于民

配方肥的推广应用必须以充足优质的推广产品为先决。而目前,由于配肥站起步初始,资金运作比较困难。因此,将采用收取一定数量预定金或与推广网点共办的形式投入运行。根据产品需要量预先收取预定金(原料成本的30%~40%),为配制注入活力。另外,局将加强对配肥工作的领导和组织,搞好核算,立足微利经营,让利于农民,让利于各乡(镇)推广单位,实行互惠互利,齐心协力,共图发展,打一个农业系统农资推广的漂亮仗,实现经济效益和社会效益双丰收。

(本文原载于1999年《土肥协作网信息》第19期)

“三秋”忙 质量关口要把牢
省站紧急通知各地严把配方肥配制质量关

乔 勇

（河南省土壤肥料站·1999年9月）

最近，省土肥站对各测配站配制的“沃力”牌配方肥进行了质量抽查，发现有少数测配站质量把关不严，配制推广劣质“沃力”牌配方肥，在社会上造成了很坏影响。为了杜绝类似情况发生，保证我省组建测配站工作健康发展，为麦播生产、推广优质高效配方肥打下基础，日前，省土肥站就严把配方肥配制质量关发出紧急通知。

通知要求各地要严把配肥质量关。各测配站要严格按照协议要求和技术标准，对每批原料及配制成品进行质量自检，确保投放市场的产品符合质量标准。

通知强调不符合质量要求的配方肥，不准进行推广。对把关不严，出现质量问题，在市场及农业生产中所造成的一切后果，按照协议规定，乙方要承担全部责任。

通知最后指出，省土肥站对已出现质量问题的配肥站首先终止协议，吊销其推广许可证，同时根据情节轻重进行处罚，对有意配制劣质配方肥坑农害农的，将移交有关部门严厉查处。

（本文原载于1999年《土肥协作网信息》第21期）

农业部日前发出通知
要求进一步加强平衡施肥技术推广工作

刘中平

（河南省土壤肥料站·2000年3月）

日前，农业部以农农发[2000]1号文件发出通知，要求各省、自治区、直辖市农业厅（局）进一步加强平衡施肥技术推广工作，并计划在全国建立100个平衡施肥技术重点示范推广县（市），我省遂平、项城、栾川、原阳、内乡等5个县（市）被选入100个重点示范县之列。

通知指出，平衡施肥技术是提高农业生产效益、改善农产品品质、保持和提高土壤肥力、保证农业可持续发展的重要措施。温家宝副总理指出，“大力推广科学施肥技术，指导农民科学、经济、合理施肥，既可节约开支、降低成本，提高耕地产出率，又有利于改良土壤、保护地力和环境，是发展高产、优质、高效农业，增加农民收入的一条重要途径，应当作为农业科技革命的一项重要措施来抓”。为贯彻国务院领导的指示精神,适应我国农业和农村经济结构战略性调整,推进农业科技进步,农业部决定,在2000年进一步加强平衡施肥技术的示范推广工作。

通知指出,各地要统一思想,充分认识推广平衡施肥技术的重大意义。推广平衡施肥技术对农业和农村经济发展具有重要作用,一是有利于提高产量和改善品质;二是有利于优化化肥资源配置,提高肥料利用率,降低生产成本,提高经济效益;三是可以避免和减轻因施肥不科学带来的环境污染;四是有利于保障农业的可持续发展。目前仍有不少地方施肥不讲科学,以至浪费资源、污染环境。针对这些情况,必须大力推广平衡施肥技术。

通知指出,各地要建立试点,大力推广平衡施肥技术。

(1)建立一批平衡施肥技术重点示范区。大力宣传和推广平衡施肥技术,办好平衡施肥样板田和示范区。计划在全国建立100个平衡施肥技术重点示范推广县(市),每个重点县(市)优选10个村作为重点示范推广村,开展“测土、配方、配肥、供肥和施肥技术指导”综合服务。重点县(市)的综合服务覆盖率达到50%以上,重点村综合服务覆盖率在90%以上。

(2)开展耕地土壤养分调查。近20年来,我国的耕地养分已经发生了明显变化,过去的土壤养分数据已不能反映目前土壤肥力的状况,很难准确指导科学施肥,因此有必要开展土壤养分调查,首先对平衡施肥“百县千村”示范区进行土壤养分调查试点,在取得经验后开展更大范围的调查工作。

(3)开展综合技术物资配套服务,推进技物结合。认真贯彻落实《国务院关于深化化肥流通体制改革的通知》精神,总结经验,因地制宜地做好平衡施肥技术物化和服务工作。要加强专用肥的管理,努力提高肥料的科技含量,利用配肥站(厂),适时地提供农业生产需要的肥料品种,同时搞好产品的售后服务,为农民提供施肥技术指导。

通知强调,各地要加强领导,确保各项措施到位。各级农业部门要高度重视,加强领导,将推广平衡施肥技术作为种植业结构调整、农业科技革命、节本增效、农民增收、改善环境、农业可持续发展的一项重要措施来抓。要积极争取地方政府的支持,有领导、有计划、有步骤地开展工作;要抓好有关措施的落实,做到“科技到村、技术人员到户、配方肥到田”;要保证技术推广所需经费和物资,确保平衡施肥技术推广工作取得明显成效。

(本文原载于2000年《土肥协作网信息》第1期)

定期监测土壤　适时补给营养
西平县为农作物“配餐”

武云亮　巩海阁

(西平县农业局·2000年4月)

西平县大力引进农业新技术,实施农作物“配餐工程”,定期为土壤“检查身体”,适时补充养分,让农作物“吃饱喝好”,取得了良好的经济效益。

所谓农作物“配餐工程”,就是根据土壤养分含量状况、作物需肥规律、肥料试验结果和产量指标,提出氮、磷、钾等肥料的适宜用量和配比的一种科学的施肥方法。

为确保“配餐工程”的顺利实施。西平县聘请国家、省、地区有关专家成立“农业专家顾问团”,为“配餐工程”实施出谋划策。组织全县近百名具有中、高级以上职称的农技人员常年扎根于乡村田野。县里还选派多人到北京等地学习,熟练掌握“配餐”工艺中各环节的关键技术和操作规程,并投资购置电教设备、培训资料,建立培训中心,及时培训乡镇农技人员。该县还投资34万元,购置100多台土壤化肥测试仪器,建起化验室,形成了县、乡两级“配餐”中心和村级“配餐”点,对全县土壤养分和作物营养状况进行监测,提供合理施肥最佳配方。去年,该县节约化肥等投入2 500多万元,增产粮食4 000多万kg。

(本文原载于2000年《土肥协作网信息》第3期)

产业结构要调整 平衡施肥要加强
省厅印发《关于进一步加强平衡施肥技术推广工作的意见》

刘中平

(河南省土壤肥料站·2000年5月)

5月8日,省农业厅以豫农文[生]字[2000]8号文件印发了《关于进一步加强平衡施肥技术推广工作的意见》。通知指出,“为了大力推广平衡施肥技术,根据农业部农农发[2000]1号文件精神,我厅制定了《关于进一步加强平衡施肥技术推广工作的意见》,现印发给你们。同时要求各市(地)、县(市、区)农业局要结合实际,加强领导,狠抓落实,努力提高科学施肥水平,促进农业可持续发展”。

意见要求各地要充分认识推广平衡施肥技术的重大意义。并指出,目前我省农业进入了一个新的发展阶段,农业先进技术的推广应用取得了明显进步。但是,在肥料生产和施用上,仍存在着生产结构失调、施用结构不合理等问题,导致肥料利用率低,资源浪费严重,全省每年仅氮素化肥一项的损失约为200万t,直接经济损失达10多亿元。中央领导对推广平衡施肥技术十分重视,温家宝同志指出:“大力推广科学施肥技术,指导农民科学、经济、合理施肥,既可节约开支、降低成本、提高耕地产出率,又有利于改良土壤,保护地力和环境,是发展高产、优质、高效农业、增加农民收入的一条重要途径,应当作为农业科技革命的一项重要任务来抓”。因此,必须充分认识推广平衡施肥技术对当前农业发展新时期在农业和农村经济发展中的重要作用,它不仅能优化化肥资源配置、提高肥料利用率、提高经济效益、实现节本增效,而且可以避免和减轻因施肥不科学带来的环境污染,对保护生态环境、提高土壤肥力、保证农业可持续发展具有重要意义。

意见强调要进一步强化平衡施肥技术基础建设,搞好试点,开展统测统配综合服务。重点要完善化验测试体系,实现市(地)级化验室具有土壤、植株、微量元素和农产品品质测试能力,县级化验室达到常规化验能力,乡级能开展土壤养分速测;积极开展耕地养分调查,在春、秋播前及时将化验结果上报政府领导和公告广大群众；认真抓好平衡施肥技术示范基点，各地要按照农业部关于切实抓好全国“百县千村”平衡施肥工作通知要求，层层抓好各级示范点。省土肥站重点抓好遂平等五县部级示范县的试验示范工作，同时分区域、分作物在平舆、内黄、太康、唐河、夏邑、延津、罗山、宝丰、尉氏、鄢陵建立10个省级示范县。各市（地）要抓好5个重点示范乡，每个县要优选5个村作为重点示范村，并从经费和项目上给予支持。各级示范县要开展“测土、配方、配肥、供肥和施肥技术指导”综合服务。重点县（市）综合服务覆盖率达到50%以上，重点示范乡综合服务覆盖率达到70%以上，重点村达到90%以上。

意见同时还要求各地要巩固和加强测配站建设。意见指出，组建县、乡土肥测配站，实行“统测统配”，直接向农民提供物化的技术产品，是近两年各级土肥部门积极探索出的一种推广平衡配套施肥技术的有效形式。今年要在去年已建46个测配站的基础上，力争达到70个，年配制配方肥能力达到10万t。对各地已建的测配站要加强内部管理，巩固完善推广网络；对拟建的站，要多方筹措资金，尽快建成投产；对利用国债资金的14个旱作农业项目县和农业部5个旱作农业示范县及利用世界银行二期贷款的8个配肥站项目单位，要充分利用资金优势，按合同要求，上规模、上档次，力争年底通过验收，加快推广。

意见最后强调，各地要切实加强领导，引导平衡施肥技术推广向产业化方向发展。并要求各级农业行政主管单位，要切实加强对平衡施肥工作的领导，积极支持土肥部门发挥职能、体系、技术、手段四大优势，面对市场，打破系统、行业、体制界限，全面加强同肥料生产企业、经销商的合作，与生产企业、经销商共同组成产业化大军，以产业化方式加快平衡施肥技术推广。

（本文原载于2000年《土肥协作网信息》第8期）

全方位出击　多手段配合
太康县强力推广配方肥

刘中平

（河南省土壤肥料站·2000年5月）

入春以来，太康县土肥站为做好今年配方肥推广工作，以“组建测配站、推广配方肥”为中心，一切工作都围绕配方肥推广来开展。截至目前，已配制配方肥1 500余t，推广1 000余t，预计全年将完成配方肥配制推广1万t。他们的主要做法如下。

一、强化推广网络

配方肥能否大面积推广，其关键在推广网络。太康县为保证配方肥推广，一直把营建推广网络放在第一位，同时把着眼点放在村一级。目前，该县760个行政村已建村级服务站700多个，覆盖率达92%以上。为进一步完善村站建设，今年该县农业局专门拨出5万元经费用于村站建设。县配肥站除进一步让利于村站外，还制定了村站推广奖励政策：每推广

30 t 奖励200 元,50 t 奖励500 元,800 t 奖励1 000 元。此外,他们还加强了县站自身推广队伍建设,推广人员由过去的 3 人增至 5 人,并明确一名副站长专抓推广,每人配备摩托车 1 辆(价值5 000 元,个人拿1 500 元,站拿3 500 元),月报销下乡费(主要用于摩托车汽油费、维修等)200 元。同时,还专门为推广配方肥配备了 3 辆机动三轮车作为送货专用车,无论路途远近、要货多少,随时需要,随时送货。

二、强化宣传攻势

太康县为做好今年的配方肥推广工作,春节刚过,他们就开始着手进行宣传。其一,他们制作了宣传节目,在县电视台固定时间每天播 3 次,至今已连续播出 2 个多月,仅此项宣传费已接近 2 万元。其二,在去年制作了 700 多条条幅(每个村站一条)的基础上,今年又新制作了 580 条,现已悬挂在各村站显眼位置。其三,印制配方肥宣传材料,目前印制的 1 万余份配方肥宣传材料已分发到村,专门供肥信息已编到第 4 期。其四,专门雇请宣传车 1 辆常年在乡村巡回宣传。

三、强化田间示范

配方肥能否顺利推广开来,与田间示范有密不可分的关系。太康县在推广配方肥中一直十分重视田间示范。今年他们除抓好重点户、科技户外,在重要路口、人员流动量较大的地方建立了 100 余个示范田,平均每乡 6 个,并制作了长 2 m、高 1.5 m 标示牌,上写“太康县平衡配套施肥示范田”,十分醒目抢眼,收到了事半功倍的作用,眼下每天前往参观的群众络绎不绝。为加大影响,他们计划近日召开现场会,进一步扩大宣传。

四、强化土壤化验

土壤养分化验是配制配方肥的第一步工作。为提高配方的准确性和针对性,他们今年又投资 3 万余元整修了化验室,增添了化验仪器设备,进一步提高了化验能力。截至目前已化验土样 300 多个,其中有一半土样是群众自发送来的。

五、强化资金筹措

资金是配制配方肥的基础和前提,没有启动资金,一切将无从谈起。为保证今年配方肥配制顺利进行,太康县从县农业局到土肥站都对此给予了高度重视,该站目前的资金结构是:县农业局投资 70 万元(一年期)用做测配站流动资金,无偿拨款 5 万元用于村站建设,无偿拨款 2 万元用于化验室改造,银行贷款 60 万元,个人集资 60 万元,下一步他们计划引进股份制,村、乡两级服务站可带资入股,以增加资金来源,适应日益扩大的配制规模的需要。

六、强化货款回笼

为保证货款及时回笼和提高信誉度,他们专门聘请了县公证处律师为配肥站法律顾问,并在每一份购销合同上加盖公证处公章,并由公证员签字,这样不仅提高了产品信誉,也极大地促进了货款回笼,从去年至今,该县未发生一起拖欠货款的现象。

(本文原载于 2000 年《土肥协作网信息》第 9 期)

遂平县政府办公室印发平衡施肥技术实施意见

于郑宏

（河南省土壤肥料站·2000年6月）

遂平县是农业部确定的100个平衡施肥技术重点示范推广县。为切实做好平衡施肥技术推广工作，该县政府办公室5月25日以遂政办[2000]27号文件印发了该县农业局起草的《遂平县平衡施肥技术实施意见》，并要求所辖各乡镇、县政府有关部门认真组织实施。

该县印发的实施意见指出，平衡施肥技术是提高农业生产效益、改善农产品品质、保持和提高土壤肥力、实现农业可持续发展的重要措施，是发展高产、优质、高效农业，增加农民收入的一个有效途径，推广平衡施肥技术对农业和农村经济发展具有重要意义。各乡镇及有关部门要进一步统一思想，加大对平衡施肥技术的宣传力度，改变传统施肥结构，促进农业增产、农民增收。同时，还要求该县和兴乡10个行政村作为农业部重点示范推广村，其他各乡镇要优选3～5个行政村作为县重点示范推广村，开展"测土、配方、配肥、供肥和施肥技术指导"综合服务，全县综合服务覆盖率达到50%以上，重点村覆盖率达90%以上。

该实施意见最后要求所辖各乡（镇、区）及有关部门要切实加强对平衡施肥推广工作的领导，积极引导科技示范户宣传平衡施肥技术，把推广平衡施肥技术作为种植业结构调整、农业科技革命、节本增效、农民增收、改善环境、农业可持续发展的一项重要措施来抓。各示范推广村要成立专门班子，具体负责本示范点的宣传发动和推广工作。每个示范村要建立100～500亩的示范田，以确保平衡施肥技术在全县的推广实施。

（本文原载于2000年《土肥协作网信息》第12期）

太康县大力推广掺合肥

成　锋[1]　刘中平[2]

（1. 河南科技报；2. 河南省土壤肥料站·2000年6月）

今年年初以来，太康县着力搞好掺合肥推广工作。截至目前，他们已配制掺合肥1 500 t，推广1 000余t，预计全年将完成掺合肥推广1万t。

为保证掺合肥的推广，太康县一直把构建推广网络放在第一位。今年，该县农业局专门拨出5万元经费用于村级服务站建设。目前，该县已建村级服务站700多个，覆盖率达92%以上。县测配站还制定了村站奖励政策，以提高推广人员的积极性。他们利用广播、条幅、宣传资料等，在农户中广泛宣传使用掺合肥的好处。在搞好宣传的同时，该县强化了田间示范，建立了100多块示范田。目前，这些示范田的庄稼长势良好，前往参观学习的群众络绎不绝。

土壤养分化验是配制掺合肥的前提。为提高掺合的准确性和针对性,该县今年投资3万余元整修了化验室并配置了一批新的化验仪器,进一步提高了化验的准确度和精确度。

(本文原载于2000年6月10日《河南科技报》)

"沃力"扎根百泉湖畔　旱作农业再谱新篇 我省第一个国债旱作农业项目——辉县市配肥站建成投产

刘中平

(河南省土壤肥料站·2000年6月)

辉县市旱作农业配肥站建成投产,6月9日举行了隆重的落成典礼。这是我省第一个利用国债建起的旱作农业示范项目,也是目前我省最正规的一条配方肥生产线。新乡市农业局副局长曹向海、豫北地区旱作农业示范县农业局局长及辉县市委、人大、政府、政协主要领导参加了落成典礼。全国农技推广服务中心土壤处处长隋鹏飞、副处长彭世琪发来了贺电。河南省农业厅巡视员肖兴贵出席落成典礼并作了重要讲话。

据了解,去年国家计委和农业部在我省安排了19个节水旱作农业技术示范基地建设项目县,测配站建设是该项目中的主要内容之一,也是推广平衡施肥技术、实现农业节本增效的重要措施。近年来,省土肥站为推广这一技术,在全省各地已先后建起了57个测配站,发展势头很好,但由于受资金等限制,一般规模较小,设备较为简陋,辉县市农业局利用国债资金,在全省旱作农业示范县中率先建成了高标准测配站,标志着我省配方肥配制已进入一个新的阶段,将会对全省平衡施肥技术推广和旱作农业项目实施起到极大的推动作用。

(本文原载于2000年《土肥协作网信息》第14期)

"沃力"扎根百泉湖畔

刘中平　张玉霞

(河南省土壤肥料站·2000年7月)

辉县市旱作农业测配站近日建成投产,这是我省第一个利用国债建起的旱作农业示范项目,也是目前我省最正规的一条配方肥生产线。

据了解,去年国家计委和农业部在我省安排了19个节水旱作农业技术示范基地建设项目。测配站建设是该项目的主要内容之一,也是推广平衡施肥技术、实现农业增效的重要措施。近年来，省土肥站为推广这一技术，在全省各地已先后建起了57个测配站，各测配站统一使用省土肥站注册的“沃力”商标。

辉县农业局利用国债资金，在全省旱作农业示范县中率先建成了高标准测配站，标志着我省配方肥配制推广已进入一个新的阶段，这将对全省平衡施肥技术的推广和旱作农业项目的实施起到极大的推广作用。

（本文原载于2000年7月1日《河南科技报》）

辉县市政府印发关于加强配方施肥工作的意见

田 雨

（河南省土壤肥料站·2000年6月）

2000年5月20日，辉县市人民政府以辉政文[2000]46号文件印发了《关于加强配方施肥工作的意见》。辉县市政府印发的意见指出，随着农村改革的深化和科学技术的发展，我市的科学施肥水平不断提高。但由于多种因素的制约，特别是土壤测试手段落后、市场上供应的复配肥料的养分与我市不同区域土壤养分需要不同，因而造成在化肥施用上出现盲目加大用量和土壤养分比例失调。不仅增加了农业配制成本，浪费资源，而且污染环境，造成土壤酸化、板结。加强配方施肥工作，尽快改变这种高耗低效的用肥局面，已刻不容缓。

意见指出，组建配肥站、推广配方肥是解决上述问题的有效途径。各乡镇和县政府有关部门要坚持以科技为先导，通过向农民提供“取土、化验、配方、配制、供肥、技术指导”全程系列化服务，将科学施肥先进技术物化到专用配方肥料中，重点解决土地分散经营条件下科学施肥技术难以到位的问题，提高全市农民的施肥水平，最大限度地提高化肥的利用率，降低生产成本，实现农业生产的高产、高效、低耗。主要目标是：2000年测土配肥站投入运营，负责全市的测土配方、配方肥的配制和供应，保证满足生产所需，并搞好技术服务。全市今年要完成10万亩的配方肥推广任务，每个乡镇要继续搞好2个以上示范村和若干个示范户，搞好对比试验，培植典型，积累经验，取得科学依据，力争2002年全市普及配方施肥。

意见强调，为实现上述目标，各乡(镇)及县政府有关部门，一要加强宣传。通过电视、报纸、广播等新闻媒体，大张旗鼓地宣传平衡施肥的重要意义，提高广大农民群众施用配方肥的自觉性。二要搞好示范。市、乡两级农技部门要搞好示范村、示范户的落实工作，用看得见、摸得着的事实，带动群众。三要建好测土配肥站。市农业局土壤肥料监测中心要对全市的土壤进行普遍测定，掌握全市土壤养分状况，有针对性地制定配方。农业局要组建好测土配肥站，为全市提供“测土、配方、配肥、供肥和施肥技术指导”全程服务。四要严格把好质量关。配肥站要采取质量保险、发信誉卡、设监督电话、跟踪服务等形式，取信于民。要建立严格的质量管理制度，严把进料、配制等环节关，让农民真正用上放心肥。

意见最后强调，配方施肥工作事关农民增收、农村稳定大局，各级领导要高度重视，切实加强对这项工作的领导。各乡(镇)要广泛宣传，动员群众，确保在群众自愿的基础上完成配方肥推广任务。农业、工商、技术监督等部门要通力合作，依照有关法律、法规，全面检查全市的肥料市场,对生产经营未经登记的假冒伪劣肥料产品的,要依法严惩,净化市场,维护群众利益,确保全市配方施肥工作稳定、持续、健康开展。

该意见还随文下发了各乡(镇)2000年示范推广配方肥任务表。

(本文原载于2000年《土肥协作网信息》第14期)

漯河:小草得救　赛事照行

王　磊

(河南省土壤肥料站·2000年6月)

6月6日,漯河市体育中心几位负责同志兴高采烈地来到该市土肥站,兴致勃勃地对土壤肥料站工作人员讲:"你们的方法真管用,采用了你们的配方后,草已不再枯死,一些变黄的草也变绿了,现在体育场内一片绿油油的,真感谢你们帮了我们的大忙"。

事情原来是这样的:5月中旬,该市体育中心一位负责同志心急火燎地来到市土肥站,反映体育中心足球场种植的结绿草成片出现枯死现象,请了几位植草专家会诊也没找到解决办法,如果不及时找出原因,尽快采取措施,将会影响7月份在该市体育中心举行的中国少年足球赛。这也是该市体育中心建成后所承办的第一次全国性重大赛事,如因草坪问题影响了赛程安排,不仅对该市体育中心有不良影响,更重要的是将会影响到漯河在全国的形象。因此,该市领导非常重视,严令体育中心必须尽快解决。由于这种草是进口草,草坪价格昂贵,临时更换又来不及,所以到土肥站求救来了。

听到这些情况后,该市土肥站技术人员迅速赶往体育中心了解情况,查找原因,初步断定了不是病害和虫害,可能是土壤方面的原因,随即对枯草地片和绿草地分别取了土样。回来后,站里同志连夜对土样进行了化验,并根据化验结果,提出了补救方案和施肥配方。该市体育中心按土肥站的补救方案和施肥配方施行后,足球场种植的结绿草不再枯死了,变黄的草也开始变绿了,于是就出现了开头的一幕。

(本文原载于2000年《土肥协作网信息》第15期)

遂平:平衡施肥 政府部署

田　雨

(河南省土壤肥料站·2000年6月)

遂平县是农业部确定我省8个平衡施肥技术示范推广重点县之一。为进一步推广平衡施肥技术,贯彻落实农业部《关于进一步加强平衡施肥技术推广工作的通知》和遂平县遂政办[2000]27号文件《遂平县平衡施肥技术实施意见》,6月5日,该县政府在该县农业局召开了遂平县平衡施肥技术推广工作会议,副县长董国振、农办主任郑道洲及各乡(镇、区)分管农业的副乡(镇、区)长、农技站长等参加了会议,驻马店地区土肥站书记许卫平应邀出席了会议。

会议首先传达了农业部和县政府关于平衡施肥工作的文件,并宣布了10个列入农业部平衡施肥技术示范推广重点村和66个列入遂平县平衡施肥技术示范推广重点村名单。

会议同时强调,各乡镇政府要统一思想,提高对推广平衡施肥工作的认识,把它作为一项农业科技革命的关键措施切实抓好,抓出成效。各乡镇及重点村要建立相应的领导班子,切实加强对该项工作的领导,紧紧抓住国家农业部把遂平县列入平衡施肥技术示范推广重点县的机遇,确保重点村100~500亩示范田的完成。农业部门要积极做好平衡施肥技术的宣传、指导,根据全县土地养分状况,做好配方肥的供应。

(本文原载于2000年《土肥协作网信息》第15期)

平衡施肥如何搞　培训班里把你教
遂平县和兴乡举办平衡施肥技术培训班

乔　勇

(河南省土壤肥料站·2000年6月)

6月7日,遂平县和兴乡政府举办了平衡施肥技术培训班。遂平县是农业部确定的平衡施肥技术示范推广重点县,该县又确定和兴乡为重点乡,并在该乡确定了10个重点村。为搞好今年的试点示范,该乡专门举办了这次10个平衡施肥示范推广重点村支部书记、村委主任参加的培训。培训班由该乡乡长何方主持,县农业局副局长时新州参加了会议。

培训班首先学习了农业部、省农业厅和县政府有关平衡施肥技术示范的文件,接着传达了该县农业局6月5日召开的平衡施肥工作会议精神,并强调各重点村要高度重视这项工作,要加大宣传力度,党员干部要带头重点示范,以示范带动推广,保证落实配方肥推广面积。最后,该县土肥站站长魏铁栓详细讲解了平衡施肥技术要点,并发放了有关技术资料。

(本文原载于2000年《土肥协作网信息》第16期)

牧野大地传佳讯　"沃力"家族添新军
新乡市土肥站直属测配站开始批量配制配方肥

张麦生

(新乡市土壤肥料站·2000年7月)

日前,新乡市土肥站经过周密筹备,市属土肥测配站终于瓜熟蒂落,首批配制的250余t

"沃力"牌花生、水稻、棉花、玉米、蔬菜等专用配方肥已推广一空,前景十分看好。

为加快配方肥推广,该市土肥站除严把质量关外,在全市实行以点带面,选取了古固寨、佘家、魏邱、应举等9个乡为配方肥推广重点乡,并采取"测土、配方、配肥、供肥、技术指导"一条龙服务,共化验土样160余个,同时加强配方肥技术宣传,由市农业局牵头,组织土肥、农技、植保专家深入乡、村传授配方肥施用技术,目前已讲课15场次,发放技术资料2万余份,还采取电视、广播、宣传车等多种形式进行全方位宣传,为配方肥推广打响第一炮起到了很好的促进作用。

(本文原载于2000年《土肥协作网信息》第17期)

漯河市平衡施肥技术示范推广初战告捷

陈庆来

(漯河市土壤肥料站·2000年7月)

漯河市土肥站针对目前不少农民仍抱着盲目施肥的观念,部分农技人员不考虑土壤养分变化,仍沿用20世纪80年代土壤普查资料进行宣传指导,投肥结构不合理,导致资源浪费严重、土壤养分状况更加失调的现状,从去年开始,采取技术培训、宣传发动、取土化验、配方施肥、指导配制等系列化服务,开展了小麦、土豆、葡萄等作物平衡配套施肥技术的示范推广工作,并取得了显著效果。

据13个示范区86个点3 250亩小麦测产,除个别因旱情严重的地块表现不好外,其他均有不同程度增产(相对亩施50 kg碳铵、50 kg磷肥而言),最高理论产量达到518 kg。麦收后经169户实产调查,施用配方肥的麦田平均单产379 kg,较习惯施肥单产330 kg增产49 kg,增长11.8%。单产高于习惯施肥麦田20%的57户,占33.7%;高于10% ~20%的有91户,占53.8%;高于10%以下的21户,占12.4%。其中郾城县园艺场700亩小麦,平均单产达到468 kg,其中有126亩超出500 kg,最高单产达548 kg;郾城县老沃镇胡庄村胡广会30亩小麦平均单产达到448 kg;万金镇朱占伟2.6亩小麦平均单产达到462 kg。室内考种结果看,施用配方肥的千粒重最高达到48.5 g,平均41.6 g,较对照区增加3.6 g;平均穗粒数达32.3粒,较对照增加2.7粒;亩穗数与对照基本持平。全市5 000亩平衡施肥区共增产粮食24.5万kg,增加收益20.825万元(每千克小麦按0.85元计)。

漯河市土肥站在推广平衡施肥技术中,首先把开展技术培训、搞好宣传发动、提高农民素质放在第一位。去年秋收前夕,他们征得该市农业局领导同意后,与平衡施肥示范基地的村取得联系,在各村委的大力支持下,开办了多场培训班,对比较大且较远的行政村,技术人员吃住到村。如果碰到大型活动,他们更是不放过,如市委、市政府组织的"三下乡",积极派员参加,为农民讲解有关平衡施肥方面的知识,所到之处,受到广大农民的普遍欢迎。据统计,去年7月份以来,该市土肥站共组织36人次,开展28场次的培训班,参加大型下乡宣传活动5次,印发技术资料2 000余份,培训农民12 500人次。

在广泛开展技术培训的基础上,该市土肥站通过与一部分村委充分协商,达成了建立平衡配套施肥示范推广基地的协议，并与示范点负责人签订技术承包合同，明确双方的责任和义务。市土肥站负责免费取土化验土壤养分，提供施肥配方，供应配方肥，负责施肥技术指导；示范区按照市土肥站的技术要求进行科学管理，产量指标在前三年平均单产基础上提高15%。如因技术指导失误达不到指标，市土肥站给予赔偿。去年麦播前，通过与示范基地充分协商，签订了13份承包合同，承包面积5 000亩。同时，他们结合下乡培训活动，共取土样581个，室内分析样品369个、1 476项次，根据化验结果和作物需肥规律，按照缺啥补啥，缺多少补多少的原则，分别提出了不同肥力下的施肥配方，做到科学、准确，经济而不浪费。

为保证平衡施肥技术的落实，该市在抓好技术宣传的同时，积极筹措资金，组建了测配站。同时为减轻农民负担、减少中间环节，直接对村签订协议，免费送货上门，最大限度地让利于农民。去年麦播前共组织配制“沃力”牌配方肥200余t，全部用于平衡施肥示范推广中，今年夏收后，农民群众看到丰收的果实，对“沃力”牌配方肥赞不绝口，纷纷表示今后将继续选用“沃力”牌配方肥。

（本文原载于2000年《土肥协作网信息》第18期）

信阳市夏季粮油配方施肥成绩显著

赵武英

（河南省土壤肥料站·2000年7月）

信阳市今年夏季粮油配方施肥工作以增施有机肥料为中心，积极调整投肥结构，优化配置化肥资源，在夏季粮油整个生育期间遭受特殊不良气候情况下，配方施肥田块表现出很强的抗逆性，取得了较为显著的成绩。

去年秋播后，信阳市粮油作物在整个生育期间遭受了极其不利的气候条件，先是干旱，到10月中上旬又持续阴雨，造成整地困难，使大面积直播油菜播种期推迟，小麦播期也较常年推迟10～40天。接着播后及越冬期又形成干旱暖冬天气，使小麦生长发育阶段变快，而分蘖的发育因干旱而较往年缓慢，使群体变小，早春低温直接影响小麦幼穗和油菜花蕾的正常生长发育。2月底至5月中旬，正值小麦、油菜由营养生长转入生殖生长的关键时期，却长期无雨，干旱致使小麦、油菜个体生长量减少，油菜大面积株高1 m以内，低者仅40 cm，个别田块因株小、株少而绝收。小麦株高较正常年份降低15～20 cm，分蘖成穗数下降，垄岗旱地小麦主茎成穗几乎不保，部分田块绝收。暖冬和干旱及早春低温不良天气，使小麦生育期提前，较往年提前10天成熟。在这种不利的气候条件下，配方施肥区经受住了考验。据统计调查，信阳市1999年实施小麦配方施肥294万亩，亩均单产201 kg，较习惯施肥增产28 kg/亩，增长16.2%；油菜配方施肥95万亩，亩均单产73 kg，较习惯施肥增产15 kg/亩，增长25%。且配方施肥区小麦、油菜普遍生长良好，茎杆粗壮，抗逆性强，小麦穗多、油菜角粒数增多。

多年来，该市各级政府部门都十分重视配方施肥工作，特别是去年，他们更是把该项工作作为重大农业科学推广项目，列入各县（区）目标责任考核之中，自上而下层层分解任务，落实到乡、村,责任到人。为了更好地推广该项技术,每年秋收之后,该市市、县(区)两级土肥科技人员都要分赴配方施肥区域,根据土壤类型、地形地貌进行分区取土化验,再根据土壤化验结果和作物需肥规律,制定施肥通知卡,指导广大群众科学施肥,特别是去年以来,他们还大力推广应用了配方肥。去年秋冬播全市共取土壤农化样 1 258 个,化验近 5 000 样次,下发施肥通知单 4 200 张,推广应用配方肥 350 t,并结合机耕深耕,进行化肥深施 220 万亩。

(本文原载于 2000 年《土肥协作网信息》第 18 期)

学习技术　增长知识　交流经验　开阔思路
全省配方肥技术培训研讨班在太康县举办

刘中平

(河南省土壤肥料站·2000 年 8 月)

全省麦播备肥高峰即将到来之际,8 月 12 ~ 20 日,省土肥站在太康县举办了配方肥技术培训研讨班。全省 70 余个测配站和 18 个市土肥站共 160 余人参加了培训班。

培训班先后听取了西北农林科技大学博士生导师李生秀教授、河南省农科院土肥所张桂兰研究员、河南省土肥站赵洪奎高级农艺师所作的《植物营养与肥料学面临的任务与问题》、《施肥配方的方法与应用》、《配方肥的配制与发展》等专题报告,同时还参观了太康县测配站配制现场和村级服务站,听取了太康、开封、原阳、平舆、商丘及开封市五丰复合肥厂等 6 个单位的典型经验介绍。省农业厅巡视员肖兴贵,周口市农业局局长张继林、副局长冯广民,太康县县长杜民庄、县委副书记王军茂、副县长郝宝良及农业局副局长徐汝功出席了培训班开班仪式,肖兴贵巡视员在开班仪式上作了重要讲话,省土壤肥料站副站长胡伯继主持了开班仪式。

(本文原载于 2000 年《土肥协作网信息》第 20 期)

太康县多措并举推广配方肥

刘长伟

(太康县农业局·2000 年 8 月)

太康县辖 23 个乡镇 766 个行政村,人口 130 万人,耕地 172 万亩,常年农作物复播面积 370 万亩,主要农作物有小麦、棉花、玉米等,每年化肥施用量约 30 万 t,是一个农业大县。近年来,在县委、县政府的正确领导下,在上级业务主管部门的大力支持下,县土肥站以"组建测配站、推广配方肥"为中心,在配方肥的配制、推广等方面取得了一些成绩。

一、多方筹措资金,加强测配站建设

太康县农业局领导对组建测配站、推广测土配方施肥技术十分重视,在测配站的建设、资金筹措等方面给予了大力支持。建站伊始,局里拔给土肥站建站用地 5 亩,局投资 70 万元(一年期),无偿拨款 25 万元用于测配站和化验室建设,并协助吸收社会闲散资金 90 万元,银行贷款 100 万元,个人集资 80 万元。目前,测配站建筑面积达 1 300 m^2,其中仓库 420 m^2,厂房 800 m^2,办公室 5 间 80 m^2,拥有掺混设备 1 套,工人 40 余名,站区厂地全部硬化,年配制能力可达 2 万 t。下一步还将实行股份制,转变经营机制,提高运作活力,整个农业推广系统和村级服务站都可带资入股,以增加资金来源,适应日益扩大的配制规模的需要。

二、搞好化验示范,推动配方肥应用

土肥站现有干部职工 22 人,其中中高级技术人员 6 人,专职化验员 8 人,拥有办公化验楼 1 座,建筑面积 600 m^2,化验室 9 间,面积 200 m^2,化验设备齐全。

土壤化验是配制配方肥的前提。为提高土壤化验的准确性和权威性,一方面加大化验室的基础建设,装备硬件;另一方面对化验人员进行培训,强化软件。去年投资 10 万元,整修了化验室,购置了一些新型仪器。现化验室拥有分析天平 4 台,干燥箱 4 台,火焰光度计、恒温培养箱、真空干燥箱、自动滴定仪各 1 台,酸度计 4 盒,速测仪 3 台,能够进行土壤肥料的常规化验和速测化验。原来化验人员只有 3 人,1999 年新增大中专毕业生 5 人,为了提高其业务水平,提高化验的准确性,特意从地区土肥站请来土肥专家、高级农艺师朱各允老师前来对化验人员进行了 15 天的专题培训。

根据往年经验,土壤样品集中化验往往时间紧、任务重、劳动强度大,长期重复同一种劳动,乏味疲劳,很容易出现误差,影响化验结果。为此,从今年起,改集中化验为常年不间断化验。首先,培训村站人员掌握土样采集技术,把全县 1.5 万个取样任务分解到村,由村站人员负责取样送样,每个村站取样不得少于 20 个;其次,在电视台公告,农业局土壤肥料站今年继续对全县农户免费化验土样;再次,根据化验结果填写邮寄配方施肥通知单。目前,已化验土样 6 000 多个,其中农民自发送样 3 000 多个。

配方肥能否顺利推广开来,与田间示范有密不可分的关系。在配方肥推广中一直十分重视田间示范,除抓好重点户、科技户外,在重要路口、人员流动量较大的地方建立了 100 余个示范田,每个示范田面积不小于 6 亩,平均每乡 6 个,并制作了长 2 m、高 1.5 m 的标示牌,上写"太康县平衡施肥示范田",十分醒目抢眼,每天前往参观的群众络绎不绝,对宣传配方肥起到了事半功倍的作用。

三、强化村级服务网点,提高服务能力

配方肥能否大面积推广,关键在于推广网络的建设。为保证配方肥推广,一直把营建推广网络放在第一位,同时把着眼点放在村一级。目前,全县 766 个行政村,已建立村级服务站 700 多个,在此基础上,建立测土配方施肥定点站 150 多个,覆盖率达 92% 以上。今年又投资 20 万元对定点站进一步完善,统一添置货架柜台,修改标牌,扩大技术宣传板面和资料。

为了提高村站的服务能力，避免村站只经营不服务，挂农业局牌干自己的活，制定了一系列强化管理措施：

（一）制定标准，提高村站水平

对每个村站，要求做到：①有 1～2 名人员，必须是农广校的毕业生、农民技术员或种田能手；②有 40 m^2 以上营业场所；③有牌子，由农业局统一制作，统一命名为“太康县农业局××村农业技术服务站”；④有农民所需的肥料、农药、种子等农资；⑤有图书、杂志、报纸等技术资料；⑥有宣传园地。

（二）建立制度，树立村站形象

为了树立村级服务站的良好形象，要求每个村站必须做到：①遵守法律法规，树立为农村、农业、农民服务的思想；②以技术服务为主，物化服务为辅；③以社会效益为主，经济效益为辅；④按时完成县农业局、土肥站交给的试验示范和调查任务。

（三）制定措施，提高村站推广配方肥的积极性

为了提高村站的积极性，我们制定了一系列措施，保护村站的利益，同时也约束村站的行为：①县土肥站抽 5 人专门对村站进行管理，每人配一辆摩托车经常到村站检查指导，如发现有违法违纪行为，由农业局执法大队取消农资经营许可证；②土肥站与村站签订合同，以合同形式管理村站；③县农业局出面协调与工商、税务方面的关系，为村站创造一个良好的工作环境；④制定奖励措施，村站在原有推广利润的基础上，每推广 30 t 配方肥奖 200 元、50 t 奖 500 元、80 t 奖 1 000 元。

四、加强宣传培训，扩大配方肥影响

为做好配方肥推广工作，采取各种形式加大宣传力度。一是制作宣传节目，进行电视、广播宣传。从去年 3 月份开始，在县电视台、电台固定时间采取各种形式进行播放宣传，仅此一项，去年支付宣传费用 4 万多元，今年已连续播出 5 个多月，宣传费已接近 5 万元。二是制作宣传条幅。在去年制作 700 余条的基础上，今年又新制作了 800 条，悬挂在各村站显眼位置。三是印制配方肥宣传材料。目前已印制宣传材料累计达 10 万余份，分发到村。四是流动宣传。雇用宣传车一辆，常年在乡村巡回宣传。

五、强化内部管理，保证配方肥质量

为保证配方肥配方的科学合理性和产品质量合格，对配方肥配制的每个环节都进行了严格分工和把关。一是派一名副站长主抓产品质量，负责配方，选一名工作能力强的同志主抓配制，另外派两名同志分别负责原料和成品质量关。二是对配制配方肥的工人经常强化文化技术素质教育，以确保产品的质量，特别是对一些专用地块的配方肥，按技术人员的要求明确标上“××乡××村×××户××地块专用配方肥”字样。三是负责配制的同志，督促工人严格按照配方配制，以确保配方肥养分比例的准确稳定。

六、加大货款回笼力度，保证配制顺利进行

为保证货款及时回笼，采取了一系列措施：①依法治站。从县公证处聘请律师为测配站法律顾问。②合同管理。与每个村站签订推广合同，加盖公证处公证章进行公证，保证按期付清货款。③加强自身推广队伍建设。推广人员由 3 人增至 5 人，并明确一名副站长专抓

推广，每人配摩托车一辆（价值5 000元，个人拿1 500元，站出3 500元），月报销下乡费200元（主要用于摩托车用油及维修）。④制定奖罚措施。根据配方肥推广和资金回笼情况，分期分配资金回收任务，完成任务奖励，完不成任务罚款（从年终奖金中扣除）。⑤推广人员工资与配方肥推广数量挂钩，多劳多得。⑥全县统一配方肥价格，货款付清越早出厂价越低，促进了村站早交货款。

农技工商信用社　三家联合推配肥
确山县走出配方肥推广新路子

乔　勇

（河南省土壤肥料站·2000年9月）

为加快平衡施肥技术推广步伐，促进土肥产业化发展，促使配肥资金及时回笼，今年“三秋”备肥中，确山县农技中心与该县工商局、农村信用社三家联合，在配方肥推广中走出了一条新路子。

配方肥在该县推广两年多来，成效显著，深受广大农民朋友欢迎。今年，该县农技中心进一步加大了配方肥推广力度，多方筹资250多万元，已配制“沃力”牌配方肥1 800多t，产品供不应求，推广势头良好，但在资金回收方面，却是“老大难”。为解决这一难题，近日，该县农业局农技中心、工商局、农村信用社三家联合，签定有关协议，利用县农村信用社300万元扶贫贷款，由工商局负责协调，乡、村信用社信贷员与购肥户签订小额贷款合同，购肥户持贷款合同到乡、村推广网点领取配方肥，农技中心依据合同与农村信用社结算，促使配肥资金及时回笼，现已签订合同2 800多份，回笼资金80多万元。

（本文原载于2000年《土肥协作网信息》第25期）

五十六个村级站　二百余吨配方肥
郏县利用完善的村级服务体系推广配方肥

葛树春　张桂兰

（河南省土壤肥料站·2000年9月）

郏县测配站是今年新建的站，为打好第一枪，给今后的发展来个开门红，他们决定稳扎稳打，计划利用56个完善的村级服务站，先行试推广200 t配方肥，待积累经验后，明年再大干。

郏县村级服务组织较为健全,早在1999年4月,郏县人民政府就印发了建立村级农技服务体系实施方案,并成立了以副县长王亚年为组长、县有关部门领导为成员的领导小组。该县对村级服务网点有一套严密的管理办法,村级网点从业人员必须具备三个条件之一:①离退休农业科技人员;②农广校毕业生;③政府命名的科技户。网点设施要求:门面2间,仓库3间,交通便利,布局合理。具体管理上:①每个网点交5 000元风险金;②每个网点交10 000元集资款,每年按1 000元分红;③每个网点必须由郏县境内的农业系统在职职工经济担保。县农技中心挑选5名身强力壮的人员(20~25岁大学毕业生或转业复员军人)组成巡查队,每人配1辆摩托车,每天对11个网点进行巡回收款,需要肥料时派专车送货。同时还规定,每个网点年营业额不足15万元的取消该网点,再建新网点。他们今年初步安排每个网点负责推广3 t配方肥,从目前情况看,有望突破200 t。

(本文原载于2000年《土肥协作网信息》第25期)

配方肥缘何受农民青睐

刘中平　张志华

(河南省土壤肥料站·2000年10月)

人们把含有氮、磷、钾及其他营养元素的单元或二元肥料按一定比例掺混而成的混合肥料通称为配方肥。1998年7月,省土肥站向全省提出“组建测配站、推广配方肥”的目标,到目前,全省已建测配站70多座,配方肥推广量也迅速递增,今年预计将达到6万余t。

配方肥之所以受到农民青睐,是因为它有以下特点:

一是针对性强。省、县各级土肥站可根据不同作物、不同产量、不同土壤类型,甚至不同田块进行配制,避免了一般施肥中某种养分不足或某种养分过剩而造成浪费,有利于提高肥料利用率和节本增效。

二是配制工艺简单,投资少,成本低。它是将现成的氮、磷、钾及微量元素肥料按作物产量水平、需肥规律及土壤养分含量等科学掺合直接掺混而成,不粉碎,不造粒,直观性好,方法简单,投资省,成本低。

三是配制方式灵活。可以在城乡、工厂等任何地方进行配制,配制量可大可小,无“三废”污染。

四是便于推广各种新型肥料。可将长效碳铵、涂层尿素、有机肥料、生物肥料、微量元素肥料,甚至农药、除草剂等加入掺混,避免农民在生产中的重复劳动,易为农民接受。

五是施肥方式灵活。由于配方肥原料大多选用比较均匀的颗粒状优质肥料,施用中可机施、耧施、撒施、条施、穴施等,方式灵活。

麦播底施专用配方肥含量一般在45%以上,包装袋为半透明彩印编织袋,肥料颜色一般呈白、红、灰三种。希望农民朋友在选用时看清商标、含量及颜色等,同时以选用本县或邻近配肥站配制的配方肥为好。

(本文原载于2000年10月18日《河南农村报》)

你有我有他也有 “沃力”滑县成新宠 滑县秋播备肥出现配方肥抢购热

罗俊丽

（滑县土壤肥料站·2000 年 9 月）

继碳铵、尿素、磷肥、钾肥、复肥之后，配方肥又成为今年滑县农民小麦用肥的新宠，广大农民竞相购买。滑县测配站分 5 班 24 小时全天候配制，仍然供不应求，目前全县已掀起了抢购争用配方肥的高潮。

为使配方肥迅速占领市场，测配站做了大量工作：一是广泛宣传，全面发动。首先印发了《滑县农业技术推广中心关于大力推广“沃力”牌配方肥的通知》及配方肥科普材料 5 万余份。同时利用电视台由高级农艺师路水先局长进行技术讲座，并从品牌、形象等方面宣传介绍。9 月 10 日又召开了“滑县配方肥推广及网络建设座谈会”，会上由省土肥站副站长胡伯继及赵宏奎老师就配方肥的起源、发展、优点及发展配方肥的重要意义等方面作了深入浅出的讲解，提高了与会代表对配方肥的认识。二是测土化验，科学配肥。测配站在土肥站指导下，对全县范围内不同类型土壤取样化验，根据化验结果由高级配方师提出配方，配比更科学，针对性更强。三是示范带动，效果明显。今年秋作物上，测配站广为布点，扩大示范，取得了明显效果。

（本文原载于 2000 年《土肥协作网信息》第 25 期）

专程四十里 购买配方肥

韩书欣 王学增

（方城县土壤肥料站·2000 年 11 月）

9 月 18 日，正是收秋和小麦备播的大忙时刻。上午 10 点钟，方城县农技中心院内匆匆忙忙来了一位骑自行车的青年农民，他一下车就打听土肥站的同志，询问他们今年还搞不搞小麦优化配方肥，当他购到 4 袋优化配方肥后，心满意足高兴而去。事后了解到，这位青年农民叫赵保欣，家住独树镇北村，去年他家种了 4 亩小麦，其中 3 亩用了县土肥站配制的小麦优化配方肥，另外 1 亩用的是 25 kg 俄罗斯复合肥，结果在几十年不遇的大旱情况下，用配方肥的 3 亩小麦打了 600 kg，用俄罗斯复合肥的 1 亩打了不足 50 kg，秋季施配方肥的 3 亩麦茬种了大豆，表现株高角稠，籽粒饱满，成熟一致，亩产在 200 kg 上下。据他介绍，施小麦优化配方肥，一管两季，收成喜人，所以活再忙，他也不怕路远，跑了近四十里路，赶到县城人民路农技中心院内,买走了适合方城实际情况的小麦优化配方肥。

(本文原载于2000年《土肥协作网信息》第27期)

筹资三十万　配制配方肥

王锦章　唐立强

(息县农业技术推广站·2000年11月)

今年麦播前夕,息县农技站为加大配方肥推广力度,在局党委的大力支持下,决定在全县万亩小麦良种繁育基地和5 000亩油菜高产开发区进行示范,县农技站同时筹资30万元,对原配肥站进行了技术改造,并新购置了5.5 kW肥料搅拌机1台、肥料传送机械一套,配制能力得到了大大加强,同时对重点用肥区的耕层养分进行了测定,根据测定结果,拟定了10余个科学配方,配肥站严格按配方进行配制,到10月15日已推广“沃力”牌配方肥600余t,预计今年可望突破1 000 t。

(本文原载于2000年《土肥协作网信息》第27期)

新乡市积极探索优质小麦科学施肥新模式

蔡海兰

(新乡市土壤肥料站·2000年11月)

近年来,新乡市优质强筋小麦配制取得较大发展,已成为该市种植业结构调整的重头戏和广大农民增收的重要途径。但是,在优质麦配制中,角质率降低问题比较突出,粮食收购单位和粮食加工企业因此压级压价,甚至拒收,已成为当前困扰优质小麦发展的难题之一。为了尽快解决这一问题,提高优质小麦的市场竞争力,新乡市土肥站在大专院校、科研单位的支持下,实施了强筋小麦优质化施肥研究项目。经过5个月的努力,目前,整个项目8套方案、20个试验示范区、254个试验小区全部落实,项目实施第一阶段顺利完成。

项目实施前期,该市土肥站对1999年新乡县朗公庙乡、原阳县祝楼乡、延律县东屯乡等许多乡村优质麦种植户进行调查发现,土壤瘠簿、施肥不当、土壤养分失衡,是小麦角质率降低的主要原因。优质小麦具有需氮素多等不同的需肥特点,必须因地制宜,实行不同的施肥管理。但是由于多年来小麦生产中单纯追求产量,有关优质小麦施肥研究资料很少,测土施肥,试验建立不同土壤类型、栽培耕作制度优质小麦施肥模式势在必行。

因此,该市土肥站在有关部门支持下,努力克服资金不足等困难,对优质小麦区进行土壤养分化验普查,麦播前化验土壤300样次,提出砂薄区增施钾肥、推广配方肥料施肥意见,并立项开展强筋小麦优质施肥研究,7月份在充分调查研究基础上,多次请省农业厅、技术师院等单位专家座谈，精心设计方案。8～9月份多次召开全市项目承担单位会议，周密部署，专人负责，统一方案，统一供种，统一选定地块，统一取土化验，统一供肥，从而保证了项目的顺利实施。

（本文原载于2000年《土肥协作网信息》第28期）

强化土肥技术服务职能
遂平县大力推广测土配方施肥技术

乔　勇

（河南省土壤肥料站·2000年11月）

遂平县是以种植业为主的农业县。现有人口60万人，农业人口56万人，耕地面积101万亩，其中80%的耕地属中低产田。全国第二次土壤普查显示，全县土壤少氮缺磷富钾，为此，开展了以增施磷肥为突破口的氮、磷配合施肥技术推广与普及，使全县农业生产上了一个大台阶。但近几年，农业生产出现了徘徊不前的局面，为查找制约作物产量提高的因素，1994年组织开展了全县土壤耕层养分含量普查，结果表明全县农田综合肥力表现为缺氮少磷贫钾，农田土壤缺钾造成了作物营养失调，严重制约了农业生产的发展。根据全县土壤养分普查结果，开展了氮、磷、钾配方施肥的试验、示范、推广工作，在农业生产中取得了显著的增产效果，带来了较好的经济、生态及社会效益。

在多年开展测土、开方、配肥工作取得了一定成效的基础上，1998年，经申请，该县被定为全省首批16个试点县之一，开始了组建测配站、推广配方肥工作。面对时间紧、任务重、缺资金、无厂房、少设备等困难，在县委、县政府的重视支持下，在农业局党组的直接领导下，土肥站全体职工精诚团结、齐心协力，克服种种困难，圆满完成了1998年配制推广500 t配方肥的任务。主要做法如下。

一、统一思想，提高认识

组建配肥站、推广配方肥是农业生产发展的需要。配方肥具有科技含量高、针对性强、理化性状好、使用方便、增产效益显著等特点，是目前农业最重要的增产措施之一。通过配方肥的推广，不仅促使农业增产，而且还可以壮大自身。为此，该县农业局党组先后6次召开会议，认真分析当前形势，提高认识，树立信心，并采取多种形式宣传发动全系统干部职工，人人参与配方肥的推广示范技术承包活动，任务明确，责任到人，从局长到职工，人人头上有指标，责、权、利融为一体，任务完成情况每天公布一次，在全系统形成推广配方肥的浓厚氛围。

二、做好宣传，争取支持

为了使全县干部、农民了解农田土壤养分含量现状及对农业生产的影响，全面开展配方施肥技术推广，他们采取了以下措施：首先抽调经验丰富的高、中级专业技术人员组成讲师团,深入全县乡、村及领导干部示范田,当面对群众讲解配方肥的优点及使用技术。其次开展土肥技术培训、印发技术资料、电视技术讲座、播放录相,设立"开方配肥服务处",开通热线电话等形式,义务为广大农民提供技术咨询服务。与此同时,组织全系统科技人员下乡建立示范田,搞技术承包,通过示范辐射促推广。再次做好对领导的宣传工作,取得多方支持。如局领导向县领导汇报、利用会议给领导发宣传资料、请县主要领导到示范田观察和指导等多种宣传形式,提高领导的认识,争得他们的支持。县委书记在全县召开的乡、村干部会议上还专题讲述了农业局配制的配方肥。经过广泛宣传,配方肥成了全县农民的热门话题。

三、克服困难,建站配肥

筹建配肥站主要困难是缺少资金,该县政府主抓农业的副县长亲自出面到农业银行协调贷款,一次解决了50万元。在推广过程中,贷款及时归还,取得了良好信誉,金融部门表示,县农业局土肥站什么时间需要资金就什么时间解决。在省、市土肥站的支持下,县土壤肥料站又租赁厂房9间,购买加工设备2套,调进氮、磷、钾、微量元素等配方肥原料700多t,及时进行高效多元素配方肥的研发和配制。

四、严格把关,确保质量

配制配方肥是农业系统首次尝试,成功将对今后土肥工作及土肥站的声誉打下良好基础,失败将会对今后的工作带来不良影响。为此,经该县农业局党组多次认真、慎重研究,成立了配肥领导组(具体解决配肥建站中的问题和困难)和技术指导组,各负其责。技术组由土肥站几位取得省配方资格证的高、中级农艺师组成,他们根据近年来测土化验结果和开方、配肥实践经验,并请教省、市有关专家,进行了反复论证,拿出科学配方。在原料组织方面,坚持引进大厂正牌、高浓度、高质量的氮、磷、钾肥料,严把原料质量关,所进每批肥料都提前进行分析化验,杜绝劣次不合格肥料入库,准确掌握每种原料的实际有效成分含量。在配方肥配制过程中,由一名配方师专门负责配制,各种配料计量严格准确,充分搅拌均匀,标袋准确,封口标准,达到"准、均、严"三个标准,即计量准确、混合均匀、缝包严实,并对每个班次取两个成品样进行质量检验,不让一袋不合格产品流入市场。由于该县土壤肥料站近几年在开方配肥中享有良好的声誉,加之配方肥货真价实、配方科学、针对性强、外观形象好,基层干部及广大农民看得见、识得货、信得过,因此在小麦开播前15天配制的500多t配方肥,被县领导和科技人员示范点及农户抢购一空。市、县领导都十分重视,行署专员卢大伟专门强调,自己的示范田要用农业局配制的配方肥。分管农业的副县长在工作繁忙中,每天到配肥站了解配制供应情况,对他们的工作给予了极大的支持。

五、跟踪服务,技术指导

配方肥的配制推广之所以深受农民欢迎,除它本身具有配方科学、针对性强、外观形象好、货真价实的优势外,还在于它不同于其他农资经营单位,它把技术指导、售后服务和供肥融为一体,农民在土肥站购买肥料不仅货真价实,而且还能得到技术人员无偿提供的配方肥使用技术资料和技术指导。该县土肥站还承诺,在本站购肥的农民可以根据"质量信誉卡",在反馈用肥信息时,随时享受免费技术咨询和现场指导,帮助农民解决施肥中遇到的疑难问题。同时土肥站在全县设置5个试验点,进一步验证配方肥的肥效、最佳施用量、施用方法,为下年的配方肥配制推广提供可靠依据。

平顶山市出台"白色工程"配方施肥实施方案

阎红娜

(平顶山市土壤肥料站·2000年11月)

平顶山市土肥站为配合该市正在实施的以温棚配制为主的"白色工程",日前制定出台了"白色工程"配方施肥实施方案。

据该市农业局统计,目前平顶山市已建成日光温室6 008座,塑料大棚1.5万座,"白色工程"面积5.14万亩。按照该市市委、市政府的要求,今年还将新增温室7 150座,大棚11 650座。为配合这一工程的实施,该市土肥站对实施区进行了一次调查,结果表明,由于土壤监测手段落后等原因,该市部分乡镇的不少农户存在着盲目施肥、盲目种植等现象,温棚的土壤越种越瘠薄,产量低、品质差。为从根本上解决这些问题,该市土肥站日前及时制定并出台了"白色工程"配方施肥实施方案,明确要求各地必须搞好土壤监测,进行科学施肥,合理培肥土壤,以保证温棚内的作物高产、优质,真正实现温棚高效产出的目的。

方案同时还要求各地要充分利用广播、电视、报纸等媒体,加大宣传力度,真正认识到"白色工程"配方施肥和测土的重要性,自觉做到科学施肥。各县(市)、区都要建立示范区,重点抓好几个样板示范点,进行土壤化验,建立地块档案,搞好跟踪服务,以点带面,逐步扩大推广面积。各县区土肥部门要搞好物化服务,积极开展"测、配、产、供、施"一条龙服务,把技术指导与物资供应结合在一起,直接送到农业生产第一线,真正把平衡配套施肥技术落实到实际生产中去,使测土这一环节在高效农业中发挥重要作用。

(本文原载于2000年《土肥协作网信息》第28期)

分析形势　总结经验　统一认识　以利再战
省站召开2000年度配方肥推广工作座谈会

刘中平

(河南省土壤肥料站·2000年12月)

2000年11月22日至23日,省土肥站在郑州召开了全省配方肥推广工作座谈会,32个基层测配站站长及省农科院、河南农大的专家参加了座谈会。

座谈会的主要议题是认真总结我省近三年来组建测配站、推广配方肥的经验,研究解决发展中存在的问题,探讨新形势下加快发展的新路子、新措施、新办法。与会同志就近年来我省配方肥的配制推广、资金筹措等进行了广泛深入的讨论,14 个单位在会上作了典型发言,同时还听取了省农科院土肥所研究员沈阿林博士、河南农大教授介晓磊博士的专题讲座。省农业厅巡视员肖兴贵、总农艺师张伟参加了座谈会,肖兴贵巡视员作了重要讲话。

会议认为,我省从 1998 年 7 月提出组建测配站、推广配方肥,到现在已经两年多了。两年多来,在全省土肥系统的共同努力和兄弟单位的大力支持下,已初具规模,并取得了突出的成绩,发展势头很好。目前全省累计配方肥配制总量已达到 7 万多 t(1998 年 3 000 t,1999 年 3 万 t,2000 年 4 万 t),测配站总数已达 79 个,名列全国第一。同时制订了详尽的实施方案,建立了较完善的组织系统,初步建起了富有活力的运作机制,按照市场经济规律实现了强强联合,在乡村建立了完善的推广网络,组建测配站、推广配方肥在全省已形成共识,得到了领导的支持和群众的认可、接纳。

会议同时指出,我省配方肥推广虽取得了突出的成绩,但整体发展仍较缓慢,其主要原因:一是配方肥是个新生事物,它的发展还需要一个过程;二是缺乏资金和项目带动;三是基础设备条件差,配制能力低;四是推广网络还不够健全,覆盖面还不够大;五是内外部环境还不够宽松;六是缺乏有开拓进取和现代企业管理与经营经验的人才;七是发展还很不平衡。

会议接着指出,目前我省农业发展已进入战略性结构调整阶段,土肥工作在服务农业结构调整、实现节本增效、保持农业可持续发展中肩负着极其繁重的任务;肥料使用结构不合理、方法不科学、利用率偏低等已引起高层重视;"沃土工程"、"第三次土壤普查"等大型项目即将实施;随着市场经济的发展和加入 WTO 的日益临近,肥料推广体系正在出现大分化、大组合;农民用肥正朝着高效化、优质化、复合化和简便化方向发展。这一切决定了配方肥推广应用前景非常广阔,同时也预示着土肥部门第二次发展机遇的到来。为此,会议要求各地必须抓住机遇,采取多种有效措施,进一步加大组建测配站、推广配方肥力度,在发展速度、配制规模、推广力度、科技含量、设备工艺、管理水平、网络建设、运作机制等方面再上新台阶,开创新局面。

会议最后指出,为推动各地配方肥推广工作进一步开展,从明年开始,省土肥站将在全省开展测配站晋档升级活动,同时强化层次管理,深化改革,建立富有活力的运作机制和推广网络,力争在三五年内达到县县都有测配站,全省年配制能力达到 50 万 ~ 100 万 t,占全省年用肥的 5% ~ 10%。

(本文原载于 2000 年《土肥协作网信息》第 30 期)

"沃力"花开云台山下
修武耕地初尝配方肥"味道"

陈金香

(修武县农业局·2000 年 12 月)

为优化肥料资源配置,提高肥料利用率,今年"三秋"修武县农业局大力推广"沃力"牌配方肥,使农民在施肥中真正实现了“作物需啥就施啥,土壤缺啥就补啥”。

为搞好配方肥的推广,该局先后筹措资金30余万元,建立了土肥测配站。同时组织农技人员深入乡村,免费为农民取土化验土样200余个,科学配制配方肥50余t,并且以每袋优惠10元的价格让利于民。今年“三秋”该局配制的小麦专用配方肥全部发放到农民手中。在此基础上,该局还在全县各乡村建立配方肥应用示范田1 000余亩。

配方肥的推广使用,是该县从初级配方施肥迈向优化配方施肥的重要一步,克服了一般施肥所造成肥料浪费现象,避免和减轻了因施肥不科学带来的环境污染,使该县耕地初步尝到了配方肥的“味道”。

(本文原载于2000年《土肥协作网信息》第30期)

谁英雄谁好汉　晋档升级比比看
省站印发连锁测配站晋档升级及层次管理实施办法

徐俊恒

(河南省土壤肥料站·2001年2月)

2月6日,省土肥站以豫土肥字[2001]第3号文件印发了省土肥测配中心制定的《河南省连锁测配站晋档升级及层次管理实施办法》。通知指出,为加强我省连锁测配站管理,进一步加快配方肥推广,促进土肥技术产业化发展,省土肥站经研究同意印发该办法,并要求各市、县土肥站,各连锁测配站认真贯彻执行。

省土肥站印发的实施办法指出,“十五”期间,根据我省配方肥发展现状、趋势及农业进入新阶段的要求,为建设规范化测配站,进一步加快配方肥推广,特制定测配站晋档升级及层次管理办法。

办法指出,自2001年开始,在全省各连锁测配站范围内开展晋档升级活动。各测配站按年配制量500~1 000 t、1 001~2 000 t、2 001~3 000 t、3 001~5 000 t、5 000 t以上划分五个档次,相对应的测配站级别分别为一级、二级、三级、四级、特级。定级条件主要包括八个方面:一是年加工配肥量;二是配方肥配制设备、厂房、库房面积及安全配制管理制度;三是依托的化验室仪器设备、所能开展的化验项目、测试速度及化验人员技术水平;四是配方肥配制技术人员及水平;五是推广网点;六是配方肥肥效验证试验示范及农户地块档案建立情况;七是服务手段;八是履行连锁站协议及使用省土肥集团公司组织提供的配方肥原料情况。按照以上内容,办法专门制定了五个级别测配站相应的具体标准和条件。每年11~12月份,由县测配站自报,市土肥测配分中心推荐,省土肥测配中心综合考核,确定档次级别,以正式文件通知并进行表彰。凡经过认定晋档升级的测配站及首次定级的测配站,按实际配制量每吨0.1元,对测配站站长进行奖励。在此基础上,每年从特级测配站和由二级升为四级站中,优选5名站长进行特别奖励,其中一等奖一名(在特级站中选取),奖金5 000元;二等奖4名,奖金2 000元。同时对档次高的测配站优先推荐项目。

办法还就层次管理进行了专门规定。办法指出,从2001年起对全省连锁测配站实行省市双重管理,市站参与管理的条件是:①建站超过本市所辖县(市、区)数一半,测配站平均配制量在500 t以上;②提出参与管理申请,经省土肥测配中心批准,以市土肥站为主体,成立市土肥测配分中心;③分中心与省土肥测配中心签订年度配方肥推广目标管理责任书。办法还就市土肥测配分中心管理职责和技术服务费提成标准等进行了专门规定。

(本文原载于2001年《土肥协作网信息》第4期)

瑞雪飞朔风寒　推广运筹不得闲
渑池县召开配方肥推广服务网络会议

孟　晶

(河南省土壤肥料站·2001年2月)

元旦刚过,元月16日,渑池县土肥站为贯彻落实省土肥工作会议精神,在该县科技楼召开了2001年度配方肥推广服务网络会议,各推广服务网点负责人参加了会议。会议首先传达了省土肥站在许昌市召开的2001年度全省土肥工作会议精神,接着全面总结了该县2000年配方肥推广工作,并对存在的问题进行了详细分析,提出了2001年配方肥推广目标及加快推广的措施。会议还对2000年先进推广网点进行了表彰,对20个农资门市授予了配方肥推广牌子。

近年来,渑池县土肥管理站紧紧围绕农业结构调整和农业增效、农民增收,按照市场所需,立足自身业务,深入农业生产第一线,全面实施"测、配、产、供、施"一条龙服务,先后建立推广服务网点40余个,仅2000年宣传培训就达50余场次,印发技术材料5万余份,推广小麦配方肥1 000余t,深受群众欢迎,走出了科技示范在前,推广经营在后,物化服务结合的路子。2000年先后被评为省、市土肥工作先进单位。

据悉,近期他们又对部分烟田和蔬菜大棚土壤进行了测土化验,烟草配方肥、蔬菜配方肥将很快送到烟农、菜农手中。

(本文原载于2001年《土肥协作网信息》第4期)

获嘉县土肥测配站日前成立

王庆安

(获嘉县土壤肥料站·2001年3月)

日前,获嘉县农业局以获农字[2001]10号发文正式成立"获嘉县土壤肥料测配站"。

成立通知指出,为改变化肥施用不科学、耕地重用轻养、地力退化严重的不利局面,全面实施“沃土工程”,走配方施肥、生态保护、可持续发展的路子,按照省、市农业部门要求,经局长办公会议研究,决定成立获嘉县土壤肥料测配站。土肥测配站隶属县农技推广中心,人员内部调配。其主要职能是:面向全县农业生产实际,以平衡施肥为主导,以肥料结构调整为重点,以统测、统配、统供为基本形式,实现“测、配、产、供、施”系列化服条,为全县农业生产结构调整,发展高产、优质、高效农业奠定坚实的物质基础。

据悉,该县测配站将纳入全省连锁测配站系列,使用省测配中心注册的“沃力”牌商标,并力争打响春播备肥第一炮。

(本文原载于2001年《土肥协作网信息》第9期)

锤声,在省土肥站响起

——省土肥站配方肥推广分片竞包侧记

刘中平

(河南省土壤肥料站·2001年3月)

3月19日上午,一声声清脆的“当”、“当”锤声和热烈掌声不时从省土肥站三楼会议室传出。并非喜庆节日,省土肥站在干什么呢?

原来,为进一步适应市场经济形势,加快配方肥推广步伐,省土肥站决定全面引入竞争机制,对18个市的配方肥推广任务由省土肥站8个科(室、中心)公开竞包,即打乱原各科(室、中心)分片负责的区域,以各个省辖市去年配方肥推广总量为基数,每增加5个百分点为一个竞包单元报价,在省土肥站8个科(室、中心)公开竞包。

3月19日上午9:00,站全体职工在三楼会议室坐定,4位站长和8位竞包者——省土壤肥料站8个科(室、中心)负责人在会议室中心位置落座。发包仪式由王志勇副站长主持。

随着王志勇副站长一声令下,发包仪式正式开始。于是就出现了开头的一幕。

第一个开标单位是濮阳市,该市原是监测中心负责的区域,从一开始监测中心就志在必得,最先报出了增加5个百分点,接着肥料科不甘落后,再增加5个百分点,这时站办公室也加入了混战,竞包一直呈胶着状态,报价一直攀升到65%,这时出现了短暂的冷静,随着肥料科又一声再增加5个百分点的报价,终于锁定在70%的增幅上,随着胡站长三声锤响,濮阳市花落肥料科。

竞标第一轮高潮出现在三门峡市。当三门峡市开标后,综合科第一个报出了增加100个百分点的价格,经过几轮冲杀,综合科最终以360%的增幅将三门峡市抢走。

竞标的最后高潮出现在南阳市。南阳市是我省的一个大市,测配站数最多,测配站设备也较好,当南阳市开标后,先后有6个科(室、中心)参加了竞标。经过近30个回合、半个多小时的较量,最后,土壤科以445%的胆量和勇气抢走了这个大户。

上午11:00,整个竞包结束,除济源市外,其余17个市各有得主。

(本文原载于2001年《土肥协作网信息》第8期)

我省春季配方肥配制推广取得开门红

刘中平编辑

(河南省土壤肥料站·2001年6~10月)

《土肥协作网信息》原编者按:入春以来,我省各地测配站多方筹措资金,组织配肥原料,“沃力”牌配方肥配制推广出现了少见的火爆局面。据不完全统计,春季全省新组建测配站12个,投入配制的测配站31个,占测配站总数的40%,共配制推广西瓜、棉花等春播作物专用配方肥1万余t,为新世纪配方肥推广开了个好头。题目为编者所加。

获嘉县:众人拾柴火焰高

获嘉县测配站是今年2月份由该县农业局发文新组建的。为打好春播备肥第一炮,该局全局动员、全员参与,全局上下人人出资入股,出资最高的担任董事长。结果,第一任董事长由出资5万元的农技中心主任担任。同时,他们还想方设法组织配肥原料,2001年计划配制推广配方肥2 000 t,春季已配制推广200余t,组织原料300余t。在推广上,他们首先组织讲师团逐村宣讲配方肥的优点与施用技术,同时,根据资金、场地、信誉等条件,在全县200余个经营户中筛选出10个经营大户承包推广配方肥,经营大户与农业局签订合同,管理挂靠农业局,村级网点由经营大户自行联系建设,推广中向农民签发质量信誉卡,保证供肥质量。(河南省土肥站 郑 义 孙笑梅)

延津县:不屈之头扬起来

延津县是全省组建的首批16个测配站之一。但在去年夏季洪水中,该县县城普遍进水,测配站也未能幸免,配制的300余t配方肥全部被水浸泡溶解,损失惨重。困难面前他们没有屈服,组织全站人员利用整个冬季,洗刷了被浸泡过的7 700多条袋子。刚一开春,他们又开始忙碌了,筹措资金,购进原料。仅4月份就配制推广配方肥100余t,他们决心今年打好翻身仗。(河南省土肥站 郑 义 孙笑梅)

滑县:火爆景象再出现

滑县测配站去年异军突起,仅秋播就配制推广配方肥1 488 t,其中配制小麦专用配方肥1 200余t,施用面积达6万余亩。入春以来,他们一方面展开新一轮宣传攻势,全方位向广大农民宣传配方肥的好处,把去年应用配方肥的麦田向广大农民介绍,欢迎前往参观,用事实说服广大农民相信配方肥的先进性、实用性;另一方面加强自身业务素质的提高,举办从业人员培训班,邀请高级农艺师系统讲述配方肥专业知识,包括配方肥特点、配方原理等。配方肥显著的增产效果、灵活的技术特点吸引了大批农民前往测配站咨询、求购,今年春季

他们又配制推广了300余t配方肥,再次出现了抢购的火爆景象。(滑县测配站 悦秀利;滑县土肥站 郭风勋 刘红君)

南阳市:推广办证辟蹊径

为大力推广"沃力"牌配方肥,解决科学施肥棚架问题,今年春季,南阳市土肥站经过反复研究,决定招收肥料新技术推广员。凡具有两年以上肥料经营经验、热爱农业科技推广的有识之士均可报名。经过培训考核合格后,发给"三证"(推广员证、肥料市场监督员证、市土肥产业协会会员证)后,可从事配方肥推广工作。

该信息3月底在南阳教育电视台播出后,在广大农村引起了较大反响,打电话咨询者众多。4月4日上午该站对首批报名的40多人进行了集中培训。经过考核,对其中的20多人当场办理了"三证"。到4月18日,正式录用35人。

目前,报名人员仍然不断,招收工作仍在进行,应广大推广员的要求,他们已在8个村召开培训会10场,免费化验土样20个,当场定购配方肥50 t。(南阳市土肥站)

确山县:豫南花开一枝秀

确山县是全省建站最早的县之一,经过两年多的运作,该测配站已基本步入了良性循环的轨道。今年春季他们又配制推广了水稻、花生、西瓜等专用配方肥300余t。他们的主要做法是:

(1)利用优质品种试验、示范配套施用配方肥。利用600亩优质水稻"两优培九"连片开发、30 000亩优质花生基地建设开发、5 000亩无籽西瓜示范推广开发,给农民无偿供应水稻种、西瓜种,配套推广专用配方肥。

(2)由赊销变定购。经过两年的运作,该站已由过去的向群众赊销变为主动交钱定肥,今年他们配制的300 t配方肥,全部由村、组、农户先交钱后配制拉货,实现了良性循环。

(3)封闭肥料价格。针对西瓜、花生效益高的情况,实行西瓜、花生配方肥统一定价、统一运输、同价收款、推广后统一返还利润的办法,避免因价格、运途远近出现价格差异。

(4)加大宣传力度。让农民朋友知道要想有优质的产品,仅仅有优质的品种是不够的,必须良种配良法,使群众接受、认识配方肥的重要性。(确山县土肥站)

修武县:好肥来自好基础

修武县测配站是去年新组建的,为确保高质量配制配方肥,今年他们按照省、市业务部门的要求,认真从软、硬件基础抓起,在资金紧张的情况下,想方设法挤出30万元资金,购买测土配肥仪器设备,新建了土肥化验室和配方肥成品库,同时专门派出4名工作人员赴省土肥站监测中心进行了为期20天的业务进修和学习。

截至目前,该县土壤测试、配肥、配制和推广等各项准备工作基本就绪。预计今年将测土样200个,配方肥配制推广力争有较大的突破。(修武县土肥站 仝学平 范庆文)

(本文原载于2001年《土肥协作网信息》第15、19、21期)

我省秋季配方肥配制推广形势看好

张　霞

（河南省土壤肥料站·2001 年 10 月）

继春季我省部分地区配方肥配制推广形势火爆后，秋季全省配方肥推广再次出现较好形势，预计推广总量将大幅度超过去年。截至目前统计，全省共建测配站 93 个，其中今年新建 16 个，有 69 个测配站投入了运作，共配制推广配方肥 61 533 t，全年有望突破 80 000 t。

8 月下旬，第三届全国肥料双交会闭幕后，全省各级立即转入了配方肥配制推广工作中，省土肥站在做好包装袋、增效包、原料供应的同时，分别在唐河、确山、周口、滑县、平顶山、新郑、三门峡、孟津等地分片召开了配方肥推广工作会议，进一步分析了形势，明确了任务，统一了认识，鼓足了干劲，各测配站纷纷表态，力争在计划配制量的基础上有较大的突破。

从目前情况看，配制推广 3 000 t 以上的市有：商丘 7 741 t、驻马店 6 027 t、郑州 4 701 t、新乡 4 222 t、安阳 3 569 t、三门峡 3 256 t、周口 3 066 t。但个别地方缺口仍然较大，还有一些测配站根本没有行动。因此，日前省土肥站站长办公会议决定，希望各测配站再鼓一把劲，再努一把力，抓住麦播前短暂的有利时机，把配方肥配制推广工作再往前推进一步，力争全面完成今年秋季配方肥推广任务。同时，沿淮、沿黄稻区要做好水稻育秧配方肥、豫西旱区要做好旱作耕地配方肥、夏播棉耕作区要做好晚茬麦配方肥、果树种植区要做好果树配方肥、城郊蔬菜区要做好大棚配方肥等的研究、开发、配制、推广工作，力争使配方肥变季节性为常年性。对连续两年未进行配制推广的测配站，省土肥站将解除合作协议。

（本文原载于 2001 年《土肥协作网信息》第 17 期）

遂平县土肥站示范推广配方肥受到市县领导赞扬

李艳梅

（河南省土壤肥料站·2001 年 10 月）

10 月 1 日，正值“国庆”、“中秋”两节之际，遂平县在和兴乡吴阁村召开了小麦备播现场会，该县四大班子领导、各乡（镇、区）党委书记、乡（镇）长、县直有关局委负责同志参加了会议。驻马店市市委书记卢大伟带领市有关领导和农业专家亲临会场。县土肥站抓住时机把印有“推广平衡施肥技术”、“用沃力配方肥，迎来五谷丰登”等多色彩旗插到田间地头，并用“配方施肥宣传车”把小麦专用配方肥送到田间，散发了肥料施用技术说明材料。与会各级领导参观了该村的玉米秸秆还田和有机肥施用现场，然后观摩了县土肥站送去的小麦配方肥。市委书记卢大伟看了配方肥后,就配方肥的含量、原料、价格、利润等问题仔细询问,该县土肥站站长魏铁栓一一作了回答。对于肥料质量,魏铁栓站长说:“包装袋上标的总含量45%,实际含量达到47%以上”。同时,价格是全省最低价,对于委托服务网点,土壤肥料站将配方肥免费送货上门。卢书记听后握着魏站长的手说:“好,好,做得好!”陪同卢书记的遂平县县委书记张宇松高兴地介绍,这里的农民流传一句顺口溜:“城里人带BP机,农民就用BB肥(配方肥)”。

今年,遂平县土肥站为全力推广测土配方施肥技术,采用组织技术人员到乡、村巡回技术培训,印发技术资料,租车下乡宣传,现场技术咨询等形式,引导农民使用配方肥。目前,土肥站已按不同土质类型配制推广“沃力”牌小麦专用配方肥1 000多t。在配肥的同时,县土肥站还租车一台,专门到各乡进行土样采集,以化验土壤,了解养分动态变化,为配肥提供科学依据。土肥站全体职工下决心用具体行动来落实“三个代表”重要思想。

(本文原载于2001年《土肥协作网信息》)第17期)

大旱之年仍增产　配方肥效果不一般

张宝林

(光山县农业技术推广中心·2001年10月)

2001年9月,光山县由于旱情严重,农业生产损失较大,大大影响了农民群众的生产投入积极性,眼看秋播季节就要到了,不少经营农资的门店仍门可罗雀,但光山县农技中心服务部却是另外一番景象,迎来了一批又一批的购肥群众。仔细一问,原来他们大部分是春季水稻施用“沃力”牌配方肥的受益者。在尝到了春季使用配方肥增产增收甜头后,他们又满怀希望前来购买小麦、油菜专用配方肥。

“沃力”牌配方肥是县测配站针对我县的土壤条件、供肥水平、不同作物需肥规律而配制的高浓度散料掺合专用肥,它将作物需肥、土壤供肥、科学施肥三者有机结合起来,具有养分齐全、配比合理、针对性强、施用方便、肥效高稳的特点,是测土配方施肥技术推广的主要物质载体。为加大“沃力”牌配方肥的推广力度,2001年春季,县土肥站在省、市土壤肥料站的指导下,采取有力措施,加强宣传攻势,以提高基层广大干群对配方肥的认识为突破口,县农业技术人员多次在县、乡、村举办的农业技术培训班上讲解配方肥推广现状、前景及使用技术,印发技术宣传材料近万份,出动宣传车下乡巡回宣传100多次,还在县电视台开办“农业科技园地”栏目进行专题宣传。同时在斛山乡、北向店乡开展了配方肥肥效试验、示范工作。据水稻大田测产及调查,斛山乡示范点水稻品种冈优527,平均每穗实粒数195.86粒,空秕率15.82%,亩产498.75 kg。未施配方肥的对照田,平均每穗实粒数189.44粒,空秕率18.71%,亩产475.68 kg。施用配方肥稻田比常规施肥稻田每穗实粒数多6.42粒,空秕率低2.89个百分点,平均亩产高23.07 kg,亩增产4.8%。北向店乡吴大湾村配方肥示范田30亩,平均亩产505.59 kg,比常规施肥对照田平均亩产459.22 kg增产46.57 kg,增产率10.14%。另外,用配方肥作底肥的示范田,水稻移栽后返青快、苗色深、长势稳、病害轻、产量高。配方肥经过大旱之年的考验,其良好的表现赢得了广大农户的了解和信任。春季使用过水稻配方肥的农户纷纷表示,今年秋季在油菜和小麦上继续施用配方肥。

光山县测配站在配方肥的配制推广过程中,免费为广大农户进行测土,对不同作物、不同肥力水平的田块,配制出专用配方肥。据统计,春季共化验土样近50个,配制水稻专用配方肥95 t,同时还为农户提供了薏苡、贡菊、香米等专用配方肥。秋季计划再配制小麦、油菜配方肥200 t,现已配制50 t。在配方肥的配制管理中,严把质量关,从原料质量、严格科学配方比例及配肥操作、包装、检验等环节入手,严格操作程序,不达质量要求,不得投入配制示范使用,努力使配方肥在农业生产中发挥效益,为光山县农民增收、农业增产做出应有的贡献。

光山县:牛刀小试成效显

张宝林

(光山县土壤肥料站·2001年10月)

光山县测配站是今年春季开始配制推广配方肥的,没想到牛刀小试效果良好。进入9月份,该县农资经营部门生意清淡、门可罗雀,可是县农技中心服务部却迎来了一拨又一拨的客人。原来他们大部分都是春季水稻"沃力"牌配方肥的受益者。在尝到了配方肥的增产增收甜头后,又满怀希望前来购买小麦、油菜专用配方肥。

配方肥是根据土壤条件、供肥水平、不同作物需肥规律而配制的高浓度散料掺合肥,它将作物需肥、土壤供肥、科学施肥三者有机地结合起来,具有养分齐全、配比合理、针对性强、施用方便、肥效高稳的特点。为把配方肥技术推广开来,2001年该县土肥站在省市业务部门指导下采取措施,加强宣传攻势,提高基层广大干群对配方肥的认识。县农业技术人员多次在县、乡、村办的农业技术班上讲解配方肥推广现状、前景及使用技术,印发技术宣传材料近万份,出动宣传车下乡巡回宣传100多次,还在县电视台"农业科技园地"栏目进行了专题宣传,同时在职山乡、北向店乡开展了配方肥肥效试验、示范工作,使广大农户真正了解配方肥。据今年水稻大田测产及调查,斛山乡施配方肥的稻田比常规施肥稻田每穗实粒数多6.42粒,空秕率低2.89个百分点,平均亩产高23.07 kg,亩增产4.8%。北向店乡示范水稻30亩,亩产达505.59 kg,较对照增产10.14%。用配方肥作底肥的示范田水稻移栽后表现返青快、苗色健、长势稳、病害轻、产量高。凡使用过水稻配方肥的农户,纷纷表示今年秋季在油菜和小麦上继续施用配方肥。

该县土肥站在配方肥的配制推广过程中,免费为广大农户进行测土,对不同作物、不同肥力水平的田块,配制专用配方肥。据统计,春季共化验土样近50个,配制水稻专用配方肥95 t,同时还为农户提供了薏苡、贡菊、香米的专用配方肥。秋季计划配制小麦、油菜配方肥200 t,现已配制147 t。

(本文原载于2001年《土肥协作网信息》第19期)

豫北“黑马”
滑县配方肥配制推广有望达到5 000 t

罗俊丽[1]　刘中平[2]

(1. 滑县土壤肥料站;2. 河南省土壤肥料站 ·2001年10月)

滑县测配站是去年建立的,成立当年他们就配制推广配方肥1 488 t。今年他们进一步加大力度,完善服务手段,配方肥配制推广再上新台阶,已成为我省配方肥配制推广的一匹“黑马”。截至目前已配制推广配方肥3 200余t,全年有望达到5 000 t。他们的主要做法如下。

一、优化配制资源,实行规范管理

为支持配方肥配制,县农技中心专门腾出库房及场地5 000多m^2,配备掺混设备1套、8间化验分析室也归测配站使用,现已形成2万t的年配制能力。滑县测配站共有干部职工23名,内设推广部、技术部、配制部、仓贮部、维修部、财务部6个职能部门,推广部根据市场调查,制定产品配制计划,报站长批准后,由技术部在广泛测土化验的基础上确定配制配方,并负责监督,配制部负责配制,成品交仓贮部,推广部负责推广,环环紧扣,实现规范管理。

二、重视测土化验,确保配方科学

滑县测配站拥有中高级技术人员9名,其中省级认证的高级配方师6名,化验员3名,企业管理人员6名。配制中他们牢牢把握“确保配方合理,保证效果一流”的宗旨,今年共化验分析土样2 650个,在此基础上,多次召开高级配方师和相关专业技术人员会议,确定了花生、小麦、蔬菜、甘蔗等作物配方肥配方。

三、加强配制管理,确保配肥质量

质量实行配制部经理负责制,发现一袋次超过±0.4 kg标准,罚当班工人10元,发现包装质量不合格,每袋次罚当班工人5元,发现一袋次漏装微肥包,罚当班工人5元。通过严格的配制管理制度,确保了肥料质量和效果。

四、健全推广网络,提高服务能力

滑县测配站以诚实守信为原则,依照市场需要,打破系统和部门界限,实行县、乡、村多方连锁推广服务。截至目前,共发展乡级推广服务网点120个,村级360个。

五、加大宣传力度,树立品牌意识

重点从以下几个方面做了努力:①印制散发技术资料8万份,张贴产品抽检公告500

张,印制条幅500多条,出动宣传车150辆次。②推广人员分包乡镇,主要任务是把县农技中心关于大力推广"沃力"牌配方肥的公告张贴到村里合适位置,找村干部在高音喇叭里宣读,与农民直接交谈、门市坐销等。③在县电视台反复播放农技中心关于大力推广"沃力"牌配方肥的通知,同时播放测配站形象宣传广告1.2分钟,配方肥品牌宣传广告1分钟,专家访谈4分钟,农民使用典型实例2.5分钟,赞助《致富之星》、《今日滑州》、《天气预报》栏目等,通过以上宣传,配方肥达到了家喻户晓,人人皆知。

六、发挥技术优势,搞好全程服务

"沃力"牌配方肥配制、推广服务之所以深受农民欢迎,除它本身具有配方科学、针对性强、外观形象好、货真价实的优势外,还在于它不同于其他农资经营单位,它不仅仅供肥,而是把技术指导、售后服务和供肥融为一体,农民在土肥站购买肥料不仅货真价实,而且还能得到技术人员无偿提供的技术资料和技术指导。滑县测配站承诺购肥的农民,可根据"质量信誉卡"上提供的热线电话,随时享受免费技术咨询和现场指导,帮助解决施肥中遇到的疑难问题。他们还在该县留固镇、王庄镇设立示范区2个,在全县范围内设立示范田100多个,一方面起到了以点带面的效果,另一方面验证了肥料效果,积累了推广经验。

七、以市场为导向,实现微库存策略

滑县测配站始终坚持以市场需要为导向,严格以销定产。去年共配制"沃力"牌配方肥1 488 t,实现推广1 469 t,推广率98%以上。2001年8月初,县农技中心又抽调技术干部22名,针对小麦底肥市场,用2天时间对"沃力"牌配方肥效果、农民认知程度及投资意向进行了全面调研,确定了小麦底肥的配制计划。秋播备肥高峰每天配制量100~200 t,基本做到当天配制,当天出库,资金回收率达到95%以上。

八、争取上级支持,多方筹措资金

资金筹措是推广配方肥的关键。为保证配制所需,他们一方面依靠信誉,吸收社会闲散资金,同时多方争取领导支持。今年农业局投资10万元,农技中心投资5万元,吸收社会闲散资金120万元;另一方面,通过协调,争取项目资金50万元,银行贷款30万元,保证了配制的正常运转。滑县测配站下一步将继续加大配方肥推广网络建设,使网点总数由480个增加到800个,基本达到一村一站,实现统一管理、统一培训、统一制作牌匾、统一土壤化验、统一配肥供肥的"五统一"管理模式。同时进一步搞好田间试验,增加技术储备,采取多种形式进行技术培训,提高技术人员的专业技术水平;加强与各农业示范园区、农场、林场的紧密合作,实现测土、配肥、供肥、技术服务系列化;进一步规范管理,扩大配制规模,使"沃力"牌系列配方肥得到全面推广普及,在2001年实现5 000 t的基础上,2002年力争达到10 000 t,使用面积达到15%。

(本文原载于2001年《土肥协作网信息》第19期)

新郑市积极探索配方肥推广新模式

刘建福 薛淑丽 吴玲玲

（新郑市农业局·2001 年 10 月）

新郑市测配站建于 2000 年 5 月，第二年配方肥推广量就达 3 000 t，并保持连年增长的态势。配方肥的成功推广，实现了农技推广模式大突破，实现了从测土、化验、配方、配肥、供肥到施肥技术指导的一条龙服务。在推广实践中，对配方肥推广模式也进行了一些有益探索，主要做法可概括为 16 个字：搞好宣传、营造环境、健全机制、搞好服务。

一、搞好宣传

在测土配方施肥技术推广过程中，始终把宣传工作作为推广的一项主要措施，想方设法搞好宣传。在利用宣传车、报纸、电视、宣传资料、信誉卡、宣传条幅等进行宣传的同时，还组织农技人员直接下乡进行技术培训，利用农村集会进行配方肥技术宣传，使测土配方施肥技术覆盖面达到全市 50% 以上行政村。此外，还开通了技术咨询电话，随时解答农民朋友的有关提问。在宣传工作中，做到"一个利用，三个结合"，即充分利用健全的市、乡、村三级服务网络优势，与优质小麦推广、农业结构调整和配方肥试验示范相结合，把配方肥的推广工作融入结构调整的大潮中，用事实说话，用示范带动全市配方肥的大面积推广。

二、营造环境

环境是一件事物发展的关键因素，没有一个好的外部环境，就谈不上一个好的发展前景。我们在营造外部环境上狠下功夫，争取各级政府和各职能部门的支持。多次向市委、市政府写报告，阐明平衡施肥的重要意义，引起市委市政府对该项工作的高度重视。市政府办公室还专门下发了文件，对平衡施肥工作进行部署，并把此项工作列入政府议事日程。同时我们也争取到了工商、技术监督等部门的支持，技术监督局对配方肥产品进行了多次抽检，质量合格，还在报纸上向农民群众进行推荐。所有这些，都给推广配方肥创造了良好的外部条件，为大面积推广奠定了基础。

三、健全机制

（一）建立资金管理机制

我市配方肥推广资金全部由干部集资。为解决好配方肥推广集资款的管理问题，成立了由 7 人组成的资金管理小组，负责配方肥推广资金的筹备、运用、重大问题决策等。每次集资都由集资管理小组召开会议，共同决定集资金额及资金如何使用等问题，确保资金足额到位和合理使用。

（二）健全工作运行机制

为保证平衡施肥工作的顺利开展，从多方面着手，加强对平衡施肥工作的管理。首先是搞好责任分工。配肥站负责配制,农技中心负责发货,市农技站负责宣传,各乡(镇)农技站负责推广,一环扣一环,分工清楚,责任明确。其次是保证产品质量。配方肥的配方由一名高级农艺师和一名高级配方师负责制定,出具的配方必须由两人签字后方可交给配肥站进行配制。配肥站负责购进优质原料,并严格按照配方配制配方肥,对配肥质量负责。其三是引入竞争激励机制。农技中心与各乡站签订目标责任书和保证书,对完成任务者奖励,对完不成任务者进行处罚。严格奖惩,对配方肥推广量第一名的奖励29″彩电一台,大大调动了农技人员推广的积极性,形成了农技人员上下一心,人人宣传"沃力",人人推广"沃力"的良好局面,为平衡施肥技术的顺利推广提供了保障。

(三)健全市场管理机制

市13个乡(镇)的配方肥推广工作分别由13个乡(镇)农技站负总责,每个乡(镇)农技站负责本乡(镇)范围内的配方肥推广工作,对本乡(镇)配方肥推广工作统一设点,统一价格。其他乡(镇)不经允许不得进入本乡(镇)进行配方肥推广,既维护了市场秩序,也便于一个乡(镇)进行统一推广。

四、搞好服务

为方便农民群众,我们开展了一系列便民活动。一是可根据群众要求,免费测土化验,制定配方,配制肥料,服务到家。二是设立村级配方肥推广点,直接送货到村,方便群众购买。三是组织机动三轮车直接送肥到户。四是每购买一袋配方肥送拌种剂一袋。五是开展万户施肥情况调查活动,组织农技人员深入到农户家中,调查每个农户去年施肥情况和今年施肥打算,准确掌握农民群众的施肥情况和施肥喜好,做到有的放矢。在推广配方肥的同时,还把种子、农药、技术资料一并送村入户,使农民群众不出村就能学到农业技术,买到优质的化肥、种子、农药。这些便民政策,赢得了民心,赢得了市场,也赢得了配方肥推广工作的胜利。

我省发布实施《配方肥料》地方标准

李艳梅

(河南省土壤肥料站·2001年11月)

日前,河南省质量技术监督局发布实施了河南省地方标准《配方肥料》(DB41/T 275—2001)。本标准由河南省农业厅提出,河南省土肥站负责起草。本标准规定了配方肥料的技术要求、试验方法、检验规则、标志、包装、运输与贮存。本标准适用于我省各地配制、推广的配方肥料。

本标准对"配方肥料"采用下列定义:利用测土配方技术,根据不同作物的营养需要、土壤养分含量及供肥特点,以各种单质化肥为原料,有针对性地添加适量中、微量元素或特定有机肥料掺混或造粒工艺加工而成的,具有很强的针对性和地域性。

本标准同时还制定了"配方肥料"的检验规则:配方肥料应由配制单位进行检验,应保证所有配制的配方肥料均符合本标准的要求。每批产品应附有质量证明书，其内容包括生产厂名、产品名称、批号、产品净重、登记证号、质量指标、配制日期及本标准号。使用单位有权按本标准规定的检验规则和检验方法对收到的配方肥料进行检验，检验其质量指标是否符合本标准要求。如果检验结果中有一项不符合本标准时，应重新自二倍量的包装袋中选取配方肥料样品进行复验。重新检验结果即使有一项指标不符合本标准要求时，则整批肥料不合格。配方肥料按批检验，以1天或2天的产量为一批，最大批量为500 t。

本标准还要求配方肥料包装袋上应标明下列标志：产品名称、商标、氮、磷、钾养分总量、微量元素养分总量、净重、执行标准、登记证号、配制单位及配制单位地址等。

（本文原载于2001年《土肥协作网信息》第21期）

罗山县：艰难之中再登程

周敬波　吴国强

（罗山县农业技术推广中心·2001年11月）

罗山县测配站在今年秋播中，多方筹措资金，积极组织货源，共配制推广油菜、小麦、蔬菜等专用肥350多t，在艰难中继续前进。

为搞好今年的配方肥配制推广，他们在去年施用配方肥的基础上，加大测土配方力度，并利用电视、广播，派科技人员下乡指导和印发宣传资料等，向全县广大农民宣传配方肥的施用技术和施用效果。同时，派出科技人员分赴全县不同土壤类型区共采集土样103份，对其养分状况等进行化验，根据化验结果科学配方。此外，还新增配方肥推广网点22个，为配方肥在全县生根开花结果打下了较好的基础。

（本文原载于2001年《土肥协作网信息》第21期）

投标充满理性　竞标壮怀豪情
2002年度省站配方肥公开竞包尘埃落定

徐俊恒

（河南省土壤肥料站·2002年2月）

元月16日下午，省土肥站进行了2002年度配方肥分片竞包。

由产协中心副主任易玉林介绍了2001年度全省连锁测配站的配制推广情况，对今年的竞包基数、相应的产业化指标和竞包办法进行了详细说明。

今年的竞包较之去年有以下特点：一是由于今年集团公司作为竞包者参与竞包，使竞包单位达到9个,竞争更加激烈。二是各竞包者都总结了去年竞包的经验,特别是对自己看好的市作了调查、分析、预测,做到了心中有数,使今年的竞包更加客观、理性。整个竞包过程激烈而不盲目,理智而不乏热情。经过4个多小时近千个回合较量,17个市各有得主(济源市除外)。

(本文原载于2002年《土肥协作网信息》第2期)

获嘉县回访配方肥用户

韩秀英

(获嘉县土壤肥料站·2002年3月)

获嘉县测配站是去年新建立的,在局领导及农技中心的大力支持下,当年配制推广了1 200余t“沃力”牌配方肥。今年春节刚过,为了解去年麦播配方肥施用效果,了解农民春播用肥心理和用肥趋势,他们组织全体技术人员对去年麦播时测土配方施用配方肥的农户进行了专门回访调查,并帮助农民解决农业生产中的有关问题,受到了广大农民群众的欢迎。

回访调查活动期间,技术人员深入全县6个乡镇的32个村庄,对260个农户进行了回访调查,到田间地头开展农业技术咨询活动,发放平衡施肥及优质麦中后期田间管理技术等宣传资料6 000余份。回访结果表明,施用配方肥的地块,小麦植株健壮,比常规施肥麦田大分蘖多2~3个,次生根多3~5条,后期若不遇大的自然灾害,将是一个难得的大丰收年份,这同时也为今年配方肥的大面积推广打下了一个较好的基础。

(本文原载于2002年《土肥协作网信息》第4期)

一冬温高春来早　三春有雨配肥忙
我省春季配方肥配制推广赢来开门红

刘中平　徐俊恒

(河南省土壤肥料站·2002年4月)

由于去年的暖冬气候,2002年的春天似乎来得特别早,几场春雨(雪)过后,不仅缓解了去冬以来的旱情,更把春耕备播高潮送到了人们面前。我省各地测配站紧紧抓住春耕备播这一有利时机,极早动手,未雨绸缪,有的春节前就开始筹划来年的配肥工作,有的春节刚过就忙着购进配肥原料……总之,今年我省的配方肥配制工作来得早,配制推广量大,形势明显好于往年。

据统计,截至4月10日,全省配方肥配制推广量达1.28万t,较去年同期净增0.87万

t,96个测配站投入配制的有29个,即有近1/3的测配站投入了运作。按省辖市统计,全省18个省辖市有11个开展了配方肥配制推广,他们是:南阳市4 222 t,开封市2 021 t,新乡市1 426 t,洛阳市1 396 t,周口市1 290 t,郑州市1 188 t,信阳市1 068 t,三门峡市650 t,平顶山市397 t,驻马店市362 t,商丘市200 t。

(本文原载于2002年《土肥协作网信息》第9期)

肥料配制势头好　研讨推广豪气高
我省召开配方肥配制推广研讨会

刘中平

(河南省土壤肥料站·2002年4月)

今年我省配方肥配制推广势头强劲,为进一步加快其发展步伐,2002年4月15日,省土壤肥料站在郑州市召开了2002年度全省配方肥配制推广研讨会。全省90余个测配站站长及部分省辖市土肥站站长共120余人参加了会议。

上海通乾实业公司鼎力赞助了研讨会。省农业厅巡视员肖兴贵同志到会并作了重要讲话。省农科院土肥所原所长张桂兰研究员、省土肥站赵宏奎高级农艺师在研讨会上就生物有机肥研制推广、配方肥配制工艺改进等作了专题讲座。会议还听取了上海九泰生物工程有限公司、周口莲花生态环保实业有限公司的产品介绍和确山、开封等测配站的经验介绍。

会议结束时,各测配站还纷纷与省集团公司、省保水剂公司等签订了配方肥配肥原料购进意向协议,协议总量达6万余t。

(本文原载于2002年《土肥协作网信息》第9期)

连锁分中心　四个又成立
安阳等4个市级土肥测配分中心日前成立

易玉林

(河南省土壤肥料站·2002年4月)

根据部分省辖市土肥站申请,经省土肥测配中心考核,日前安阳、信阳、漯河、三门峡四个市级土肥测配分中心批准成立。

近年来,上述4市测配站建设及配方肥配制推广发展速度较快,特别是去年,安阳、三门峡、漯河3市各测配站配方肥配制推广量平均分别达到1 600 t、1 200 t、1 000 t,均超额完成了当年目标任务。信阳市虽然起步较晚,但今年开春势头发展很好,5个测配站有3个投入了运作,目前已配制推广配方肥1 068 t,较去年同期增长256%。

据悉,目前全省市级土肥测配分中心已达9个,他们是去年成立的驻马店、南阳、郑州、商丘、周口和今年新成立的安阳、信阳、漯河和三门峡。

(本文原载于2002年《土肥协作网信息》第10期)

万事开头难 看你干不干
汝州市土肥站迈出配方肥配制推广第一步

于郑宏

(河南省土壤肥料站·2002年4月)

开春以来,汝州市土肥站在该市农林局党组的领导下,在省、市业务部门的大力支持指导下,克服一系列困难,从订购包装袋到购进配肥原料,扎扎实实进行着"沃力"牌配方肥配制推广的初创工作。常言道:万事开头难,但他们终于走出了第一步。到目前,已配制推广红薯、花生配方肥50余t。

2002年4月19日,为进一步做好今年的配方肥配制推广工作,农林局专门召开了"沃力"牌配方肥配制推广会。各乡(镇)农技站站长、肥料经营大户等40余人参加了会议。平顶山市土肥站站长靳广来、农林局副局长金社等也专门到会为该县配方肥配制推广助胆壮威。会议要求从事土肥工作的同志要抓住机遇,为农业增产、农民增收,为汝州农业再上新台阶贡献自己的力量。

(本文原载于2002年《土肥协作网信息》第10期)

唱测土施肥主旋律 打配肥推广总体战
滑县全面安排部署2002年度配方肥配制推广工作

罗俊丽

(滑县农业技术推广中心·2002年5月)

2002年4月26日,以"唱测土施肥主旋律、打配肥推广总体战"为主题的"滑县2002年度土肥工作暨新技术推广交流会"在滑县宾馆隆重召开。该县各乡镇农技站和"沃力"牌配方肥推广网点负责人260余人参加了会议。省土肥站高级农艺师赵宏奎、省监测中心副主任王小琳、安阳市土肥站站长牛爱书及该县副县长刘建发,该县农业局、农技中心主要领导等出席了会议。

会议对2001年该县配方肥推广工作进行了总结、表彰,对2002年配方肥推广工作进行了全面安排,对2002年土肥工作进行了整体部署。该县副县长刘建发就配方肥配制推广作了专门讲话,他指出,测土配方施肥是“沃土工程”的重要内容,施用配方肥,就是使用这种先进的施肥技术。各乡镇要切实加大“沃力”牌配方肥推广力度;农业部门要广泛宣传,使之尽快在全县普及;测配站要强化质量意识,按照质量标准严格操作,树立良好的社会形象。

据悉,今年滑县在“沃力”牌配方肥推广工作上将重点做好以下几方面工作:一是以实施网络战略为核心,实行定点连锁推广,以利益为纽带,加快网络一体化进程;二是强化质量管理,打造配方肥品牌;三是技术宣传、人员推广、示范带动等多措并举,加大宣传推广力度;四是强化新产品开发,不断增强配方肥科技含量和发展后劲。总之,想方设法在去年配制推广3 000余t的基础上,今年力争有较大突破。

(本文原载于2002年《土肥协作网信息》第11期)

这是爱的奉献　这是心的呼唤
南阳市土肥站科技下乡活动深受农民欢迎

江新社

(南阳市土壤肥料站·2002年5月)

为大力推广平衡配套施肥技术,解决技术棚架问题,宣传“高科”牌专用配方肥,4月1日,南阳市土肥站技术人员李玉安、牛建林两位同志到镇平县安子营乡栗园村进行技术培训,受到当地农民的热烈欢迎。当技术培训课结束后,当地农民代表对该站的技术培训和技术推广表示感谢,并致了热情洋溢的“欢迎辞”。欢迎辞全文如下:

尊敬的南阳市土肥站李书记和受农民欢迎的专家牛老师:

你们好,你们辛苦了。借此机会,我代表栗园村的乡亲们,爱好科技的同事们、伙伴们,向你们致以衷心的感谢和诚挚的问候。你们在百忙中抽时间,在周振山师傅的精心安排下,来我栗园村义务传导科学种植技术,想我们所想,急我们所急。你们为我们送来了科技致富的福音;你们为我们送来了思想智慧的结晶;你们为我们送来了科学种植的技术;你们为我们扭转了盲目施肥、用药的偏见。你们送来的不单是种植技术和用肥技术,还有高贵的精神智慧和科学财富。你们的精神使我们奋发,你们的思想使我们明智,你们的技术使我们快富,你们的热心诚挚使我们无比感动。在这里,我再次代表栗园村不愿受贫的乡亲们向你们表示内心深处的感激之情,祝你们身心愉快,万事吉祥。并借你们祝南阳市土肥站站长刘杰先生身体康泰,事业兴旺。再以他的名义祝他领导下的同事们精诚团结,心想事成,上下一致,通力合作,把“高科”牌系列配方肥搞成轰轰烈烈、扎扎实实的名牌产品,真正象你们承诺的那样,提供优质的售前、售中及售后服务,并做到永远无假、无骗、无欺、无诈,这不但是我们的希望和祝福,也是我们的心愿和监督。我们不但感谢你们,也崇拜和敬仰您们,你们不但是我们的先生、老师,也是我们的福神和财神。至此,再一次向你们表示感谢和祝福,并提如下问题:

1. "高科"牌系列肥的创业宗旨是什么？怎样保证？

2. 土豆的施肥技术、高产潜力如何？

3. 夏芝麻的高产栽配技术？

4. 棉花的育苗、施肥、打药的主要环节应怎样掌握？

5. 棉花的套种技术,怎样才能合理布局,春棉套什么最好？

6. 烟叶套种什么最好？

(1)红薯、烟叶的主要环节和施肥应怎样掌握？

(2)烟叶、西瓜能否套种？应注意哪几个环节？烟叶和西瓜的施肥各怎样掌握？

7. 夏玉米、花生怎样才能高产？

(本文原载于2002年《土肥协作网信息》第11期)

借项目东风　兴土肥事业
获嘉县测配站实现由人工向机械跨越

王庆安

(获嘉县土壤肥料站·2002年5月)

2002年5月20日上午9:00,在一阵阵欢快的鞭炮声中,获嘉县人民政府副县长张占祯和省土肥站综合科科长刘中平一起徐徐揭起覆盖在"国家十五节水农业示范基地项目获嘉县土肥测配站"铜牌上的红幕,宣告了获嘉县测配站完成了从人工向机械化的跨越。参加该揭牌仪式的还有新乡市土肥站站长张麦生、获嘉县农业局局长李怀文及该县各乡(镇)农技站长、测配站连锁网点负责人等共90余人。

获嘉县土肥测配站是去年组建的。在该县农业局的高度重视下,当年他们就配制推广配方肥1 000余t。今年,该县农业局党组进一步加强对测配站的倾斜,决定把"十五"第一批旱作节水农业项目建设中"测配站建设项目"放在土肥测配站实施,从而为测配站上档次、上台阶注入了新的活力。经过短短两个月的施工,他们投资30余万元、新建厂房300 m^2、维修改造仓库700 m^2、安装配制设备一套,初步实现了测配站由人工向机械化配制的跨越,为大面积推广配方肥奠定了坚实的基础。

在揭牌仪式上,该县副县长张占祯代表县委、县政府,对省、市土肥站领导的支持和帮助表示感谢,要求县农业局、县直有关部门和各乡(镇)通力协作,把节水农业基地项目建设好,在全县尽快普及配方施肥技术。省土肥站刘中平科长代表省土肥站对获嘉县测配站机械配制流水线的建成表示祝贺,并希望获嘉县土肥测配站借项目东风,靠规范化管理,在去年建站第一年超千吨的基础上再上新台阶,努力成为豫北高产区土肥技术产业化强县。新乡市土壤肥料站张麦生站长就配方肥质量、技物结合等方面作了专门讲话。

揭牌仪式后,参加揭牌仪式的全体人员还参观了该县测配站配制设备试机和化验室。

(本文原载于2002年《土肥协作网信息》第13期)

兴调研之风　务服务之实
省土肥站安排小麦配方肥施用效果调查

慕　兰

（河南省土壤肥料站·2002年5月）

麦收在即，为摸清配方肥实际施用效果，省土肥站日前发出通知，要求各地认真做好配方肥施用情况调查工作，在配方肥推广的主要区域，分不同产量水平与习惯施肥对比进行随机抽样调查。

抽样调查的具体内容包括地块的土壤类型、肥力水平，底施无机肥配方、用量，有机肥施用情况，追肥数量、时期，产量等。配方肥推广面积3万亩以下的测配站，调查点不少于15个，3万～5万亩的不少于20个，5万亩以上的不少于25个。

通知要求各地在调查中要注意收集补施钾肥、增施微肥的增产典型及施用配方肥在复杂气候条件下表现的综合抗逆效果。同时还要求各省辖市土肥站要督促指导所辖测配站认真做好调查工作，省土肥站将把此项工作列入今年土肥业务工作以奖代补考核内容。

（本文原载于2002年《土肥协作网信息》第13期）

推广与经营合并　技术与物资结合
焦作市积极探索平衡配套施肥技术推广新路子

魏世清

（焦作市土壤肥料站·2002年6月）

为进一步加快测土配方施用技术推广步伐，更好地为农村种植业结构调整服务，切实解决技术与生产、经销商与农民、农副产品与市场等的脱节断档，焦作市土肥站积极探索，经过多年实践，目前决定把农技推广网络与农资经营网络两网并一网，使农技人员、农资经营者与农民三者能够更经常、更方便地接触，形成"测、配、产、供、施"系列化服务。

为使这一做法能够顺利施行，2001年该市在所辖武陟县进行了试点工作，在该县建立乡村农技、信息、经营网点60余家，推广土肥物化技术，使经销商和农民都得到了实惠，受到了有关部门和领导的充分肯定和好评。2002年，该市土肥站研究决定，在各县（市、区）按这一做法全面展开大规模的测土配方施肥技术推广工作。具体做法：一是筹建焦作市土肥站农资、农技推广部；二是建立县、乡、村（或乡村两级）农资、农技联络点（即焦作市土壤肥料站平衡配套推广联络站),以现有的各级农资经营点为网络基本点,农资经营、农技推广、农副产品购销信息三项工作是各网点的主要职责。

同时他们还制定了详细的入网条件:一是具有合法经营权;二是具有科技意识和强烈的责任心;三是重信誉、守法纪,不经营假冒伪劣产品,不坑农害农;四是以市、县土肥站推荐产品为主导产品,不随意升降价格,扰乱市场;五是对不购产品的农民不得拒绝技术服务;六是交纳保证金(暂押):县级5 000元,乡级3 000元,村级1 000元。

各网点入网后可享受下列权利:一是可以领取"焦作市土肥站配方施肥指定购肥点"、"焦作市土肥站配方施肥技术指导站"招牌;二是可以享受本站提供的免费测土、技术指导等服务;三是免费在电视上公布各网点地址、电话、联系人;四是免费为网点人员进行农技培训;五是可参加年终"配方施肥先进工作者和先进单位评先"等。

(本文原载于2002年《土肥协作网信息》第14期)

测土与配肥联姻　供肥与服务挂钩
洛阳市召开配方肥推广专题会议

席万俊

(洛阳市土壤肥料站·2002年6月)

2002年5月23日,洛阳市召开了配方肥推广专题会议,该市8县1市7区农技(土肥)站长、农办主任和技术骨干共50余人参加了会议。河南省土肥站副站长郑义、洛阳市农业局副局长乔文祥出席会议并分别作了重要讲话。洛阳市农技站宁宏兴站长,雷铁拴、周金龙副站长分别就推广配方肥的重要性、必要性、紧迫性,以及如何搞好配方肥的推广等作了具体部署。

郑义副站长在讲话中首先就当前国内土肥技术发展趋势、农业部今明两年重点技术推广项目以及全省平衡施肥技术推广的强劲势头作了介绍。接着指出,加入WTO对农产品品质提出了新的要求,农产品质量安全的高标准,要求配方肥料必须符合高效、环保、无公害的要求,推广配方肥是精准农业的一部分,要充分发挥市、县土肥化验室的作用,做到"测、配、产、供、施"一条龙服务,市站要把好配方关、配制工艺关,确保配方肥的质量。

该市乔文祥副局长在讲话中指出,推广配方肥一是农业部沃土工程技术项目的一部分,二是当前农业结构调整,更好为农民服务的需要,三是提高农产品质量的要求,同时也是壮大农技推广部门自身实力的需要。推广配方肥能否成功的关键取决于是否有特色:一是技术创新,多品种多试验,试验过程本身就是宣传;二是加大宣传力度,组建测配队伍,统一着装,对农民进行施配方肥意识渗透,同时宣传也要跟上,某种程度上宣传比配制更重要;三是确保产品质量,创"科配"肥料名牌;四是系统内部建网联合。

参加会议的县区站长、主任,对推广配方肥表现出了极大的热情。近日,洛阳市沃土测配技术服务中心正在加班加点配制玉米配方肥,洛阳市土肥测试中心的人员分赴各县采土、化验,为不同区域的土壤制定不同的配方。同时该市农技站分派8名高级农艺师下乡为农民群众举办技术讲座,"测、配、产、供、施"一条龙服务正在古都洛阳日臻完善。

(本文原载于2002年《土肥协作网信息》第14期)

目标缺口尚大　各市仍须努力
全省1～5月份配方肥配制推广情况通报

马振海

(河南省土壤肥料站·2002年6月)

今年以来,在各级的共同努力下,我省配方肥配制推广赢来了开门红。截至5月31日统计,全省共配制推广配方肥21 159 t,占全年配制推广量目标的17.7%,与去年上半年相比净增12 121 t,全省新建测配站16个,测配站总数已达99个,投入运作的测配站42个。

与去年相比,今年我省的配方肥配制推广取得了长足的进步,但必须清醒地认识到,离全年目标任务仍有较大缺口,任务十分艰巨。虽然我省配方肥配制推广的重头戏在秋播,但今年肥料市场的形势十分严峻,不容乐观。目前,我省肥料市场价格一路走高(尿素已达1 350元/t),且供应紧张,无形中增加了配方肥配制原料采购的困难。因此,各地要及早动手,采取得力措施,想方设法确保今年目标任务的完成。

现将1～5月份全省配方肥配制推广任务完成情况以省辖市为单位通报如下:

以完成目标任务的百分比排序为:洛阳市166%、信阳市53.2%、南阳市36.36%、周口市28.66%、开封市26.2%、濮阳市24.33%、平顶山市20.8%、新乡市16.58%、安阳市7.75%、郑州市7.67%、驻马店市4.19%、商丘市3.58%、许昌市3.19%。

以完成目标任务的绝对量排序为:南阳市4 382 t、新乡市2 513 t、开封市1 966 t、周口市1 290 t、洛阳市1 196 t、郑州市1 188 t、信阳市1 068 t、濮阳市1 032 t、安阳市998 t、驻马店市681 t、平顶山市597 t、商丘市448 t、许昌市79 t。

1～5月份未投入配制的有:鹤壁市、漯河市、焦作市、三门峡市、济源市。

(本文原载于2002年《土肥协作网信息》第15期)

动员各方参与　大力推广配肥
偃师市召开配方肥推广工作会议

樊利平　詹宇立

(偃师市土壤肥料站·2002年6月)

6月3日,偃师市土肥站召开了配方肥推广专题会议,该市17个乡(镇)20余个推广网点的负责人参加了会议。

洛阳市农技站高级农艺师席万俊同志到会并就配方肥的配制、推广作了专门介绍。他指出，配方肥是根据不同土壤、不同作物、不同品种、不同产量和不同品质要求来配制的针对性极强的肥料，它代表着农业未来用肥方向。他同时还介绍了配方肥目前在国际、国内及我省的发展现状。洛阳市农技站直属测配站的工作人员也就推广合作方式与各推广网点进行了磋商，各网点纷纷表示，一定要抓住当前短暂的时机，大力推广玉米专用配方肥，努力使该项工作有一个良好的开端，实现开门红。

据悉，在本次会议上，与会专家还就该市特色经济作物的配方肥推广与该地区科技带头人达成一致协议，很快将组织专家组实地考察，测土配方，实行产业化服务。

（本文原载于2002年《土肥协作网信息》第15期）

光山县：政府点了头　推广不用愁

张桂兰

（河南省土壤肥料站·2002年6月）

日前，光山县人民政府办公室以光政办[2002]15号文件印发了《关于示范推广测土配方施肥新技术实施方案的通知》。

通知要求所辖各乡、镇政府，县政府有关部门，要认真执行该实施方案。同时指出，示范推广测土配施配方肥新技术是提高农产品品质和效益，促使农业增产、农民增收的一项新举措，也是发展无公害生态农业的一项有效措施。县政府将推广测土配施配方肥新技术作为本年度农业重点科技推广项目之一，各示范区乡（镇）、县政府有关部门要高度重视、认真组织、通力合作、积极支持，在群众自愿的基础上，切实抓好落实，确保测土配施配方肥新技术示范推广取得成功。

该县实施方案规划，到2002年示范推广面积达到10万亩，主要在水稻、油菜、小麦等主导作物上推广应用，同时，试验示范经济作物配方肥；2003年推广面积达到25万亩，扩展到茶叶、蔬菜、瓜类等作物上推广应用；2004～2006年，每年推广面积达到30万亩以上。

该县实施方案确定的技术服务指标为：①按2 000亩耕地取一个土样，化验分析土壤有机质、氮、磷、钾等有效养分含量，进行针对性配肥。每年化验土样300～500个。②建立土壤肥力定位监测点。2002年全县监测点29个，到2006年达到50个。对土壤肥力及生态环境监测，确保农业生产安全。③建立测土配肥综合服务网点。力争一个行政村建一个点，全县计划建300个点，指导农民应用测土配肥新技术，并为农民解决生产中存在的技术问题。④建档立制。对土壤肥力监测点和综合服务网点，进行建档立制，合同管理，责任到人，目标考核，在示范推广测土配肥工作中最大限度地发挥作用。

（本文原载于2002年《土肥协作网信息》第17期）

滑县土肥站为农作物提供“营养套餐”

刘红君　郭凤勋　赵冬丽

（滑县土壤肥料站·2002年7月）

近年来，滑县土肥站为扭转施肥不合理和盲目施肥现象，每年麦收前坚持对全县主要土种耕层土壤养分进行集中取土化验，然后根据化验结果、作物需肥规律、肥料利用率和目标产量，提出不同作物的适宜施肥品种、施肥数量、施肥时间和施肥方法等，为农作物提供全方位的“营养套餐”。

“套餐一”：施用有机肥

有机肥料对提高地力、平衡养分和改善农产品品质具有独特作用，每年他们都要求广大群众要多积、多造、多施有机肥，同时搞好秋季作物秸秆还田和夏收小麦留高茬及麦秸麦糠覆盖技术，推广玉米田间化学除草和免耕灭茬技术。

“套餐二”：配制推广系列专用配方肥

为方便农民施肥，实现区域供肥、因缺补缺、合理施肥，滑县测配站根据不同地域、不同作物和不同的产量水平分别配制了玉米、花生、西瓜、棉花、大葱、水稻等10多个专用配方肥品种。这些肥料配方合理、养分全面、针对性强、易施易用、效果明显，深受农民欢迎。

“套餐三”：分期追肥，巧施微肥

根据作物需肥特点，要求底肥或秋作物的第一次追肥要用全价配方肥，中后期则适当追施氮肥、叶面喷施微肥。近年来他们先后在花生上配制了花生专用复合微肥“花生王”、“霸王星”，在棉花上配制了“棉宝”，在尖椒上配制了“丽丰霸”等，使根部吸收与叶面吸收相结合，大量元素与微量元素相结合，保证了作物营养全面合理供应。

（本文原载于2002年《土肥协作网信息》第20期）

配方肥在光山的应用与推广

胡俊杰

（光山县农业技术推广中心·2002年8月）

光山县地处豫南，属浅山丘陵区，是一个农业大县，也是国家商品粮基地县。但是，由于科学种田水平不高，农民施肥往往采用“碳铵+磷肥+尿素”，不注重钾肥与硼肥等的使用，过分依赖氮肥、磷肥用量的增加来提高作物产量，从而造成一系列不良后果：一是肥料利用率不断下降，增产效益低下。据调查，氮肥、磷肥的利用率仅30%左右，不仅成本增加，而且资源浪费。二是土壤板结，养分比例失调，破坏耕地土壤结构及生态环境，降低土壤贡献率。

三是作物贪青旺长，诱发和加重病虫害，降低农产品产量和品质。为改变农业生产这种高投入、低产出、不科学的施肥结构，推广测土配方施肥技术已成为必然途径。

配方肥是测土配肥施肥技术的物质载体，它将作物需肥、土壤供肥、科学施肥三者有机结合起来，针对不同作物的不同生育期在不同土壤上对养分的需求，将单质的氮、磷、钾及中微量元素合理搭配，养分齐全，配比合理，肥效稳定而持久，不仅可提高作物产量、改善品质、提高市场竞争力，而且有利于改善土壤理化结构及微生态环境，有效防止板结，利于培肥地力，同时可大大减少施肥时间和劳动量。

在省土肥站"组建测配站、推广配方肥"工作思路的指导下，我县于 1998 年组建了测配站。5 年来，测配站从农技推广的基础环节——试验、示范做起，年配制优质水稻、油菜、小麦配方肥 500 t 以上，推广应用面积 2 万亩以上，并开展了茶叶、花卉、苗木、薏苡等特种作物配方肥的配制。

据调查，水稻配方肥施用后，返青早、分蘖多、抽穗齐、籽粒饱满、抗逆性强，产量提高 10% ~15%。同时，由于施肥成本的降低，农产品品质的提高，综合效益可提高 15% ~20% 以上。为使测土配方施肥技术能够得到大面积推广应用，2002 年光山县政府以光政办[2002]15 号文件转发了县农业局《关于示范推广测土配方施肥新技术实施方案的通知》。目前，光山县已初步形成以测配站为龙头，以化验室为依托，以专业推广队伍为骨干的技术推广和服务网络，使测土、化验、配方、配制、推广、服务有序地结合起来。一是把配方肥作为农技推广的重点项目之一，作为提高农业生产综合效益的一项有效措施坚决搞好。二是加强宣传，树好形象。在搞好示范对比田的基础上，举办培训班，开现场工作会，印发技术宣传资料，通过新闻媒体、宣传栏、宣传车等形式，让这项技术走进千家万户。三是完善配方，提高质量。建立土壤肥力监测点，在试验、示范过程中，对调查结果进行科学分析，对现有配方进一步完善，同时，从配制环节入手，严把质量关，使配方肥质量过硬，增产、增收效果显著。四是技物结合，搞好服务。专业推广队伍将配方肥直接推广到乡、村、农户，送肥又送技术，搞好技术服务，进行现场指导和技术咨询，开展跟踪服务，让广大农户真正认识配方肥、用好配方肥，让每个农户都能从施用配方肥中得到实惠。通过这些有效措施，促进了配方肥在光山大地上的推广、应用，让配方肥这项科学施肥技术结出丰产、丰收的硕果。

固始县配方肥在农业生产上发挥综合优势

吴　明

（固始县农业技术推广中心·2002 年 8 月）

固始县测配站配制的"沃力"牌高效配方肥是专门针对本县土壤特点和作物需肥规律，在测土化验的基础上，由省、市、县专家共同研究配制而成的。产品不仅氮、磷、钾配比合理，还含有钙、镁、铁、硼、锌等多种中微量元素，并添加了肥料增效剂。与一般复合肥和传统施肥相比，具有配方准确、养分全面、针对性强、利用率高等优点，增产效果 11.5% ~28%。同时在农业生产应用上还表现出以下九大优势：

（1）针对固始土壤，土壤缺啥补啥。配方肥根据土壤养分化验结果，由农业专家和高级肥料配方师拟定配方，克服了传统施肥造成肥料浪费和一般复合肥不适应本地土壤的缺点。

（2）针对不同作物，庄稼需啥施啥。配方肥根据不同作物的营养生理特点和对各元素的需求规律，不同作物不同配方，做到庄稼需啥施啥，克服了传统施肥的盲目性和一般复合肥不专用某一作物的缺点。

(3)养分全面合理，营养搭配均衡。配方肥除含有氮、磷、钾等大量元素外，还含有多种作物必需的中微量元素，充分满足作物对各种营养元素的需求，养分更全面，营养更均衡。

(4)提高利用率，减少肥料浪费。配方肥的用量是依据土壤养分供应量和作物目标产量需肥量而精确计算确定的。生产中施用配方肥，大大减少了肥料浪费，节约了生产成本。沃力配方肥中添加了高科技含量的肥料增效剂，可提高肥料利用率 3 ~7 个百分点，减少因不合理施肥而污染环境。

(5)增强作物抗逆性。使用“沃力”配方肥，庄稼生长壮实稳键，抗病虫和自然灾害能力明显增强。

(6)改善作物品质。使用“沃力”配方肥，庄稼吸收养分合理均衡，全面改善作物品质，有利于生产绿色食品。

(7)提高作物产量。使用“沃力”配方肥，平均增产效果可达 11.5% ~28%。

(8)保护生态环境。使用“沃力”配方肥，肥料浪费少，庄稼健壮，抗逆性和抗病虫危害能力增强，减少农药使用量，减轻环境污染，保护生态环境。

(9)专家上门服务，指导科学用肥。使用“沃力”配方肥，农技部门可为农户免费进行土壤养分化验，提供科学施肥意见。

省土肥站多措并举促进农化服务工作开展

马振海

(河南省土壤肥料站·2002 年 9 月)

目前，我省各地已进入麦播备肥高峰阶段，为推动全省农化服务工作开展，更好地服务麦播备肥，省土肥站出台了一系列新的措施。

一是拨出专款补贴购肥。省土肥站从 8 月份开始，想法设法筹措了数 10 万元专款用于补贴购肥者，凡购买省土壤肥料站推荐的各种肥料，每吨将得到 5 ~40 元不等的补贴。

二是建立连锁管理体制。出台了《河南省土肥农化服务连锁站若干管理办法》，要求各省辖市要积极发展基层农化服务连锁站，力争今年全省土肥物化服务总量有一个大的突破。

三是推荐优质肥料。省土肥站在抓好小麦配方肥推广的同时，经过精心筛选和论证，特向全省推荐了一批质优价廉的肥料，主要有：“腾升”、“洞庭”、“华优”(硫基)牌复合肥；“腾升”、“新源”牌磷酸一铵；“宜化”牌大、小颗粒尿素；“地宝”牌氯化钾；“莲花宝”、“芙蓉仙子”牌氨基酸有机肥等 9 个品种。

四是分片包干。站内各科室及集团公司按配方肥竞包联系区域分头联系农化服务工作，近期内务必派员深入联系区域开展工作，并取得成效。

五是加强广告宣传。为推动农化服务开展，省土肥站先后在《河南农村报》、《河南科技报》、《全国农资农技信息》等刊物上发消息和广告，并加印近万份广为散发。

(本文原载于 2002 年《土肥协作网信息》第 23 期)

上下齐努力 再跨新台阶
我省配方肥配制推广昂首向 9 万 t 挺进

孟 晶

(河南省土壤肥料站·2002 年 9 月)

今年我省配方肥配制推广工作,在全省各测配站的共同努力下,继取得春季开门红后,进入麦播备肥阶段再创新高,目前已昂首向 9 万 t 挺进。

据 9 月 12 日统计,全省今年累计配制推广配方肥总量已达 87 389 t。以省辖市为单位按完成任务的绝对量排名,前 5 名分别是:驻马店市 9 981 t,商丘市 9 621 t,新乡市 8 230 t,安阳市 7 847 t,郑州市 7 259 t。按完成任务百分比排名,前 5 名分别是:洛阳市 387%,焦作市 381%,漯河市 204%,许昌市 175%,周口市 132%。

(本文原载于 2002 年《土肥协作网信息》第 23 期)

配方肥未动 培训班先行
西平县认真抓好麦播施肥技术培训

商海峰

(西平县土壤肥料站·2002 年 9 月)

西平县测配站是今年新成立的测配站之一。为打好配方肥配制推广第一仗,赢得开门红,让农民用上质优价廉、技术对路的配方肥料,西平县农业局把技术培训做为先行措施来抓。从 8 月 15 日起,从全局抽调 20 名高、中级技术人员组成以科学施肥为主的小麦备播培训讲师团,对全县 20 个乡镇(场)、285 个行政村进行面对面的技术培训。

据统计,目前已经培训 18 个乡镇,培训群众达 20 万人次,印发技术资料 18 万份,发放培训光碟 300 多套,举办电视专题节目 2 期。该县测配站根据全县土壤养分普查结果,结合近几年肥料试验和小麦需肥规律,配制的"沃力"牌小麦系列专用配方肥也已投放市场。

正是:配方肥料尚未动,技术培训已先行。未雨绸缪抓推广,定能取得好效果。

(本文原载于 2002 年《土肥协作网信息》第 23 期)

质量为基础　信誉占市场
固始县调整今年配方肥配制推广思路

谭　梅

（河南省土壤肥料站·2002年9月）

固始县农技中心针对目前复合肥市场品种多、竞争激烈的现状，结合往年配方肥推广实际，为打好今年配方肥配制推广这一仗，提出了“以质量为基础，以信誉占市场”的新的工作思路。

从8月初开始，该县农技中心就组织了一批技术人员深入田间地头与配方肥推广网点，认真走访用户，与各推广网点负责人及种植农户进行亲切交谈，虚心听取意见，认真调查配方肥在不同土壤中的表现与实际效果，同时还及时向广大农民群众讲解科学施肥知识，他们的做法赢得了农民群众的充分信任。与此同时，该县农技中心计划秋收前组织土肥人员对重点乡镇的土壤进行测土化验，综合各方面反馈的信息，对原配方肥配方加以修正，进一步提高配方肥的针对性和科技含量，让“沃力”品牌更响，让群众用得更放心。

（本文原载于2002年《土肥协作网信息》第23期）

推广硬指标　奖罚双挂钩
泌阳县推广配方肥力度大措施硬

张桂兰

（河南省土壤肥料站·2002年9月）

今年以来，泌阳县农业局高度重视配方肥的推广工作，把推广配方肥作为“补钾增微”、实施“沃土工程”的重要组成部分和小麦优质高产的重要举措来抓。

为使今年配方肥推广工作再上新台阶，该县农业局党组日前召开专题会议，研究推广计划及措施，并于9月1日召开局系统全体会议，安排布置麦播配方肥推广工作，提出了具体要求与措施：一是局系统全体同志要把推广配方肥做为9月份的中心任务；二是明确目标，局机关人员分成5组，各由一名局领导带队，深入村、组结合技术培训，建立配方肥示范田，平均每人至少完成5 t的推广任务。局直其他单位也要各自分片包干从事配方肥推广工作；三是加大宣传力度，除印刷资料3万余份分发至农户外，在县电视台举办配方肥应用技术讲座，以提高广大群众对配方肥的认识；四是实行奖罚制度，每完成1 t推广任务，奖励推广者100元。在5 t推广任务内,每少完成1 t任务,扣发当月工资的20%。

（本文原载于2002年《土肥协作网信息》第23期）

2002年度我省配方肥配制推广取得历史性突破

赵武英

（河南省土壤肥料站·2002年11月）

随着麦播备肥的不断深入,我省配方肥配制推广工作在省土肥站的指导和各测配站的共同努力下,连续取得历史性突破,目前正昂首向15万t迈进。

据10月7日统计,全省今年累计配制推广配方肥总量达132 461 t。以省辖市为单位配制推广配方肥万吨以上的分别是商丘市20 976 t,安阳市12 022 t,新乡市10 831 t,驻马店市10 014 t,已超额完成目标任务的分别是焦作市575%,洛阳市386%,周口市220%,漯河市206%,许昌市175%,商丘市168%。

另:为实现今年配方肥配制推广突破15万t的目标,省土肥站对各科室(公司)进行了新任务调整:①完成任务的在此基础上增长10%;②完成70%以上的在此基础上增长15%;③完成70%以下的在此基础上增长20%。

（本文原载于2002年《土肥协作网信息》第26期）

一乡一个点　测土又化验
沁阳市推广平衡施肥技术措施扎实

刘保国

（沁阳市土壤肥料站·2002年12月）

近年来,沁阳市为扎实推广平衡施肥技术,从建立完善地力监测体系入手,在全市黏土、壤土、沙土三大类型上建立了18个土壤监测点,做到一乡一点,既有代表性,又有全面性。

2002年"三秋"前夕,在各监测点共取土样43个,代表面积29.6万亩,同时,该市土壤肥料站还对存在不同问题的中低产田块有针对性地抽取了土样。

取样后,该市组织土肥化验人员昼夜加班,在麦播前夕取得了全部土样的化验数据,根据化验结果拟定了全县不同土壤肥力区域麦播施肥建议,并印刷近千份,发至各乡村及肥料销售点,从而推动了平衡施肥技术的推广。

（本文原载于2002年《土肥协作网信息》第28期）

实用技术开路　农化服务开花
获嘉县双轨并促配方肥配制推广

韩秀英　王庆安　郭永祥　王　平

（获嘉县土壤肥料站·2002年12月）

获嘉县地处豫北平原，全县耕地面积45.0万亩，农业人口32.5万人，土壤肥沃，平坦辽阔，常年种植小麦、玉米、水稻等作物，是国家粮食基地县之一，农作物单产水平位居全省前列。在农业种植结构调整日益优化的今天，优质化、规模化农业生产为土肥事业提供了广阔的发展空间，使我县土肥工作由纯技术指导型逐渐走向实用技术开路、农化服务开花的双轨并促型。

获嘉县测配站2001年3月采用股份制形式成立，当年实现配制、推广配方肥料超千吨。2002年5月份，借助国家"十五"第一批节水农业项目完成了机械化改造，通过一年来多方面努力，超额完成了配制推广目标，全年配制2 800 t。并在全县麦播面积中使配方肥料施用覆盖率达到12%，取得了群众施用受益、农技推广有利、自我发展壮大的喜人局面。

一、股份制管理是测配站快速发展的有力保证

在第一年实施股份制管理模式的基础上，2002年对测配站管理制度进行了完善和补充，增加了激励机制，修改了财务管理办法，使得所有参加推广的同志，入股有红利、集资有利息、推广有奖励、配制有补助的多重激励办法，调动了大家的积极性，增强了测配站的凝聚力。

二、利用机械配制是保证配方肥质量和数量的重要措施

2002年5月20日，国家"十五"第一批节水农业示范基地建设项目获嘉县测配站进行了的建成揭牌仪式。借项目东风，添置配方肥掺混设备，完成了由人工简单掺混向机械加工的转变，不但有效保证了肥料掺混的质量，而且解决了施肥旺季肥料供不应求的老大难问题。

三、严格网络管理，实行季节、年度双奖励是团结基层推广网点的有效手段

每年初，测配站与基层推广网点签订推广和发展新网点协议，一般情况下，乡级网点可下设村级网点，村级大网点可就近设3～4个友好网点，使各网点有机联合在一起，到肥料使用季节结束后对所有网点实行统一的按推广量奖励的办法予以奖励。到年终再对有贡献的大网点进行物质奖励的办法予以补助。既发展了网点，增加了推广量，又增进了各网点间的团结。

四、灵活的推广方式是配方肥料迅速普及的有力措施

2002年麦播季节，对配制出站的每一袋配方肥的合格证统一进行编号。一是可加强对各网点的管理，防止窜货。二是利用合格证编号的唯一性对农户进行抽奖，所设奖品有自行车、毛巾被、收音机、挂历等。通过抽奖活动，使群众认识到配方肥料和其他肥料的不同之处，增加了了解和认识，提高了施用配方肥的积极性。

五、诚信合作是加快配方肥推广的必要条件

每年肥料推广前，测配站对基层大网点实行集资有息并可抵货款的办法，既解决了资金不足的问题，又可达到提前配制、提前发货等目的。

六、实施回访调查，突出技术服务职能是配方肥取信于民的重要手段

每当推广季节结束，当其他肥料厂商收兵回营的时候，测配站利用自身技术和队伍优势，根据取土地块档案、购肥信誉卡存根对施肥大户进行回访调查，既能了解配方肥的真实效果，又能突出技术服务的特点，使群众确切感觉到施用配方肥料的优点和好处，做到未雨绸缪，大大增加了同群众的亲和力，最大程度地争取了群众和基础网点对配方肥料的依赖性。

坚持改革　大胆探索
商丘市沃力测配站努力扩大配方肥推广量

张传忠

（商丘市土壤肥料站·2002年12月）

商丘沃力农业技术服务有限公司是在原商丘沃力测配站的基础上组建的。1999年在省土壤肥料站和商丘市农业局的大力支持帮助下，成立了沃力测配站，把一直停留在宣传上的测土配方施肥通过组建测配站、配制配方肥，使技术与物资融为一体，一步到位供给农民使用，解决了技术棚架的问题。经过几年的发展，为进一步扩大“沃力”牌配方肥配制推广量，经过改组，在原测配站的基础上，组建成立了商丘沃力农业技术服务有限公司。公司组建后，内抓管理，外树形象，配方肥配制推广量直线上升，已成为河南省测土配方施肥技术推广的一面旗帜。

一、严格管理

公司内部管理上采取经济联合体制，制定了各种切实可行的规章制度，做到做之有章、行之有据。强化了内部管理，优化了外部环境，树立了企业形象。一是人员实行聘任制。不拘一格选用人才，使人员能者上，庸者下。二是责任实行岗位风险制。以岗位定责任，责任、

风险、利益三挂钩。三是工资实行三重制。四是工作实行市场竞争机制。分析市场行情，制定市场多变的竞争方案。

二、重抓质量

过硬的产品质量是企业生存之本，始终把质量作为经济运行中重要一环来抓。在测配过程中做到测土数据精确，配方科学，针对性强，配制准确到位。原料、产品经过鉴定合格后才能使用和推广。土样采集要有代表性，测定数据要确保精确，以提供可靠的配肥基数，配制时严格按照专家开据的配肥通知进行配制，经检验合格后方可出库。

三、完善网络

一个牢固的、高素质的连锁服务网络可以促进企业合作，加快技术转化和产业化形成的步伐。我们通过对原有连锁网点分类排队、综合考评，把有经销实力、讲信誉的新客户纳入推广网络，对那些不达标网点及时清除。这些措施巩固和发展了富有活力、适应市场经济要求的新的推广服务网络。形成内外一致、上下一体、保价、限价的经济利益共同体，实现了扬长避短、优势互补的最佳组合。减少了中间环节，有效地保护了市场和农民利益。实现了规模经营，增强了适应市场竞争的能力。激发了在新的市场经济条件下的生存活力，为配方肥的推广提供了强有力的保证。

四、搞好服务

为抓好售后服务工作，公司的专家技术服务车，每季走遍各乡连锁网点，深入田间地头进行取土化验及技术指导。利用微机建立地块档案，定期到下面指导施肥，调查了解肥料效果及施用中存在的问题和农民对此提出的好意见和建议；及时了解和掌握施肥动态，全方位进行服务。利用自身的技术优势，创出一条独特的路子。服务口号是：一次施“沃力”，服务到收获，终身是朋友。

努力实践“三个代表”
孟津县认真抓好配方肥配制推广工作

乔　勇

（河南省土壤肥料站·2002 年 12 月）

在上级的正确领导和大力支持下，孟津县配肥站全体干部职工认真学习贯彻“三个代表”重要思想，围绕新阶段种植业结构调整、农业增效、农民增收的总体目标，转变工作作风，开拓工作思路，落实工作制度，提高工作效率，使配方肥配制推广取得了显著成绩，2002 年共推广、配制配方肥 1 100 余 t，为孟津县农业生产的持续稳定发展做出了一定贡献。

一、领导重视，思路创新

平衡施肥技术是“九五”期间农业部重点推广的十大技术之一，也是农业高产、节本增效行之有效的措施之一。为此，该县土肥站为搞好其物质载体——配方肥的配制推广，具体抓了以下方面。

（一）学习先进经验，改变工作思路

为做好2002年的配方肥配制推广，在主管局长的带领下，先后到商丘、新郑、驻马店等周边市、县，对配肥站的整体发展情况、内部管理体制、宣传发动方式及推广办法等方面进行了学习考察，并对各市、县配肥站发展现状中存在的优缺点进行讨论总结，对比自己，积极转变工作思路，制定出本年度工作计划。

（二）上级领导重视，多方筹集资金

为了促进配方肥料的配制推广，解决测配站运作资金不足的问题，局领导十分重视，多次召开会议研究，要求局系统副科级以上人员集资1万元，土肥站职工每人集资1.5万元，共筹集资金40余万元，通过集资不仅解决了资金问题，还使全局上下形成了人人关心配方肥、宣传配方肥、推广配方肥的局面，为配方肥的配制推广奠定了坚实基础。

（三）建立推广网点，多渠道推广配方肥

这些年，他们在平衡施肥方面虽然做了大量工作，但是群众习惯性盲目施肥的现象仍然存在，一袋碳铵加一袋磷肥成为长期以来的施肥模式。根据此情况，由县测配站牵头，在各乡农技站推广网点的基础上，积极建立村级服务网点，使配方肥的推广网络进一步扩大及延伸到村、组，由去年的120余个扩展到今年的150余个，并建立相应的管理组织，做到层层有人负责，责任到人，任务到人。

（四）改变推广方法，推广量与工资挂钩

全站上下每个同志除完成本人的业务工作外，每人分包一个乡，推广配方肥1 t，提取工资25元，按推广数量获取工资级别，多推多得，以此增强自身的责任意识，充分调动各方面的积极因素。对于乡、村推广网点，全县统一价格，每个推广网点按推广数量，享受相应的优惠政策。

（五）全方位多种作物施用配方肥。

结合当前的种植业结构调整，针对该县种植业结构特点，在去年试验的基础上，开展多种作物配方肥的研发与推广，先后开发了苹果、桃、莲菜、各种蔬菜、花生、水稻、西瓜、红薯、玉米等多种作物的配方肥，变过去春季的“农闲”为“农忙”，以此来普及配方施肥技术，半年时间推广配方肥200 t。特别在会盟镇铁炉村，去年棚架梨施用配方肥后，群众反映梨大、色黄、甜度增加，今春群众施用配方肥积极性很高，施用量增加到30余t，并且与土肥站签订协议。

二、加大宣传力度，多渠道广泛宣传平衡施肥技术

多年来，群众在生产上过量使用单一肥料，特别是大量使用氮素肥料而不注重多种养分配合使用，不仅造成肥料的浪费，同时也造成土壤板结严重，作物抗虫、抗病能力下降等现象。为做好宣传工作，2002年共印发宣传材料3万余份，由全站同志挨家挨户散发，同时印发了调查情况表，挨家挨户进行调查，在散发及调查的同时，宣传配方肥的施肥技术及配方

肥的优点。同时制作墙体广告50余块,达到每个乡镇4~5块,制作地点设在各乡镇的主要交通沿线及重点村镇。制作横幅300余条,利用集会集中悬挂,营造气氛,形成集会市场配方肥宣传一条街。在配方肥推广期间发放优惠卡200余张。为扩大配方肥的影响,并在各乡镇的主要交通干线处设配方肥应用示范点1~2个,每点面积50~100亩,作为县政府联系召开各乡镇主管农业的副乡长、农技站站长、农办主任会议的观摩现场,以实物和实例来宣传配方肥的增产作用。实行良种良法配套示范工程,即种子公司以优价提供最佳品种,配肥站以优价供应最佳配方肥,免费测土化验,并与群众签订合同,达成协议的有王良、赵岭、马院等近20个村组,以点带面,并在电视新闻节目中播出。利用电视节目制作配方施肥专题片,摆事实、讲道理,用通俗的语言及身边的典型事例向群众讲解配方施肥技术。通过多渠道宣传,进一步加大宣传力度,使群众切实感觉到平衡施肥的重要性与必要性,配方施肥才是粮食及其他经济作物的放心"食品"。

三、做好试验示范,以点带面促进推广

2001年,该县被农业厅定为肥效试验示范基地,为做好此项工作,他们固定专人负责试验工作,并且做到每个试验操作过程都有技术员亲自操作,以确保试验的准确性。2002年共安排试验12个,省下达试验7个,自己安排试验5个。即小麦施用"普通碳铵与长效碳铵"对比试验1个点,小麦喷施"绿奥微量元素"、"科顺1号"、"微量元素"试验2个点,红薯配方施肥试验3个点,烟草使用宜阳腐殖酸复合肥,三门峡无机复合肥、配方肥的对比试验1个点。从试验结果看,小麦在生长阶段喷洒硫酸锌、绿奥微量元素叶面肥、科顺1号有显著增产作用,硫酸锌增产100 kg/亩,每次每亩喷施100 g为宜,从经济效益算,每亩投入0.2元增加经济收入100元,喷洒"绿奥"微量元素叶面肥与科顺1号,增产效果更显著,"绿奥"平均增产143 kg/亩,以200 g为宜。"科顺1号"平均增产124 kg/亩,另外"微量元素"叶面肥也有一定增产效果。从小麦施用配方肥情况看,共调查3个点,旱地平均增产15%,水浇地平均增产10%,从长相上看,旱地施用配方肥后期青干现象明显减轻,水浇地抗倒伏能力显著提高,落黄好。从地力监测和小麦、玉米收获结果看,空白区地力水平在逐年下降,说明土壤供肥性能在逐年降低。红薯上施用"乘龙硅钙"磷钾肥与亩施等磷钾量肥料相比有增产效果,2个点平均穴增鲜薯0.3 kg,此种肥料可在红薯上推广使用。红薯使用各种配方的肥料对比试验,以N-10、P-14、K-11配比的配方肥增产最大,幅度为每穴0.07 kg,建议以后红薯应施用此种配方肥。烟草的配方肥试验,以该站配制的硝酸钾复合肥(以N-6、P_2O_5-12、K_2O-18)表现最好,具体体现在抗病性能增强,与其他两种复合肥相比,提早3~5天成熟,且产量最高,平均亩产98.7 kg,与其他两种复合肥相比,分别亩增产18.5 kg、11.5 kg,平均叶片较大,落黄色泽较好,成熟集中一致。

四、扩大化验业务,提高化验技能,认真做好化验工作

配方施肥要搞好,化验工作少不了。该站从接样到化验,化验报告的编写到发放,严格按程序执行,并且固定4人专门负责化验工作,确保化验数据的准确性、公正性、法律性。为进一步扩大化验业务,该站积极与县执法大队、工商局、技术监督局合作,并与市土肥站及周边市、县工商局及技监局取得联系,积极开展化验工作。2002年,共化验土样210个,从化验结果看,有机质平均1.1%,碱解氮65 mg/kg,速效磷14 mg/kg,速效钾120 mg/kg,速效磷

含量 14 mg/kg 以下的地块占 50%,西部丘陵区速效钾含量 100 mg/kg 以下的占 55%。

西平县配方肥配制推广实现零的突破

姬变英

(西平县测配站·2002 年 12 月)

西平县在省、市业务部门的关心支持下,在县农业局的领导下,2002 年组建了测配站,当年配制推广配方肥料 200 t,初步建成了以各乡农技站和基层供销社为网点的推广服务网络,配方肥配制推广迈出了重要一步,实现了零的突破。

一、实行股份制管理

为使我县配方肥推广工作有一个良好开端并充分调动职工积极性,测配站按股份合作制管理办法进行组建,股份设置为原始股和现金股,比例各占 50%。原始股份根据公司的发展过程和创办人贡献大小以及各股东的职责,实行配股;现金股每股 1 000 元,实行自愿认购,多认购者不限,共筹集资金 30 多万元。

二、搞好培训,强化宣传

为实现年初制订的配制、推广目标,我们把技术培训和宣传作为一项重要工作来抓。一是配合县农业局抽调 20 多位高、中级技术人员组成配方施肥技术培训讲师团,对全县 20 个乡镇(场)285 个行政村群众进行面对面培训,共培训群众 18.5 万人;印发技术资料 5 万份,发放培训光碟 300 多套;二是制作宣传条幅和授权委托牌匾各 30 个,提高了各服务网点的知名度;三是装饰了宣传车辆,深入各乡村巡回宣传,扩大了宣传范围;四是与县电视台联合制作 2 期"测土配方施肥"服务专题,在《沃土》栏目播放,巩固了培训成果。由于宣传力度的加大,有力地促进了配方肥料的推广工作。

三、建立奖惩激励机制

为调动各股东的积极性,根据其推广业绩,制定了相应的奖罚激励措施。一是每人分配 50 t 的推广任务。二是任务内每推广 1 t,奖励 10 元;推广 51 ~80 t,每吨奖励 12.5 元;推广 81 ~100 t,每吨奖励 15 元;推广 101 t 以上者每 t 奖励 20 元。三是实行推广与工资挂钩,对完成和超额完成者,工资全额发放;完不成者,按推广量占计划任务的百分比等比例发放工资。

四、建立组织,强化领导

为加强对配方肥料开发与推广工作的领导,成立了以土肥站长姬变英同志为组长,支部书记、副站长南海峰同志为副组长,业务骨干为成员的推广领导小组。领导小组从外出考查、资金筹集、场地协调、技术培训等方面予以协调和指导,确保了推广工作各项任务的完成。

杞县迈出配方肥配制推广第一步

荆建军

（河南省土壤肥料站·2002年12月）

在省、市土肥站的正确领导和大力支持下，杞县农技推广中心土肥测配站于2002年8月份已正式运作，迈出了可喜的第一步。

一、加大宣传力度，提高农民对配方肥的认识

为把配方肥技术推广开来，在上级业务部门的指导下，杞县测配站积极采取措施，加大宣传力度，树立配方肥品牌意识，提高广大农民对配方肥的认识，专业技术人员在县、乡、村举办的农业技术培训会上讲解配方肥的推广现状、前景及施用技术达46场次，印发宣传资料5 000余份，印制条幅60余条。

二、克服重重困难，多方筹集资金

由于受各方面条件的制约，配方肥配制推广工作困难重重，但他们靠信心、靠团结一个一个进行克服。没有资金，单位职工集资入股；没有场地仓库，寻找租赁。通过全单位职工的共同努力，筹集资金10万元，租赁仓库场地300 m^2，基本能维持配方肥配制的正常运作。

三、发挥自身优势，免费化验土样，针对作物配肥

在肥料市场竞争日益激烈的情况下，杞县测配站利用人才资源和化验设备这一得天独厚的优势，进行配方肥配制推广工作。该县现有高级配方师1名，中级配方师2名，化验员3名。在配制中为了确保配方合理、效果一流，免费化验土样384个。以此为基础，根据不同土壤类型和化验结果，经过专业技术人员讨论论证，共设计大蒜配方肥配方4个，小麦配方肥配方2个。同时根据不同作物、不同土壤类型及肥力状况设立示范区3个，试验示范点13个，农户地块档案160户。一方面起到了以点带面的作用，另一方面验证了肥料效果，积累了推广经验。

四、加强运作机制管理，充分发挥乡村级推广网点作用

杞县测配站的管理运作属股份制经营，土肥站站长任测配站站长，负责测配站的全面工作。在配制推广方面的具体做法是：配制的配方肥直接进村入户，中间不再经过其他推广商，既便于管理，又减少了中间环节，保护了农民的切身利益。推广配方肥的推广户一般是先付一半货款，以后供肥现款结算。对推广网点的管理是：统一价格，若发现有私自涨价或落价的，取消其推广资格。截至目前，全县肥料推广网点达67个。

五、加强配制管理，保证肥料质量

从原材料购进、每袋重量规格、包装质量、微肥包等层层把关，在原材料方面实行先取样化

验,达到标准后方可购进,严格执行重量和包装标准,严禁漏装增效包,从而确保了肥料质量。

延津县测配站实现配制和推广最佳融合

张麦生

(新乡市土壤肥料站·2002年12月)

在各级领导的大力支持和全体工作人员的共同努力下,延津县2002年配方肥配制与推广工作取得了辉煌成绩。全年累计配制推广配方肥2 190 t,比2001年净增920 t,增长72.4%,推广面积8万亩,占小麦播种面积的16%。测配站同时也在激烈的市场竞争中站稳了脚跟,实现了配方肥配制和推广的最佳融合。

一、实行股份合作制,激活运作机制

实行股份制经营管理,才能最大限度地提高每个人的积极性。为此,延津县土肥站制定了"延津县测配站2002年股份制运作办法"。主要内容是:

(1)测配站与土肥站分离,独立核算,自负盈亏。土肥站不干涉测配站配制推广行为,直接按配方肥推广数量提取一定的品牌费、管理费。

(2)入股经营,明确股东的权利和义务,股东利益与股金份额成正比,盈利与亏损、利益与风险均按股份分配和承担,重大事项决策由股东大会表决。

(3)财务公开,任何股东均有权力监督和协助管理。

(4)建立顺畅的推广渠道,制定切实可行的推广政策。即统一设点,统一宣传,统一价格,统一推广,统一管理。

(5)目标管理,奖罚兑现。大方向确定了,思路理顺了,运行机制优化了,全体股东心齐劲足,自动加载,创业积极性空前高涨,为迅速健康发展打下了良好基础。

二、多方筹措资金,为配方肥推广提供保障

资金是测配站运行的启动力。股份制经营管理机制把大家筹措资金的积极性调动起来了,全体股东求亲告友,甚至亲戚找亲戚,朋友找朋友,各显其能,通过借、贷、挖、压缩开支等方法,筹措资金入股,尽可能地占有较多的股份。经过艰苦努力,筹集入股资金89万元,再加上肥料厂家的20多万元的原料赊销,为测配站顺利配制推广提供了有力保障。

三、狠抓关键措施,大力推广配方肥

(一)狠抓产品质量,打造地方名牌

质量是企业和产品的生命,"沃力"牌配方肥只有保证质量,才能得到市场的认可,才能迅速大面积推广。为此,延津县测配站狠抓产品质量,努力打造"沃力"品牌。一是严把原料关。原料全部采用进口或国内大厂生产的颗粒肥,使用前全部经过化验室检测,不合格予以退货。二是把好配制关。由专人负责进行配制,不允许出差错,防止原料品种和数量配

错。三是重点把好掺混关。掺混好坏是配方肥质量好坏的关键,即使供不应求时,也毫不懈怠,严格要求工人按工艺操作,达到混配均匀,不允许马虎应付,出现萝卜快了不洗泥的问题。四是控好标重关。配方肥在掺混时容易吸湿增重,应按配料适当增加标重,否则出现多袋和余料现象,造成产品有效养分含量不够。五是抓好成品检验关。每一班组的配制都进行抽检化验,不让一袋不合格产品出厂。优质的产品加上优质的技术服务和推广服务,再通过不间断的"沃力"品牌形象宣传,使"沃力"在延津县成了地方知名品牌。农民说:"沃力肥料拉回家,丰收致富把财发。"

(二)建立基层网点,加快推广步伐

少量的推广网点已不能适应社会化服务的需要,满足不了群众对配方肥的迫切需求,阻挡了推广发展的步伐。为此,严禁测配站在乡村选择有一定经济实力和威望、信誉好、热心农业技术推广的农资推广户和科技户、示范户构建乡村服务网点。今年建立乡村服务网点156个,形成以县测配站为龙头、以乡服务点为骨干、以村服务点为基点的推广服务网络,全年推广配方肥2 190 t,乡村服务点占1 804 t,占总量的82.4%。9个点超过了50 t,最多的一个村级推广点达到了150 t。

(三)优化推广政策,强化推广手段

一是制定了严格的规章制度,规范股东的工作行为和推广行为;二是按照股金份额包点,股东包资金回收和推广服务;三是实行推广提成,奖励推广量大的股东,推广量越大,提成比例越高;四是推行推广奖励,以鼓励推广量大的客户;五是让利于乡、村推广网点,以较大的利润空间吸引客户;六是每个肥料袋内均装有产品质量证明书和一张优惠卡,既让农民放心购肥,又让农民享受优惠。同时,强化推广手段:一是开通热线电话,为广大农民开展技术服务和配方肥咨询服务;二是面向社会开展免费测土化验,每年取土化验500多个土样,根据土壤监测结果为农民配制配方肥;三是入村进行配方施肥技术培训,全年入村培训32期,受益农民1万余人;四是采取多种形式,加大宣传力度,利用电视、宣传车、印发技术资料、技术咨询等多种形式,进行多方位、多种形式的宣传、推广。今年电视宣传90大次,宣传车下乡100车次,印发宣传资料3万余份,接待农民技术咨询5 000余人,把平衡配方施肥技术普及推广到千家万户,把科学施肥技术深深地植根于农民心中。

(四)示范样板推广,切实搞好服务

延津县测配站在全县树立了30个示范点,每个示范点树有标牌,标明面积、土壤类型、肥力水平、作物品种、播期、配方肥施用量、负责人等,以示范点为样板,随时组织农民进行观看示范田的施肥效果,让农民看到实实在在的示范效果,又起到辐射、影响作用。

项城市测土配方施肥示范区成效显著

杨社民　董艳梅　任俊美

(项城市土壤肥料站·2002年12月)

项城市位于河南省东南部,地势平坦,土层深厚,气候温和,水资源丰富,适合小麦、玉米、豆类、棉花、瓜类、中药材等多种作物生长。辖18个乡(镇)467个行政村,总人口107万人,耕地100万亩。示范区10个行政村共有人口22 734人,耕地23 189亩,2000年种植业总产值3 754.2万元,2001年达到4 458.5万元,较上年增加704.3万元,增长18.76%。

一、主要工作

(一)土壤养分调查

为摸清示范区不同土壤类型的养分含量状况和分布规律,在全市正常养分调查的基础上,对10个示范村进行了重点调查。按土类每个行政村取混合土样5个,共调查土样50个,调查结果显示,土壤有机质1.212 4%,碱解氮81.5 mg/kg,有效磷16.74 mg/kg,速效钾112.98 mg/kg。与第二次土壤普查相比,有机质下降0.044 6个百分点,降幅3.55%;有效磷增加2.94 mg/kg,增长21.3%,速效钾减少105.02 mg/kg,降幅达48.17%。

(二)玉米测土配方施肥试验

根据省土肥站安排,为研究玉米的化肥合理用量、配比及养分丰缺指标,安排了5个玉米施肥试验。经过实打实收、室内考种,高产组平均亩产568.9 kg。三组试验,均以空白区产量最低,无氮区次之。总的趋势是N、P、K配合施用的产量较高,施氮水平高的产量较高。

(三)配方肥对比试验

在10个示范村安排试验11个,其中小麦试验7个,棉花试验2个,西瓜试验2个。小麦施用配方肥亩产483.7 kg,常规施肥亩产312.2 kg,配方肥较常规施肥和空白区分别增产59.2 kg和171.5 kg,增产率分别是13.9%和54.9%。棉花分别增产17%和30%,西瓜分别增产19.2%和40.7%。

(四)推广工作成效显著

在试验的基础上,重点抓了示范推广工作。10个示范村全部实行测土配方施肥,全市重点示范面积20多万亩,带动80多万亩,其中小麦60多万亩,棉花10万亩,西瓜5万亩,芝麻5万亩,根据多点调查测土配方施肥推广区较非推广区,亩增效益47.50元,全市净增效益3 800多万元。

(五)大力推广配方肥

在2001年推广的基础上,2002年又筹集资金150多万元,配制西瓜、棉花、小麦等多种作物的配方肥3 000多t。通过全市18个乡镇农技站和180多个村级农业技术服务网点,直接供应到农户。

二、主要措施

(一)加强领导

为确保示范工作卓有成效,市委、市政府成立了市农办、市农业局主要领导参加的示范工作领导组,局属各股、站,各乡镇农技站全力配合,制定了工作计划、实施措施、奖罚办法,并对示范村重点管理。

(二)广泛宣传

全市共举办测土配方施肥技术培训班8期,培训技术骨干2 400多人次;开办电视讲座、广播讲座10期,召开各种广播会、宣传会100多场次,出动宣传车90多辆次,印刷技术资料10多万份,受益农民达25万人次,使测土配方施肥技术达到家喻户晓,人人明白。

（三）示范带动

一是在每个村选一部分文化层次高、科技意识强、有影响力的科技户带头施用，以此带动千家万户；二是让部分有疑虑的群众搞对比试验，让事实说话，使群众看得见，用得上，推得快。

（四）保证质量

为确保测土配方施肥的增产效果，在土壤化验的基础上，提供科学配方，供应保证质量的肥料，与群众签订包产合同，若减产测配站将负责赔偿，让群众放心施用。

（五）搞好服务

在作物生长的主要生长环节，深入田间地头，调查作物的生长情况及产量性状，了解群众对测土配方施肥的意见和建议，总结经验，完善配方，确保配方施肥的科学性和准确性。

河南土肥系统“活了”

程道全[1] 梅 隆[2]

（1. 河南省土壤肥料站；2. 农民日报 · 2002 年 12 月）

近年来，河南省土肥系统组建测配站，推广配方肥，发展农化网络，开展连锁服务，在农技推广体制创新上做了一些有益的探索。他们通过三大体系与六大网络的有机结合，在全省部分农区实现了“测土、配方、配肥、供肥和施肥技术指导”一条龙连锁服务，有力地推动了该省平衡施肥技术的推广，同时使不少陷于困境的土肥站迅速走上了自我积累、自我完善、自我发展、自我壮大的路子。

从 1998 年到目前，河南省已组建测配站 120 个，覆盖全省 17 个省辖市、85 个县（市、区）；配制推广配方肥 26 万 t，推广面积 720 万亩，服务农户 120 万户以上，实现节本增效近亿元。

河南是一个农业大省，每年使用化肥 1 500 万 t 以上，农民每年用于化肥的投入超过 120 亿元，占整个农业生产资料投入的 50% 以上。长期以来，由于技物分离、施肥方法不科学等原因，造成该省肥料施用的结构很不合理，不仅造成资源的浪费，而且造成农作物抗逆能力和品质下降，也造成了环境污染。同时，河南省土肥系统共有省、市、县土肥机构 151 个，技术人员 1 413 名，多年来，不少地方出现“有钱养兵，无钱打仗，有的甚至连兵都养不起"的状况。1998 年下半年，河南省土肥站结合该省肥料使用结构不合理与自身造血功能差的问题，按照“改革和发展"的思路，提出在土肥系统发挥职能、体系、手段、技术四大优势，依托化验室，组建测配站，推广配方肥，发展农化网络，走连锁服务的路子。

经过几年的发展，目前河南省已经初步形成了以“三大体系为支撑、六大网络为基础"的土肥技术产业化连锁服务框架。三大体系是测土配方体系、加工配肥体系和供肥施肥体系。测土配方体系由 1 100 名技术人员和 265 名中、高级配方师组成，每年测土量达到 25 万项次，年出配方 800 多个；加工配肥体系由全省测配站和 80 多个原料供应厂家组成，年配制能力 30 万 t；供肥施肥体系由推广服务、产品区试、价格信息、市场监控等农化服务网络以及 750 多个试验田、示范点组成。

据介绍，与三大体系相配套的六大农化网络已由 1998 年的 1 603 个网点发展到 8 535

个,其中,推广服务网络的网点由1 188个发展到6 140个,建站的县村级覆盖率达到18%,有18个县达到80%以上;地力监测网络的网点(部、省、市、县4级)由350个发展到1 167个;土肥测试网络的网点(能运作的市、县化验室)由33个发展到98个,测试化验能力由5万项次增长到35万项次;产品区试网络的网点(产品试验基地)由原来流动的发展为固定的24个;另外,新建肥料价格信息网络网点16个和市场监控网络网点1 106个。

组建测配站,推广配方肥,发展农化网络,进行连锁服务,受到了广大农民群众的热烈欢迎。配方肥以其价格低、效益高、使用简便,在河南各地已经叫响。据统计,有90多个县市把配方肥作为新阶段农业增效和农民增收的重要措施。测配站、配方肥在河南从无到有,在不到5年的时间内,以1998年为基数,分别增长了7.5倍和45倍,农化服务网点也增长了5.3倍。一个以测配站为龙头、配方肥为载体、农化网络为基础的连锁服务模式,正在中原大地以强劲的势头快速发展。

(本文原载于《农民日报》2002年12月4日)

光山县广大群众认可配方肥

张宝林

(光山县农业技术推广中心·2003年1月)

2002年度,光山县测配站在总结往年的经验基础上,狠抓技术宣传,改革推广方式,配方肥配制推广出现大的飞跃。全年共配制推广水稻、小麦、油菜专用配方肥600多t,示范应用面积达2.1万亩。配方肥显著的增产增收效果,受到广大群众的普遍欢迎和认可。

一、配方肥在农业生产中成效显著

光山县测配站配制的“沃力”牌配方肥,是根据多年来积累的土壤、肥料试验结果及农作物的需肥规律、产量水平、土壤供肥能力、当季土壤化验结果提出的科学配方而配制的,在光山县县域范围内具有显著的增产增收效果。

2002年夏、秋两季作物收获前后,县农技中心组织技术人员深入到泼河、城关、北向店、斛山、龙台、晏河等乡镇,对油菜、小麦、水稻等作物施用配方肥的效果进行了专项调查。调查结果表明,油菜平均亩产156.5 kg,比常规施肥田平均亩产137.5 kg增产19 kg,增产率13.82%。小麦平均亩产212 kg,比常规施肥田平均亩增22 kg,增产率11.5%;水稻平均亩产441.84 kg,比常规施肥田平均亩增产65.08 kg,增产率14.51%。

苗情及产量要素调查结果分析:施配方肥油菜苗期长势稳健,抗寒、抗倒、抗病性强,单株角果数和千粒重均高于农民习惯施肥田。施配方肥水稻插秧后无返青期和烧苗现象,秧苗叶色翠绿,茎杆壮硬,有效穗和千粒重明显高于农民习惯施肥田。小麦施用配方肥后表现籽粒饱满,千粒重高。总之,稻、油、麦等作物施用配方肥后,合理地调配提高了土壤的营养水平,满足了作物生长对各种元素的需求,表现出了显著的增产优势。推广施用配方肥,使广大农民真正地、方便地应用了测土配方施肥技术,减少了肥料的盲目投入和对环境的污染,促进了农业增产、农民增收。

二、采取有力措施,加大配方肥推广应用力度

(一)加强领导,狠抓落实

配方肥是测土配方施肥技术的物质载体。为了加大推广力度,光山县政府办以“光政办[2002]15号”文件,转发了县农业局《关于示范推广测土配方施肥新技术实施方案的通知》,将推广测土配施配方肥技术列为本年度光山县农业重点科技推广项目之一,作为发展无公害生态农业、提高农产品品质的一项有效措施。要求示范区乡镇及有关部门高度重视,通力合作,认真组织,抓好落实,确保测土配施配方肥新技术的示范推广取得成功。县农业局还多次用局办《农业信息》发布各乡镇配方肥的推广效果和进度。通过狠抓落实,从组织、技术、物资、质量上提供了保障,解决了当前土地分散经营条件下科学施肥技术难以推广到位的难题,促进了光山农村经济的振兴和农业的发展。

(二)加大宣传,树立形象

为了提高广大农民对配方肥的认识,使这项先进的科学施肥技术走入千家万户,2002年狠抓了配方肥的宣传工作。一是印发了大量的技术宣传资料。全年共印技术宣传材料3万余份,发给县乡人大代表、政协委员、各级干部及广大农民,同时印制了2 000多份不干胶宣传条幅张贴在集市、村庄和销售处,使广大干部和农民都知道了配方肥。二是组织宣传车下乡、村宣传,赶科技大集,在宣传车上配置了宣传专栏,用高音喇叭不停地宣讲;派技术人员跟车咨询讲解技术,散发技术资料,推广产品,满足农民对科学施肥技术的需求。全年共出动宣传车200多辆次,基本打开了配方肥的推广局面。三是在县电视台上播放配方肥宣传短片,加强配方肥的宣传力度。四是在有关乡镇设置配方肥试验、示范田,多次组织有关人员参观配方肥效果,加深基层干部和农民对配方肥的直观认识。斛山乡斛山村余堰口村民组,2001年春季购买了1 t多水稻配方肥,当年秋季又用了2 t,2002年春季仅水稻一季又用了4 t,该组几乎户户都用配方肥。

(三)建立网络,拉长链条

2002年,测配站在农业局和农技中心的支持下,以技术为依托,以市场为导向,发挥县、乡、村农技推广技术职能优势,延伸土肥测配站的服务链条,组建乡级测土施肥示范站及推广网点,实行为农民提供取土、化验、配方、配制、供肥和技术指导全程系列化服务,将当前农业生产上重点推广的“配方施肥”提升为“施配方肥”,将科学技术物化到专用肥料产品(配方肥)上,推广应用到农业生产中去取得了显著效果。2002年全县共建立了乡级测土施肥示范站6个,推广网点40个,为农户化验土样120个。县测配站对乡示范站还在价格、技术、服务等各方面给予倾斜扶持,实行质量、包装、商标、生产、价格、技术服务六统一,体系连锁,服务联网,一体化配制、推广。同时县土肥站利用自身的技术优势,出台了“推广测土配肥操作办法”,将配方肥技术推广任务以科技承包的方式落实到全体干部职工的工作中,每个干部职工3 t推广任务,肥料专营服务部的每个职工15 t任务。由于责任到人,措施落实,人人有任务,个个有压力,齐心协力,想方设法,使配方肥的推广工作开展得红红火火,大部分干部职工都能主动完成推广任务。

(四)完善配方,提高质量

配方肥在我县试验、示范、推广已经有4年历史,通过试验示范并结合大田调查,不断对

现有配方进行调整,使其更适合我县土壤及作物生长,并从配制环节严格把关,从产品原料购进、配肥操作及包装标准等多方面严格要求,从而保证配方肥质量过硬,增产效果显著,推广面积逐年扩大。

洛阳市直属测配站“九项措施”打开新局面

王宏周 郭建新 席万俊

(洛阳市农业技术推广站·2003年1月)

洛阳市地处河南省西部,国土面积1.52万km^2,辖8县1市7区,总人口625万人,其中农村人口470万人,涉农乡(镇)159个,行政村2 993个,总耕地面积36万hm^2,年化肥施用量80万t以上。近几年,经过全市农业科技人员的不懈努力,尽管广大农民的施肥技术水平有了很大提高,但仍存在盲目施肥、过量施肥等不合理现象,制约着农作物产量的提高和品质的改善。配方肥作为测土配方施肥技术物化形式,具有配方科学、针对性强、施用方便、效益显著等突出特点,是推广科学施肥技术的有效途径。2002年在省土肥站的精心指导和洛阳市农业局的大力支持下,洛阳市农业技术推广站成立了“洛阳市沃土测配肥技术服务中心”,同时组建了直属测配站,面对全市开展配方肥配制推广工作。通过多方努力,组建当年即配制推广配方肥1 035 t,取得了开门红,并积累了一定经验。

一、领导重视

2002年初全市农业工作会议上,市农业局把配方肥推广列为农业技术推广主要工作之一,强调了它的重要性、可行性和紧迫性,并提出了具体要求。在全市配方肥推广专题工作会议上,乔文祥副局长再一次阐述了配方肥推广的重要性,并提出了很好的指导性建议。市农技站把配方肥推广工作作为中心工作来对待,凡是配方肥方面的工作会议市站领导都亲自参加,听取汇报,及时决策,全力协调各方面关系,抽调6名年轻同志全力从事配方肥推广工作,动员全站职工从各个方面支持配方肥的推广工作。领导的大力支持为配方肥从建站、配肥、推广的一次性成功奠定了良好的基础。

二、优势互补

配方肥配制推广需一定的资金做支撑,建站之初,国家没有投一分钱,站内资金又十分紧张,同时又缺乏管理经验,针对这种情况,为尽快打开局面,取得开局胜利,决定与站外人员进行合作的方针,对方出资金并组织配制,我方负责技术指导、采土、化验、提供配方、建立网络、组织推广。通过这种运作方式减轻了双方的风险,起到了优势互补的作用,促进了配方肥的配制与推广。

三、组建网络

网络推广是当前市场经济形势下的产物。为确保配方肥顺利推广,充分利用原有技术推广体系,同时采取灵活多样、不拘一格的形式,大力组建县、乡推广服务网络。有的是依靠县农技站、土肥站,有的是植保公司,有的是个体户。谁热衷于配方肥推广工作,就依靠谁。在乡级网络建设上,原则上一乡一个中心点,由乡级中心点在辖区内建立村级推广网点。2002 年共建乡村推广网点 180 余个,确保了配方肥推广工作的顺利开展。

四、统一价格

开发市场是基础,保护市场是关键。价格的稳定是保护市场的重要要素之一。一是及时调研市场,制定出合理的价格推向市场;二是实行最低限价推广;三是部分地区实行零售价格供货,售后返还利润。通过以上措施,确保了市场价格的稳定,同时也加速了资金周转。

五、强化管理

在内部管理上,测配站同志分县负责,各尽其职,各自负责所分管县区的网点组建、联络配送及宣传等各方面的工作。平时深入乡、村网点,了解各种信息,周一到站开例会,交流情况,互通信息,遇到问题大家一起研究解决,形成了良好的内部运作机制,较好地配合了各县的推广工作。通过交流,及时、全面地掌握农情、肥情,按时将配方肥发送到各网点,抢先占领市场。

六、注重宣传

一是采取多种形式广泛进行宣传。利用测土配肥宣传车走村串户,对农民群众面对面进行宣传;对部分县采用电视广告,利用天气预报、科普田园等栏目进行电视宣传;印发宣传材料 10 万余份,印制条幅 500 余条;采取专家下乡培训、授课等形式宣传。通过这些宣传措施的深入实施,有效地保证了配方肥的快速推广。

七、测土化验

在深入调查田间施肥状况的基础上,加强化验室测试建设。抽调 7 名专业人员和熟练操作的技术工人充实到化验室,并派 2 名技术人员到省测试中心接受培训,提高了测试水平。充分利用化验室提供的各种数据,结合土壤普查成果和田间肥料试验结果,多次召开配方师和相关专业人员会议,确定不同地区、不同作物的配方。定期抽查(检)配方肥样,确保配方肥的质量,努力打造“科配”牌配方肥的品牌效应。

八、搞好服务

名牌产品需要优质服务。我中心配制的“科配”牌配方肥之所以深受农民欢迎,除它本身具有配方科学、针对性强、货真价实等优点外,还在于我们发挥自身技术优势,把技术指导、售后服务和测土供肥融为一体,农民在买到肥料的同时,还能得到技术人员无偿提供的技术资料和技术指导。

九、示范带动

为促进配方肥推广,还加强了示范点建设,每个县建立 2 ~ 3 个乡村示范点,全市共建示范点 55 个。一方面为改进配方提供依据;另一方面,展示了配方肥施用效果,让农民看到了实实在在的样板,起到了以点带面的作用。

睢县配方肥配制推广走出"站厂结合"路子

荆建军

(河南省土壤肥料站·2003年3月)

睢县测配站组建于2001年,起步较晚。组建当年在一缺资金、二缺技术、三缺经验的情况下,配制推广"沃力"牌配方肥240 t。2002年采取以点带面,辐射全县,免费测土,加强宣传,严把质量关等措施,在整个肥料市场十分疲软的情况下,仅麦播就推广"沃力"牌配方肥800 t,使配方施肥技术跨上了一个新台阶,实现了新的突破。

一、站厂结合,取长补短

由于农业用肥季节时间相对集中,必须提前备料配制,而提前备料又需占用较多资金。鉴于土肥站资金短缺,为尽快推广测土配方施肥技术,他们经多方考察,决定与商丘市永佳精细化工厂联合组建测配站,土肥站出技术、把质量关、促推广,化工厂负责筹资金、抓配制,两家负责共同推广,走出了一条站厂合作之路。为保证配肥质量,在备料过程中多方考察,进料之前,抽样检验,不合格的原料决不进厂,把好配方肥质量第一关。在配制过程中,各原料配比专人负责,严格掌握,计量包装,斗足秤满,决不允许缺斤短两。产品出厂前,进行抽样检验,做到不合格的产品决不出厂,把好质量第二关。

二、多措并举,宣传推广

再好的产品,也需大力宣传,群众才能认识接受,配方肥也是如此。在宣传上,他们主要采取以下措施:一是电视宣传。针对睢县实际,提前制好配方肥宣传图像带,并复制成光碟分发到各个推广网点,在集会时间搞好宣传。在睢县电视台"督查回声"栏目中,以政府名义经常播报市场肥料质量公告,并把配方肥的宣传作为重点。二是资料宣传。为让农民获得第一手技术资料,在小麦播种过程中,共印发宣传材料30 000份,重点宣传上年施用配方肥的高产典型,施用配方肥的十大好处,并以睢县肥料管理站公告形式把检验合格与不合格的肥料明文公告,张贴在集市街头和各村醒目位置。三是现场指导。麦播前集中15名技术人员,深入到各网点现场指导农民施肥,使农民真正知道地里缺什么,缺多少,施什么肥,如何去施,引导农民改变"一白一黑"(一袋碳铵、一袋磷肥)的施肥习惯。

三、测土化验,制定配方

为了提高配方肥配方的针对性、科学性,他们在麦播前按照土壤分类采集了300个土样,通过土壤养分含量化验,摸清了土壤养分状况,并结合睢县实际,按照沙土、淤土、两合土制订了小麦底肥3个配方,尽力做到针对区域,对症下药,小麦越冬前、拔节期、收获前对配方肥示范点进行全面调查,倾听农民意见,进一步提高配方肥配方质量。

四、建立网点,规范管理

睢县共有 24 个乡镇,拥有 80 万亩耕地。按照辐射范围大小,他们组建了 45 个配方肥推广网点,网点的选择重点从四个方面筛选:一是自身的科技素质;二是推广宣传的能力;三是农民的信任程度;四是信誉的可靠性。地点的设置以大力推广互不影响为原则,每个配方肥推广点,均发有木制 2 m 高的竖牌,上书"睢县沃力牌配方肥推广处"。为保证市场秩序平稳运行,合格证用不干胶纸贴在包装醒目位置,上标适应区域与推广者姓名,有效地避免了窜货压价,从而保证了推广网点应得的利益。

兰考县测配站赢得配方肥配制推广开门红

赵武英

(河南省土壤肥料站·2003 年 3 月)

兰考县测配站组建于 2002 年,经过全站干部职工的共同努力,组建当年配制推广配方肥达 812 t,取得了开门红。

一、测配站的运作管理机制

按照现代企业的要求,兰考县测配站在管理上实行股份制运作机制。在推广上按照市场经济规律运作,首先实行价格封闭管理,统一定价,统一运输,售后统一返还利润;其次让利基层推广网点,以提高基层网点的积极性;再次实行区域推广,每个基层网点都有固定的推广区域,不得跨区域推广。

二、配方肥的配制推广主要措施

(一)积极争取领导与有关部门的支持

为了搞好配方肥的配制推广,争得领导的支持,兰考县测配站在组建之初,把配方肥的发展前景、配方肥的优势及全省配方肥目前的配制推广状况等写成文字材料,多次找该县农业局领导汇报,以引起领导的高度重视。在该县农业局在经费非常紧张的情况下,拿出 20 万元作为配方肥配制的启动资金,并多次召开局党组会议研究配方肥的配制推广问题,明确抓业务的副局长常抓此项工作。同时,与工商、技术监督等部门搞好关系,争取他们的理解与支持,从而为配方肥的配制、推广营造了一个宽松的环境。

(二)建立配方肥试验示范点

为让群众看得见、摸得着配方肥的优点与好处,他们在基层推广网点中,选择文化程度高、责任心强、科技意识强、群众基础好的 12 户做为配方肥示范户,分别在棉花、花生、水稻、蔬菜等多种作物上进行配方肥效果试验示范,均表现出抗倒、抗病,增产效果显著。

(三)严把质量关

质量是产品生存和发展的关键。为确保配制的配方肥高质量,他们按照省、市业务部门的要求，认真从软、硬件抓起。从原材料的选购入库，到成品出库，都要经过县土肥化验室检测，层层严把质量关。配方肥配方的制定更是精益求精，以提高其科技含量。同时建立了良好的推广服务体系，实行质量保证卡制度，让农民用着放心，用后开心。

（四）加大宣传力度

为尽快把配方肥推广开来，他们采取电视宣传、业务技术人员下乡蹲点、下乡送电影、车辆巡回服务、印发宣传资料等多种形式进行宣传。据统计，仅麦播期间，就下乡送电影达15场次，印发《兰考土肥报》3万余份，科技人员下乡达150余人次。

（五）加强与肥料厂家合作

他们分别与宁夏大颗粒尿素、济源磷酸一铵、广西磷酸二铵等厂家建立了良好的合作关系，为配方肥选用优质原料奠定了良好的物质基础。

三、面向市场，加强协作，建立富有活力的推广服务网络

兰考县测配站在坚持"发展才是硬道理"的前提下，通过大胆实践，积极探索，走出了适合自己发展的路子——就是建立一个富有活力的推广服务网络。按照市场规律的要求，通过政策扶持、业务指导、物化推动等多种方式，在全县建立了53个乡村推广服务网点，架起土肥站和农户服务的桥梁，加快了肥料技术产品的推广转化。组建测配站后，在原有推广服务网络的基础上，以协议的方式加强了与各网点的协作，土肥站和各个网点成员签订协议，使土肥站和乡村推广服务网点运作上有章可循，真正成为互惠互利的协作伙伴关系，使土肥技术推广工作有了坚实的基础，成为配方肥推广的主力军。

南阳市直属测配站真抓实干促配肥推广

张澎海

（南阳市土壤肥料站 · 2003年3月）

为了加快测土配方施肥技术推广步伐，强化物化服务手段，隶属于南阳市土肥站的市土壤肥料技术服务中心于2001年下半年组建了测配站，直接配制推广配方肥。经过一年多来的运作，取得了显著的成绩。

一、真抓实干，实现飞跃

测配站组建后，市土肥站将配方肥推广工作作为全站中心工作，充分发动，精心组织，当年试配制推广400余t。2002年通过全体职工的艰苦努力，全年配制推广各类农作物配方肥达2 000余t，比2001年增长了5倍。主要有小麦、棉花、玉米、水稻、黄姜等十几个品种。无论是在数量上或品种上都取得了大的飞跃。

二、解放思想，勇于实践

一是测配站实行目标责任制管理，要求配制人员严把质量关，并责任到人，每批原料必

须经化验室化验,合格后才能使用;二是严把财务关,确保资金安全;三是实行多劳多得;四是测配站采取低成本运行,全年投入资金量仅有10万元左右,采取赊欠经销商原料,组织配制,销后付款的办法滚动发展。由于信誉较好,目前已形成较为稳定的供货渠道。同时,与个别有实力的推广商达成配方肥推广协议,进一步加大了配方肥的市场占有率。为了进一步增强测配站活力,引进了私有经济成份参与测配站的运作,聘任测配站站长1名,负责测配站的日常管理。由于采取了上述措施,保证了配方肥配制推广的快速发展。

三、认真分析,科学决策

为了尽快提高"高科"牌配方肥推广步伐,在宣传推广方面,采取以科技讲座为重点,组成3个科技下乡服务队,在推广区内,围绕各大推广商开展村级科技讲座,大力宣传测土配方施肥技术和"高科"牌配方肥。全年共组织300多次科技讲座,参加农民近2万人。同时,与电视台、电台联系,在推广旺季播出电视专题,全年共播出电视专题3期,每期8分钟,重播3次;电台专栏40多期,每期10 min,重播3次。在推广方针上,为确保配方肥配制推广的健康、有序发展,对所有推广商一律采取现款零售价进货、季节结束后统一退还利润的推广方法,确保了资金的安全。

四、建立网络,打好基础

站领导组织全站职工认真讨论,统一思想,把网络建设纳入重要的议事日程。将网络建设任务分解到人,要求全站职工每人必须建立1个以上的推广网点,推广配方肥20 t,与工资挂钩;测配站人员必须建立3个以上网点,推广配方肥50 t,与工资挂钩。经过一年努力,我站的配方肥推广网点增加到近150个,较好地完成了全年网络建设任务,形成了一个布局较为合理的配方肥推广网络,为下一步配方肥大面积推广应用打下了一个良好基础。

灵宝市测配站大胆引入股份制

安项虎

(灵宝市土壤肥料站·2003年3月)

灵宝市测配站组建于2001年。在局党委及省、市各级业务部门的直接领导和指导下,全体人员积极努力,认真操作,精心管理,在2001年的基础上,2002年配方肥配制推广实现了重大突破,一举达到2 100 t。

一、引入股份制,扩大配制量

根据2001年配方肥推广情况,为进一步扩大配制推广量,决定引入股份制,积极组织发动多方合作,投资入股,筹集资金,共筹备资金200万元,打破了资金瓶颈限制,同时投资5 000元修建配制场地400 m^2,修缮仓库8间,及早动手购回大颗粒尿素1 000 t,连云港进口钾肥200余t和当地优质磷酸一铵300 t,优质过磷酸钙700 t。8月5日开始配制,每天配制量达35 t以上,小麦播种前库存量达1 500 t左右,保证了推广供应。

二、大力宣传测土配肥的作用及效果

为了大力推广配方肥，狠抓了测土配肥技术的宣传工作。一是印发配方肥宣传资料1.5万份，下发到推广户及广大农民手中；二是电视宣传，复制宣传磁带在灵宝市电视台播放长达60天；三是印发宣传横幅100条，悬挂在各推广点；四是制作配方肥宣传板面，在化肥交易大会上进行宣传、咨询；五是科技下乡赶集上会、培训宣传，共下乡培训21次，受训达1.4万人次。通过广泛的宣传，使广大群众了解和掌握了配方肥的使用方法和技术，在提高了农民科技素质同时，也促进了配方肥的推广。

三、建立网络，扩大网点，实行区域负责制

在配方肥配制推广过程中，2002年8月27日在灵宝宾馆重点进行了推广户的培训，建立了推广网络。在2001年配制推广的基础上，对优秀推广单位和个人进行表彰鼓励，并定点、定人选择各区域推广负责人。负责人要求有一定的组织能力、懂技术、有事业心、诚实可靠、愿为群众服务、在群众中有一定威信的人担任。全市共设立20个推广区域、117个网点，2002年又新发展41个网点，达到158个推广网点。为了做到多而不乱、相互竞争而不互相压价，实行各区域负责人牵头供货，对每个区域定任务、定时间，签订推广合同，超额部分给予奖励。由于统一管理，措施对路，相应地调动了他们的积极性，使其在推广工作中起了重要作用，为2002年配方肥推广做出了一定贡献。

四、风险共担，利润均沾，让利于推广户

在测配站股份制操作中，多次召开股东会议，研究制定配制、推广计划和目标任务，以及相应措施。对推广单位的推广原则就是利润均沾、风险共担、让利于推广户、让利于群众。给推广户每吨最低100元以上利润，让推广户放心地大胆地推广，无论成本高低，保证推广户的利益，这样才能充分调动他们的积极性，发挥他们的作用。

五、保证质量求发展

为了长期有效地推广配方肥，使其能常胜不衰，在保证配肥质量上下了大功夫，保证配方肥的科学性、针对性，保证养分含量。不合格的原料坚决不用，如2002年配制中，发现购进的原料有一批磷肥质量差一点，水分含量偏高，立即采取措施将其处理掉。绝不能让假冒伪劣毁掉配方肥这个牌子，这样才能有效地推广测土施肥技术，才能发挥到真正的科技效益，增强配方肥的生命力。

新密市测配站多措并举促推广

崔书超

（新密市测配站·2003年3月）

近年来，新密市测配站在市委、市政府的领导和上级业务部门的指导下，全体干部职工

以"三个代表"重要思想为指导,抓技术树形象,抓体系固根本,抓制度促效率,团结奋斗,奋力拼搏,配制推广配方肥取得了较好的经济效益和社会效益。

一、抓测土化验、技术宣传,为配制推广铺平道路

土壤是植物养分的补给库。因此,测土配方施肥必须以摸清全市土壤养分状况为先决条件。为了优化肥料配方,下大力气抓了土壤养分抽样化验工作。每年从5月中旬开始,都要组织人力、车辆对全市除尖山外的14个乡镇的重点地域、主要土壤类型进行了抽样化验,共取得野外样本104个,通过20多天的室内常规化验,取得氮、磷、钾速效养分数据400多个。化验结果表明,土壤养分总的趋势是碱解氮基本稳定,速效磷略有下降,速效钾降幅较大。大量的土壤养分资料为分区制定肥料配方奠定了良好基础。

在土壤抽样化验的同时,作为配方肥配制推广的前奏,每年从8月份就开始进行配方施肥的宣传工作。每年都要印发宣传资料2万份,出动宣传车辆40余车次,印制横幅100余条,印制标语1 000余条,电视专题、广告在市乡两级电视台连续播出1个多月,收到了极好的宣传轰动效果。

二、多方筹集配肥资金,诚实守信确保配肥质量

配方肥配制推广4年来,由于奉行高含量、低价位、让利于民的推广方针,加之配制施用增产效果好,其反响远远高出原来设想,这对配方肥配制既是动力,又是压力。为扩大配制推广量,满足群众需要,通过银行贷款、赊购原料、收取推广网点预付款、职工集资等形式筹集配肥资金。同时根据辖区内东西部不同土壤类型的特点,以尿素、磷酸一铵、氯化钾、过磷酸钙为原料,分东西部不同类型区分别组方进行配制。在配肥高峰期,全站干部职工从早到晚无节假日,无怨无悔奋战在配制一线。配制中严把配制质量关,确保配料准确,掺合均匀,计量标准,封口严实,保证了配方肥的信誉。

三、根据需求调整结构,强化网络提高服务质量

市场推广是配方肥工作的重中之重。为了增加推广覆盖面,在搞好宣传工作的同时,充分注意了网络建设工作。近年来配方肥在全市声誉日高,群众需要迫切,加之运作得当,使不少原供销系统基层门市部相继加入了配方肥推广队伍,目前全市配方肥推广网点发展近100个,为配方肥顺利推广创造了条件。

新蔡县配方肥配制推广呈现跨越式发展态势

刘培生

(新蔡县测配站·2003年3月)

新蔡县测配站自组建以来,在各级领导和业务主管部门的大力支持下,通过全站工作人员的努力和推广网络体系的系统运作,配方肥配制推广工作呈现跨越式发展的态势。在

2002 年夏粮严重减产、秋作物大面积遭受水灾的情况下，全年配制推广配方肥 2 063 t，推广面积达到 6 万多亩，各种作物增收节支总额 516 万元。

一、建立灵活的运作管理机制

我县测配站隶属县土肥站，实行站长负责制。按照“独立核算、自负盈亏、自筹资金、自主推广”的原则，给测配站以充分的自主权。同时，从站里派出得力技术人员和专家进行技术指导、宣传和质量监管。测配站还有用人自主权，自行招收了一批有配制经验的工人和一批有市场推广经验的推广人员。通过技术指导和专业培训，成为一批既懂技术又有推广经验的生力军，从而使测配站的配方肥推广有了强有力的保障。在价格与利润方面，本站采用的是全县统一推广价格，现款现货，待推广期结束后，与各网点统一结算。凡违反厂方规定进行推广的，厂方按规定给予处罚。凡超额完成推广任务的，厂方按照推广量给予适当奖励。

二、多方筹集资金，保证配制

配方肥配制推广季节集中，时间很短，而农民对配方肥的需要量逐年猛增，这就要求我们在短期内配制出大量的配方肥。如果没有大量的资金，购不回足够的原料，就很难完成配制任务。为此，我站通过多方努力筹集资金：申请扶贫资金 10 万元，集资 10 万元，向私人借款 20 万元，向农行贷款 50 万元，同时赊回一部分原料，从而保证了正常配制。

三、技术服务为先导，过硬质量为后盾

2002 年 8 月底，我站出动技术服务专用车 1 辆，一方面对秋作物施用配方肥的产量情况进行调查总结，另一方面进行土样采集，为配制小麦配方肥做准备。历时 42 天，共调查备种作物 337 块(户)，土样采集 1 406 个，并及时进行了化验。在此期间，我站及时向土肥站、农业局有关领导汇报，要求把配方肥技术推广工作纳入秋季麦播培训的主要内容，并征得了领导同意。农业局派出 20 人组成的讲师团分赴各乡、镇进行技术培训。我站提供培训和宣传资料 6 000 份，同时还在电视上做了宣传。通过培训和宣传，让更多的农民了解了什么是配方施肥，为什么要实行测土配方施肥技术，施用配方肥的好处，并通过几年来的许多事例，让群众真正相信配方肥和测土配方施肥技术。

仅有好的宣传和培训还不够，还必须有质量过硬、使用效果好的优质产品作后盾。为保证质量，对所采集的土样进行严格化验，科学配方，精确配制。对每一批原料和配制成品都进行严格抽检，并对机械配制过程进行全程监督，从而保证了配方肥质量。

四、连锁辐射的推广方式

在推广措施上，我站采用的是“一竿子插到底”的方式进行“连锁辐射推广”，主观上并不依靠各级推广人员，而是深入田间地头和农户家中，直接和农民打交道。在一个村或一个组，只要能做通几户甚至是一户工作去施用配方肥，那么他就是一个辐射源。因为我们坚信，我们配制的配方肥一定会给他带来大的丰收。那么丰收后的农民就是一个很好的宣传员，这样一传十、十传百，配方肥的质量和效果就被他们传开了。

引入股份制　寻求新突破
三门峡市直属测配站走出一片新天地

李明雷

（三门峡市土壤肥料站·2003 年 3 月）

三门峡市土肥站直属测配站组建于 1998 年，是全省最早组建的 16 个测配站之一。2002 年在市场形势异常严峻的情况下，经过全站同志的辛勤劳动和共同努力，配方肥配制推广量达到 1 200 t，较好地完成了全年目标任务。

一、强强联手，大胆引入股份合作制

测配站组建之初，主要靠市站自身力量运作，虽然具有技术、手段等优势，但由于受资金等的制约，规模一直没有大的突破。进入 2002 年后，根据全省土肥工作会议精神，并借鉴兄弟测配站的经验，经请示市农业局党组同意，决定大胆引入股份合作制。经过考察、洽谈，决定与山西省平陆县农资公司三门峡办事处合作共同配制推广配方肥，充分发挥土肥站的技术、测试手段、体系、职能和平陆县农资公司的市场、网络、资金及市场运做经验等优势，实现强强联合。市土肥站职工集资 20 万元，市土肥站筹集资金 20 万元，平陆县农资公司入股 30 万元组建股份合作制测配站，实行站长领导下的经理负责制。新的机制不仅解决了配肥所需资金，而且使各方的优势得到了发挥，同时也极大地调动了大家的积极性，配方肥配制推广一举突破 1 000 t 大关，达 1 200 t。

二、试验示范，严把质量关

为促进配方肥配制推广上台阶，在全市选择生产条件较好的 200 个村作为示范点，采集 500 个土样进行化验，根据化验结果，经计算确定不同的配方，并配制配方肥直供示范村。同时严把配肥质量关，原料全部选用优质化肥，如氮肥选用大颗粒尿素，钾肥选用进口大颗粒氯化钾，磷肥选用磷酸一铵，填充料选用铵化过磷酸钙，解决了过去几年填充料在土壤中不分解的问题，改变了配方肥在农民心中的形象，提高了配方肥的信誉和可信度。为方便农民购肥，把配肥站迁到临近国道旁边，厂区、厂房、库房地面全部硬化，其中厂房面积 500 m^2，库房面积 400 m^2，配制的 1 200 t 配方肥全部采用省土肥站的统一包装，进一步增加了配方肥的可信度。

三、多措并举，努力扩大推广量

一是电视宣传。7～9 月用肥高峰，连续在电视台黄金时段播出配方肥宣传短片，使全市人民认识配方肥、使用配方肥；二是开展技术讲座。市土肥站、测配站 8 名技术人员巡回在 200 个示范村进行技术讲座，宣传测土配方施肥技术，推广配方肥；三是开拓新的推广区域。利用和山西平陆县农资公司合作的机遇,开拓山西配方肥市场;四是实行目标责任管理。凡参与配肥站的职工,每个人都有推广任务,做到千斤重担大家挑,人人肩上有指标;五是统一价格。网点提货全部按零售价现金结算,然后按照推广多少,市场区域不同,最大限度返利给网点,保证了市场价格不乱,同时也提高了网点的积极性。

四、组建协会,强化网络管理

在过去建立推广网点的基础上,进一步加强了网点建设,测配站直属网点目前已达118个,同时把山西平陆县农资公司的市场销售网点也纳入市测配站网络系统统一进行管理。与此同时,从3月份起,市土肥站深入各乡镇调查研究化肥市场,提出组建肥料协会,加强行业自律,规范化肥市场,强化网络管理。6月28日三门峡市肥料协会正式成立。凡是配方肥推广网点负责人全部加入肥料协会,成为肥料协会的骨干。同时加入肥料协会的其他成员,通过协会的宣传引导也都开始推广配方肥,成为测配站的推广网点。通过协会运作,市测配站建立了覆盖整个三门峡市的市、县、乡三级推广网络,初步在山西运城建立了推广网点,为明年大力推广配方肥奠定了良好的市场基础。

起点高　投入多　实效好
商丘市高科测配站建立富有活力的运行机制

赵广春

(商丘市土壤肥料站·2003年3月)

在省土肥站和市农业局的大力支持下,商丘市高科测配站在2002年肥料市场竞争非常激烈的形势下,以高起点、高投入、重实效为切入点,进一步完善运行机制,加强经营管理,全年配制推广“高科”牌系列配方肥4 100 t,超额完成了预定的最高目标。

一、建立富有活力的运行机制

商丘市高科测配站组建于2001年,是一个纯股份制测配站。面对激烈的市场竞争,2002年进一步完善了股份合作制,年初再次吸纳资金入股,注册股金达135万元,市土肥站仍然以技术入股的形式控股管理,提供配肥技术和土壤肥料检验服务。配肥站人员实行效益工资制,股东实行分红制,配肥站经营管理重大决策由股东按入股比例进行,具体实行总经理责任制。

二、职责分明,制度严格

要使测配站高效运作,必须有一套科学的管理体系,用职责约束人,用制度推动人,用制度管事。因此,测配站制定了一系列规章制度,有总经理职责、配肥主管职责、财务主管职责、推广主管职责以及财务制度、质量管理制度、安全生产制度、仓库保管制度、企业保密制度、工资制度、奖惩制度、推广业务制度、客户服务制度等。各项工作都有专人负责,各司其职,分工合作。

三、建立完善的质量保证体系

"高科"牌配方肥建站当年虽然一炮打响,但在管理上,对质量要求丝毫没有放松。2002年春夏深入田间对施用"高科"牌配方肥的地块逐户进行调查,又对46个示范点的技术数据进行产量分析,同时在推广区域内对358个农户的习惯施肥进行调查登记,又根据不同土壤类型、不同肥力水平的地块取土样1 261个进行化验,分类建立地块档案916个。根据化验结果和土壤校正系数、肥料利用率和示范数据,分类计算出最佳配方,为"高科"牌系列配方肥制定配方提供了科学的理论依据。在配制过程中,实行质量管理责任制,哪个环节出现问题由主管人承担责任。严把原料入库关,做到批批检验,不合格的原料绝对不用;严把配比计量关,不合格的产品绝对不进入推广网点。

四、巩固发展推广网络

推广网络建设是"高科"牌配方肥推广的重要环节。主要采取了巩固老网点、开拓新网点的办法,网络建设在全市区域内铺开,仍然按照科技素质高、经营信誉好、推广能力强的标准,在全市及山东接壤地区新选定了143个经营户加入了推广网络。为了使网络发挥最佳效果,组成了以总经理挂帅的5人网点管理与推广小组,分片承包,统一管理,并与效益工资挂钩,促进了推广服务网络的发展。

五、加大力度做好技术宣传与推广

配方肥在商丘市已推广宣传了四五年,其肥效得到了农民的认可,但由于目前全市测配站数量较多,加上几十家配方肥生产企业,竞争十分激烈,面对真真假假的配方肥市场,测配站狠抓了宣传推广。第一,在商丘电视台的3个频道及商丘教育台、各县电视台、10余家乡(镇)电视转播台上,投入资金28万元,以各种形式进行技术宣传,时间长达90余天。第二,印刷有关"高科"配方肥宣传资料8万余份,利用网点或下乡宣传发放到农民手中。第三,刻录电视技术讲座光盘10余张,录音带50余盘,发放到有条件的网点,利用电视和村头喇叭播放。第四,组织技术人员利用乡(镇)集会下乡巡回作农业技术咨询讲座,把施肥技术直接送到农民手中。

六、几点体会

(一)良好的运行机制是高科测配站发展的保证

实践证明,测配站实行股份合作制,按照现代企业制度去运作管理,对投资者有了法律保证。按生产要素分红,风险共担,权责分明,提高了投资者都来关心"高科"发展的责任心。仅资金一项,在注册资金135万元的基础上,秋季配肥高峰,广大股东想尽办法再次集资198万元,保证了流动资金的需要。

(二)质量是配方肥发展的生命

"高科"牌配方肥氮、磷、钾含量高,与众多低含量配方肥竞争,其价格、利润都不占优势。不少网点成员与股东多次提出降低含量、迎合市场,测配站决策层再三考虑,认为"真正的上帝是农民”,“高科”要在农民心中长期扎根,质量与肥效是“高科”发展的根本。不但不降低含量,而且根据不同地域,反而增加了含量,在原来总含量42%的基础上,又开发了45%、48%和55%更高含量的“高科”系列配方肥,让农民真正用上放心肥。

(三)网络是推广“高科”牌配方肥的基础

“高科”有了过硬的产品,有了良好的市场基础,但是要面对竞争激烈的市场,在网络的巩固与发展上必须下大力气,才能保证推广目标的实现。采取“巩固两区,瞄准全市,建立县、乡、村三级推广网络”的方针,经过努力目前网点已发展到180余个,为在市场上站稳脚跟打下了基础。

(四)宣传服务到位是关键

商丘市目前已有16个测配站20余个品牌,加上几十家肥料生产企业都瞄准了配方肥,品种繁多,鱼目混珠,广告宣传力度也大得惊人,“高科”能在市场中站稳脚跟,靠的就是服务与宣传。2002年春夏,测配站与市土肥站一起,组织技术人员,租用3辆宣传车,深入田间地头进行取土化验、跟踪服务、技术指导,耗时40余天。

(五)充分发挥人员的主观能动性是制胜法宝

测配站工作人员实行基本工资加效益工资制度。网点成员实行返利与奖励相结合的推广模式,对推广量在100 t以上的设特等奖,推广量为80 t、50 t、30 t以上者,分别设一、二、三等奖,分别给予物质奖励,充分调动了各方面人员的积极性。

(六)团结一致,敢于拼搏,无私奉献的高科人是测配站发展的根本

“高科”测配站全体员工,虽是来自不同的单位,都是脚踏实地的实干家,一心用在工作上,从不讲个人得失,日夜忙碌在测配站,奔波在乡村之间,把家庭的事放在后边,用辛苦的汗水才换来“高科”的发展。

完善管理体制 拓宽推广渠道
邓州市2002年配方肥配制推广取得新突破

杨 濮

(邓州市测配站·2003年3月)

2002年度,邓州市测配站在县农技中心的领导下,在省、市土肥站的支持下,全年新建配方肥推广网点50多个,配制棉花、小辣椒、蔬菜、花生、小麦等专用配方肥1 135 t,推广面积近3万亩,辐射全市29个乡镇,取得了可喜的成绩。

一、完善管理体制,激活运作机制

年初,邓州市农技中心就测配站的工作安排专门召开全体职工动员大会,在制定了配方肥配制推广方案的同时,积极组建和调整了由领导、技术、推广、管理人员参加的测配管理机构,并挑选数名业务能力强、工作积极性高、懂技术、会管理的高中级农艺师、化验员、保管员,加入测配站,确保“测、配、产、供、施”一条龙产业化服务一步到位。在运作机制上,从各个环节入手,实行目标责任制,即配制上采取按吨记工制;推广上采取包干到人,以推广量计酬,与奖金和工资挂钩等运作办法。新运作机制的实施,调动了职工的积极性,中心全体干群深入村级建点织网,为配方肥的配制推广工作夯实了基础。

二、多方筹措资金,狠抓配制管理

资金紧缺一直困扰着测配站的正常运行,为此,我们在总结以往经验的基础上,千方百计多渠道筹集资金。采取集资、垫付、加快资金周转、争取领导支持等办法,全年共筹措资金50余万元,厂家或商户预付原料300余t,较好地解决了原料紧缺问题。在配方肥配制上,牢固树立质量和品牌意识,从原料购进、配方制定、配制工艺设计、监督化验等关键环节入手,层层把关,责任到人。保证不合格原料不用、不合格成品不出,既不缺斤少两,又确保养分比例准确稳定,深受农民的欢迎。经市质量技术监督、工商等部门多次抽检,均为合格并被列为质量保证产品。

三、拓宽推广渠道,加大推广力度

在配方肥的推广上,主要做了两方面的工作:一是加强宣传。抓住春耕前与麦播前的有利时机,通过办培训班、发宣传资料、召开典型示范现场会、利用新闻媒体、技术咨询、农民现身说法、农艺师讲课等多种形式,全方位宣传配方肥及配方施肥技术,使配方肥迅速占领市场。二是采取有效措施建立配方肥推广网络。利用体系优势,抓住各乡(镇)农技站,建立农技推广系统的配方肥网络。同时保本微利,提高竞争力,在全市范围内选择信誉好、懂技术的个体农资推广户,发给配方肥直销牌匾,建立定点推广网络。为扩大网点覆盖面,调动农技中心全体干群,走村入户,建立村级推广点。并重点取得各乡(镇)示范方和大面积土地承包户的信任,动员使用配方肥料。

四、总结成功经验,树立先进典型

一是建立激励机制,通过一系列奖罚措施,提高测配站技术人员和推广人员的积极性,对推广量大的同志实行物质和精神双奖励,即按推广量发放奖金,并授予"农技推广先进个人"称号,优先提供各项服务。二是建立跨系统、跨部门、多元化的推广网络和推广队伍,使配方肥深入千家万户。三是树立先进典型,号召广大干部群众向先进学习,并把先进个人请回测配站,进行现身说法,推广先进经验。

比硬件　比软件　比服务
全省土肥化验室分等晋级工作启动

王小琳

(河南省土壤肥料站·2003年4月)

为促进化验室建设工作的进一步开展,更好地服务于全省测土配方施肥工作开展和优质、高产、高效、安全、生态农业发展,省土肥站日前决定进一步贯彻落实《河南省土肥测试体系化验室分等晋级管理办法》,全面启动土肥化验室分等晋级工作,年内争取30个化验室分等晋级。据悉,为确保土肥化验室分等晋级工作顺利开展,省土肥站已决定把该项工作纳入土肥业务工作“以奖代补”管理范畴,一星级化验室10分,二星级化验室15分,三星级化验室20分,四星级化验室30分,化验室通过计量认证30分。同时颁发星级标牌和证书,在土肥化验项目安排上对优胜者优先考虑等。

此次分等晋级申报工作从2003年4月份开始,县级化验室由所属省辖市化验室推荐,省辖市化验室由所属省辖市农业局推荐,化验员由所属土肥站或化验室推荐。所有申报材料统一报送省监测中心。化验室审批认定上半年各地自查,8月底上报自查报告,8月份组织专家现场考察、综合考核和验收,省土肥站统一发证授牌。定级两年后可申报晋升高一级化验室。化验员认定省土肥站将根据申请人员情况,先期举行培训、考试,合格者发给级别证书。两年后可申报晋升高一级化验员。

(本文原载于2003年《土肥协作网信息》第9期)

发展才是硬道理
商城县推广配方肥先起步再发展后规范

黄延福 叶昭国

(商城县农业技术推广站·2003年4月)

商城县农技站2001年冬季开始筹划配方肥项目,2002年春季组建商城县测配站,当季试配水稻配方肥50 t,实际施用约1 000亩。当年秋季配制小麦、油菜配方肥272 t,实际施用约8 000亩。今年春季已配制水稻配方肥310 t(全部是25 kg/亩小包装),估计最终配制400 t,施用面积约16 000亩。在推广配方肥的过程中,推广面积从1 000亩到8 000亩再到16 000亩,半年一个新台阶,何以如此快速发展?

一、全体动员,全面开花

2002年在春季,为了推广水稻配方肥,召开有关乡农技站会议,提出配方肥规范上市,由乡农技站独家在本乡内推广。由于布点少,加之配方肥又是新肥料品种,群众知之不多,春季全县配方肥推广量不足50 t,而是相当多乡农技站人员还不满意,有的甚至怨声载道,大多数乡农技站人员认为配方肥推广工作难度大。2002年秋季,我们提出取消乡农技站独家推广配方肥的决策,由县农技站所有人员在全县“全面开花”推广配方肥,县农技站全体动员,人人有任务,在全县广泛发展推广网点,推广使用量以少积多,下半年配方肥的推广使用突破260 t。

二、加强宣传，加快推广

2002 年秋季，商城县电视台科技栏目深入广泛地宣传了配方肥。县政府行文要求各乡（镇）加大配方肥推广力度。县农技站技术人员下乡搞培训近 60 场，出动宣传车 20 天次，委托每个乡站书写墙体广告 30 条左右，自喷墙体广告 150 条左右，印刷、发放《配方肥十问十答》7 000 余份，召开配方肥宣传专项会议 2 次。县农技站推广人员及其亲戚、朋友近百人的宣传队伍在推广过程中面对面的宣传更是不计其数。粗略计算，2002 年全年配方肥各种宣传费用 20 000 余元。事实证明，凡是宣传得好的地方配方肥推广得就快。

三、送货上门，逐步规范

推广配方肥伊始，各推广网点害怕积压，每次进货量都很少，但多次少量进货不仅增加成本，而且麻烦。为方便各网点，2002 年秋季测配站主动送货上门，减少各网点的麻烦，从而调动了各网点的积极性。同时，测配站逐步规范各网点的运作行为，如不准窜货，不准低价倾销，全部现款结账等。通过 3 个季度配方肥的推广实践证明，发展才是硬道理，在发展的基础上逐步规范运作行为，才能走向发展壮大，配方肥才能以最快的速度得到全面推广。

推动农化服务上台阶
滑县召开 2003 年土肥工作暨农化服务会议

刘红君　赵冬丽

（滑县土壤肥料站·2003 年 4 月）

2003 年 4 月 18 日，滑县 2003 年土肥工作暨农化服务工作会议在该县宾馆召开。该县所辖各乡（镇）农技站、“沃力”配方肥推广网点、肥料生产厂家及安阳所辖县土肥站代表等 240 余人参加了会议。省土肥站胡伯继副站长、安阳市土肥站牛爱书站长及该县人大魏孟宪主任、县政府杨自明副县长、县农业局冯兰芝局长等到会并分别作了重要讲话。

会议重点传达了省、市土肥工作会议精神，明确了 2003 年各项工作目标及工作重点，总结了 2002 年农化服务特别是“沃力”牌配方肥配制推广经验，对先进推广网点进行了重奖，并对 2003 年整个推广策略进行了调整和部署。

据悉，2003 年该县计划以测配站为基础，以配方肥为载体，大力开展农化服务，配制推广配方肥完成 8 000 t，力争达到 13 000 t。

另讯，出席该县土肥工作会议代表同时还参加了该县肥料展示中心开业典礼。

（本文原载于 2003 年《土肥协作网信息》第 10 期）

产品质量过硬　服务赢得人心
获嘉县肥料回访深受农民欢迎

王庆安　郭永祥　王　平

（获嘉县土壤肥料站·2003 年 5 月）

4 月中、下旬，获嘉县土肥站组织技术人员对麦田施用配方肥料的农户进行了回访调查，受到广大农民群众的热烈欢迎。

获嘉县测配站在我省 120 余家测配站中是后起之秀，建站时间不长，由于狠抓产品质量和技术服务，配制推广量呈梯级上升态势。为调查 2002 年度小麦配方肥施用效果，更好地做好今年配方肥配制推广工作，该站抽调土肥站全体人员和农技中心小麦专家深入到该县 14 个乡镇 60 多个村的 310 块麦田进行了抽样跟踪调查。通过调查发现，施用配方肥料的麦田，叶色浓绿，分蘖多，长势壮，明显优于未施配方肥的地块，特别是连续施用配方肥料三季的地块，小麦叶片绿中透亮，整齐度好。

科技人员还就一些选用春性小麦品种、偏施氮肥遭受冻害的地块，对农民群众进行了现场讲解，并提出具体解决方法和建议，受到农民的好评。

（本文原载于 2003 年《土肥协作网信息》第 11 期）

罗山县大力推广平衡施肥技术

刘　刚

（罗山县土壤肥料站·2003 年 6 月）

罗山县土肥站针对目前不少农民存在沿用传统盲目施肥的方法和观念，致使肥料施用不合理，资源浪费，土壤养分比例失调的现状，自 1998 年开始组建测配站、推广配方肥，通过技术培训、宣传发动、取土化验、配方配肥、施肥技术指导等一系列服务，在小麦、水稻、油菜、棉花、花生、辣椒、番茄、茄子、西瓜、打瓜、甘蔗、黄瓜、板栗等十几种作物上开展了测土配方施肥技术的示范推广工作，并取得了显著效果。

罗山县土肥站组建测配站、推广配方肥过程中，始终把开展技术培训、搞好宣传发动、提高农民素质放在第一位，每年都要召开测土配方施肥技术推广培训现场会。培训会上，聘请市土肥站有关专家、施肥农户作现场讲解，真正做到了“讲给农民听、做给农民看、农民跟着干”的目的。据统计，自 1998 年以来，共组织现场培训 39 场次，参加培训达 30 790 人次，参加大型下乡宣传活动 20 余次，印发技术资料 34 000 余份。

在测土配方施肥技术的落实上,充分利用自身优势,结合下乡培训活动,共取土样713个,室内分析1 731项次。并根据化验结果和作物需肥规律,按照缺啥补啥、缺多少补多少的原则,分别“开出”了不同肥力、不同产量水平的施肥“配方”,做到了科学、准确、经济而不浪费。

2002年麦播期间,罗山县土肥站把测配站配制的小麦、油菜“沃力”牌配方肥585 t全部直接送到农民手中,减少了中间环节,使农民得到了实惠,真正实现了“测、配、产、供、施”一条龙物化服务。今年夏收,农民看到油菜、小麦等作物的长势,对“沃力”牌配方肥赞不绝口,纷纷表示,今后将继续选用“沃力”牌配方肥。

配方施肥　大有作为
我省测土配方施肥推广情况调查

杨　平

(河南科技报·2003年6月)

长期以来,我省农民在施肥中普遍存在诸多不科学之处,如盲目施肥、施肥单一、过量施肥等。其结果往往造成土地有的肥素缺乏,有的肥素过量,降低了肥料的利用率,增加了农民的投入。农业部在1998年以前,就提倡全面推广配方施肥,至今,5年过去了,我省推广配方肥的状况如何呢?

日前,记者带着这个问题赴长葛市进行了采访。该市农业局局长吕风山告诉记者:“我市从2000年8月推广配方施肥。市农技中心专门抽调干部职工,联合各乡镇农技站在全市范围内广泛抽取土样2 000多个,经化验后掌握了第一手详细资料,并根据目标产量要求,提出了合理的配方施肥方案。这些方案再反馈到取样点,农民根据自己的意愿到市场上购买原料,按农技中心提供的方案配方,或施用我们组织生产的成品配方肥。这一做法取得了农民信任,当年我们就推广配方肥料100余t。同时,市里还利用送科技下乡等方式宣传配方施肥新技术,举办讲座12期,培训推广骨干5 000余人。”

施用配方肥料的官亭乡辛集村农民李俊业告诉记者:“我施用配方肥料后,发现配方肥肥效持久,施用方便,小麦成穗率高且长势旺盛,亩产提高了10%～15%。”而该村没有施用配方肥料的农民,种植的小麦就出现了早期脱肥现象,分蘖成穗率低,千粒重比施用配方肥小麦低1～2 g,亩成穗少3万～5万穗。

就我省推广配方施肥的整体情况,记者采访了省土肥站高级农艺师易玉林。他告诉记者:“全省耕地每年需施肥量约1 500万t。目前全省每年推广配方施肥仅50多万t。每年我省农民因不科学施肥,浪费肥料就有200万～300万t,主要原因是:一是推广配方施肥地域发展不平衡,农民接受科学施肥的意识亟待提高;二是推广配方施肥发展潜力很大,但受推广经费的制约,乡村级农技推广体系不健全,配方肥生产量受限;三是由于地块分散,小单元式的按田测土配方力量薄弱,还需增强。”他建议各地发展配方施肥要加大宣传力度,提高农民科学意识，要健全和改善测土配肥手段，扩大生产量，使农民施用配方肥后，真正得到实惠。

（本文原载于2003年6月26日《河南科技报》）

一手抓非典防控　一手抓配制推广
滑县测配站积极探索非常时期配方肥推广模式

刘红君　赵冬丽

（滑县测配站·2003年6月）

在当前防治非典的特殊形势下，滑县测配站根据当地的实际情况，及时调整思路，转变观念，创新方式，积极配合当地防控非典的总体要求，努力做到非典防控和配方肥配制推广两不误。

一、采取有效措施，加大防非力度

4月中旬，该县测配站制定了严格的规章制度，坚决不从非典疫区进原料，每天早晚对车间、厂房消毒两次，对生产及管理人员测量体温，填写身体状况表，对送货所用车辆出车前后各进行一次消毒，切实做好非典防治工作。

二、加强网点建设，培育新户入网

由于各村都限制了人员的出入，所以今年农民用肥不可能从远处购买，推广网点的推广半径变小，直接影响产品的推广。针对这种情况，该县测配站加强对村级经销户的调查了解，争取把更多的肥料经销点纳入自己的网络。同时，培育新的肥料经销户，努力发展村级网点。

三、加大宣传力度，调整宣传方式

由于今年不能进行巡回培训和下乡促销，该县测配站制定了“以电视宣传和网点客户宣传为主”的宣传策略，把宣传肥料产品和普及防治非典知识有机结合起来，把优良的产品和热情的服务一起送到农户身边。

四、丰富肥料品种，加强代理力度

为更多地占领市场，满足客户和农民需求，测配站加强了技术改进，加大了产品研发创新和其他肥料代理的力度，目前测配站可供肥料品种达20个。

（本文原载于2003年《土肥协作网信息》第12期）

推行农化连锁服务　河南节本增效近亿元

刘中平

（河南省土壤肥料站·2003年6月）

近几年，河南省土肥系统坚持以服务为宗旨、技术推广为载体，积极探索土肥技术服务新机制，在全省初步形成了测配站为龙头、网络为基础的农化连锁服务模式，有力地推动了全省平衡施肥技术的推广与应用。目前，该省已组建测配站120个，覆盖全省17个省辖市85个县（市、区），配制推广配方肥30万t，推广面积750万亩，服务农户150万户，实现节本增效近亿元。

河南推行农化连锁服务，摸索出一套以服务为中心、利益为纽带的松散式连锁管理机制。该机制做到"五个突破"。一是突破系统束缚。按照"自愿申请、土肥优先、多元并进、择优扶持"的原则，在加快发展土肥系统组建连锁站的前提下，鼓励外系统积极参与，联合或单独建站。二是突破层次束缚。改变了习惯的"省、市、县、乡按级负责，逐级进行指导"的工作模式，实行"隔级"发展，即省对县、市对乡进行发展。这样增大了级差的影响力，加快了建站速度。三是突破所有制形式束缚。组建的测配站和基层农化网络不再要求是单一的公有制成分，而是由公有制、集体所有制、股份制、民营、个体等多种成分组成。四是突破工作关系束缚。省测配中心与市、县测配站不再是行政事业或上下级隶属关系，而是通过合同约束维系的平等的合作伙伴关系。五是突破经济利益关系束缚。按照责、权、利一致的原则，省测配中心只着眼于社会效益，将利益的大头（95%以上）让给连锁测配站，测配站又将利益大头让给农化服务网点，充分调动各个层面的积极性。

这种机制还发挥了整体优势，理顺了三个层面的关系。一是理顺省测配中心与市、县测配站层面。该省在品牌、包装和质量标准上，做到"三个统一"；在技术、物料、环境上，做到"三个服务"；对领导重视、积极性高、发展态势好的测配站优先推荐农业项目，以调动测配站的积极性。二是理顺市、县连锁站层面。他们建站、运作资金、原料购进、产品质量、经营机制、财务管理、推广销售等均由连锁站自己负责，是相对独立的服务实体。同时各连锁站按照生产数量，向省中心交纳少量的品牌、技术和服务费用。三是理顺农化服务网络层面。该省由市和县测配站在办证、管理、价格、配送上，统一进行并独立核算。

通过几年的努力，河南省以"六大网络为基础、三大体系为支撑"的土肥技术产业化连锁服务框架已初步形成。测土配方体系由98个化验室、1 100名技术人员和265名中高级配方师组成，每年测土量达25万项次，提供配方800多个；加工配肥体系由全省测配站和80多个原料供应厂家组成，年加工能力30万t；供肥施肥体系由推广销售、产品区试、价格信息、市场监控等农化服务网络以及750多个试验田和示范点组成。与三大体系相配套的六大农化网络，已由1998年的1 603个网点发展到8 535个，其中推广服务网点6 140个；地力监测网点由33个发展到98个,测试化验能力由5万项次增加到35万项次;产品区试网点由原来的随机安排,改为经申报筛选确认后的24个;肥料价格信息网点16个,市场监控网点1 106个。

（本文原载于2003年6月25日《农民日报》）

总结经验　查找不足　迎难而上　争创佳绩
全省平衡施肥物化集成技术推广促进会议在滑县召开

刘中平　马振海

（河南省土壤肥料站·2003年7月）

2003年7月22~23日,全省平衡施肥物化集成技术推广促进会议在安阳市滑县宾馆召开。全省18个省辖市土肥站站长、128个连锁测配站站长参加了会议。会议同时还邀请了部分市、县(市、区)农业局主管局长、农技中心主任,部分配肥原料厂家及新闻界的朋友们出席会议。省农业厅原巡视员肖兴贵受雒魁虎副厅长委托到会并作了讲话,省农业厅农经处处长刘开、安阳市农业局副局长李进朝及滑县县委副书记王春安、县人大副主任魏孟宪、县政府副县长刘建发、县政协副主任冯兰芝等也应邀到会并分别作了讲话。会议还听取了滑县等6个先进单位典型经验介绍,表彰了上半年平衡施肥物化集成技术推广先进单位,中国农科院侯彦林博士做了《生态平衡施肥理论与计算机专家施肥系统在农化服务中的应用》专题讲座。

会议认为,今年上半年,全省土肥系统认真贯彻中央、省农村工作会议精神,振奋精神,奋发拼搏,克服困难,进一步加大平衡施肥物化集成技术推广力度,克服了非典带来的负面影响,取得了近几年来同期最好成绩,突出表现在以下七个方面:一是平衡施肥物化集成技术推广总量和面积增长显著。上半年全省推广总量达到5.6万t,推广面积150万亩,分别比去年同期增长72%和75%,比2000年上半年推广总量还多1.6万t。二是新建和投入运作的测配站明显增多。经过市级分中心考察推荐,今年上半年全省新发展连锁测配站21个,总数达到128个,同比增20个。三是推广上规模的测配站明显增多。上半年有22个站推广量与去年同期相比有不同程度的增长,增长翻一番以上的测配站11个;推广量达到500 t以上的测配站31个。四是物化集成技术新产品增多,推广应用范围进一步扩大。为适应全省农业结构调整的需要,今年不少连锁测配站除抓好在棉花、花生、水稻等作物上的配方肥推广外,还积极开发了玉米、大豆、果树、蔬菜、药材等配方肥新产品的推广。五是技术培训和宣传推广力度进一步加大。上半年全省各测配站都普遍加大了技术培训和宣传推广力度,据不完全统计,上半年全省共举办农民技术培训班4 678期,培训农民技术人员78万人次,发放技术资料120万份,分别比去年同期增加32%、28%。六是网络建设进一步加强。上半年全省新建推广网点增加850多个,总数达到7 400多个,村级覆盖率由上年的18%增加到21%,有20个县达到80%以上。七是推广机制创新上有了新的发展。各地在平衡施肥物化集成技术推广上,坚持与时俱进,不断进行新的探索,特别是有不少测配站在机制创新上勇于实践,勇于探索。

会议指出,在充分肯定成绩的同时,还应该清醒地看到,在平衡施肥物化集成技术的推广中还存在许多不容忽视的问题。一是测配站发展很不平衡。截至目前,全省还有36个县(市)未建立测配站,在签订过建站协议的128站中,上半年还有49个站未投入运作,在投入运作的79个站中,配制推广量从几十吨到几千吨不等,悬殊很大。二是部分测配站规模小,档次不高。全省有相当一部分测配站因为资金、场地、设备、技术、网络等方面的制约,配制推广能力还比较小。三是内外环境不够宽松。从内部环境上看,首先是一些地方的测配站与农业行政主管部门之间的关系不够融洽,争取领导支持较少,甚至发展上受到一定的限制;其次是少数测配分中心因为内部管理存在偏差和利益划分不当,也形成相互制约、甚至抵制现象;再次是有些测配站与测配站之间因推广区域问题形成一些矛盾。从外部环境上看,一方面一些新建的规模较小的站因为没有很好磨合,管理部门对其执法力度很大,发展上受到制约;另一方面随着新修订的复混(合)肥料国家标准的颁布实施,把BB肥(掺合肥料)作为复混肥的一种,纳入实施生产许可证管理范围,使测配站在发展上遇到新的困难。

会议指出,推广平衡施肥物化集成技术,不仅有利于农业增效,而且可以帮助农民增收;不仅可以促进自身发展,也有利于树立自身的良好形象;不仅可以推动工作的开展,而且也是贯彻“三个代表”重要思想的具体实践,是一件一举数得的好事。因此,各测配站的领导和同志都要从战略的高度上来认识推广平衡施肥物化集成技术的重要意义,树立干大事、创大业思想,努力扩大平衡施肥物化集成技术推广覆盖面,克服小打小闹、小进即安、满足现状、止步不前等现象,努力把配方肥配制推广事业做大做强。

面对当前形势和下半年工作,会议指出,各测配站在平衡施肥物化集成技术推广过程中要突出重点,狠抓关键,采取有力措施,确保完成全年配制推广30万t的争取目标。一是要发扬跳起来摘桃子的精神,向内挖潜,向外拓展,抓住麦播用肥高峰这个有利时机大干80天,在完成计划目标的基础上,力争完成争取目标。二是要以质量求生存,以诚信谋发展,努力扩大平衡施肥物化集成技术推广的覆盖面。各测配站在配方肥料配制推广上要制定一系列重质量、讲诚信的措施,如配制前的测土化验、配制中的严把质量关、推广时的专家逐村技术培训与宣讲、施用后的跟踪调查以及使用信誉卡、服务证等。三是要多渠道筹措资金,千方百计努力打破瓶颈制约,为配方肥配制推广上规模上档次奠定基础。可以采用借、贷、集、入股、联营、垫付、预售、加快周转、收取风险抵押金和争取领导支持等方法解决资金紧缺问题,以保证麦播备肥的需要,为测配站上规模、上档次做好资金方面的准备。四是正确处理省、市、县及各测配站的关系,充分调动各方面的积极性,努力发挥测土配肥体系的整体效能。五是各地必须进一步加强配制推广网络建设,不断提高网络运作水平,同时努力将服务向前延伸,不断提高网络覆盖面、网点密度和服务能力。六是及早动手做好原料准备,多方开辟供货渠道,确保秋种备肥高峰配肥所需。七是加大配方肥推广宣传力度,形成全方位的宣传攻势,牢固占领农村阵地。各测配站要充分利用农村有线广播电视、墙面、街道和路口,也可以利用单位自有送货车、推广网点及推广人员,通过唱戏、演小品快板、编顺口溜等群众喜闻乐见的形式,走一处宣传一处,走一路宣传一路,同时要注重公益性与经营性相结合,并要突出公益性。八是加强对领导的宣传和汇报,争取各级领导对配方肥配制推广工作的认同与支持,努力创造一个宽松的内部发展环境。九是多方协调各部门之间的关系,着力营造良好的外部发展环境,为平衡施肥集成技术推广事业打造更加广阔的发展空间。首先要高度重视,积极主动地解决好每一个问题;其次要加强学习,利用有关的法律、法规和标准来保护自己;再次要积极主动地向管理和执法部门汇报工作,沟通信息,培养感情,加快磨合,逐步建立比较宽松的外部发展环境,为快速发展奠定坚实的基础。

会议最后强调,各测配站要在各级党委、政府和农业行政主管部门的领导下,认真学习贯彻"三个代表"重要思想,坚持解放思想,实事求是,与时俱进,开拓创新,不畏困难,顽强拼搏,上下一心,团结协作,力争完成全年30万t的配制推广任务,为全省土肥事业和农业农村经济发展做出新的贡献。

(本文原载于2003年《土肥协作网信息》第14期)

规范运作行为　促进健康发展
焦作市出台配方肥配制推广管理办法

魏世清

(焦作市土壤肥料站·2003年8月)

日前,焦作市测配分中心为规范辖区内各测配站运作行为,促进配方肥事业健康发展,经各测配站座谈协商,制定了《焦作市配方肥配制推广管理办法》,并以焦作市土肥站文件进行了印发。

关于推广区域,该办法指出,各测配站要严格遵守肥料登记证核准的范围进行推广。各测配站推广配方肥时,必须进行测土化验,或根据土壤养分资料实行定量或半定量配肥,充分体现平衡施肥物化集成技术的科学性、严谨性,促进农业高产、优质、高效。

关于价格秩序,该办法指出,配方肥的配制与推广,以服务"三农"为宗旨,制定合理价位,在确保良好社会经济效益的前提下,促进自身发展,扩大服务对象,不得惟利是图,恶性竞争。各测配站在本区域推广产品时,实行统一零售价格。建在市区的测配站,其产品进入县(市、区)推广时,要和当地测配站的零售价格保持一致,不得低于当地价格。建在县(市、区)的测配站在制定推广价格时,同时通报市测配分中心和其他测配站。

关于推广宣传,该办法指出,各测配站在配方肥推广宣传过程中,禁止恶意贬低其他配方肥,降低配方肥声誉。

关于化验检测,该办法指出,为保证产品质量,提高平衡施肥物化集成技术产品的信誉,市测配分中心对各测配站实行不定期抽样检测制度,根据配方肥推广的淡旺季节,每年至少检测3~10次,并出具化验报告,各测配站应积极配合。

关于责任追究,该办法规定:

(1)未经市、县土肥站提供配方,未进行测土化验,打着配方肥旗号随意配肥,由市测配分中心责令其改正,拒不改正者,建议上级不再审验其登记证。

(2)在配方肥推广过程中,各测配站要遵守统一零售价,不得随意降价,恶意竞争。若出现他站产品价格恶意冲击另站价格的情况,市测配分中心接到举报后,经过核查,情况属实的,对其提出警告,再次冲击该市场的,建议上级不再审验其登记证。

(3)市土肥测配分中心负责对配方肥产品质量进行抽检,若检测结果不合格,要责令其改正。拒不改正者,市土肥站将依据《肥料登记管理办法》第五章第27条第3款进行处罚。

(4)对产品标识不符合《肥料登记管理办法》第四章第23条第2款、《中华人民共和国产品质量法》第三章第27条第3款规定的,市土肥站将依据相关法律法规条款进行处罚。

(本文原载于2003年《土肥协作网信息》第15期)

我省平衡施肥物化集成技术推广工作进入高潮

马振海　刘中平

(河南省土壤肥料站·2003年3月)

近日,伴随着全省平衡施肥物化集成技术推广促进会议在安阳市滑县召开,全省各地的平衡施肥物化集成技术推广工作也进入了高潮。

据了解,今年上半年,全省土肥系统进一步加大平衡施肥物化集成技术推广力度,克服非典带来的负面影响,取得了近几年来同期最好的成绩。突出表现在以下七个方面:一是平衡施肥物化集成技术推广总量及面积增长显著。上半年全省推广总量达到5.6万t,推广面积150万亩,分别比去年同期增长72%和75%。二是新建和新投入的测配站明显增多。三是推广上规模的测配站明显增多。四是物化集成技术新产品增多,推广应用范围进一步扩大。五是技术培训和宣传推广力度进一步加大。六是网络建设进一步加强。七是推广机制创新上有了新的发展。

推广平衡施肥物化集成技术,不仅有利于农业增效,而且可以帮助农民增收。省土壤肥料站要求各测配站要及早动手做好原料准备,多方开辟供货渠道,确保秋季备肥高峰期的配肥供应,力争完成全年30万t的配制推广任务,为全省土肥事业和农村经济发展做出新贡献。

(本文原载于2003年8月4日《河南农村报》)

共商配肥规则　确保运作规范
许昌市连锁测配站签定配方肥配制推广公约

崔玉敏

(许昌市土壤肥料站·2003年8月)

8月23日上午,星期六,天气闷热。

许昌市农技推广站三楼会议室的气氛比天气还要热烈许多。该市连锁测配站配方肥配制推广合约签署协商会议正在紧张进行。该市辖区内7个测配站站长无一缺席,全部到会。

会议由该市农技站站长郭清霞主持，该市农业局副局长孟春明，省土肥站肥料科科长易玉林、综合科科长刘中平应邀参加了协商会。

经过一上午的充分协商，举手表决一致通过了包括八个条款内容的《许昌市连锁测配站配方肥配制推广公约》，许昌市农业技术推广站科技服务部测配站、许昌市农业技术推广中心测配站、禹州市原种场测配站、许昌市东郊供销社测配站、长葛市农技推广中心测配站、许昌市年丰农资有限公司测配站、许昌市丰田宝农资有限公司测配站等七个测配站站长郑重其事地在公约上签了字。公约主要内容如下：

为加快平衡施肥物化集成技术的推广步伐，扩大配方肥料推广面积，促进农业增效、农民增收，进一步规范和协调各连锁测配站的运作行为，促进全市配方肥事业稳步健康发展，经各测配站充分协商，特制定本公约，各测配站共同遵守。

(1)自觉接受河南省土肥测配中心许昌市分中心监督管理，依法测配推广，并配合许昌市分中心的质量抽查、抽检等工作。

(2)珍惜和爱护配方肥的信誉，选用优质原料，确保所配制的配方肥养分大于或等于配方肥料的标识含量。

(3)推广区域原则上按照肥料登记证核准的区域建立推广网络，在各测配站划定区域的边界问题上，相关测配站可以协商解决，不得恶意竞争。

(4)协调零售价格，不搞价格恶性竞争。各测配站要从发展配方肥的大局出发，协调价格，共同确定合理零售价位。

(5)各推广网点零售价的控制由所属测配站负责。

(6)积极发展各自的推广网络，建立各自的推广网点，不得“互挖墙角”，以低价倾销私挖他站的网点。

(7)违背本公约第2条出现质量问题的，第一次由分中心提出警告并限期改正；第二次由分中心建议肥料执法部门依照有关法规进行处罚，并建议上级取消其连锁配肥资格。

违背本公约第3、4、5、6条，情节轻微的，由分中心批评警告，情节严重且有意所为者，分中心将向上一级建议取消其连锁配肥资格。

(8)本公约已报省土肥测配中心备案，由许昌市土肥测配分中心负责监督管理。

(本文原载于2003年《土肥协作网信息》第15期)

目标任务分解 制度纪律建立
洛阳市印发连锁测配站管理意见

郭新建

(洛阳市农业技术推广站·2003年8月)

省土肥站滑县会议以后，洛阳市测配分中心为进一步加大配方肥推广力度，确保2003年配方肥目标任务的完成，日前印发了连锁测配站管理意见，并随文将2003年配制推广任务向各测配站进行了分解。

文件要求,所辖各测配站要认真贯彻落实滑县会议精神,学习先进测配站典型经验,进一步提高对平衡施肥物化集成技术推广重要意义的认识,查找差距,克服困难,勇于创新,扎实工作,努力完成今年的目标任务。

文件指出,按照《河南省连锁测配站管理办法》的要求,下半年测配分中心要对所辖测配站的配方肥质量和袋子印制进行严格管理。严把原料质量关,选择质量信誉好的大厂购进原料,对新进每批成品原料都要索取产品质检报告。对配方要精心研究,配方确定后,要有专人把好肥料配制关,确保配方肥质量和数量。市土肥测配分中心定期不定期对各连锁测配站配方肥质量进行抽查监督。同时严格检查个测配站使用的包装袋,严禁私印袋子,一经发现,将报请省土肥站严肃处理 。

(本文原载于2003年《土肥协作网信息》第15期)

多管齐下宣传　大张旗鼓发展
固始县形成配方肥配制推广全方位宣传攻势

吴　明　杨建辉

(固始县土壤肥料站·2003年8月)

为扩大配方肥配制推广总量,固始县土肥站多管齐下,在全县形成了全方位推广宣传攻势。一是利用会议宣传。在县政府、农业局召开的各类与农业生产有关的会议上,向参会的县、乡、村领导介绍配方施肥技术和施用配方肥的好处,并邀请他们参观配方肥应用肥效对比试验,取得领导认可,引起领导重视。二是媒体引导宣传。县土肥站精心策划制作了配方肥配制推广宣传短片,片中邀请农民熟悉信任的农业专家郑重推荐,邀请使用过配方肥的农户现身说法,在县电视台黄金时段长时间连续播出,不仅在本县取得了良好效果,还引起了邻省安徽部分农民的浓厚兴趣。此外,还采取宣传车在乡村巡回宣传、印发张贴画和宣传资料、举办广播专题、科普集市等形式进行宣传。三是多层网点渗透。在每个乡镇选择一家经营信誉好、技术力量强的农资经销单位为配方肥的乡级推广代理,与选定的乡级代理一起共同发展村、组推广网点,把推广服务向前延伸,方便农户购买。四是推广现场鼓动。组织技术服务组分赴各个推广网点,现场举办配方肥推介咨询活动,通过技术人员现场介绍、答疑指导、播放配方肥应用专题片等,与农民面对面交流。五是技术培训示范。组织乡镇农技站深入村组,开展技术培训活动;聘请农民技术员在各村建立配方肥应用示范点,让农民效果看得见,技术学得会。截至目前,该县已配制推广应用各类配方肥600余t。

(本文原载于2003年《土肥协作网信息》第15期)

及早动手准备　加强力量推广
潢川县召开配方肥配制推广工作座谈会

张桂兰

（河南省土壤肥料站·2003 年 8 月）

2003 年 8 月 10 日，潢川县配方肥推广工作座谈会在该县农业局召开，各乡镇农技站长、配方肥推广网点的同志参加了会议。会上传达贯彻了河南省平衡施肥物化集成技术推广促进会议精神，总结交流了上半年配制推广配方肥的工作经验和建议，研究了下半年要采取的主要措施。

潢川县上半年开发配制水稻配方肥和花木配方肥两个品种，从施用情况来看，普遍表现出肥效稳、肥效长、效果明显，其中在“长江一号”杨树上施用，较对照高 20 ~ 30 cm；在水稻上施用，较对照亩有效穗及大穗增加，出穗早而齐，预计可提早成熟，提高质量。与会人员同时反映，上半年配方肥推广尚存在价格偏高和易潮解等问题。

会议确定下半年要采取有力措施，突出重点，抓住关键，重点抓好以下几点：一是宣传和培训，对上取得各级领导的认同和支持，对下做到家喻户晓；二是抓住下半年油菜、小麦播种用肥季节，大干快上，增设推广网点，努力扩大配方肥配制推广量；三是多渠道筹集资金，采用借、贷、集、入股等方式解决资金紧缺问题，为完成配方肥配制推广任务奠定基础；四是坚持以质量求生存，以诚信谋发展，严把配制前的测土化验和配制配方肥质量关，为广大农民群众提供高质量的配方肥；五是抓好配方肥试验示范，使广大农民对配方肥的施用看得见、学得到，从而更快促进配方肥的推广应用。

（本文原载于 2003 年《土肥协作网信息》第 15 期）

我省《配方肥料》有新标准

刘中平

（河南省土壤肥料站·2003 年 10 月）

日前，河南省质量技术监督局以 DB41/T 275—2003 发布了修订后的河南省地方标准《配方肥料》，取代 2001 年发布的 DB41/T 275—2001 地方标准，并将于 2003 年 11 月 1 日开始实施。

新修订的 DB41/T 275—2003 地方标准，增加了配方确定的基本方法，对验证配方的合理性明确了检验方法和评价指标；增加了氯离子含量指标及其分析方法；降低了水分含量指标；对冠以缓释配方肥料的，明确了缓释养分比例指标及分析方法；进一步明确了适用范围，包装标识增加了配方肥料适宜区域、适宜作物、适宜用量等项内容。

新修订的地方标准规定了配方肥料的配方确定方法、技术要求、试验方法、检验规则、标识、包装、贮存与运输，适用于我省各地在测土基础上综合运用平衡施肥技术配制推广的配方肥料。

新修订的地方标准为配方肥料所下的定义是：配方肥料（Prescribed Fertilizer）是根据土壤养分状况、作物需肥规律和肥料效应，有针对性进行养分配制，具有很强的作物针对性和地域性的肥料。

（本文原载于2003年10月9日《河南农村报》第15版）

我省平衡施肥物化集成技术推广再创新高

徐俊恒

（河南省土壤肥料站·2003年12月）

2003年我省平衡施肥物化集成技术推广在全省上下的共同努力下，加强土肥网络建设，推进农化连锁服务和土肥技术推广体制创新，推广总量和推广面积再创新高，全年全省配制推广平衡施肥物化集成技术总量达15.3万t，推广面积近400万亩，服务农户近80万户，同比增长10%，是组建测配站6年来推广量最大的一年，超额完成了年推广15万t的目标任务，特别是商丘、新乡、驻马店、安阳、许昌、周口等6个市推广总量超过1万t，有7个市推广量增幅达50%以上。预计全省平衡施肥物化集成技术推广可实现节本增效近1亿元。

据统计，2003年全省新组建测配站22个，测配站总数已达140个，投入运作的达到118个，比上年增加20个，是历年来投入运作测配站最多的一年。全省有9个市所辖测配站全部投入运作。同时上规模的测配站明显增多，推广量达1 000 t以上的站52个，同比多8个。与此同时，测配站的发展带动了农化服务网点的进一步增多，全省新增各类基层服务网点1 758个，服务网点总数已达11 208个，其中新增肥料推广网点1 620个，总数达到8 232个。以"测配站为龙头，平衡施肥物化集成技术为载体，六大农化网络为基础，三大体系为支撑"的农化连锁技术推广新体制得到了进一步发展。

（本文原载于2003年《土肥协作网信息》第26期）

找准物化服务结合点
光山县积极探索农技推广新机制

赵志强

（光山县农业技术推广中心·2003年12月）

近年来，光山县土肥站坚持"立足推广搞经营，搞好经营促推广"的指导思想，在搞好各项业务工作的同时，大力开展以配方肥推广为主的技术物化服务，把土肥新技术推广与物化服务有机结合起来，取得显著成效，为光山农业增产增收做出了一定贡献。2003年光山县农技中心更是把配方肥推广应用作为一项重点工作来抓,抽调专业技术骨干,组建配方肥推广队伍,并斥资5万余元,新上一条配方肥配制设备,力争再上新的台阶。

一、加强专业技术培训,提高从业人员业务素质

配方肥是根据土壤养分状况及不同作物、不同生育期对养分的不同需求,结合目标产量,将高浓度单质氮、磷、钾肥料作为主要原料,加上适量微量元素经科学配制而成的高浓度散料掺合肥,具有科技含量高、针对性强、营养全、肥料利用率高的优点。因此,直接从事配方肥配制推广的人员必须具有较丰富的专业知识,不仅要全面了解各种作物的需肥规律、配方肥施用技术、配方确定原理、配制工艺及相关的专业知识,而且还要具有较高的市场营销水平。针对以上问题,农技中心组织全体业务人员每周六开展业务技术培训,使推广人员对自己的工作及推广的肥料有一个系统、全面的认识,可以直接面对农户讲解施肥中的技术难题,更好地为农民提供技术服务。

二、深入农业生产第一线,广泛开展形式多样的技术物化服务

新形势对农技推广部门的推广工作提出了更高的要求,农业技术推广要变被动为主动,变过去的产中服务为产前、产中、产后全程服务,手段必须更加完善,针对性要强。

(1)免费为农户化验大田土样。近两年,光山县农技中心化验室无偿化验土样200多个,有针对性地配制配方肥,有效地解决了施肥养分单一造成的土壤板结、肥料浪费问题。

(2)加大宣传力度。通过设置专家咨询台、印发技术资料、宣传标语、宣传车载广播、电视广告、赶科技大集等形式广泛宣传配方肥的优点和使用效果,提高农民的认识。

(3)加强技术培训。通过现场讲解、开技术培训会等形式累计培训农民5万余人次,逐步扩大配方肥的应用覆盖面。

(4)开展基地试验、示范。从1999年开始,在所有乡镇的不同作物、不同土壤类型上开展配方肥田间施用效果试验、示范,均取得较为明显的效果。同时,利用各种作物施用配方肥试验示范基地,及时组织乡村干部和农民参观学习,宣传配方肥的增产增效作用。

(5)深入田间地头,开展技术服务。为做好推广服务工作,单位给配方肥推广人员每人配备一辆自行车,深入到村民组及田间地头,现场为农民讲解测土配施配方肥的作用原理、施用方法、施用效果,解决农业生产中遇到的实际问题。

通过上述措施的落实,使配方肥这个高科技产品在光山农业生产中站稳了脚,在农民心中占有重要地位,被农民认可和接受。

三、实行目标管理,建立推广激励机制

为了提高配方肥推广人员的积极性,制定了"推广测土配肥操作办法"、"配方施肥推广人员管理办法",实行目标管理责任制,按照按劳分配、绩效优先和兼顾公平的原则,积极探索生产要素参与分配的途径与办法,进一步完善内部分配机制。将推广业绩与工资、奖金挂钩。把全县25个乡(镇)划分为10个推广片区,制定目标任务,由个人承包推广片区,全程负责配方肥推广过程中的各种技术问题。

经过不断探索实践,找准了技术物化服务的结合点,通过推广手段的不断创新、完善,既合理分流人员,解决就业压力,又加速了农业科技成果的应用转化,同时创造一定的经济效

益,并为基层农技推广体系的改革做了积极有益的探索,为光山农业的可持续发展做出了应有的贡献。

重质量　抓管理
周口市直属测配站一年一个新台阶

杜成喜

(周口市土壤肥料站·2004年4月)

周口市土肥站直属测配站组建于1999年。几年来,在周口市农业局党组的领导和省土壤肥料站的指导下,配方肥配制推广量逐年上升,组建当年1 000 t,2000年2 000 t,2001年3 000 t,2002年3 500 t,2003年3 600 t,为周口市农业和农村经济发展做出了一定的贡献。

一、以测土配方施肥技术推广为突破口,狠抓测配站建设

测土配方施肥技术是综合运用农业现代技术,以土壤测试为基础,结合作物的需肥规律和目标产量,合理确定肥料品类和配比,起到节本增效的作用。配方肥作为测土配方施肥技术的有效载体,为尽快扩大其配制和推广量,测配站从当前群众迫切需要的技术入手,使群众首先认识测土配方施肥技术,进而自觉地应用配方肥。每年春季,测配站与市土肥站一起,组织技术人员开展科技下乡,利用逢集、培训会等进行测土配方施肥及相关技术宣传与讲座,并在群众中开展施肥用肥调查。仅2003年,测配站就组织科学施肥宣传培训80场次,培训人员达1万人次,发放技术资料10万余份,举办电视讲座5场次。通过技术宣传,群众逐步对配方肥有了进一步的认识,从施肥上开始有了一定的转变。同时,还召开县市土肥站站长和各推广网点负责人配方肥推广现场会,进一步明确推广方式和技术宣传及服务措施。

二、加强测配站内部管理,提高肥料质量和整体工作效率

为了使配方肥在我市常盛不衰,维护农业系统的良好声誉,市土肥站强化了测配站的内部管理,年初与测配站站长签订了目标责任书,从原料和成品上,由市土肥站土肥监测中心统一把质量关。根据需要,测配站内部又划分为材料保管、配制管理、产品保管、推广等几大块,把个人报酬与目标任务挂钩,在内部成立质检组,定期或不定期对各个环节进行检查和监督,同时,市土肥站专门派一名业务副站长具体负责测配站,建立监督和约束机制,实行奖惩分明,有效地调动了大家的配制推广积极性,提高了工作效率。

三、加强网络建设和媒体宣传,为配方肥推广创造良好环境

随着市场经济的发展,肥料市场竞争日趋激烈,要想使配方肥在竞争中立于不败之地,首先必须取得广大农民的信任和欢迎。这方面除优质产品外,还需要优质的服务和健全的网络。从配方肥推广看,就需要把根扎在基层,把点建在村上,形成县、乡、村推广服务网络。目前,市土肥测配站在全市各县、乡建立推广网点达60个,每县点具体落实到一人具体负责操作。另外在价格和推广方式上,全部统一,这样既维护了市场秩序,又有利于各网点单独

运作。其次是搞好服务。为方便农民群众,开展一系列的便民活动,一是可根据群众要求,免费测土化验,制定配方,配制肥料,服务到家;二是在村级设立配方肥推广点,直接送货到村;三是在推广配方肥的同时,配合农时把各种技术资料、农药一并送村入户。这些便民政策,赢得了群众的好评,赢得了市场,扩大了配方肥的推广总量。

四、多渠道筹集资金,提高资金利用率和管理水平

充足的资金是配制推广配方肥的强大后盾。测配站采取多种方式共筹集资金100万元,主要措施是:吸收社会闲散资金和本单位职工集资及向银行借贷,并建立资金管理机制,成立了7人组成的资金管理小组,负责资金的运用、重大决策等,有效地提高了资金的利用率。

聚合力　促内力　抓创新　谋发展
商城县配方肥配制推广赢来开门红

余殿友

(信阳市土壤肥料站·2004年6月)

入春以来,商城县农技中心抓住中央重视农业农村工作,农业开始升温的有利时机,在近两年推广配方肥的基础上,大胆决策,精心组织,抢早安排,经过全体人员共同努力,实现了春季配制推广配方肥600 t的好成绩,赢得了开门红。

为做好今年配方肥的配制推广工作,该县农技中心从调整推广理念入手,克服了为经营而经营的观念,确立了“每推广一袋配方肥,就多一亩科学施肥田块”的新理念。同时,未雨绸缪,抢抓先机,一是春节刚过,他们就认真分析市场变化形势,及早进行计划安排,分三路到湖北、江苏、安徽等省采购原材料,为配制推广做好准备;二是改变过去遍地撒网的推广方法,筛选有实力的网点,建立稳固的合作关系,以技物相结合为突破口,打开推广局面;三是发挥农技部门的技术优势,利用各网点与村、组、农户的联系,积极开展测土化验和技术培训,提高农民对配方肥的认识,变被动施肥为积极施用配方肥;四是引入竞争机制,打破用人机制,完善激励机制,充分调动职工的推广积极性,造就了一支高素质的农技推广队伍。

(本文原载于2004年《土肥协作网信息》第15期)

滑县测配站召开诚信经营宣誓大会

赵冬丽　刘红君

(滑县土壤肥料站·2004年9月)

麦播备肥高峰在即,为确保农民用上放心肥,滑县丰优肥业有限责任公司(原滑县测配站)经理刘协广8月21日率全体经销人员进行了诚信经营集体宣誓。

宣誓大会在滑县宾馆召开,会议首先总结了以往配方肥推广经验,根据今年肥料市场形

势安排部署了2004年小麦底肥推广工作。接着，滑县丰优肥业有限公司经理刘协广代表公司与所属经营成员一起进行了诚信经营集体宣誓，向全县农民承诺做到诚信经营，恪守职业道德，不生产、经营假冒伪劣肥料，自觉接受农业、工商、质检等职能部门管理和社会各界监督，视质量为生命，靠诚信谋发展，确保农民用上放心肥料。

该县22个乡(镇)120多个网点200余位经销人员参加了宣誓大会。该县农业局、工商局、技术监督局和农技中心有关领导也出席了宣誓大会。

(本文原载于2004年《土肥协作网信息》第20期)

栗铁申副主任来我省考察测土配方施肥工作

刘中平

(河南省土壤肥料站·2004年10月)

2004年10月13～15日，全国农技推广服务中心栗铁申副主任到我省太康、内黄等地考察调研测土配方施肥技术推广工作。

13日早上，栗主任一行抵达郑州后，便即赴太康县考察，听取了太康县测配站站长刘长伟的汇报，现场查看了配方肥配制现场和测土化验室，下午前往该县独塘乡现场考察配方肥连锁供应情况，并走访了购肥群众。

14日前往内黄县考察。内黄县是我省承担农业部“沃土工程”项目基地之一。栗主任一行在内黄县首先考察了该县测配站8.5万亩平衡施肥示范基地，深入田间地头，认真查看询问。接着又考察了该县测配站配肥现场、自动计量包装生产线及化验室。栗主任对该县利用“沃土工程”项目资金新上的自动计量包装非常感兴趣，详细询问了设备购买成本、操作性能、日配肥量等。栗主任一行最后听取了该县的汇报。返回郑州途中，栗主任一行还考察了滑县测配站。

15日上午，栗主任在听取了我省测土配方施肥技术推广工作开展情况汇报后，就测土配方施肥进行了专门指示(另发)。栗主任一行在郑期间，还实地考察了河南万庄化肥交易市场和河南农业大学研制的土壤速测仪，并专门抽出时间与乡级基层土肥技术推广人员进行了座谈。

(本文原载于2004年《土肥协作网信息》第25期)

太康县推广测土配方施肥措施得力成效显著

刘长伟　邹勇飞

(太康县土壤肥料站·2004年10月)

近年来，太康县土肥站及其所属测配站围绕“沃土工程”实施，在县农业局的大力支持下，积极开展“测、配、产、供、施”一条龙农化服务，在今年化肥价格居高不下、原料供应十分紧张的情况下，配方肥配制推广可望突破6 000 t，测土配方施肥面积近10万亩，占该县麦播面积10%左右。

一、测土化验，奠定服务基础

测土化验是测土配方施肥的前提和基础，也是土肥技术推广部门优势之一。为此，该县常年在麦播前取土化验，每年取土样2 000～3 000个，为拟定配方肥配方提供依据，同时将化验结果及施肥意见反馈给农民，让农民明白自己的田块土壤含什么、缺什么、补什么，明白含多少、缺多少、补多少，为配方施肥技术推广打下良好基础。

二、科学配方，集成施肥技术

该县测配站在省、市专家指导下，根据取土化验结果和农民种植习惯及实际产量，科学拟定配比合理、针对性强的施肥配方，充分体现配方肥的各种技术集成。

三、严格把关，确保配肥质量

该县测配站为保证配肥质量，从改善配肥设施、确保原料质量入手，狠抓配肥各个环节。先后硬化整修了配肥场地，购进了相对先进的自配料搅拌计量设备，对调入的配肥原料如一铵、二铵、大颗粒尿素、钾肥、微肥及作为填充料的造粒有机肥，每一批都严格检验，不合格的坚决不用，确保成品颗粒均匀，色泽鲜明，一目了然。同时，在配肥之前，充分采纳推广网点建议，从包装、含量、供货等方面力争做到农民满意、推广员满意。

四、完善网络，巩固推广链条

为保证测土配方施肥技术推广顺利进行，实现良行循环，该县测配站建立了相对稳固的推广网络，在全县32个乡(镇)每个设立1个推广网点，同时还在全县90%以上的村设立了村级点。从2003年开始，又在村级公开招聘了200名土壤监测员，具体负责所在村的配方肥推广应用。在用肥旺季，经常召开各网点会议，商讨推广方案，密切网点关系，扣紧推广链条，保证配方施肥技术通过配方肥这一载体直达农户。

五、技术指导，完成终端服务

为保证农民科学施肥、合理用肥，把测土配方施肥技术推广真正落到实处，该县测配站组织专家采取下乡入村、印发资料、开会培训等手段，解决“最后一公里”的技术落地问题。同时在电视台开辟“专家与农民”栏目，每周四、周五晚8:20，周六、周日中午12:30准时播出，并配有小品、相声等，增加栏目的趣味性。还设立服务热线，农忙时24小时值班，及时解答农民朋友的咨询。

（本文原载于2004年《土肥协作网信息》第26期）

农民渴望测土配方施肥

汪正大　梅　永

（新蔡县杨户乡党政办公室·2004年10月）

日前，笔者在深入乡村座谈走访时，听农民朋友谈及如今地里种的瓜不如昔日甜了，菜没有往日鲜了，许多人也认识到这是由于耕地施用化肥不当造成的，但又不知农田中缺什么，该如何科学合理施肥。

眼下，在农民耕种土地中，盲目施肥现象十分普遍。资料显示，我国土壤施用氮、磷、钾的比例应为1∶0.5∶0.4，而农业部门监测，目前这一比例却为1∶0.4∶0.27，土壤严重缺钾。由于施肥比例不合理，致使化肥利用率偏低，残留严重，不仅造成浪费，同时还污染环境，许多水塘、湖泊接纳沿岸农民耕地流失的过量化学肥料后，导致水草繁生，成为死水，因缺氧鱼虾不能生存。同时，一旦土壤中某种营养过剩，还会造成土壤对其他元素的吸收性能下降，从而破坏了土壤的内在平衡。

就当前而言，化肥销售市场上，各种肥料仅标注含量，却几乎没有说明亩施用量是多少，不应超过国家规定的什么界线，应如何科学、合理、均衡搭配肥料，才能有利于各种农作物生长，从而达到增产增收与生产无公害绿色食品的目的。

鉴于此，农民朋友十分渴盼有关部门能引导农民科学种田和科学施肥，在各乡（镇）、各村委培养一批科技能人，建立起土肥测配站，对农田“富贵病”进行把“脉”，对症下药，按需求“补充营养”，从而使土壤营养组织达到最佳状态，指导农民朋友科学施用化肥。

（本文原载于2004年《土肥协作网信息》第26期）

濮阳市多措并举积极开展测土配方施肥

郭奎英

（濮阳市土壤肥料站·2004年11月）

濮阳市土肥站坚持强化公益性、弱化经营性的原则，为保证科学施肥技术落地入户，更好地为广大农民群众服务，采取多项措施，积极开展测土配方施肥。

其一积极开展测土化验，为配方肥配制提供科学依据。该市土肥站每年都要对全市100个地力监测点进行取土化验，以确保配方的准确性。其二防患未然，严格登记前考察。该市土肥站在向省土肥站推荐登记测配站前，都要对申请单位的配肥条件、质量控制体系和信誉认真进行考察，检验其送检样品是否达到规定标准，经综合考核合格后，才慎重向省土肥站提出推荐登记。其三严把原料质量关。该市土肥站对各测配站调入的每一批肥料都要进行化验，弄清实际含量，质量不达标的原料不准调入。其四严把配方肥配制关。该市土肥站对各测配站配制的每一批配方肥都要进行抽检，不合格的不准进入市场。其五加大技术宣传培训力度。一方面组织专家下乡培训或深入田间地头，指导农民科学施肥；另一方面充分利用广播、电视、报纸、墙报、印发宣传单等方式宣传测土配方施肥技术。

（本文原载于2004年《土肥协作网信息》第27期）

领导重视　措施得力
洛阳市圆满完成 2004 年度测土配方施肥任务

郭新建

（洛阳市农业技术推广站·2004 年 12 月）

洛阳市测配分中心精心组织，采取有效措施，想方设法克服配肥原料货紧价高等困难，圆满完成了省土肥站下达的 2004 年推广 5 000 t 的指导性任务，实际推广量达 5 048 t。他们的主要做法是：

（1）领导重视。该市农业局对测土配方施肥工作高度重视，多次听取市测配分中心汇报，并协调各方关系，大力支持测土配肥工作，保证了工作的顺利开展。

（2）组织得力。经省测配中心批准，该市今年成立了"洛阳市土肥测配分中心"，站长王宏周、副站长郭新建亲自担任分中心正、副主任，并抽调五名年轻同志专门从事配方肥推广管理工作。

（3）重新规划推广区域。为避免无序竞争，保证各测配站顺利开展工作，经省测配中心同意后，该市对各连锁测配站推广区域进行了重新规划。

（4）规范操作行为。为规范各测配站运作行为，该市测配分中心与各测配站签订了目标责任书，并收取保证金，保证了测土配方施肥的健康发展。

（5）严把质量关。为保证配肥质量，狠抓配肥各个环节。对调入的每批原料都严格检验，不合格的坚决不用，确保成品颗粒均匀，色泽鲜明，一目了然。同时，该市还定期或不定期对各测配站配制的配方肥进行抽查，并审查配方，确保配方质量过关。

（6）协调各方关系。该市分中心针对各测配站反映的当地工商、技术监督等部门提出的问题，多次到各县与当地有关部门进行沟通协调，取得他们的支持。

（7）及时提供信息。在今年肥料市场复杂多变的形势下，该市分中心及时与全国各大肥料厂家联系，广泛收集肥料信息，并及时向各测配站进行通报，为其配制推广决策提供了依据。

（本文原载于 2004 年《土肥协作网信息》第 31 期）

省站举办养分资源综合管理技术及配方师与试验员资格培训班

徐俊恒

（河南省土壤肥料站·2005 年 2 月）

为掌握前沿施肥理论，适应新形势下施肥技术发展的需要，加快养分资源综合管理技术在我省的推广应用，提高我省配方师、试验员技术水平，省土肥站于 2005 年 1 月 25 ~ 26 日在郑州举办了"养分资源综合管理技术及配方师与试验员资格考试培训班"。

来自省、市、县(市、区)三级土壤肥料技术推广部门的技术人员及测配站技术负责人140余人参加了此次培训。中国农业大学资源与环境学院副院长江荣风教授、中国农业大学资源与环境系主任陈新平教授、河北农业大学资源与环境学院马文奇教授、国家化肥质量监督检验中心(北京)办公室刘红芳博士分别作了题为“田块尺度上的养分资源综合管理技术”、“养分资源综合管理的理论与实践”、“区域和国家层次养分资源管理原理、方法和应用实例”、“肥料登记的基本程序和田间试验中的常见问题”的专题报告。培训班上80人参加了农化总论、配方施肥原理与方法、相关肥料标准和培训要点等为主要内容的配方师资格考试,40人参加了肥料鉴定试验设计、田间安排与管理、数据分析汇总、相关肥料标准等为主要内容的试验员资格考试。

(本文原载于2005年《土肥协作网信息》第2期)

省站表彰2004年度测土配方施肥推广先进单位

张 霞

(河南省土壤肥料站·2005年3月)

为肯定成绩,鼓励先进,加快测土配方施肥技术推广步伐,进一步扩大应用范围,促进粮食增产、农业增效、农民增收,3月14日,省土肥站以豫土肥[2005]11号文件印发了“关于表彰2004年度配方肥推广工作先进单位的通知”。

通知指出,面对2004年化肥市场复杂多变、配肥原料价高货紧的特殊形势,全省土肥系统、各市测配分中心及各连锁测配站共同努力,克服困难,测土配方施肥推广总量达12万t,应用面积达300多万亩,实现节本增效1.2亿元以上,全省新增肥料推广连锁服务网点1 968个,总数达到10 200个,80%以上的测配站都实现了连锁配送服务,直接送肥到村、到户,服务农户近75万户。

通知接着指出,在2004年测土配方施肥技术推广实践中,涌现出了不少先进单位,根据配制推广总量,洛阳市分中心、平顶山市分中心、鹤壁市分中心、商丘市分中心、新乡市分中心、驻马店市分中心、开封市分中心等7个市级测配分中心和商丘市高科测配站等38个连锁测配站被评为先进单位,在3月17~18日召开的全省土肥工作会议上,受到了重奖。

(本文原载于2005年《土肥协作网信息》第2期)

我省制定下发《河南省测土配方施肥春季行动方案》

易玉林

(河南省土壤肥料站·2005年4月)

为贯彻落实农业部4月8日召开的全国测土配方施肥春季行动动员视频会议和农业部《关于开展测土配方施肥春季行动的紧急通知》精神,日前,省农业厅制定下发了《河南省测土配方施肥春季行动方案》。

方案指出，我省是一个农业大省，也是一个用肥大省，年化肥使用量在1 500万t以上，农民每年用于化肥的投入超过120亿元以上，占整个农业生产资料投入的一半以上。长期以来，由于肥料施用不科学、投肥结构不合理，不仅造成了肥料利用率偏低、农业生产成本增加、资源浪费大的问题，而且导致农作物抗逆能力下降、土壤养分失衡和环境污染等严重问题。开展测土配方施肥春季行动，对于提高粮食单产、降低生产成本、实现今年粮食稳定增产和农民持续增收具有重要的现实意义。

方案指出，河南省测土配方施肥春季行动的指导思想是：认真贯彻落实科学发展观和中央1号文件精神，立足当前春耕备耕施肥实际，精心组织，突出重点，整合力量，以指导农民掌握科学施肥方法、全面普及测土配方施肥技术为目标，采取最简便、最快捷的方法与手段，集中开展测土配方施肥技术培训、技术宣传，营造科学施肥的良好氛围，普及科学施肥知识，狠抓技术落实，加速测土配方施肥技术成果转化为生产力，促进春耕生产顺利进行。目标任务是：测土配方施肥科技入户达到50万户以上，300万农民基本掌握科学施肥技术方法，推广测土配方施肥技术500万亩以上，化肥利用率提高3~5个百分点，每亩实现节本增效20元以上。

方案要求各地要逐级开展技术培训，组织专家和科技人员下乡开展巡回指导和服务，充分利用电视、广播、报刊杂志、网站等媒体，广泛宣传测土配方施肥在粮食增产、农民增收、农业增效及生态环境保护方面的作用，在开展“测、配、产、供、施”一体化服务过程中继续探索农技推广的新体制和新方法，进一步扩大配方肥推广覆盖面，加大对土壤分析化验仪器设备、田间试验基础条件和配肥服务相关设施的支持力度，进一步提高测土配方施肥的科学性、针对性和操作性。

方案还明确提出了我省测土配方施肥春季行动工作日程：2005年4月中旬，建立组织，完成省级实施方案制定；2005年4月下旬，编写培训教材，指导各地深入基层广泛开展技术培训与宣传；2005年5月，组织各地开展测土化验，制定玉米、水稻、棉花、花生、大豆施肥技术要点或规程，向农民发放推荐施肥明白卡；2005年6月上旬，组织全省连锁测配站做好配方肥配制推广，各级技术人员深入田间、农户指导科学施肥；2005年6月下旬，对各地行动情况进行全面检查和总结，巩固春季测土配方施肥成果，把科学施肥技术推广推向深入。

方案最后强调，各地要加强组织领导，努力增加投入，全面整合力量，加强督促检查，确保测土配方春季行动顺利进行。

（本文原载于2005年《土肥协作网信息》第7期）

滑县拟定测土配方施肥春季行动方案

罗俊丽

（滑县农技中心·2005年4月）

2005年4月14日，滑县农业科技入户工作领导小组办公室、滑县农业局联合制定的《滑县测土配方施肥春季行动方案》正式出台。

滑县作为农业部杜青林部长亲自主抓的试点县，在农业部测土配方施肥春季行动中，积极响应，迅速部署，所制定的方案包括指导思想、目标任务、实施进程、工作重点及保证措施等，具有较强的可操作性。

该县方案指出，将组织50名农技人员分10个组进村入户巡回指导，对全县1万农户进行配方施肥技术培训指导和重点农户的免费测土化验，建立4个1万亩核心示范方，辐射带动全县100万亩耕地普及应用，力争每亩节本增效20元以上，全县实现节本增效2 000万元以上。同时，将进一步完善化验室，充实提高测配站，完善两条配肥生产线和运输宣传设施，规范和完善现有400个推广服务网点等，在全县真正形成“测土、配方、配肥、供肥和施肥技术指导”的完整体系。

（本文原载于2005年《土肥协作网信息》第7期）

指导配肥并重　耕地吃上“套餐”
南阳市测土配方施肥技术春季行动落实处

孟　晶

（河南省土壤肥料站·2005年4月）

为贯彻农业部测土配方施肥春季行动视频动员大会精神和《农业部测土配方施肥春季行动方案》具体要求，降低农业生产成本，增加农民收入，切实解决农业和农村面源污染问题，南阳市土肥站及时采取有效措施，积极推广测土配方施肥技术，指导和帮助农民合理施用化肥。

（1）加强技术指导。该市土肥站成立了技术培训小组，组织技术人员采取进村入户、田间地头指导等形式，广泛开展以测土配方施肥、肥料合理施用、识别假劣肥料为主要内容的技术培训。此外，该市还向农民赠送《农民日报》和施肥明白卡，让农民深入了解当前我国农业形势和政策法规、肥料施用方法、农作物缺肥诊断以及测土配方施肥常识。

（2）免费测土化验。该市利用进村入户宣传的机会，深入田间取土，免费为农户化验，根据化验结果，经过综合分析后，及时提出施肥配方和施肥建议。

（3）配制“营养套餐”。为保证把测土配方施肥技术推广落到实处，该市在测土化验的基础上，筹措资金购进原料，直接配制适合不同作物的优质配方肥，并直送千家万户，让农民真正享受到测土配方施肥的好处。

（本文原载于2005年《土肥协作网信息》第8期）

春季行动启动　技术培训先行
安阳市举办测土配方施肥技术培训班

徐玉森

（安阳市土壤肥料站·2005年4月）

为贯彻落实中央1号文件和农业部测土配方施肥春季行动视频动员大会精神，日前，安阳市土肥站结合保持共产党员先进性教育活动，举办了测土配方施肥技术培训班。该市所辖各县(市、区)土肥站站长、测配站站长、部分肥料经销商及用肥大户近100人参加了培训。

据悉，此次培训班是该市土肥站联合河南农大，为进一步推动全市测土配方施肥技术推广工作的深入开展而举办的。培训班上安阳市农业局高级农艺师倪玉芹和河南农大卢文卓老师分别就配方施肥技术及土壤样品采集与处理、土肥速测工作原理应用等做了专题讲座。

(本文原载于2005年《土肥协作网信息》第8期)

我省测土配方施肥春季行动述写

赵武英

(河南省土壤肥料站·2005年5月)

4月8日，农业部召开全国测土配方施肥春季行动动员视频大会后，省委、省政府和农业厅领导非常重视，认为测土配方施肥春季行动对提高农业科学施肥水平和粮食产量，降低生产成本，实现农民增收、农业增效具有重要的现实意义，是落实中央1号文件精神、实践"三个代表"重要思想的重要体现。农业厅同时立即召集有关部门和专家进行了研究，制定了《河南省测土配方施肥春季行动方案》，明确了指导思想、目标任务、实施内容，确定了工作进度和保障措施，并成立了分管厅长为组长，种植业处、科教处、市场信息处、土肥站、农广校等单位负责同志为成员的领导小组，下设办公室和专家技术组，办公室设在省农业厅种植业处，专家技术组设在省土肥站。

《河南省测土配方施肥春季行动方案》下发后，各市、县非常重视，分别结合当地实际制定了各级的实施方案，成立了领导小组，明确了目标任务，积极采取有效措施，在当地迅速掀起了测土配方施肥春季行动高潮。

省土肥站重点抓了以下工作：一是结合小麦病虫害防治，组织工作组到各市督查落实测土配方施肥春季行动开展情况。二是配合农业部培训指导工作组到滑县、清丰进行宣传培训。三是按照农业部要求，给财政部上报了《河南省测土配方施肥开展情况及建议》。四是派出专家配合农业部制定全国"测土配方施肥实施方案"和技术标准。五是在《农民日报》、《河南日报》、《中华合作时报》、中央电视台7套、《河南科技报》等新闻媒体上进行宣传报道。六是结合测配站现状和测土配方施肥的新要求，制定了新的连锁测配站管理意见。七是对7年多来全省开展测土配方施肥进行了总结，准备出版《测土配方施肥在河南的探索与实践》一书。

按照《河南省测土配方施肥春季行动方案》要求，下阶段的重点工作：一是在《河南日报》上做整版宣传报道，重点宣传实施方案、技术要点、先进典型；二是把宣传测土配方施肥光盘刻录2 500盘，发到每个乡镇；三是整合省农科院、河南农大和省农业厅专家力量，组成5个专家组，分片包市进行测土配方施肥技术巡回培训；四是对各地开展测土配方施肥春季行动的工作组织、经费安排、技术培训与宣传、科技入户等情况进行检查，对各项工作落实好的单位给予表彰，对行动不力的单位将通报批评，促使我省测土配方施肥春季行动扎实有效开展。

(本文原载于2005年《土肥协作网信息》第9期)

春意盎然处　春季行动忙
我省各地测土配方施肥春季行动高潮迭起

刘中平　马振海编辑

（河南省土壤肥料站·2000年5~7月）

《土肥协作网信息》原编者按：农业部测土配方施肥春季行动全面启动以来，我省各地多措并举，积极行动，一个以测土配方施肥技术推广为主题的高潮正在中原大地掀起。本刊将陆续刊载各地做法，供相互交流参考。题目为编者所加。

信阳市：豫南花开春来早

为贯彻落实中央1号文件、农业部《关于开展测土配方施肥的紧急通知》和国务院春耕生产电视电话会议精神，日前，信阳市农业局以信农[2005]31号文件印发了《关于开展测土配方施肥行动的通知》，要求各级农业部门要充分发挥测土配方施肥技术优势和主力军作用，按照"发挥优势、服务大局、突出重点、整合力量、加强协作、整体推进"的工作思路，努力搞好全市测土配方施肥行动。

通知指出，开展测土配方施肥行动是践行"三个代表"重要思想、贯彻落实科学发展观、维护农民切身利益的具体体现，是促进粮食增产、农民增收和生态环境改善的重大举措，各县(市、区)农业部门要切实增强责任感、使命感和紧迫感，将开展测土配方施肥行动作为各地农技推广工作的重中之重，努力提高测土配方施肥技术的入户率和到位率。

通知要求所辖各县(市、区)要利用土肥系统在职能、技术、手段、体系上的优势，探索以化验室为依托，加强多方联合，积极筹措资金，大力组建测配站，力争每县(市、区)建立一个测配站。同时，要加强展示和宣传培训，每县(市、区)示范样板不少于1个，每个示范户至少培训1人次，每个技术人员至少参加一次巡回指导活动。(信阳市农业局)

三门峡市：春季行动三到位

三门峡市土肥站积极响应，迅速部署，制定了《三门峡市测土配方施肥春季行动方案》，要求全市土肥系统在开展"测、配、产、供、施"一体化服务过程中继续探索新方法，真正做到"技术到村、人员到户、配方肥到田"三到位，把测土配方施肥技术送到千家万户。

据悉，该市将组织30余名技术人员下乡开展巡回指导和服务，建立5个重点示范区，对2万户农民进行科学施肥知识宣传培训，使5万农民基本掌握科学施肥技术方法，每户一张测土施肥明白卡，全市推广测土配方施肥技术30万亩以上，力争每亩实现节本增效超过30元。(三门峡市土肥站)

夏邑县：示范方区已搞定

夏邑县土肥站根据该县农业局统一安排，抓点带面，在王集、车站、业庙分别建立了西瓜、脱毒红薯、棉花、烟草等4个经济作物测土配方施肥百亩示范方,在李集、城关、郭店分别建立了3个百亩示范方和2个千亩示范区。目前,该县技术培训、测土化验、良种选田、田间试验等均已落实到位,精心配制的沃力“营养套餐”近日将直送农户,让农民真正享受到测土配方施肥的好处。(夏邑县土肥站　班宜民)

商丘沃力测配站:春光明媚演“跟踪”

商丘市沃力测配站自3月份以来,先后聘请6位土肥及小麦专家,带领6组技术人员,分乘6辆技术服务车,深入田间地头对使用测土配方肥的麦田跟踪服务,并进行田间技术指导和免费取土化验。截至目前,共出动车辆300多辆次,走访了50多个乡镇2 200多个村,免费采取土样2 300多个,受到广大农民群众的信任和好评。目前所采集土样正在处理和化验中。(商丘市沃力测配站　张传中)

驻马店市:多措并举细谋划

驻马店市多措并举,积极开展测土配方施肥春季行动,力争全市测土配方施肥科技入户5万户以上,覆盖面积50万亩以上,20万农民基本掌握科学施肥技术,化肥利用率提高3～5个百分点,每亩实现节本增效30～50元。

(1)广泛宣传,形成氛围。采用办培训班、印发测土配方施肥明白卡、广播、电视及现场会等形式广泛宣传,把测土配方施肥知识送到千家万户,并力争在5个重点县达到一户一个明白人,每户一张测土配方施肥明白卡。

(2)组织专家,巡回指导。组织全市农业系统100多名专家和技术人员,成立技术巡回指导组,深入基层,对测土配方施肥工作进行巡回指导。

(3)采集土样,分析化验。从5月3日开始,到麦收前计划取土样2 500个,化验12 500项次。其中,市土肥站取土样500个,化验2 500项次。目前已取土样100个。

(4)加大力度,组织配肥。依托全市现有配肥站和推广网点,进一步加大配肥力度,完善“测、配、产、供、施”一条龙服务,通过技物结合,把测土配方施肥技术直接送村入户。

(5)抓点带面,搞好示范。在测土配方施肥基础比较好的汝南、平舆、上蔡、正阳、西平五个产粮大县建立10个测土配方施肥试验示范区,通过树立典型、示范带动,推动全市测土配方施肥工作开展。

(6)加强监管,保驾护航。针对去年麦播时出现的假冒伪劣化肥坑农害农事件,进一步加大了春季化肥市场监督管理力度。同时,结合肥料市场专项整治,认真搞好优质肥料推介,让广大农民群众真正用上好肥料。

(7)申请立项,争取经费。根据农业部、省农业厅有关文件精神,积极向市政府申请立项,请求市财政在经费上给予支持。(驻马店市土肥站)

安阳市:浓厚氛围已形成

安阳市在结合全市农业工作会议进行春季行动部署的同时,及时起草印发了《安阳市测土配方施肥行动方案》,同时,采取多种措施,广泛开展测土配方施肥技术宣传,到处都能感受到测土配方施肥春季行动的浓厚氛围。

为做好技术宣传,该市农业局专门印发了《关于做好测土配方施肥技术资料下农村的紧急通知》,组织专业技术人员,编制印发了《作物测土配方施肥参考值》、《主要农作物每亩推荐施肥量和施肥时期参考表》、《化肥简易鉴别法》等宣传单；与河南农大联合举办了测土配方施肥培训班，参加培训人员达100余人；编制上报了《安阳市3万农户200万亩耕地测土配方施肥技术推广与应用》，积极申请项目资金；所辖各县市也积极行动，大都及时制定了工作方案，滑县、汤阴还先后了印发《测土配方施肥基本知识》、《小麦营养诊断和化肥鉴别常识》宣传单，并在县电台开办科技入户与测土配方施肥专题栏目。（安阳市土肥站）

获嘉县：宣传用上多媒体

2005年4月23日晚上，在获嘉县亢村镇王官营村，一台大屏幕前聚集了许多群众，让人奇怪的是，屏幕上播放的不是电影，而是一些图画和表格。原来这是县农技中心农技人员在利用多媒体为群众宣讲测土配方施肥技术。

为了落实中央1号文件精神，实施农业部"测土配方施肥春季行动"，让配方施肥技术走进千家万户，该县农技人员尝试着用先进的多媒体技术进行宣传。他们在讲课前，先到田地里进行调查，拍照记录，走访群众，整理相关资料，制成幻灯片，以图文并茂的多媒体向农民群众宣传测土配方施肥知识，受到了农民群众的热烈欢迎。有的群众说：通过这次讲课，对测土配方施肥知识理解透了，以前听课，虽然是面对面，但不好懂，现在好了，什么木桶原理、施肥曲线、过量施肥害处等，都一清二楚。有的说：多少年来，你们这样讲课是第一次，真是图文并茂，生动易懂，太对我们的口味了。

该县土肥站站长王庆安告诉农民，下步县土肥站要继续采用多媒体技术为全县农民广泛进行科学施肥技术普及，还将把2005年4月13日《农民日报》的《测土配方施肥专刊》整理加印10 000份，发放到农民群众手中。在全县建立50个土壤肥力监测点，竖牌标注，对全县土壤养分动态变化进行跟踪。对群众反映有问题的地块和有代表性的地块单独进行取土化验，同时，还要不断提高土壤肥料测配站的配方肥料供应能力，使更多的群众能用上测土配方施肥技术。（获嘉县土肥站 王庆安）

滑县：部里专家到俺县

4月21日，农业部专家金维续教授一行四人，在省土肥站站长陪同下，对滑县农业科技入户测土配方施肥春季行动进行了检查指导，并对全县技术员进行了培训。

培训会上，金教授就测土配方施肥意义和作用，土壤样品采集方法和检测，土壤营养元素丰缺指标，肥料种类与真伪优劣辨别，肥料科学施用，不同类型肥料混配条件，正确认识生物肥料等进行了详细阐述。

省土肥站站长在培训会上充分肯定了滑县在测土配方施肥方面做出的突出成绩，介绍了农业部开展测土配方施肥春季行动的目的意义及我省近年来取得的成就，阐述了全省今后整体工作思路。（滑县土肥站）

许昌市：全力寻求新突破

许昌市组建测配站、推广配方肥，开展"测、配、产、供、施"一条龙服务始于1999年。经过6年的发展，目前测配站已发展到7个，配方肥品种发展到玉米、棉花、红薯、辣椒、果树等多种作物的20余个品种。2003年之前，全市配方肥推广量连年以翻番速度增长。特别是2003年，由于外系统的加盟，全市配肥站数一下子增至7个，加之当年肥料市场行情较稳，配制推广量一举突破万吨，达11 278 t，较2002年净增6 978 t。2004年由于化肥价格居高不下,加之其他因素,推广量出现了严重滑坡,仅完成4 300 t。

进入2005年,为贯彻落实中央1号文件和农业部开展测土配方施肥春季行动精神,该市采取一系列措施,决心再创辉煌。

△4月上旬,召开辖区各县(市、区)农技中心主任、土肥站长会议,把今年配方肥配制推广工作作为重点进行了专项安排部署。

△4月18日上午,《农民日报》测土配方施肥专刊到达后,下午就分发到了各县(市、区)。

△4月19日,该市农技站与许昌县农技中心6名农技干部,在市农业局副局长孟春明同志带领下,深入到许昌县邓庄乡岗王村进行测土配方施肥技术宣传,现场取土化验,开展技术咨询,宣讲配方施肥技术,许昌市电视台、许昌县电视台进行了跟踪报道。

△4月24日,召开全市7个连锁测配站站长参加的测土配方施肥技术推广协调会,通报了大豆配方肥配方研究成果,为今年上配方肥新品种作了安排。

△4月25日前,各县(市、区)已将《农民日报》测土施肥专刊2 500余份发放到全市各个行政村。

据悉,该市今年有把握完成6 000 ~7 000 t的测配推广量,如果在测配高峰期到来之前,外部环境宽松,资金充足的话,预计能完成8 000 t,有望达到10 000 t。(许昌市土肥站)

洛阳市:各项指标量化下

为贯彻落实中央1号文件、农业部《关于开展测土配方施肥春季行动的紧急通知》和省农业厅《关于开展测土配方施肥春季行动的通知》精神,洛阳市一是分解下达了2005年土肥工作任务指标,要求各县(市、区)要继续加强测土配方施肥工作,实施网络战略,要求50万亩耕地以下的县要建立50个推广网点,50 ~100万亩耕地的县建100个网点;二是分解下达了2005年配方肥推广目标任务,并与所辖各测配站签订了配方肥推广目标责任书;三是出台了测土配方施肥推广管理意见。要求各测配站要严把原料质量关,在配方肥登记区域内推广,确保配方肥的科学性、针对性,严禁私印袋子。(洛阳市农技站)

商丘市:实施方案出台来

日前,商丘市农业局以商农[2005]22号文件印发了《商丘市测土配方施肥实施方案》,并要求所辖各县(市、区)加强组织领导,建立目标责任制,积极调动各界参与测土配方施肥行动。

方案明确了该市2005年测土配方施肥推广任务:测土配方施肥科技入户率达到15万户以上,50万农民基本掌握科学施肥技术方法,测土配方施肥推广覆盖面积达到100万亩次以上,年推广测土配方肥35 000 t,全市化肥利用率平均提高1.5个百分点,每亩实现节本增效50元以上。

方案确定该市2005年测土配方施肥推广重点工作:一是加大地力监测力度,掌握土壤情况,了解耕地肥力走向,从今年起,每年增加地力监测点5个以上;二是积极做好土样采集工作,每县平均采集土样2 000个以上,并做好测试分析工作;三是更新完善化验室仪器设备,确保化验室正常运转;四是开展测土配方施肥配套技术研究,根据小麦、玉米、棉花等不同作物生长发育规律进行试验,建立最佳施肥模式,确定最佳施肥配方,安排试验点不少于10个,建立万亩示范区4个;五是加强测土配方施肥技术培训与宣传,举办各形式培训班10

期,开现场会3次,印发各种资料10万份,举办电视专题讲座6期,累计播放60天;六是实现配方肥配制机械化、规模化,在测配站原有设备的基础上,增添成套自动配肥设备1套,提高配肥能力。(商丘市土肥站)

焦作市:分解任务抓关键

为贯彻落实《农业部测土配方施肥春季行动方案》,焦作市采取有效措施,积极推广测土配方施肥技术,取得了较好成绩。

(1)分解目标任务。5月20日,焦作市农业局印发了《关于转发〈河南省农业厅关于印发河南省测土配方施肥春季行动方案的紧急通知〉的通知》,就该市测土配方施肥工作做出了具体安排,并将各项目标任务向所辖县(市、区)进行了分解。

(2)加强技术培训。4月下旬以来,该市土肥站组织各类技术培训5次,受训人员达1 000余人次。此外,应河南联邦公司和武陟县地丰肥业有限公司邀请,该市土肥站还分别于4月27日和5月4~5日对其业务人员进行了技术培训。

(3)搞好测土化验。4月20日至5月20日一个月内,全市共取土样100个,化验3 000多项次,取得了近万个有效数据。

(4)狠抓配肥质量。近一个月来,抽检各测配站成品样6个,原料样5个,提供配方16个,组织技术培训3次,下乡服务5次。(焦作市土肥站)

洛阳市:方案诞生花丛中

洛阳牡丹甲天下,每年4月中旬,洛阳市都要举办牡丹节。《洛阳市测土配方施肥行动方案》在花会期间正式印发所辖各县市,并要求各县(市、区)要按照方案要求,认真贯彻落实。

方案指出,该市将以偃师、伊川两个优质粮食工程县为重点,在全市范围内开展"测、配、产、供、施"一体化服务。组织开展多种形式的科学施肥知识宣传,测土配方施肥入户达5万户,20万农民基本掌握科学施肥技术,测土配方施肥面积35万亩以上,提高化肥利用率3~5个百分点,每亩实现节本增效20元以上。同时,还将充分利用电视、广播、黑板报、标语、宣传单等形式,广泛开展技术宣传和培训;组织教学、科研、推广单位的专家深入田间地头,巡回指导;切实加强肥料市场专项管理;依托配肥站,实行连锁配送,组建推广网络,把配方肥直供农户;充分利用各种项目,完善基础设施,提高测土和配肥水平;加强试验示范,修正施肥配方,推进科学施肥标准化。

方案最后要求所辖各县(市、区),要加强组织领导和督促检查,加大资金投入力度,全面整合化验室资源,促进全市测土配方施肥行动扎实开展。(洛阳市土肥站)

信阳市:再出措施促推广

信阳市继印发《关于开展测土配方施肥行动的通知》后,日前,又以信农[2005]34号文件印发了《信阳市测土配方施肥春季行动方案》,再次要求所辖各县(市、区)下大力气搞好测土配方施肥春季行动。

方案重申了测土配方施肥春季行动的目的和意义,明确了指导思想与目标任务,部署了实施内容,安排了工作进度,提出了保障措施,为进一步扩大测土配方施肥实施规模打下了基础。(信阳市土肥站)

安阳市:如火如荼扑面来

安阳市采取有效措施,积极行动,如火如荼的测土配方施肥行动高潮已在全市形成。

(1)宣传动员,提高认识。农业部视频动员大会召开和有关文件下达后,该市立即组织召开了所辖各县(市、区)农业局长、土肥站长会议,要求大家认清当前有利形势,开拓进取,明确目标,多措并举地开展测土配方施肥工作。

(2)印发方案,分解任务。市、县两级相继成立了领导小组和技术组,市农业局还印发了《安阳市测土配方施肥春季行动方案》,5 月上旬进行了巡回检查。全市 5 万农户、100 万亩耕地春季测土配方施肥任务已层层分解,落实到位。

(3)多措并举,广泛宣传。该市各县(市、区)采取印发宣传单、举办培训班、开辟电视广播专栏、技术人员下乡巡回指导等形式,广泛宣传测土配方施肥技术。据统计,全市共举办技术讲座、培训班 10 次,印发宣传单 2 万余份,下乡进行巡回指导的科技人员达 300 余名。

(4)建立档案,规范操作。对施用配方肥的农户逐一建立档案,详细记载相关内容。在土壤化验方面,规定取土要有代表性、可靠性,确保测土配方施肥的整体水平。全市目前已免费化验农户土样 500 多个,并根据化验结果为农户提供了配方施肥建议卡。

(5)技物结合,促进发展。目前,该市测配站已全部运转,滑县还专门配套建立了"放心农资"超市与测土化验工作点,更加方便服务农民群众。(安阳市土肥站)

信阳市:水稻施肥意见出

信阳市是我省主要水稻产区,水稻是该市第一大宗作物,搞好水稻生产不仅事关全市粮食供给安全,而且关系到农民增收和整个经济社会发展大局。为搞好今年水稻测土配方施肥工作,进一步培肥地力,提高肥料利用率,实现水稻优质、高产、高效、生态、安全生产,日前,信阳市土肥站制定了《信阳市 2005 年水稻测土配方施肥意见》,对该市不同地区、不同土壤类型水稻生产提出了具体施肥意见。

意见指出,所辖各县(市、区)要以提高水稻品质、质量、效益为目的,根据土壤特性、肥力高低和缺素状况,以及水稻品种需肥特性,采取有机、无机相结合,增施有机肥料,科学配施氮、磷、钾肥,有针对性地应用微肥,从而达到科学施肥、节本增效的目的。

意见要求所辖各县(市、区),一要加强领导,确保技术指标落实,将测土配方施肥面积逐层分解到县(市、区)、乡、村、户、田块,并定期检查落实情况。二要加大宣传力度,搞好技术培训,利用印发技术材料、举办技术讲座等行之有效的形式,重点对村级技术骨干进行培训,结合水稻高产栽培技术及病虫草害综合防治技术,将配方施肥贯穿于水稻高产开发中去。三要搞好全程服务,在配方肥供应上实行连锁配送,直供农户。四要加强试验示范,各县要根据当地的土壤类型、作物分布区域、养分资源和种植品种等,建立 2~3 个测土配方施肥试验示范田,专人负责管理,在取土化验、植株分析基础上,严格按照水稻测土配方施肥方案,确定施肥量、施肥时期和施用方法,并做好观察、记载。五要因地制宜抓关键,针对水稻生产上出现的新问题,组织专人开展调查研究,布置试验,深化配方施肥技术,不断提高配方施肥精度和质量水平。(信阳市土肥站)

濮阳市:测土配肥落实处

为了指导和帮助农民合理施用化肥、降低农业生产成本、增加农民收入,濮阳市土肥站及时采取有效措施,积极推广测土配方施肥技术。

(1)广泛开展技术培训。该市土肥站一方面成立了技术培训小组,组织技术人员采取举办培训班、进村入户、田间地头指导等形式,广泛开展以测土配方施肥、肥料科学施用、假劣肥料识别为主要内容的技术培训,先后对科技入户重点县、配方肥配制企业、肥料经营户及配方肥推广服务网点进行测土配方施肥技术培训共12期。另一方面与该市电视台共同制作了科学施肥技术节目,把4 500份《农民日报》"测土配方施肥专刊"发放到全市每一个行政村。

(2)强化测土化验手段。为增加土样测定数量,扩大测土范围,缩小配肥单元,提高测土配肥的针对性、科学性,该市各县(市、区)土肥站积极创造条件,争取资金,充实完善化验室,培训化验人员,并自4月份开始,在全市范围内开展为农民免费测土化验活动。

(3)加强测配站管理。该市土肥站要求所辖各县(市、区)测配站要加强基础设施建设,进行规范化管理,严把进货质量关,严格操作规程,逐步提高工作效能,尽快实现由人工操作向机械化作业、自动化生产的过渡,推动测配站上档次、上规模。(濮阳市土肥站)

沁阳市:测土入手推配肥

沁阳市农技中心从5月10日开始在全市范围内开展测土化验工作,先后多次组织技术人员深入田间,对不同土壤类型、不同作物、不同产量水平的地块采集土样,共取土样473个。主要包括全市18个地力监测点和14个大田土样,并重点对该市农业综合开发项目区的5个村441个土样进行化验分析,主要测试土壤有机质、速效氮、速效磷、速效钾1 892项次,代表面积26.8万亩。并根据化验结果为农户提供配方施肥建议卡,指导农户明白施肥、科学施肥,受到农民的热烈欢迎。目前已将500余份施肥建议卡送到农民手中。此外,该市还通过印发技术资料、电视讲座、科技下乡等形式广泛宣传测土配方施肥技术,指导秋作物施肥管理,把测土配方施肥技术真正落实到千家万户。(沁阳市土肥站)

潢川县:测土配施成绩显

潢川县农技中心把在全县范围内开展测土配方施肥工作作为一项紧迫任务和科技入户的第一大技术,围绕小麦、油菜、水稻、花木等组装、示范、展示关键技术,开展配套服务,上半年共化验土样120个,推广配方施肥技术1万亩。

(1)大力开展技术宣传培训。该县农技中心充分发挥技术优势,多形式、多渠道地开展测土配方施肥技术和科学施肥知识宣传。一是在县电视台开办《农技推广》专题栏目,上半年共制作播出生动活泼、形式多样、观众喜闻乐见的专题栏目6期,其中以配方肥为主要内容的有5期,共播100天,累计播出时间为1 000分钟。二是订制流动宣传车一台,流动车上携带农业部印制的宣传画、明白纸共3万份,在各乡镇流动宣传。三是积极开展技术培训,对全县各乡、村测土配方施肥技术推广网点负责人集中学习,以会代训,深入伞陂黄堰村、魏岗张楼村,对村民进行测土配方施肥技术培训。四是利用现代网络宣传配方施肥技术,在移动公司开通农技服务彩铃。

(2)广泛组织技术巡回指导。该县农技中心制定严格的奖罚措施,要求全站人员带技术、带任务进村入户,深入基层,深入田间,深入农户,开展施肥技术指导、现场咨询服务,紧紧把握全县施肥中的新情况、新问题,有力地推动了这项工作的顺利进行。

(3)着力开展技术示范展示。该县农技中心在集中技术优势、建立百亩杂交油菜专用配方肥示范田的同时,还通过各乡、村网点,技术人员在全县不同土壤类型、品种布局、产量水平的地区,分别建立示范点,向全县干部群众展示配方施肥技术在提高产量、改善品质、增加抗性、保护环境、节本增效等方面的效果。

(4)积极配合肥料市场监管。认真做好肥料市场及其产品的监督检查,确保农民用上放心肥。上半年共查办假冒伪劣肥料案件5起,涉案肥料30多t。同时还利用多种方式向农民推荐优质肥料产品,宣传真假化肥简易识别方法,确保农民的合法权益。(潢川县农技中心)

(本文原载于2005年《土肥协作网信息》第9~15期)

三农携手　共谋测土配方施肥大计
省厅召开提高肥料利用率专家座谈会

马振海

(河南省土壤肥料站·2005年5月)

5月12日,省农业厅邀请部分全国人大代表、省政协委员、省政府参事及省农科院、河南农大等有关土肥专家,齐集省土肥站四楼会议室,共同谋划提高肥料利用率、推广测土配方施肥技术大计。

据悉,这次会议也是为落实省政府领导批示而专门召开的。4月9日,省政府领导在看到4月4日《人民日报》第6版刊登的《化肥价格居高不下,肥料利用效率太低,河南一年"流失"10个氮肥厂》的报道后批示:"请广智厅长阅。肥料利用率不高应引起高度重视,从研究和管理两个方面加大工作力度。"农业厅领导对批示极为重视,专门组织召开了这次专家座谈会。

会议由省农业厅总农艺师夏长安主持。会议首先传达了省政府领导的批示,介绍了座谈会召开的背景。接着,向与会人员介绍了农业部和我省测土配方施肥春季行动开展情况及推广测土配方施肥技术、提高肥料利用率存在的问题。最后,参加座谈会的专家们就推广测土配方施肥技术、提高肥料利用率进行了热烈讨论。

专家们一致认为,近年来我省各级农业部门大力推广科学施肥技术,特别是土肥系统开展的组建测配站、推广测土配方施肥技术,在促进农业增效、农民增收方面发挥了重要作用。但由于没有大的项目带动、缺乏经费等因素的制约,施肥方法不科学,施肥结构不合理,肥料资源浪费严重,造成水体和环境污染等问题仍然客观存在。

与会专家认为,肥料投资占农业生产投资的一半以上,肥料的施用,解决了我国13亿人民的温饱问题,在农业生产中具有重要作用。因此,应尽快制定提高全省肥料利用率工作方案,建立科学施肥长效机制,并在政策、项目、经费等方面争取政府支持,列入各级财政预算。

与会专家还就"三农"协作攻关,共同研究推广科学施肥技术,共享人才资源、技术资源等进行了广泛探讨。

会议最后决定,“三农”携手制定我省测土配方施肥、提高肥料利用率方案,并以与会专家名义,就提高肥料利用率问题给省政府领导回信,同时成立由“三农”专家组成的科学施肥专家组,共同指导全省科学施肥技术推广。

应邀出席座谈会的专家有全国政协委员、原省农科院院长、研究员董庆周,全国人大代表、原省农业厅农业对外经济合作中心主任、推广研究员刘雪兰,省政府参事、研究员解贵方,省政府参事、研究员林作楫,省政府参事、研究员纪好勤,省政府参事、省政协委员、省土壤肥料站计财科科长、推广研究员张桂兰,省政协委员、原河南农大副校长、教授朱道圩,河南农大研究生处处长、教授谭金芳,省政协委员、省农科院土肥所副所长、博士、研究员沈阿林,省农业厅科教处副处长石有民,省土肥站副站长、高级农艺师王志勇,省土肥站副站长、推广研究员郑义,省土肥站推广研究员赵梦霞,省土肥站土壤科科长、推广研究员申眺,省土肥站质管办副主任、研究员程道全等。

(本文原载于2005年《土肥协作网信息》第10期)

全国测土配方施肥现场观摩暨工作交流会在我省召开

刘中平

(河南省土壤肥料站·2005年6月)

为总结交流近年来各地测土配方施肥工作和今年测土配方施肥行动推进情况,研讨测土配方施肥技术和工作,经农业部批准,全国测土配方施肥现场观摩暨工作交流会于5月25~26日在我省郑州市龙源大酒店召开。参加会议的有各省(直辖市、自治区)及新疆生产建设兵团土肥站和黑龙江农垦总局农业局、新闻媒体等单位代表80余人。全国农技中心副主任栗铁申,全国农技中心土肥处处长高祥照、副处长杨帆及我省农业厅副厅长雒魁虎、总农艺师夏长安等出席了会议。

25日上午8:30,会议在高祥照处长的主持下开始。我省农业雒魁虎副厅长首先致辞,他代表省农业厅党组向各位代表表示热烈欢迎,同时表示将借这次会议东风,推动我省测土配方施肥工作向更高层次迈进。接着河南、吉林、四川、江苏及我省太康、内黄县分别做了典型发言。下午,与会代表就《测土配方施肥技术规范(草稿)》、《测土配方施肥工作规范(草稿)》和《测土配方施肥工作方案(草稿)》进行了广泛讨论。26日,与会全体代表就各省测土配方施肥工作开展情况进行了广泛交流,并就工作中存在问题及下步工作如何开展进行了深入探讨。栗铁申副主任最后对大会进行了全面总结,并就下步工作做了具体部署。

会议同时还展示了我省太康县、内黄县“测、配、产、供、施”一条龙服务模式。

(本文原载于2005年《土肥协作网信息》第13期)

浚县土壤肥料测配研究中心日前成立

马振海

（河南省土壤肥料站·2005 年 7 月）

在全省上下测土配方施肥行动全面开展之际，由浚县土肥站提出申请，经省测配中心考核，日前浚县土壤肥料测配研究中心获准成立。该县县委副书记、副县长、人大主任、政协主席参加了成立大会，省土肥站副站长王志勇、肥料科科长易玉林应邀出席会议并为中心成立剪彩。

王志勇副站长在该中心剪彩仪式上应邀讲话，他指出，测土配方施肥技术推广是农业部要为农民办好的 15 件实事之一，是保持共产党员先进性教育活动的具体行动。浚县土壤肥料测配研究中心正是在这个时候成立的，希望在今后发展中，认真抓好“测、配、产、供、施”五个环节，进一步提高配方肥针对性、合理性、科学性，立足现有配制条件，精心组织，加强管理，确保质量，搞好服务，下功夫把配方肥这项工作做大、做强。

（本文原载于 2005 年《土肥协作网信息》第 15 期）

沁阳市积极开展玉米测土配方施肥

李腊妮[1]　刘保国[2]

（1. 焦作市土肥站;2. 沁阳市土壤肥料站·2005 年 8 月）

沁阳市现有耕地面积 43 万亩，常年种植玉米 26 万亩左右。今年春季，为贯彻落实中央 1 号文件和省农业厅、市农业局关于开展测土配方施肥春季行动的有关精神，沁阳市农业局积极行动，狠抓玉米测土配方施肥的落实，在全市共取土样 473 个，分析 1 892 个项次，代表面积 26. 8 万亩。通过化验土壤养分含量，提出施肥建议，指导和帮助农民科学施肥，取得了显著成效。

一、制定方案明确任务

该市根据焦作市农业局下发的《关于做好测土配方施肥工作的通知》的总体要求与目标任务，结合本市的实际情况，具体制定了沁阳市秋作物测土配方施肥工作方案。方案规定在小麦成熟后玉米播种前，对全市 18 个地力监测点和 14 个有代表性的大田取土化验，并重点对紫陵镇赵寨、长沟等 5 个村农业综合开发项目区内的土壤，逐户取土化验，共取土样 473 个。主要分析土壤有机质和速效氮、磷、钾含量，做为测土配方施肥的依据。

二、注重落实责任到人

由于取土、化验任务大，该市一方面成立了技术培训小组，组织技术人员采取举办培训班、进村入户、田间地头指导等形式，广泛开展以土样的正确采集方法及配方施肥知识等为主要内容的培训，保证所取土样具有代表性，并分村包片责任到人。另一方面在农技中心又抽取5名技术人员补充到化验室，加强化验力量，缩短化验时间。由于分工科学、责任明确，保证了取土、化验工作的顺利进行，截至6月20日已将土样全部化验完毕。

三、分析结果提出建议

根据化验结果，对项目区内逐户化验的土样，根据土壤养分含量逐户提出施肥建议，包括氮、磷、钾的施用量和施肥时期，填写到“沁阳市2005年农业综合开发项目区测土配方施肥通知单”中(见表1)。

表1　沁阳市2005年农业综合开发项目区测土配方施肥通知单

<table>
<tr><td>村名</td><td></td><td>户主</td><td></td><td>取土地点</td><td></td><td>取土时间</td><td>年　月　日</td></tr>
<tr><td colspan="2" rowspan="2">土壤养分
化验结果</td><td colspan="2">有机质(%)</td><td colspan="2">速效氮(mg/kg)</td><td>速效磷(mg/kg)</td><td>速效钾(mg/kg)</td></tr>
<tr><td colspan="2"></td><td colspan="2"></td><td></td><td></td></tr>
<tr><td colspan="2">施肥建议</td><td colspan="6">1. 根据土壤化验结果，望您在玉米播后25～30天第一次
亩施______________________________
2. 第二次施肥在玉米播种后45～50天
亩施______________________________</td></tr>
</table>

对于土壤养分监测点及大田土样的化验结果，进行汇总分析，提出全市玉米配方施肥技术意见。“意见”主要提出了5条施肥建议：

(1)氮、磷、钾肥的施肥量。亩产500 kg以上的高肥地，亩施纯N 10 kg，P_2O_5 7 kg，K_2O 7 kg；亩产400～500 kg的中产地，亩施纯N 12 kg，P_2O_5 6 kg，K_2O 6 kg；亩产400 kg以下的低产地，亩施纯N 14 kg，P_2O_5 6 kg，K_2O 6 kg。

(2)施肥时期。磷、钾肥于玉米6展叶时(播后25～30天)时一次施入；氮肥于播后25～30天轻壤以下土质追总施肥量的40%，中壤以上土质追总施肥量的60%；玉米10展叶时(播后45～50天)，追施剩余氮肥。

(3)配合施用微肥。玉米田施用的微肥品种主要是锌肥，用量为1 kg/亩硫酸锌第一次追肥时拌入肥料追施，或用0.2%硫酸锌溶液喷洒。

(4)增施有机肥。提倡小麦留高茬和麦秸麦糠覆盖，在增施有机肥的同时，起到除草、保温、保湿的效果。

(5)施肥要求。所有肥料要深施，禁止地表撒施，提高肥料利用率。

四、广泛宣传强化推广

为切实把测土配方施肥技术推广到千家万户，该市一方面在项目区将施肥建议单逐户送到农民手中，并向农户详细讲解，力争做到项目区内一户一位测土配方施肥明白人。另一方面，将全市秋作物施肥意见以“推广测土配方施肥，实现玉米增产增收”为标题，以《沁阳土壤肥料》的形式，印发5 000余份，及时送到该市市委、市政府、各乡(镇、办事处)、各肥料经营单位及部分农民手中。同时还通过电视台、科技下乡等多种形式广泛宣传，使测土配方施肥技术在全市范围得以迅速推广。

管理篇

管理篇主要选录自 1998 年组建测配站以来，省、市及各测配站出台的有关管理办法、规定等，具有很强的可操作性。分三部分：

（一）层次管理。主要收录省、市两级在连锁测配站管理上的有关规定、办法。

（二）测配站管理。主要收录各测配站管理办法，包括人事、工资、质量、仓储及股份制等。

（三）配方师管理。主要收录我省有关配方肥配方师的管理办法及历次获得高、中级配方师的人员名单。

【层次管理】

河南省连锁测配站管理办法(试行)

河南省土壤肥料站

(2003年2月21日)

第一章 总 则

第一条 根据河南省连锁测配站(以下简称连锁站)发展现状和趋势,为了加强规范化管理,进一步加快配方肥料推广,促进土肥技术产业化发展,特制定本办法。

第二条 发展连锁站、推广配方肥料,是土肥系统在市场经济条件下发挥自身优势、实行技物结合、开展农化服务的有效形式。

第三条 加入连锁站本着自愿的原则,各连锁站具有独立法人资格,自主经营,自负盈亏。

第四条 鼓励土肥系统与有经济实力的外系统合作组建连锁站。

第五条 在不影响土肥系统所建连锁站发展的基础上,有选择地吸收外系统加入连锁站。

第六条 河南省土肥测配中心(隶属河南省土壤肥料站,以下简称省中心)负责全省连锁站的发展管理工作,市级测配分中心(以下简称市分中心)协助省中心开展工作。

第二章 加入条件和程序

第七条 申请加入连锁站应具备下列条件:

(一)具有加工配肥、经营肥料的工商注册手续。

(二)具有加工配肥场地(厂房和库房面积分别不少于200平方米)及成套配制设备。

(三)具有的化验室或依托的化验室能正常开展土肥常规化验分析,经过专业培训的化验员不少于2人。

(四)具有高、中级配方师资格技术人员不少于2人。

第八条 加入连锁站程序:

(一)申请单位向省中心提出书面建站申请。

(二)省中心委托市分中心按照加入条件对申请单位进行考察,并提出公正考察意见。

(三)省中心与符合加入条件的申请单位签订连锁站协议书,有效期为两年。

(四)签订商标使用许可备案合同。

（五）交纳区域规范推广保证金（新建站 5 000 元，已建站 3 000 元）。

（六）办理配方肥料登记证。

第三章 配方肥料配制与推广

第九条 连锁站应严格履行协议，接受省中心、市分中心的监督、指导和管理，负责所在区域内的配方肥料配制与推广，以土肥化验室为依托，利用平衡施肥技术，全面开展“测、配、产、供、施”一体化服务。

（一）配方肥料配制必须以测土为基础，充分利用现代化测试手段，定期取土化验，全面掌握推广区域内的土壤养分状况。

（二）根据测土结果、作物需肥特点和田间肥料试验，制定科学配方，报市分中心审核，省中心备案后方可配制。

（三）按配方肥料标准，严把选料、配制、计量、检测关，确保产品质量。

（四）建立健全农化服务网络，严格按配方肥料登记证规定的适用区域推广。

（五）开展多种形式的技术宣传，指导农民科学施肥。

（六）使用由省土肥测配中心统一印制的配方肥料包装、注册商标和肥料增效剂。

（七）连锁站之间在配方肥料推广中，不得相互压价或形成价格联盟暴利销售。

第四章 管理和服务

第十条 省中心管理和服务职责：

（一）对全省连锁站合理布局。耕地面积 50 万亩以下的县（市）建立连锁站 1 个，50 万～100 万亩的县（市）连锁站不超过 2 个，100 万亩以上的县（市）连锁站不超过 3 个。

耕地面积 400 万亩以下的省辖市建立市级连锁站不超过 2 个，400 万～600 万亩的省辖市市级连锁站不超过 3 个，600 万亩以上的省辖市市级连锁站不超过 4 个。

现有连锁站配方肥料连续两年推广面积超过所在区域耕地面积的 6% 以上，该区域不再发展新的连锁站；在配方肥料推广面积不足 6% 和经宣传发动仍未建立连锁站的县（市），有选择地吸收要求建站的外系统加入连锁站或建立覆盖 2～3 个县（市）区域中心测配站。

（二）对连锁站配制的配方肥料产品实行商标注册、包装印制、质量标准统一管理；提供技术、政策咨询、配肥手续、配肥设备推荐等方面服务。

（三）组织培训连锁站技术人员及营销管理人员。

（四）组织科研攻关，开发新技术、新产品，解决加工配肥中的有关技术问题。

（五）监督连锁站产品质量，审核产品广告和相关宣传资料。

（六）与河南省土肥集团公司结合，组织协调配肥原料供应。

（七）每年对连锁站评定档次级别，并给予表彰奖励。

（八）指导市分中心开展工作。

第十一条 市分中心管理和服务职责：

（一）受省中心委托考察推荐辖区内申请建站单位。

(二)对辖区内连锁站提供技术、宣传、产品促销、政策、打假等方面服务。

(三)审核辖区连锁站制定的配方肥料配方。

(四)不定期抽取辖区连锁站配制的配方肥样品送交省中心检验。

(五)指导连锁站建立适应市场经济需要的农化服务网络。

(六)监督连锁站配方肥料区域规范推广,协调推广价格,防止出现恶性竞争。

(七)协助处理辖区连锁站与有关部门的关系。

第五章 奖 励

第十二条 市分中心参与管理的服务费从省中心收取的品牌费和管理费中提成,按每年与省中心签订的目标责任书规定的所辖连锁站推广配方肥指标,超过指标提成25%,达到指标提成20%,低于指标提成15%。

第十三条 省中心对各连锁站按《河南省连锁测配站晋档升级实施办法》实行奖励:

(一)凡经过认定晋档升级的连锁站及三级以上保级的连锁站,按实际配制推广量每吨1.00元,对连锁站站长进行奖励。

(二)每年从特级连锁站和由低级升为四级站中,优选5名以上站长进行特别奖励。

(三)对特级连锁站优先推荐项目。

第六章 罚 则

第十四条 市分中心管理和服务工作有下列情形之一的,从第十条规定的应提成比例中降低5%。

(一)所辖连锁站出现质量问题被当地执法部门处罚的,或省中心连续两次抽检产品质量不合格的。

(二)对辖区内出现私自印制包装连锁站未能及时处理的。

(三)辖区内连锁站跨区域推广未能有效制止的。

第十五条 省中心组织连锁站每年综合评议考核市分中心,对连续两年未尽到管理和服务职责的,撤销其分中心资格。

第十六条 对一、二级连锁站而未达到晋档升级条件的,不予奖励。

第十七条 超区域推广的连锁站由省中心将其全部保证金补偿给受影响的连锁站。

第十八条 有下列情形之一的,由省中心取消其连锁站资格。

(一)协议有效期内,连续12个月不运作的。

(二)拒绝产品抽检或连续两次抽检产品质量不合格的。

(三)私自印制配方肥料包装的。

(四)从协议签订之日起,系统内连锁站配方肥料两年累计配制推广量不超过800 t的,系统外不超过2 000 t的。

(五)私自转让协议或配方肥料登记证的。

(六)连锁站协议到期不续签的。

第七章　附　则

第十九条　市级分中心在对所辖连锁站管理和服务中不得收取任何费用。

第二十条　省中心每年收取的产品区域规范推广保证金，对当年未出现超区域推广的连锁站，年底如数退还。

第二十一条　本《办法》由河南省土肥测配中心负责解释。

第二十二条　本《办法》自 2003 年 3 月 1 日起施行。

河南省土壤肥料站关于印发《加强测配站建设与管理若干补充规定（试行）》的通知

河南省土壤肥料站文件豫土肥[2005]21 号

各省辖市土肥站、土肥测配分中心，各连锁测配站：

为了落实中央 1 号文件精神和农业部测土配方施肥春季行动，进一步加强测配站建设与管理，巩固完善上下联动、统分结合的连锁机制，促进我省测土配方施肥工作上规模、上档次、健康快速发展，更好地为我省农业增效、农民增收服务，省土肥测配中心经广泛征求各方面的意见，针对全省连锁测配站近几年发展过程中存在的问题，在《河南省连锁测配站管理办法（试行）》基础上，研究制定了《加强测配站建设与管理若干补充规定（试行）》，现印发给你们，望各单位认真贯彻执行。

附件：加强测配站建设与管理若干补充规定（试行）

二〇〇五年五月十日

加强测配站建设与管理若干补充规定（试行）

河南省土肥测配中心

（2005 年 4 月 15 日）

我省组建测配站，推广测土配方肥，经过七年多的探索与实践，取得了显著成绩。目前，全省测配站已发展到 150 个，初步形成了上下一体、统分结合的连锁管理机制，大多数测配站通过几年的自我积累得到壮大，但从全省测配站整体发展现状来看，还存在手段落后、设施简陋、规模较小、服务网点覆盖面不大、配方肥针对性不强、违背连锁协议管理等方面的问题。测配站建设是开展测土配方施肥的龙头,关系着测土配方施肥技术推广的成败与发展。为了加强测配站建设与管理,巩固完善连锁机制,促进我省测土配方施肥工作上规模、上档次、健康快速发展,更好地为我省农业增效、农民增收服务。特作出如下补充规定:

一、年配方肥配制推广量 2 000 t 以上的测配站,到 2005 年年底前,应全部实现机械、半机械化掺混,取缔人工掺混;5 000 t 以上的测配站实现自动计量包装;新建的测配站必须具有成套配肥设备。第一年达不到者不得晋档升级,第二年仍达不到者进行整顿方可生产。

二、凡委托化验的测配站,到 2006 年底前必须建成能开展土壤肥料常规分析的化验室,经过专业培训的化验员不少于 2 人。新建的测配站必须有化验室,不得委托化验。每个测配站具有配方师资格的技术人员不得少于 2 人。

三、测配站应科学布点,采集具有代表性和典型性的土壤样品进行养分测试,丘陵山区 30 ~ 80 亩采集 1 个土样,平原地区 100 ~ 300 亩采集 1 个土样。在土壤测试的基础上,结合肥料田间试验,制定合理的作物施肥配方及施肥分区图。对施用配方肥的农户建立地块档案,每季作物每年设置验证施肥配方的配方肥示范对比点不少于 5 个,长期肥效监测点不少于 2 个,有条件的测配站应开发计算机施肥专家系统,逐步提高配方肥的科技含量。

四、测配站所在区域每万亩耕地面积建立配方肥推广服务网点不得少于 1 个。同时对网点人员要进行经常性的技术培训,对施用配方肥的农户建立信誉卡、质量保证卡,并实行跟踪服务和回访制度,不断提高服务能力和水平。

五、对每年配制量 5 000 t 以上的测配站,所在县(市)原则上不再发展新站。新建测配站必须具备相应实力,建站当年配制推广量必须达到 1 000 t 以上。

六、对配制推广量 2 年累计在 1 000 t 以下(系统外 2 000 t 以下),2005 年推广量仍在 1 000 t以下的测配站,或协议有效期内连续 12 个月不投入运作的测配站,取消其连锁站资格。

七、对私印配方肥包装或抽检产品质量不合格的测配站,实行一票否决,取消连锁站资格,辖区分中心要负连带责任。

八、配方肥具有较强的地域性与针对性,各测配站必须严格按配方肥登记证规定的适用区域推广,对未经批准跨区域推广的测配站,通报批评,限期整改,或取消其连锁站资格;测配站之间不得竞相压价,应在分中心的协调下,保持合理的价位,维护良好的市场秩序。

九、测配站不得转包或设分点生产,若发现取消其连锁站资格。

十、市级测配分中心要尽职尽责协助省测配中心加强对本辖区测配站管理,监督产品质量,规范推广区域,协调产品价格,提供技术、宣传、产品推广、政策、打假等方面的服务。分中心不得收取测配站任何费用。

十一、市级测配分中心每年现场抽取辖区内各连锁站配制的配方肥样品不得少于 3 次,并送交省测配中心检验。

十二、省测配中心对测配站和市级分中心按照《配方肥推广奖励试行办法》实行奖励。

河南省连锁测配站晋档升级及层次管理实施办法(试行)

河南省土肥测配中心

(2001年2月5日)

“十五”期间,根据我省配方肥发展现状、趋势及农业进入新阶段的要求,为建设规范化测配站,进一步加快配方肥推广,特制定测配站晋档升级及层次管理办法。

一、开展晋档升级活动

1. 测配站档次级别划分:按测配站年配制推广量500~1 000 t、1 001~2 000 t、2 001~3 000 t、3 001~5 000 t和5 000 t以上分五个档次,相对应的测配站级别分别为一级、二级、三级、四级、特级。

2. 测配站定级条件:

一是年加工配肥量;

二是配方肥配制设备、厂房、库房面积及安全生产管理制度;

三是依托的化验室仪器设备所能开展的化验项目、测试速度及化验人员技术水平;

四是配方肥配制技术人员及水平;

五是推广服务网点;

六是配方肥肥效验证试验示范及农户地块档案建立情况;

七是服务手段;

八是履行连锁站协议及使用省土肥集团公司组织提供的配方肥原料情况。

按照以上内容,制定五个级别测配站相对应的具体标准和条件(见附表)。

3. 测配站级别认定单位:每年11~12月份,由县测配站自报,市土肥测配分中心推荐,省土肥测配中心综合考核,确定档次级别,并以正式文件通知。

4. 晋档升级奖励办法:凡经过认定晋档升级的测配站及首次定级的测配站,按实际配制推广量每吨1.0元,对测配站站长进行奖励,在此基础上,每年从特级测配站和由三级升为四级站中,优选5名站长进行特别奖励,其中一等奖1名(在特级站中选取),奖金5 000元;二等奖4名,奖金2 000元。同时对档次高的测配站优先推荐项目。

二、实行层次管理

从2001年起对全省连锁测配站实行省市双重管理,具体办法是:

1. 市站参与管理的条件:

①建站超过本市所辖县(市、区)数一半,测配站平均配制推广量达到500 t以上的市;

②提出参与管理申请,经省土肥测配中心批准,以市土肥站为主体,成立市土肥测配分

中心；

③分中心与省土肥测配中心签订年度配方肥推广目标管理责任书。

2. 市土肥测配分中心管理职责：主要协助省土肥测配中心开展工作。

一是对辖区内连锁测配站提供技术、宣传、产品促销、政策、打假等方面服务；

二是监督产品质量，严格控制跨区域推广；

三是对辖区所属的测配站进行检查、指导、晋挡升级推荐；

四是积极发展新的连锁测配站。

3. 技术服务费提成标准：市测配分中心参与管理的服务费从省测配中心收取的品牌费和管理费中提成，按每年与"中心"签订的目标责任书规定的配方肥推广指标，超过指标提成30%，达到指标提成20%，低于指标提成15%，市土肥测配分中心不得从县测配站中另外提取费用。

三、对有关问题的说明

1. 测配站配制推广配方肥的数量按在省测配中心定的包装袋计算，不用测配中心提供的包装袋不计算在内。

2. 在系统外发展的测配站，亦纳入所在市，实行省市双重管理。

3. 对定级的测配站，由省土肥测配中心统一挂牌，实行"五星"级制，每年经过考核认定，每升一级增加一个"星"，每降一级去掉一个"星"。

4. 除特级站外，对定过级而未达到晋档升级条件的测配站不予奖励。

5. 测配站所在县耕地面积30万亩以下为小县，30万~80万亩为中等县，80万亩以上为大县，确定级别时，小县测配站配制推广量达到各级下限即可，中等县达到各级中限，大县必须达到各级上限。

6. 从2001年起，在品牌费基础上，对所有连锁站收取技术服务费和管理费，系统内和系统外每吨分别为1.25元、2.00元。

附表：测配站晋档升级标准和条件一览表

附表　测配站晋档升级标准和条件一览表

档次	配方肥产量(t)	生产设备	厂房(m^2)	库房(m^2)	化验室、化验员	配方肥技术员(人)	网点数量	试验示范点(个)	农户地块档案(户)	服务手段
一级 ★	500~1 000	简易	200	200	能开展土肥常规分析化验员2人	2	10~15	10	100	
二级 ★★	1 001~2 000	简易	200	200	能开展土肥常规分析化验员3人	3	20~30	15	200	
三级 ★★★	2 001~3 000	简易	300	300	能开展土肥常规分析化验员3人	4	40~50	20	300	
四级 ★★★★	3 001~5 000	成套年生产能力1万t	400	400	能开展土肥常规分析化验员4人	5	50~80	30	600	配备流动服务车

续附表

档次	配方肥产量(t)	生产设备	厂房(m^2)	库房(m^2)	化验室、化验员	配方肥技术员(人)	网点数量	试验示范点(个)	农户地块档案(户)	服务手段
特级 ★★★★★	5 000 以上	成套年生产能力2万t	600	500	能开展土肥常规分析,达到批量快速化,化验员6人	5	80~100	40	800户 以上	配备流动服务车

注:1. 三级以上测配站化验人员必须经过省级技术培训;

2. 各级别测配站具有高级配方师资格技术人员不少于1人;

3. 网点覆盖面:指所建网点能够服务的乡、村范围;

4. 使用集团公司原料:指省土肥集团公司提供的原料占配方肥年生产量的百分比。

河南省连锁测配站协议书

甲方:河南省土壤肥料站

乙方:

为了加快科学施肥技术推广,促进土肥产业化发展,通过“测、配、产、供、施”一条龙服务,物化技术,提高肥效,降低生产成本,实现肥料资源优化配置。经甲、乙双方协商,就建立连锁测配站有关事宜达成如下协议:

一、甲方职责和义务

1. 甲方同意乙方加工配制的配方肥料产品使用甲方已注册的“沃力”品牌。

2. 甲方为乙方提供“沃力”品牌配方肥料产品包装。

3. 协助乙方购置测配站生产设备、化验仪器。

4. 协助乙方办理加工配肥有关证件,提供技术、政策咨询服务。

5. 培训乙方技术人员,协助科研攻关,开发新技术、新产品,帮助解决测土、配肥过程中的有关技术问题。

6. 监督乙方配方肥料产品质量。

7. 审核乙方产品广告和相关宣传资料。

8. 协助乙方组织质优价廉的配肥原料。

二、乙方职责和义务

1. 乙方作为甲方连锁测配站,自愿接受甲方在质量、技术等方面的监督指导;在经营中具有独立法人资格,自主经营,自负盈亏。

2. 乙方产品必须统一使用甲方提供的“沃力”牌包装,并按提供的包装袋数量核算,甲方每吨提取品牌费和技术服务费5.00元。

3. 乙方产品必须统一使用甲方提供的肥料增效剂。

4. 乙方保证按甲方规定的配方原料及产品执行标准加工配制。

5. 乙方保证按产品登记证规定的适用区域推广。

6. 乙方充分利用现代化测试手段,针对不同土壤、不同作物、不同产量水平配制科技含量高的配方肥料产品,并开展多种形式的技术宣传,指导农民科学施用。

7. 因产品不按质量标准配制在市场监督中出现的问题,由乙方负全部责任。

三、甲、乙双方有违约行为,即视为自动解除连锁关系,本协议执行终止。

四、协议有效期内,乙方连续 12 个月不投入生产或配方肥料每年配制推广量不超过 800 t(系统外不超过 1 000 t),视自动终止协议。

五、协议有效期二年,自签字之日起生效。协议到期终止后,若不续签,乙方不得再以甲方"沃力"商标和包装进行加工配制和销售。

六、本协议在执行过程中如有未尽事宜,由双方协商解决。

七、本协议一式四份,甲乙双方各执二份,双方负责人签字加盖公章后生效。

甲方:河南省土壤肥料站　　　　代表:

乙方:　　　　代表:

通讯地址:　　　　邮编:　　　　电话:

年　月　日

河南省土肥站配方肥推广竞包办法

河南省土肥测配中心

(2003 年 1 月 7 日)

为进一步调动站各科室积极性,加快组建测配站推广配方肥、进行体制创新步伐,2003 年将采取全员参与科室竞包的方式,将发展任务落实到科室,按指标完成情况兑现奖罚。具体办法如下。

一、竞包规则

1. 由省测配中心确定竞包方案并向各科室公布近两年各市建站推广配方肥的情况,以及发展的势头和潜力。

2. 把全省 18 个市 2002 年配方肥配制推广量作为竞包基数(配制量低于 100 t 的市由测配中心确定基数),各科和集团公司参与竞包。中标的单位同测配中心签订配方肥配制推广及相关产业化指标(配方肥配制推广数量、新建测配站、网点建设、协助集团公司销售配肥原料)承包协议书。

3. 以科室为单位参加竞包(集团公司作为一个单位参加,博展中心挂靠质管办,研发中心挂靠计财科,保水剂公司挂靠土壤科)。

4. 科室和集团公司竞包的市数,按现有人数划分(依据是经过站班子正式安排长期在岗工作的人员,不含临时合同工和外借人员),即 2 ~ 3 人的科室只允许竞包 1 个市,4 ~ 5 人 2 个市,6 ~ 8 人 3 个市,9 人以上 4 个市。

5. 竞包市数可以少于规定的数,但不得超出。允许不参与竞包。

6. 竞包以各市上年推广配方肥绝对数的多少为序,从多到少开始竞包。

7. 按竞包基数每增加1个百分点为一个档次进行竞包,以最高者为中标者(从2004年开始对上年竞包的科室中标后,核定配方肥产量指标时下调5个百分点)。

8. 产业化竞包由三方组成,即测配中心为发包方,科室(集团公司)为竞包方,站班子为监包方。

9. 中标后当众由发包方、竞包方、监包方三方签订协议,协议签订后任何人不得随意修改。

10. 系统外测配站列入这次竞包范围(2003年新发展的除外)。

11. 站长先分片承包,科室后竞包。

二、竞包奖罚

1. 考核竞包指标完成情况实行计分制,五项指标满分为100分,其中配方肥配制量指标为60分,新建测配站5分,推广网点建设10分,协助集团公司销售NPK配肥原料15分,增效包10分,年底由测配中心按各科对五项指标的完成情况统计得分,并综合计算各科室完成指标的百分数(实际得分/100)。

2. 以配方肥中标指标作为基数,确定原料、增效包指标,超过指标部分原料每200 t增加1分、增效包每3 t增加1分,综合计分最高不得超过100分。

3. 中标2个市以上的科室综合指标得分可合并计算或分开计算。

4. 完成指标70% ~100%者,按实际完成百分比进行奖励。另外,对超额完成配方肥配制推广指标的超额部分按5%奖励。

5. 完成指标50% ~70%者不奖不罚。

6. 完成指标低于50%者扣罚,按承包数额提成的对应比例扣罚[计算方法为:配方肥竞包量×3.75×40%×(50% -实际完成百分数)],年底从站发奖金中扣除。

7. 中标单位所包区域测配站出现产品质量问题扣罚2分、跨区域推广扣1分、相互竞争价格失控扣1分,对测配站所购原料供应不及时扣1分。

三、对区域外发展和新建站有关问题的规定

1. 在不影响本系统测配站发展的基础上,允许科室打破竞包区域界限,发挥各自优势,积极联系有实力的外系统肥料企业、经营大户等发展为连锁测配站。

2. 科室发展的外系统测配站,从协议签订之日起至当年12月底,不列入竞包范围。

3. 科室发展的外系统测配站,第二年纳入竞包范围,按竞包规则,归属竞包后的科室管理和提成。

4. 新发展的测配站(含系统内外)对科室的奖励提高5个百分点。

河南省各测配分中心配方肥推广年度目标责任书

××土肥测配分中心：

根据近几年你市所辖连锁测配站配制推广配方肥实际情况及发展潜力，现将××年的配方肥推广及相关目标任务下达给你们。

一、目标任务

（一）配方肥推广××吨。

（二）新建配方肥推广网点××个。

二、主要工作

（一）对辖区内连锁站提供技术、宣传、产品促销、政策、打假等方面服务。

（二）协助省测配中心积极发展新的测配站，并做好考察推荐工作。

（三）审核辖区连锁站制定的配方肥料配方，年抽取辖区各连锁站配制的配方肥样品不得少于3次，并送交省中心检验。

（四）对辖区内连锁测配站不定期进行检查，如有私自印制包装加工配肥现象，及时向省测配中心通报并协助查处。

（五）指导连锁站建立适应市场经济需要的农化服务网络。

（六）监督辖区内测配站配制质量、协调规范区域推广、避免价格混乱、防止出现无序竞争。

（七）协助处理辖区连锁站与有关部门的关系，为测配站发展营造一个良好的外部环境。

三、奖罚标准

（一）超额完成目标任务从省测配中心收取的品牌费中（3.75元/t）提25%奖励，完成目标任务90%～100%提20%奖励，完成目标任务90%以下提15%奖励。

（二）在管理和服务工作中有下列情形之一的，年终从应提比例奖中降低5%。

1. 所辖连锁站出现质量问题被当地执法部门处罚的，或省中心连续两次抽检产品质量不合格的；

2. 对辖区内出现私自印制包装连锁站未能及时处理的；

3. 辖区内连锁站跨区域推广未能有效制止的。

河南省土壤肥料站关于成立第一批市级土肥测配分中心的通知

(河南省土壤肥料站文件豫土肥[2001]第9号)

各省辖市土肥站:

为加强我省连锁测配站管理,根据部分市土肥站提出参与管理的申请,经研究决定成立第一批市级土肥测配分中心(隶属所在市土肥站)。名单如下:

驻马店市土肥测配分中心

开封市土肥测配分中心

南阳市土肥测配分中心

商丘市土肥测配分中心

周口市土肥测配分中心

郑州市土肥测配分中心

望上述土肥测配分中心,按照《河南省连锁测配站晋档升级及层次管理实施办法》的要求,认真履行管理职责,积极协助省土肥测配中心开展工作,加快辖区内配方肥推广。

二〇〇一年四月十六日

河南省土肥站关于成立第四批市级土肥测配分中心的通知

(河南省土壤肥料站文件豫土肥[2003]第35号)

各省辖市土肥站:

为加强我省连锁测配站管理,促进规范有序发展,经研究决定成立第四批市级土肥测配分中心(隶属所在市土肥站)。他们是:

洛阳市土肥测配分中心

濮阳市土肥测配分中心

焦作市土肥测配分中心

鹤壁市土肥测配分中心

望上述土肥测配分中心按照《河南省连锁测配站管理办法》要求,认真履行管理和服务职责,积极协助省土肥测配中心开展工作,加快辖区内配方肥推广。

二〇〇三年五月二十三日

濮阳市土肥站关于成立
濮阳市土肥测配分中心的请示

（濮阳市土壤肥料工作站文件濮土肥[2003]第5号）

省土肥站、省土肥测配中心：

濮阳市现辖五县区，耕地面积370万亩。近年来，为了加快平衡施肥技术的推广普及，促进农业优质高效和可持续发展，我站一直把配方肥作为一项重要技术措施推广，配方肥配制推广发展迅速，至2002年全市区建测配站3个，配制推广"沃力"、"科配"、"高科"3个品牌、5个品种的配方肥，年推广量达到5 200余吨。且目前清丰、南乐两县土肥站正在积极筹备建站。2003年我市测配站共同努力，预计配方肥的配制推广量将达到2万t。为了驾驭对辖区内土肥测配站的管理，确保配方肥的名牌地位，特申请建立濮阳市土肥测配分中心。分中心建立后，将积极配合省测配中心做好协调服务和监督管理工作，大力推进配方肥向规模化、产业化发展。

如无不妥，请批示。

二〇〇三年三月十日

焦作市配方肥配制推广管理办法

焦作市土肥测配分中心

（2003年8月10日）

随着我市测土配方施肥技术推广面积不断扩大、测配站数量不断增多，为了规范推广秩序，实现公平竞争，促进测配站健康发展，进一步扩大推广面积，实现农业优质、高产、高效、生态、安全目标，根据省土肥站有关指示精神，结合焦作市实际情况，特制定以下管理办法。

一、推广区域

配方肥具有较强的地域性和针对性。各测配站要严格按照肥料登记证限定的范围进行推广。无论在何地推广，都必须进行测土化验，或根据土壤养分资料实行定量或半定量配肥，充分体现测土配方施肥技术的科学性和严谨性，促进农业优质、高产和高效。

二、价格秩序

配方肥的配制与推广，以服务"三农"为宗旨，制定合理价格。在确保良好社会经济效益的前提下，促进自身发展，扩大服务对象，逐步提高市场占有率与农田覆盖率，不得唯利是图,搞恶性竞争。各测配站在本区域推广产品时,实行统一零售价格。建在市区的测配站,其配方肥到有测配站的县(市、区)进行推广时,必须与当地测配站同等含量配方肥保持一致价格,或不得低于当地价格。县(市、区)测配站在制定推广价格时,同时通报市测配分中心。

三、产品标识

由于实行统一推广价格,为了防止增加低价位养分含量比例和偷工减料获得利润,各测配站必须根据有关规定,在包装物(含标签、说明书,下同)的显著位置,按标准要求用组合式(例如:$N-P_2O_5-K_2O$,20-10-10)表示各主要养分含量,以利于用户选购。在产品推广和宣传过程中,禁止恶意贬低同类产品,降低配方肥声誉。

四、化验检测

为了保证产品质量,提高配方肥声誉,扩大市场份额,市测配分中心对各测配站实行不定期抽样检测制度。根据配方肥推广的淡旺季节,每年至少检测 3~10 次,并出具化验报告,各测配站应积极配合。

五、责任追究

(一)凡未经市、县土肥站提供配方和进行测土化验,并且打着配方肥旗号随意配肥的,由市测配分中心责令其改正,拒不改正者,建议上级不再审验其登记证。

(二)在配方肥推广过程中,若出现建在市区的测配站的配方肥价格冲击县测配站价格,市测配分中心接到举报后,经过核查,情况属实的,将对其提出警告,再次冲击该市场的,建议上级不再审验其登记证。

(三)市测配分中心负责对配方肥产品质量进行抽检,若检测结果不合格,责令其改正。拒不改正者,市站将依据《肥料登记管理办法》第五章第 27 条第 3 款进行处罚。

(四)对产品标识不符合《肥料登记管理办法》第四章第 23 条第 2 款、《中华人民共和国产品质量法》第三章第 27 条第 3 款规定的,市站将依据相关法律法规条款进行处罚。

许昌市连锁测配站配方肥配制推广公约

许昌市土肥测配分中心

(2003 年 8 月 23 日)

为了加快测土配方施肥技术推广步伐,扩大配方肥料推广面积,促进农业增效、农民增收,进一步规范和协调各连锁测配站的推广行为,促进全市配方肥事业稳步健康发展,经各测配站充分协商,特制定本公约,各测配站共同遵守。

一、自觉接受河南省土肥测配中心许昌分中心监督管理,依法测配推广,并配合许昌市分中心的质量抽查和抽检等工作。

二、珍惜和爱护配方肥的声誉,选用优质原料,确保所配制的配方肥养分大于或等于配方肥料的标识含量,并且养分配比合理。

三、各测配站原则上按照肥料登记证上核定的推广区域建立自身推广网络,负责开发核定区域内的市场。在各测配站划定区域的边界问题上,相关测配站可以协商解决,不得恶意竞争。

四、协调零售价格,不搞价格恶性竞争。各测配站要从发展配方肥的大局出发,协调价格,共同确定合理零售价位。

五、各测配站推广网点零售价的控制由所属测配站负责。

六、积极发展各自的推广网络,建立各自的推广网点,但不得"互挖墙脚",以低价倾销私挖他站网点。

七、违约与处罚:

(一)违背本公约第二条,出现质量问题的,第一次由分中心提出警告并限期改正;第二次由分中心建议肥料执法部门依照有关法规进行处罚,并建议省测配中心取消其连锁配肥资格。

(二)违背本公约第三、四、五、六条,情节轻微的,由分中心提出批评、警告;情节严重且有意所为者,分中心建议省测配中心取消其连锁配肥资格。

八、本公约已报省测配中心备案,由许昌市土肥测配分中心负责监督管理。

驻马店市连锁测配站管理意见

驻马店市土肥测配分中心

(2003年8月3日)

为了加强我市测配站规范化管理,进一步加快配方肥推广步伐,促进土肥技术产业化快速发展,根据《河南省连锁测配站管理办法》,结合我市各县区测配站实际情况,特制定如下管理意见,望遵照执行。

一、市分中心管理职责

(一)驻马店市土肥测配分中心(隶属驻马店市土肥利用管理站)协助河南省土肥测配中心搞好全市连锁测配站的发展和管理工作。

(二)受省中心委托考察辖区内申请建站单位,积极发展新的连锁测配站,2003年9月前消灭空白县。

(三)对辖区内连锁测配站提供技术、宣传、推广、政策和打假等方面服务。

(四)审核所属测配站配方肥配方,监督产品质量,不定期抽取配方肥样品送交省中心检验。

(五)监督连锁站配方肥区域推广,严格控制跨区域推广,协调推广价格,防止出现恶性竞争,积极推广连锁配送经验。

（六）对连锁站进行检查、指导和晋档升级推荐。

（七）指导连锁站进一步巩固和建立富有活力的适应市场经济发展需要的推广服务网络。

二、各测配站职责

（一）各测配站要严格履行协议，接受省中心和市分中心的监督、指导和管理。

（二）配方肥料配制必须以测土为基础，定期取土化验，全面掌握所在区域内的土壤养分状况。

（三）根据测土结果、作物需肥特点和肥料效应制定科学配方，并报市分中心审核和省中心备案后方可配制。

（四）按配方肥料标准，严把选料、配制、计量和检测关，确保产品质量。

（五）在规定的适用区域内建立农化服务网络，不得跨区域设点。

（六）开展多种形式的技术宣传，指导农民科学施肥。

（七）使用由省土肥测配中心统一印制的配方肥料包装、注册商标和肥料增效剂。

（八）连锁站之间在配方肥料推广中，不得相互压价或形成价格联盟暴利推广。

（九）各县区测配站必须严格履行自己的职责，不得违反本《意见》规定，另搞一套。违者，轻者给予通报批评，重者造成不良影响和不良后果的要给予经济制裁直至取消测配站资格。

【测配站管理】

延津县测配站股份合作章程

延津县测配站

（2002 年 12 月 20 日）

第一章　总　则

第一条　为加快农业科技成果转化进程，实施“测、配、产、供、施”系列化技术服务，规范本站和股东的行为和管理，在市场竞争中发展壮大自身。根据国家有关法律、法规和政策，特制定本章程。

第二条　本站职工股份合作，应遵循下列原则：

（一）入股自愿，同股同权，同股同利，利益按股份分享，风险按股份分担；

（二）实行独立核算，自主经营，自负盈亏，自担风险；

（三）实行一股一票和一人一票相结合；

（四）实行按劳分配和按股分红相结合。

第三条 本站遵守国家法律、法规,接受政府有关主管部门指导、管理和监督。

第二章 股 东

第四条 投入股份,承认并遵守本章程,为本站股东。

第五条 股东享有以下权利:

(一)对自己投入测配站的股份拥有所有权;

(二)参加股东大会,审议、决定测配站经营范围、发展方向、收益分配及关停转等重大问题;

(三)对执行董事的工作及测配站配方肥的配制推广、财务管理有监督权;

(四)有选举权和被选举权;

(五)有认购新股的优先权;

(六)有按股分红和按劳分配的权利。

第六条 股东承担下列义务:

(一)遵守本章程和各项规章制度;

(二)积极参与测配站策划、配制、推广、管理等活动,关心测配站配方肥的配制、推广和管理;

(三)有按股份分担测配站经营风险责任;

(四)执行股东大会的决议;

(五)不影响土肥站的正常工作,并且无条件地圆满完成土肥站交给的工作任务。

第三章 股东大会

第七条 股东大会是测配站股东行使权力的最高机构,每年至少召开一次,遇到特殊情况,经执行董事或半数以上股东同意,随时召开股东大会。

第八条 股东大会的权力:

(一)制定修改本测配站管理办法;

(二)选举产生执行董事和总经理;

(三)审议执行董事和总经理的年度工作报告;

(四)决定测配站经营范围、发展方向、收益分配及关停转等重大问题。

第九条 表决办法:

(一)对测配站增加、减少注册资本以及合并、分产、破产、解散、清算和利润分配等事项做出决议,采用一股一票制,三分之二以上股份通过即形成决议;

(二)对其他事项做出决议采用一股一票制,半数以上通过即形成决议;

(三)沉默视为同意。

第四章 执行董事和总经理

第十条 本站不设董事会和监事会,只设执行董事。

第十一条 执行董事实行选举制,总经理实行聘任制。

第十二条 执行董事行使董事长的权力。

第十三条 总经理是测配站配制、推广、管理的领导者,具有以下权力:

(一)设置管理机构;

(二)聘任、解聘管理人员;

(三)制定计酬方式和奖惩办法;

(四)招聘或辞退测配站职工。

第十四条 总经理必须履行以下义务:

(一)执行国家的法律、法规和政策;

(二)执行股东大会决议;

(三)接受股东和股东大会的监督;

(四)向有关部门负责报送统计报表及有关情况。

第五章 股份的管理

第十五条 股东交纳的股金采用以下方法管理:

(一)每股股金 5 000 元,入股资金不计息;

(二)股金交纳后,本站不解散不能退股,但可在股东大会或执行董事的同意下转卖给其他股东。

第六章 财务会计制度

第十六条 会计、出纳实行聘任制。按照国家财会法律、法规和有关规定的要求,建立本站财务会计制度。

第十七条 会计应在每一会计年度终了时制作财务会计报告,并于召开股东大会的 20 日前置备于测配站,供股东查阅。

第十八条 开支实行一支笔审批制度。

(一)非生产性开支 1 万元以上由股东大会审批,1 万元以下由执行董事直接签批;

(二)生产性开支 10 万元以上由股东大会审批,10 万元以下由执行董事直接签批。

第七章 收益分配

第十九条 不管盈亏,先发职工工资,视贡献大小制定工资标准。加班实行补助制,白班(6:00~22:00)每小时补助 2 元,夜班每小时补助 4 元。节日加班补助加倍。

第二十条 不管盈亏,推广每吨配方肥,高含量的土肥站提取管理费 12 元,低含量的提取 6 元。

第二十一条 税后利润分配。

(一)弥补上年度亏损。

(二)提取利润的8%列入公积金,当达到注册资金的50%时不再提取。公积金用于弥补亏损,扩大规模或者转增测配站资本。

(三)提取利润的2%列入公益金,用于本站职工的集体福利。

(四)提取利润的8%作为总经理的技术服务费、管理费和奖励基金。

(五)提取分红基金,按股分红和按劳分红。即赚的资金、原料、成品等,按资金股和市场股两块分配。资金股即入股的资金所占份额,市场股即股东的推广量占总推广量的份额。资金股:市场股=66:34。

第二十二条 测配站亏损只按资金股分担。回收的资金按资金股比例偿还,剩余的原料、成品等资产按资金股股份分配,债务按资金股股份分担。

第八章 销售管理

第二十三条 增加村级推广点,选择科技意识强、负责、威信高且具有一定经济实力的村民作为村级网点推广员,每1万元股金需选定2个点;根据股金份额应选点数,每少选1个点罚款200元。

第二十四条 县城各推广点推广不计入股东的任务数。股东不准私自在县城设点,违者除推广不算任务数外,另外推广多少扣除多少推广任务数,并每设一点罚款1 000元。

第二十五条 股东根据出资份额提货,提走货物的金额允许超过出资额的百分数临时商定。超过者,按超过数额以现金补齐。

第二十六条 运输费、装卸费及其他费用谁设的点谁负担,对已推广的货物本站给予补贴,未推广的货物费用自行承担。

第二十七条 不准跨区域跨点推广,违者取消推广点资格,扣除设点股东已推广的任务数,并违规1 t罚设点股东200元。

第二十八条 不准擅自降低价格,违者取消推广点资格,扣除设点股东已推广的任务数,并违规1 t罚设点股东500元。

第二十九条 第一季配方肥结束后,按规定时间收不回货款者,按月息1分计息,并且下季配方肥视回款情况提货。

第三十条 当季配方肥在规定时间内退不回来按已推广对待,责任股东承担货物并不再退货;退货不准超过提货量的8%,每超过1 t罚提货股东200元,特殊情况例外。

第三十一条 股东因设点货款要不回来,该退的货物退不回来,均由设点股东承担损失,本站概不负责。

第三十二条 本站统一推广,统一价格,统一安排人送货、退货、发货,但费用由设点股东承担。

第九章 宣传方法

第三十三条 每一个村级推广点设一个示范田,要求有标志,有详细内容,推广点没有示范田者,少一个罚设点股东50元。

第三十四条 电视宣传。

第三十五条 资料宣传。

第三十六条 下乡讲课。

第三十七条 成立土肥协会。

第十章 附 则

第三十八条 本章程由股东共同协商,共同遵守,违反本章程除承担相应的法律责任外,还需赔偿由其产生的其他股东损失的2倍。

第三十九条 本章程由股东大会负责解释。

第四十条 本章程自2003年1月1日起生效。

获嘉县测配站股份制管理章程

获嘉县测配站

(2001年3月1日)

第一章 总 则

为加强测配站管理,促进健康发展,进一步加快平衡施肥技术推广,本着按劳分配,集体、个人利益兼顾的原则,经农业局批准,对"获嘉县土壤肥料测配站"采取股份制方式运作,特制定本章程。

第二章 性质及范围

"获嘉县土壤肥料测配站",注册为"获嘉县农技中心土壤肥料测配服务部",隶属县农业技术推广中心,主要面向全县开展"测、配、产、供、施"一体化连锁服务。

第三章 股份 股东

一、本站的全部资本划分为等额股份,测配站股份采取股权证形式。股权证是本站签发的有价证券,为股金的书面见证。

二、本站首期发行股权证为记名式原始股,每股面额为人民币5 000元。

三、本站在董事会认为适当时期,经股东大会同意,可以决定增加股份总额。

四、经登记签名的本站股权证持有人为本站股东。股东是本站的所有者。本站股东按其所持股份享有权利,承担义务。每一股拥有同等的表决权。

五、本站股东享有下列权利:

(一)出席股东会,并行使表决权。

(二)查阅测配站章程、股东会议纪要、会议记录和会议报表,监督本站的经营,提出建议或咨询。

(三)按其股份取得股利。

(四)测配站终止时依法取得测配站的剩余财产。

(五)当发行新股时,有优先购买权。

(六)依本章程规定转让股份。

(七)对本测配站员工进行监督。

六、本站股东履行下列义务:

(一)遵守本章程,服从和执行股东大会和董事会的决议。

(二)依其所持股份为限,对测配站的债务承担责任。

(三)在本章程实施后,股东不得退股。

(四)维护本站利益,反对和抵制有损于本站声誉和利益的行为。

七、股份可以转让和抵押,但必须遵守以下规定:

(一)测配站董事和经理在任职内不得转让本人所持股份。

(二)股东内部可以转让股份,但必须在股东大会发出通知之日到该会闭幕时办理。

(三)股东向股东以外的人转让股份时,须经全体股东过半数表决同意,不同意转让的股东应购买转让的股份。

八、本站发行的股权证由董事长签发。

第四章　股东大会

一、股东大会由持有本站股份的股东组成,是本站的最高权利机构。

二、股东大会分为股东年会和股东临时会。年会每年召开一次,在每年会计年度终结后适期召开。董事会认为有必要或占股份总额10%的两名以上股东提议可召开股东临时会。

三、股东大会行使下列职权:

(一)审议、批准董事会和监事会报告。

(二)批准测配站的利润分配及亏损弥补。

(三)批准测配站年度资金负债表、利润表等其他会计报表。

(四)决定本测配站增减股本等资金预算。

(五)选举或罢免董事、监事。

(六)修改测配站章程。

(七)讨论和决定测配站的其他与股东利益有关的重要事项。

四、本测配站实行股份代表制,每一股有一票表决权。

五、股东大会做出决议应由代表股份总数的2/3以上股东出席,并由出席股东2/3以上的表决权通过。

六、董事长是股东大会主席，董事长因故不能履行职责时，由董事长推选一人代理。

七、股东大会记录由出席会议的董事签字，未经董事会批准任何人不得销毁。

第五章 推广管理机构

一、本测配站设董事会，成员 4 人，设名誉董事长 1 人，董事长 1 人，副董事长 2 人。

二、董事会对股东大会负责，行使下列职权：

(一)负责召集股东大会，并向股东大会报告工作。

(二)执行股东大会的决议。

(三)决定测配站的推广计划和投资方案。

(四)制定测配站的利润分配方案和弥补亏损方案。

(五)决定测配站内部管理机构的设置。

(六)聘任或解聘经理，根据经理提名聘任或解聘测配站财务、配制等部门负责人。

(七)制定测配站的基本管理制度。

三、本测配站设经理一名，经理对董事会负责，行使下列职权：

(一)主持测配站的配制推广管理工作，组织实施董事会决议。

(二)组织实施年度推广计划和投资方案。

(三)拟订测配站内部管理机构设置方案。

(四)拟订测配站的基本管理制度。

(五)制定测配站的具体规章。

(六)提请聘任或解聘财务、配制等负责人。

(七)测配站规章和董事会授予的其他职权。

四、本站设监事会，监事会行使下列职权：

(一)检查测配站的财务。

(二)对董事、经理执行职务时违反章程和法律的行为进行监督。

(三)当董事和经理的行为损害测配站利益时，要求董事和经理予以纠正。

(四)提议召开临时股东大会。

(五)测配站章程规定的其他职权。

第六章 财务 会计

一、本站严格依照法律、行政法规设立本站的财务、会计制度。

二、本站在每一会计年度终了时制作财务会计报告，并依法经审查验证并向董事会提供财务会计报告。主要包括资产负债表、损益表、利润分配表等。

三、本站的财务会计报告可在股东大会召开时，供股东查阅。

四、测配站分配当年税后利润时，应当提取利润的 20% 列入法定公积金，并提取利润 10% 列入法定公益金，再提 10% 作为测配站管理人员奖励，然后再支付股份红利。

(一)法定公积金用于发展生产，可转赠股本和弥补亏损。

(二)法定公益金用于集体福利等公益设施建设。

五、本站分配股利,可采取分配现金、配发新股等形式。

第七章 附 则

一、本站股份制终止时,股东股金首先均等抽出。
二、本站股东不论在单位内职务高低,同等享有权利和义务。
三、本章程解释权归董事会。
四、本章程自2001年3月18日起执行。

太康县健禾肥业有限公司规章制度

太康县健禾肥业有限公司

(2002年3月1日)

一、财务管理制度

为了实施有效的管理技术,运用经济效益最佳的管理方法,达到避免错误、减少消费、激励士气、降低成本和创造最大利润的目的,特制定本规定。

(一)资金管理规定

1.存款管理:公司除在附近银行保留一个存款户办理小额零星结算外,其余一切资金须存入开设的基本账户办理各种结算业务。

2.财务支出:不经总经理审批签字,出纳人员不准私自开支一分钱。

3.资金管理和检查:总经理应定期对现金库存状况、结算情况及银行存款的对账工作进行检查,以保证资金的安全性、效益性和流动性。

4.财务部必须在旬后一天内向总经理报送旬末银行存款、借款和结算业务统计表。

(二)借款和各项费用开支标准

1.借款审批及标准:出差人员借款,必须先到财务部领取“借款凭证”,填好后报总经理审批,最后经财务部审核后,方可借支,出差返回后超过3天无故未报销者,不准再借款。并且报账后,结欠部分或3天内不办理报销手续者,财务部门必须在当月工资中扣回,其他临时借款审批程序同上。

2.出差人员开支标准:乘车、住宿标准50元以下,伙食费每天15元,市内交通费10元以下。

(1)出差人员回来后应及时整理好报销票据,先由财务部审核,同时按出差天数填上住勤补贴,报总经理审批。

(2)出差人趁出差方便就近探亲办事的,需总经理批准,绕道多支部分的费用(包括交通费、食宿费)由个人自理。

(3)出差回来后3日内必须找总经理签字报销,无故未报者,不再报销。

（三）加班误餐补助

午餐每人补助5元，夜班餐费每人补助8元。

（四）资产控制制度

1. 资产的保管应明确人员负责，并与财务账簿记载一致。

2. 有关现金、存贷或其他流动资金收发的票据，应事先印妥连续编号。

3. 各项付款凭据一经支付，应立即加盖支付印戳消案，防止重复清款。

4. 财务人员必须做到定期盘点（半年一次），包括物料、成品、用品和固定资产等。

5. 避免涂改单据。

6. 订立各项工作书面手册，以避免误会，促进效率。

（五）财产管理

财务部定期盘点对账，其盘盈或盘亏应确定办理增值或减损，盘点报告报总经理审阅并存档。

（六）财务收支情况

财务收支情况每月向全体股东报告一次，5万元以上的大项业务开支和1万元以上的固定资产开支要经股东会研究通过。

二、人事管理制度

本规定是依据本公司章程制定，凡本公司从业人员的人事管理悉依本规定办理。

（一）本公司从业人员职称

高级主管：董（副）事长、总（副）经理

部门主管：经（副）理、科（副）长

部门职员：承办员

（二）本公司员工

正式员工是本公司队伍的主体，享受公司制度中所规定的各种福利待遇，短期聘用员工指具有明确的聘用期的临时工，特聘人员其待遇由聘用合同书中规定，正式员工和短期聘用员工均应与公司签订合同，公司各部门必须按实际需要定人员编制，用人应严格控制在编制范围内，达到企业不养闲人。

本公司确需增聘员工时，提倡公平从社会上求职人员中择优录用，也可以内部员工引荐，内部引荐人员获准聘用后，引荐人必须立下担保书，所有应聘人员一般都必须经过3～6个月的试用期后才可考虑聘为正式员工。

（三）人员任用

从业人员的任用，因事择人，人与事合理配合，各级人员的派任，均以按本人的业务水平、能力、特长和专业经验等予以派任。为了加强员工的队伍建设，提高员工的业务素质，实行竞争上岗。

（四）工资

全体员工的工资待遇，均按目标责任书（也即是为公司创造的财富）合同上的规定而定。

（五）任务和职责

1. 公司从业人员均应遵守下列规定：

(1)按时上下班,对承办工作争取时效,不拖延不积压。

(2)服从上级指挥,如有不同意见,应婉转相告或以书面陈述,一经上级主管决定应立即遵照执行。

(3)尽忠职守,保守业务上的机密。

(4)爱护公司财物,不浪费、不化公为私。

(5)遵守公司一切规章制度及工作守则。

(6)保持公司信誉,不作任何有损公司信誉的行为。

(7)注意自身品德修养,切戒不良嗜好,不得吵闹搬弄是非,扰乱秩序。

(8)不私自经营与公司业务有关的商业或兼任公司外的职业。

(9)待人接物要态度谦和,以争取同仁和顾客的合作。

(10)严谨操守,不得收受与业务有关的个人或单位的馈赠贿赂或向其挪借款物。

2. 本公司从业人员因过失或故意致本公司遭受损害的,一律负责赔偿。

3. 本公司工作时间每周6天,每天8个小时,双休日交替值班。

(六)考勤

从业人员请假应写请假条,经理签字后交财务留存,请假逾期的,待上班后补办请假手续。每年请假累计不得超过15天,若全年超过15天,超过时间按本人全年报酬分配每天合的工值年底扣除;全年未请假者,给予200元不请假奖金。无故旷工1天年底扣除合两天的工资,迟到、早退按半天计旷工。上班晚到10分钟为迟到,早走10分钟为早退,无故连续旷工6天开除。

(七)考核

总经理、副总经理负责对员工进行工作成绩考核,考核分季度考核和年终考核,考核分优秀、良好、一般和劣等。

(八)奖励

1. 工作有特殊功绩,使公司增加收益者。

2. 对本身主管的业务表现出卓越的才能,品德优良,服务特优,且有具体事迹为证者。

3. 细心维护公司财务及设备,致节省费用有显著成效者。

三、总经理职责

遵照经营方针,恪遵股东会决策,恪尽职责,发展公司事业,不妄费财务,不滥用人员,不营私舞弊,不接受贿赂。

四、职员的责任和义务

1. 职员应遵守本公司各项规章制度,服从主管的指示,维护工作秩序,与同仁和睦相处,互相合作,按时完成本公司交付的任务。

2. 职员如系担任主管的,应力求增进所属员工的技能,考核其工作成效,除给予恰当的督导外,并应率先完成任务,不得以未直接参与其工作为由而推卸责任。

3. 员工除应爱护公司的一切设施、节省物质以及致力于整理和保持良好的工作环境外,并应随时保持研究发展的精神,努力创造,以求增进工作效率和改良工作技术,若有有利于业务改进的意见,应立即报告主管人员核办。

4. 职员应以本公司的信誉和利益为重，不得对外泄露业务上的机密，以及从事有害本公司声誉和业务发展的事项。

5. 职员不得经营与公司业务有关的商业或兼任本公司以外的任何职务。

新郑市测配站管理制度

新郑市测配站

（2002 年 7 月 15 日）

一、配方肥推广网络管理制度

（一）在市农技中心设一个总的代理点，负责全市配方肥网络的建立和布点。

（二）各乡（镇）配方肥推广工作原则上由各乡（镇）农技站负责，一个乡（镇）只设一个代理点，负责本乡（镇）辖区内配方肥网络的建立和布点。

（三）本乡（镇）不经允许不得进入其他乡（镇）进行配方肥推广。如果违反，将对其进行处罚，情节严重的将吊销其代理资格。

（四）配方肥的推广，全市实行统一价格，不允许私自降低价格。

（五）资金的回收由农技中心负责。

（六）实行竞争激励机制，测配站与各乡（镇）农技站签订保证书，对完成推广任务者给予重奖，对连续三年完不成任务的吊销其代理资格。

二、质量管理制度

（一）配方肥配方制定由一名高级农艺师和一名高级配方师负责，出具的配方必须由两人签字后方可交给配肥站进行配制。

（二）配肥站负责购进优质原料，对所购原料要进行抽检，达标后方能进场，并严格按照配方配制配方肥。

（三）配肥站设立专业的质量监测员，负责配方肥配制的各个环节，保证不出任何差错。

（四）化验员负责抽检每批肥料，对达不到配制标准的肥料，化验员对该批肥料有权不开具合格证。

（五）实行岗位责任制，哪个环节哪个岗位出现问题，就由该岗位负责人员负全责。

（六）奖优罚劣。对全年工作完成好的给予重奖，完成差的给予处罚。

三、资金管理制度

（一）配方肥推广资金全部由干部集资。

（二）成立由七人组成的资金管理小组，负责配方肥推广资金的集资和运用等重大问题的决策。

（三）每次集资都由集资管理小组召开会议共同决策，决定集资金额和如何使用等问题,不得违反有关法律法规。

(四)管理小组确保资金的足额到位和合理使用,任何个人不得以任何借口乱支乱用资金。

(五)做到增收节支,不乱花一分钱。

(六)统一推广价格。

(七)资金回笼由农技中心负责。

四、工作守则

(一)认真学习党的方针和政策,贯彻党的"三个代表"重要思想,每天抽出时间自学,并写出心得体会,努力提高自身素质和业务水平。

(二)按时上下班,不迟到、不早退,按时参加集体活动和例会,工作期间不准打牌、办私事,不准脱岗、串岗。

(三)严禁参加任何赌博和赌博性活动,工作期间不得喝酒、酗酒闹事。

(四)严格规范自己的言行,不做与自己身份不相符的事,事事处处维护自身形象。

(五)上班期间,必须做到衣着整齐、挂牌上岗,严格遵守配制规程进行配制,不偷工减料。严禁未经批准私自改动配方。

(六)对工作上的一些问题,应及时向领导汇报,请示工作中的细节,做到下级服从上级,个人服从组织,不摆困难,不讲条件。

(七)团结互助,各尽其责,对各项工作任务保质按时完成,维护集体利益。

孟津县测配站工作管理制度

孟津县测配站

(2000年7月4日)

为确保测配站工作的顺利进行,使各部门各司其职、各负其责,促进配方肥推广,特制定如下工作制度。

一、考勤制度

(一)每天早上7:50上班签到并打扫卫生,8:10由业务科负责收起签到本;下午按规定时间签到上班。

(二)全体人员应做到不迟到、不早退,有事请假。迟到、早退一次罚款10元。包括局、站安排的一切集体活动。

(三)请假3天以下由站长批准,3天以上分管局长批准。

(四)职工请假事假超过4天,病假超过10天,旷工1天以上,按劳动纪律扣减工资。

(五)因公或由领导安排出差、下乡,分管站长负责向办公室报告,值班人员记录在签到簿上,视同出勤。私自外出不计考勤的,按旷工对待。

(六)办公室每月5日公布上月考勤情况,并由站长审批,报财务室与经济利益挂钩。

二、财务制度

(一)财务人员要严守财经纪律,不合理开支不能上账。

(二)账目要做到日清月结。

(三)会计管账,出纳管钱。

(四)出纳要建立账目,账目公开,做到天天主动和会计对账。

(五)出纳现金不能座支,需要现金,会计开支票到银行取款,平时现金不能超过3 000元。

(六)保管人员也要建立账目,账目要清楚,做到每天记账,每月盘点,成品出库、退库由出纳开票,保管人员见票发货、入库,原料销售由会计开出库票,原料入车间由保管人员开票。

(七)原料保管和成品保管分开。

三、出差制度

(一)车费实报实销。

(二)住宿费每人标准50~60元/天。

(三)伙食补助费洛阳及9县2区10元/天,省以外30元/天。

(四)除此以外不再报销其他费用。

四、车辆管理制度

(一)油票统一购买,外单位用车原则上谁用车谁加油。

(二)不经站长批准不能出车。

(三)私事原则上不用车。

(四)司机要做到安全出车和车辆保养,车不准借给他人使用。谁借出,出问题谁负责。

(五)车辆实行定点维修,财务科统一结账。

(六)司机要做到随叫随到,不能影响工作。

五、电话管理制度

(一)每科一个管理卡,每月一卡充费100元(共2卡),用完后不能充费,用不完可结转下月使用。

(二)不必要的电话尽量不打,接听电话特别私话时间不能长,确保业务电话及时打入。

(三)办公室人员接听业务电话,应做好记录,及时通知有关人员。

六、业务招待制度

(一)有事需招待,向站长打招呼,站长不在向局长请示,由财务科人员安排。原则上不记账,确实需要记账的,由站长签字。

(二)招待费除特殊情况外,一般不超过200元。

(三)本单位人员,有集体活动或特殊情况就餐,每人不超过5元。

(四)用肥旺季加班,由站长发餐票,见票就餐。

七、办公用品及原料采购领用制度

(一)办公用品由分管副站长提出计划,报站长批准,财务科统一采购,购买后谁领用谁签字。

(二)购买的原料及化验用品先入库后领用,入库票与发票同时进账。

八、配肥管理制度

(一)要加强对各个环节的严格管理,保质保量完成站交给的配制指标任务。

(二)仓库保管员要认真做好原料及成品的保管工作,货物要当面点清,堆放整齐。

(三)原料和成品出库,必须见出库票据方可发放,并且做到准确无误。

(四)仓库保管员必须做到日清月结,各项手续齐全。严格执行谁保管谁负责的原则。如出现货物丢失,由保管员自己负责赔偿。

(五)车间保持清洁,严格交接班制度,做到安全生产,降低损耗,若不按操作规程,出现问题由个人承担责任。

(六)成品保管员负责监督、检查产品的质量和数量,凡达不到规定标准,不准入库。

(七)原料进库保管员负责抽样,不合格的原料不入库,原则上谁购进谁负责。

(八)成品出站由配制保管员负责进行抽样,不合格产品不能出站,质量问题谁配制谁负责,谁当班谁负责。

(九)进原料人员由站里统一安排,必须严把质量关,回来后及时到财务科报销,一般不超过一周。进货发票原则上为正规发票,白条子必须有卖方签字,2 个以上经手人签字,最后由站长签字进账。

(十)运输费必须附有清单、路程、吨数、车号和车主,保管出票,站长签字。

(十一)工人工资由配制保管人员记录出票,领取人签字,站长签字。

九、化验人员职责

(一)化验人员必须对化验数据负责,谁化验谁负责。

(二)业务办公室主任对化验报告负责。

(三)化验及化验报告的发放,必须按程序进行。

(四)做好原始记录。

(五)定期对配方肥进行抽检化验,发现问题,及时报告领导。

十、奖励制度

(一)根据效益情况,实行年终奖励。

(二)奖励多少与平时表现、完成任务情况和集资多少挂钩,各占 1/3。

新密市测配站管理制度

新密市测配站

(2000 年 6 月 20 日)

一、配方肥原料及成品管理制度

(一)仓库保管要严格出入库手续,达到数量与会计账面相符,做到入有凭、出有据。

(二)货物入库保管要仔细清点,并根据清点数量开具入库单。

(三)货物出库要凭会计的出库单出库,不准随意私自出库。

(四)保管要定期盘点核对库存货物,并与会计对账,做到账实相符。

(五)库存货物与会计账面不符的要及时查找原因,及时纠正。出现差错者,要追究责任人的责任;查不出具体责任人的,由保管负责承担。

(六)加强货物管理,搞好防火防盗。出现货物丢失或损失的,由保管员承担。

二、产品质量管理制度

(一)站统一制定"沃力"牌配方肥质量标准,配制工人严格按标准配制配方肥。

(二)配制工人要做到配料严格、计量准确、缝口严实。

(三)配制管理人员要监督检查配制全过程,对产品检验要细,对质量把关要严。

(四)实行质量责任与奖罚措施挂钩,对违反配制规程的按规定给予经济处罚。

(五)对原料配比错误、掺和不均匀、计量不准确、缝口不严实和码垛不整齐的,不但要求返工,而且对配制工人和配制管理人员给予经济处罚。

许昌县测配站管理制度

许昌县测配站

(2000 年 6 月 15 日)

一、保管制度

(一)原材料保管

1. 配肥站所需原材料入库后,保管员要及时如数开具原材料入库单(一式二份),一份自存下账,另一份作为会计实物入库凭证。入库的原材料不得损坏、外借、受潮和丢失,否则将追究原材料保管的行政责任和经济责任。

2. 机械设备在原材料保管范围内,除保管好机械设备外(包括零配件),更要懂得机器的性能、保养、维修和操作程序,保证机械设备在配方肥配制中良好运转。

3. 建立原材料入库账簿,及时作账,准确掌握原材料出入库情况,随时为领导提供原材料出入库的准确数量。发现问题及时呈报领导,求得及时解决,否则后果自负。

(二)成品保管

1. 配方肥成品入库后,成品保管员分批如数开具成品入库单(一式二份),一份自存下账,另一份作为会计入账凭证。入库后的成品,不得受潮、破损和丢失,否则将追究成品保管员的行政责任和经济责任。

2. 成品推广期间,保管员见票发货,不得直接收取客户现金发货,不得自行赊销货物。特殊情况需发货的,必须经领导批准。

3. 建立成品出库账簿及作账,掌握准确成品出库情况,随时向领导提供准确的出库数量,发现问题及时呈报站领导,求得及时解决,否则后果自负。

二、安全生产制度

(一)电力、机械设备的安全操作:电力、机械操作固定专人负责,其他人员不能擅自操作。电力、机械操作人员不但要注意力集中,而且要同其他工作人员密切配合、工作协调,当其他人员远离机械和电源时,方能送电开机。同时,电力、机械操作人员要经常检修室内电路,保证室内电路没有脱皮、漏电现象发生,保证配方肥配制中的人身安全。

(二)所有参与配方肥配制的工作人员,要按照机械设备的操作程序进行工作,远离机械设备所标示的警示区和电源及机械设备的转动部位,否则所发生的一切伤亡事故由其自行解决。

(三)其他安全:由于仓库内化肥垛较高,上下垛时要注意安全,同时避免倒垛现象。在配方肥配制的各个环节中,凡参与配制的工作人员务必把安全放在第一位,保证配方肥全过程和全年度的生产安全。

三、财务管理制度

(一)认真贯彻执行财务管理制度和财经纪律。

(二)实行账钱分管,严格审批制度和手续。

(三)民主理财,账目公开,做到出有凭,入有据,日清月结。

(四)严格遵守现金管理制度,不挪用、乱拉和借支公款。

(五)要勤俭办事,杜绝铺张浪费。

(六)加强成本核算,做到“双增双节”。

(七)按时完成各项财务报表。

(八)对违反财经纪律和财会制度的行为有权拒绝支付或报销。

(九)按会计法办事。

商丘市高科测配站管理制度

商丘市高科测配站

(2001年4月28日)

一、职员守则

(一)品德高尚、热情待人,热爱高科事业,宣传高科品牌,维护高科形象。

(二)遵纪守法,严格遵守测配站的各项规章制度。严守业务机密,兢兢业业做好工作。

(三)认真学习掌握农业技术,不断提高业务水平。

(四)接待顾客要热情,来迎去送不冷落,说话和气要耐心。

(五)热爱集体,团结同事,关心他人,相互协作。

(六)文明礼貌,讲究卫生,厉行节约,爱护公物。

(七)积极上进,不怕吃苦。敢于拼搏,乐于奉献。不谋私利,一心为公。

(八)为人忠诚,匡扶正气,相互信任,不搞阴谋。

(九)按时上班,有事请假,不准早退,严禁旷工。

二、安全制度

(一)安全工作由配制部门经理总负责。

(二)职工及配肥、装卸工人,必须树立高度的责任心,自觉遵守各项规章制度,时刻把安全工作放在第一位。

(三)消防设备要定期检查,始终保持完好。

(四)严禁在仓库及配肥场所吸烟,一旦发现严肃处理。

(五)从事缝包机、封口机、掺混机、灌装机及电器操作人员,严禁赤脚、穿拖鞋和布鞋操作。时刻注意电器及电源的安全状况,发现安全隐患要及时处理或上报负责人及时维修。

(六)任何人不准在肥料高垛边停留、休息,以防倒塌,因此造成的人身安全事故责任自负。

(七)严禁任何理由偷拿、损坏、使用测配站财物,一旦查出按其价值1~2倍赔偿。

(八)任何人都不准酒后驾驶机动车辆,不准酒后上岗从事收发货、配肥、机械操作工作。由此发生的责任事故后果自负。

(九)门卫人员要严禁闲杂人员入内。人员要凭证出入,货物出门要凭发票,并检验票据数量与实物是否相符,无误后方可出门。

三、推广管理制度

(一)推广策略由董事会讨论研究决定,由总经理负责实施。

(二)技术部负责田间肥料试验、示范及土壤监测、产品检验、新产品开发、指导施肥服务及技术档案整理工作;在用肥旺季下乡进行技术讲座、宣传、咨询活动;对员工及网点成员的技术培训工作。

(三)推广部主要负责业务员的管理及网络的建设。

(四)每个业务员负责对所管区域网点的设立和服务,并要掌握网点的推广情况及市场行情分析,做到每周例会汇报。

(五)推广实行现款零售价、推广后返利的办法。对信誉好的网点由于特殊情况需要欠款的,经业务员同意并请示推广部经理批准后,方可开票发货。

(六)欠款实行谁签名谁担保,并负责回收欠款。

(七)办公室负责原料的购进及原料市场信息的收集工作。

(八)配肥站负责辅料材料的购进及配方肥配制工作。

(九)每个用肥季节前的推广会和推广后的总结表彰会由总经理主持召开。

四、配肥管理制度

(一)配方肥的配制由配肥站负责人总负责。

(二)对配肥工人的使用要经过培训考试,凡符合以下条件的在签订劳务协议后,方可正式上岗操作:

1. 接受能力快、能熟练认真操作的;
2. 思想品德高尚、忠诚可靠的;
3. 身强力壮的中青年人员;
4. 有一定科技意识的;
5. 信任高科、宣传高科、使用高科的农民。

(三)每日开工之前,管理人员都要将配肥有关注意事项及操作程序逐班讲清。

(四)配肥工人在工作时间严禁穿拖鞋、布鞋和赤脚操作。

(五)配肥时间严禁任何人在配肥现场吸烟、喝水。

(六)使用原料要按批逐层使用,禁止乱扒。

(七)从事电器操作人员,要戴绝缘手套,时刻注意电器及电源线安全。

(八)计量操作人员要准确计量,绝对不允许有“大约、差不多”的思想行为存在,操作前要检查计量器械是否准确,不准确的坚决不用。

(九)灌包时要慎防包装内袋损烂,扎口要结实,封口要美观,保证外观干净。

(十)成品入库要按保管员指定货位上垛,确保成垛美观,便于清点,不易倒塌。

(十一)收工时要做到:工具放置有序、场地打扫干净、无散落肥料、原材料归库点清、旧包装捆好入库。

五、质量管理制度

(一)配方肥产品质量由一名技术人员专门负责。

(二)建立监测、试验、调查、回访数据档案。

(三)每个配方都必须经过试验、示范。确实达到增产增效指标后,才能使用。

(四)各种原料都必须做到化验合格后才能购进,入库原料做到先化验后使用,不合格的绝对不准使用。

(五)严把配肥质量关,严格配制程序,做到颗粒均匀无杂物。

(六)经常检查计量器具是否准确,按配方要求准确计量、准确操作。

(七)包装要求美观大方,密封完好。

(八)成品必须经化验达标后才能上市,确保不合格的产品不出库。

六、财务管理制度

(一)万元以上的固定资产和原料支出,须由董事会研究决定后方可支出。

(二)测配站监事会有权不定期地对测配站账目进行审查。

(三)现金会计要认真做好现金的收、付管理及银行存款等工作。做好日记账,并确保账证现金相符,做到日清月结。

(四)资金的支出须经总经理同意并签字后方可支出。

(五)现金的收付必须依据审核无误的收付凭证,现金要当面点清,假币自负。

(六)经常检查库存现金限额的执行情况,超过限额(库存现金额每日不得超过1 000元)的现金应及时送存银行。

(七)保证工作质量,及时调整好凭证、传单。单据要妥善保管,及时传送。做到不丢失、不错计、不串户,字迹清晰美观,每月25日前结算出余额。

(八)因不及时清理现金库存、银行存款、往来账款、在途资金和其他过渡账户而造成损失的责任自负。

(九)出差或办事人员要及时报账(限5天内)。

七、业务员管理办法

(一)业务员在思想上和行动上要始终与测配站保持高度一致,遵纪守法,严格遵守测配站的各项规章制度,随时服从测配站推广策略的调整。

(二)对业务员实行区域划分承包制,每个业务员负责其指定区域内的推广业务,严禁代理除本站外的其他任何产品的推广业务。

(三)对业务员实行月基本生活费加效益工资提成制度。每月发放下乡生活费300元,在测配站内工作的人员就餐免费。效益工资按其区域内的推广总量在年终进行提成,提成标准在每一个用肥季节前的"推广目标责任书"中制定。

(四)对业务员的考勤,除在所管的辖区内统一活动外,一律到测配站报到参加考勤,按时参加例会、培训和售后服务等工作。早8点至晚8点不准关手机,经理不定时打电话点名考勤,旷工一次扣工资10元。

(五)每个业务员首先向测配站交纳最低1万元的风险押金,每1万元年终可优先分取红利600元,逐步增加承担风险的能力。

(六)业务员严禁挪用测配站货款,一旦发现严肃处理,情节严重的,要依法追究其法律责任。

(七)推广业务的宣传事项由测配站统一安排,其他业务费用均由本辖区业务员承担。

（八）推广量结算办法：夏季截止日期为8月20日，秋季截止日期为11月20日，按实际推广量计算。如有退货的，测配站不承担任何费用，而且所退货物一定要保存完好，退货量控制在其区域内推广总量的5%以内。

（九）推广实行现款提货，特殊情况的测配站允许每个网点限铺底2 t后现款提货，对首次发货的网点，要通过推广部经理审批。

（十）效益工资提成结算办法：收款率达到98%以上方可结算、提成效益工资，若不能按所规定时间收回货款者，测配站要根据情节给予处罚。

（十一）其他事项，测配站与有关人员研究解决。

（十二）本办法由测配站总经理负责解释。

八、仓库管理办法

（一）保管员职责

1. 保管员必须有高度的责任感，自觉遵守测配站的各项规章制度，按要求做好仓库管理工作。

2. 接待客户要热情，不准刁难提货客户。

3. 确保仓库原料、配肥成品、材料等物品的进、出、存、损数量，做到日清月结。

4. 保证仓库肥料按标准存放整齐、库房卫生干净、无散肥料落地现象。

5. 负责对配制肥料的程序、质量、计量、安全工作的管理，确保向网点供应高质量的配方肥。

6. 时刻注意装、卸车及配制过程的安全事宜。

（二）原料入库

1. 原料入库要以方便配肥、便于清点、节约场地为原则。

2. 入库前应先检验粒度大小是否符合要求，肥料色泽是否正确，面状物是否超标；并对每批原料按技术要求抽取小样，有货底的要点清并记录在收货单上。

3. 入库时随机抽查单件计量误差，用“－kg＋kg”表示，并记录在收货单上，算出平均误差。第一车抽样不少于10袋，以下每吨不少于1袋。

4. 若原料在入库时存在质量、计量问题，应及时向测配站领导反映，入库后请总经理及第三者在入库单上签字。

5. 入库原料上垛以“3顶2”型为主，大垛不得低于20层，小垛不得低于16层，上垛时第十层要用记号笔做记号，每一批货或每一垛不许留2个以上台阶、只许有一个半批。

（三）配方肥入库

1. 配方肥入库本着便于发货、便于清点、相对集中、利于配肥为原则。

2. 上垛前将货底层数点清后按要求上垛，做到留足挤压空间，每层要平，成垛美观大方，不易倒垛，点清数量并记录在收货单上。

3. 对包装不合格的上下垛及配肥班组上垛不合格、卫生打扫不干净、工具及余料整理不规范、新包装及辅料余数交不清、旧包装交不清或不按规定放置的，不开工时单，并要求重新整理。

4. 配方肥上垛，采取“3顶2”垛型为主，每一顶3～4 t，“2顶1”为辅，每一顶1～2 t，高度为20层，30 kg包装为25层，25 kg包装为30层。

5. 配方肥的退货入库方法程序同上,保存不完好的不准入库,入库后需填写入库单一式两份,交财务一份。

(四)肥料出库

1. 凭三联发票发货,发货时提货人必须在场,并口头要求提货人认真清点,提货人确认货已发够,必须在发货单上签字,发货人在发票上注明"货已发",将收据联和出门证联交给提货人,门卫凭出门证收票放行。

2. 发货时,先点清货位上的数量,并用记号笔把要发出的货做记号,将货底所余数量记在发货单上,再发货上车。未入库的成品应占齐点清,还要在发货单上注明生产班组。

3. 货位点清记录后,重点在提货车上清点,装车按层次或按批次查清数量,提货人确认后填在发票单上,不易点清时要停止上车,重新整理点清无误后再上车。

4. 按发票开出数量未能一次提完货时,在收据联上注明"已发多少吨"(用大写字),同时另打欠条经主管经理确认签字后,交给提货人。

(五)辅料及工具设备管理

1. 工具及辅料入库要认真点清后打入库单,交财务一份,并及时登记造册。

2. 工具的使用实行打欠条领取制度,用后要及时交回仓库,保管员要经常对工具及生产设备进行保养维修,确保开工时能正常使用,造成工具设备丢失和损坏的责任人,应负有照价赔偿的责任。

3. 配肥时使用的新包装和增效包,要由配制班组长打条领取,每天收工前将余数交回仓库,经与配肥数量复核后,丢失由责任班组负责照价赔偿,保管员应核出每日的实用量。

4. 旧包装由配肥班组负责整理、回收,保管员要验收数量,看是否与配肥数量相符,丢失的要照数赔偿。

5. 缝包线由其操作人员拿轴换领。

6. 保管员对所管物品的出入账要清楚,对因工作不认真造成丢失或损坏的要追究责任。

(六)奖惩制度

1. 保管员主要负责仓库肥料的出、入库管理工作,测配站其他员工在用肥旺季或特殊情况下,都要听从指挥协助仓库做好工作。对工作认真并能圆满完成任务的,年底测配站视业绩给予奖励。

2. 收货人员要认真按程序操作,若出现实际入库数量少,因清点错误而多打收货数量,给测配站造成直接经济损失的,应按其价值负责赔偿。

3. 发货时因不按程序操作或不认真清点造成超出应发数量的,一经查实,按其超出数量(以装上车为准)的价值给予3倍处罚。

4. 若因收、发货不认真,造成倒垛、倒车和倒运费用的责任人,除承担费用外,测配站也应按情节轻重给予处罚。

5. 因发货时不认真,给提货人造成损失(主要是少发)的,不论提货人是否签字认可,一旦查明事实,损失由发货人承担。

6. 对于有过错或不称职的保管人员,测配站有权辞退。

滑县测配站管理制度暂行规定

滑县测配站

(2000年4月20日)

第一章 总 则

第一条 为加强测配站管理,提高全体员工的工作责任心,促进测配站稳步健康发展,结合本站实际,制定本规定。

第二条 全体员工须相互团结,互帮互学,通力协作,树立正确的职业态度,培养良好的职业习惯,锻炼优秀的职业技能,造就出色的综合素质。维护测配站形象,力争多创效益。

第三条 全体员工要树立"以科技为依托,以市场为导向,以效益为中心,以服务为目的"的工作思路,坚持"靠质量求生存,靠信誉求发展,靠管理促效益"的工作方针,遵章守法,完成本职工作和领导交办的各项工作任务。

第四条 全体员工要以十六大精神和"三个代表"重要思想为指导,大力实施高科技、产业化、品牌和竞争优势四大发展战略,与时俱进,开拓创新,实现配方肥推广工作升级和测配站稳定发展。

第二章 业务工作管理制度

第五条 建立"议事"制度,对进货、结算、新产品开发、配制、推广工作中的重要或重大业务行为成立"议事"小组,由站长任组长,副站长任副组长,必要时吸收相关人员参加,商议后由站长确定最佳方案。

第六条 全体员工要树立发展意识,形成学习氛围,创造人才发展环境,促进优秀人才脱颖而出。业务需要充实人员严格把关,真正选用业务能力强、综合素质高的人员,以促进本站健康发展。

第七条 全体员工须认真熟悉业务,具备良好的思想品质,高度的事业心,严谨的工作作风,清晰的工作条理,具有了解市场、分析市场、运用市场的工作水准,努力提高工作能力。

第八条 全体员工要热情好客,具有饱满的精神状态,恰当的为人处事,洒脱的仪表礼节,适当的表情动作,不俗的言谈举止,处事精明,对人真诚,恪守信誉,在互利的基础上努力创造良好的业务环境。

第九条 坚持开发、配制、推广并举。原料的订购要适合配制或推广需要,质优价廉。业务必须签订经济合同,重要业务结算还须签订结算协议。建立良好的厂商关系和充满活力的推广网络,不断拓宽市场。

第十条 现款所进原料要渠道正当,手续完备,先验货后付款。杜绝假冒伪劣品的采购,否则,责任人承担经济损失。

第三章　销售工作管理制度

第十一条　设推广一部和推广二部。推广一部主要分管本县东北部市场和本县以北的外县市场,推广二部主要分管本县南部市场和本县以南的外县市场。各推广部经理对本部门工作任务和全年工作目标负责,主持本部门的工作。对推广工作实行目标管理,超奖欠罚。

第十二条　推广人员要了解和把握市场,培养客户,关注竞争品牌,贯彻本站推广意图,反馈网点意见,收集市场信息,当好用户顾问;合理安排时间,学习推广技巧,提高工作效率;及时搞好客户评价和产品分析,加强应收货款的跟踪管理;搞好市场竞争态势分析,及时调整推广策略,增强竞争能力。

第十三条　根据技术部产品配制及新产品开发建议,搞好市场调查,提出配制计划建议和价格建议。

第十四条　推广人员业务行为不得损害测配站形象,败坏产品信誉,推广期间发生的缺货、丢失钱、误收假币一律由责任人承担,下乡收账现金要当日上交,手续齐全,严禁挪用、座支,否则要严肃处理。

第十五条　业务往来反对感情用事、粗心大意等不良行为,要注意手续的正确性,凡因粗心大意造成的业务纠纷,损失由责任人承担。业务下乡原则上不准接受客户招待,更不准喝白酒,一旦发现每次罚款 20 ~ 50 元。

第十六条　推广人员要努力节约推广费用,坚持现款售货。特殊情况需要赊销时,必须经推广部经理批准,并由中心内部职工担保,原则上担保额不超过 5 000 元。严禁先出库后开票,赊销行为一律现金欠条,欠条要规范,要注明欠款人地址(或单位)、姓名、日期、欠款额等内容,欠条经过检查,确认准确清晰后,加盖印签或手印。欠条必须经担保人签字,开票员要注意把关,凡发现没有担保人签字的欠条,由开票员负责。

第四章　配制工作管理制度

第十七条　实行配制部经理总负责制。配制部经理根据配制计划,合力组织人、财、物等要素,保证按质量标准和产品配方及时配制出市场需要的合格产品。

第十八条　及时检查设备、工艺运行情况,发现问题,及时通知维修部进行维修,以免耽误配制。经常检查能源、原材料余缺情况,应把原材料余缺状况及时通知站长或分管供应的副站长。

第十九条　严格配制计量,重量发现一袋次超降超过 ±0.4 kg(40 kg 包装)或 ±0.5 kg(50 kg 包装)标准,罚当班工人 10 元,超降超过标准 1 倍,根据情况除返工外,罚当班工人 50 ~ 200 元。

第二十条　注意包装质量,凡发现包装质量不合格,每袋次罚当班工人 5 元,凡发现一袋次漏装微肥包等内含物,罚当班工人 5 元。

第二十一条　配制部经理应严把配制质量关,当班工人应对因配制环节造成的质量问题承担相应责任。

第二十二条 配制部因配制需要招收的临时工、季节工,要选用思想素质高、对工作认真负责的人员。配制人员要严格按照配制工序配制,爱护有关设施、设备,保守公司秘密,其报酬按吨提成,不再单独发放工资。

第二十三条 注意安全,杜绝违章指挥,违章作业,发现一次违章,罚当事人50元,造成事故,视情节从重处罚。因违章作业造成的人身伤害由责任人承担。

第二十四条 成品要与领取原料相吻合,凡超过误差标准(0.5%)者,要追查配制部经理和有关工人的责任,缺多少赔多少。

第二十五条 成品应首先由仓贮部清点入库,配制部凭保管开具的入库成品单领取提成作为配制工人工资。严禁先出库后入库。

第五章 仓贮、维修工作管理制度

第二十六条 实行仓贮、维修部经理总负责制,仓贮、维修部经理应对保管的实物负责,对设备的及时保养维修负责。

第二十七条 保管要坚守岗位,尽职尽责,优质服务,非上班时间随叫随到,经常保持仓容整洁,货位规范。

第二十八条 原材料运回要及时入库,入库单要注明产地、规格、价格、数量、供货单位、入库时间等,严禁缺项。经手人员要在入库单上签字,凭入库单报结账款。原材料需凭开票员开具的出库单或领料单(指生产用)才能出库,否则严禁出库。成品需凭开票员开具的出库单才能出库,否则严禁出库。

第二十九条 保管要建立实物专账,做到账物相符。

第三十条 保管员要搞好安全防范、防火、防盗、防腐蚀、防虫鼠咬。

第三十一条 仓库不准存放私人物品。

第三十二条 维修部要搞好对设备的日常维护、定期检查、定期检修工作,做到不影响生产,不造成事故。

第三十三条 设备运行期间,做到定时巡回检查,发现问题,及时处理。

第六章 技术开发推广工作管理制度

第三十四条 技术部与土肥站合并办公,人员既有分工,又有合作,工作由土肥站长(或测配站分管技术工作的副站长)统筹安排。技术部负责实施配方设计、新产品开发、试验示范、技术咨询、巡回讲课、推广计划制定解决农民用肥中的技术问题等工作。

第三十五条 根据配制推广计划,结合农业生产实际和市场需求特点,有针对性地提出产品配方,并根据反馈意见,及时调整、提高。

第三十六条 制定新产品开发方案,建立试验示范基地,做到配制一代、贮存一代、开发一代,增强测配站的发展后劲。

第三十七条 制定配制技术标准,编写产品使用说明书、宣传单等技术性材料。

第三十八条 建立产品质量保证卡,代表测配站行使配制过程质量监督权和产品质量否决权。

第七章 财务工作管理制度

第三十九条 在综合财务科的领导下，努力搞好财务工作，全体员工必须严格遵守财务制度，服从财务管理。

第四十条 费用开支实行审批制度，各种开支须由站长审核签字后方可报销，各种开支凭证必须合法，手续完备，内容真实，印章齐全，大小写金额相符，经手人必须签字，否则不予报销。各种单据超过十天不报者作废。

第四十一条 差旅费，直辖市每人每天补助 25 元，一般城市 15 元，周边地区（浚县）10 元，行政、开发、杂务下乡全天 10 元，半天 5 元，送货每趟 6 元（道口、城关、小铺不发补助），超支不补、节约归己，住宿费省会城市不得超过 30 元，地级市不得超过 20 元，县城不得超过 15 元，超支不补，力求节约。车船票实报实销，出租车票原则上不予报销。出差携带现金要严加保管，发生意外造成损失由个人自负。

第四十二条 招待实行餐券审批制，严格控制招待费用。招待要本着业务需要，厉行节约，原则上要求每人每吨饭不得超过 8 元。招待批准程序：外事招待由站长直接签批，生产、推广、仓贮、维修等业务招待，由相应部门经理填写餐券内容（包括来客单位、人数、陪客人等）由站长签字盖公章方可办理招待事宜。严禁违规招待，不使用餐券或未经站长签批的一律自理。推广旺季原则上不用白酒招待。

第四十三条 车务使用。进货、送货、宣传等业务租车实行"租车单制度"，车务活动结束后，车务联系人应及时填写"租车单"，报站长签字，盖公章后交车主，车主一律凭"租车单"结算。

第四十四条 出纳应严加现金管理，没有领导安排，不准动用大量现金，大量现金一律存入滑县农行账户，大额支出原则上使用汇票（或支票）。现金收支中出现的应支未支、应退未退的盈余收入一律交公。仓库保管应加强仓库管理，废料、旧编织袋一律归公，任何人不准据为己有，违者对责任人和保管严肃处理。

第四十五条 开票员要妥善保管票据，不得拆联使用、改票或转借。日期、品名、规格、数量、单位、金额、署名要填写齐全，字迹清晰，并要填写购货人地址和姓名，对于因粗心大意、字迹不清造成的少收货款、误收假币等损失由开票员承担。退货开红票要由保管盖章验收后才能冲抵现金。

第四十六条 开票员所收现金要当日上交出纳，不准挪用、座支，一旦发现，除责令退回外，并要严肃处理。保管发货时要注意审查票据价格、款额是否有误，发现有误票据转开票员纠正后方能发货。

第四十七条 开具领料单要注明日期、品名、产地、规格、数量、领料人、开票人等。要求字迹清晰，准确无误，不得缺联丢失，并按规定及时交转。保管发料时要注意检查票据，对错票或因故不能发货的票据及时退回，并通知相应人员作废，以免账实不符。

第四十八条 保管每天下班前将当天出入库情况及时上账，开票员每天下班前将当天出货情况及时上账，做到日清。每月最后一天为票据截止日，不得将本月票据推到下一月，会计应组织保管、开票员进行核对，做到月结。

第四十九条 坚持开票、保管、会计票据三对照制度，开票员、保管员、会计要积极配合，齐心协力实现财务工作规范化。

第五十条 实行考勤工资制，每月5日前财务根据考勤情况核发工资，加班应给予适当补助，工资及补助需由站长审查签字后方可发放。

第八章 化验室工作制度

第五十一条 依照维护测配站形象的原则，在土肥站和技术部的业务指导下，对外开展土壤肥料化验，对内搞好质量检测工作。

第五十二条 对外开展化验业务时，应按土肥测配站有关规定执行。

第五十三条 爱护仪器设备，加强仪器保养与管理，工作认真、细心、负责，严格操作规程，确保化验数据准确可靠。

第五十四条 建立化验档案，加强技术保密观念，不得随意泄露化验有关数据。

第九章 工作管理制度

第五十五条 全体员工须合理安排工作时间，加强组织纪律性，严格遵守考勤管理，做到不迟到、不早退、工作时间不离岗。

第五十六条 不准干私活占用工作时间，上班时间不准织毛衣、打麻将、打扑克、干私活，违者要给予相应批评。

第五十七条 要搞好优质服务，热情接待顾客，耐心宣传讲解，不准无视顾客或与顾客吵架。

第五十八条 全体员工都应满腔热情地投入到日常工作中去，服从分配，忠于职守，团结互助，互谅互让，有工作抢着干，按时按量完成各项工作任务；对于工作拖拉、互相推诿、不服从分配、只讲报酬、不谈贡献的工作人员要给予相应的批评和处理。工作表现很差的报中心支部予以解聘。

第五十九条 全体员工要讲正气，比贡献，反对搞内耗，对于破坏团结、影响工作、负面影响极大的人员要严肃处理，不接受批评，或屡教不改的坚决予以解聘。

第六十条 请假必须写请假条，迟到或早退3次按旷工一次处理，出勤、请假、迟到、早退、旷工情况定期公布作为工资发放、评先、评奖的依据之一；请假一天以内，部门经理签批，超过一天由站长签批；迟到、早退一次，扣工资3元，旷工一天扣工资20元，请假一天扣工资10元；婚丧嫁娶产假按国家规定执行（但取消假期内相应补助及年终定额或超额奖金，完不成中心或测配站规定的目标任务和其他人员同样接受处罚）；抽调人员在抽调期内只发放中心拨付部分工资，取消相应补助及年终定额或超额奖金，完不成中心或测配站规定的目标任务和其他人员同样接受处罚。

本制度与上级有关规定相抵触的按上级规定执行。

本制度不尽事宜临时补充。

本制度自发布之日起执行。

遂平县测配站配方肥配制技术操作规程

遂平县土壤肥料站

(2000 年 6 月 1 日)

配方肥是集现代农业测土配方施肥技术于一身的高浓度优质肥料。为切实保证配方肥配制质量,特制定本技术操作规程。

一、配方肥配制的科学依据与执行标准

(一)配方依据

1. 本县各类土壤养分含量化验结果。化验人员每年要对各类土壤和不同肥力农田开展夏秋两季的土样采集,经化验室化验后提供可靠的土壤养分诊断结果。

2. 肥料田间试验和定点地力监测试验结果。土肥站在全县安排一定量的肥料试验示范和地力动态监测试验。

3. 科学制定配方。由本站高级配方师根据土壤养分化验结果和肥料试验结果,按照不同土质类型、不同作物及其产量水平和肥料利用率等参数,科学制定针对不同土质、不同作物的最佳施肥配方。

(二)执行标准

本站配制的"沃力"牌配方肥执行河南省质量技术监督局发布的配方肥料 DB41/T 275—2001 标准。包装由省土肥站印制,省土肥监测中心负责监测。肥料农业使用登记证为:豫农肥(登)字 2001 - 100 号。

二、配方肥配制

(一)配方肥配制操作人员必须进行岗前技术培训。在配方师的指导下,依照配方配料,严格元素间比例,均匀搅拌,标重准确,缝口标准。质量实行随机抽检制。

(二)严把配肥原料入库质量关。必须选用优质国标原料,凡不符合质量标准的原料不得购进和入库。

(三)配制的配方肥养分总含量要等于或大于袋标含量。

三、配方肥配制岗位责任

(一)原料质量、配方比例、搅拌是否均匀和标准是否准确是确保配方肥质量的关键环节。在本站法人负质量总责的前提下,高级配方师负本岗位主要责任,指导、监督配方肥的配制。

(二)经培训后上岗的配肥操作人员,必须服从管理,严格配方肥配制的技术操作规程,保证配方肥配制质量,并做到安全生产、杜绝事故。

四、质量责任追究

(一)如发现购进不合格原料,追究法人责任,并退回原料,处罚当事人,赔偿经济损失。

(二)配方肥配制过程中,检验有不合格现象的,追究当事配方师的责任,赔偿相关经济损失,情节严重的上报省厅,取消高级配方师资格,并给予下岗待业处理。

(三)配方肥配制环节中,由于操作人员违规操作造成的不合格现象,追究配肥工领班人责任,除返工外给予经济处罚。对于不服从指导和管理的配制人员,造成的一切后果由当事人负责,并给予解除劳动合同的处罚。

滑县测配站质量管理制度

滑县测配站

(2002年2月20日)

第一条 全体员工要树立质量意识,测配站领导要强化质量管理,成立质量管理领导小组。组长刘协广,副组长刘红君,成员王力、高瑞彩、王冬梅、路素敏。具体质量监督管理工作由技术部负责实施。

第二条 严把原料关。凡配制所需原料,必须经过化验,严禁不合格(或不适宜用于配制)的原料用于配制。

第三条 严把配制过程关。配制班组在配制部的领导和质量监督员的管理下,严格按照产品配方和配制工序配制出合格产品。

第四条 严把成品质量关。化验室对每班组配制成品定期抽检,保管验收入库应进行计量抽验,发现问题应及时通知质量监督员、技术部和有关领导。杜绝不合格产品(或不宜市场推广的产品)流入市场。

第五条 质量监督员的职责:

(一)协助配制班组做好配制前的准备工作;

(二)监督配料;

(三)监督配制工序;

(四)发放合格证;

(五)依规定对违规配制人员进行处罚;

(六)建立配制档案,及时向配制部或有关领导通报信息。

第六条 配制班组的职责:

(一)配制前的准备;

(二)按规定配制肥料;

(三)按配制工序配制;

(四)按规定计量装袋;

(五)包装合格;

（六）堆码、申报入库。

第七条 处罚：

（一）发现每吨次配方失误，罚当班工人50元，质量监督员10元，并负责重新纠正；

（二）发现每吨次掺混不均匀，罚当班工人18元，质量监督员3元，并重新纠正；

（三）发现每袋次计量超过规定超降标准罚当班工人10元，质量监督员2元，超降超过标准1倍，根据情况除返工外，罚当班工人50元，质量监督员10元；

（四）发现每袋次包装质量不合格或发现每袋次漏装增效包、合格证等内含物，罚当班工人5元；

（五）对于不服从监督、态度蛮横的配制人员从严处理直至清退；

（六）凡因质量监督人员失职、渎职造成的损失要追究质量监督员的责任。

第八条 奖励：

对工作质量较好的先进个人，年终给予一定奖励。

滑县测配站配制、仓储管理若干规定

滑县测配站

（2002年6月10日）

为切实加强配制、仓储管理，确保账实相符，特作如下规定。

一、配制统计员及其职责

配制部设立配制统计员，其主要职责是：

（一）根据配制计划和配方开具领料单；

（二）每日分班组核算原材料消耗情况报配制部经理，提出管理建议；

（三）依照相关规定核算配制工人工资报会计；

（四）及时与保管员沟通，掌握原材料余缺情况；

（五）监督配制过程；

（六）配制部经理委托的其他工作。

二、相关票据及其传递程序

（一）肥料用料明细表（配肥配方）一式三联，由技术部填写。第一联技术部留存，第二联交配制部，第三联必要时交会计备查。

（二）“领料单”一式三联，由配制统计员填写。第一联配制部留存，第二联交保管员作为配制工人领取原料凭据，第三联暂交配制班组与成品入库单作为核算原材料消耗和配制工人工资依据后，由统计员收回，与保管核对无误后交会计留存。

（三）“成品入库单”一式三联，由保管员填写。第一联保管员留存，第二联交配制班组与领料单作为核算原材料消耗情况和配制工人工资的依据，核算后配制统计员收回留存，第三联经保管员与配制统计员核对无误后报会计。

(四)每月票据截止日期为25日,报会计日期为28日。

商丘市"沃力"公司员工守则

商丘市沃力农业技术服务有限公司

(2000年2月18日)

一、热爱社会主义,拥护中国共产党,遵纪守法。

二、严格树立沃力形象,言行举止皆为沃力。

三、刻苦工作,不断学习,以提高自身修养和业务水平,勇于开拓,不断创新。

四、团结同志,助人为乐,互帮互助,视同志为兄弟姐妹,视客户为亲人,待人有礼貌。

五、工作勤勤恳恳、兢兢业业,以集体利益为重,不斤斤计较,不唯利是图,心胸宽阔,拒绝狭窄,积极为单位献计献策。

六、维护沃力集体利益,认真履行工作义务,保守商业秘密和信息,不要随手乱放带有商业秘密和信息的材料、纸张和笔记本,不该问的事情不问,不该看的材料不看,如若泄露立即辞退,造成损失依法追究其经济责任和法律责任。

七、杜绝吃受贿赂和回扣,一旦发现立即辞退,不准在基层网点吃饭、索要东西,一旦发现实行价值5倍以上罚款并从当月工资中扣除。

八、严格遵守公司考勤制度,请假1天扣除1天工资,超过1个月者按自动辞职处理,无故缺勤1天按3天请假计算,超过10天按自动离职处理,晚到15分钟计1次迟到,无故早退15分钟为1次早退,中间缺勤15分钟为1次离岗,迟到、早退、离岗3次为1天请假,累计10次为2天缺勤。

九、工作认认真真,提高办事效率,一天能办好的事决不两天办,一次能办好的事决不两次办,一人能办好的事决不两人办,不等不靠,不推诿,敢做敢为,不推卸责任。不要只想单位给我多少,而要先想我为单位创造多少。

十、严格遵守公司各项规章制度,认真履行工作职责。

孟津县测配站用工合同书

甲方:孟津县土壤肥料工作站

乙方:

为确保配方肥按时、保质、保量生产,满足供应,经甲、乙双方协商特签订本合同。

一、甲方权利与责任

（一）甲方负责提供给乙方配制车间一间，仓库二间，配制设备一套。

（二）甲方负责乙方的合理组合。

（三）甲方负责配制车间的政策性管理（机器、设备、电路等）。

（四）甲方提供给乙方配制配方。

（五）甲方负责乙方的配制工人工资。

（六）甲方负责安排配制及装卸时间。

（七）配制结束方能结账。

（八）对乙方不按合同履行义务或违纪行为，甲方有权责令乙方停工或强制收回合同。

二、乙方权利与责任

（一）乙方严格按照甲方提供的配方，按操作规程配制，出现质量问题（如原理掺混比例错误、搅拌不均匀、重量和封口不合格等）由乙方负责返工或赔偿损失。

（二）乙方在配制过程中应注意安全，严格按操作规程配制，如出现安全事故，责任由乙方承担。

（三）乙方负责搞好车间及库房卫生，保证配制设备及上料斗两天清理一次。

（四）乙方应严格按照甲方安排的时间、地点进行配制装卸，对不服从管理、不遵守纪律等现象，甲方有权提出批评，甚至扣发工资。

（五）乙方应爱护公共财物，不得擅自带走及损坏甲方任何物品。如产成品、原料、封口线和编织袋等，如有发现，乙方应无条件退还及赔偿损失。

（六）乙方在配制过程中如果出现割袋等违规现象，甲方有权扣除乙方工资（按每袋1元计）。

（七）乙方必须服从甲方的领导及监督。

三、双方共同责任

（一）以上各条款双方共同协商拟订，甲、乙双方必须共同遵守，乙方在配制过程中出现的任何纠纷，甲方可协助解决，但不负任何责任。甲、乙双方出现的经济纠纷，属于合同条款内规定项目，必须按合同执行，造成损失者，责任人负责对方全部损失，或涉及合同条款以外的纠纷，由上一级领导出面裁决，双方必须无条件执行，否则甲方有权解雇乙方当事人。

（二）此合同一式二份，甲、乙双方各执一份，从签字之日起生效。

（三）除单位发生重大变更外，双方不得以任何借口单方撕毁合同，特殊情况需变更合同的需协商解决。

甲　　方：孟津县土肥站　　　　乙　　方：

负责人签字：　　　　负责人签字：

二〇〇×年×月×日

光山县农技中心2002年配方肥推广方法

光山县农业技术推广中心

（2002年6月11日）

光山县是一个农业大县，如何做好农民增收、农业可持续发展工作，是农技推广工作人员的重要职责。随着农业科技进步，市场对农副产品质量的需求不断提高，传统施肥模式已不适应市场对农业发展的要求。如何帮助农民选择好多元肥料？那就是大力推广底施“专用配方肥”，走“测土、配肥、施肥”的科技施肥之路。

为了做好这项工作，农技中心业务组负责测土、化验、提供配方，农技服务部负责配制和推广运作，农技中心所有干部职工都有责任、有义务推广“沃力”牌配方肥。

一、2002年推广任务

（一）单位所有干部职工每人3 t。其中服务部每人15 t，完不成任务的每人每吨扣40元。

（二）农技服务部500 t（不包括个人任务数）。结算办法原则上是现款现货。

二、优惠政策

（一）单位干部职工直接到村民组设点推广的每吨优惠20元（在推广过程中向单位提供配方肥流向表）。

（二）10 t以下按照当时批发价结算；10～30 t按当时批发价每吨优惠30元；30～50 t按当时批发价每吨优惠50元。

（三）提货时单位职工如有欠款，每人不得超过400元，服务部每人不得超过1 500元。每季节过后，货款还清。如有退货，不得损坏，且退货不得超过最后一次拉货的20%，否则损失自负。

（四）个别乡镇需特殊操作的，双方协商一致后，可以享受单独优惠政策，具体办法以协议操作为准。

三、作价办法

主要依据配方肥原料而定，随原料价格的变化而变化。单位尽可能在一段时间内保持价格相对稳定，但有时原料价格变化较大时，配方肥价格作适当调整。为便于操作，结算价以拉货时的价格为准，如有大幅度跌价情况，销售客户存货在4 t以上，单位可以适当考虑因价格变动而引起损失。

暂定价格（略）。

四、其他

(一)各推广客户在推广过程中,要做好技术咨询指导工作(参照农技中心提供的配方肥料介绍)。

(二)单位干部职工在推广过程中,尽可能直接到村、组推广,不要放在乡镇门店销售,更不允许直接或间接把任务转价到县城门店客户销售。同时,要严格按照单位制定的价格执行。到每个农户的价格不能乱,不论社会其他客户销价如何,每个干部职工要按照零售价销到每个农户,如有偏差,单位将采取适当措施给予制止。

(三)社会上各客户在销售时价格不能乱,保证销售价格按零售价执行,如有发现低价倾销的现象,服务部要通过供货以及价格等措施给予纠正。

(四)单位干部职工有门店(特别是农技中心农资市场的门店)的,原则上要求零售完成任务,同时也鼓励超额完成任务。

(五)农技服务部在销售操作过程中要做到优质服务,做好市场引导。

未尽事宜在执行中通过协商给予解决。

咨询电话:××××-××××××××　××××-××××××××

固始县测配站配方肥推广协议

为了加大"沃力"牌配方肥推广力度,扩大应用范围,改革传统施肥习惯,使农民尽快掌握和应用测土配方施肥技术,减少假冒伪劣肥料对农业生产的危害,促进"优质、高产、高效、生态、安全"农业的发展,本着"诚信为民,互惠互利,共谋发展"的合作原则,就设立乡级配方肥推广网点事宜,经固始县农技中心(甲方)与×××(乙方)协商签订如下合作协议。

一、甲方责任和义务

(一)甲方授权乙方作为××乡(镇)配方肥推广唯一代理网点。

(二)甲方按标准配制、优质合格的配方肥料产品供乙方推广,对乙方预定的货源保证及时供应。

(三)甲方负责在乙方所在区域进行配方肥应用技术培训,为农户免费测土化验,并提供配方施肥技术意见,以促进配方肥产品的推广。

(四)甲方负责为乙方提供配方肥宣传品(推广代理标识条幅、产品应用技术资料、产品宣传光盘等),在推广点播放光盘、录像,开展现场宣传培训活动;及时在电视等媒体宣传配方施肥知识及发布产品广告,加大产品宣传力度,营造良好的推广环境。

(五)甲方派专人协助乙方进行产品推广、科技培训及广告宣传工作。

(六)因配方肥产品质量原因给农业生产造成损失的,由甲方负责赔偿(因用户施肥不当、管理不当或人力不可抗拒因素除外)。

(七)甲方对乙方年配方肥推广超过20 t的,给予物质奖励。

二、乙方责任和义务

(一)乙方保证当年配方施肥技术推广面积不少于400 亩(推广配方肥 16 t),并建立配方肥应用示范点至少1个。次年自动获得区域推广代理资格,否则甲方将对其资格进行重新认证。

(二)乙方在推广配方肥过程中,不得欺骗农民、唯利是图,搭配伪劣、低含量肥料,如有发现且造成极坏影响的,甲方将终止协议并保留管理处罚和诉诸法律的权利。

(三)乙方在推广旺季或需用特殊配方肥品种时,需提前10天向甲方提出书面需货申请,说明品种、规格和数量,并不得退货。

(四)乙方在推广过程中,应加强信息沟通联络,及时掌握用户对产品的意见和建议,每7天向甲方反馈一次,以便甲方及时调整改进配方肥的配制品种和数量。

(五)乙方负责与甲方一起搞好现场宣传工作。

(六)乙方不得在甲方未授权区域内从事配方肥推广活动。

三、配方肥推广结算方式

(一)乙方提货以现金结算为主,3天内结清货款的,甲方年终向乙方返利每吨20元;4天至1月内结清货款的,甲方年终不向乙方返利;1月后结算的,甲方按每吨每月20元向乙方加收利息。

(二)乙方每次现金提货数量不限,欠款提货每次限提4 t;为了降低乙方的推广风险,乙方可在推广季节结束前半个月退回最后一次提货额的50%,但退货最多不得超过2 t。

(三)乙方提货后自行运输,甲方向乙方每吨提供25元的装卸运杂费,在下次提货时结算上次运杂费,年终总算。

本协议一式两份,甲乙双方签字(盖章)后生效。协议生效后,双方严格遵守,若有违反,由违约方承担相应责任。

甲方:(盖章)　　　　乙方:(盖章)

代表:　　　　代表:

二〇〇×年×月×日

原阳县土肥公司“沃力”肥推广奖罚办法

原阳县土壤肥料有限公司

(2003年3月1日)

为大力推广测土配方施肥技术,完成上级安排我县的配方肥推广任务,提高全县土肥工作者及各连锁网点的积极性,经原阳县土壤肥料有限公司研究决定,特制定2003年“沃力”牌配方肥推广奖罚办法。

一、“沃力”牌配方肥实行全县统一价格,各网点必须严格掌握执行,不得私自抬高或降低价格,每吨肥料按零售价结算,季节结束后统一返利。

二、年推广量在50 t以上的网点,奖现金200元或等值商品,超过部分每吨奖现金5元。

三、年推广量在100 t以上的网点,奖现金500元或等值商品,超过部分每吨奖现金10元。

四、年推广量在200 t以上的网点,奖现金1 500元或等值商品,超过部分每吨奖现金15元。

五、年推广量在400 t以上的网点,奖现金4 500元或等值商品,超过部分每吨奖现金20元。

六、推广结束后,剩余肥料可退回公司,但每退回2吨扣除杂费30元。

七、各网点上半年在4月份以前(包括4月份)、下半年在8月份以前(包括8月份)交纳的现金,公司将支付8‰的月利息(上半年利息至6月30日,下半年至10月30日)或每吨配方肥优惠15~20元,另外还可根据交款数额多付应提货物的30%。但多提货物上半年必须在7月30日前结清,下半年应在11月30日前结清,过期加附利息,月息按1%计算。

八、各网点必须听从县公司的指导,在价格上不随意降价,在区域上不超范围推广,不影响其他网点,在资金上及时按要求结清,否则,将扣除奖励及返利,直至取消网点资格。

九、此办法自公布之日起执行。

【配方师管理】

推行配方肥配方资格证制度
规范配方肥及肥料配方技术市场

孙笑梅　易玉林　刘中平

(河南省土壤肥料站·2003年6月26日)

为规范配方肥及肥料配方技术市场,提高配方施肥的整体水平,更好地保护农民和合法厂家的利益,河南省土肥站于1997年6月提出在全省推行配方肥配方资格证制度。7年来,通过申报、培训、考试、资格审查、评审等项工作,全省先后共有137人获得配方肥高级资格证,171人获得配方肥中级资格证,并在生产实践中发挥了重要作用。

一、配方肥配方资格证制度提出背景

河南是农业大省,同时也是肥料消费大省。据统计,全省每年农业用各种肥料达1 500万t。自配方施肥技术推广以来,配方施肥面积逐年扩大,到1997年,全省配方施肥面积已达7 000余万亩次。随着配方施肥技术的大面积推广应用和市场经济的发展,必然要求变配方施肥为施配方肥,一大批配肥站(厂)、复混肥厂应运而生。目前全省已兴建各种复混肥料厂120多座,年生产各种复混肥、配方肥约100万t,占农业用肥的10%左右,提高了科学施肥的物化水平,促进了农业的发展。然而由于种种原因,复混肥(配方肥)市场品种繁多、质量参差不齐、良莠难分等现象较为严重。劣质肥料一方面损害了农民的利益,影响了农业生产,侵犯了合法厂家的权益;另一方面由于复混肥(配方肥)配方不尽合理,不仅加大农业成本，而且污染环境，造成资源浪费。随着农民科学种田意识的不断增强及种植结构的调整，对肥料生产和使用提出了更高的要求，肥料将朝着复合化、高效化、高质化、简便化方向发展。因此，为了适应市场经济条件下市场对技术主体的选择，迅速将科学技术转化为生产力，提高技术物化水平，规范配方技术市场，提高肥料配方的科学性、针对性，解决当前复混肥（配方肥）配方混乱的问题，保护农民及合法厂家的利益，打击假冒伪劣肥料，稳定和提高肥料技术队伍，增强责任感、使命感，河南省土肥站在借鉴原阳县土肥站兴办植物医院、开方"配药"经验的基础上，于1997年6月提出在全省实行配方肥配方资格证制度，逐步将全省配方肥的配方、配制、推广和管理纳入科学轨道。

二、推行配方肥配方资格证制度具体做法

（一）建立组织，加强领导

推行配方肥配方资格证制度的通知下达后，为确保这项工作的顺利开展，并维护其公正性、权威性，首先成立了由河南省土肥站牵头，农业科研、教学等单位土肥权威人士参加的"河南省农作物配方肥配方资格评审委员会"。评委会主要负责评审标准制定，考前辅导、定期培训、出题判卷、资格审查及资格评定等，评委会办公室负责配方肥配方资格证制度推行的具体事务和日常工作。

（二）广泛宣传，深入发动

为了确保配方肥配方资格证制度在全省的顺利推行，在建立评委会和向各市（地）、县及有关单位下发通知的同时，狠抓了宣传发动，利用各种会议、《土肥协作网信息》及基层来人汇报工作等，反复宣讲推行配方资格证制度的必要性，特别是在1997年8月份全省首次土肥产业化会议上，把原阳县办植物营养医院，实行"坐诊、开方、卖药"系列服务的经验在全省进行了重点推广，收到了较好的效果。通过反复、细致的宣传发动工作，7年来，全省先后共有18个市（地）、76个县及科研、教学单位的326名同志报名申请配方资格证。

（三）制定申报条件，严格培训考试

评委会成立后，首先制订了资格证申报条件：一是从事土肥工作并获得初级职务2年以上者；二是获得本专业及相关专业硕士学位以上者；三是在本专业领域内获得专利者；四是在生产第一线从事土肥技术推广工作，获得农民中级技师以上职称者；五是非农业系统从事农化服务、生产、经营并获得中级以上职称者。凡符合上述申报条件之一者，可持职称资格证复印件、身份证复印件、县级以上土肥部门推荐信和3张1寸近期免冠同底照片到评委会办公室申报或函报，申请资格证，并填写资格证申请表。

为确保资格证申请者的素质，真正达到提高配方施肥整体水平的目的，评委会还制定了严格的培训、考试制度，并就培训内容、考试范围及考试方法、考场设置、判（阅）卷制度等做出了具体规定。同时，评委会为使资格证评审制度与专业技术职称、学历等接轨，并照顾长期从事基层配方施肥技术推广工作、有丰富实践经验的同志，在确保配方资格证队伍整体水平的基础上，还制定了免试人员条件：一是从事土肥推广工作20年以上且年龄在45岁以上者；二是具有正高级职称者；三是获得本专业及相关专业博士以上学位者；四是在本专业做出较大贡献具有较高知名度者（获得省（部）级三等成果奖以上的主要完成者）。凡符合以上条件之一者，向评委会办公室提交书面免试申请、个人工作业绩报告。经审定合格后，准予免试。获得免试资格的人员，不得破格晋升。不具备免试条件的申请者，一律参加评委会

办公室组织的统一培训和考试。

1997～2002年全省分6批对270人不具备免试条件的申请者，由评委会办公室统一组织了培训和考试，培训的主要内容为土壤肥料学与植物营养学的基础理论知识、结合种植业结构调整与无公害农业发展推广的土肥新技术及坐诊开方、提供配方肥料配方的技能。培训由评委会办公室聘请省内外知名土肥专家主讲。培训后用A、B、C三套试卷分别进行考试，考试一律采取闭卷形式，并由省评委会办公室组织统一阅卷。全省参加培训考试人员有70%以上取得了优异成绩。

（四）严把评审审核关

配方肥配方资格证申请者经过考试后，评委会首先划定了入选分数线及破格晋升成绩划定办法，然后对入选者和申请免试者逐人进行严格审查，划定等级，配方资格分为高级配方师和中级配方师两级。高级农艺师和从事土肥专业15年以上的农艺师成绩合格可获得高级配方师资格；年限不足15年的农艺师若考试成绩超过平均分数线20分以上可破格获得高级配方师资格；助理农艺师2年以上成绩合格者可获中级配方师资格。

经过严格审查，目前全省配方肥配方资格证共有326人申请，其中51人免试获得高级资格证，5人免试获得中级资格证，86人通过培训考试获得高级资格证，166人通过考试获得中级资格证，其余8人因成绩不合格未获得资格证。

（五）配方肥配方资格证获得者的权利与职责

申请者获得资格证后，应享受和承担以下权利与职责：

（1）中级配方师可在授权区域内所在肥料经营部门或植物营养医院（土壤诊所）坐诊开方，但不得为厂家和测配站提供配方，所提配方只能为农民提供直接服务，不能作为厂家和测配站生产定型复混肥或配方肥的依据。

（2）高级配方师可在授权区域内所在肥料经营部门或植物营养医院（土壤诊所）坐诊开方，同时为厂家和测配站提供生产配方，并可对中级配方师进行监督、指导。省肥料登记办公室在办理复混肥或配方肥农业使用许可证时，将以高级配方师出据的配方为依据，凡无高级配方证持有者提供的配方，原则上不予登记，其产品也不允许在河南市场上销售，不允许在河南省农业推广领域使用。

（3）资格证有效使用期两年，有效期内持证人员应参加不定期的培训（一年一次）提高业务水平。

三、配方肥配方资格证制度在实践中发挥了重要作用

几年来，获得配方师资格证的人员，绝大多数认真履行享有的权利和义务，以高度的责任感、良好的职业道德维护配方资格证制度的严肃性和权威性，并在农业生产实践中发挥了重要作用，主要表现在四个方面：一是“坐诊开方”，为农民提供直接服务。有60%的配方师持证上岗，从事肥料经营，既“开方”又“卖药”，指导农民科学施肥。二是为生产厂家和测配站提供配方，物化技术。据统计，全省80%的复混肥企业和所有测配站生产复混肥、专用肥及配方肥配方，都是由获得高级配方师技术人员提供的。三是充分利用配方师资格证的权威性和在当地的知名度，广泛开展技术培训、咨询、电视讲座，并为肥料企业进行广告宣传，促进产品推广。四是为肥料生产厂家制定企业标准或参加审定企业标准。省土肥站、河南农大、省农科院的高级配方师根据企业的需要，发挥技术专长，积极为企业制定或审定标准，

从源头上协助企业把好产品质量关,提高产品竞争力。

四、存在的问题与不足

推行配方肥配方资格证制度是规范配方肥市场的一个新的尝试,从全省的实践来看,目前还存在一些需要改进的地方:

一是各地认识不够统一。为保证资格证制度的顺利推行,在全省范围虽作了广泛的宣传和动员,但至今仍有少数地方对此尚存疑义,在实施中缺乏积极性、主动性。

二是覆盖面不够广。从全省资格证申请者来看,大部分是土肥系统的技术干部及科研、教学等单位的专家、学者,一些在生产厂家长期从事农化服务工作者申报较少。

三是权威性有待进一步提高。有待与全国农技中心种植业行业职业技能鉴定指导站结合,把配方肥配方资格列入职业技能鉴定规范,并由农业部颁发资格证书,进一步提高其权威性。

四是需要有关部门的大力配合。为保证资格证效用的发挥,需要工商、技术监督等有关部门的大力配合。

河南省土壤肥料站关于印发《河南省配方肥配方资格评审委员会第一次会议纪要》的通知

(河南省土壤肥料站文件豫土肥[1997]第43号)

各市(地)、县土肥站(农技中心):

1997年11月26日,河南省配方肥配方资格评审委员会在郑州召开了第一次会议。会议就推行配方肥配方资格证制度的有关问题进行了讨论,现将会议纪要转发给你们。请结合当地实际,切实加强领导,认真做好首批配方肥配方资格的申报、考试、评审、发证等项工作,进一步提高肥料配方的科学性和配方施肥的整体水平,更好地保护农民、合法生产厂家的利益,促进我省配方肥技术市场向规范方向发展。

附件:河南省配方肥配方资格评审委员会第一次会议纪要

一九九七年十二月一日

河南省配方肥配方资格评审委员会第一次会议纪要

1997年11月26日,河南省配方肥配方资格评审委员会在郑州召开了第一次会议。现将会议有关情况纪要如下。

一、推行配方肥配方资格证制度的必要性

配方施肥是我国施肥技术上一项重大改革,由于市场经济的发展,必然要求变配方施肥为施配方肥,一批新的肥料品种应运而生,促进了农业的发展。然而由于种种原因,质量参差不齐,良莠难分等现象较严重,劣质肥料一方面损害了农民的利益、影响了农业生产、侵犯了厂家的合法权益;另一方面由于肥料配方不尽合理,不仅加大农业成本,而且污染环境,造成资源浪费。实行农作物配方肥配方资格证制度,将有利于规范配方技术市场,提高肥料配方的科学性、针对性,有利于提高产品质量,切实保护农民和合法厂家的利益,有利于配方施肥整体水平的提高,有利于持续农业的发展。因此,全省各级土肥工作者必须高度重视这项工作,积极参与这项工作。

二、取得资格证书的申报条件

(1)从事土肥工作并获得初级职称2年以上者;
(2)获得本专业及相关专业硕士学位以上者;
(3)在生产第一线从事土肥技术推广工作、获得农民中级技师以上职称者;
(4)在本专业领域内获得专利者;
(5)非农业系统从事农化服务、生产、经营并获得中级以上职称者。

三、资格证书的申报办法

凡符合上述申报条件之一者,本人可向省评审委员会办公室提出申请,持职称资格证复印件、身份证复印件、县以上土肥部门推荐信和三张近期同底免冠黑白一寸照片,到评委会办公室申报(或函报)资格证手续,填写申请表。

四、资格考试的范围和方法

(一)考试范围

考试范围为土壤肥料学与植物营养学的基础理论知识及坐诊开方、提供配方肥料配方的技能。参考资料:①慕成功、郑义编著的《农作物配方施肥》;②张景略、徐本生编著的《土壤肥料学》或浙江农大主编的《农业化学》。

(二)考试方法

经评委会办公室审查符合条件发给准考证,统一出题,定点闭卷考试。

(三)免试条件

(1)长期从事土肥推广工作20年以上且年龄在45岁以上者;
(2)具有正高级职称者;
(3)获得本专业及相关专业博士以上学位者;
(4)在本专业做出较大贡献具有较高知名度者(获得省或部级三等成果奖以上的主要完成者。

凡符合以上条件之一者,向评审委员会办公室提出书面免试申请,提交个人工作业绩报告,经审定合格后,准予免试。

五、获得资格证书后的权利与职责

考试合格者,经评委会综合考察、评价,发给河南省农作物配方肥配方相应资格证书及胸卡。证书、胸卡加盖河南省土肥站公章,可在全省通用。持有中级资格证书者可在授权区域内所在肥料经营部门或植物营养医院(土壤诊所)坐诊开方;持有高级资格证书者可在授权区域内所在肥料经营部门或植物营养医院(土壤诊所)坐诊开方,还可为厂家提供配方,有权对持有中级资格证书者进行监督、指导、培训。凡未取得高级资格证书者不得为厂家提供配方,所提配方视为无效并不予办理肥料登记手续。

省配方肥配方资格评审委员会全体委员出席了会议,评审委员会办公室全体人员列席了会议。

一九九七年十一月二十六日

河南省土壤肥料站关于推行农作物配方肥配方资格证制度的补充通知

(河南省土壤肥料站文件豫土肥[1997]第33号)

各市(地)、县土肥站(农技中心)及有关单位:

豫土肥字[1997]第27号文件《关于推行河南省农作物配方肥配方资格证制度的通知》印发后,听取有关方面的意见,经研究决定作如下补充通知:

一、从事土肥专业的助理农艺师2年以上和农艺师均考试合格者可获得河南省农作物配方肥配方中级资格证书,有坐诊开方的资格。考试成绩优秀者也可获得高级资格证书,有为厂家提供配方的资格。从事土肥专业10年以上的高级农艺师和15年以上的农艺师,考试成绩合格者可获得高级资格证书,权利按27号文件执行。

二、连续从事土肥专业10年以上者,年龄50岁以上的中高级职称者,经评审委员会批准可以免试(特殊情况另行研究);其余人员均须通过笔试,考试合格,评委会通过,方发给证书。

三、获得高级资格证者,为厂家提供的复混肥、专用肥配方,须经所在单位盖章后,视为有效,方可准予办理登记手续。

四、为搞好该项工作,由省土肥站牵头成立河南省农作物配方肥配方资格评审委员会,委员会由省农业厅、省农科院、河南农大的土肥专家组成,负责资格评审、组织考核等项工作。评委会下设办公室,办公地点设在省土肥站肥料科。

一九九七年九月十一日

河南省土壤肥料站关于印发首批农作物配方肥配方资格证获证人员名单的通知

（河南省土壤肥料站文件豫土肥[1998]第16号）

各市（地）、县土肥站（股、组）、各有关单位：

经河南省农作物配方肥配方资格评审委员会1998年1月20日审定通过，并经河南省土壤肥料站批准，田仰民等78名同志获河南省配方肥配方资格高级证书，葛树春等104名同志获河南省配方肥配方资格中级证书（名单见附件）。

凡获得配方肥配方资格证的同志，要依据资格证的等级，严格按照豫（土肥）字[1997]第27号和第33号文件的规定行使权利，开展技术服务。在工作中，要认真学习，不断提高，以高度的责任感、良好的职业道德共同维护配方肥配方资格证制度的严肃性和权威性。凡在开展技术服务的过程中，出现重大失误者，一经发现，则取消配方肥配方资格，并收回证书。资格证有效期两年，自1998年4月1日起到2000年3月31日止。

附件：河南省配方肥配方资格证首批获得者名单

一九九八年三月五日

河南省配方肥配方资格证首批获得者名单

一、首批配方肥配方资格高级证书获得者名单（78人）

省土肥站： 田仰民 郑 义 白莉娟 申 眺 张桂兰 赵宏奎
郑长训 朱喜梅 程道全 刘玉堂 陈万勋

省技术监督局：杨本星

省农科院： 张桂兰 宝德俊 李贵宝

河南农大： 徐本生 谭金芳

省 农 校： 王应君

南 阳 市： 刘玉华 周付兴 王聪荣 齐子杰 宋江春 李性勤
朱兴魁 张林玉 常凤梅 许惠武 张克三 杨海芹
王清鹏 丁光印 江新社 吕 飞 王毅飞 李荣敏

安 阳 市： 高丁石 卢中民 刘红君 贾国运 王 力 王海龙
路志英 任留旺 李勤星 许进堂 倪玉芹 李爱真
张志华 曾庆芳 远秀莲

濮 阳 市： 刘先姣 程运星 王宗玉 李秀喜 史彦鹏
信阳地区： 林邦益 朱亚林 戴清金 罗远耀 袁国荣
周口地区： 徐建生 刘卫民 魏 玲 陈东义 段风山 邵士良
洛 阳 市： 王会堂 陈三虎 马爱国
济 源 市： 王瑞轩 吴立新
焦 作 市： 任家亮
商 丘 市： 王付江 张存良 范兴亮
新 乡 市： 周福河

二、首批配方肥配方资格中级证书获得者名单(104 人)

省土肥站： 葛树春 管泽民 姜俊玲 荆建军 刘 戈 马 林
孙笑梅 王志勇 武金果 张爱中 王小林 王凤兰
南 阳 市： 岳冬爱 朱东阁 杨 璞 韩书欣 江建荣 桑景红
陈保义 张百让 吕志宏 陈金盘 李兴波 刘祥业
田玉振 杨立新 付长胜 申 丽 韩永玲 张记本
刘献宇 王守才 马伟东 张亚琳 吴全德 沈 春
孙义安 华容贵
信阳地区： 贺 静 杨建辉 陈 跃 张宝林 符靖华 符利群
代立华 闫三峡 魏明祥 杨贤璋 杨军章 李继秀
李 梅 黄延福 张 慧 江乃福 张燕飞 刘春霞
吴怀义 李哲中 余殿友 肖鲁婷
周口地区： 谷志恒 王学基 叶宝红 王如成 司学祥 罗志先
程 昕 崔秀云 刘 林 龚景兰
驻马店地区： 方 平 甘建军 王 宁 黄小明 孙林侠 马 凤
任双喜 魏铁栓 王桂香 靳书喜
商 丘 市： 吕厚军 董长青 霍 克
安 阳 市： 张彦峰 李献玲 张金富 王小冰 郭俊珍
武贵洲
开 封 市： 付秀云 陈胜利 张耀民 胡留元 刚正发
宋铁桩
洛 阳 市： 李玛瑙 田文国 杨麦玲 陈兰双 詹宗立
马丹芍 李振平
濮 阳 市： 杜继修
漯 河 市： 王利民

河南省土壤肥料站关于印发第二批、第三批农作物配方肥配方资格证获证人员名单的通知

（河南省土壤肥料站文件豫土肥[1999]第19号）

各市(地)、县土肥站(股、组)、各有关单位：

经河南省配方肥配方资格评审委员会1999年1月26日、1999年5月4日评审通过，并经河南省土壤肥料站批准，赵梦霞等34名同志获配方肥配方资格高级证书，赵辉等17名同志获配方肥配方资格中级证书(名单见附件)。

获得配方肥配方资格证的同志，要严格按照豫(土肥)字[1997]第27号和第33号文件规定，行使相应的权利与义务，以高度的责任感、良好的职业道德共同维护配方肥配方资格证制度的严肃性和权威性。凡在开展技术服务的过程中出现重大失误者，一经发现，则取消配方肥配方资格，并收回证书。

附件：河南省第二批、第三批配方肥配方资格证获证人员名单

一九九九年五月三十一日

河南省第二批、第三批配方肥配方资格证获证人员名单

一、获配方肥配方资格高级证书名单(34人)

第二批

省土肥站： 赵梦霞

省农科院： 沈阿林 朱洪勋 王秋杰 张鸿程 刘纯敏

省 农 校： 宋志伟

周 口 市： 李廷珍 许国威 李培全 李希明

鹤 壁 市： 袁庆俊 管云明 管云玲

驻马店市： 李平法

商 丘 市： 杨森茂

焦 作 市： 仝永立

第三批

省土肥站： 秦宏德

新 乡 市： 郭清峰 成立群 陈海燕 赵素珍 李翠兰 李爱兰 苗子胜

驻马店市： 魏铁栓 靳书喜 王桂香
三门峡市： 陈铁生
安 阳 市： 贾改花
焦 作 市： 杨平花

二、获第三批配方肥配方资格中级证书名单(17 人)

开 封 市： 张际春 刘铁群 王 韬 李守仁 张 艳
周 口 市： 李金启 刘长伟 王秀莲 张红军 邹勇飞
新 乡 市： 闫红莲 丰学娥 朱雁鹏
驻马店市： 赵 辉
三门峡市： 张 雁
商 丘 市： 王成章
漯 河 市： 董伟杰

河南省土壤肥料站关于印发河南省第四批农作物配方肥配方资格证获证人员名单的通知

(河南省土壤肥料站文件豫土肥[2002]第 43 号)

各省辖市土肥站(所),各县(市、区)土肥站(农技中心):

经河南省农作物配方肥配方师资格评审委员会(以下简称“评委会”)于 2002 年 7 月 26 日评审,经河南省土壤肥料站批准,李戎臣等 75 名同志具备配方肥配方师资格(名单见附件),其中李戎臣等 25 名同志获得河南省配方肥高级配方师资格,徐俊恒等 42 名同志获得河南省配方肥中级配方师资格,焦长江等 8 名同志获得河南省配方肥初级配方师资格。

上述获得各级配方肥配方师资格的同志,要按照豫(土肥)字[1997]第 27 号和第 33 号文件规定,在配方肥技术推广中认真履行自己的权利与义务,若在服务过程中出现重大技术失误,取消配方肥配方师资格,证书收回。

资格证有效期两年,自 2002 年 8 月起至 2004 年 8 月止。

各级配方师在任职期内的最后一个月内应向“评委会”提交任职期间的工作报告及单位所在市县级以上土肥部门推荐意见,“评委会”将视其工作业绩及单位推荐意见,重新审批其相应配方师资格,否则视为自动放弃。

附件:河南省配方肥配方资格证第四批获得者名单

二〇〇二年九月四日

河南省配方肥配方资格证第四批获得者名单

一、高级配方师(以姓氏笔划为序,下同)

省　直:李戎臣　刘纯敏　孙笑梅　沈阿林　易玉林　管泽民
郑　州:李建峰　张全智
开　封:李　栋
洛　阳:宁宏兴
濮　阳:赵月凤
漯　河:穆春生
周　口:田凤云　罗志先
驻马店:李　凤　商海峰　谢　芳
商　丘:李春峰　高　磊　董长青
信　阳:郭予新
南　阳:刘　杰　许世杰　金志奇
许　昌:袁培民

二、中级配方师

省　直:徐俊恒
开　封:王　韬　王定江　阎　兴　李守仁
洛　阳:叶全喜　张红铎　张建庄
新　乡:王庆安　王家强　宋　芳　范庆文　朗福保
商　丘:王尊瑞　张连军　程　杰　梁　杰
南　阳:王守才　曲青坤　吴全德　张有成
周　口:任志国　任俊美　杜成喜　张剑中
三门峡:吕湘衡　李　峰
信　阳:朱邦友　吴　昆　严德宏
平顶山:栗帅峰　秦哲远　潘占社
驻马店:任双喜　侯凤慈　姬变英
许　昌:马会江　张国恩　俞建勋
安　阳:孙任芳　蔡建国
濮　阳:韩善庆

三、初级配方师

商　丘:焦长江

三门峡：安项虎
信　阳：张建华
周　口：尤　斌　薛卫杰
新　乡：邢学志
南　阳：王廷选
驻马店：杨东明